THE WORLD OF
SUGAR
HOW THE SWEET STUFF TRANSFORMED OUR POLITICS, HEALTH, AND ENVIRONMENT OVER 2,000 YEARS

砂糖と人類
2000年全史

ウルベ・ボスマ｜著
ULBE BOSMA
吉嶺英美｜訳
YOSHIMINE HIDEMI

河出書房新社

砂糖と人類——2000年全史

目次

砂糖と人類——2000年全史

1902年	ブリュッセル条約が甜菜糖のダンピングを禁じる
1931年	チャドボーン協定が割当制を通じて世界の砂糖市場を規制
1934年	アメリカが、国内生産者と従属国とのバランスを取る砂糖プログラムを導入
1937年	国際砂糖協定が、チャドボーン協定を引き継ぐ
1952年	英連邦砂糖協定が発効
1966年	高果糖コーンシロップの生産を可能にする酵素が発見される
1980年代	砂糖の過剰生産と高果糖コーンシロップの登場で、甘味料の深刻な過剰生産と砂糖価格の暴落が生じる
2005年	世界貿易機関が欧州連合に砂糖のダンピング停止を命じる

年　表

BC500–300年	南アジアで粒状の砂糖についての記述
BC200年ごろ	インドの砂糖が中国に初上陸
5世紀	グンデシャープール（ペルシア）で初めて結晶糖がつくられる
6世紀	製糖技術が中国に伝わる
9世紀	エジプトおよび地中海沿岸地域で砂糖生産が始まる
13世紀	インド、中国、エジプトで、サトウキビ栽培が主要な経済部門として台頭する
14世紀	地中海地域産の砂糖により、ヨーロッパの砂糖市場が成長し始める
1401年	ティムールが中東に侵攻し、エジプトの砂糖産業が衰退
1419年	ポルトガル人がマデイラ島に上陸し、この島を大西洋初の砂糖生産島にする
1516年	アメリカ大陸産のサトウキビ糖がスペインに初上陸
1630年代	ヨーロッパにおける砂糖の精製と交易をオランダが支配
1640–1670年	バルバドスとフランス領アンティル諸島に砂糖革命が起きる
1766–1789年	オタヘイティ（ブルボン）種のサトウキビが発見されてアメリカ大陸に上陸し、やがて栽培品種の主流となる
1791年	サン＝ドマング（ハイチ）で革命が起こり、キューバでは砂糖産業が誕生する
1807年	大英帝国で奴隷貿易が禁止される
1811年	精製された甜菜糖の見本がナポレオンに献上される
1813年	エドワード・チャールズ・ハワードが真空釜を発明
1830年	ジャワに強制栽培制度が導入され、砂糖生産が大幅に拡大する
1834年	大英帝国は奴隷制度を廃止し、インドでは工業的砂糖生産が始まる
1846年	イギリスは奴隷がつくった砂糖に市場を開放し、インドとジャマイカの砂糖産業が崩壊する
1879年	コンスタンティン・ファールベルクがサッカリンを発見
1884年	砂糖価格の暴落により、世界中で製糖工場、砂糖商、銀行が破綻
1897年	ディングリー関税法が、発達初期のアメリカの甜菜糖産業を保護

ループとビルラ・シュガー・カンパニーの創立者。

ヨハネス・ファン・デン・ボス（1780–1844）オランダの東インド総督で、強制栽培制度を導入してジャワを世界第2のサトウキビ糖輸出国にした。

ヘンドリク・コンラート・プリンセン・ヒアリフス（1864–1953） オランダの化学者で、著名な砂糖専門家。

エドウィン・ラッセルズ、初代ハーウッド男爵（1713–1795） バルバドスの砂糖財閥、ラッセルズ家の一員で、砂糖貿易の有力な資金提供者であり、西インド諸島最大の砂糖プランテーションの所有者のひとり。

エリザベス・(コルトマン・) ヘイリック（1769–1831） イギリスの奴隷制廃止運動の活動家で、広く読まれた小冊子『段階的ではなく即時廃止を』を1824年に発表した。

ピエール・ポワブル（1719–1786） 植物学者で、フランス島（モーリシャス）のパンプルムース植物園の創立者。

ハーバート・マイリック（1860–1927） アメリカ甜菜糖産業の広報係であり、農業専門誌の出版人。

ザカリー・マコーレー（1768–1838） シエラレオネの総督。反奴隷制協会の共同設立者で、『反奴隷制協会月報』誌の創刊編集長。

ジェームズ・ミルン（1815–1899） スコットランドの鉄道技師でインドの地主。持ち運びが可能なベヒーア圧搾機をウォルター・トムソンと共同開発した。

ジョン・ユドキン（1910–1995） 物議を醸したイギリスの栄養学者。『純白，この恐ろしきもの――砂糖の問題点』（1972）などの著書で、砂糖の過剰消費について警鐘を鳴らした。

ペール・ジャン＝バティスト・ラバ（1663–1738） ドミニコ会神父、植物学者、西インド諸島のプランテーション所有者。彼の全6巻から成るカリブ海旅行記は、この地域の砂糖産業の記録でもある。

マヌエル・リオンダ（1854–1943） スペイン生まれの、キューバの砂糖王。ツァルニコー・リオンダ社の共同創立者。

ノーバート・リライオ（1806–1894） ルイジアナ生まれの化学技術者で、多重効用釜の発明者。

ウィリアム・アーサー・ルイス（1915–1991） セントルシア出身の経済学者で、プランテーション社会における経済発展と貧困に関する先駆的な研究でノーベル賞を受賞。

フリオ・ロボ・イ・オラバリア（1893–1983） キューバの貿易商で、世界で最も有力な砂糖ブローカーだったが、1960年に亡命した。

ハーヴェイ・ワシントン・ワイリー（1844–1930） アメリカ人化学者で砂糖の専門家。連邦純正食品・薬品法（1906）の生みの親であり、グッド・ハウスキーピング誌の寄稿者。

登場人物

フランツ・カール・アシャール（1753–1821）　甜菜の根から砂糖を効率的に抽出する方法を考案したドイツ人発明家。

エドウィン・F・アトキンス（1850–1926）　キューバ最大の砂糖生産者のひとりとなり、アメリカ政府の有力なロビイストにもなったボストンの貿易商。

フランシスコ・デ・アランゴ・イ・パレーニョ（1765–1837）　キューバをサトウキビ糖の世界最大輸出国にした立役者。

ウィリアム・ウィルバーフォース（1759–1833）　イギリスの代表的な奴隷廃止論者で、奴隷貿易禁止の立法を求める運動の先頭に立った議員。

ジョゼフ・マルシャル・ヴェッゼル（1793–1857）　低コスト、高効率の精糖システム、ヴェッゼル釜を発明した化学技術者。

ヘンリー・T・オックスナード（1860–1922）　フランス生まれのアメリカ人甜菜糖生産者で、アメリカン・ビート・シュガー社の社長。

ジャン＝フランソワ・カイユ（1804–1871）　ドローヌ＆カイユ真空釜などの蒸気駆動の機械を製造したフランス人。

ジョン・ミドルトン（ジョック）・キャンベル（1912–1994）　イギリス労働党の政治家で、食品卸売会社、ブッカー・マコンネル社の会長。英連邦砂糖協定の交渉にあたった。

ジョン・グラッドストン（1764–1851）　リバプールの商人で、デメララ・プランテーションのオーナー。西インド諸島にインド人年季契約労働者を導入した人物。

アドルフ・クラウス・J・スプレッケルス（1828–1908）　サンフランシスコのドイツ人砂糖精製業者で、ハワイの広大な砂糖プランテーションの所有者。

トーマス・L・チャドボーン（1871–1938）　ウォール街の弁護士で、世界の砂糖市場を規制する1931年のチャドボーン協定の立案者。

ヘンリー・テート（1819–1899）　テート＆ライル社（角砂糖を最初に導入した）の創立者で、イギリスの国立美術館、テート・ブリテンの創立者でもある。

フランソワ＝ドミニク・トゥサン・ルヴェルチュール（1743–1803）ハイチ奴隷の反乱と独立戦争を成功させた指導者。

ラファエル・トルヒーヨ（1891–1961）1930年から暗殺されるまでドミニカ共和国を支配した残虐な独裁者。同国の砂糖産業のほとんどを私物化した。

ルイ・シャルル・ドローヌ（1780–1846）　フランス人化学者で、甜菜糖製造のパイオニア。ジャン＝フランソワ・カイユとともにドローヌ＆カイユ真空釜を開発した。

ヘンリー・O・ハヴマイヤー（1847–1907）　アメリカの砂糖精製業者の第３世代のリーダーで、砂糖トラストとして知られるアメリカン・シュガー・リファイニング社の社長。

ウィリアム・バンティング（1796–1878）　低炭水化物ダイエットのバンティング・ダイエットを考案したイギリスの葬祭業者。

ガンシャム・ダス・ビルラ（1894–1983）　インドのビルラ・インダストリアル・グ

はじめに

砂糖が私たちの生活にとってどれほど重要なものになっているかを知りたいと思ったら、キッチンの棚から包装された食品を取り出し、そこに記された成分表示を見ればいい。砂糖は、ほぼすべての製品表示に記載されているはずだ。砂糖は私たちの食生活を根本から変えたうえ、奴隷制度を通じて人間と人間の関係性にも大きな影響を与えた。さらには大規模な環境破壊も引き起こしている。人類の歴史の大半において砂糖が未知の存在であったことを考えると、これは驚くべきことだ。

私たちが現在使っている普通の白砂糖が日常品になるまでには長い年月がかかったが、それは砂糖の製造が難しいからだ。たとえば塩と比べても砂糖の製造は格段に難しい。植物から複雑なショ糖分子$C_{12}H_{22}O_{11}$、すなわち甘い果糖分子とそれほど甘くないブドウ糖分子が結合した二糖類または複合糖質を抽出するには、工夫と忍耐が必要だ。職人技の技術とコスト、そして時間をかけてつくる白砂糖は生産量も少なかったため、二〇〇〇年前はたいへんな贅沢品だった。だが今日では、巨大な圧搾機やボイラー、遠心分離機を備えた大規模工場が膨大な量の甜菜《てんさい》やサトウキビを数時間で結晶糖に変えてしまう。

粒状の砂糖であるグラニュー糖の歴史は二五〇〇年に満たないし、白い結晶糖の歴史に至っては約一五〇〇年とさらに浅く、アジアでは砂糖は権力と富の証であり、純然たる贅沢品とされていた。当初、砂糖は王族の宴会や儀式に使われるか、薬としてごく少量が利用されるぐらいの用途しかなかった。しかし砂糖の消費は王族だけにとどまらず、やがて中国やインド、中央アジアや北アフリカの成長著しい都市のエリートたちにも浸透していき、さらにはヨーロッパにまで広がった。製糖技術は一三世紀までにじゅうぶん発達し、砂糖はユーラシア全域で主要な商品となった。つまり砂糖資本主義の歴史は、一八七〇年代まで世界の砂糖の大半を生産していたアジアで始まったのだ。

　砂糖が広く商業的に成功したことでサトウキビの圧搾や搾《しぼ》り汁を煮詰める技術に小さな革新が連鎖的に起こり、それがさらに砂糖価格を引き下げた。この七〇〇年で砂糖は世界中の多くの料理に使われるようになり、急速に日々の食生活の一部になった。砂糖を、世界中で生産される品目に育てたのはヨーロッパ人だ。なぜなら甜菜が導入されるまで、ヨーロッパ大陸では砂糖の原料となる作物の栽培が難しかったからだ。したがってヨーロッパの人々が砂糖を好むようになると、その需要を満たす役割はヨーロッパ以外の場所が担うことになり、その筆頭がアメリカ大陸だった。しかしその結果、想像を超える規模の、きわめて残虐な状況が生じることとなった。奴隷貿易によって大西洋を渡ったアフリカ人奴隷、一二五〇万人の半数から三分の二が砂糖プランテーションに送られたのだ。砂糖プランテーションでの労働は、タバコやコーヒーなどのプランテーションでの労働よりはるかに過酷で危険だった。カール・マルクスがあの『資本論』を執筆していた一八六〇年代後半、ヨーロッパや北アメリカの工業社会で労働者が消費していた砂糖の半分は奴隷によって生産されたものだ。[1]

　一九世紀半ば、砂糖は二〇世紀の石油と同様の存在、すなわちグローバルサウスで最も価値のある輸出商品だった。[2]しかし、石油と大きく違い、砂糖はほぼどの国でも生産することができる。ナポレオン・ボナパルトの時代、ヨーロッパはカリブ海産の砂糖から切り離されたため、甜菜糖《てんさいとう》がサトウキビ糖の代替え品になった。たしかに甜菜（ビート）の根からもサトウキビと同様の白い結晶は抽出できるが、その工程にはサトウキビよりずっとコストがかかる。そこで裕福な国々の、有力な甜菜糖カルテルは甜菜を保護する政策をとるよう政府を説き伏せた。おかげで彼らは貧しいサトウキビ生産国と競争する必要がなくなったうえ、過剰生産分の甜菜糖を外国にダンピングすることも可能になった。拡大するグローバル資本主義と強大化する国家が組み合わさったことで、砂糖は人為的に安価な商品にされてしまったのだ。その結果、砂糖は工業生産される食品や飲料に大量に使用されるようになった。いまでは製糖産業の規模も経済力もあまりに巨大化してしまい、市場の非効率性や過剰生産、過剰消費といった問題への対処は、想像を絶するほど困難になっている。

　人類学者のシドニー・ミンツは彼の代表作『甘さと権力――砂糖が語る近代史』で、砂糖の歴史を見れば、現代の消費も世界的不平等も、そして現代の資本主義の登場も、そのすべてが世界で現在進行中のひとつの巨大な変化の一環だとわかると書いている。[3] 資本主義はとてつもない物質的進歩をもたらしたが、そのいっぽうで社会的な不幸や不健康な消費パターン、さらには環境破壊ももたらしており、たしかにその歴史には二つの顔がある。[4] 環境への影響を見ただけでも、砂糖生産については見直すべきだろう。たとえば、現在西ヨーロッパで暮らす人々の砂糖と甘味料の年間消費量はひとりあたり平均四〇キログラム、北アメリカではなんと約六〇キロにものぼる。では、もし世界中の人々がヨーロッパ人と同等の量の砂糖を消費したらどうなるだろうか。世界の砂糖生産量は現在の一億八〇〇〇万トンから三億八〇〇〇万トンに増えることになる。また、最近では、サトウキビの単位面積あたりの生産量を増やすことがほぼ不可能なため、砂糖の消費量が増えれば作付面積もそれに比例して増えることになる。さらに現在ではいわゆるバイオ燃料としてエタノールの生産が進んでいることもあり、サトウキビの作付面積はすでにこれまでにないほど拡大しているという事実も忘れてはいけない。

いま、大量に砂糖を生産する砂糖産業は医学界にとっては手ごわい敵になってきており、医学界は過去一世紀にわたって、砂糖の過剰摂取に警鐘を鳴らしてきた。[5] 人間の代謝が進化したのはカロリーが豊富な時代ではなく、食料が不足していた時代だったため、現在の私たちはその結果におおいに悩まされているのだ。砂糖はすでに多くの人の健康を損なっているが、この状況はさらに悪化するだろう。砂糖の過剰摂取は肥満につながり、肥満にともなって起こる二型糖尿病の発症率は、これから数十年のうちに驚くべき速さで上昇すると予測されている。[6] 一九九九年、世界保健機関は肥満をパンデミックと宣言したが、この宣言はほとんど注目されなかった。結局のところ砂糖はウイルスではないため、静かに大惨事が起こっていても見過ごされてしまうのだ。

本書は砂糖についてだけでなく、砂糖の歴史、すなわち人間がつくってきた砂糖の歴史についても紹介している。それは砂糖を生産するために畑から工場までのすべての過程で過酷な労働をしてきた何百万人もの労働者の物語だ。同時にそれは抵抗の歴史でもある。奴隷たちの、現代のサトウキビ糖や甜菜糖労働者たちの、そして大企業にサトウキビを納入する代わりに自分たちで粗糖をつくろうと努力した何百万人もの農民たちの抵抗の歴史だ。また、砂糖の歴史においては大手製糖企業も重要な当事者だが、一般にその経営を担う実業家は緊密な家族のネットワークで事業を展開している。大手生産者は国籍も人種的背景もさまざまだが、サトウキビ糖の生産者の多くは熱帯地方にそのルーツを持っている。彼らは世界に先駆けて蒸気動力を利用し、物理や化学の画期的な知見を砂糖の精製に採用した人々だ。彼らはまさに工業の近代化を広めた「植民地の砂糖ブルジョワジー」だったが、その進歩的姿勢は自分たちの階級の利益追求という狭い範囲に限られていた。彼らは巨大なカルテルを築き、労働者や自然を無慈悲に搾取した。[7] 本書では、砂糖産業において世界で最も有力な一族であるエジプトのカーリミー商人、ヴェネツィア出身のキプロスのコルナーロ家、バルバドスのラッセルズ家、アメリカのハヴマイヤー家とファンジュール家、そしてインドのビルラ家についても取り上げる。本書の冒頭には、砂糖の世界の立役者たちのリストを用意したので、読者はそちらも参考にしてもらいたい。

二〇〇〇年以上にわたる砂糖の歴史は、地球的規模の驚くべき物語であり、その歴史の重要な出来事も本書の冒頭の年表に記した。人類は何世紀もかけて製糖技術を完成させ、高度な産業的、商業的目標を達成するために化学的奇跡の謎を解き明かしてきた。かつて水に溶ける白い黄金と言われていた砂糖はいまや、ありとあらゆる食品に含まれている。この現実が内包するのは人間の創意工夫——天然の物質より甘い物質を大量生産商品に変えるという工夫——の歴史だ。砂糖が今、広く行きわたっていることは進歩の証だが、同時にそれは人間の搾取、人種差別、肥満、環境破壊といった負の側面ももたらした。砂糖は比較的最近誕生したものであり、私たちはまだそれをコントロールする術も、砂糖を昔のような「甘い贅沢」に戻す術も学んでいないのだ。

第1章　アジアの砂糖の世界

一八二六年九月のある暑い日、イギリス陸軍の若い将校、ロバート・ミニャンはペルシアのフーゼスターン州に流れるカルーン川のほとりに立っていた。このとき彼は、川沿いに何キロも続く巨大な遺跡の石を寄せ集めてつくった、なんの変哲もない小さな村から出てきたところだった。彼が読んだ古い（おそらくペルシアの）文献によると、その遺跡は一三世紀初頭のモンゴル侵攻時に略奪された町らしかった。ミニャンはそこで、送水路や橋、寺院、宮殿の遺跡を見たが、一見しただけではそれが何かわからないものもあった。「どちらを見ても、中央に穴のあいた円形の平たい石が積み上げられていた。穀物を挽《ひ》く目的で使われていたようにも見えたが、それにしては巨大すぎた。どれも直径が四フィート［一・二二メートル］、五フィート［一・五二メートル］、六フィート［一・八三メートル］はあり、なかには文字が書かれているものもあった」と彼は書いている。[1] こんな大きな石を穀物用に使っていたはずはない、おそらく「砂糖工場」で使われていたのだろうとミニャンは考えた。じつはこの石は多くの製糖工場から集められてきたものだった。今は森林に戻っているが、かつてその川沿いには畑があり、そこで栽培されていたサトウキビをその工場ですりつぶしていたのだ。ミニャンはこのとき偶然にも、非常に重要な、しかしすっかり忘れ去られた砂糖産業の遺跡に出くわしたのだった。[2]

一九世紀初頭、ヨーロッパの探検家や言語学者、歴史家、そして地理学者たちは、アジアの砂糖経済の歴史と規模を明らかにした。彼らはすでに、インドや中国が大西洋地域の砂糖と同等、あるいはそれ以上の品質の砂糖をつくっていたことを知っていたし、その砂糖がアジア全域はもとより、ヨーロッパや北アメリカでも取引されていたのも知っていた。たとえば中国の砂糖は、ヨーロッパの貿易商がひとりも関わることなく、アジアのすみずみまで行き渡っていた。ミニャンと同時代を生きた外交官で、探検家でもあったアレクサンダー・バーンズは、ベストセラーとなった中央アジアの旅行記のなかで、その砂糖の交易ルートを驚きとともに次のように記している。「砂糖はまず中国からボンベイに送られ、そこから船でブシールに運ばれ、その後は内陸をテヘランとカスピ海沿岸に輸送され、さらにまた積み替えられて砂漠を横断し、ヒヴァまで運ばれていた。だがヒヴァにはロシア人が輸出したわれらが西インドの砂糖も持ち込まれていたため、アメリカと中国の砂糖は中央アジアで競合することになった」。[3] バーンズもミニャンも、そして大英帝国の他の人々もアジアに来て初めて、自分たちの知る大西洋の砂糖経済をはるかにしのぐ歴史と規模を持つ砂糖の世界に遭遇したのだ。

ミニャンが訪れた遺跡は、五世紀から続く結晶糖の製糖工場だった。アフワーズからそう遠くないグンデシャープールの病院で砂糖を製造していた人々は、沸騰するサトウキビの搾《しぼ》り汁に石灰や他のアルカロイドを加えてpH［ペーハー］を上げ（こうすればショ糖がブドウ糖と果糖に転化するのが防げる）、結晶化させる方法を発見したのだろう。搾り汁が冷えて固まったら、それをすくって鍋に入れる。この鍋は底に小さな穴があいていたと思われ、この穴のおかげで糖蜜――成分はショ糖以外の粒子と結晶化しないショ糖――が鍋底から したたり落ち、鍋には白砂糖の結晶だけが残るのだ。[4] サトウキビの栽培方法とサトウキビから砂糖を抽出する方法は、アフワーズとグンデシャープールからチグリス・ユーフラテス・デルタ、さらにシリアへと伝わった。その結果、九世紀には地中海の東海岸がサトウキビ栽培の中心地となった。[5] いっぽう南に枝分かれした製糖技術はその後ナイルデルタに達し、ナイルデルタはアラブ世界の大半と中世ヨーロッパ向けの砂糖を生産する中心地となった。アラブ人とベルベル人は、その技術を地中海の領土はもちろん、東アフリカの沿岸やザンジバル、マダガスカルまで広めた。一六世紀の旅行家、ポルトガル人のバルボーザは、マダガスカル島でサトウキビが繁茂しているのを目撃しているが、砂糖をつくる技術は忘れ去られていたらしい。[6] サトウキビは中央アフリカの大湖地域や東アフリカのキリマンジャロのふもとでも栽培されており、ヴィクトリア朝時代の探検家、リヴィングストンやバートン、ソーントンがそれを記録に残している。

インド――ここですべてが始まった……

かつて白い結晶糖は、貴重な珍味だった。白い結晶糖は、それが誕生してからほぼずっと、地球上でも最も豊かな人たちだけが手に入れることのできる贅沢品だったのだ。いっぽうサトウキビはと言えば、アジアの多くの地域でいたるところに生えており、そこから北アフリカ、南ヨーロッパ、新世界へと伝わっていった。もしサトウキビをしがむだけなら、鋭い大きなナイフが一本あればこと足りる。農村部の住人は、サトウキビを畑で採り、都会の人々は露天商から買っていた。地理学者のカール・リッターによれば、マニラからサンドウィッチ諸島、リオデジャネイロにいたるまで熱帯地方の子どもたちはみな、その手にサトウキビを持ち、キャンディ代わりに噛《か》んでいたという。[7]

サトウキビを加工する際の第一段階は、まず搾って、汁を採ることで、いまも南アジアでは露天商がこの搾り汁を売っている。この搾ったばかりのおいしいジュースはその日のうちに飲まなければいけない。というのもサトウキビは収穫されたとたんに発酵を始めるからだ。けれどサトウキビの搾り汁を煮詰めて固形物

1915年。ジャワでサトウキビを売る行商人たち。サトウキビは今でも人気で、噛んで楽しむスイーツとして世界中で売られている。

にすれば、数カ月は保存がきく。この作業は、何千年も前に北インドのどこかで農民たちが始めたと思われる。彼らはサトウキビの搾り汁を火にかけて煮詰め、グルと呼ばれる茶色い粗糖をつくり、この塊を毎冬、畑仕事に出る前に食べていた。また、グルの塊は農民の冬場の朝食としてだけでなく、エネルギー・バー（手軽にとれる栄養補助食品）としても重宝されていた。疲れきった巡礼者たちは親切な村人からもらうグルで体力の回復を図り、中央アジアへの旅行者は、極寒のヒンドゥークシュ山脈の高地を抜けるとき、このグルを食べることで苦しい呼吸をなだめた。また、兵士たちに与えられる兵糧にもグルが入っていたし、じつは動物もグルを食べていた。長距離、荷車を引く馬や牛にはグルが与えられ、宮殿で飼育されていた象たちもグルを混ぜた干し草を噛んでいたのだ。[8]

北インドでは、サトウキビを収穫し、その搾り汁を煮詰めて塊にするという作業が、農業サイクルにしっかり組み込まれていた。圧搾作業は、稲やその他の作物の収穫が終わった直後の一一月に始まる。サトウキビは高級な作物なので、たいていは村でも裕福な五家族から一〇家族が、家畜や労働力を出し合って作業をした。サトウキビを圧搾する圧搾機は村の共有物であることが多かった。というのも、それを個人で所有して採算がとれるほどの土地を持つ者はほとんどいなかったからだ。サトウキビ畑を持たない労働者は一般に、労働の対価としてグルを現物支給されていた。実際、グルは村の通貨として機能し、理容師や祭司、吟遊詩人、大工、鍛冶屋などのあらゆるサービスに対し、その対価として使われていた。村の経済はグルによって円滑に回っていたのだ。したがってグルをめぐって金銭をやりとりするのは、村外にグルを売るときだけだった。[9]

インドの農村部の砂糖は、べとべとした茶色の塊で、今日の私たちが知る白い結晶糖とはまったくの別物だ。しかし先にも述べたように、そのようなグラニュー糖をつくる技術はすでに五世紀にはペルシアで知られていた。また、北インドでは、その三〇〇年前から製造されていたというエビデンスもある。じつはそういった粒状の砂糖が生まれたのはそれよりさらに数百年前で、紀元前五〇〇年から紀元前三〇〇年のあいだには、サンスクリット語で粗い粒子を意味する「サッカラ」という言葉が使われていた。[10] インドとササン朝帝国の広範な交流を通じて、粒状の砂糖の製造方法はペルシアのグンデシャープールに伝わり、そこからさらに西へと伝わっていったのだ。[11] 東方では、おそらく紀元前二〇〇年の初めにはインドの砂糖が中国に伝わっていたと思われる。その八〇〇年後、インド仏教の僧は長い旅の末に製糖技術を中国の宮廷に伝え、その技術はやがて都市部にも浸透していった。[12]

紀元一〇〇〇年の終わりには、白砂糖はアジア全土に知られるようになった。しかしユーラシアに誕生したばかりの初期資本主義経済において、砂糖が商業品目へと進化するまでには、さらに数世紀を要した。白砂糖をつくるには多大な労力が必要なため、金《きん》による支払いが必要だった。しかし当時、ほとんどの人は砂糖を知らなかったし、砂糖を必要としてもいなかった。蜂蜜やもち米、オオムギなどの非ショ糖、もしくはほぼ非ショ糖の甘味料があったからだ。そのため白砂糖は、何世紀ものあいだ贅沢品であり続け、中国の皇帝やインドの支配者、エジプトのカリフ、ペルシアの宮廷、のちにはヨーロッパの君主や王子たちの富と権力の象徴とされていた。

今日、サトウキビや甜菜はものの数時間で白い結晶糖に姿を変えるが、一九世紀半ばまでは加工に何週間もの時間がかかったうえ、その技術を知る人も少なかった。スコットランドの旅行家で医師、そして植物学者でもあったフランシス（ハミルトン）・ブキャナン（一七六二～一八二九）は、インドの藩王国のなかには、白砂糖の製造を依然として王族の特権としているところもあり、何世代にもわたって父から子へと受け継がれてきた秘伝の方法で砂糖をつくっている地元の支配者もいる、と記している。[13] それでもブキャナンは、インド全土で実践されていたさまざまな製糖方法について記録を残している。その方法は、粗糖を入れた袋から糖蜜を搾り出すといったものから、底に穴のあいた陶器の容器に砂糖の塊を入れるといった方法まで幅広い。残っている糖蜜を取り除くために、インドの製糖業者は砂糖の塊の上に水草を置いていた。水草からしたたり落ちる水で、結晶よりも水に溶けやすい糖蜜を洗い流すのだ。[14] こうすることで、ほぼ三分の一が白砂糖として残る。あとの三分の二は糖蜜だが、この糖蜜も食用や家畜の餌、蒸留酒の原料として利用されていた。

砂糖の精製業者は代理人を通して砂糖を調達していた。代理人は農村部に出かけていき、サトウキビ畑で育っているサトウキビを調べてから、前払いで代金を支払う。精製業者は、半年分の前金に対して、一七％から二〇％の利子を請求したが、それでも農家にとってはありがたい副収入だった。そのうえ、グルを生産するのは作物を収穫したあとの農閑期だったから、農家にとっては経済的コストがほとんどかからなかった。[15] 農家が生産した粗糖にはまだ食物繊維がたっぷり含まれていて腐敗しやすかったため、都市部の精製業者はこの腐敗しやすい粒子の大半を取り除いて上質な「カンサリ」（水草を使って精製した砂糖）、別名「クアンド」をつくっていた。純度が高ければ何年も保存が可能だからだ。こうして砂糖はインドの市場経済の一角を担うようになっていった。

マルコ・ポーロは、サトウキビの栽培が盛んなベンガルで、商業的砂糖生産が隆盛を極めていたのを目にしている。彼がベンガルを訪れた一三世紀後半、サトウキビ栽培はすでに北インド全域に広がっており、デリーには大きな砂糖市場があった。そして一四世紀後半、ベンガルのスルタン、フィーローズ・シャー・トゥグルクはヒンドスタン平野における運河建設プロジェクトを通じてサトウキビ栽培をさらに推進した。[16] その結果需要の増加を受けてサトウキビの加工技術が発達し、ベンガルではサトウキビを手作業で圧搾する手間のかかる手法はすたれ、牛が回す杵と臼《うす》で圧搾する方法が採られるようになった。

古い圧搾機のなかには現存するものもあり、石の臼に美しい彫刻が施されているものもある。砂糖づくりは、砂糖の煮沸職人という独自のカーストが行う職人技となっていった。[17] 製糖業は専門職となって砂糖交易は繁栄し、砂糖資本主義はインドの都市部にしっかりと根を下ろした。農民の砂糖を買い付ける精製業者を通じて、砂糖資本主義は農村部にも広がった。これにより村の経済にお金が持ち込まれ、マルコ・ポーロがインドを訪れたころには、賃金労働と貨幣経済は確実に定着していた。[18] もし資本主義を「民間の起業家が、利益を目的として行う、労働と自然の継続的な商品化」と定義するのなら、インドの砂糖部門は明らかに資本主義のダイナミズムを示していた。

当初、インドの砂糖交易は陸路が中心だった。インドから中央アジアに向けて出発した隊商は、アフガニスタンを抜けてヘラート、カンダハル、またはインドと中央アジアの交易の中心地であるカブールに向かい、そこからさらに現在のウズベキスタンであるブハラやサマルカンドへと進んだ。大規模な隊商は、精製度の高い砂糖菓子など多くの商品を中央アジアの奥地、現在のトルクメニスタンにまで運んだ。[19] サトウキビの栽培が拡大すると、コストの安い海上輸送がインドの陸上輸送に暗い影を投げかけはじめた。バルボーザは一六世紀、白砂糖はもはや高級品ではなく、ベンガルにとっては主要貿易品目になっていると語っている。また一七世紀には、インド、ムガル帝国の宮廷医師だったフランソワ・ベルニエが、ガンジス川沿いに五〇〇キロメートルも内陸に入ればサトウキビはあらゆるところで栽培されていると指摘している。ベンガルを流れる川では多くの舟がさまざまな等級の砂糖、糖蜜、アルコール飲料を運んでいた。その後、砂糖は海上輸送用の船に積み替えられ、南のセイロン（スリランカ）へと運ばれ、そのあとはペルシア湾やアデン湾と大規模な砂糖貿易を行っていたインドの西海岸に運ばれた。[20]

マルコ・ポーロの時代以降、インドではベンガル地方以外でもサトウキビ栽培が拡大した。やはり一七世紀に南アジアを旅したオランダの地形学者、ヨハネス・ド・ラートも、アグラとラホールのあいだに広がる何千平方マイルもの農地の多くには大規模な灌漑システムが整備されており、そこではさまざまな作物、とくにサトウキビが栽培されていたと伝えている。[21]サトウキビはインド亜大陸南東部から西海岸まで広がるヴィジャヤナガル王国でも栽培されており、古代の碑文にも灌漑による砂糖栽培が行われていたことが記されている。[22]ベンガルと同様にこの地域でも、南インドの砂糖需要拡大を受けて新たな圧搾技術が発達した。この地域では水平のローラーを二つ備えた圧搾機が主流で、これは北インドの杵と臼を使った圧搾機より繊維質がずっと少ない搾り汁をつくることができた。その後、ゴアのポルトガル人居留地を通じて別の革新が生まれた。それが、アメリカのスペイン植民地発祥の垂直三ローラー式圧搾機で、これが普及したことでインド南部の一部地域の砂糖産業は、北部の砂糖産業のさらに先を行くことになった。[23]

フランスの国王ルイ一四世の使者でスパイでもあったバルテルミー・カレ神父によれば、インドで最高級の砂糖が売られていたのは、今日のムンバイ近郊にあったポルトガル領の町、バサインだったという。その砂糖は、ペルシアやアラブ世界に輸出され、大きな利益をもたらしていた。この海上貿易における結節点となったのが、インド北西部沿岸の有名な港町、バティカラ、スーラト、カンベイだった。一六七〇年代、東インド会社に雇われていた外科医、ジョン・フライヤーは、スーラトの後背地、グジャラートでは大量の砂糖を生産していると報告している。グジャラートの町、アーメダバードでは精製業者が粉状の白砂糖を棒砂糖にし、それを船で西へ、遠くはハドラマウト（イエメンの町）の沿岸まで運び、そこからは隊商がアラビア半島の奥地へと運んでいた。いっぽう東への輸送では、砂糖はマラッカまで運ばれると、そのあとは大規模なグジャラートの商人ネットワークによって売りさばかれた。[24] 一九世紀に入ると、インドのカンサリ砂糖はヨーロッパにも供給されるようになる。イギリスの奴隷制廃止運動が広がるにつれ、西インド諸島の奴隷が生産した砂糖の是非をめぐる議論が激化したため、西インド諸島産の砂糖に代わる砂糖として、インド産の膨大な砂糖の一部がイギリスに入ってくるようになったのだ。

中国の砂糖と貿易

中国に、一三四六年にやってきたと思われる、マグリブのベルベル人学者で探検家のイブン・バットゥータは、「ここにはエジプトと匹敵する、いやそれ以上の品質のサトウキビが豊富にある」と言っている。[25] エジプトと中国の両方を訪れていた彼の判断はおそらく正しかっただろう。マルコ・ポーロによれば、中国の福建省は世界最大のサトウキビ生産地で、砂糖の商業生産の拡大は稲作を押しのける勢いだったという。[26] 宋の時代（九六〇～一二七九）、砂糖の消費は宮廷から一般大衆へと広がり、薬やペストリー、砂糖漬け、飲料などに使われ、マルコ・ポーロの時代には、砂糖は中国の料理本の多くに登場し、菓子や食用の彫刻にも使われていた。また、菓子売りの姿は都市生活の日常の一部になった。いっぽう、砂糖の利用は農村部にも広がったが、まだ祭りなどの行事で使われる贅沢品だった。マルコ・ポーロが中国に来る一世紀以上前、氷砂糖はすでに福建省――とくに福州――からカンボジアやシャム（現在のタイ）、シュリーヴィジャヤ（スマトラ)、さらにはマレー半島の北部の都市にも輸出されており、おそらく日本にも送られていた。[27]

インドでもそうだったように、砂糖貿易の拡大は、それほど人手がかからない生産方法を生み出した。したがって一四世紀になり、中国の砂糖精製業者が糖蜜から直接結晶糖をつくる方法を身につけると、宋の時代に開発された精巧な職人技はすたれ、新たな方法で砂糖がつくられるようになった。彼らはサトウキビを短く切り、皮をむき、つぶして煮てから、汁を搾った。サトウキビをつぶしてから煮ることで、ショ糖が壊れた細胞壁を通って出てくるのだ。そうやって煮出した汁を布で濾《こ》せば、不純物がきわめて少ない砂糖の塊ができる。それを二週間ほど置いておくと、その中に、大きくて透明で、ほぼ真っ白な砂糖の結晶ができてくる。この大きな結晶は、宋の宮廷で非常に人気が高かった。[28] しかしマルコ・ポーロが中国を訪れたころにはすでに、この労働集約的な製造方法では拡大する消費者市場の要求に追いつかなくなっていた。マルコ・ポーロは、都市部の精製業者が、農民のつくったきめの粗い茶色い砂糖を、炭を使って精製する方法について記しているが、じつはそれは、中国人が外国人から学んだ手法で、この外国人というのは、エジプト人だと学者たちは考えている。[29] 実際のところ、中国とアラビアの国々は七世紀以降、広く交流していたため、アラビア世界の技術は中国にもよく伝わっていた。中国船ははるかペルシア湾まで航海していたので、砂糖貿易を手がけるイランやアラビアの商人のなかには、広東に店を持つものさえいたのだ。[30]

明王朝時代（一三六八～一六四四）の末期、福建の砂糖生産は急速に拡大し、揚子江以南の広大な地域にある人口一〇万人以上の都市の多くに砂糖を供給していた。そのため商人たちは農村部に出向いては、サトウキビを栽培してもらうための前金を農民に配っていた。いっぽう、東南アジアの市場も成長を続けており、ポルトガルは日本との砂糖貿易を開始。その後、オランダもそこに加わった。砂糖貿易の拡大は、糖蜜と結晶の分離を加速するさらなる革新を促した。円錐形の容器に砂糖の塊を入れてその上に水草をのせるというインド方式のバリエーションとして、中国人は水草の代わりに粘土を使った。粘土が砂糖の結晶に沿ってゆっくりと水を放出し、結晶と糖蜜を分離させるのだ。この手法は中国だけでなく、地中海や大西洋地域にも広まった。

原則的には、これで精製された白砂糖ができあがるわけだが、粘土の味が残ることがあったため、ヨーロッパではこの手の砂糖はおもに果物の砂糖漬けに使われていたらしい。[31] 明時代後期（一七世紀初め）にサトウキビの栽培が盛んになった中国南東部では、木製のローラーを使った圧搾機はすたれ、石を二つ使った輪転圧搾機が利用されるようになった。印刷機の起源をめぐる議論と同様、この圧搾機の起源についても論争がある。中国発祥で、それをヨーロッパ人がアメリカ大陸のプランテーションで採用したという説もあれば、もともとヨーロッパにあったもので、それがイエズス会の聖職者によって中国に導入されたという説もあり、真相はいまだにわからない。中国人とヨーロッパ人がそれぞれ別個に、同様の圧搾機を開発したという可能性もおおいにあるのだ。[32] いずれにせよ中国では、荷馬車や船で簡単に輸送できるこの安上がりな圧搾機が時代を超えて生き残り、中国人移民はこれを東南アジア全土に普及させた。

砂糖を煮詰める工程にも根本的な革新が起きた。というのも砂糖生産が拡大するにつれ、燃料となる薪が急速に不足していったからだ。省エネルギーの方法を探していた中国の製糖業者たちは、一カ所で火を燃やし、そこから煙突へと続く煙道の上に大釜をずらりと並べた。研究者のスケータ・マズンダーは、「複数の開口部があるコンロ」の原型とも言えるこの装置はおそらく、オランダ人がジャワの工場で見て、それをすぐに真似、自分たちのブラジルのプランテーションに導入し、そこからカリブ海地域全土に広まったのだろうと言う。[33] 一七世紀、製糖技術はすべての文化的境界を超え、驚くべきスピードで広まった。そしてもし、新しい圧搾機や他の機器で採用されないものがあったとしたら、たいていの場合そこには、合理的な経済的理由があった。

サトウキビの作付面積が増え、圧搾や煮沸の技術が向上したことで、福建省は東南アジアに砂糖を輸出する主要地域になった。[34] 日本もまた、福建省の砂糖の輸出先だった。日本人は七世紀あるいは八世紀ごろには砂糖の存在を知っていた。おそらく遣唐使や仏教の僧が中国から薬として砂糖を持ち帰ってきたのだろう。しかし消費が本格的に拡大したのは、一六世紀にポルトガル人が日本にキャンディやキャラメル、クッキーを持ち込み、砂糖が伝統的な餅や団子にも使われるようになってからだ。[35] 一七世紀初頭、日本での砂糖需要の高まりを商機とみた中国人は、明朝の砂糖貿易禁止令に背き、およそ一〇〇隻の船団を組んで日本との交易を始めた。彼らは唯一開かれていた長崎の港で、年間最大三〇〇〇トンの砂糖を陸揚げした。[36]

一七世紀、中国南東部やヒンドスタン平野の砂糖生産量が、大西洋地域の植民地のそれを大きく上回っていたことは間違いない。しかしこの地域には、大西洋地域のような輸出拠点の植民地は存在しなかった――だがそれは、ただ一カ所の例外を除けば、の話だ。一八世紀初頭に砂糖を輸出していた世界最大の植民地は大西洋地域にあったと思う向きも多いかもしれないが、じつはそれは中国のすぐ近くの島、台湾だった。この新たな砂糖のフロンティアが誕生したのは、砂糖やその他の作物の商業生産が中国南東部の住民に与える負担が、大きくなりすぎたからだった。というのもその当時、中国南東部の人口密度は世界最大となり、非常に不安定な段階に入っていたからだ。小作人の負債は増えるいっぽうで、一六二〇年代から一六三〇年代にかけて、農民は自分たちを搾取する地主に対して蜂起した。その結果、この地域は大混乱に陥って明王朝は崩壊し、その後継となる清王朝への扉が開いたのだ。[37]

中国南東部の砂糖を日本に売ろうと計画していたオランダ東インド会社（オランダ語で Vereenigde Oostindische Compagniem 略してＶＯＣ）にとって、この混乱は大問題だった。一六〇九年当時、ＶＯＣは徳川幕府から長崎港に寄港することが許された唯一のヨーロッパ企業だったが、中国の混乱を見た彼らは方針を変え、台湾を世界で最も重要な、砂糖フロンティアのひとつにしようと考えた。ＶＯＣが、人口希薄で肥沃な土地を有するこの島に足場を築くと、台湾の総督は島にサトウキビ栽培を導入し、その栽培に長けた中国人労働者を呼び寄せた。オランダは一六六二年に台湾から駆逐されたが、彼らの当初の努力が、結果的には台湾を世界最大の砂糖輸出地に押し上げることとなった。一八世紀初頭、台湾では一〇〇〇を上回る製糖工場が、六万トンの砂糖を生産していたといわれる。これは当時、大西洋最大の砂糖生産国だったブラジルの生産量をはるかに上回る数字だ。労働者の大半は、中国本土からやってきた男性の出稼ぎ労働者で、彼らは東南アジアのプランテーションや炭鉱で働く中国人労働者の一般的な形態である公司、すなわち会社を組織していた。[38] サトウキビの圧搾では、農民たちが協同組合をつくり、自分たちの牛を出し合って圧搾機を回していた。また、民間の起業家が製糖工場をつくり、五〇人から一〇〇〇人ほどの農民とサトウキビの供給契約を結ぶという形態もあった。どちらのケースでも、そのシステムの頂点にいたのは、砂糖と米を中国本土に輸出する卸売業者だった。[39]

一八世紀半ばになると、台湾の砂糖輸出は停滞したが、そのころには広東の砂糖生産が息を吹き返し、綿花とともに中国の沿岸貿易の最重要商品のひとつとなった。量としては少なかったが、中国の砂糖はインド洋全域でも取引され、一部はヨーロッパへも売られていた。一九世紀に入ってもなお、広東省や福建省では砂糖のほうが米より人気が高く、利益も大きい作物だったので、広東省のいくつかの郡では、二世帯のうち一世帯はサトウキビを栽培していた。[40] しかしこれほど商業化が進んでもやはり、インド同様に中国でもサトウキビは農家が栽培する作物であり、大西洋世界のように栽培と製糖が一カ所に統合されることはなかった。明朝に対する大規模な反乱が起こったのは、小規模自作農が奴隷化したことがおもな原因だったため、清の皇帝たちは大規模な砂糖農園の出現を防ぎ、小規模農家の保護に気を配ったが、それでも農村部における砂糖生産の商業化や農民の搾取を止めることはしなかった。

都会の資本家は、高金利の前払い金や、安いサトウキビ価格に加え、サトウキビの圧搾や煮沸に高い手数料を取ることで、農民を搾取していた。このような商人たちは代理人を農村部に派遣し、畑で栽培されているサトウキビの本数に基づいて前払い金を支払っていた。また彼らは、圧搾や煮沸を担うチームを組織することも多かった。一八世紀の旅行家、チャールズ・グスターヴァス・エックバーグによれば、サトウキビは収穫されると川岸へと運ばれるが、そこには製糖業者がつくった「竹と筵《むしろ》でできた小屋があった。この小屋の片側に鉄製の大きなボイラーを備えた炉があり、もういっぽうの側が広い板張りで、そこでは二頭の牛が角張った木製のローラーを回していた」という。[41]

『六十七番社采風図』の「台湾の未開村の図」(1744–1747)の製糖工場。18世紀初め、台湾は世界最大の砂糖輸出地だった。

ここで本領を発揮したのが、仕組みが単純で持ち運びも容易な二本ローラーの圧搾機で、これなら商人たちも、地元の水路を使ってボイラーと一緒に畑へと運ぶことができた。北ヨーロッパの精糖所では、砂糖を再度煮詰めてショ糖以外の粒子を取り除く際、燃料として薪や泥炭、石炭を使っていたが、燃料の薪が不足していた中国の精製業者は砂糖を天日で干し、漂白していた。こういった職人の技術と工夫のおかげで、中国の砂糖は一九世紀に入ってもなお世界中で人気が高かった。

いっぽう日本は、自国の砂糖部門を自給自足の軌道に乗せた。砂糖消費の拡大を心配した幕府は、国内生産を奨励し、砂糖の輸入に一定の上限を設けた。一八世紀の初めに幕府が琉球諸島（中国と九州のあいだにある列島で、中国がサトウキビ栽培を導入した）の支配権を獲得すると、幕府は島民に、日本市場への砂糖供給を奨励した。幕府はまた、琉球の島々からサトウキビの苗木を取り寄せ、気候の暖かい日本の南の島々に配布。[42] 日本の南部に位置する四国は、菓子に使われるきめの細かい砂糖「和三盆」の生産で有名になった。つくり方は、布に包んだ粗糖を水とともにもんで糖蜜を取り除き、このプロセスを三回繰り返したのち、三日間乾燥させるというものだ。これと米粉を混ぜ、型に入れて固めれば、繊細で美味しい菓子ができあがる。茶会に招待された客は、苦い濃茶を飲む前に、この和菓子を口に入れていた。当時、料理に砂糖は使われていなかったので、年間の消費量は人口ひとりあたり二〇〇グラム未満と少なく、そのおかげで、日本は一九世紀の大半を、砂糖を輸入せずに切り抜けることができた。[43]

東南アジアにおける中国の砂糖

中国のサトウキビ栽培農家は、海を渡って台湾に向かっただけではなく、やがて彼らの姿は東南アジア全域で見られるようになった。中国人の商業ネットワークの支援のもと、人口が過密になっていた中国南東部の農民たちは、海を越え、山を越えて製糖技術を東南アジアに広めたのだ。[44] 砂糖は東南アジアのほとんどの地域で取引されていたが、中国人労働者が圧搾や精糖の技術を持ち込むまで、現地では砂糖を生産していなかったと思われる。[45] 先にも述べたように、中国本土ではサトウキビは農民が栽培する作物で、稲作の栽培サイクルに統合され、精糖は都市部の精製業者が受け持っていた。しかし台湾や東南アジアは違った、というか少なくとも最初のうちはそうではなかった。中国の外では、畑と工場が一体化した砂糖農園が出現していたのだ。たとえばバタヴィア周辺の中国系製糖工場では、おもに監督職や、圧搾機、煮沸機の操作を担当する中国人の出稼ぎ労働者に加え、労働者や奴隷をジャワの首長たちを通じて雇っていた。[46]

この中国人の海外進出は一九世紀に入っても続き、やがてハワイにまで達した。一七七八年、クック船長は最初のヨーロッパ人としてハワイの島々を訪れたが、その後はすぐに白檀を商う中国人貿易商たちがこれらの島を目指すようになった。一八〇二年、この貿易に携わっていた一隻の船が、圧搾機一台とボイラーをハワイに持ち込んだ。その後も多くの圧搾機とボイラーが持ち込まれたが、そのすべてはハワイ人の妻を通じて土地を手に入れた中国人が所有し、利用していた。だがこれは、ヨーロッパの船が東アジアや南アジアを訪れるはるか前に始まり、その後、広い地域に広まった中国人による砂糖生産という長い物語の最終章でしかない。イブン・バットゥータが福建省を訪れ、砂糖輸出が伸びていることに気づいたとき、すでに中国ではサトウキビ農家や製糖業者の移民が始まっていたのかもしれない。

一四世紀に中国人貿易商の拠点として賑わった琉球諸島は、おそらく中国の砂糖にとって最初の海外フロンティアであり、その後は、東南アジア本土やジャワ島の西端へと進出は続いた。フィリピンにやってきた中国人移民は、北部の大きな島、ルソン島に砂糖を持ち込んだが、それはフィリピンにスペイン人がやってきた一六世紀初めよりはあとのことと思われる。[47] スペイン統治下、フィリピンには牛が石のローラーを回してサトウキビを圧搾する小規模製糖所が何千カ所もあったが、中国人入植者はそのような工場で作られた砂糖の精製と再包装作業だけに従事していた。[48] そしてマニラのファルデリア（砂糖を乾燥、包装する場所）では、中国人の砂糖商人がこの砂糖を輸出できる状態にしていた。また、イギリスやアメリカの商人の働きもあり、輸出量は一七八九年から一八三一年のあいだに四倍の一万三〇〇〇トンを超え、バルバドスなどのカリブ海の中堅生産国の生産量に匹敵するまでになった。[49]

中国人起業家たちは東南アジア全域に砂糖農園を設立し、生産量の大半は国際的な砂糖貿易に供給された。たとえば中国から入植した製糖業者によって、シャムはＶＯＣの砂糖供給国となった。[50] コーチシナ（現在のヴェトナム南部）を訪れたフランスの著名な植物学者、ピエール・ポワブルは、一七四九年から一七五〇年にかけて中国系の砂糖産業がいかに繁栄していたかを伝えており、彼はその生産量を年間四万六〇〇〇トンと推定している。この数字は少々大げさかもしれないが、それでも、拡大する中国市場の需要に応える砂糖産業の一端を彼が目撃したことは間違いない。[51] ポワブルがコーチシナを訪れた数十年後、政治的混乱と軍事衝突によってシャムとコーチシナの砂糖生産量は大きく落ち込み、一九世紀初めには褐色で未精製の砂糖を数千トン生産するのがやっとになってしまった。[52]

しかしこのころ中国南東部では飢饉と暴力が蔓延していたため、何千人もの農民がシャムに渡って砂糖産業を再生させた。[53] シャムの代理司教、ジャン＝バティスト・パレゴワによれば、シャムには中国人が所有する砂糖プランテーションが何十もあり、工場では、硬質木材製のシリンダーが二つある圧搾機を採用し、約二〇〇人の労働者がすばらしく白い砂糖を生産していたという。[54] 一八五〇年代後半までに、砂糖はシャムの主要輸出品となり、北米からドイツにいたるまでの欧米市場に向けて年間一万二〇〇〇トンが輸出されるようになった。しかしこのすべては旧来の圧搾機によって生産されており、蒸気式の圧搾機、二台が最初にシャムに到着したのは一八六〇年代に入ってからのことだ。これは、産業革命によって世界の砂糖生産が様変わりした時期に入ってもなお、中国人の砂糖産業が世界的な競争力を維持していたことを示している。[55]

ヨーロッパの人々は、中国人製糖業者を高く評価していた。ピエール・ポワブルもコーチシナで見た中国人製糖業者と、カリブ海地域よりもずっと安価に生産される砂糖の質と量にいたく感心した。彼は、コーチシナの自由労働者ひとりの砂糖生産量は、アメリカ大陸の奴隷ひとりの生産量の二倍だと言い、一七四九年にコーチシナを訪れてからは、モーリシャスには中国人の労働者や職人を入植させるべきと主張した。[56] 実際、一七七七年、ヘンリー・ボサムは中国人労働者を雇ったそのような農園をスマトラ西部に設立している。彼は最初、西インド諸島でプランターとしてのキャリアを築こうとしたが、奴隷たちがひどい虐待を受けていることに心を痛め、中国人労働者を雇った農園をスマトラで始めたのだった。彼のスマトラでの試みは、奴隷制の廃止を議論していた英国議会の委員会など、多くの人々の注目を集めた。証人として呼ばれたボサムは、中国人労働者は監督しなくても勤勉に働く、と賞賛し、西インド諸島での自身の経験とはまったく異なると証言した。[57]

ボサムがスマトラに農園を設立してまもなく、イギリス東インド会社は、新たに獲得した、マレー半島の西方、マラッカ海峡に位置する島、ペナン島に中国人の製糖職人を招いた。やがて、広東からと思われる約二〇〇〇人の出稼ぎ労働者がこの島のサトウキビ畑で働き、石造りの小屋でサトウキビの加工を行うようになった。そして毎年、製糖シーズンが終わると、彼らは実入りのいいこの仕事で稼いだ大金を手に、ふるさとに戻っていった。[58] 移民の数が増えるにつれ、中国人のなかにはペナン島から対岸のマレー半島へ渡る者も現れ、彼らはウェルズリー地区の湿地の水を抜いて、そこでもサトウキビの栽培を始めた。

もちろんオランダはすでに、中国人を利用した製糖を実践していた。一五九六年にジャワ島に足を踏み入れた瞬間から彼らは、中国人の製糖は自分たちの黎明期の貿易帝国に大きな可能性をもたらすと感じていた。ジャワ島の西端にあるバンテンの市場で砂糖を見つけ、ジャカルタの市街ではアラック（サトウキビを発酵させたラム酒のような飲料）を製造する中国人の工場に出会っていたからだ。[59] これを見たＶＯＣはすぐさま、現地の砂糖貿易に参入した。そして最初の五〇トンの砂糖がアムステルダムに向けて出発したころには、ＶＯＣはジャカルタの町を、アジアにおけるオランダの首都バタヴィアに変えてしまっていた。この砂糖は、バタヴィアの南部、ＶＯＣの職員が占有して中国人製糖業者に貸し出した土地で生産されていたが、一八世紀初頭には、ＶＯＣが輸出する砂糖の生産地域はジャワ島の北の海岸沿いにさらに広がっていき、スパイス貿易の利益が縮小してからは、砂糖はコーヒーと共に同社の新たな主要商品になった。

先述した台湾の砂糖生産は、いわばジャワにおける中国人とオランダの共同事業から生じた副産物のようなものだった。一六三六年、ＶＯＣの台湾総督は原住民を犠牲にして、サトウキビ生産を内陸部にまで拡大すると、四年間の免税と土地の所有権を条件に、中国本土から移民を募った。このメッセージを広める使命を託されたのが、ＶＯＣの首都バタヴィアの華僑のリーダー、蘇鳴崗《ソベンコン》だ。福建省出身の彼は、バタヴィアを築いた軍人で総督のヤン・ピーテルスゾーン・クーンの親しい友人でもあった。一六三六年、蘇鳴崗はバタヴィアの壮麗な自邸を売却して台湾に砂糖プランテーションを設立し、福建省でＶＯＣの代理人の役割も担ったが、こちらに関しては、あまり成功しなかったようだ。それでも一六四〇年代、台湾には移民や圧搾機、そして砂糖の箱用の木材が続々と入ってきたはずだ。[60]問題は、台湾で砂糖生産を牛耳っていた中国人商人たちによる移民労働者の搾取で、商人たちは労働者に支払う前払い金に法外な金利を課していた。そのようななか、一六五二年の大干魃《かんばつ》が最後の一撃となり、労働者たちは蜂起。オランダは武器をほとんど持たない労働者二五〇〇人から四〇〇〇人を虐殺して、この反乱を鎮圧した。一六六一年に鄭成功《テイセイコウ》（ヨーロッパではコシンガとして知られていた）が台湾を侵略すると、中国人労働者たちはふたたび蜂起した。労働者にとって鄭の侵略は、抑圧者であるオランダ人を排除する絶好のチャンスだった。[61]

中国人の起業家精神や、中国人労働者コミュニティに依存するのは、虎に乗るようなものだとオランダ人が思い知ったのはこれが最後ではなかった。台湾では中国人移民を集めるのに苦労していたが、ＶＯＣが独占購入権を持つバタヴィア南部産の砂糖は、ＶＯＣの需要をはるかに上回っていた。この過剰生産を受け、ＶＯＣは砂糖の購入量に厳格な上限を設定したため、多くの製糖工場で生産量が急減した。それでもバタヴィアには多くの中国人移民が押し寄せたため、オランダ人住民はしだいに不安を募らせていった。やがて中国人たちが陰謀を企てているとの噂が流れはじめると、オランダ人たちはパニックに陥り、それがあの悪名高い一七四〇年の華僑虐殺事件につながった。これは悲惨な事件であったが、それでも中国人によるジャワでの製糖産業は崩壊しなかった。三〇年後には、生産量が回復しただけでなく、その量は史上最高の四〇〇〇トンから五〇〇〇トンに達したのだ。もしこのとき、土壌枯渇や燃料の薪不足といった環境上の限界に直面していなかったら、生産量はさらに伸びただろう。[62]

アジアの砂糖は海を渡る

アジアの砂糖の世界においてヨーロッパの貿易会社は二番手だったが、それでもアジアでは砂糖が広く取引され、消費量も多かったため、たとえ二番手でも彼らにとってはじゅうぶん利益が出る事業だった。とくに多国籍の貿易会社へと成長したVOCにとってはヨーロッパ市場の重要性が薄れていたため、彼らはアジアでの砂糖貿易には非常に積極的だった。アジアの砂糖は、一部はヨーロッパにも輸出されていたが、VOCの船舶が積み込んだ砂糖の大半は、ヨーロッパ市場が求める他の商品、たとえば当初ならスパイス、のちにはお茶やボーンチャイナを買い入れるために売られていた。VOCはそれぞれの市場のニーズに合わせ、さまざまな品質の砂糖を購入していた。たとえば、ベンガル産の質の低い砂糖は日本に売り、スーラトの港にはバタヴィア周辺の中国人製糖業者が生産した高品質の砂糖を陸揚げしていた。[63]

ペルシアは、VOCにとっても、イギリス東インド会社にとっても主要な市場で、両社とも最初は何百トンものベンガル産カンサリを、のちにはバタヴィア産カンサリをペルシアに運んできた。しかしこの貿易は一時的なもので終わってしまう。一八世紀には紅海およびペルシア湾でのVOCの砂糖の売り上げが減少したため、この地での貿易は西インドのグジャラートの商人が引き継ぐこととなった。彼らは、グジャラートの内陸地域やベンガルで生産が増えていた砂糖の他、ジャワ産やフィリピン産の砂糖も輸送していた。ペルシア湾の入り口に位置するバンダルアッバスでは、さまざまな国籍の船舶が砂糖を陸揚げし、その後はさらに湾の奥のバスラ港でも荷揚げが行われた。[64]

砂糖の輸入量が増えると、砂糖はオスマン帝国の大都市に数多く存在したシェルベット（レモネード）店にも行き渡るようになった。そのような都市のなかには、バグダードのように人口が五〇万人を超える真の大都市もあった[65]。いっぽう、フランスの貿易会社、とくにマルセイユを拠点とする貿易会社は、カリブ海産の砂糖をスミュルナ、イズミル、イスタンブール、アレッポ、そして、一八世紀の末にはペルシアにまで運んでいたが、これらの港にはカリブ海産の砂糖の他、インド産やエジプト産の砂糖も入ってきていた。おそらくカリブ海産の砂糖の大半は、エジプト産の砂糖ほど精製されていない安価なマスコバド糖だったと思われる。コーヒーの消費が拡大するにつれ、砂糖の人気もこれまで以上に高まったため、価格は重要だった[66]。このころ、ロシアの精製業者はカリブ海産の砂糖を精製して中央アジアの奥地へ輸出していた。この砂糖は裕福な消費者に珍重され、インドからの隊商が運んでくる砂糖と競合した[67]。

一八〇〇年ごろまでの記録を見る限り、アジアの砂糖貿易は同時期の大西洋貿易ほど活発ではないように見えるが、現存する証拠はそれが真実ではないことを物語っている。たとえばインドからアメリカ、イギリス、ペルシア、アラビアに輸出された砂糖は一八〇五年までに約二万トンに達している。その一五年後にはカルカッタ（コルカタ）の港からだけでも、約一万二八〇〇トンがはるかケープタウンやオーストラリアへ、そして七〇〇〇トン以上がイギリスへと輸出されていた[68]。いっぽうこのころ、カリブ海の島々で一万から一万五〇〇〇トン以上の砂糖を輸出していたところはジャマイカとキューバだけだ。また、ヨーロッパやアメリカ向けの輸出量が増えただけでなく、ボンベイ（ムンバイ）からは大量の砂糖がインド洋西部のさまざまな港、さらには紅海へと運ばれていき、そこから北へはペルシアの商人がトルクメニスタンまで、南へはアラブの貿易商たちがモザンビークまで運んでいった[69]。

一九世紀初頭、にぎやかなボンベイの港では貿易額が最大の品目は砂糖だった。これは現在のグジャラートに位置するカンベイでも同様で、カンベイに輸入されるさまざまな等級の砂糖は年間一万二〇〇〇トンに達していた可能性がある。[70] ボンベイの港に到着する砂糖はベンガル産の他、中国産もあり――一八〇五年には約六六〇〇トン――、マラバル海岸地域で売られていた。マドラス（チェンナイ）とカルカッタはさまざまな品質の砂糖を大量に輸出していたが、同時に中国からは高品質の氷砂糖を、バタヴィアからもいくらかの砂糖を輸入していた。[71] 輸出しながら輸入をするというこの貿易パターンは奇妙にも見えるが、中国産やインド産の砂糖は品質や砂糖のきめが異なるため、消費者の好みを考えればこのような貿易パターンはきわめて自然だった。

中国南東部の砂糖生産地帯は、この地域の大規模な海上貿易と陸上貿易を支えていた。一九世紀初め、イギリスとアメリカの船舶が広東で仕入れていたのは毎年わずか数トンだったが、一八三一年には、イギリスは七五〇〇トンを仕入れている。[72] 中国の貿易商たちははるか西方、ヒマラヤ山脈に接するヤルカンドの市場にまで砂糖を供給していた。またペナン、バタヴィア、コーチシナは、中国の製糖工場が生産した砂糖を、カルカッタなどインドのさまざまな港に輸出していた。シンガポールの新港には中国の砂糖が、シャム、コーチシナ、そしておそらくはバタヴィアからも入ってきていた。その砂糖はさらにマレー半島の東岸沿いに、ボルネオの北のスールー諸島へと運ばれた。最終的にはこの中国の砂糖はボンベイ経由で中央アジアの奥地にまで達していた。[73]

一九世紀最後の数十年まで、中国南東部、台湾、シャム、そしてインドネシアからは砂糖が盛んに輸出された。台湾の砂糖輸出は、日本、オーストラリア、香港はもちろん、カリフォルニアの精糖所からの需要も拡大したことで隆盛を極めた。[74] 一八五六年、アメリカの企業、ロビネット社は、ＶＯＣが追放されたあとの台湾で事業を行う最初の西洋企業となった。同社は台湾の砂糖をカリフォルニアに輸出したが、それがうまくいっていたのもサンフランシスコ有数の砂糖精製業者、クラウス・スプレッケルスが一八七〇年代に自社のプランテーションをハワイに建設するまでだった。中国南東部の広東では、輸出の九〇％が砂糖という地域もあったが、これは沿岸の都市に近代的な精糖工場が出現したことが大きかった。中国のさまざまな都市に加え、日本にも事務所を構えていた香港の有名貿易会社、ジャーディン・マセソン社は、一八六九年、黄埔《ホワンプー》に精糖工場を建設し、その数年後には汕頭《スワトウ》にも新たに精糖工場をつくった。同社は三つ目の工場を香港に建設したが、香港にはすでに、大手のバターフィールド&スワイヤ太古社が巨大な精糖工場を持っていた。中国の砂糖は、生産していたのは農民だったが、精糖は次第に工業化され、一九世紀の末まで世界市場で競争力を持ち続けた。[75]

第2章　西へ向かう砂糖

製糖技術がインドから東方の中国へと旅をしていた一五〇〇年前、その技術はペルシアからメソポタミアへ、さらには地中海東岸やエジプトへと西方へも旅していた。九世紀にサトウキビ栽培がナイルデルタに導入されると、その後はナイル川をゆっくりとさかのぼっていき、上エジプトにまで達した。そしてその二〇〇年後、エジプトはイスラーム世界とキリスト教世界の両方にとって主要な砂糖供給地となった。エジプトでは何千もの小規模自作農がサトウキビを栽培していたが、たいていは他の作物と組み合わせての栽培だった。サトウキビの作付面積は数千ヘクタールにのぼり、一ヘクタールあたり年間一、二トンの粗糖が生産されていたと思われる。水はナイル川から引き、川の水位が低いときには牛が水車を回して用水路へ水を供給した。また、サトウキビ畑の周囲には堰堤をめぐらせ、ネズミを寄せつけないようにしていた。[1]

当初、エジプトの農民は収穫したサトウキビをカリフに納めていたが、その後はスルタンの役人や統治機関が認可した圧搾機の所有者に直接納めるようになった。[2] エジプトの製糖工場は詳しい記録に残っているものとしては最古だが、実際には古代から利用されていたオリーブ油工場と仕組みはまったく同じで、水平に置かれた下臼《うす》の上に上臼を載せ、上臼に通した横棒を畜力で回す挽《ひ》き臼を使っていた。しかし挽き臼ではサトウキビを茎ごと押しつぶすことはできない。そこでまずは茎を洗って汚れを落とし、細かく刻んでから臼で挽いていた。このようにしてすりつぶしたサトウキビをかごに集めると、今度はそれを石のローラーにかけ、残っている汁をさらに搾る。その搾り汁を布で漉して、煮詰めるのだ。煮詰めて残った砂糖の塊をてっぺんに小さな穴のあいた円錐形の容器に入れてひっくり返すと、やがてその穴から糖蜜がしたたり落ちてくる。この方法はペルシアから伝わったらしいが、エジプトでさらに発展し、ひっくり返した円錐形の容器は泥でふたをするようになった。こうすると粘土や水草と同じ効果があるからだ。都市部の精糖所ではこの粗糖を水に溶かし、牛乳――精製に必要な卵白入り――を混ぜて精製していた。[3]

エジプトの主要都市には何十もの精糖所があり、当時広く珍重された白砂糖をつくっていた。そして何百頭ものラクダを連ねた隊商が、一五〇トンもの砂糖を積んでエジプトからアラビア世界の他の地域へと旅立ったのだ。[4]この交易は、腕のいい精糖職人とカーリミー商人によって成り立っていた。影響力の大きいネットワークを持つこのカーリミー商人の大半はイスラーム教徒だったが、イスラーム教徒だけというわけでもなく、わずかだがユダヤ教徒も含まれていた。多くは身分の低い家柄だったが裕福なことで知られた彼らは――歴史家のエリヤフ・アシュトールは彼らを真の有産階級と呼んでいる――、もともとは香辛料貿易と奴隷貿易を牛耳っていたが、やがて砂糖貿易も手がけるようになり、製糖工場の買収や設立にも乗り出した。[5]カーリミー商人のネットワークはエジプトの砂糖生産とともに拡大していき、一三世紀以降エジプトを支配するようになったマムルーク朝のスルタンたちが領土征服を進めたのにともない、彼らのネットワークもさらに広がっていった。ナイル川流域やデルタ地域ではすでに相当量の砂糖を生産していたが、スルタンたちはさらに地中海東岸やヨルダン渓谷でも高品質の砂糖を生産させるようになった。

地中海東岸のレヴァントに十字軍国家が生まれたことで、それまでキリスト教世界ではほとんど知られていなかった砂糖がヨーロッパの人々にとっても身近なものとなる、きわめて重要な二〇〇年が始まった。イエルサレム巡礼を円滑に行うために教皇が設立したドイツ騎士団、テンプル騎士団、ヨハネ騎士団の騎士たちは、トリポリ（現在のレバノン）とティベリア（現在のイスラエル）の近郊にイスラーム教徒が所有していたサトウキビ畑を収奪すると、すぐさま砂糖を騎士団を支える主要な収入源にした。また、聖ヨハネ騎士団は、傷病者の治療にも砂糖をふんだんに使った。[6]

聖ヨハネ騎士団とテンプル騎士団はレヴァントやヨルダン渓谷での砂糖生産を拡大し、畑ではイスラーム教徒の戦争捕虜を働かせ、製糖技術も発展させた。彼らはじゅうぶんな水量と流速がある水を運河から水車へと引き、重い挽き臼を回した。その後、挽き臼で押しつぶしたサトウキビは、エジプトの方法のように粗布の袋に入れてローラーでさらに汁を搾るのではなく、別室で再度圧搾機にかけられる。そうやって搾った汁を銅製の大鍋で結晶化するまで煮詰め、おなじみの円錐形の容器に入れるのだ。考古学者たちはこの容器を大量に発掘しており、一一九二年に十字軍によって再建されたイェルサレム王国の首都アクレ、すなわちアッコのはずれでは大規模な製糖所が操業していたと結論づけている。[7]

レヴァントでの十字軍の砂糖生産は、彼らが最後の征服地から追われた一二九一年に終わりを迎えたが、ヨーロッパへの砂糖の流入は止まらなかった。マムルーク朝の時代、ローマ教皇はムスリム国家との貿易を禁じたが、それでもエジプトやその属領からの輸出はさらに増大していった。ヴェネツィア共和国やジェノヴァ共和国は、教皇の禁止令を無視、あるいはローマ教皇庁に金を払って特免を受け、貿易を続けていたのだ。[8] マムルーク朝やエジプトの有力者一族は、ヨルダン渓谷の砂糖生産地帯をさらに発展させた。[9] アレクサンドリアは、インド洋からの香辛料、エジプトの砂糖、そしてヨーロッパから輸出される商品の三つの交易ルートを結ぶハブとしての地位を確立し、アレクサンドリアの「フランク系」（イタリア人、フランス人、そしてカタルーニャ人）商人は、スルタンの庇護下で活動した。したがって一三二七年、ヨーロッパの商人に対する暴動が起こると、スルタンはすぐさま軍隊を送り、暴動を鎮圧した。おそらくこの暴動は、外国の商人に対抗するカーリミー商人が扇動したと思われる。[10]

そのころ、ヴェネツィア共和国とジェノヴァ共和国はエジプト以外の砂糖調達先も開拓し、キプロス島からの砂糖輸入を増やしていった。キプロス島は、獅子心王、リチャード一世が占領した直後から、十字軍兵士がサトウキビ栽培を始めていた場所だ。一二九一年にレヴァントから十字軍が駆逐されると、キプロス島はヨーロッパ市場向けの砂糖の主要供給地となり、イタリア各地の都市から来た多くの商人が、島のファマグスタ港を拠点に活動した。リュジニャン家出身のキプロス王たちは砂糖の輸出で大きな収入を得ていたが、やがてその経済力の多くをジェノヴァやヴェネツィアに譲らざるをえなくなる。[11]

裕福かつ影響力も強いことで知られたヴェネツィア、コルナーロ家のある分家は、マムルーク朝との戦いで巨額の負債を負ったリュジニャン家への融資の見返りとして、キプロスの広大な土地を手に入れた。そして一三六一年、コルナーロ家はエピスコピ村近くのその土地に、大規模なプランテーションを設立した。[12]三〇〇人から四〇〇人の労働者がサトウキビの栽培と収穫に従事するこのプランテーションは、当時のヨーロッパ最大の農工複合事業のひとつで、のちに考古学者たちは、水力を利用したキプロス島の最先端の製糖所を復元している。このような複合施設の中心部には水路から引いた水の圧力で水車を回す中央工場がつくられていた。サトウキビはまず昔ながらの回転石臼ですりつぶされてから、ここでもう一度、今度は水力で回る小さめの石臼二つと水平に置かれた石臼によって搾られた。アッコの十字軍と同様、コルナーロ家も砂糖をその場ですぐ精製するために、銅製のボイラーをヴェネツィアから輸入していた。[13]イェルサレムに向かう途中でこのプランテーションを訪れたヴェネツィアの巡礼者は、製糖所から出荷される大量の砂糖に目を見張り、これだけで世界中の砂糖がまかなえると思ったという。[14]

だが、この巡礼者の話は明らかに大げさで、キプロス島のプランテーションがどんなに繁栄しても、それでマムルーク朝の領土とヨーロッパ商人のあいだの砂糖貿易がなくなるわけではなかった。しかしこの貿易

キプロス島のククリア＝スタヴロスにあるサトウキビ糖精製所の発掘調査。地中海にあるこの島は13世紀後半から14世紀にかけてサトウキビ糖の一大生産地であり、生産された砂糖はイタリアの商人によってヨーロッパに運ばれた。

も、一三四八年に黒死病（ペスト）がエジプトに到達し、人口の三分の一から二分の一が命を落としたことで大打撃を受けた。その結果、多くのサトウキビ畑が放棄され、複雑な灌漑システムも荒廃した。[15]さらに砂漠の民による襲撃で農業サイクルは乱れ、干魃《かんばつ》のせいで水車も止まってしまった。エジプトの砂糖生産の中心地、フスタートではかつて六六カ所の製糖工場が稼働していたが、黒死病の第一波の後も砂糖生産を続けていた工場はわずか一九カ所だけだった。エジプトの他の砂糖生産地域も、状況は同じように厳しかった。[16]

　しかしそれでも、エジプトの砂糖生産は回復し、一三七〇年にジェノヴァとヴェネツィアの代表団がカイロでスルタンと講和条約を結ぶと、ヨーロッパへの輸出も盛り返した。ローマ教皇庁はヨーロッパの多くの商人にカイロやシリアとの貿易を許可する特免状を与えた。この貿易が教会にとっても魅力的な収入源になるとわかったからだ。ヨーロッパの商人たちはマムルーク朝のスルタンからも好意的に扱われ、商人のなかにはアラビア語を流暢に話す者も現れた。ガレー船より船倉が大きく、長距離を航行可能なコグ船は、この貿易をさらに勢いづかせた。ジェノヴァがアレクサンドリアとのあいだで行ったコグ船貿易は、他のヨーロッパ諸国の貿易すべてを圧倒した。さらにジェノヴァは、イングランドやフランドル地方ともコグ船で直接つながり、そこからは毛織物をレヴァントに持ち帰った。この時代、ジェノヴァ商人たちは大西洋地域に進出する基盤づくりも行った。[17]

この大西洋地域への進出は、マムルーク朝の砂糖経済が一五世紀初めに著しく衰退し、砂糖生産が地中海西部へ拡大したことを受けての動きだった。一四〇一年、ティムール率いるテュルク・モンゴル系の軍隊はヨルダン渓谷を制圧し、大都市ダマスクスも破壊した。さらにこの時期、気候の変化により干魃が増え、黒死病も繰り返された結果、農業生産は大きく落ち込んでいた。そこでマムルーク朝のスルタンたちは壊滅的な打撃を受けた歳入を補うために砂糖をはじめとする生産品を専売としたため、独立した砂糖商人や砂糖生産者がいなくなり、砂糖で財を成した活気ある中産階級も一掃されてしまった。[18] こうして、かつて隆盛を極めた中東の砂糖経済は瓦解した。その後、エジプトの製糖業は一六世紀に盛り返したが、キリスト教世界との貿易が復活することはなかった。[19]

黒死病とティムールの侵略がもたらした荒廃は、地政学的に重要な意味を持っている。というのも、これをきっかけにヨーロッパはアジアの砂糖経済から切り離されたからだ。[20] ヨーロッパの商人一族はそれぞれ、既存の製糖工場の拡張や、新たな生産地探しに奔走した。たとえばヴェネツィア商人は、穀類やワインの輸出で有名だったクレタ島のハニア王国でサトウキビ栽培を試みたが、残念ながらこれはうまくいかなかった。いっぽうで、何世紀も前にイスラーム教徒の支配者が確立した砂糖生産地は復活し、大きな成功をおさめた。アラブ人が七世紀に地中海西部を手中に収めると、砂糖生産はマグリブ西部へ広がり、海を越えてスペインやシチリアにも及んだ。そしてこのルートで、ペルシアやエジプトで発達した技術もイベリア半島に伝わった。[21]たとえばナスル朝グラナダ王国では、小規模ながらもサトウキビ栽培が行われ、壮大なアルハンブラ宮殿を建築した支配者の収入源になった。そしてこの砂糖はジェノヴァ商人により、グラナダの港湾都市から、まだ小さいが急成長を遂げていたヨーロッパ市場へと輸出されていった。[22]スペイン東岸ではバレンシア王国が砂糖の生産地として栄え、フランス南部だけでなくドイツ南部の市場にも砂糖を供給した。

このころにはシチリアもそれなりの砂糖生産地となっていた。一三世紀、赤髭王《バルバロッサ》として知られ、十字軍遠征にも参加したドイツ王フリードリヒ一世は、シチリアに宮廷をおき、三世紀ほど前にアラブ人によって伝えられたが、その後すたれていたシチリア島のサトウキビ栽培を復活させた。また彼は、十字軍遠征時にレヴァントで非常に高度な製糖技術を目にしていたため、シリア人の製糖職人も雇い入れた。[23]エジプトの製糖業が衰退したため、シチリアの富裕層は自身の農園に大きな投資をするようになり、ささやかだったこの島の製糖業はふたたび活気づいた。また、遠く離れた畑に水を引いたり、製糖作業用の水力を提供したりするために、送水路が建設された。[24]製糖所では、ローマ帝国時代にオリーブ油を搾っていたのと同じ石臼がずっと使用されており、シクリ・トラペトゥム（シチリアのオリーブ圧搾機の意）と呼ばれるこの石臼は、地中海全域で用いられていた。シチリア島にはサトウキビの栽培や圧搾を担うのにじゅうぶんな労働者がいなかったため、地主たちは、現在のアルバニアからも労働者を連れてきた。[25]

エジプトやレヴァント、キプロスで生産された砂糖の品質は、中国やインド産の砂糖に匹敵するものだったが、値段がずっと安い地中海西部産の砂糖は、品質も大きく劣っていた。[26]これはガレー船貿易にとっては深刻な問題だった。粗糖状態の砂糖は、輸送時には精製糖の二倍のスペースをとるため、長距離輸送は法外に高くつくからだ。しかしコグ船は船倉が大きいので、比較的粗い砂糖を北イタリアや北ヨーロッパ、とくにアントウェルペンの精糖所へ運んで利益をあげた。エジプトの砂糖生産地帯が消滅してわずか二、三〇年後の一五世紀半ばには、こういったコグ船がマデイラからヨーロッパへ砂糖を運ぶようになった。大西洋の時代が始まったのだ。

地中海の残光

グローバル資本主義の中心へと躍り出たヨーロッパの歩みは地中海盆地で始まったが、そのとき大きな役割を果たしたのが砂糖だ。しかし砂糖の歴史は、この資本主義がより大きなユーラシアのシステムの一部として始まったことも示している。商人たちは増産されるいっぽうの砂糖を船や隊商に積み込み、汕頭からスーラト、カイロからアントウェルペンへと運んだ。中国やインド、エジプト、そしてスペイン領マラガの商人階級が関わる国際的な砂糖貿易は宗教的対立を超え、さらには特免状や赦免状によってローマ教皇庁の金庫をも満たした。砂糖は支配層にとってきわめて重要な収入源となったのだ。ペルシア、エジプト、レヴァント、ヴェネツィア、ジェノヴァ、その他のヨーロッパの貿易共同体間の交易は、一五世紀初頭まで繁栄を続けた。イベリア半島における製糖技術の確立、ポルトガル人の大西洋探検、そしてジェノヴァ人の長距離貿易、このすべてが大西洋領域に砂糖を持ち込むうえで大きな役割を果たした。

一四世紀には、前述のカーリミーのような強大な商人ネットワークが砂糖貿易の長距離ルートを支配した。都市部の有産階級は、交易ルートを支配し、競争を排除して利益を増やすために、地域内ネットワークを構築したが、これは砂糖の歴史において何度となく起こった現象だ。有力な一族は砂糖貿易を牛耳るために、一族のメンバーを海外の港湾都市に送った。バレンシアの砂糖貿易を支配していたホンピス家はラーヴェンスブルクを経済的、政治的拠点としていたが、一時期は教皇庁が置かれていた大都市アヴィニョンにも進出していた。この一族は、ドイツ南部に広がっていた一族の複数のネットワークを統合した大ラーヴェンスブルク会社で主導的な役割を担った。[27] それほど有名ではない他の貿易商ネットワークと同様、ホンピス家も親族の結びつきによって市場を独占し、その結びつきは婚姻によって拡張され確実なものとなっていった。

とはいえ、こういった家族ネットワークの経済力をいくら結集しても、強大な権力者の政策や気まぐれに振り回されなくなったわけではない。気候変動や黒死病、ティムールの侵攻によってマムルーク朝のスルタンたちが経済統制を強めると、カーリミー商人のネットワークは大打撃を受けることとなった。また、ドイツ南部と地中海沿岸地域を商業的に結びつけていた大ラーヴェンスブルク会社も、一五世紀末には衰退していった。ヨーロッパ経済の中心地が地中海から北へと急速に移り、マデイラから直接ベルギー北西部のブルッヘやアントウェルペンへ運ばれる砂糖の量が増えていったからだ[28]。ポルトガルとスペインの宮廷は、資本主義が大西洋へ進出し、さらに横断した新時代の中心的存在として台頭した。そのころには大ラーヴェンスブルク会社は解散し、ホンピス家も地主貴族として田舎に引っ込んでしまった。

ポルトガルとスペインの宮廷が国際的な砂糖の製造や貿易に直接関わるようになったのは、時代の趨勢だった。商業的価値の高い砂糖は、地政学的にも重要な商品だったからだ。穀類やオリーブ油、ワインと違い、砂糖の精製や貿易は、支配層エリートによって厳しく管理されていたが、その彼らも資本の提供や遠隔市場との取引には商人のコミュニティに依存せざるをえなかった[29]。エジプト、マムルーク朝のスルタンたちはカーリミーやフランク系の商人と、十字軍国家はヴェネツィア人やジェノヴァ人と、ナスル朝グラナダ王国はジェノヴァ人と、そしてバレンシア王国は大ラーヴェンスブルク会社と協力関係にあった。ジェノヴァ商人はナスル朝の王族を救うのを手助けし、ヴェネツィアのコルナーロ家はキプロス島を支配するリュジニャン家と財政的に結びついたことでキプロス王国の王権を手に入れた。同様にイベリア半島のキリスト教国家の王たちも、フィレンツェとジェノヴァの資本を利用しない限り、マデイラやカナリア諸島で砂糖は生産できず、フランドル地方の港への砂糖輸送も不可能だと承知していた[30]。カナリア諸島では、ポルトガル人とジェノヴァ人が、次いでヴェルザー家とフッガー家（アウクスブルクの有力銀行家）を後ろ盾にしたカタルーニャ人とフィレンツェ人が、砂糖農園の所有者として主導権を握った。フランドル商人は自前の農園は持たなかったが、カナリア諸島に寄港しては砂糖を積み込んでいった。[31]

インドや中国、エジプトとは違い、キリスト教諸侯国の砂糖生産を手がけるのは、農民ではなく大規模農園だった。こういった砂糖農園は商人と君主との密接な協力関係によって運営され、食用の作物やぶどうの栽培を押しのけるようにして、肥沃な土地と水を奪っていった。その結果、中世のキリスト教世界での有力者たちが、貴重な天然資源をめぐって衝突することになり、王族はもちろん、ときにはローマ教皇までもが介入せざるをえなくなった。たとえば、それぞれアッコ近郊で農園を経営していたテンプル騎士団と聖ヨハネ騎士団は、水車の動力源やサトウキビ栽培に必要な水をめぐって争い、最後にはその解決にローマ教皇自身が乗り出さなければならなかった。[32]キプロス島では、エピスコピの近辺で隣接していたコルナーロ家の農園と聖ヨハネ騎士団のプランテーションが、同じ川の水をめぐって激しく争った。結局このときも、王室の役人が介入せざるをえなくなり、聖ヨハネ騎士団の農園へと水を迂回させることになった。しかしこの水の迂回によってヴェネツィア人の農園のサトウキビの一部が損害を受けたため、リュジニャン家出身の王とヴェネツィアの資本家たちとのあいだには緊張が生じたはずだ。[33]

キリスト教徒が運営する地中海沿岸の砂糖農園では、製糖所が農園の敷地内に設けられ、作業は外部から連れてきた労働者に頼っていた――これもまた、圧搾機が畑に持ち込まれた中国本土やインドとはまったく対照的だ。マデイラでは、小規模農家が製糖所を所有する資本家のためにサトウキビを栽培していたが、縮小する天然資源をめぐって争ううちに、農家は工場の所有者たちによって脇に追いやられていった。[34]カナリア諸島は水が乏しかったため、征服した植民地を砂糖生産のフロンティアにしようと躍起になっていたスペイン政府は、水利のよい土地の利用を、製糖所を建設できる資力のある資本家だけに限定した。さらに、彼らが川の源流から海までを確実に管轄できるように、広大な土地も供与した。[35]砂糖資本主義には資源をめぐる争いがつきものだが、たいていの場合、小規模地主が屈服させられるか追放され、畑と砂糖工場が統合されることで決着した。この流れは地中海盆地で始まり、大西洋東部の諸島部へと続いたが、カリブ海の小さな島々ではこれが最も極端な形で行われた。サトウキビ畑と製糖所の統合は珍しいことではなく、海外の中国系砂糖プランテーションでも見られたが、地中海沿岸地域や大西洋東部の島々で統合を大きく推進したのは、乏しい天然資源、とくに水をめぐる争いだった。

カリブ海の砂糖プランテーションは、ヨーロッパの資本主義における革命的な一章としてよく引き合いに出されるが、そのルーツは地中海資本主義的な砂糖生産様式、つまり農園の製糖所が天然資源を独占し、労働者を雇用するという様式にあった。また、カリブ海のプランテーションは、何世紀にもわたって続いてきた知識移転の結果でもある。砂糖職人たちはエジプトやシリアからキプロス、シチリアへと旅し、彼らの知識や技術はそこからバレンシアへ伝わり、マデイラに到達した。また、ポルトガルの砂糖職人たちはアンダルシアのイスラーム教徒から砂糖の製造技術を学び、それをマデイラやカナリア諸島に持ち込んだ。こういった技術とともに、専門用語も旅をした。シチリア語でオリーブ搾油機を意味するトラペット（trapetto）は、バレンシア語のトラピグ（trapig）になり、さらにはイベリア半島大西洋岸の地域でトラピチェ（trapiche）という語になった。[36]

実際、技術の面で言えば、大西洋地域の砂糖工場の基本的特徴は、すでに地中海の島々で開発されていた。その証拠にキプロス島の砂糖工場を復元する際、考古学者たちはカリブ海の砂糖農園について書かれた一八世紀の記録を参考にしている。[37] 送水路と運河の整備によって水車の圧搾力は強化され、エジプトからシチリア、アンダルシアに及ぶ地中海盆地とカナリア諸島全域で、サトウキビ畑には肥料が施された。[38] エジプトは一三〇〇年までに完全に砂漠化したため、マムルーク朝の支配者たちは森を残そうと躍起になり、シュロの葉やバガス（サトウキビの搾りかすを固めて乾燥させたもの）、とくに藁を燃料として用いた。[39]

地中海沿岸と大西洋地域の砂糖生産のあいだに多くの継続性があるのも、両者の歴史が重なり合っているのも、砂糖部門の生産性の伸びが一八世紀後半まで緩やか、かつ漸進的だったからだ。輸送には費用がかかるので、たとえ環境や気候的に不利でも、砂糖生産の伝統が根強い地域では予想以上に長期間サトウキビの栽培が続いた。生態学的制約が厳しいだけでなく、ブラジルの砂糖生産が急速に台頭してきてもなお、カナリア諸島やマデイラが一六世紀を通じて砂糖を生産し続けたのもそのためだ。[40] エジプトの砂糖生産はふたたび息を吹き返し、一八世紀になってもなおカリブ海産の砂糖と品質面での競争力を保っていた。また、スペイン南岸部やキプロス島でも砂糖生産は続いていたが、エジプトと比べれば、その重要度はきわめて低かった。[41]

地中海沿岸部と大西洋地域の砂糖生産システムに真の断絶をもたらしたのは、アフリカの奴隷制度だった。黒死病拡大の波に何度も襲われ、深刻な労働力不足に陥ったあとでさえ、地中海沿岸部の農園は、奴隷制度を例外的なものとして捉えていた。というのも九世紀、サトウキビ畑やユーフラテス・デルタの灌漑事業で働いていた何千人もの東アフリカ人奴隷が大規模な反乱を起こしたことがあったため、奴隷を大量にサトウキビ畑に投入するのは危険だと身にしみていたからだ。したがってエジプトのサトウキビ畑や砂糖工場は奴隷を使わなかったし、実際その必要もなかった。[42]

十字軍騎士は捕虜をサトウキビ畑で働かせたが、おそらくそれは追加の労働力としてであったと思われる。キプロス島の労働者はおもに自由労働者と隷属的労働者で構成されていたが、のちに黒死病が流行すると、農園は構造的に奴隷労働に頼らざるをえなくなった。[43] モロッコでは、小作農がサトウキビの栽培と製糖工場での労働を強いられたが、奴隷は関わっていなかったようだ。バレンシアでは、畑で奴隷が働く場合もあったが、主たる労働力ではなかった。[44] 大西洋東部の島々の砂糖農園でも、構造的に奴隷制は導入されていなかった。マデイラやカナリア諸島では依然として自作農や小規模農地の所有者がサトウキビを栽培し、一部のアフリカ人奴隷だけが製糖工場で働いていた。一六世紀の砂糖プランテーションで南北アメリカ大陸と同じようにアフリカ人奴隷が働かされていたのは、西アフリカの沖合にある無人島、サントメだけだった。[45]

医薬品からごちそうへ

白い結晶糖の歴史は、宮廷から始まった。その後、一般大衆の手にも届くようになっていったが、当初は薬として使われることが多かった。[46] インドでも、ペルシアや中国、エジプトでも、このような経緯で白い結晶糖は広まったが、のちには同じことがヨーロッパでも起こった。ペルシアでも、キリスト教徒やイスラーム教徒の世界でも、中世の薬局方［医薬品に関する品質規格書］や医薬品の一覧表はどれも砂糖を高く評価していた。砂糖に医療的効能があるという考え方は、西暦二世紀に生きたギリシア人、クラウディウス・ガレヌス（ガレノス）の教えから来ており、彼は砂糖を体液の不均衡を回復させる手段のひとつと考えていた。ガレヌスのこの医学原理はサトウキビの栽培とともに西方へ、また中国とアラブ世界との交流を通じて東方へと伝わった。[47] いっぽうヨーロッパでは砂糖の効能は、七世紀のギリシア人医師パウルス・アエギネタが著し、非常に広く読まれた医学綱要や、ペルシアの医師イブン・スィーナー、そしてコンスタンティヌス・アフリカヌス［一一世紀のチュニジアの医師］を通じてアラブ世界経由で伝わった。[48]

ヨーロッパではすでに、蜂蜜が咳に効くことは知られていたため、蜂蜜より甘い砂糖はより優れた効能があると考えられていた。さらに砂糖は人体に容易に吸収されるため、砂糖水は慢性の下痢に苦しむ患者の生命維持にも役立った。砂糖水だけでなく、糖液《シロップ》や果物の砂糖漬け《コンフィチュール》も、胃痛や呼吸器系疾患の薬として広く用いられるようになった。[49] 砂糖はカイロからイベリア半島までアラブ世界の病院で広範に用いられ、医療奉仕を行うイェルサレムの聖ヨハネ騎士団でももちろん利用されていた。十字軍の年代記を編纂したギヨーム・

ピエール＝ポール・セヴィンの『レオポルド・デ・メディチ枢機卿のために用意された勝利の宴』（1667）では、貴族の食卓を飾るさまざまな砂糖細工の像が描かれている。成形された砂糖像による装飾は、何世紀ものあいだヨーロッパや地中海沿岸、中国の要人のあいだで人気だった。

ド・ティールは一二世紀末、砂糖は「人々の健康のためにおおいに必要」と記している。[50]これは、砂糖が腸に深刻な問題のある人を生かしておくうえで非常に有効であることを示唆しているのだろう。旅行者は、新種の細菌やウイルスに感染することが多い。一七世紀にメソポタミアを旅したフランス人の医師アベ・カレは、汚染された水による腸の感染症には、シャーベット――バラ水、ライム、ザクロでつくったレモン水――が最良の薬であると語っている。[51]

インドや中央アジア、そしてアラブ世界では、砂糖水やバラ水が徐々にレモネードの前身へと発展していった。当初、砂糖水は嗜好品として富裕層や支配層たちが楽しむものだったが、時が経つにつれ、一般にも消費されるようになった。早くも一七世紀のイタリアではシャーベットが氷と混ぜられ、ソルベへと発展した。[52]甘いごちそうを供することは地位の象徴となり、王族の引見や外交の場に欠かせなくなった。たとえばペルシアでは、大法官の出入国の儀式で甘いものを出さないなどということは考えられなかった。[53]

しかし、砂糖の最も創造的な利用といえばやはり砂糖細工だろう。砂糖は細工物の素材にぴったりだったからだ。一六世紀に中国を訪れたヨーロッパ人は、高官が催す宴で見事な砂糖細工が飾られていたと報告している。[54] エジプトでもカリフやその後継となったマムルーク朝のスルタンたちは、イスラーム教の祝祭日の宴を砂糖細工の像で彩った。たとえばファーティマ朝のあるカリフは砂糖を成形した一五二体の人形と七つの城のジオラマをつくり、ラマダン明けにはそれを披露するべく、行列をつくってカイロの街路を練り歩いた。マムルーク朝の統治者もしばしば、砂糖でみずからの富を誇示した。たとえば一三三二年に行われたスルタンの息子の結婚式などは、あまりにもこれ見よがしだったため、カイロの著名なイスラーム教指導者《ウラマー》から激しい非難を浴びたほどだ。オスマン帝国の統治者たちは成形した砂糖の像を何百体もイスタンブールの宮廷に並べていたが、これはおそらく前身のビザンツ帝国から受け継いだ習慣だったのだろう。[55]

ヨーロッパの君主たちもこの伝統に倣った。ペルージャの支配者は自身の結婚式に、見事な砂糖細工の動物をずらりと並べた。さらに人々を魅了したのは、カトリーヌ・ド・メディシスがフランスのアンリ二世に嫁ぐ前の送別の宴を飾った砂糖細工の像だろう。そしてこの夫婦の息子、フランス国王アンリ三世も一五七四年にヴェネツィアを訪れた際、薬剤師と建築家の手でつくられた見事な砂糖細工で歓待された。そのころには大西洋地域でも砂糖生産が始まっており、砂糖細工の像をつくる技術もヨーロッパ西部から北部にまで広がっていた。ブリュッセルの宮廷でも、一五六五年にパルマ公アレッサンドロ・ファルネーゼとポルトガル王女マリアが結婚したときは、壮麗な砂糖細工が披露された。[56]

砂糖の消費が上流階級を超えて広がったのはまず中国やインドで、一三世紀にはすでにサトウキビ生産が盛んだったエジプトでも広がった。第1章でも触れたイブン・バットゥータはマグリブ出身のベルベル人の学者であり探検家だが、中国やエジプトを一四世紀に訪れた際、都市部の市場ではすでに砂糖が売られていたと記している。彼は、ラマダンの前からラマダン明けを祝うイード・アル゠フィトルまでの二カ月間、カイロの店主たちが店先にありとあらゆる形の砂糖菓子を吊り下げているのも見たかもしれない。[57]

その当時、北ヨーロッパではまだ砂糖はほぼ存在しないに等しかった。一二二六年、イングランド王ヘンリー三世は、王宮があったウィンチェスターの市長にアレクサンドリアから砂糖を三ポンド取り寄せてほしいと依頼しているが、その際に「もしそれだけの量が手に入るのなら」と付け足している。しかしその五〇年後には、エジプトやレヴァント、キプロス島からの輸入が大幅に増え、イングランドの富裕層の家庭は砂糖をキログラム単位で購入できるようになった。[58] こうしてヴェネツィアやジェノヴァ、フィレンツェ、そしてラーヴェンスブルクの商人たちにより、北ヨーロッパに届く砂糖の量は徐々に増えていった。[59] ヨーロッパの貴族階級は砂糖を貪るように摂取し、ハプスブルク家の君主たちはその結果として虫歯に苦しむことになった。[60] 宮廷を訪れたドイツ人によれば、イングランド女王エリザベス一世の歯は晩年、虫歯ですっかり黒くなっていたといい、その原因は砂糖のとりすぎだという。実際、そのころにはすでに砂糖が歯に与える影響については知られており、生涯の大半をイギリスで過ごしたフランス人の薬屋テオフィル・ド・ガランシエールは、砂糖は一種の呪いであり、インドに送り返したほうがよいものと考えていた。[61]

一六世紀には、王族ではないヨーロッパ人も虫歯で苦しむようになったと思われる。コロンブスが大西洋を横断した当時、ヨーロッパ各地の市場に到達する砂糖の量は年間わずか五〇〇〇トンだったが、その後一世紀のあいだにその量は三倍に増加し、一七〇〇年までには、ヨーロッパは約六万トンの砂糖を輸入するようになっていた。[62] これは、中国本土やベンガル地方、パンジャーブ地方が生産する量に比べればたいしたことはないように見えるが、当時の西ヨーロッパの総人口が中国やインドのそれよりずっと少なかったことを考えれば、それなりに意味のある数字だ。だが一八世紀においても、ヨーロッパのほとんどの地域では、砂糖はまだ日常的なものではなかった。たとえば蜂蜜は、輸入されたサトウキビ糖より値段が安かったため、甘味料としてコーヒーや紅茶によく使われていた。
ヨーロッパ人の大半は混じり気のない砂糖を見たことはなく、果物の砂糖漬け《コンフィチュール》や菓子類《コンフェクショナリー》という形で目にするほうが多かった。このどちらの語もイタリア語のコレツィオーネ（collezione）に由来するフランス語、コンフィズリー（confiserie）という言葉（「まとめる・一緒にする」の意）から来ており、贅沢で高価な甘いお菓子の集合体を意味していた。[63] ヨーロッパはもちろん、世界の多くの地域のパン職人たちが、菓子類やペストリーをつくるには砂糖のほうが蜂蜜より扱いやすいことに気づいていた。[64] ただ、ヨーロッパで砂糖をふんだんに使うことができたのは裕福なオランダ共和国だけで、一七世紀初頭、ヨーロッパの砂糖の半分はこの国で精製されていた。かつては貴族の食卓だけを彩っていた砂糖細工の造形物も、このころには裕福な平民の祝いの宴を飾る人気の品になっていた。一六五五年にはアムステルダム市がこのような派手な贅沢を禁じたが、労働者の半年分の稼ぎに匹敵する一〇〇ギルダーもの罰金が科されてもなお、この禁はかんたんに無視された。オランダ国民にとってミラの聖ニコラウス祭や公現祭、プロポーズ、結婚式、洗礼式は、たっぷりの砂糖なしには考えられないものとなっていたからだ。このように砂糖を消費するのは都市生活者だけではなく、裕福な農民も子どもの洗礼式の祝いには隣人たちを招いて、派手に砂糖を使った。[65]
ペストリーやその他の料理に砂糖を用いたレシピは、ユーラシアや南北アメリカ大陸を広く旅したが、その旅は軍事征服に伴っていることが多かった。アッバース朝の支配者が七五〇年に権力を掌握し、カリフの府をバグダードに定めると、どちらかと言えば貧しかったアラブ料理の質はおおいに向上した。というのもバグダードはそれまで、洗練された料理と砂糖好きで知られるペルシア帝国の一部だったからだ。オスマン帝国の料理はペルシアとアラブ世界両方の甘い伝統が混ざり合い、ラマダン明けを祝うイード・アル＝フィトルは「砂糖の饗宴」となった。[66] いっぽうアラブ料理はバグダードやイベリア半島からもたらされた多くの甘い珍味により、台所に革命をもたらした。アラブの影響を受けたアンダルシアの伝統のなかで成熟した小さなお菓子やペストリーの製造技術は、スペイン人やポルトガル人によってそれぞれの植民地へ伝えられていった。甘い物好きのイベリア半島の女子修道院は、ラテンアメリカやフィリピン、そして南アジアの植民地全土に菓子づくりの技術を広めた。スペイン領のアメリカの都市では一七世紀から、菓子やケーキが露店で売られるようになり、やがて砂糖は食料品店でも一般的な商品になった。[67]

東方では、ポルトガル人が菓子づくりの技術をはるばる日本へと伝えた。南蛮菓子と呼ばれた菓子――「蛮」とは、それがヨーロッパ由来であることを表す――は非常に好まれ、とくに茶席のお供として重宝された。さらにこの菓子づくりの技術は日本からシャムに渡った。シャム料理に砂糖を導入したのは、フランス語でマリー・ギマルドとして知られるマリア・ギオマール・デ・ピーニャ(一六六四〜一七二八)で、彼女の夫、コンスタンティン・フォールコンはシャムの王に重用された高級官吏であり、一六八八年の王宮内の政変で処刑された人物だ。マリアの母は、キリシタン迫害の時代に祖国を離れた日本人だったため、彼女は母から日本風のポルトガル料理を習っていたのだ。こうして一八世紀にはシャムでも、菓子を食べる習慣は、王宮からバンコクの街角へと広がっていった。[68]

このようにサトウキビ糖は各地に広がっていったが、それでもまだ世界のほとんどの地域でサトウキビ糖はさまざまある甘味料のひとつに過ぎなかった。インドでは、ヤシ糖やサトウキビ糖の他にも、果物や花から採る砂糖があり、とくに花から採る砂糖は日常的に消費するものというよりはむしろ珍味だったと思われる。[69]実際、マレー世界では中国からの移民が製糖技術を持ち込んだあとも、ヤシ糖が主流の砂糖であり続けた。いっぽうペルシアでは、王宮や都市部の裕福な家庭は砂糖を積極的に消費していたが、一般家庭ではおもに蜂蜜やデーツ、ぶどう、マナといった地元の甘味料を使っていた。[70]ブハラ(現在のウズベキスタン)でも、中央アジアやアラブ世界の各地と同様、ぶどうやメロン、その他の果物の搾り汁、そしてトゥルンジビーン(あるいはタランジャビン)の汁――ヨコバイが残した蜜――のほうが、サトウキビ糖よりよく使われていた。[71] マムルーク朝の領内では、ナーブルス周辺で広く栽培されていたイナゴマメが甘味料として重宝され、カイロやダマスクスへ輸出されていた、とイブン・バットゥータは伝えている。[72] 砂糖が広く知られ、菓子類や砂糖細工も幅広く人気だったオスマン帝国でさえ、サトウキビ糖は一般的ではなかった。何しろ、蜂蜜より安価で、砂糖の半値ほどの濃厚なぶどうの糖蜜がふんだんに手に入ったからだ。この状況が変わったのは、一八世紀末にカリブ海産の砂糖がこの地域に入るようになってからのことだ。[73]

コロンブスが到達する前のアメリカ大陸の人々もまた、さまざまな果物を使った多くの菓子に親しんでいた。さらにアステカ人はトウモロコシの茎から糖蜜を抽出しており、エルナン・コルテスはカール五世に宛てた書簡のなかで、この糖蜜はサトウキビ糖と同じくらい甘いと書いている。だが、これはおよそありえないだろう。トウモロコシの糖蜜に含まれていたのはブドウ糖で、サトウキビ糖の成分であるショ糖ほど甘くはないからだ。[74] 温帯地域では、純粋なショ糖に最も近い糖はカエデ糖だった。太古の昔から、ハドソン湾近くに住むアルゴンキン語を話すアメリカ先住民は、樹液が樹皮へ上がってくる春になると、カエデの木の幹に穴を開け、カエデ糖を抽出していた。[75] しかし温帯地域の小作人たちが使っていた最も一般的な甘味料と言えば、蜂蜜および大麦やソルガムからつくったブドウ糖の糖蜜だった。中国北部ではこういった甘味料が何千年にもわたって利用され、現在もなお使われている。稲作社会ではもち米から菓子をつくることが多く、のちにはその菓子に砂糖が混ぜられるようになった。[76] ここに挙げた甘味料はどれも独自の風味でその土地の料理を彩り、二〇世紀に白い結晶糖が世界の大部分を制したのちもなお、消えることはなかった。

ヨーロッパの都市と産業における砂糖

一八世紀半ばには、世界のほとんどの地域で、砂糖は都市の消費文化の一部となった。たとえば台湾からの豊富な砂糖と、中国南東部での砂糖生産の回復のおかげで、一八世紀半ばには砂糖の消費と菓子づくりは中国沿岸部の上海や隣接する蘇州まで北上していった。[77] 南北アメリカ大陸における砂糖の年間生産量は一七五〇年までに一五万トンを超え、一七九〇年までにさらに六〇％増加したため、砂糖はヨーロッパ都市部の中産階級にも手が届くようになった。西ヨーロッパにおけるひとりあたりの年間消費量は、一六〇〇年はわずか八七グラムだったが、一七〇〇年には六一四グラム、フランス革命直前には二キログラムにまで増加した。[78] 一八〇〇年には、この地域における砂糖消費量はひとりあたり一・五キログラムから二・五キログラムと、中国にほぼ匹敵するほどになった。それでも、ひとりあたり平均四キログラムの粗糖を毎年消費していたインドには遠く及ばなかった。[79]

一八世紀になると、砂糖の消費はヨーロッパ都市部の有産階級からさらに庶民へと広がり、イギリスやオランダ共和国では農村部にも及んだ。結晶糖にはまだ手が届かなかった下層階級は、糖蜜（すなわちモラセス）を用いた。[80] モラセスを詰めた多くの大樽がイギリスだけでなく、北米の一三のイギリス植民地にも届き、存分に消費された。[81] 西ヨーロッパや北米の料理本には、砂糖が一般的な調味料として登場するようになり、菓子やアイスクリーム、マーマレード、デザートのレシピも急速に普及した。菓子類やあめ細工、ファッジ、それに砂糖とアーモンドパウダーでつくられるマジパンなどに、砂糖はますます大量に使われるようになった。北米ではオランダやドイツからの移民の技術により、フィラデルフィアが菓子づくりの中心地として台頭した。クエーカー教徒の女性はとくにペストリーづくりがうまく、彼女たちのつくる菓子が上流社会の食卓を彩った。またフィラデルフィアを「菓子の都」にする上では、新聞広告が果たした役割も大きかった。[82]

砂糖が広く用いられるようになると、医師たちは砂糖摂取に対して頻繁に警告を発するようになった。彼らは砂糖がヒトの代謝作用に及ぼす危険性について書き、虫歯や壊血病、はては肺疾患の危険性も指摘した。[83] 砂糖の批判者のなかでもとくに有名だったのが一七世紀のオランダ人医師ステファン・ブランカールトで、庶民が消費していた粗糖やシロップ（おそらく糖蜜）を痛烈に批判した。オランダ共和国ではすでに、一流の医師は砂糖やシロップの処方などしない、と彼は言い、砂糖を薬局の棚から撤去するよう促した。彼はまた、オランダ共和国の人々が愛してやまないマカロンやマジパン、「バンケット・レターズ」[84]、砂糖がけのアーモンドなど、砂糖を使った菓子の摂取を控えるよう強く勧告した。さらに、砂糖の過剰摂取は子どもの肥満や壊血病の原因になるとも警告した。[85]

砂糖は刺激物だという批判もあったが、イスラーム教におけるアルコールのような全面禁止はおろか、宗教的な非難も免れた。カトリック教会の聖職者が甘いものに耽溺するのは不摂生とされ、軽微な罪とみなされていたが、いずれにせよ、ほとんどの人は砂糖をごく少量しか買えなかった。[86]プロテスタントの初期の啓蒙ブルジョワ文化が宣言した節制はもっと厳格だったかもしれないが、このような環境においては、砂糖は過度の飲酒よりはるかに些細な問題とされていた。さらに、聖職者がなんと言おうと、繊細なペストリーやケーキ、菓子を求める流れは止めようがなかった。砂糖を成形する技術は王宮から砂糖精製業者へと広まり、その秘訣は本になって書店の棚に並ぶようになった。

フランスでは、外相のシャルル＝モーリス・ド・タレーランやロシア皇帝アレクサンドル一世の料理人を務めたアントナン・カレームが、焼菓子づくりを新たなレベルへと引き上げた。彼の著書『華麗なる菓子職人』*（一八一五）は、ジョゼフ・ジリエによって一七六八年に刊行された『フランスの菓子職人』*に始まるペストリーの料理本集の一冊だ。そのころにはすでにタバコやコーヒー、紅茶の消費は西ヨーロッパ全域に広まり、男女を問わず多くの人の心をとらえていた。こういった熱帯地域の刺激物は新たな消費活動の基準や貿易パターンをつくり出し、よりグローバル化した経済や洗練された食習慣を生み出した。砂糖はイギリスの紅茶に入れられ、京都や江戸の茶席ではきめの細かい和三盆でつくった生菓子が苦い濃茶とともに供された。[87]

他方、ユーラシア大陸におけるひとりあたりの砂糖消費量は地域によって大きく異なった。消費量が最も多いのはインドで、次いで中国、ペルシア、オスマン帝国が続き、これらの地域と比べるとヨーロッパの消費量ははるかに少なかった。[88] ヨーロッパでは砂糖など見たこともない人も多かったが、そのいっぽう砂糖が日用品になっている人々もいた。たとえばオーストリアではあいかわらず、砂糖を消費するのはウィーンに住む都会人に限られていたが、オランダ共和国では農村部でさえ、コーヒーには砂糖をスプーン一杯入れるのが普通になっていた。イギリスでは砂糖はとくに人気があり、ひとりあたりの消費量は一七〇〇年に約五ポンドだったものが、一七七五年には一六ポンドを上回るまでに増加した。この勢いに匹敵する地域はヨーロッパでは他になく、世界でもインドだけだった。[89] 裕福な層にとどまらず、賃金が大幅に上昇したイギリスの新興工業地帯にも砂糖の消費者は存在した。また、一八世紀初めには農村部でも食料品店ではかなりの量の砂糖が売られていた。おそらく当時はそういった店舗がイギリスに数万軒、あるいは一〇万軒以上はあったと思われる。[90]

それとは対照的に、フランスでは砂糖の消費は圧倒的に都市部の生活習慣にとどまっていた。その理由としては、フランスの農村部はイギリスの農村部よりはるかに貧しかったこと、そして暖かい気候のおかげで他にも多くの甘味料があったことなどが挙げられる。いっぽうで、パリ市民は間違いなく砂糖に親しんでおり、フランス革命直前にはひとりあたり年間約二三キログラムを消費していたと思われる。[91] あらゆる階層のパリ市民が、六〇〇以上あったカフェや自宅で、朝のカフェオレに砂糖を入れて飲んでいた。[92] なお、一七九二年にパリで民衆が蜂起したのは、砂糖の価格が二倍になり、日々の生活に大きな支障をきたしたことへの抗議だったことはよく知られている。[93] 一九世紀後半までパリの労働者は、砂糖を男らしさが感じられないとして嫌っていたという説があるが、これは田舎から来た新参者だけだったのかもしれない。というのも、都会の人たちは明らかにそうは思っていなかったからだ。[94]

ヨーロッパの都市部でも砂糖の消費量が増えたのは、ビールやワインにとって代わる日常的な飲み物が徐々に登場してきたからだ。それまで、水、とくに都市部の水は汚染がひどい場合が多く、何世紀ものあいだ、アルコール飲料は水より安全と考えられ、広く飲まれてきた。したがって、沸かしたお湯でいれたコーヒーや紅茶は、ビールやワインの代替え飲料としては最適とされ、広く飲まれるようになっていった。いっぽうアメリカ合衆国では、宗教的敬虔さや、クエーカー教徒などの禁酒の教えにより、甘い飲み物や甘味料が農村部にも広がっていった。このような農村地域への砂糖の広がりは、ドイツの諸侯国でも起こったと思われる。これらの国々にはイギリスやフランスの港のように植民地から大量の砂糖が入ってきたわけではないが、それでも一八世紀には、ひとりあたりの砂糖の消費量がフランスと肩を並べるようになった。これは、織物などの製造業が盛んになり、ドイツ国民の大多数の所得が上がったことによるものだ。[95]

マーマレード入りのフラン（カスタードや果物、チーズなどを詰めたタルト）やライス・プディングのレシピがフランドルやオランダ共和国南部の州を経由して入ってくると、ドイツ全土に精糖所ができ、やがてドイツ人も、砂糖で甘くしたコーヒーを飲む習慣を身につけた。ハンブルクやライプツィヒ、ケルンといった都市では砂糖が日々の食生活に入り込んでいたのかもしれない。都市部で働き、結婚のため農村部に戻った家事使用人たちが、コーヒーや紅茶にスプーン一杯の砂糖を入れるという習慣を村の生活に導入したのだろう。[96]これが可能になったのは、ライン川を経由して一万二〇〇〇トンの砂糖がオランダから運ばれ、さらには大半がフランス領アンティル諸島産の砂糖三万トンもハンブルクに荷揚げされていたためだ。ドイツの精製業者や貿易商は、遠くロシアまで砂糖を輸出したが、二〇〇〇万人の消費者を抱える国内市場にも三万トンから四万トンを供給していたと思われる。これは国民ひとりあたり年間一・五キログラムから二キログラムに相当し、当時のフランスの平均消費量にも匹敵する量だった。[97]

一八世紀後半、砂糖は砂糖菓子や焼菓子、そしてコーヒーや紅茶の甘味料として西ヨーロッパや北米の都市部に住む有産階級に広まり、そこから農村部の裕福な家庭へと普及していった。イギリスでは、家事使用人でさえ砂糖を摂取していた。[98] このころには、これらの地域のひとりあたりの砂糖の消費量は中国の消費量に匹敵するまでに増えていた。しかしヨーロッパや北米がインドと同じくらい砂糖を消費するようになるのは、急激な都市化と工業化の進展により、砂糖への飽くことのない需要が生まれた一九世紀に入ってからのことだ。悲劇的にも、この需要の急増が大量のアフリカ人奴隷を生むことになった。

第3章　戦争と奴隷制

ヨーロッパが砂糖を愛するようになったのは、ちょうどエジプトの砂糖生産が崩壊した一五世紀初頭のことで、それは、砂糖と大西洋地域におけるヨーロッパの歴史をこのあと何世紀にもわたって結びつける、重要な瞬間でもあった。当初は、地中海西部のかつての砂糖生産地が息を吹き返し、新たな生産地も開拓されたが、この拡大はすぐに限界を迎えた。ヨーロッパの気候では、サトウキビ栽培地は地中海最南端の沿岸や島々に限られていたからだ。やがて、マデイラがヨーロッパ市場への最大の砂糖供給地として台頭する。これは、移転することでその地域の生態学的制約を克服するという資本主義的商品《コモディティ》生産では典型的な現象で、地理学者のデヴィッド・ハーヴェイはこれを「空間的回避」と呼んだ。[1] 製糖産業の歴史において最も重要な空間的回避が起こったのはおそらく、このマデイラでの生産量が減少したときだ。そして新たな砂糖のフロンティアとして登場したのが、ヨーロッパ人がつい最近知ったばかりの新世界だった。一五〇〇年直前、コロンブスは二度目の航海でイスパニョーラ島にサトウキビを植え、この島ではシチリアやアンダルシアよりもサトウキビが甘く太く育つと熱弁する報告を本国に送った。[2] そしてその二〇年後、スペインの国王、フェルナンド五世が崩御する直前、イスパニョーラ島でつくられた最初の砂糖がスペインに届いた。

そして砂糖は、フェルナンドの孫、カール五世の広大な帝国内のさまざまな結節点を結びつけることになる。一五一九年、カールは一九歳で神聖ローマ帝国皇帝となったが、この王位を継承するための運動に多額の資金を大富豪のヴェルザー家とフッガー家に用立ててもらい、彼らには借りができていた。ヴェルザー家はさらにカール五世のアメリカ大陸進出も支援。その見返りとして重要な商業特権、すなわちスペイン領アメリカでの奴隷貿易に関し、事実上の独占権を獲得した。また彼らは、イスパニョーラ島の首都サントドミンゴに交易拠点をもうけ、そこから砂糖を輸出するいっぽう、何千人もの奴隷を島の製糖所に連れてきた。[3]

イスパニョーラ島の砂糖プランテーションは当時では最大規模で、古来の輪転圧搾機、トラペットの二倍の能力をもつ新しいタイプの圧搾機が採用されていた。これは水平のローラーが二つある横型の圧搾機で、一三世紀あるいは一四世紀にインド西部で誕生したものだ。インドのゴアに入植していたポルトガル人を通じてイスパニョーラ島へ伝わったとも言われているが、むしろマデイラ島で生まれ、それがカナリア諸島を経由してイスパニョーラ島へ持ち込まれた可能性のほうが高い。粉砕力を高めるために鉄の棒が突き出た水平ローラーは、水力を動力として使うのに最適だった。また、イスパニョーラ島では砂糖工場は川沿いに配置されることが多く、これは輸送の観点からも好都合だった。[4]

製糖工場は、現在のメキシコ、コロンビア、ペルーを含むヌエバ・エスパーニャやプエルトリコで急速に増えていった。コンキスタドール、すなわちスペインのアメリカ大陸征服者たちは無慈悲なまでの侵略のあと、新たに手に入れた領地にサトウキビを植えさせた。[5] 一六世紀半ばには、アメリカ大陸のスペイン領全体で二〇〇〇トンから二五〇〇トンの砂糖が生産されていたと思われるが、それでもカナリア諸島や、ギニア湾にあるポルトガル領の砂糖生産地、サントメ島の生産量には及ばなかった。[6] イスパニョーラ島での製糖は、奴隷やマルーンと呼ばれた逃亡奴隷たちの激しい抵抗に遭い、彼らは工場に火を放ち、家畜を盗んだ。また、いっぽうフランスやイギリスの私掠船《コルセア》は定期的にこの島を襲っては、砂糖プランテーションを破壊した。

ランターたちは、ロンドンに砂糖を運ぶイギリスの密輸業者に砂糖を売ることで、スペインの砂糖購入を独占しようとするセビリャを出し抜いた。こういった要因があいまって、一六世紀半ば以降、スペインのアメリカ大陸からの砂糖輸入は停滞した。[7]

大西洋地域で主要な砂糖生産者として台頭したのは、巨大なスペインではなくポルトガルだった。一六世紀初頭、ポルトガルの王族や廷臣は、ドイツやアントウェルペンの商人の資本を呼び込んでサントメ島を開発し、イスパニョーラ島のような、奴隷労働に基づく砂糖の一大生産地にしようと考えた。[8] ではなぜ、砂糖生産がサントメ島から西アフリカに向かわず大西洋を渡ったのか、と不思議に思うむきもあるだろうし、西アフリカにすでにプランテーション農業が存在したことを考えれば、なおさらだ。じつはこの地域は年間を通して降水量が多く土壌が酸性に傾くため、ほとんどの場所が、サトウキビ栽培には生態学的に適さないのだ。こういった土地はヤシの木にはいいが、乾季のある熱帯モンスーン気候が最も適したサトウキビには不向きだった。そのうえ圧搾機を回す馬たちは、赤道直下のアフリカでツェツェバエに刺されて死んでしまった。[9] つまり生態学的理由から砂糖生産は大西洋を渡り、何百万人ものアフリカ人が囚われの身となって、そのあとを追ったのだ。

ブラジルの長い海岸地帯は、大西洋世界で他の追随を許さぬサトウキビ生産地帯として発展した。ブラジル沿岸部の広大な地域は多くの人々に大きなチャンスを与え、ポルトガル人がその地に足を踏み入れてから一世紀のうちに、年間で約七五〇〇トンもの砂糖を生産するようになった。これは、シチリアやイベリア半島、そしてスペインやポルトガルの植民地が生産する砂糖をすべて合わせた量の約一・五倍に相当する。何百隻もの船がブラジルからポルトガルに向かい、そこからさらにヨーロッパの他の港、とくにアントウェルペンへと砂糖を運んだ。実際、ブラジルの砂糖フロンティアの勢いは、ポルトガル王国からネーデルラントでの砂糖専売権を獲得し、アントウェルペンを北ヨーロッパにおける砂糖精製の中心地とした、アントウェ

1816年のブラジルの製糖工場。ローラーを垂直に3本配したこの特徴的な設計は、ブラジルが16、17世紀に砂糖を生産する主要植民地として頭角を現す一因となった。

ルペンの商人たちの力に負うところが大きい。彼らはブラジルのプランテーションに多くの資金を提供し、そこで生産された砂糖の半分をヨーロッパへ運んだ。とくにブラジル北東部のペルナンブコやバイーアなど、おもな砂糖生産地のプランテーションの所有者には、ネーデルラント出身者もかなりおり、彼らの地位は、イベリア半島での迫害を逃れてブラジルで新たな生活を築いたユダヤ商人たちにより、いっそう揺るぎのないものになった。[10]

このように、肥沃な土地と熱帯性気候に恵まれたブラジルで砂糖生産のフロンティアが開拓されると、投資家たちは、当時の人々の想像をはるかに超える破砕能力を持つ圧搾機を構築した。垂直に配置された三つのローラーから成るその圧搾機は、スペイン領アメリカに由来するシステムと思われるが、サトウキビをより速く、余すところなく処理、加工することができたため、より多くの汁を搾ることができた。[11] プランテーション所有者の多くはそういった高性能の圧搾機を買うだけの資力がなかったが、肥沃な土地は豊富にあったので、ブラジルもマデイラ島の初期と同様、大規模製糖工場を小規模自作農《ラブラドーレス》が取り囲んでいた。一七世紀半ばには、ペルナンブコで製糖されるサトウキビの八七%はポルトガル人労働者が栽培していた。彼らは土地と奴隷、家畜を所有し、栽培したサトウキビは一番近い工場《エンジェーニョ》に納入していた。[12] ブラジルは天然資源が豊富だったため、カナリア諸島やイスパニョーラ島、サントメほどの高度な資本主義は発達しなかったのだ。いっぽう、そういった島や地域では、水利のある土地は製糖工場に投資する力がある商人に与えられるのが普通で、ヨーロッパ人の小規模自作農が入り込む余地はなかった。

ブラジルでは、奴隷労働者への需要はつねに高かった。一七世紀半ばまでに砂糖の年間生産量は三万トンに急増したが、一トンを生産するには奴隷二人から三人の労働力が必要だった。奴隷のうち先住民のインディオはごく一部で、この一世紀のあいだに、一〇〇万人のアフリカ人が誘拐され、ブラジルの砂糖生産地に連れてこられた。[13]

ヨーロッパの砂糖独占を狙うオランダ

ヨーロッパを支配するハプスブルク家との戦いの一環として、フランスとイギリスの私掠船がカリブ海のスペイン領を襲っていたため、砂糖はきわめて重要な商品として台頭した。そしてこの争いは、大西洋世界をヨーロッパ中の商人が集まる場所へと再構築することになった。敵の植民地を破壊することは、自国の植民地を開拓するのと同じくらい重要だという信念のもと、各国は熾烈な争いを繰り広げた。最大の目標は砂糖の独占であり、これは事実上達成不可能ではあったが、それでもオランダ共和国はその目標達成まであと一歩のところまで近づいた。

ネーデルラント最大の都市アントウェルペンは、一六世紀の大半を通じてヨーロッパの砂糖貿易の中心地だったが、同時に、一五六八年に始まったスペイン王、フェリペ二世に対するプロテスタントの反乱を率いた英雄的存在でもあった。しかしこの反乱で中心的役割を担ったことで、ヨーロッパの砂糖市場におけるアントウェルペンの地位は著しく低下し、一五八五年にスペイン軍に占領されてからの凋落はさらにひどかった。その結果、砂糖商人や製糖業者は、ケルンやハンブルクといった混乱の少ない他の地へ移ってしまった。またこのころのアントウェルペンは、すでにヨーロッパの穀物貿易の主力市場で、技術的にも優れた船団を擁するアムステルダムの脅威も感じはじめていた。アムステルダムはスペイン国王に反旗を翻したオランダ独立戦争（一五六八～一六四八）が最も熾烈だった時期も、イベリア半島との交易を続け、オランダ船は穀物をリスボンへ運んでは、塩と砂糖を積んで戻ってきた。一六二〇年代、ポルトガルの首都リスボンの人口は一六万五〇〇〇人で、内陸部の食料生産だけではとてもまかないきれなかったからだ。ハプスブルク家との戦争中、ヨーロッパの田園地帯では傭兵が略奪を繰り返していたが、リスボンやアントウェルペン、アムステルダム、ケルン、ハンブルクなどヨーロッパ各地に散らばった商人たちのネットワークは禁輸措置を回避し、海運による砂糖貿易は繁栄した。

一七世紀に入ってオランダ共和国とスペインの戦争が膠着状態に陥ると、スペインの支配下におかれたアントウェルペンはオランダの船に海へのアクセスを封じられ、もはやヨーロッパの砂糖貿易の中心地ではいられなくなった。オランダが一六〇九年にスペインとの一二年間の休戦条約を結んだころには、アムステルダムはすでにブラジルが輸出する砂糖の半分を加工していた。[14] だがオランダは、これだけでは満足せず、一六二一年にスペインとの一二年間の休戦条約が終わると、オランダ西インド会社（Geoctrooieerde West-Indische Compagnie［ＷＩＣ］）を設立。ＷＩＣが狙ったのはスペイン植民地だったボリビア・ポトシから銀を運ぶスペイン船団の私拿捕に加え、ブラジルの豊かな砂糖生産地との密貿易だった。ＷＩＣは一六二四年から一六

17世紀から18世紀にかけてのアムステルダムは、ヨーロッパの砂糖精製の中心地だった。この1812年の絵に描かれているデ・グラナータペル精糖所は、当時アムステルダムに100軒ほどあった典型的な精糖所で、その多くは運河沿いにあった。

二五年にブラジルのバイーアを短期間占領したのち、一六三〇年にはブラジルの港レシフェを、より永続的に占領した。そして一六三七年にレシフェの後背地ペルナンブコを占領すると、砂糖の供給は保証されたかに思われた。また、アフリカ人奴隷の供給が途絶えないよう、西アフリカにおけるポルトガルの拠点、エルミナも占領した。同時に、オランダ東インド会社（Vereenigde Oostindische Compagnie［VOC］）は台湾に砂糖の開拓地をつくった。また一七人会として知られる同社の最高経営幹部たちはバタヴィアに、オランダへ輸出する砂糖はいくらでも引き取ると伝えた。[15]

これらの地を占領したことで、アムステルダムはヨーロッパの砂糖貿易でいっそうの成功をおさめることとなったが、そこで重要な役割を果たしたのが、バイーアやアントウェルペンの隠れユダヤ教徒社会と密接な関係にあったアムステルダムのセファルディ系ユダヤ人社会だった。オランダ西インド会社がレシフェを占領した二年後にユダヤ人がアムステルダムの市民権を取得できるようになったのも、おそらく偶然ではないだろう。そしてこれがまた、ユダヤ人による砂糖貿易への投資、とくに精糖所への投資に拍車をかけることになった。一七世紀半ばには、オランダの精糖所の四分の三がアムステルダムにあり、ヨーロッパの消費者向け砂糖の半分をオランダの精糖所が供給していた。[16] 精糖所は大量の燃料を燃やすため、火災のリスクが大きかったが、それでもアムステルダムの運河沿いには高い煙突のある六階あるいは七階建ての工場が並んでいた。実際、かなりの数の工場で火災が起こり、莫大な建設資金をかけた工場とそれよりさらに高価な砂糖の在庫が焼失した。[17]

オランダ西インド会社はポルトガル領ブラジルの一部を占領したが、その当時は自分たちが奴隷所有者になる道を歩んでいるとは気づいていなかったかもしれない。実際、奴隷制という概念は当時のオランダ人には未知のものだった。他者を隷属させる慣習は地中海盆地には依然残っており、奴隷制度はスペインやポルトガルにもまだ存在していたが、ヨーロッパ北西部の国々では中世のあいだにすでに消滅していた。オランダ共和国が強大な海洋帝国を築きはじめた当時、奴隷制は彼らが勝ち取ろうと懸命に戦った自由とはまさに対極にある概念だった。というのも、オランダの国父、オラニエ公ウィレムは、スペインの支配者は奴隷商人であり、二〇〇〇万人の先住民《インディオ》を殺したと非難して、オランダの分離独立を指導したからだ。これを考えると、のちに奴隷商人として悪名を轟かせることになったオランダ西インド会社（ＷＩＣ）がその初期において、奴隷貿易はキリスト教徒として許されないと考えていたのもうなずける。[18]

だが、奴隷労働者なしではブラジルの砂糖工場は操業できず、結局、ＷＩＣは奴隷所有に対する道徳的なためらいをかなぐり捨て、みずからも主要な奴隷商人となった。[19] そしてオランダ人は奴隷を保護するいかなる法にも妨げられない冷酷な奴隷所有者となったのだ。スペイン人やポルトガル人とは違い、彼らは奴隷の扱いに関する中世イベリア半島の法的規制に縛られておらず、洗礼を規定するカトリックのおきてにも縛られていなかった。スペイン領やポルトガル領のプランテーションが中世およびカトリックの規則を無視することも少なくなかったが、そもそもオランダ人には、そしてこの件に関してはイギリス人にも、この手の規則は存在しておらず、彼らは徹底して奴隷を商品として扱い、奴隷の人格も人としての心も否定していた。

オランダは、一六三七年から一六四四年までオランダ領ブラジル総督を務めたヨハン・マウリッツのもと、ペルナンブコで大幅に砂糖生産を拡大させ、ピーク時の年間生産量は六六〇〇トンに達した。[20] しかし彼らがようやく獲得した世界的な砂糖貿易の中心という地位も、そう長くは続かなかった。一六四五年、オランダ領ブラジルでは、深刻な負債を抱えたポルトガル人プランターたちが大規模な反乱を起こし、アムステルダムへ出荷できた砂糖はわずか一〇〇〇トンにまで落ち込んだ。[21] いっぽう、台湾の砂糖開拓地は期待はずれに終わった。オランダ東インド会社（ＶＯＣ）が台湾から得た砂糖は最大でも年間二一〇〇トンと、その量は一七世紀半ばのブラジルの生産量にもはるかに及ばなかったのだ。[22] そこでＶＯＣは、ジャワとモーリシャスでの砂糖の増産を計画した。しかしモーリシャスでの努力は実らず、ジャワもブラジルで失われた生産量を埋め合わせるには至らなかった。

オランダ共和国がヨーロッパの砂糖貿易を独占する可能性は、一七世紀半ばには消えかかっていた。世界的な経済大国、海運大国としての絶頂期はもう終わっていたからだ。このころ、大西洋領域ではフランスやイギリスとの競争が激化していた。一六二六年、ルイ一三世の重臣リシュリュー枢機卿の許可を得た私掠船団は、セントクリストファー島をスペインから奪取し、その九年後には、マルティニーク島と周辺のいくつかの小さな島も同じ運命をたどった。オランダがバイーアを征服し、フランスがセントクリストファー島を占領した年、ヘンリー・パウエルはタバコやインディゴ、サトウキビなど多様な作物を持って、いまだ深い森林に覆われていたバルバドス島に足を踏み入れた。[23]

初めのうち、オランダとイギリスはカリブ海地域で協力関係にあったため、バルバドスは砂糖の島として驚くほど急速に発展した。一六四〇年代の大規模な反乱でブラジルでの地位がますます危うくなっていたオランダにとって、バルバドスは新たなチャンスだった。というのもオランダは、アムステルダムの精糖所のために新たな砂糖の供給源を見つけると同時に、アフリカ奴隷の買い手も見つける必要に迫られていたからだ。なんといってもこのころのオランダ西インド会社は、大西洋の奴隷貿易の二〇%を占めていたのだ。[24] ブラジルからの輸出が減少したのを見たバルバドスのプランターたちは、インディゴやタバコに見切りをつけ、砂糖に切り替えるようになっていった。そこでジェームズ・ドラックスをはじめとするバルバドス島のプランターたちは、ペルナンブコでサトウキビを調達し、オランダ人から小規模な製糖工場の建設方法についてのアドバイスを受けた。[25] その後数年のうちにバルバドスは、鉄の突起がある、あるいは鉄板で巻いたローラーを採用した改良型の圧搾機や、大釜が並んだ煎糖室、糖蜜を抜く円錐形の容器を置いておく棚を備えた真の砂糖島となった。[26]

しかしオリバー・クロムウェルがイングランド共和国を完全に掌握すると、イギリスとオランダの協力関係は崩壊した。彼は、母国イギリスとオランダ共和国は、カトリックの教義に対抗するという共通の大義のもとに団結したプロテスタントの兄弟国とみなしていた。したがって彼は、イギリスが大西洋をスペインから奪取し、オランダはスペインがアジアとアフリカに有する領地を奪い取る、という世界分割を考えていた。しかしオランダは同胞のイギリスが、この壮大な構想において自分たちを格下に位置づけているのを知って憤慨。いっぽうオランダにこの構想を拒絶されたイギリスは一六五一年に航海法を制定すると競争力の高いオランダ船を自国の港湾や植民地から締め出し、これを機に両国は一六五二年から一六五四年の第一次英蘭戦争に突入することとなった。この戦争はイギリスとオランダ双方の資源を疲弊させただけでなく、オランダが占領していたブラジルを奪還する絶好の機会をポルトガルに与えることとなった。オランダ領ブラジルの首都、レシフェからの代表団の必死の嘆願を受けたオランダ議会は急遽編成した船団をペルナンブコへ派遺したが、時すでに遅く、船はオランダ人居留民を満載して、避難させることしかできなかった。
しかし、たとえブラジルを失おうと、イギリスの航海法が施行されようと、ヨーロッパの砂糖取引にアムステルダムが果たす役割が大きく損なわれることはなかった。実際、砂糖の生産と市場の独占を目指したこれらの戦争は、国境を超えて続いていた商品連鎖を混乱させただけで、商品連鎖が根本から変わることはなかった。アムステルダムの砂糖取引にとって重要だったのは海上征服ではなく、カリブ海全域からアゾレス諸島、そしてロンドンにまで広がっていたセファルディ系ユダヤ人の貿易ネットワークだったからだ。[27] また、当時のロンドンには精糖所が数カ所しかなかったため、アムステルダムはロンドンの商人経由、あるいは航海法を巧みに回避するカリブ海の密輸ルート経由で、かなりの量の西インド諸島産砂糖を吸収していた。バルバドスの副総督を務めていたクリストファー・コドリントンは、自身もこの密貿易に大きく関わっていた。彼は自身の五隻の船だけでなく、指揮下にあった海軍の船も使って、キュラソーや、オランダのもうひとつの植民地でこの地域の砂糖取引の拠点だったシント・ユースタティウス島との貿易を行っていたのだ。[28]
一六六〇年ごろには、一〇〇隻の船団が砂糖をアムステルダムに運んでおり、砂糖産業は依然としてアムステルダム経済の最大部門だった。[29] ロンドンからの砂糖が約一万トン、さらにブラジルから三五〇〇トン、そしてフランスやイギリスが領有するカリブ海諸島からも砂糖はさまざまなルートで入ってきた。また、アジア各地からもさまざまな量の砂糖が、オランダ東インド会社の船に積まれて運ばれてきた。アムステルダムは、西インド諸島産砂糖の精製業者としての役割を一七一三年までに失うが、それはやがてフランス領アンティル諸島、とくにサン＝ドマングから入ってくる大量の粗糖によって補われることになる。その粗糖は、フランスで合法的に購入されたものか、あるいはカリブ海地域で不正に入手されたものだった。[30] 大規模な密輸と貿易に従事する有産階級のディアスポラ（離散して故郷パレスチナ以外の地に住むユダヤ人）たちが、重商主義的政策をくつがえすのにおおいに貢献したのである。

イギリスとフランス、それぞれの砂糖革命

　フランス、イギリス、オランダがハプスブルク家と戦った戦争、そしてオランダのブラジル進出とその後の追放は、カリブ海の島々の砂糖生産、すなわちアフリカ人奴隷による砂糖生産という新たな時代の幕開けとなった。もともとはイギリス人入植者と囚人労働者がさまざまな作物を栽培していたバルバドス島は、その後、アフリカ人奴隷に依存する砂糖の島へと急激に変化した。一六六〇年代、バルバドスは大西洋地域ではブラジルに次ぐ第二の砂糖輸出地となったが、この島は急速に拡大するイギリスのプランター階級を受け入れるには小さすぎ、やがて限界が訪れた。そこでプランターたちは、カリブ海の他の島々へ入植を始めた。

　バルバドスが生態学的に疲弊し、数十年で放棄されるという道を辿らなかったのは、プランターたちが自然の限界を克服し、この島をカリブ海地域全体のモデルケースとしたからに他ならない。[31] 森林伐採が急激に進んだこの島の木材不足は、建設用の資材をニューイングランド地方から、燃料用の石炭をイギリスから輸入することである程度解決した。また、バルバドスの比較的乾燥した気候のおかげで、日干しのバガスを燃料にすることもできた。さらにこれらと同じくらい重要なのが、強力な風車の導入だった。一六七〇年までには、四〇〇基ほどの風車がバルバドスのサトウキビを粉砕圧搾するローラーを回すようになったため、動力としての牛を飼うスペースを大幅に節約することができた。[32] 産業革命により蒸気駆動のサトウキビ圧搾機は世界中に普及したが、バルバドスの風車はその後も存続し、なんと第一次世界大戦直前になってもなお、バルバドスの二一九の砂糖農園は依然として風力を使っていた。[33]

　風車を用い、バガスを燃やし、木材や石炭までも輸入してエネルギー問題を解決したバルバドスのプランターたちは、さらに別の生態学的な困難も克服した。急速な土壌の劣化と浸食による生産高の減少を食い止

めるため、畝を縦横二方向に掘って四角い植え付け面、すなわち植え穴をつくる耕作方法を導入したのだ。これにより、堆肥もより有効に利用されるようになった。この植え穴を掘る技術が西インド諸島全域に広まると、奴隷労働者たちは特定のリズムで畑を移動する労働集団に分けられるようになり、この方法はたちまちのうちにカリブ海の砂糖プランテーションにおける標準的慣行となった。[34] 食用作物（ヤムイモなど）と輪作をすれば、サトウキビ栽培による疲弊から土地を回復させることはできるが、それだけでは土壌の疲弊を食い止めるには不十分だった。そのためバルバドスのプランターたちは砂糖生産を維持するために試行錯誤を重ね、一時期イギリスの占領下にあったスリナムから堆肥を輸入したことさえあった。[35]

バルバドスには、五世紀にわたる砂糖生産の技術や経験が集約されていた。三本ローラーの圧搾機はポルトガル領ブラジルから伝わったもので、燃料節約のために複数の大釜を用いる方法はおそらくオランダ人が開発したのだろう。だがこの技術は、ペルナンブコの急速な森林破壊に危機感を覚えた彼らが、領有していたアジアで中国の砂糖煮沸職人から教わったのかもしれない。[36] 畑で行っていた輪作や施肥は、中世のエジプトや中国ではすでに広く行われていた手法だ。バガスの焼却は、まだ森林が豊富にあったブラジルでは行われていなかったが、おそらくエジプトでは何世紀も前から実践されていたはずだ。[37]

バルバドスのプランターたちは、この小さな島とそこで働く奴隷たちを最大限に搾取するべく、独自の工夫を追加した。それが工場と畑の完全な統合、そして厳格な分業化と時間管理で、これは重要な転換点になった。この手法はジェームズ・ドラックスや他のプランターたちがタバコ栽培を組織化した方法ともまったく違っていた。タバコ栽培は、アフリカ人奴隷の半分の値段で雇える白人年季奉公人が小区画の土地を耕すことで成り立っている場合が多かった。しかし、独立して自作農になるための土地がもはやないことに不満を募らせた年季奉公労働者たちが反乱を起こしたため、プランターにとってこのタイプの労働者の魅力は薄れていった。やがてアフリカ人奴隷が大規模に供給され始めると、労働者のバランスはプランテーションから白人労働者を排除する方向に傾いていった。[38] その結果、ブラジルとは対照的に、バルバドスでは白人のサトウキビ農家が砂糖経済の一翼を担うことにはならなかった。

　こうしてバルバドスは、生態学的限界によって古い地中海モデル、すなわちすでに資本が労働者を隷属させていた地中海モデルへと戻っていった。しかしこのときバルバドスで起こったのは労働の完全な商品化、ひいては労働者の非人格化だった。これはB・W・ヒグマンが言う「砂糖革命」だが、それ以上にこれは人種間に起こった革命だった。[39] 奴隷の輸入は一六六〇年代に倍増し、バルバドスで職を見つけられなくなった白人入植者のかなりの部分は、カリブ海の他の島々や北米へ移っていった。その結果、プランターおよび白人の監督者と、彼らが使役する労働者のあいだには厳然たる人種的境界線が生まれた。資本は白人、労働は黒人となったのだ。アフリカ人奴隷を供給するオランダ人やバルバドスを離れるイギリス人プランター、そしてブラジルから追放されたセファルディ系ユダヤ人により、バルバドスのこの砂糖革命はカリブ海地域に広がっていった。まず、一六五二年から一六六七年までイギリス占領下にあったオランダ領ギアナへ、その後は、一六五五年にイギリスがスペインから奪取し、イギリスの最も重要なプランテーション島となったジャマイカへと広がったのだ。[40] また、前述したクリストファー・コドリントンを含むバルバドスの他の大物プランターたちもアンティグアへ移っていった。

　そのいっぽう、ブラジルから逃れてきたユダヤ人やオランダ人はギアナ沿岸に新たな植民地を築いた。じつはこの流れはすでに一六四四年、ブラジル総督のヨハン・マウリッツが母国に呼び戻されたときに始まっていた。改宗してユダヤ教に戻った数百人のセファルディ系ユダヤ人たち――オランダ領ペルナンブコではそれが許されていた――が、将来を悲観してブラジルを離れたのだ。その一〇年後、オランダ西インド会社がブラジルを退去し、オランダ共和国やギアナ沿岸のオランダ植民地、あるいはカリブ海諸島――とくにバルバドスやフランス領アンティル諸島――に向かうと、セファルディ系ユダヤ人の第二陣がブラジルを去り、これには新たな迫害の波を逃れてイベリア半島からやってきたユダヤ系移民の他、ドイツ・ハンブルクやイタリア・リヴォルノからのユダヤ人も加わった。[41]

最終的にはオランダ領ブラジルの衰退と、それに伴うユダヤ人の移住によって、当初はバルバドス同様にタバコやカカオ、インディゴを生産していたフランス領アンティル諸島にも砂糖革命が起こった。ペルナンブコに住んでいたあるフランス人製糖業者がフランス領アンティル諸島の総督に依頼され、セントクリストファー島に砂糖プランテーションを建設したのだ。一六四六年、そのプランテーションでは、奴隷約一〇〇人と、職人や年季奉公人、その他の労働者二〇〇人が働いていた。[42]その八年後、ペルナンブコからの避難民を満載したオランダ船がマルティニークに到着したが、この島のイエズス会の妨害により、熟練の製糖業者たちはさらにフランス領アンティル諸島へと追いやられた。プロテスタントのオランダ人やセファルディ系ユダヤ人の著名な製糖業者をよく思っていなかったイエズス会が総督に働きかけ、グアドループへと彼らを追放させたのだ。[43]

バルバドスと同様、当初はフランス領アンティル諸島にも、自分の土地を得るためにタバコやインディゴのプランテーションで何年も働かなければならない「アンガジェ」と呼ばれるヨーロッパ人の強制労働者たちがいた。これは、脆弱な植民地を入植者で固めるためのフランスの政策の一環だった。しかし砂糖への転換とオランダが提供するアフリカ人奴隷の流入により、アンガジェたちは生産システムから押し出され、フランス領アンティル諸島で土地を入手する機会を失った。やがてグアドループの砂糖生産量は大幅に増え、ルイ一四世の財務総監でフランス重商主義の父と呼ばれたジャン＝バティスト・コルベールは、フランスに砂糖を輸送する船舶の不足が懸念されるという報告を受けるほどになった。この問題を解決する上では密輸業者もその一助となったのだろうが、フランス領アンティル諸島の増大する砂糖産出量にブレーキをかけたのは、奴隷労働者を求めるプランターの要求の高まりに応えるだけの奴隷船がなかったことだった。[44]

こうしてカリブ海地域での砂糖生産が軌道に乗っていくいっぽうで、ブラジルの製糖産業は停滞の世紀へと入っていった。それまでの砂糖の歴史では、砂糖フロンティアの発展を止めたり、破壊したりしてきたのは、生態学的制約か気候の変化、さもなければ軍事侵攻だった。だがブラジルには、そのどれも当てはまらなかった。ブラジルのプランテーション所有者たちはたんに、肥沃な土地や豊富な水力、そして多数の荷車用動物といった利点を活かすことができなかったのだ。また彼らは、一七〇〇年から一七六〇年のあいだにブラジルに送られた一〇〇万人ものアフリカ人奴隷――フランス領アンティル諸島とイギリス領西インド諸島へ送られてきた奴隷とほぼ同数――もじゅうぶんに活用できなかった。[45] なんとこの奴隷たちの大半は、金やダイヤモンドの鉱山に送られたのだ。さらにブラジルのプランターたちは、砂糖価格の上昇からも利益を得られず、イギリスやフランス、スペインがたびたび巻き込まれていた戦争における中立性を活かして利益につなげることもできなかった。こうしてブラジルの砂糖プランテーションは、フランスやイギリス、オランダの市場の大半を失ってしまった。というのもこれらの国々、とくにイギリスは、自前の砂糖植民地をカリブ海地域に持つようになったせいで砂糖への関心を失い、その関心の対象は金やダイヤモンドに移っていたからだ。[46]

ブラジル産砂糖への需要は一八世紀末にようやく戻ったが、そのころペルナンブコの製糖工場のうち水力で稼働していた工場は五％しかなかった。[47] また、鉄板を巻いたローラーもほとんどなく、サトウキビの加工能力も圧搾能力も低下していた。ブラジルのプランターはバガスを使う代わりに森林を伐採することでまかない、木の材質に関係なく、どんどん奥地へと入って木を切り倒した。また、作付けの直前に森を焼けば施肥をせずに済むが、その後、土壌を回復させるためには利用した土地を何年も休ませなければならず、農園主はより広い土地が必要になった。これは広範囲に森林破壊をもたらしたうえ、きわめて不経済でもあった。農園砂糖農園が金やダイヤモンドの鉱山と労働力の争奪戦を繰り広げ、貴重な燃料である木材を皮なめし産業と奪い合っているというのに、砂糖農園の奴隷労働者はサトウキビ畑まで長い距離を歩かなければならなかったからだ。こうして収益性は低下し、一七八〇年代には多くの製糖所が閉鎖を余儀なくされた。[48]そしてそのころには、砂糖輸出地としてのブラジルはサン＝ドマングやジャマイカの後塵を拝するようになっていた。

奴隷たち

ハプスブルク家の覇権に対抗する戦争の結果、イベリア人によってアメリカ大陸に導入された奴隷制度は、オランダやイギリス、フランスの植民地にも広がっていた。イベリア半島出身者にとって奴隷制は古くからある制度だったが、人間を所有物にすることで生じる非人格化という苛酷な影響をいくらか軽減していたのが教会だった。アメリカ大陸では、カトリック教会がカトリックの王たちに、奴隷化された臣民に洗礼を受けさせるよう要求することで、プランテーション資本主義下で進む奴隷の脱人格化を食い止めていた。しかしプロテスタントの奴隷所有者には奴隷の魂を心配する義務などない。宗教色の濃い当時のヨーロッパを背景にして考えると、奴隷制という新たな資本主義システムのこの徹底的な非人間性には愕然とするほかはない。

奴隷となったアフリカ人のおもな行き先は砂糖プランテーションで、アフリカで誘拐され、大西洋を渡る船旅を生き延びた一二五〇万人のうち、少なくとも半数、おそらく三分の二が砂糖プランテーションに送られた。[49]ヨーロッパで砂糖の需要が急増したため、奴隷船は奴隷の需要に追いつくことができず、とくにサン＝ドマングが砂糖生産の最盛期を迎えた一八世紀後半には、フランスの奴隷商人たちははるばるアフリカ大陸の東海岸まで航海し、囚われた人々を買い取っていた。[50]

一八世紀後半の平均的な年で、六〇万人を超える奴隷が、カリブ海地域やブラジルの砂糖プランテーションでの仕事や、製糖工場の圧搾機を回す牛の世話、港への砂糖の運搬、食料を得るための畑仕事といった補助的な作業に従事していた。西インド諸島の平均的なプランテーションでは、サトウキビが植えられていたのは敷地のわずか三〇%から四〇%で、残りは食料用の畑や畜牛のために用いられていた。[51] 奴隷労働者はまた、灌漑や排水施設などのインフラの建設とその維持も担っていたが、このような作業はできる限り収穫の最盛期をはずした時期に行われた。プランテーションにとって収穫期は、サトウキビの刈り取り、運搬、圧搾、煮沸など人手を要する作業を同時に行わなければならない最大の繁忙期だったからだ。工業化以前のプランテーションでは、サトウキビ圧搾の時期に必要な労働量を削減する手段はほとんどなかった。

家族や自分が属するコミュニティ、そして生まれ故郷から無理やり切り離された奴隷たちの生活はいわゆる「近代的《モダン》な生活」だったと指摘するのは、著名なトリニダード人歴史家、C・L・R・ジェームズだ。彼が言う近代的とは、親族間の関係が破壊され、食べ物や衣服の大半が輸入品で、徹底した分業と時間管理によって緊密に結びついている、それも当時のヨーロッパの無産階級《プロレタリアート》以上に緊密に結びついているという意味だ。[52] 誘拐されたアフリカ人たちは自身の境遇を、戦争に負けたり、故郷の村や町を襲撃されたりした結果と考えていたに違いない。奴隷となった女性は男性よりも悲惨だった。現代の読者の予想とはうらはらに、女性の大半はきつい畑仕事に従事していた。いっぽう、樽や桶をつくったり、レンガを積んだり、大工仕事をしたりするのはたいてい男性だった。仕事はきつく、畑での日々は過酷で、煎糖室の暑さは耐え難いものだった。女性は子を産んでも二週間後には、その子を背中におぶって畑に戻ってきた。[53]

大西洋世界の砂糖プランターたちは、奴隷から最大限の労働力を絞り取り、さらに彼らの食料も自分たちで栽培させていた。この作業は夕方あるいは日曜日にしなければならず、製糖の時期以外は、土曜の午後もこの作業に費やしていたと思われる。しかし植民地当局も、これだけではじゅうぶんな食料を供給できないことは認識していた。ペルナンブコにおける砂糖の単一栽培がいかに栄養失調や飢餓を引き起こしているかを目にしたヨハン・マウリッツは、奴隷ひとりあたり二〇〇本のキャッサバの苗を植えるようプランターたちに命じたが、その効果はほとんどなかった。[54] フランス領アンティル諸島ではコルベールが、奴隷の維持管理はその主人たちが全責任を負うという条項を一六八五年制定の黒人法典内に入れ、栄養状態の改善を試みたが、これもまた効果はほとんど見られなかった。ドミニコ会の神父ジャン゠バティスト・ラバによれば、サトウキビの収穫期には、奴隷たちは作物を栽培するどころか食事の時間もほとんどなかったという。[55] ラバがこれを知っていたのは、彼が神父であると同時に砂糖プランターであり技師、そして一七世紀後半のカリブ海問題の専門家でもあったからだ。カリブ海の砂糖島の劣悪な状況はヨーロッパでは周知の事実で、懸念の種にもなっていた。一七三七年にイギリス議会に送られた調査報告書では、奴隷への食料供給は劣悪であり、それが砂糖植民地の収益性低下の一因にもなっていると記されている。[56]

栄養失調とまではいかなくとも、栄養状態が悪ければ奴隷はさまざまな病気にかかりやすくなる。とくに女性の奴隷は育児中に脚気になることが多く、毎年、飢えの月として知られる八月には死亡率が急増した。なぜならこの時期には、奴隷の食料の収穫量がまったく足りなかったからだ。掘り起こされた人骨の歯を見ると、この時期は、トウモロコシやモラセス［砂糖を精製した後の廃糖蜜］ばかりでほとんど肉を食べていなかったことによる飢えや、餓死が多かったことがわかる。[57] 奴隷たちは農園主からネズミやトカゲ、ヘビなどを見つけたらすぐ駆除するよう命じられていたため、それらの肉を食べていた。こういった動物の食用を嫌悪していたジャン゠バティスト・ラバは、どこにでも生息して驚くべき勢いで繁殖し、さらにはサトウキビの刈り手も襲うこれら害獣を駆除するために、畑にネズミ取りを仕掛けたという。また、奴隷たちが捕らえた害獣を売って儲けるのをやめさせようと、彼らが罠で見つけたネズミ一匹ごとに金を払ってもいた。ちなみにラバのこの逸話は、奴隷のあいだに貨幣経済が存在したことを示す多くのエピソードのひとつでもある。[58]

農園主によって引き起こされるこの栄養不良状態に対抗する食料経済を、奴隷労働者たちみずからがつくり出すことも少なくなかった。スリナムで奴隷がプランテーション所有者から与えられているのはマニオク（キャッサバ）とプランタン（料理用バナナ）だけかもしれない、とスコットランド系オランダ人の陸軍士官ジョン・ガブリエル・ステッドマンは一七七〇年代に書いている。[59] だがアフリカ人奴隷は、ヤムイモやソルガム［モロコシ］、キビ、米、そしてピーナッツの栽培を導入することに成功し、小屋の周囲の狭いスペースを菜園に変え、家禽類やときにヤギやブタも飼育するようになった。バルバドスの海岸近くにある砂糖プランテーションのように、運がよければカニや魚を捕まえることもできた。[60] 奴隷にされたアフリカ人が種子や作物をどうやってアメリカ大陸に持ち込んだのかはわからない。米や種子を髪に隠して船に乗り込んだのかもしれず、カリブ海の港から出航した奴隷船が廃棄する植物を集めた可能性もある。[61] いずれにせよ奴隷たちは、野菜や果物の知識を持っていたおかげでプランター自身でさえその必要性を理解していなかったビタミン類をある程度は摂取できていた。[62] やがて、食用油や野菜を使ったクリオーリョ料理が誕生し、農園主の家庭にも広まった。実際、奴隷の使用人たちの専門知識がなかったら、ヨーロッパ人たちは砂糖植民地で生き延びられなかったかもしれない。

自給自足のための時間はまったく足りなかったが、それでも奴隷にされた人々は食料を巧みに栽培し、ときにはそれを売ることとさえあった。一八世紀に入ると、アメリカのプランターたちは奴隷が耕す庭の所有権を認めることが多くなり、彼らがその土地を友人や親戚に遺贈することもできるようになった。奴隷たちは、仕事や自分の庭の手入れをする以外にも、薪集めや縄づくりなど、プランテーションを維持する仕事をすることもあった。さらに籠を編んだり、陶器をつくったりして現金収入を得ることもできた。[63] これにより、カリブ海地域のプランテーション島には都市型の市場経済が誕生し、プランテーションから逃亡した女性たちが自活をしていく場も生まれた。[64]

西インド諸島生まれのプランテーション労働者でさえ生き延びることは決して楽ではなかったが、アフリカから新たに到着した人々の死亡率はじつに悲惨だった。一八世紀初めにネイヴィス島に赴任していたロバート・ロバートソン牧師によれば、奴隷にされたアフリカ人の約五分の二は到着して一年以内に亡くなったという。そもそも彼らの多くは、ひどい状態で到着していた。たとえばステッドマンは、スリナムに上陸した奴隷たちが骨と皮だけだったのを目撃している。[65] 到着時にすでに精神的外傷《トラウマ》を抱え、さらにプランテーションの状況にショックを受けた彼らの多くは、自殺願望を抱いていた。イギリスから亡命した王党派のリチャード・リゴンは、一七世紀半ばにバルバドスに住んでいたが、彼は自身の命をまったく顧みない様子の奴隷たちの姿に困惑したようで、このひどい運命から自分の魂を解き放って父祖の土地に戻ろうと、多くの奴隷が自殺を図っている、と記している。[66] 一八世紀後半のジャマイカでプランテーションを所有していたウィリアム・ベックフォードは「煮えたぎる大釜に身を投げる者もいれば、木やドアで首を吊る者、急流に身を投げる者、絶望的な人生をナイフで終わらせる者」もいたと書いている。[67] ベックフォードと同時代に生きたステッドマンは、スリナムでもそれと同様の悲惨な出来事が起こっていると報告している。彼によれば、奴隷たちは残酷な主人から逃れるためにサトウキビの搾り汁を煮詰める熱い鍋に飛び込んでいる、なぜなら少なくともこの方法なら、残虐な主人たちに金銭的損失を与えることができるという暗い満足感を得られるからだそうだ。[68]

しかし、蔓延する悲惨さや、現場監督による残虐な仕打ち、慢性的な飢え、そして極端な長時間労働に対して奴隷たちが抵抗をしなかったわけではない。彼らはアフリカ名を使い続けることで、奴隷にはプランテーション用の名前をつけるというプランターたちの慣習を回避した。また奴隷たちは、自分たちの葬儀の儀式や歌、踊り、薬、調理方法、離乳パターン、そして宗教的システムも守り続けた。アフリカからの断絶、人種差別的抑圧、そして資本主義者による搾取という共通の体験を通じて、彼らのあいだにはアフリカ諸地域間の文化が混ざり合った混合主義《シンクレティズム》が生まれた。[69] また女性たちは、奴隷となることが運命づけられた子を産むのを避けるために、あるいは監督からの暴行による妊娠を避けるために堕胎薬を使い、みずからの身体の自律性を保った。[70]

彼らの抵抗は精神的、文化的、身体的抵抗にとどまらず、乾燥したサトウキビへの放火も少なくなかった。サトウキビは焼けてもなお圧搾が可能だが、その作業は即座に行わなければならず、必ずしもすぐに圧搾の段取りがとれるわけではなかった。しかしサトウキビを燃やせば、畑のネズミの駆除ができるため、刈り手の作業はいくらか楽になった。[71] 収穫期には一日あたり一八時間以上の過酷な労働が強いられたので、ひととき の休息を得るために、機会さえあれば工場に妨害工作をしていたと思われる。また、家事労働に従事する者なら、主人の家族に毒を盛って虐待の報復をしていたかもしれない。[72] しかし基本的には彼らもまた、一六世紀初めにサントメやイスパニョーラ島のプランテーションの奴隷たちがしたように、抵抗し、逃亡した。[73] 奴隷たちの抵抗はつねにあり、その抵抗は一七九一年のサン＝ドマングと一八三二年のジャマイカの大規模な反乱で頂点に達した。そしてこの二つの反乱は、奴隷制の廃止に重要な役割を果たすことになった。

組織化された反乱は、奴隷にされた人々が互いにどの程度コミュニケーションをとれたかによってそのレベルは異なる。連れてこられたばかりの奴隷たちは民族的にも言語的にも多様なため反乱のリスクも低かったが、それでも組織的な反乱が出現するのに時間はかからなかった。バルバドスでは早くも一六七五年には、大規模な反乱計画が発覚している。この反乱は三年間にわたって計画が練られており、ひとりの奴隷女性が裏切るまで、プランターたちはその計画に気づかなかった。[74] それ以降、バルバドスの奴隷所有者たちはつねに暴動に目を光らせた。屋敷を要塞化し、私兵を組織し、奴隷に書面の通行証を与えて、プランテーションを離れるときは常時携行することを求めた。しかし実際にはそのようなルールを厳密に守らせるのは不可能で、バルバドスの首都ブリッジタウンへ逃げる奴隷の多くは、通行証を偽造していた。[75] また、フランスが領有する植民地では、反乱計画を阻止あるいは妨害するために、主人の異なる奴隷同士の接触を禁じるという条項を一六八五年制定の黒人法典に設けていた。しかしこれも、同様に効果はなかった。その結果、つねに反乱に怯えていた農園主にとっては、奴隷が打ち鳴らす太鼓の響きさえ脅威となった。彼らは、リズムにメッセージが隠れていることを疑い、太鼓などの楽器を禁止することも多かった。[76]

ブラジルやギアナ地方やジャマイカは、バルバドスのように小規模で耕作が盛んな島より脱走が容易だったため、マルーンと呼ばれる逃亡奴隷の数はすぐに数千人にふくれあがった。イギリスは、彼らを服従させるためにジャマイカへ軍事遠征を行ったが、これはイギリスにとって悲惨な結果に終わった。島の大部分が、容易に分け入ることのできない土地だったうえ、マルーンの多くが非常に有能な軍事戦術家だったからだ。じつは彼らの多くは祖国での戦争で捕虜となり、奴隷として売られたものたちだった。結局、イギリスはマルーンの共同体のなかでも最も強力な共同体のいくつかに独立を認めざるをえなくなったが、その見返りとして、マルーンは逃亡奴隷を捕らえて連れ戻すことでプランテーションの存続に力を貸した。一七六〇年、今日のガーナから連れてこられたファンテ族の王子タッキーと、ダホメ王国の首長アポンゴは全島規模の反乱を企てた。もしこのときにマルーンの共同体がイギリス陸軍に加勢しなかったら、イギリスによるジャマイカ支配は終わっていたかもしれない。[77]

オランダ領ギアナにおける抵抗もまた、激しいものだった。ジョン・ガブリエル・ステッドマンはスリナムにおけるマルーン制圧の遠征記録を残しているが、これを読むとマルーンの共同体の賢さとしぶとさが非常に印象的で、結局、植民地軍は彼らを制圧することができず、森の奥深くに追いやるだけで終わってしまった。そして一七六〇年、オランダ政府はこれらマルーンの共同体の独立を認めざるをえなくなった。いっぽう、農園から脱走した奴隷たちには脚を切断されるなどきわめて残酷な罰が待っており、これによって命を落とす者も多かった。[78] サン＝ドマングでは何千人というマルーンが山岳地帯に住み、プランターにとっては大きな脅威となっていたが、奴隷と自由民が手を組む可能性が高まるとその脅威はさらに大きくなった。

というのも一七六三年、アフリカ人奴隷とその主人とのあいだに生まれた子の子孫であり、インディゴのプランターとして成功をおさめた者もいたサンメレ（混血の意）が公職から締め出され、さらには知的職業に就くことも禁じられたうえ、その制限がフランスでの教育にまで拡大されたことで、自由民たちの不満が高まっていたからだ。[79]

奴隷への残酷な懲罰はいたるところにあり、それはプランテーションの奴隷制度が終わるまで続いた。奴隷たちの服従を徹底させるために、着任したばかりの監督者たちは、取るに足らない違反でも奴隷に虐待を加えるよう強制された。その結果、ヨーロッパから新たにやってきた監督たちはすぐに人間性を失い、プランテーションの凄惨な現実にどっぷり浸かるようになった。[80] 一七八四年に一六歳でジャマイカのプランテーションにやってきたスコットランド人、ザカリー・マコーレーに起こったのもまさにそれだった。ある伝記作家によればザカリーは、最初こそ奴隷の運命に衝撃を受けて同情もしたが、やがて彼もお決まりのコースをたどり、「冷淡で無関心になり、自分の堕落ぶりを示す軽薄な口調で奴隷について語るようになった」という。[81] その後、イギリスに戻ったザカリーは、奴隷廃止運動を通じて義兄のトーマス・バビントン・マコーレーにより歴史の正しい側へと引き戻された。以後、ザカリーは奴隷廃止運動に熱心に取り組み、一七九〇年代にはシエラレオネ総督として、またその後はイギリスにおける有数の奴隷制廃止論者として、そして『反奴隷制協会月報』*の創刊編集長として、この運動の推進に大きな役割を果たした。

奴隷の反乱がますます増えたうえ、イギリスで奴隷廃止運動が台頭してきたのを見た奴隷所有者たちは、自分たちにとって奴隷貿易は政治問題だと認識するようになった。いっぽうで彼らの利益は右肩下がりになっていた。砂糖需要の高まりにより奴隷の市場価格が上昇したこと、そしてプランテーションでの奴隷の死亡率が高かったことがその理由だ。さらにプランターたちは、北米のイギリス植民地では、アフリカから新たな奴隷を買い入れなくても奴隷人口が増えていることに気がついた。この状況を見た奴隷廃止論者たちは、奴隷貿易を禁止すれば、奴隷所有者たちは長期的な競争力を維持するために奴隷をより人道的に扱わざるをえなくなる、と主張するようになった。風向きが変わったことに気づいたプランターたちは、奴隷の死亡率を下げ、出生率を上げる以外に選択肢がなくなった。バルバドスでは一七八六年、プランターたちがマニフェストを作成して奴隷の待遇を改善する方法と、女性奴隷により多くの子どもを産むよう奨励する方法について概説している。[82] こうして一八世紀最後の四半世紀、バルバドスはカリブ界で唯一、外部からの供給がなくてもほぼ安定した奴隷人口を維持した島になった。

砂糖プランテーションはタバコや綿花のプランテーションよりもずっと危険で、一八世紀末には年間の死亡率が四%から六%もあった。[83] 当時は、子どもの大半が五歳まで生きられない時代ではあったが、それでも栄養不良と過重な労働の影響で、乳児死亡率は極端に高かった。新生児の多くは、カルシウムとマグネシウム不足のせいで、あごが痙攣するテタニーを起こし、乳を吸うことができずに亡くなった。[84] また、破傷風で命を落とす者も多かった。畑の肥やしとして糞尿を多く使ったうえ、奴隷たちの住居が牛小屋に近かったからだ。さらに彼らは、こやしを大きな籠に入れ、それを頭にのせて畑まで運んでいかなければならなかった。[85] そのうえ、サトウキビの刈り手はネズミやヘビに襲われることも多かった。死亡率が高い理由には他にも、気候に合わない衣服や不適切な住居、靴を履いていないこと、重度の火傷、サトウキビの圧搾機による事故などもあった。収穫期には、疲れ切った奴隷が圧搾機にサトウキビを入れながら居眠りをし、ローラーに手や袖を巻き込まれて大けがを負うこともあった。そのような場合に備えて現場監督は斧を持って待機し、いざというときには奴隷がローラーに完全に巻き込まれないよう、挟まれた腕を斧で落とすことになっていた。

当時はカリブ海全域に極度の暴力がはびこっていたため、奴隷も恒常的に危険にさらされていた。ヨーロッパで起きた戦争のほぼすべてがこの地域に飛び火し、小さな島々は恰好の餌食となっていたのだ。また、大きな島々も襲撃に対する自衛は不可能だった。たとえば一六九四年にフランスがジャマイカを侵略した際は、五〇以上の製糖工場が破壊され、二〇〇〇〇人の奴隷が捕らえられた。スペイン継承戦争（一七〇一〜一七一四）の時代は、農園主たちが大きな不安に苛まれた時期で、グアドループへのイギリスの砲撃や、フランスのジャマイカ上陸、フランスによるセントキッツ島での破壊行為、ネイヴィスやモントセラト島での略奪で奴隷たちは危険にさらされ、たいへんな被害を被った。どの戦争でも、それぞれの宗主国から許可を得て活動する海賊《バッカニア》が多くの船舶を襲撃した。たとえば一七〇四年のある一カ月間では、バルバドスやリーワード諸島を出航した一〇八隻の船のうち四三隻がフランスに奪われた。[86]

そして七年戦争（一七五六〜一七六三）と英仏戦争（一七七八〜一七八三）により、海上交通はふたたび混乱した。船が失われれば、砂糖は水辺で腐り、食料も入ってこなくなる。さらに一七八〇年代には複数の大規模なハリケーンがこの地域に甚大な被害をもたらし、何万人もの奴隷が命を落とした。[87] 戦争がほぼ常態化していた一六八八年から一八一三年という長い期間のなかでもこの数十年間は、死者の数がピークに達した時期だった。カリブ海地域は植民地資本主義のフロンティアであり、弾丸と鞭、飢え、病気が渦巻くその地獄では、強制的に連れてこられた者たちが苦しみながら死んでいき、幸運な一部の者だけが、とてつもない富を得た。

農園主たち

苦労して生き残り、富を築いた数少ないプランテーション所有者、すなわちプランターたちは、当然ながらより健やかな環境で富を享受することを望んだ。たとえばバルバドス出身の著名なプランターたちは、家族や資産とともにニューイングランドや、白人入植者の半分が西インド諸島出身だったサウスカロライナへ移った。[88] 彼らは新天地でも奴隷制をあたりまえのように導入し、多くは貴族のような快適な生活を送っていた。このように北米植民地では在外のイギリス人社会が発達したが、西インド諸島は文化的にも経済的にもイギリスに依存したままだった。カリブ海地域のオランダ系、フランス系、イギリス系のコミュニティはどこも、高等教育機関を維持できるほどの規模ではなかったため、一七世紀には、成功をおさめたプランター一族はみな、子息をイギリスのケンブリッジ大学やオックスフォード大学に、あるいは一六三六年に開学したマサチューセッツ州のハーヴァード・カレッジへ送った。こうして大学教育を受けたプランターたちは、出世の階段を上りつめていった。

そのような農園主のひとりが、前述のクリストファー・コドリントンだ。イギリスの名家に生まれた彼の祖父は、バルバドスでプランターとして財を成し、彼の父はリーワード諸島の総司令官、そしてクリストファー自身もその跡を継いで総督となった。一六六八年にバルバドスで生まれた彼は、オックスフォード大学で学び、フランス語を流暢に話した。戦争になると、オランダ総督でイングランドの王ウィリアム三世の側についてフランスの「太陽王」ルイ一四世の軍隊とフランドル地方で戦い、その後は不本意ながらも西インド諸島に戻って与えられた総督の職に就いた。彼は、名声とすでに相続した以上の富を得たら、できるだけ早い時期にイギリスへ戻ろうと考えていたが、その願いは叶わず、一七一〇年にバルバドスで四一歳の生涯を閉じた。遺体は、オックスフォード大学のオール・ソウルズ・カレッジ付属のチャペルに葬られており、カレッジにはクリストファーの膨大な蔵書が寄贈された。[89]

クリストファーは西インド諸島での任務を嘆きつつも、王族のような暮らしをしていた。ドミニコ会の神父でプランターのペール・ラバは、クリストファーが従者八人とラッパ吹きを従えて歩く様子を記録に残している。ラッパ吹きたちの前には奴隷が隊列を組み、馬と足並みを揃えて歩いていたという。[90]これは、裕福なプランターが社交行事に出かけるときの一般的なやり方らしい、とダニエル・デフォーは困惑した様子で書いている。[91]西インド諸島の白人たちの富は北米大陸の入植者のそれをはるかに上回っており、イギリスにとっても西インド諸島は、チェサピークの植民地よりはるかに経済的に重要だった。一七七二年の銀行危機、アメリカ独立戦争、そして一七八〇年代のハリケーン被害があってもなお、西インド諸島の白人住民は、アメリカ大陸のイギリス人入植者より圧倒的に豊かだったのだ。[92]

アメリカ大陸の英語圏で二番目に大きな街、バルバドスの首都ブリッジタウンは、カリブ海で新たな砂糖プランテーションをつくるというリスキーな事業に乗り出すプランターたちが集まってくる場所だった。そんなプランターたちのなかでもとくに著名なのが、マサチューセッツのセイラムからやってきて一七三〇年代初めにブリッジタウンに居を構えたゲドニー・クラーク・シニアだ。一七四二年、彼はロンドンを訪れ、そこでヘンリー・ラッセルズと業務提携契約を結んだ。このラッセルズは、バルバドスにルーツと財産を持つ、製糖業界では名の知れた金融業者で、一七六二年、ゲドニー・ジュニアはラッセルズの娘と結婚し、義父の会社の共同経営者としてその跡を継いだ。[93]だがその後も、クラーク家とニューイングランドとの絆が切れることはなく、一七五一年には、ゲドニー・クラーク・シニアのバルバドスの邸宅にジョージ・ワシントンとその兄が訪れている。じつはワシントン自身もヴァージニアで奴隷を所有する裕福な家の出身だった。[94]

ゲドニー・クラーク・シニアは一八世紀に四五〇以上のプランテーションができた新たなフロンティア、ギアナ海岸のオランダ植民地、バービスやデメララに大規模な投資を行っていた。クラーク・シニアと彼の息子はイギリスおよびアメリカで屈指の投資家で、一一のプランテーションに計八万ポンドから一〇万ポンドを投資していた。これまで何世紀にもわたり、商人や起業家は新たな投資機会や、新たな砂糖生産地を探して国境を越えていたが、一七世紀半ばになると、重商主義的な経済政策に適応するか、さもなければそれをうまく回避する必要に迫られるようになっていった。ゲドニー・クラーク・シニアは、一七五五年に息子のゲドニー・クラーク・ジュニアをアムステルダムに送ってオランダ語を習わせ、市民権を取らせたことで、この問題を解決したつもりだった。最終的に、彼の息子はオランダ南西部のミデルブルフに定住したため、クラーク父子はアフリカ人奴隷をオランダ領ギアナに供給しつつ、オランダの低金利融資も受けることができるこの二国拠点の体制で莫大な利益をあげた。しかしこの場合、オランダの融資を受けて生産した砂糖は、その見返りとしてオランダ共和国の抵当権者に固定価格で委託しなければならないというデメリットがあった。またイギリス税関がデメララの砂糖を海外産とみなして高い関税をかけてくることも問題だった。そこでクラーク父子のようなプランターたちは、イギリスの関税を回避するために南米北岸のデメララ産砂糖の一部をバルバドス産として販売し、オランダの資金で生産した砂糖の一部は、オランダの荷受人の費用負担でバルバドスに密輸した。[95]さらに彼らには、また別の問題も持ち上がった。一七六三年と一七六五年に、オランダ領ギアナのバービスで奴隷の反乱が起き、大きな被害が出たのだ。本国オランダは反乱を抑えることができず、クラーク家は自費で軍隊を送らなければならなかった。このオランダの姿勢に失望したクラーク家は一七六五年、別のフロンティアであるトバゴに投資をしはじめた。そして四年後に父、クラーク・シニアが亡くなると、クラーク・ジュニアはオランダの二つの植民地に所有していた一一のプランテーションのほとんどを売却してしまった。[96]

クラーク一族がフロンティアに投資をし、リスクを負い、損失を被っていたころ、親族のラッセルズ家は大もうけをしていた。というのも砂糖の商品連鎖で最も利益を得ていたのは、イギリスに拠点を置く商人や精製業者だったからだ。[97]ラッセルズ家は、バルバドスのプランターのなかでもとくに大きく成功した一族だった。彼らが最初にバルバドスに足を踏み入れたのは一六四八年、そしてこの島に最後まで残った彼らの二カ所のプランテーションがついに売却されたのは一九七五年だ。バルバドスにルーツを持つヘンリー・ラッセルズ（一六九〇～一七五三）は、西インド諸島のプランターや奴隷商人たちに融資を行う敏腕実業家だった。彼はまた、イギリス東インド会社（ＥＩＣ）の取締役二四人のうちのひとりでもあった。[98]息子のエドウィン（一七一三～一七九五）はケンブリッジ大学で教育を受け、初代ハーウッド男爵となり、ウエスト・ヨークシャーに豪壮なハーウッド・ハウスを建設した。一七七二年から一七七三年にかけ、ロンドンとアムステルダムで起こった銀行危機をきっかけに、プランテーションがバーゲン価格で市場に出はじめると、エドウィンとその兄弟は、プランテーションの直接所有を嫌う、それまでの一族の方針を転換し、債務不履行に陥ったプランターたちからプランテーションを積極的に買い取っていった。そのようなプランターのなかに含まれていたのがゲドニー・クラーク・ジュニアで、彼もまたクラーク家が生き延びるために、親戚のラッセルズ家に支援を求めなければならないほど追いつめられていた。[99]

この世代のジャマイカのプランターでもうひとり傑出した人物を挙げるとすれば、それはイギリスで最も権力のある地位にまでのぼりつめたウィリアム・ベックフォードだろう。ウィリアムはオランダ・ライデンやパリで医学を修めたのち、二七歳でジャマイカに渡って家督を継いだ。その後、債務不履行となったプランターからプランテーションを買い取って自身のプランテーションを拡大していったのだ。彼はロンドン市長としてその輝かしいキャリアを終え、首相のウィリアム・ピット・シニアとも親交を結んだ。彼の姉妹二人は貴族の家に嫁ぎ、ひとり息子で後継者のウィリアムも貴族の子女と結婚した。[100] この時代、目立ちはしなかったが、それでも厳然と存在していたのが、プランテーションを所有したり、奴隷貿易に多額の投資をしたり、西インド諸島で融資を行ったりしていたおよそ七〇人の国会議員たちが持つ絶大な権力だ。彼らが最も関心を寄せていたのがジャマイカで、次いでバルバドス、セントキッツ島、そしてアンティグアだった。議会では少数派だったが、彼らは非常に専門的なロビー活動を展開し、大きな影響力を行使していた。[101]

ジェーン・オースティンの『マンスフィールド・パーク』（一八一四）やシャーロット・ブロンテの『ジェーン・エア』（一八四九）といった文学作品を読めば、イギリスの支配階級がどれほど深く西インド諸島の経済に関与し、西インド諸島のプランターがいかに英国王室を含むイギリス支配階級の一員となっていたかを垣間見ることができる。たとえば第六代ハーウッド伯爵ヘンリー・ラッセルズは、ジョージ五世の娘のメアリー王女と結婚している。ちなみに、ＢＢＣが二〇一〇年から二〇一五年にかけて放映した人気テレビドラマ『ダウントン・アビー』の二〇一九年の映画版は、その一部がハーウッド伯爵家の邸宅、ハーウッド・ハウスで撮影されているが、この邸宅に積まれた石のひとつひとつが奴隷労働によってまかなわれていたことを、視聴者たちはまったく知らない。[102]

一三世紀以来、約五〇〇年にわたって砂糖資本主義を推進してきたのは、砂糖取引の高度な収益性と熟練した製糖職人、製糖所建設に必要な資本、非情な労働搾取、そして収益基盤拡大のために砂糖産業の発展に注力した政府の存在だ。資本と製糖の専門知識は、東アジア、東南アジア、南アジア、地中海、さらには大西洋を渡ってブラジルから西インド諸島へ、そしてフランス領アンティル諸島へと広く旅をした。英仏両国の政府は砂糖を国家事業として再構成し、関税を法制化したが、これまでの章で見てきた十字軍やマムルーク朝、イベリア半島の諸王国とは違い、彼らは砂糖の生産や市場での売買自体には関与しなかった。大西洋地域の経済は、最も強力なヨーロッパ諸国の国際貿易禁止政策に背きながら、人や商品、資本、金融、知識を流通させて繁栄したのだ。密輸は大規模に行われていたが、これは食料やその他の必要物資を手に入れるため、という生き残りの手段であることも多かった。[103]クラーク家のような一族は、マサチューセッツ州セイラム、オランダのミデルブルフ、そしてロンドンでの事業だけでなく、カロライナの奴隷貿易にも関与していた。軍靴の音が近づいていたが、それでもなお、クリストファー・コドリントンやジャン＝バティスト・ラバはフランス語で会話しながらディナーを楽しんでいたのだ。プランターたちは国益重視の流れに引きずり込まれていったが、それでもなお、大物プランターたちは、政治は金を儲ける自分たちに奉仕する存在であり、その逆ではないと考えていた。

砂糖から得たヨーロッパの利益

ヨーロッパの主要な港湾都市が繁栄したのは、大西洋とつながっていたからに他ならない。たとえばイングランド第二の都市ブリストルの場合、一七九〇年にはその富の四〇%を奴隷労働に基づく活動から得るようになっており、そのほとんどは砂糖に関連していた。[104] ボルドーやナント、あるいはリバプールのロドニー・ストリートに建つ一八世紀の立派な建物と同様、ブリストルのクイーンズ・スクエアも砂糖貿易から生じた富を示す証として今もそこに残っている。アムステルダムの美しい運河沿いに何十軒と立ち並ぶ邸宅も、プランテーションでの奴隷労働、あるいは砂糖やコーヒー、タバコの加工で得た財で建てられたものだ。こういった都市のリストには、ロンドンやグラスゴー、オランダのミデルブルフも加えるべきだが、ハンブルクやベルギー・オーステンデなど、奴隷を基盤とした富とは直接関係のない都市でも、商人たちは大西洋の奴隷貿易で得た豊かさを、豪華な屋敷という形で誇示していた。もちろん商人や農園主たちは都市部に豪勢な邸宅を構えるだけでなく、田舎にもこれ見よがしのマナーハウスを所有していた。[105]

大西洋で行われていた奴隷を基盤とする商取引の経済的重要性は、港湾都市のエリート商人たちのビジネスの範疇をはるかに超えていた。たとえば一八〇〇年ごろまでに、西インド諸島の砂糖経済は三〇万人以上の奴隷を搾取し、イギリスの製糖業や海運、仲介業に何万人もの雇用を提供していた。イギリス領の雇用で、この数値を上回るのは毛織物産業だけだった。[106] とくに付加価値の分野で大きなシェアを占めていたのが砂糖の精製業者で、彼らは他のヨーロッパ諸国からの砂糖を実質的に閉め出していたイギリス市場の門番の役目を果たすことで利益を得ていた。[107] 古典経済学の父アダム・スミスは、この途方もない規模の経済部門が大きな利益をあげられるのは、彼らが市場を独占しているからであり、そのツケを払っているのは消費者だと考えていた。この議論は、二世紀後にも一部の歴史家たちによって繰り返されている。たしかに一七七三年にはじけた植民地への投機バブルや西インド産砂糖への高度な保護政策、そしてアメリカ大陸でのイギリスの地位を維持するための莫大な軍事費は、植民地がイギリスにとって大きな負担になっているという議論を裏付けているように見えた[108]。

だが実際には、圧倒的に奴隷を基盤とする大西洋貿易の急成長は、イギリスの経済的体力におおいに貢献していた。大西洋貿易の繁栄は世界征服で急増した国債の資金調達にも寄与したため、一七八〇年代、オランダ人投資家を中心とする外国人が保有するイギリス国債は、全体の一〇%にも満たなかった[109]。輸出に関しては、人口が三倍あるうえ軍事力もはるかに優るフランスによりヨーロッパ市場へのアクセスが閉ざされたため、イギリスとしては大西洋への進出が不可欠となった。イギリス経済で最大のセクターである毛織物業界は、ヨーロッパ大陸の消費者を失ったが、その代わりに、西インド諸島や北米大陸で急増するイギリス人入植者たちが新たな消費者となった。合衆国が独立を宣言した一七七六年までに、アフリカやアメリカ大陸への輸出はイギリスの全輸出の三分の一、そして輸入は半分以上を占めるようになっていた。同時に、イギリスが依存していた奴隷労働を基盤とする大西洋地域からの輸入品には、自国の植民地からのタバコや砂糖、綿花のほか、ブラジルからの大量の金も含まれていた[110]。

それだけでなく、大西洋の奴隷を基盤とした商売は、投資に対する利益率が高かった。バーバラ・ソロウによれば、西インド諸島では本国イギリスの四倍から七倍の利益があったという[111]。資本が豊富にあったオランダ共和国でも、大西洋貿易は約二・五%の国内金利よりはるかに高い利益が約束されていた。フランスにとっても、遠隔地貿易は国内の事業より高い投資利益をもたらしていたようだ[112]。これらの国々では、ポルトガルやスペイン以上に、大西洋経済が造船業や熱帯産品の加工業、銀行業や保険業など、大都市経済の最もダイナミックな部分と密接に結びついていた[113]。

イギリス、北米、そして西インド諸島は独特な三角経済圏を構成していた。イギリスは工業製品やサービスを生産し、北米は木材や食料やその他の基本作物を西インド諸島に提供し、西インド諸島は熱帯産の一次産品を栽培していたのだ。[114] 絶対値で見ると、フランスの国際貿易はイギリスのそれを大きく上回り、フランス革命直前のフランス領アンティル諸島からの輸出は、西インド諸島からの輸出の二・五倍を上回っていた。実際、フランス領アンティル諸島が一七八〇年代のフランスの国内総生産（GDP）に占めていた割合は、九％という驚くべきものだったのだ。[115] それでもなお、大西洋経済の相乗効果は、イギリスより小さかった。

砂糖はヨーロッパに到達した熱帯産の一次産品のなかでも最も影響力が大きく、これを見れば大西洋経済の相乗効果がどういうものかがよくわかる。一七九四年から一七九五年にかけて、イギリスの製糖業はおそらく国内総生産の三％以上を占めていたと思われ、フランス革命前夜のフランスでもそれに匹敵する三・五％を占めていた。[116] しかしフランスの製糖部門はまだ、そのポテンシャルをじゅうぶんに引き出せていなかった。フランスの各都市は、政府からの免税特権をめぐって互いに競い合っていたため、それがかえってそれぞれの不利益につながっていたのだ。また、旧制度《アンシャン・レジーム》期のフランスの場あたり的な地方財政政策により、かつては隆盛を極めたナントの砂糖産業も徐々に衰退していった。サン＝ドマングが世界最大の砂糖輸出地になったときでさえ、フランスの砂糖精製能力は「停滞状態」としか言えなかった。[117]

サン＝ドマング産の砂糖は、相当量がアムステルダムの精糖所に送られていた。オランダ共和国には、高性能の船舶と低金利の豊富な資本という明確な利点があったからだ。[118] 低迷するフランスの砂糖精製部門を見たオランダの連合議会《スターテン・ヘネラール》は、今こそヨーロッパの砂糖貿易における自国の地位を回復するチャンスと考え、一七七一年、外国産砂糖への輸入関税を八〇％引き下げた。これは、スリナムやオランダ領ギアナにいる自国民の農園主をある程度犠牲にする動きではあった。だがオランダはそれまで、スリナムや近隣のバービス、エセキボ、デメララの砂糖やコーヒーのプランテーションに大規模な投資をしてきたが、供給量は停滞していた。いっぽうサン＝ドマングは、コーヒーだけでなく砂糖も大量に、しかも安価で生産するようになっていた。一七七〇年代、アムステルダムがスリナムやオランダ領ギアナから輸入した砂糖は一万トンだったが、同時期のピーク時にフランスから輸入していた量は約三万六〇〇〇トンだった。[119]

そこでオランダ共和国は、外国産の砂糖にかける関税を大幅に引き下げるいっぽう、国内で精製した砂糖の輸出は非課税という政策を継続するという賢明な決断を下した。一七七〇年代、アムステルダムの精糖所は四〇〇〇人の労働者を雇用し、五万トンの砂糖を精製していた。[120] ドイツと川で結ばれたオランダの都市ドルトレヒトでは、一七カ所の砂糖精製所で何百人もの労働者が雇用されていたに違いない。この精糖所の多くは、ドイツ人のルター派信徒によって一八世紀前半に建設されたものだった。[121] オランダ共和国が輸出した大西洋の奴隷生産の砂糖は、合計で年間一〇〇〇万ギルダーにのぼり、急激にその量が増えた砂糖は、ライン川を経由してドイツのさらに南部の消費者にも届くようになった。アダム・スミスが『国富論』で、オランダ共和国は世界で最も豊かな国だと記した当時、奴隷労働に基づく大西洋貿易は国内総生産の五％を上回っていた。[122]

実際、イギリスは大西洋砂糖貿易の相乗効果を最大限に享受していたが、ヨーロッパ大陸では、それがフランスやオランダ共和国だけでなく、より多くの国々に分散した。一七七〇年代以降、オランダ共和国の砂糖輸入は停滞したが、ハンブルクのそれは急増した。[123] 一七六九年にフランスと通商協定を締結すると、ハンブルクは中央ヨーロッパやロシアに向けたフランスの砂糖輸出の玄関口となったのだ。オランダ共和国が一七九五年にフランスに占領されると、ハンブルクはオランダの砂糖産業のほぼすべてを引き継ぎ、一八〇〇年までにはその輸入量が年間五万トン近くに達した。[124]

サン＝ドマング、イギリス領インド、そして奴隷貿易の禁止

一八世紀後半の大西洋地域における砂糖生産は、コーヒーや紅茶、レモネード、砂糖菓子、そしてペストリーの消費が、北西ヨーロッパやニューイングランド地方、オスマン帝国の都市部へとインクの染みが広がるように流行・拡大していったことで促進されていった。[125] そしてカリブ海地域の砂糖生産は、アフリカ人を容赦なく誘拐し、プランテーションを肥沃な新天地へと移転させていくことで、この消費の増加と足並みを揃えたのだ。サン＝ドマングやジャマイカでの生産拡大は、ブラジルやカリブ海のその他の小さな島々で停滞しつつあった生産量を補って余りあるものだった。驚くほど肥沃な島、サン＝ドマングだけで年間に約八万トンを生産し、これは当時のヨーロッパの消費量の三分の一近くを占めていた。[126]

だが、奴隷にされたアフリカ人が大量に輸入されてくると、プランテーションでの奴隷たちの抵抗にも拍車がかかった。また彼らの抵抗には、奴隷制度に対する批判が北米だけでなくイギリスでも高まっていることを新聞などから聞き及んだ植民地のフリーバーガー（有色の自由民で、元奴隷も含まれる）たちの精神的支援も集まりだした。一六八八年、クエーカー教徒の植民地、ペンシルヴェニアでは最も初期の、あるいは最古かもしれない奴隷制の廃止を求める請願書が出された。じつはクエーカー教徒による奴隷制廃止運動は、皮肉にもバルバドスにそのルーツがあった。初期の奴隷制廃止論者として最も著名な人物、クエーカー教徒のベンジャミン・レイが、奴隷にも商品を売る雑貨店を経営していたのがバルバドスだったのだ。奴隷たちがひどい栄養失調状態にあり、凄惨な虐待も受けているのを目のあたりにした彼は、早い時期から奴隷廃止を熱心に訴え、一七三一年にペンシルヴェニアに入植してからは、孤立無援の闘いを続けた。その後、妻を亡くした彼は洞窟に移り住み、菜食主義者の世捨て人として菜園の世話をしながら暮らした。[127]

奴隷が生産した製品をボイコットし、罪深い贅沢品として拒絶する、という彼の考え方は、クエーカー教

徒たちの共感を呼んだ。ジョン・ウルマンは一七六四年に著した『貧民弁護論』*――これは一七九三年まで出版されなかった――のなかで、奴隷制と消費社会の関係について記し、織りの粗い地味な服は人々を自由にし、そのような服を身に着けること自体がすでに奴隷制への抗議のしるしだと述べている[128]。クエーカー教徒の大半はまだ、レイやウルマンが提唱していたように、奴隷制に基づく製品すべてを包括的に拒絶する、という域には達していなかったが、それでも代替品の使用を検討し、なかにはカエデ糖をつくるために土地を購入する者も現れた。実際、彼らのひとりが新聞記事で指摘したように、この国では自分たちでカエデ糖をつくることができ、そうすれば大きな節約が可能だった[129]。アメリカの精神医学の父で、独立宣言に署名した五六人のひとりでもあったベンジャミン・ラッシュは、数百万エーカーの土地にカエデの木を植え、小規模農家が樹液を採取するようにすればいいと主張し、一七九三年には国務長官のトマス・ジェファソンに宛てて公開書簡を送っている。ラッシュがこの手紙の送り先をジェファソンにしたのには、ちゃんと意味があった。というのも建国の父と言われる人々のなかで、この国を、小規模農家を基幹とする分権国家にすべきだと主張していたのはジェファソンだったからだ[130]。

ラッシュはジェファソンに宛てた手紙の追伸で、第1章で紹介したスマトラ島の農園主、ヘンリー・ボサムがジャワの首都バタヴィア近郊で見た中国人による製糖に関する報告に触れ、これを西インド諸島の砂糖生産を放棄すべきもうひとつの論拠として主張した[131]。じつはこれより二〇年前の一七七三年、ラッシュはこちらも第1章で触れた著名なフランス人植物学者、ピエール・ポワブルの旅行記――この旅行記はすぐに英訳され広く出回った――の一部を小冊子に引用している。ポワブルが、中国人労働者なら「現在、不運な黒人の労働によって調達されている量の二倍を生産できるだろう」と記した一文だ[132]。その小冊子のなかでラッシュは、奴隷制は「法と福音のすべてに違反している」と非難しているが、じつは当時、彼はまだ奴隷をひとり使用人として抱えており、肌が黒いのは病気のせいだという独特の見解を主張していた[133]。

ラッシュが作成した小冊子は、フィラデルフィアのクエーカー教徒とロンドンのクエーカー教徒の商業的な結び付きを通じてすぐに大西洋を渡り、奴隷廃止論を一七八〇年代のイギリスで最も重要な大衆運動へと拡大させる一助となった。一七八三年、クエーカー教徒たちは議会への請願を始め、これを実態調査およびスミスの古典派経済学に基づく全世界的な運動へと広げていった。というのも、アダム・スミスはすでに農奴制を後進的なものとして否定しており、説得力はあまりなかったものの黒人奴隷制もこの観点から否定していたからだ。やがて奴隷労働で生産された砂糖を消費することへの抗議は、真の意味での大衆運動になった。[134] ウィリアム・フォックスが一七九一年に発行した「人間の血で汚れた」砂糖の消費を非難する小冊子は、二五回も版を重ね、合計で五万部が印刷された。海賊版も含むと、全部でおそらく二五万部近くが印刷されたと思われる。そこに記されたメッセージはシンプルかつ明確で、「その商品を買えば、私たちも犯罪に加担することになる」というものだった。[135]

「人間の血で汚れた」という表現は、人肉食を連想させるが、砂糖の場合はとくにその印象が強かった。[136] キューバ人のフェルナンド・オルティスは、タバコと砂糖を比較した有名な著書のなかで、「砂糖は名字なしでこの世に生まれてきた」と書いている。[137] つまり、砂糖にはタバコのように原産地ごとに風味が異なるといった個性がないため、産地による区別がないというのだ。原則として、工業化以前の砂糖は、精製の度合いと粒の大きさだけでランクづけされていた。奴隷制廃止当時のヨーロッパの食料品店は、ディジョン・マスタード、カスティリャ石鹸、ジャマイカ産ラム酒など、商品を産地とともに宣伝していたが、砂糖だけは精製のグレードを示すために、異なる色の紙で包まれているだけだった。[138]

奴隷がつくった砂糖を買ってはいけないという消費者に対するフォックスの呼びかけには、女性の心に響く直接的な訴えも含まれていた。イギリスの著名な奴隷制廃止論者、ウィリアム・ウィルバーフォースが一七九〇年代に予言したように、奴隷廃止運動で女性が果たした役割はやがて、女性自身の解放をも促進させることになった。[139] 英国王や王妃、そして彼らの娘たちがテーブルを囲み、あえて砂糖なしの苦い紅茶を飲んでいる風刺画が真実だとすれば、たぶん砂糖なしの生活は国中に広がり、王室にも浸透したのだろう。だがじつは、奴隷がつくった砂糖の代替えとなる砂糖はちゃんと存在した。かつてラッシュがしたように、フォックスも例の小冊子のアメリカ版のなかで、ボサムの報告にそれとなく触れている。また、このころボサムはイギリス議会でも、中国の製糖業者がジャワでつくっている砂糖は西インド諸島産のものより安く手に入ると証言している。[140]

そんな折り、奴隷がつくる砂糖に代わる現実的かつ手ごわい選択肢が現れた。一七七二年よりベンガル地方を支配するようになったイギリスが、かつてこの地には砂糖経済が繁栄していたこと、しかし戦争や飢饉ですっかり衰退してしまったことを知ったのだ。ＥＩＣ（イギリス東インド会社）はすぐさま砂糖に対する税金を引き下げると、現地の商人たちに前金を支払うために職員を派遣し、ＥＩＣから前金を受け取った商人たちは、農村部に代理店を置き、畑で育っているサトウキビを収穫の直前に買い取った。[141] こうして二、三年も経つと、ベンガル地方はイギリス向けに一万トンほどの砂糖を出荷するようになった。一八〇〇年に西インド諸島から輸入した砂糖一五万七〇〇〇トンと比べればまだ微々たるものだったが、少なくともこれはスタートであり、輸入量はさらなる増加が予想された。というのもこれは、当時インドで生産されていた粗糖、推定五〇万トンのごく一部に過ぎなかったからだ。[142]

さらに、抜け目のない起業家たちにすれば、インドの潜在能力はいまだまったく活用されていないも同然だった。そう考えていた起業家のひとりが、生まれは貧しかったが、銅の採掘や硬貨の鋳造、インディゴやインド更紗の生産、そして海運業をインドで手がけて財をなしたジョン・プリンセプだった。彼は、インドとの貿易を始めるべき、と主張する文章を書き、ベンガルの砂糖生産には大きな可能性があると熱弁した。[143] また、人口が多く広大で、土地の大部分が肥沃なこの亜大陸で西洋の最新の設備と技術を使って行う砂糖生産に大きな可能性を見た者たちもいた。たとえば東インド会社の取締役会に提出した覚書に、ジャマイカの砂糖プランテーションで支配人の経験があると書いたウィリアム・フィッツモーリスから見れば、ベンガル地方が砂糖の輸出地として振るわない理由は明白だった。そもそも、杵と臼を使った圧搾機はひどく時代遅れで、搾った汁もあまりに汚く、「煮詰める作業を始める前に発酵が進んでいる」というありさまだったのだ。[144] ゆえに西インド諸島の製糖システムを導入すれば、インドの砂糖生産は飛躍的に進化するとフィッツモーリスは考えたのだった。

そこで東インド会社は西インド諸島で採用している設備を使った実験に着手し、著名な植物学者ウィリアム・ロクスバラをカルカッタ（コルカタ）の植物園に派遣して外来種、おもに中国産のサトウキビ品種の試験をさせた。しかし、インドはすばらしい気候と土壌に恵まれているにもかかわらず、ここで西インド諸島型の製糖業を始めるという試みは失敗に終わった。一八二〇年代に入るまで、ヨーロッパの製糖技術はインドの伝統的な製法を凌駕するほどには進歩していなかったのだ。インドには、西インド諸島のように自由に使える土地もなければ奴隷労働者もおらず、イギリスのプランターたちはサトウキビを農民から買わなければならなかった。また、都市部の精糖所、すなわちカンサリ工場と競争するのも難しかった。カンサリ工場は、農村部に代理店の緊密なネットワークを持ち、その代理店がまだ刈り取られていないサトウキビを、畑で買い付けていたからだ。カルカッタに駐在する東インド会社の経営陣はサトウキビを調達するために、自社の金貸しを畑に差し向けようとしたが、一七八六年から一七九四年まで当地の総督を務めたチャールズ・コーンウォリスはそれに反対した。イギリスの家庭が消費する紅茶の代価として中国に輸出されたアヘンと同様に、インド産の砂糖もイギリスの戦略上の利益になるということが彼には理解できなかったのだ。[145]

イギリスやペンシルヴェニアでは、奴隷がつくった砂糖の代用品をめぐって活発な議論が交わされていたが、フランスで奴隷制を疑問視していたのは、啓蒙思想の先駆者と自負する少数の熱心な作家たちだけだった。彼らが世に出した文献で最も注目に値するのは『西インド諸島および東インドにおけるヨーロッパ人の定住と貿易の哲学的および政治的歴史』*（一七七七）だろう。ギヨーム゠トマ・レーナルが編集したこの作品には、急進的で啓蒙思想を代表する哲学者ドニ・ディドロによる奴隷制への激しい批判も含まれていた。この作品は広く読まれ、何十回となく版を重ねたうえ、英語とオランダ語にも翻訳されたが、フランスでは大きな奴隷廃止運動を巻き起こすまでに至らず、オランダ共和国でもまったく反響を呼ばなかった。しかし、奴隷廃止運動がフランスではイギリスほど大衆の支持を集めなかったというその事実自体が、奴隷制は即刻廃止すべき、とフランスが突如、イギリスより過激になった理由を説明しているのかもしれない。奴隷制廃止の機会はフランス革命とともに訪れた。フランスの奴隷廃止論者は一七九一年、奴隷制の即時撤廃を求める請願書を革命時の国民議会に提出し、共和国は一七九三年に、フランス領全域で奴隷制を禁止するとして、これを受け入れた。いっぽうイギリス議会は、奴隷貿易の禁止というなまぬるい措置に向けて動いていた。

一七九〇年ごろには西インド諸島のプランターたちと昵懇の実業家でさえ、現行の人身売買は持続可能ではなく、奴隷の生活環境改善が喫緊の課題だと考えるようになっていた。一七九二年、庶民院はイギリスの奴隷貿易を四年以内に禁止すると決議したが、これは実際には、西インド諸島の奴隷の数を増やすために、この四年間は大量のアフリカ人捕獲を容認するというのと同じだった。それでも奴隷制廃絶を訴えていたトーマス・バビントンは、大喜びでシエラレオネ総督代理を務める義弟のザカリー・マコーレーに次のように手紙を書き送っている。「ギズボーン［ザカリーの甥］と私は、朝の六時まで議場の傍聴席に座っていた。奴隷制の漸進的廃止は二三八対五八で可決された。日々届く多くの請願書が、議員たちの心を動かしたのだろう」[146]

この法案が議会で審議されていたころ、カリブ海で最も多くの奴隷がいた地では本格的な反乱が始まっていた。サン゠ドマングの奴隷と自由黒人たちが蜂起し、西インド諸島のプランターたちを震え上がらせたのだ。逃げ出したフランス人住民は、美しい家々や劇場、その他ヨーロッパ文明の粋が集まった、あの誇り高き首都ポルトープランスが炎上した、との恐ろしい知らせを周辺地域にもたらした。[147] 彼らは、西インド諸島のイギリス人住民たちに温かく迎えられたが、それも一七九三年に英仏が互いに宣戦を布告するまでのことだった。奴隷貿易禁止法は、庶民院では賛成多数で可決され、首相のウィリアム・ピット・ジュニアもこれを支持して熱弁を振るったが、貴族院での審議は難航して議決は延期され、結局、一七九三年に否決された。そのころにはもはやサン＝ドマングの革命の火を消すことは不可能に思われた。いっぽうこの最大の競争相手の破滅で最も恩恵を受けることになったのが、イギリス領の西インド諸島で、ジャマイカは奴隷の輸入を急速に増やしていった。[148]

ピット・ジュニア首相は、このカリブ海のフランス革命鎮圧に全力を尽くし、イギリスの海軍力を利用して、この地域を革命期のフランスと戦う補助戦線にしようと考えた。イギリス政府はサン＝ドマングに強大な軍隊を派遣したが、革命の指導者トゥサン・ルヴェルチュールはパリの国民公会から精神的支援を得てなんとか持ちこたえた。一七九三年から一七九六年のあいだ、イギリス政府は計六万人の兵をカリブ海諸島に送り込み、そのうちの三分の一はサン＝ドマングに向かった。この陸軍兵士のうち三分の二が命を落としたが、死因のほとんどは黄熱病だった。[149]

何千人ものイギリス兵が死亡し、イギリス政府がカリブ海地域の軍事作戦に二〇〇〇万ポンドを費やしていたころ、西インド諸島のプランターたち——その多くはイギリスの邸宅で安穏と過ごしていた——はたいへんな利益をあげており、当然ながらイギリス国民のあいだで彼らの評判は決していいものではなかった。[150] そして一七九四年、イギリスの新聞には、「イギリスがすみやかに増援部隊を派遣しない限り、イギリスはドミンゴで新たに獲得した領土すべてから撤退せざるをえなくなる。ジャマイカでは、兵士や船員のあいだで蔓延した黄熱病による死亡率が非常に高く、この島での任務をじゅうぶん遂行するだけの人数が残っていないからだ」といった、憂慮すべき主張が見られるようになった。[151]

大西洋の向こう側でイギリス兵士が大量に命を落とすいっぽう、砂糖ビジネスは繁栄するといった状況のなか、奴隷貿易の禁止は政治課題から消えてしまった。一七九三年から一八〇六年までのほとんどの期間、イギリスはマルティニークやグアドループ産の砂糖の他、激減はしたもののサン＝ドマング産の砂糖も大英帝国の砂糖生産量に加えることができた。さらにイギリスは、オランダ領ギアナやトリニダード島、トバゴ島も占領した。その結果、一八〇二年にアミアンの和約が締結される直前には、イギリスの砂糖輸入量は二〇万トンのピークに達した。こうしてイギリスは、ヨーロッパ市場の砂糖の独占を実質的に達成した。アミアンの和約の一環としてフランス領の砂糖島をいくつか返還したあとでさえ、イギリスはカリブ海地域の砂糖貿易をほぼ支配しており、イギリス人プランターも商人たちも、この膨大な量の砂糖を国内やヨーロッパ大陸で簡単に売ることができると確信していた。だがそのためには、アフリカ人奴隷を新たに供給する必要がある。したがって奴隷貿易の禁止など、彼らにはまったく関心がなかった。[152]

しかし一八〇六年にナポレオンが大陸封鎖令を発すると、ヨーロッパ大陸全域で砂糖を含むイギリス製品の輸入ができなくなった。また、キューバやプエルトリコが本格的な砂糖生産地として頭角を現し、ルイジアナ州も砂糖生産を始めた。さらにナポレオン戦争が勃発したこの時期、フランスやその同盟国に拿捕されにくい中立国アメリカの海運は、イギリスの海運より安いことが証明された。これもまた、ヨーロッパの砂糖市場におけるイギリスの支配力を削ぐことになった。砂糖価格が徐々に下落していたことに加え、ヨーロッパ市場への輸出もままならなかったこの時期、イギリス人のプランターたちが奴隷貿易禁止に反対しなくなった理由がもうひとつあった。もし今、大西洋の奴隷貿易を全面禁止すれば、受けるダメージはイギリス領のプランテーションより、キューバの新興プランテーションのほうが大きいと考えたのだ。イギリス人プランターたちは、たとえ奴隷貿易がなくなっても、すでに自分たちにはじゅうぶんな奴隷労働者がいると感じていたのだろう。[153]

いっぽうでイギリス市場へのカリブ海地域産砂糖の過剰供給は、東インドの砂糖にとってはまさに凶報だった。というのも東インドでは、わずか数百トンだった出荷量が、ようやく約一万トンにまで増えた矢先だったからだ。結局、東インド産砂糖の輸入は崩壊し、完全に回復したのは一八三四年に大英帝国で奴隷制が廃止されてからのことだ。[154] イギリスにとって最も重要で収益性の高い海外領土は依然として西インド諸島であり、そこのプランターたちは議会に確固たる地位を築いて、東インド産砂糖に対する差別的な輸入関税を支持していた。彼らはまた、イギリスの精製業者からも支援を受けていた。精製業者も、それ以上精製することなく小売りができる東インドの伝統的な砂糖、カンサリに関税をかけたかったからだ。いっぽう一八一三年には、奴隷貿易の終焉に対応しなければならない奴隷所有者を保護するために、西インド諸島以外から輸入される砂糖すべてに、二五％の追加関税が課されることになった。明らかにこれは、インド産の安価な砂糖に対抗するための措置だった。議会内の西インド諸島産砂糖擁護派にとって、関税は強力な武器となっていたのだ。[155]

しかしインド産の砂糖にとって、悪いニュースばかりではなかった。というのも、ヨーロッパ大陸を含む砂糖市場は、依然として拡大を続けていたからだ。一八一三年に関税が引き上げられてからの二〇年間、インド産の砂糖がイギリス税関を通過することはほとんどなかったため、イギリスの商人たちはそれをハンブルクに出荷し、フランスに代わってドイツへ砂糖を供給する主要国になった。この間、ドイツの砂糖のハブとなったハンブルクで積み下ろされていた量の七〇％はイギリスからのもので、その半分はインド産であり、キューバ産やブラジル産の砂糖も増えていた。ハンブルクは世界最大の精製業の中心地としての地位を維持し、シュローダー家のような貴族一族が、砂糖貿易を通じて世界中に広がる銀行ネットワークの基礎を築いた。シュローダー家はヨーロッパの五、六都市に進出したのち、南北アメリカやバタヴィア、シンガポールにも進出し、彼らのロンドン支社は、キューバの砂糖貿易と鉄道建設で大きな役割を担った。一九世紀前半には、ハンブルクで荷揚げされる砂糖はますますキューバ産が増え、最初のうちはアメリカ合衆国経由だったが、一八二〇年代以降はキューバから直接輸入されるようになった。さらにハンブルクでは、ブラジル産砂糖の輸入量も増加した。[156]

こうして、まったく新しい貿易構造が生まれたことで、フランス領アンティル諸島やイギリス領西インド諸島は、ヨーロッパ市場への主要な砂糖供給地としての地位を急速に失っていった。北大西洋市場に砂糖を供給する新たな砂糖生産地帯が、スペイン領のカリブ海諸島、インド、そしてルイジアナ州に出現したのだ。また、サトウキビにとっては手ごわいライバルとなる甜菜糖が登場したことも忘れてはならない。砂糖の世界はいまや工業化というまったく新しい時代に足を踏み入れようとしていた。それは、工業化と植民地の砂糖で財を成した有産階級《ブルジョワジー》、砂糖ブルジョワジーという新たな精神が牽引する世界だった。

第4章　科学と蒸気

一八世紀末には、アメリカ大陸産の砂糖がヨーロッパ都市部の下層階級にも届くようになった。さらにロシアや中央アジアの奥深くへも達し、中国やインドからの輸入品と競合した。世界中の市場が活況を呈し、フィラデルフィアのペストリー職人からバグダードのシャーベットハウス、ウィーンのコーヒーハウスまで、砂糖の需要は高まっていたため、砂糖を売る機会はいくらでもあった。この急増する消費のおかげでブラジルの砂糖生産の衰退も食い止められ、驚異的に高い輸送コストものともせず、砂糖生産のフロンティアははるか内陸、現在のボリビア国境にまで拡大した。[1]

それまでは、生産地の拡大が、収穫量の低下や土壌の疲弊への唯一の対応策であり、その結果として、ギアナ地方やジャマイカ、サン＝ドマングが新たな生産地として出現した。だが一八世紀末には、より収量の高いサトウキビが導入され、次いで蒸気動力が登場したことで、減少傾向にあった労働者ひとりあたりの生産量は増加に転じた。一七七〇年から一八四〇年のあいだに労働者ひとりあたりの砂糖生産量は四〇％も増加したが、これは当時、世界最大の経済先進国だったイギリス全体の生産性の向上と一致している。[2]

一八世紀には化学や物理、植物学の分野における実験的試みが、熱帯地域の商業農業に大きな変革をもたらし、砂糖の世界も一変した。一七五七年、熱帯地域初の植物園がバタヴィアで開園すると、それを皮切りに赤道地帯周辺では五、六カ所の植物園が次々と開園し、世界各地でさまざまな植物の移植が行われるようになった。一七六七年、蒸気技術をサトウキビの圧搾に応用する実験がジャマイカで初めて行われた。当時、これは前途多難が懸念される単独の実験だったが、その後、この実験は他の何十もの特許技術とともに、サトウキビ圧搾の完全工業化への道を開くことになった。綿織物が産業革命の躍進の鍵となったことはよく知られているが、熱帯地方では、蒸気を動力源に使った最初の機械のひとつがサトウキビの圧搾機だった。[3] そして一九世紀初頭、このような機械が何百台も世界中の砂糖農園に導入された。

　いっぽう、多くの戦争や革命が起こったナポレオンの時代は創造的破壊の段階で、プランターのなかにはイギリスやフランス、スペイン、オランダ、そしてアメリカのあいだでめまぐるしく変化する帝国の境界を越えて国外へと散っていく者もあり、彼らはジャワやスマトラ、ペナン、インド、あるいはフィリピンなどにその技術を移転した。たとえば、サン＝ドマング出身のあるプランターは一八〇四年にはるばるバタヴィアへと渡り、衰退しつつあった砂糖農園の再興に力を尽くした。また、西インド諸島やイギリス領インドへ向かった農園主もいた。こういった人々の移動は知識の循環を促し、砂糖専門家の世界的コミュニティを構築した。

　重要なのは、ナポレオン戦争のさなかの一九世紀初頭に薬剤師《アポセカリー》と化学者たちが甜菜を真空下で煮詰めて砂糖を抽出するという実際的な生産工程を開発したことで、これはやがてサトウキビ糖部門にも革命を引き起こすことになった。フランスやイギリスの実業家は植民地の有産階級《ブルジョワジー》とともに、旧体制《アンシャン・レジーム》下のプランテーションを農業産業に変え、広大なフロンティアは蒸気機関で稼働する巨大工場と鉄道に支配されるようになった。植民地のブルジョワジーによって、それまで水力や畜力で動いていた製糖所は、鋼鉄の骨組みと波形のトタン屋根、そして蒸気を動力とする機械を備えた工場にその姿を変えた。こうした変化は砂糖を、職人技でつくる農産品から、競合する二つの作物を原料にして農工業的に大量生産される商品《コモディティ》へと変えていった。

このような工業化は社会のより大きな変容に組み込まれており、そのような変化の中、人権や人類の進歩についての議論が前面に出てくるようになった。「自由」という概念は、奴隷であることに抵抗する人々にとっても、奴隷制やその残虐性への加担を拒む消費者にとっても、最も重要な概念となった。そしてこの進歩と自由という概念は、ブルジョワジーの新たな価値観、すなわち産業の発展こそが人類を過酷な肉体労働から解放する手段であり、ひいては奴隷制からも解放するという価値観を形成した。[4] 植民地の砂糖ブルジョワジーのなかでも高度な教育を受けた進歩的な人々は、近代化と奴隷制のあいだに大きな矛盾があることを理解しており、奴隷制の段階的な廃止に向けた準備を進めていた。機械化への投資を始め、奴隷に代わる労働力を検討し、アジアでの砂糖生産に目を向けはじめたのだ。だがプランターたちの大半は、人類の進歩を否定する人種差別《レイシズム》という概念を頑固に守り続けた。そして悲しいことに、奴隷制と労働の強制は産業資本主義によっても、工業的砂糖生産の世界的拡大によってもなくならず、むしろ拡大していった。

科学と熱帯農業

七年戦争（一七五六〜一七六三）は四つの大陸を巻き込んだ最初の紛争であり、イギリスが世界の覇権国としての地位を確立した時代の幕開けになった。そして世界最大の砂糖生産地、インドはイギリスにとって最も重要な植民地となった。フランスとスペインにとってこの世界戦争は、屈辱的な敗北に終わった。この敗北により、ヨーロッパ最大の人口を擁するフランスも、いまだ南北アメリカ大陸に広大な帝国を維持していたスペインも、植民地からより多くの収入を得ない限り、自分たちは海上優勢を誇るイギリスによって二流の植民地保有国にされてしまうと気がついた。七年戦争によって彼らは、衰退した帝国の経済を見直す必要に迫られたのだ。そのような彼らがとった重農主義的政策で、重要な役割を果たすことになったのが熱帯農業だ。重農主義者とはもともとはフランス人経済学者のグループで、農業がすべての富の源泉であり、農産物は高値で取引されるべき、と主張していた。彼らは植民地戦争を、誤った保護貿易主義や、一国の経済的損失は別の国の利益とみなす重商主義的考え方に起因する争いだと断じ、コストのかかる植民地戦争を批判した。重農主義者のなかには、マルティニークの知事を務めたピエール＝ポール・メルシエ・ド・ラ・リヴィエールなど、植民地の有力な行政官もおり、彼は本国フランス政府が許可したよりもはるかに包括的に、ニューイングランドとの重商主義的な貿易禁止を解除した。[5]

スペイン王室もまた、帝国領とその住民に課していた外国との通商禁止を撤廃し、現地の判断こそが全面的に支持されるべきとした。さらにイギリスは一七六二年にハバナを占領したことで、はからずもスペインに大きな恩恵を与えることになった。なぜならそのおかげでキューバはイギリスやチェサピークと交易できるようになったからだ。一一カ月間にわたってイギリスの占領下に置かれていたキューバのスペイン系クリオーリョたちは、これまでスペイン帝国の支配下に置かれていたせいで、自分たちは北米の開拓植民地に近いという利点を活かせずにいたことに気がついた。一七七六年、スペイン王室はハバナの港に、外国船籍の船の受け入れを許可したが、それはまさに絶好のタイミングだった。というのもその年、アメリカの一三の植民地がイギリスからの独立を宣言したからだ。こうしてアメリカ合衆国はハバナにとって最も大切な貿易相手国となった。スペインがフランスやアメリカの反乱軍側についてイギリスと戦ったことも、キューバと合衆国間の通商関係を促進した。そしてこの交易で蓄積された富は、活況を呈していたキューバのプランテーション農業に流れ込んでいった。[6]

植民地を支配する帝国の重商主義的な反応が弱まり、国際交流や貿易の強化が可能になった一八世紀後半、砂糖生産の世界には過去二世紀分よりはるかに多くの革新が生まれた。とはいえ、その二世紀のあいだに進歩がまったくなかったわけではなく、バルバドス島の砂糖生産を生態学的に持続可能にするために、多くの対策もとられていた。[7]しかし、知識は現場での実体験を通じてのみ得られるのではないという新たな考え方が生まれ、成功事例に関する出版物だけでなく、科学的知識の応用に関する出版物にも熱心な読者が集まるようになった。たとえばウィリアム・ベルグローヴの『耕作と作付けについての論説』*（一七五五）は七回も版を重ねている。[8]さらに西インド諸島やフランス領アンティル諸島の裕福な砂糖プランターのなかにはヨーロッパやアメリカの大学で学んだ者も多く、高度なアマチュア科学者もいたため、農業の専門性も高まった。[9]

また、アフリカ人奴隷の値段の上昇、利益率の低下、ヨーロッパの需要の拡大、奴隷貿易禁止の機運の高まりも技術革新を促進した。こういった要因が重なったことで、プランターたちは農園の運営法を変え、奴隷の健康に気を遣うようになった。[10]たしかに、高い乳児死亡率を奴隷の母親のせいにするなど、プランテーションの医師たちの診断の多くは、白人が黒人に抱く偏見によるものが多かった。いっぽうでプランターたちは、キニーネなど、奴隷たちが高度な植物薬の知識を持っていることを理解するようになった。[11]七年戦争のあとに出版されたジェームズ・グレインジャーの『西インド諸島の疾病に関する小論』*はとくに影響力が大きかった。この本はプランターたちに、週に一度は奴隷の手足の指を検査して寄生虫がいないかを調べるよう呼びかけていた。グレインジャーは異なる寄生虫によって蔓延するさまざまな疾病の治療法を調べ、奴隷たちが裸足で歩かなければならないこと、とくに足や足首に潰瘍があっても裸足で歩かないといけないことを嘆いた。[12]予防に関しては大きな進展があった。一七六〇年代に西インド諸島で、天然痘対策として種痘が導入されたのだ。一八〇〇年ごろには、スペイン国王が派遣したワクチン使節によって、キューバでもエドワード・ジェンナーが開発したこの天然痘ワクチンの接種が始まったと思われる。また、このワクチン使節により、ラテンアメリカ本土やフィリピンでもワクチンが早期に導入された。これは死亡率を相当低下させたはずだ。というのも、以前の天然痘流行時には、新たに西アフリカからやってきた奴隷の約一〇％から二〇％が天然痘で命を落としていたからだ。[13]

大規模な投資だけでなく、さまざまなインフラや経営上の変革もまた、生産性を一気に押し上げた。サン＝ドマングのプランターたちは灌漑事業を行い、オランダ人はオランダ領ギアナやスリナムで堤防や排水システムを建設して、肥沃な湿地帯の開発や水車の使用、河川を用いた砂糖の輸送を可能にした。カリブ海地域のプランターたちは、労働力を節約するために物流の効率化に努め、製糖工場の改良や移転を行い、運河を建設し、トロッコ用の線路を敷設して輸送を促進した。彼らはまた、新しい農園を海の近くに建設して船荷の積み込みを迅速化し、貴重な労働力や荷車用の動物を節約した。農園主たちは圧搾機の動力を家畜から水力に替えたが、スリナムでは、そのほとんどがオランダ共和国から流れ込む資金で賄われた。カリブ海地域のプランターのなかには送水路を建設して、水力を生み出す者もいた。アンティグアやグアドループは、水力や畜力より一時間あたりの生産能力が高い風車で動かす圧搾機へと広く転換したおかげで夜間労働をなくすことができるようになり、これは奴隷たちの健康状態にも良い影響をもたらした。[14]

それでも奴隷の生活は相変わらず厳しく、その大きな理由は、畑での機械化がなかなか進まなかったことにあった。サトウキビの収穫は過酷だったし、奴隷が働くプランテーションの畑では鋤が使われることもほとんどなかった。プランターたちは、収穫期以外の労働力の節約には無関心だったからだ。島のなかには、斜面があまりにも急なため、鋤を使うと土砂崩れを起こしてしまうところもあった。トリニダードは土壌に水分が多すぎ、ギアナは干拓地の排水システムのせいで、鋤で土地を耕すことができなかった。[15]技術革新や改良も、奴隷に対する深刻な搾取を減らすことはほとんどなかった。その結果、奴隷の出生率は低迷を続けたが、そのいっぽう、西インド諸島の大部分で死亡率は低下し、一八世紀に六％だった死亡率は一八〇〇年から一八三〇年のあいだに三％にまで下がった。しかしそれでも、奴隷人口を増やすまでには至らなかった。たしかに輸入食品のおかげで、奴隷の食料を育てる畑の収穫が減る「飢えの八月」の影響はある程度軽減されたかもしれず、そのような畑の世話をする時間をより多く奴隷に与えたプランターは、彼らの栄養状態を向上させたかもしれない。だがそれでも、カリブ海地域のプランテーションでは、栄養不良は深刻な問題であり続け、奴隷が病気になる率も高かった。一九世紀初頭のインフルエンザの大流行や百日咳では多くの奴隷が命を落としたし、赤痢も依然として甚大な被害をもたらす怖い病だった。[16]

植物学

植民地有産階級《ブルジョワジー》が台頭し、重農主義の概念が広まると、知識や専門技術の移転が帝国の境界を越えて活発に起こるようになり、重商主義との大きな決別の時が訪れた。サン＝ドマングの首都ポルトープランスで印刷業を営み、各種学術学会の会員にもなっていたアマチュア気象学者のシャルル＝テオドール・モーザルは一七八八年、フランスの船舶がジャマイカからさまざまな植物種を持ち帰ったのを見て、「……国家が、自然の富の一部を独占する時代は終わった」と記している。[17] まさに植物学は、果てしなく続いていたヨーロッパの戦争の闇を貫く啓蒙主義のひとすじの光であった。カリブ海のセントビンセント島にある最古の植物園は七年戦争の直後、島に駐屯していた外科医ジョージ・ヤングによって設立されたが、この植物園はイギリス政府からの支援を受けることなく、植民地の境界を超えた人々のつながりだけで維持されていた。植物園にはグアドループや南アジア、東南アジアからさまざまな植物がもたらされ、一七七三年には、植物庫は三〇種の商品作物を誇るまでになった。[18] その二年後には同様の植物園がジャマイカにもつくられ、やがてマンゴーからシナモンまで、さまざまな新しい品種が島中で栽培されるようになった。[19] モーザルが目撃したよう

植え穴を掘った畑にサトウキビを植え付けているアンティグアの奴隷労働者たちを描いた1823年の絵。背景にある要塞は、カリブ海地域の砂糖経済の持つ暴力性を浮き彫りにしている。

に、そのような新品種の一部はサン゠ドマングにも届いていた。

ジョゼフ・バンクスは、イギリス植民地の一連の植物園を結びつけた中心人物だ。ロンドンでも高い地位にあり、中産階級でもあった彼は、晩年になって准男爵に叙せられた。じつは彼が貴族の地位を得たのは、ジェームズ・クックの最初の太平洋航海（一七六八～一七七一）に植物学者として同行したことで始まった、彼の学者としての功績によるものだ。[20] 地主であり、重農主義的思想の持ち主でもあったバンクスは、国王の諮問機関である枢密院の顧問官となり、やがてロンドン王立協会の会長という最も名誉ある地位へとのぼりつめた。彼が個人的に介入したことで植物の移植は円滑になり、長年にわたる彼のリーダーシップにより、キュー王立植物園は世界的な植物学の中心として台頭することになる。

植物標本の移植がスムーズになったことで、新しいタイプのサトウキビをアメリカ大陸全域に急速に広めることが可能になった。七年戦争のあと、植物学者たちは「高貴な」(太くて収量が多いという意)サトウキビの野生種を求めて太平洋の島々やインドネシアの群島に目をつけた。ルイ＝アントワーヌ・ド・ブーガンヴィルが一七六六年から一七六九年にかけて行った世界一周航海は、植物関係の知識収集という点では驚くべき成功をおさめた。またこの航海は、オタヘイティあるいはブルボンと呼ばれるサトウキビの新品種の発見にもつながった。ブーガンヴィルはこれをタヒチ島で見つけ、フランス島(モーリシャス)やブルボン島の植物園を管理する地方行政官で、フランスの植民地全体に熱帯植物を広めた中心人物、ピエール・ポワブル――第1章でも取り上げた、中国産砂糖の隆盛を伝えた人物――に渡した。

ポワブルはオタヘイティ種を普及させようと努めた。ちなみにこの種がブルボンとも呼ばれているのは、彼がブルボン島(のちのレユニオン島)に駐在していたからだ。このサトウキビは一七八〇年代初めにフランス領アンティル諸島にもたらされ、一七八九年にスリナム、一七九三年にはセントビンセントとキューバにも到達した。[21] いっぽうウィリアム・ブライ船長は、オタヘイティ種を太平洋地域からイギリス領西インド諸島へと持ち込み、一九世紀にはそこからさらにラテンアメリカの本土全域へ、オタヘイティ種は広まっていった。[22] この品種が急激に広まったのは、何世紀も前にコロンブスが二回目の航海でカナリア諸島から持ち込んだクリオーリョ種よりも収量が一五%から二〇%も多かったからだ。また、オタヘイティ種は圧搾後に出るバガスがクリオーリョ種のそれより、砂糖工場の火炉でよく燃えるという利点もあった。これは、砂糖プランテーションによって森林が大規模に伐採されてしまったカリブ海の島々にとっては、とくに重要だった。[23]

収量の高いサトウキビは戦略的にも重要となり、それはインドのイギリス東インド会社もちゃんと認識していた。バンクスがインドに適したサトウキビ探しに関わったのは、奴隷廃止論者だったからというわけではなく、経済的見地からも、農業的見地からもインドはイギリスにとって理想的な原料供給地だと考えていたからだ。[24]植物学者であり、インドのサトウキビ栽培の専門家でもあったスコットランド人の外科医、ウィリアム・ロクスバラは、カルカッタの植物園でインドの条件に合うサトウキビ品種をさまざまに試験し、バンクスと緊密に連絡を取り合っていた。[25]ロクスバラがこの植物園の管理者に任命されたのは一七九三年、ちょうどサン＝ドマングで革命が起きた二年後、イギリス議会が奴隷貿易禁止法を採択した一年後だが、それはたんなる偶然ではないだろう。もっとも、奴隷貿易禁止法は結局、貴族院で否決されることとなった（第3章を参照）。

学術団体と経済団体

一八世紀後半、ヨーロッパ人が開拓した植民地では、今日の最新技術開発と同じくらい熱心に科学的研究が行われており、フランスやイギリス、スペイン、オランダの植民地では学会が続々と設立された。一七八四年、サン＝ドマングに拠点を置く外科医や内科医、商人の九人が、セルクル・デ・フィラデルフ（サークル・オブ・フィラデルフィアンズ）と呼ばれるサークルを創設した。この名称は、カリブ海地域のプランターのあいだでも電気に関する著書で知られ、フィラデルフィアと縁が深かったベンジャミン・フランクリンへのオマージュだ。[26]しかし、フランクリンの名が出たのはいささか意外でもあった。なぜなら彼は一七八一年に自身が所有する奴隷を解放し、奴隷制が生む悲惨な状況や死、そして奴隷所有社会につきものの堕落を厳しく糾弾していたからだ。[27]にもかかわらずフランクリンはサークル・オブ・フィラデルフィアンズの名誉会員資格を受け入れた。その矛盾した姿は、フリーメーソンが急速に広がり、科学への関心も高まるなかで、奴隷の肌に平気でみずからの名を刻印しながら、それでも自分たちは社会の進歩を牽引するリーダーだと主張する解放されたブルジョワジーたちの姿をよく物語っている。[28]

サークル・オブ・フィラデルフィアンズは、一七七八年に設立された熱帯地域最古の学術団体、バタヴィア学芸協会と共通点が多い。バタヴィア学芸協会の会員はすぐに二〇〇人を超え、外国人会員のなかには先に挙げたジョゼフ・バンクスや、フランス啓蒙主義の巨人とも言えるコンドルセ侯爵などもいた。[29] この協会に啓蒙主義の精神が浸透していたのは明らかで、協会の発起人でオランダ東インド会社の重役ヤコブス・ラーダーマーチャーは、フリーメーソンのアジア初の支部《ロッジ》の創設者でもあった。しかし、バタヴィア学芸協会の野心はきわめて実務的だった。ジャワには小規模ながらたいへん裕福な植民地ブルジョワジーが存在し、彼らが不正に得た富のかなりの部分は農業に注ぎ込まれていた。バタヴィア学芸協会で最も活躍した会員のひとり、ヨハネス・フーイマンは、ルター派の牧師だったが、なによりも地主であり、魂の救済より商業的農業開発のほうに関心があったらしい。彼の論文も、最も重要なものはおそらく、聖典についてではなく、首都バタヴィア周辺の製糖工場について書いたものだろう。この点でフーイマンは、まさにバタヴィア学芸協会を正しく代表していたと言えるだろう。バタヴィア学芸協会は、「学芸」すなわち芸術と科学という輝かしい言葉を掲げながらも、実際には農業と林業の促進というきわめて俗世的野心の追求に専念していた。実際、この点ではサークル・オブ・フィラデルフィアンズも同じで、こちらのメンバーもバタヴィア学芸協会同様に現実的な事柄を優先事項としていた。[30]

バタヴィアでは土壌の疲弊や薪不足のせいで地元の砂糖産業が低迷していたため、砂糖は重要な話題であり、緊急の課題でもあった。[31] そのような砂糖産業への懸念は、ヨーロッパ人の地主やオランダ東インド会社の積極的な介入を招いたが、彼らはもはや中国人製糖職人の専門知識だけに頼ろうとはしなかった。たとえば彼らは、モーリシャスから伝わったと思われる、燃料節約に役立つジャマイカ・トレイン製法を導入した。また、サン＝ドマングのプランターで、一八〇四年にバタヴィアへやってきたゴーダン・デュタイユは、自分が発明したというサトウキビの搾り汁を煮詰める装置のデモンストレーションを行い、燃料はバガスだけだと主張した。もしそれがほんとうだったら、これまで悩まされてきた燃料問題はいっきに解決しただろう。[32]残念ながらこの装置は失敗に終わったが、それでもジャワの砂糖生産が中国の技術からヨーロッパの技術へと切り替わる上で、この試みが重要な一歩であったことは確かだ。

一七八一年にバルバドスで設立された技術・製造業者・商業振興協会はおそらく、栽培や加工法の質を向上させ、奴隷の生活環境改善のガイドラインを示した初のプランター協会だろう。だがもしかしたら、一七六七年に農業や商業の向上のためにジャマイカで愛国的な団体を立ち上げたプランターたちのほうが先かもしれない。彼らがこの団体を設立したのは、急速に発展を遂げていた近隣のフランス領の島々への羨望からだった。その後、ジャマイカのプランテーション管理者たちは、サトウキビの圧搾と搾り汁の煮沸に関する特許を次々と取得していったが、そのなかには一九世紀の蒸気駆動圧搾機の前身で、三つの圧搾機を水平に並べたものも含まれていた。一七五四年にジョン・スミートンが製作したこの機械をたたき台に、ジョン・スチュワートは蒸気駆動式の圧搾機を開発し、一三年後に特許を取得した。ちなみに、どちらのジョンも住んでいたのはジャマイカだ。[33]

新たに独立を果たしたアメリカ合衆国との貿易が拡大し、富が急速に膨れ上がったハバナの商人や地主階級は、牧畜やタバコ栽培以外の産業も興《おこ》したいと考え、島の後進的な砂糖生産地の再構築を始めた。この転換の原動力となったのが、一七六五年にクリオーリョのブルジョワジー家庭に生まれた知識人フランシスコ・デ・アランゴ・イ・パレーニョだ。キューバで最も尊敬を集める良家の子息として、彼は多くの名誉ある仕事を与えられたが、真のブルジョワジーらしく、爵位を受けることは断っている。[34]おそらく彼は学生時代、当時よく読まれていた『両インド史』を読み、感銘を受けたに違いない。というのもこの本の著者、ギヨーム＝トマ・レーナルは、白い結晶糖は金や銀の代わりに帝国の主たる財源になり得ると主張し、スペイン国王にキューバを砂糖プランテーションの島として発展させるべきだと勧めていたからだ。[35]一七八八年、アランゴ・イ・パレーニョは、奴隷貿易の組織について知ろうと考え、帰郷の旅の途中でイギリスに立ち寄った。その後、故郷に戻った彼は、エリート層の仲間とともにキューバの内陸部の開発計画を練り上げた。そのなかには、人口過密なハバナの住民を科学的知見に基づいて移住させる計画から、島を縦断する形で南部の港湾都市バタバノまで運河を掘るという誇大妄想的な計画まで、さまざまなものがあった。また彼は、スペイン王室を説き伏せて、キューバの住民が自分たちで奴隷を輸入できるようにし、奴隷貿易を王室による独占（アランゴ・イ・パレーニョの言葉を借りれば「重商主義的制約」）から解放した。[36]

その二年後、近隣の植民地サン＝ドマングで反乱が起こると、マドリードにいたアランゴ・イ・パレーニョはキューバの奴隷貿易自由化にスペインが二の足を踏むことを危惧し、急いでスペイン枢密院に覚書を送った。キューバはサン＝ドマングより奴隷の待遇がずっといいので、革命が飛び火する可能性はほとんどなく、サン＝ドマングのように不満を抱えて政治的主張を声高に行う有色自由民に対処する必要性もないと書き送ったのだ。さらに、世界最大の砂糖輸出地であるサン＝ドマングの体制崩壊はキューバにとって絶好の機会であり、これを逃す手はないとスペイン政府を説得した。そもそも、この混乱は一時的なものかもしれなかったからだ。[37]

翌年の一七九二年、アランゴ・イ・パレーニョは、当時はまだその大半が森林に覆われていたキューバの農業を発展させる方法について小論文を書いた。広く読まれたこの小論文をきっかけに、ハバナには農業・商業領事館が設立され、のちにこの領事館はキューバが砂糖輸出地として台頭する上で大きな役割を果たすことになる。[38]アランゴ・イ・パレーニョの壮大な野心もさることながら、サン＝ドマングの革命を逃れてきたフランス人プランターと彼らの奴隷一万八〇〇〇人が流入してきたことも、キューバの砂糖産業の発展につながった。[39]避難してきたフランス人プランターたちが、キューバのプランターに最先端の製糖工場の建設方法を教えたからだ。その結果、革命によってハイチが独立を果たしてからの一〇年で、ほぼゼロに近かったキューバの砂糖輸出は三万トンを上回るまでに急増し、さらに一九世紀の第1四半期で倍増した。[40]
この輸出拡大のために、農業・商業領事館は当時、スペイン最高の軍艦の建造にキューバの森林を利用していた海軍から、森林の管轄権を一部取り上げた。海軍はそれまで、森林を再生可能な資源として大切に利用していたが、搾取の熱にとりつかれた砂糖男爵たちは森林を、砂糖工場で使用する消耗品や燃料として使える無尽蔵の原料としか見ず、それが造船に適した高いヒマラヤスギであっても無造作に切り倒していった。そして一八一五年、民間の地主が自身の所有地の樹木を無差別に伐採する権利を得ると、キューバの砂糖フロンティアでは無秩序な農園拡大が始まり、島内の森林は食い荒らされていった。
土地をめぐる争いに勝利を収めた数年後、アランゴ・イ・パレーニョと仲間のプランターたちは奴隷制度の維持をかけた戦いにも勝利した。一八一〇年から一八一四年にかけて、スペインのほぼ全土を占領したナポレオンに対抗する最後の砦として、スペイン帝国全土の代表がカディスに集まり、スペイン・コルテス（議会）を開いた。自由主義者《リベラル》が多数派を占めるこの議会では奴隷制についての議論が行われたが、それこそがキューバのプランターたちが恐れていた議論であり、彼らはこれをパンドラの箱をあけるようなものと考えていた。アランゴ・イ・パレーニョは、「ハイチの野蛮な王」は、カリブ海地域のアフリカ人すべてをみずからの旗の下に結集させようとしていると警告した。じつは彼自身は自分のことを、カディスの議会に集う他の議員たちに劣らぬリベラルとみなしており、自由主義的《リベラル》社会では財産は神聖なものであるべきと考えていた。つまり彼にとって奴隷は、所有財産でしかなかったのだ。[41]
ハイチの支配者たちはカリブ海地域の奴隷をすべて解放するつもりだ、というアランゴ・イ・パレーニョの主張は決して大袈裟ではなかった。彼がこの警告を発してからわずか一年後、解放奴隷の大工で黒人民兵組織の伍長でもあったホセ＝アントニオ・アポンテが率いる暴動の計画が発覚した。この暴動にはアフリカ系キューバ人や黒人民兵、キューバ人奴隷が加わり、ハイチ陸軍の高級将校も協力していた。アポンテの陰謀を後押ししたのは、カディスの議会は奴隷解放を支持したが、キューバの白人たちがその命令に従わなかったという噂だった。いずれにせよアポンテの反乱は失敗に終わり、奴隷制は維持され、キューバへの奴隷売買はその後も半世紀のあいだ続くことになる。[42]

アランゴ・イ・パレーニョが自然と人権のどちらも軽視していたことを考えると、近代生態学の父であるアレクサンダー・フォン・フンボルトと親しく交流していたことは驚きだ。フンボルトは一八〇〇年一二月から一八〇一年三月にかけてキューバを訪れ、一八〇四年にもふたたび短期間滞在しているが、このとき二人は国内各地をともに旅してまわり、フンボルトは新興の砂糖産業だけでなく奴隷制度についても研究した。彼は奴隷制度を、人類に与えられたあらゆる悪のなかでも最も邪悪なものと非難し、徐々に消滅していくことを願っていた。[43]いっぽうで彼は、スペインの法律には希望もある、とも言っていた。なぜならスペインの法律は奴隷に、結婚する権利や、残酷な扱いを受けたときにより良い主人を探す権利、ある程度の財産を所有する権利、そして自身の自由を買う権利を認めていたからだ。さらには、しかるべき衣服や食料に関する規則も存在した。これらの法的義務のなかには一三世紀のカスティリャにさかのぼるものや、一七八九年にスペイン国王によってキューバに導入されたものもあるが、無慈悲な労働搾取という文脈においては大半が蔑ろにされていることをフンボルトはよくわかっていた。[44]どうやら彼は、文明や工業化が進めば奴隷制度は徐々にすたれると期待し、奴隷廃止については漸進主義的なアプローチをとっていたようだ。

蒸気機関の登場

一七九四年、スペインから帰国する途中、アランゴ・イ・パレーニョは、スペイン機械省の長官で、当時はイギリスに滞在していたアグスティン・デ・ベタンクルを訪ねた。当代きっての天才技師だったベタンクルはこのとき、蒸気で稼働するサトウキビ圧搾機を考案したばかりだった。アランゴ・イ・パレーニョはこの圧搾機の製作をボールトン&ワット商会に依頼したが、同社は工房を訪れたベタンクルが自社の設計を盗用したと言って断ってきたため、レイノルズ社に製作を依頼した。この圧搾機は一七九七年にキューバに到着し、アメリカ大陸初の蒸気式圧搾機となったが、その機能はまだ満足のいくものではなかった。[45]

サトウキビ圧搾機は産業革命の最先端で、強度や圧搾効率は徐々に改良されていき、一八七一年にようやく最終的な形ができあがった。[46] 一九世紀初頭、まだ実験的な段階にあったこれらの機械が消費する石炭は増加の一途をたどり、急速に増大するイギリスの石炭生産量におけるシェアを拡大。なんとイギリス産石炭の一五%が西インド諸島へ輸出されていた。[47] 一八二〇年までに、少なくとも二〇〇台の蒸気式圧搾機が大西洋を渡って出荷されたが、その半数は、元オランダ領のイギリス植民地三カ所、すなわちバービス、エセキボ、デメララ(これらの植民地はのちにイギリス領ギアナに統合された)に、三分の一はジャマイカに送られた。[48] 一八一七年の時点ですでに二五台の蒸気式圧搾機があるとの報告がフンボルトにあがっていたキューバも、早期にこの機械を導入した地域のひとつだった。その三〇年後には、キューバの製糖所の三分の一以上が蒸気式の圧搾機を採用し、一八六〇年、その割合は七〇%にまで達した。[49]

蒸気式圧搾機はルイジアナでも急速に普及した。最初のグラニュー糖をつくったのは、イリノイ州生まれで、フランスで教育を受け、王宮の衛兵隊長を務めていたエティエンヌ・ド・ボレだ。彼は、当時まだフランス領だったルイジアナでインディゴ・プランテーションを経営したが、害虫被害でたち行かなくなり、藁にもすがる思いでサトウキビの栽培を始めた。一七九三年、彼は製糖工場を買収すると、サトウキビを植え、サン=ドマングから移ってきたプランターたちとともに移住してきた製糖技術の専門家を雇い入れた。ボーの最初の製糖実験には、ルイジアナの有力者たちが大勢集まり、砂糖の塊が煮詰められて粒状になるのを、固唾をのんで見守った。元衛兵隊長だった彼は、プランテーションをあたかも軍事基地のように組織し、運営した。その後、ルイジアナの他のプランターたちも、インディゴから砂糖へと切り替え、軍隊を思わせるボーの農園のスタイルを真似ていった。[50]

ルイジアナ初のサトウキビ圧搾機が、ニューオーリンズの著名な実業家で政治家のエドモンド・J・フォーストールにより一八二二年に導入されると、その後は六年間でなんと八一台が設置されていった。一八四〇年代初めには、ルイジアナの七〇〇近い砂糖農園のうち四〇〇以上が蒸気式圧搾機を採用していたが、その多くはフォーストールの鍛冶工場でつくられたものだった。彼はこの機械を一台六〇〇〇ドルで製造することに成功した――それでもまだ高額だったが、市場ではその倍はする機械もあった。一八三二年にキューバ産の砂糖に関税が課されたことで、ルイジアナ産砂糖への投資は大きな利益をあげ、これがフォーストールのサトウキビ圧搾機の普及に拍車をかけた。[51] 同様に重要だったのが、ニューヨーク、マサチューセッツに次ぐ全米第三位のルイジアナの銀行システムだ。これにはフォーストールの友人で銀行家のトーマス・ベアリングが、一八二七年に開業した砂糖プランターのための土地抵当銀行、ルイジアナ・プランター統合協会の共同出資者となって、陰ながら力を貸していた。[52]

一八四〇年代になると、キューバやルイジアナ、トリニダード、さらにはイギリス領ギアナでも蒸気機関を採用する製糖所が急速に増加した。セントキッツ島でもまたたく間に広がり、トバゴやジャマイカでは製糖所の三分の一が蒸気を動力源にするようになった。そのころにはインドでも、蒸気式のサトウキビ圧搾機七八台が稼働していた。[53] 一八三〇年代には世界中の数百カ所でこの騒々しい機械の音が響くようになったが、強い風が風車を回していたバルバドスやアンティグア、グアドループでは蒸気式圧搾機はほぼ存在しなかった。[54] 一九世紀に世界の製糖業の最先端を走っていたジャワは、一八二〇年に初めてこのタイプの圧搾機を導入したが、結局それは実験的な試みで終わり、一八七〇年代に入るまでジャワの製糖工場は水力を動力源として使い続けた。[55] 風力や水力が豊富にあるジャワにとっては、大量の石炭を消費する高価な蒸気式の圧搾機、それも熟練の技術者や予備部品を持つ修理店が必要な圧搾機を購入する必要性がなかったからだ。

甜菜糖

一八二〇年代後半、キューバの代表団は砂糖生産の成功事例を視察しようと西インド諸島を巡ったが、そのとき彼らの目を引いたのが、デメララのあるプランテーションだった。そのプランテーションでは真空釜という画期的な機械を使っていた。その機械とは、サトウキビの搾り汁を煮詰める温度を一〇〇度弱にまで下げることができる釜で、砂糖が焦げるリスクが大幅に減るうえ、より質の高い砂糖をつくることができるのだ。それはサトウキビの搾り汁を煮詰める工程にとっては、一七世紀初めに大釜を複数並べる手法が導入されて以来の大革新だった。もともと砂糖の精製を目的につくられたこの真空釜を開発したのは、イギリス初の科学技術者として知られるエドワード・チャールズ・ハワードだった。このデメララの真空釜の所有者ジョン・グラッドストン――ヴィクトリア朝のあのグラッドストン首相の父――は、リバプールの裕福な商人で、インドと手広く貿易を行っていた他、西インド諸島にもいくつかプランテーションを所有していた。彼はこの高価な最新式機械のおかげで、精製度の高い砂糖をヨーロッパに出荷することができた。また、その砂糖はより高い値段で売れたうえ、食物繊維が少ないため腐敗しにくく、海上輸送でも良い状態を保っていられた。[56]

だが、真空釜の歴史は熱帯地域で始まったわけではない。じつは開発の初期段階、真空釜は砂糖の精製および甜菜糖産業の勃興と密接にかかわっていた。このころヨーロッパではそれまで砂糖の小売りを独占していた薬剤師《アポセカリー》が、化学の知識を応用して代替え原料からショ糖を抽出するようになっていた。実際のところ、サトウキビは加工して甘味料を取り出すことができるあまたの原料のひとつに過ぎず、カエデやデーツはサトウキビに代わるものとして長らく注目されてはきたが、世界規模で見ればそこまでの重要性はなかった。しかし一七四七年、アンドレアス・ジギスムント・マルクグラーフが甜菜の根から砂糖を抽出する方法を発見し、その弟子で後継者のフランツ・カール・アシャールが、マルクグラーフの研究成果を実用可能な工程へ進化させた。アシャールはすでに、ベルリン動物園から気象観測気球を飛ばした発明家としてその名が知られていたが、同時代のベンジャミン・フランクリンと同様、彼もまた雷と電気という現象を理解しようとしていた。

このころ、ハンブルクと競合するなか自国の製糖産業を発展させようと奮闘していたプロイセン政府は、アシャールの甜菜糖実験に経済的価値があることを認め、彼の小規模な工場と甜菜を作付けした数ヘクタールの土地に資金を援助した。一七九九年、アシャールが甜菜糖の製造成功を報告すると、そのニュースはたちまちウィーンやロンドン、パリ、サンクトペテルブルクに広まった。アシャールによれば、西インド諸島の砂糖プランターたちは、自分たちの事業が壊滅的な痛手を負うことを恐れ、彼に賄賂を送って甜菜糖事業を断念させようとしたという。一八〇一年、プロイセン国王は、シレジアに実験的な製糖工場を建設することをアシャールに許可。その四年後には、アシャールの友人モーリッツ・フォン・コッピー男爵がさらに一つ、巨大な製糖工場を建設した[57]。

甜菜糖製造の勢いはすさまじく、アシャールやフォン・コッピーの工場が一八〇六年にナポレオン率いる軍勢に焼き払われても、それは一時的な後退にしかならなかった。ナポレオンの軍隊がプロイセンで猛威を振るっていたその年、ナポレオンは大陸封鎖令を出し、西インド産の砂糖を含むイギリス製品をヨーロッパ本土から閉め出した。こうして甜菜糖が躍進する絶好のチャンスが訪れた。プロイセン政府から支援を受けたアシャールは、破壊された製糖所を再建。その後数年のあいだ、甜菜の根を使った製糖に関する彼の著書が広く読まれたおかげで、アシャールの名声は急速に高まっていった。大陸封鎖令により砂糖の価格は急騰し、ヨーロッパ中に甜菜糖の製糖工場が建設されていった。一八一一年、アシャールの実験工場が再建されると、製糖方法を学ぼうとヨーロッパ全土から多くの学生が集まった[58]。革命的なイノベーションとなる可能性を秘めた情報はこの時代、ナポレオンの軍隊より速く各地に伝わったのだ。アシャールは彼の記念碑的著書のなかで、甜菜糖は革命的だったと強調している。というのも甜菜糖はプロイセンに、イギリスが供給する砂糖に依存しなくてすむという長期的な政治的利益をもたらしたからだ。イギリスはカリブ海地域の支配者として砂糖の価格を決めていたため、これは大きな意味があった。そして何よりも、甜菜糖は奴隷貿易を粉砕する最高の手段だった、ともアシャールは書いている[59]。

サン＝ドマングを奴隷制プランテーションの島として復活させようとした遠征が悲惨な結果に終わったうえ、一八一〇年にマルティニークやグアドループをイギリスに奪われたナポレオンにとって、甜菜糖の生産は喫緊の課題となった。当時のフランス人化学者たちは、すぐには甜菜の根へと転向せず、リンゴやナシから液糖を抽出しようと試みた。またナポレオンは、すでに実験レベルで行われていたブドウ糖生産を全国規模に拡大することができた者には富と名声を与えるとも約束していた[60]。ジャガイモは食用になる、とフランス人に納得させたことで知られる化学者アントワーヌ＝オーギュスタン・パルマンティエは、事実上政府の官報だったル・モニトゥール紙で発表された正式な報告書のなかで、甜菜の根を用いた製糖に反対し、すでに豊富に作付けされていたぶどうを使うよう推奨している[61]。このころ、ヨーロッパ全土ではジャガイモやキノコを使った砂糖づくりの試みがさかんに行われていた。ドイツ人はより現実的にアーホルン（カエデ）の木から砂糖を抽出しようと考えたが、これもうまくはいかなかった。ドイツに自生するカエデ品種の樹液は口にできるような代物ではなかったのだ。結局、カエデで砂糖をつくるという実験には終止符が打たれた。たとえ適切な品種のカエデの種子を輸入して植え付けても、それが成木になるには何十年もかかるからだ[62]。

いっぽうフランスでは皇帝が注視するなか、甜菜糖の最良の生産方法を見つける探求が熱を帯びていった。

現在のパリ一六区のパッシーでバンジャマン・ドゥレセールの実験が成功したと聞いたナポレオンは、「行くぞ！」と叫んで、すぐさま工房に駆けつけた、という逸話も残っている。このとき砂糖が結晶化するのを見ていたナポレオンは、自身の制服からレジオン・ドヌール勲章を引きちぎり、ドゥレセールの白衣の胸元につけたという。フランスで最初に甜菜から砂糖をつくったのが誰なのか、その議論はいまだに決着がついていないが、砂糖生産の実現に近づくすべての実験結果に、皇帝は注目していたのだろう。[63] ル・モニトゥール紙は、フランス初の精製甜菜糖の生産について「フランスは今後、この砂糖を自国内でつくっていく。私たちの製糖工場はもう、敵国の強欲に依存せずに済むのだ」と記している。[64]

　ナポレオンは一八一一年にさらなる実験を命じ、一〇万エーカーの土地に甜菜を植えるよう指示。さらに、アシャールやフォン・コッピーの工場に専門家を送り、医学や薬学、化学を学ぶ学生を一〇〇人採用せよと命じた。残念ながら、この甜菜の最初の収穫はわずか一五〇〇トンにすぎなかったが、ナポレオン統治下の県知事全員がアシャールの研究に注目するようになったという事実は、それを補って余りあるものだった。そして一八一二年には、甜菜糖工場はヨーロッパ中で稼働を始めた。[65]

　しかしながらヨーロッパ産の甜菜糖の明るい未来は、ナポレオンの大陸軍《グランダルメ》とともにロシアの冬で凍りついた。実際、彼が一八一四年に皇帝を退位させられると、甜菜糖の製造は採算がとれなくなった。また製糖業者もまだ、黎明期のこの産業を守るために保護主義的な関税障壁を築くよう政府を説得するだけの力を持っていなかった。やがて海上ルートが復活し、マルティニークやグアドループがフランスに返還され、キューバやルイジアナ、インドが主要な砂糖輸出地として台頭すると、フランスやドイツの甜菜糖産業はほぼ全滅してしまった。

　だが意外なことに、この苦境を何とか耐え抜いた甜菜糖製造業者も存在した。そのひとりが、一八一〇年に、おそらくフランス初の甜菜糖工場を建設したルイ・フランソワ・グザヴィエ・ジョゼフ・クレスペルだ。

一〇年後、彼はイギリスから輸入した機器を使い（おそらくハワードが考案した真空釜も含まれていた）、甜菜糖製造のすべての段階に蒸気動力を導入した。クレスペルの驚異的な忍耐力のおかげで、やがてフランスは主要な甜菜糖生産国となった。彼自身も一時は甜菜糖工場を八つも擁する大金持ちになったが、一八六二年から一八六三年にかけての甜菜の不作で三〇〇万フランを失ってしまう。このとき、彼への感謝を表すべき、とクレスペルの友人たちに促されたフランス皇帝ナポレオン三世は、その功績への感謝のしるしとして彼に公的年金を授与している。[66] クレスペルが亡くなった二年後の一八六七年、フランスの甜菜糖産業のパイオニアを讃える記念碑が北部の町アラスに建てられた。クレスペルはフランスだけでなくドイツの製糖業、さらにはジャワのサトウキビ製糖業にも貢献したが、それはまたあとの章で取り上げる。

フランスの甜菜糖産業が存続したのは、砂糖植民地でのサトウキビ生産が停滞したおかげでもあった。イギリスが奴隷貿易を禁止して以降、植民地はじゅうぶんな労働力を見つけるのに苦労するようになっていた。フランスの砂糖植民地を支援するために、フランス国王は一八二二年に厳しい関税を導入した。しかしこの関税は、サトウキビ糖だけではなくフランス産の甜菜糖もキューバやブラジルとの競争から保護する結果となった、とのちに皇帝となるルイ＝ナポレオンは一八四二年に指摘している。クーデターの失敗により投獄されたルイ＝ナポレオンは、その獄中生活を利用して砂糖問題に関する論文を書いている。実業家や銀行家など生産性の高い階級が社会の指導者になるという未来を予測したアンリ・ド・サン＝シモンが説く、テクノクラート的イデオロギーに触発された彼は、その後独裁者として、そして皇帝として、フランスの甜菜糖およびサトウキビ糖の生産の工業化を熱心に支援した。[67]

ルイ＝ナポレオンがこの論文を書く何年か前、アンティル諸島のプランターたちに説き伏せられた政府はフランス産の甜菜糖に税金をかけ、甜菜糖産業は大打撃を受けた。多くの工場が破産し、フランス北西部を除くほとんどの甜菜糖生産地が全滅したのだ。もしフランスで鉄道建設が進められていなかったら、おそらくフランスの甜菜糖産業は消滅していただろう。[68] しかし鉄道のおかげで、長距離の大量輸送が可能になり、減少傾向にあったフランス北西部の製糖工場に生産を集中させることができた。こうして甜菜糖の粗糖の生産量は急増し、一八五〇年代には、フランスで消費される砂糖の半分が国産の甜菜糖になった。[69]

いっぽうドイツは、エルンスト・ルートヴィヒ・シューバートやユストゥス・フォン・リービッヒといった優れた技術的パイオニアたちにより、フランスの甜菜糖産業の主要なライバルとして台頭した。とはいってても彼らがそこまでドイツの甜菜糖産業を育てることができたのは、それまで惜しみなく知識を共有してくれたフランスのパイオニアたちのおかげでもあった。ヘッセン大公国からの奨学金で、化学者としての教育をフランスで受けたシューバートはその経験をもとに、一八三七年、フランスの甜菜糖産業に関する著書を出版している。また、リービッヒは一八二八年にアラスにあるクレスペルの工場を訪れているし、彼のドイツ人の同僚も何人か、工場建設の準備のためにこの工場を訪問しており、クヴェトリンブルクの工場主たちもこの工場を視察している。ドイツ中北部のハルツ山地にあり、ザクセン王国に属していた古都クヴェトリンブルクが甜菜栽培に適していることはナポレオンが大陸封鎖令を発した時期にわかっており、一八三〇年代、ザクセン王国にはすでに三一の甜菜糖工場があった。[70]

ドイツ人科学者たちによる技術革新と、プロイセンが創設したドイツ関税同盟によるサトウキビ糖への高い輸入関税は、甜菜糖産業の台頭に決定的な影響を与え、サトウキビ糖輸入の中心地だったハンブルクは大打撃を受けた。植民地産のサトウキビ糖の輸入が制限されるなか、ドイツの甜菜糖生産はフランスよりもさらに急速に成長した。ドイツの実業家たちが、生産工程の効率化を容赦なく進めたからだ。たとえば一八四〇年代にはある工場主が、甜菜をスライスして湯に放り込むという浸出技術の実験を始めた。この技術は、エルンスト・ルートヴィヒ・シューバートがフランスのマチュー・ド・ドンバールの工場で見たものだろう。長年にわたる実験の結果、この技術による最初の甜菜糖生産が一八六五年に成功し、一五年後には、ドイツのすべての甜菜糖工場が、甜菜からのショ糖の抽出を劇的に向上させるこの浸出技術を採用するようになった。サトウキビ糖生産者たちはこのプロセスを真似ようとしたが、第7章でも述べるようにこれはうまくいかなかった。いっぽう甜菜糖産業は植物学や化学分野の最先端になっていった。たとえば、甜菜糖産業協会がベルリンに建設し、一八六七年に開所した研究所は、ドイツ化学の礎と言ってもいい役割を果たした。その研究所の研究者のひとりが、のちに砂糖の強力なライバルとなる人工甘味料、サッカリンの発見者、コンスタンティン・ファールベルクだったのは実に皮肉だ。[71]

甜菜糖の生産には、ヨーロッパ大陸の他の大国、とくにロシアも強い関心を寄せていた。一八〇〇年にロシア国内で甜菜糖の生産実験が成功すると、皇帝アレクサンドル一世はこの産業の推進に本腰を入れた。他のほとんどの国とは対照的に、ロシアでは一八一四年以降もこの産業は存続した。高度な技術はなかったものの、甜菜糖産業が保護され、農奴という安価な労働力があり、小麦の値段も安かったことが技術の低さを補ったのだ。しかし一八六一年に農奴制が廃止されると、ロシアにあった四〇〇ほどの製糖工場のおそらく半数が破綻した。その後はおもにウクライナの貴族がより高度な製糖設備に投資を始めたため、ロシアの製糖産業は帝国内の市場だけでなく、中央アジアの市場へも甜菜糖を輸出できるようになった。[72]

アメリカ合衆国では、フィラデルフィアのクエーカー教徒が、奴隷がつくる砂糖に代わるものとして甜菜糖の生産に目をつけた。しかし栽培方法や抽出技術の知識がなかったため、この試みは失敗に終わった。[73] いっぽう、マキシミン・イスナールが主導した事業は前途有望だった。イスナールは、ナポレオンがストラスブールに設立した砂糖製造学校の校長だったが、この学校は連合軍がナポレオンをフランス国内で破ったときに破壊されてしまった。その後、アメリカ合衆国で新たな生活を築いたイスナールは、マサチューセッツ州で甜菜糖産業を積極的に推進した。彼の活動に感銘を受けた元フランス領事のエドワード・チャーチは、イスナールを彼の母国フランスに送って甜菜の種を入手させるための資金を集めた。[74] チャーチは一八三六年に著書『甜菜糖に関する考察』*を出版し、「甜菜の栽培とその製糖技術の導入は、わが共和国の繁栄において、おそらくは綿花栽培に勝るとも劣らない記念すべき時代をつくることになる」とまで言っている。[75] チャーチとイスナールのノーサンプトン製糖会社には、おもにアメリカの奴隷制廃止論者たちからもたらされた、かなりの資金があったが、それでもこの会社を事業として存続させるにはじゅうぶんではなかった。[76]

次に甜菜糖産業に挑戦したのは、末日聖徒イエス・キリスト教会のモルモン教徒たちだった。フランスの甜菜糖産業の発展に励まされた彼らは、この技術をソルトレイク・ヴァレーにも導入しようとフランスに使節団を派遣した。しかし一八四〇年代の物流事情を考えれば、これはまさに悪夢のような取り組みだった。大西洋を横断して製糖機械を輸送することなどまだ序の口で、その後ミシシッピ川をさかのぼり、そのあとは陸路でユタ州まで運ばなければならなかったのだ。この陸上輸送では、わずか六四キロメートルの道のりに八週間もかかることになった。モルモン教徒には真空釜を扱った経験もまったくなかったから、この事業が失敗したのもなんの不思議もなかった。[77] そしてこれを最後にその後の三〇年間、アメリカ合衆国で甜菜糖が製造されることはなかった。甜菜糖の生産は、栽培と収穫に人手がかかりすぎるため、まだ人口の少ないこの国には無理だったのだ。[78]

いまや砂糖の生産は、巨大で高価な機械によって行われる工業的な工程になりつつあったが、それでも農業労働力が大量に必要だった。産業革命において重要な商品《コモディティ》だった綿花と違いサトウキビは、栽培は世界のこの地域で、加工は別の地域でと場所を変えることができない。したがって綿花はイギリスの産業に革命をもたらしたが、サトウキビの場合は蒸気と鋼鉄が製糖工場にやってきて、熱帯農業に革命をもたらした。ベンジャミン・フランクリンからアレクサンダー・フォン・フンボルトまで、当時の最も著名な知識人の大半がサトウキビ糖生産の中心地に関わるいっぽう、ナポレオンとプロイセン国王は甜菜糖の実験をじきじきに奨励した。ナポレオン戦争時、甜菜糖工場は、軍による略奪の脅威に絶えずさらされながらも繁栄した。しかしその後、ナポレオンがセントヘレナ島へ幽閉されたあとは状況が一変し、これらの工場は保護主義によってのみなんとか生き延びた。なぜなら熱帯地域でのサトウキビ栽培は、独占による古い資本主義から新たな時代、すなわち知識を共有し、蒸気機関を使い、植物標本をやり取りする新しい時代へと急速に移行していたからだ。次の章で紹介するように、何百台もの圧搾機がサトウキビ農園へ出荷されると、それまで甜菜糖づくりに集中していた薬剤師《アポセカリー》や技師たちも自身が開発した機械を熱帯の砂糖植民地に売り込むようになる。いっぽうでフランスやプロイセンの甜菜糖生産者たちは、これを羨望のまなざしで眺めるしかなかった。

第5章　国家と産業

一八四八年、革命の熱気がヨーロッパ全土に広がると、新たな思想や技術が世界各地の生活のさまざまな側面を変えていった。とはいってもこの新しい世界には依然として過去の世界が色濃く残っていた。一九世紀半ば、ヨーロッパや北米に出荷されていた砂糖の半分以上はいまだに奴隷が生産したものであり、中国とインドの農民は、世界の他の地域の砂糖すべてを合わせた量よりも多くの砂糖をつくっていた。完全に蒸気の力で稼動する製糖工場も広く普及したが、それでも世界の砂糖のほとんどはまだ単純な機器でつくられており、畜力で稼働する圧搾機は、このあとも四〇年にわたって使われ続けた。伝統的な生産方法は、中国やインドの他、早い時期から新技術を導入していたカリブ海地域でも多く見られた。一八五〇年当時、トバゴ島にはまだ工業化されていない製糖工場が六〇以上あったが、その生産量は近隣のグアドループ島にあった四つの最先端工場より少なかった。このように、工業生産の時代と工業化以前の生産の時代というまったく性質が異なるが重なり合ってもいる二つの時代が共存していたのだ。

ヨーロッパの製糖法はカリブ海地域だけにとどまらず、インドやインドネシア、そしてフィリピンにも広がっていった。フランシスコ・デ・アランゴ・イ・パレーニョやジョン・グラッドストンといった企業家は、砂糖づくりを工業プロセスと定義づける、新たな時代を象徴する存在だった。一九世紀初頭まで、プランテーションの資本のほとんどは奴隷の購入に使われていたが、それ以後はかなりの額が蒸気駆動の機器へと投じられるようになった。この段階で大きな役割を果たしたのが国家だ。それまでの国家は、存在感がまったくないか、たとえあっても破壊的なものでしかなく、プランターたちは国と関わることを避けることが多かった。したがって、製糖所を蒸気と鉄鋼から成る統合施設へと変貌させるために実業家と王族が力を合わせた、ということ自体が革命的だった。政府は鉄道や港湾の建設を推進し、金融を規制し、労働契約を設計し、砂糖農園による土地の占有を法制化した。

いっぽうで中産階級の砂糖実業家たちは、啓蒙主義が生んだ新たな人道主義的理想は奴隷制度と相容れないことをよく理解していた。それでも彼らは、長期的には道徳性と収益性を両立させたいと考えていた。工業化によって砂糖生産の労働集約度が下がれば、奴隷労働への依存度も下がると考えていたからだ。一八四四年にトリニダードに住んでいたドイツ人農学者で奴隷制廃止論者のコンラート・フリードリヒ・ストールマイヤーのような空想的思想家は、「鉄鋼の奴隷」（蒸気動力の隠喩）の大規模利用について語り、さらには、きつい肉体労働のない明るい未来のために、神は太陽と風のエネルギー、そして甘いメイズ（トウモロコシ）を与え給うたとも語っている。トウモロコシ糖、すなわち高果糖コーンシロップはたしかに甘味料の世界市場を一変させた。だがそれは一九八〇年代に入ってからのことで、ストールマイヤーの時代にイギリスの植民地政策を指揮していた人々には、彼はたんなる変人にしか見えず、その言説もまったくとんちんかんにしか聞こえなかった。[1] たしかに彼は、シャルル・フーリエやアンリ・ド・サン＝シモンのユートピア的思想に染まった風変わりな思想家だったが、時代の空気から完全にずれていたわけでもなかった。実際、サン＝シモン主義（空想的社会主義）は、新たな砂糖フロンティアとなったキューバやジャワをおおいに惹きつけた。一九世紀の終わりから一九二〇年代後半まで、この二つの島のサトウキビ糖輸出量は世界のサトウキビ糖輸出量の半分を占め、このシェアを一時的に失ったのはスペインに対してキューバが起こした独立戦争（一八九五〜一八九八）の時期だけだった。[2]

真空釜

一八四〇年には、ヨーロッパの甜菜糖製造技術は、サトウキビ糖生産者の技術をはるかに上回った。かつてプランテーションは資本主義の最先端を走っていたが、プランターたちのプライドの高さと資金不足、さらには奴隷貿易の禁止と、その後の奴隷制廃止による労働力不足により、技術革新がすっかり遅れてしまったのだ。実際、三〇〇エーカーから五〇〇エーカーの農園で約二〇〇人の奴隷を規則正しい分業体制で働かせ、生産工程も高度に統合されていたカリブ海の砂糖農園は、産業革命以前のヨーロッパの製造業では最大かつ最も組織化された部門に属していた。しかし一九世紀に入ると、この規模の農園は、高価な蒸気駆動の機器を使って利益を出すには小さすぎることが明らかになった。

機器の値段の高さもさることながら、カリブ海のプランターにとっては最新の蒸気駆動技術に投資すること自体が大きなリスクをともなった。農園では、サトウキビの圧搾は一日二四時間、それも数カ月間連続で行われる。しかし機械の鉄の品質がその過度な負担に耐えられないことが多かったのだ。砂糖の収穫期に圧搾機が故障すれば、プランターはなすすべがない。なぜなら、そのような機械を修理できる鍛冶工場が近隣にあることなどまずないからだ。収穫されたサトウキビは工場の敷地内でいたんでしまうし、収穫を遅らせればその影響は壊滅的で、ルイジアナでは一晩霜が降りただけで、畑のサトウキビは全滅してしまう。[3] さらに製糖用の機械は熱帯地域の海辺で使用されることが多いため、湿気と潮風によって腐食する危険もあった。したがってこのような環境では、時間がかかるうえに圧搾率も低い畜力による圧搾機の方が、蒸気駆動の機械よりも向いていたのだ。こういったことを考え合わせると、熱帯地方に何百台もの蒸気機関があったこと自体が奇跡でしかなかった。

それでも一八四〇年代まで、プランターの多くは工業化以前の製糖工場を稼働し続け、たとえ裕福で設備の整った同業者にサトウキビを買ってもらえる機会があっても、自分の農園のサトウキビは決して売ろうとしなかった。人種や階級が峻別されている社会では、工場を手放すことは貴族から農民へと没落することを意味していたからだ。カリブ海第二の砂糖生産地だったプエルトリコがその地位を失ったのも、砂糖生産者のこの保守性によるところが大きかった、とシドニー・ミンツも指摘している。[4]守旧派はときに激しい抵抗を見せることもあり、レユニオン島のサン・マリー農園の所有者、オーギュスト・ヴァンサンはそんな彼らの抵抗を見くびり、多大な代償を払うことになった。フランス人のサトウキビ農園主として初めて真空釜を導入した彼は、その新技術の性能におおいに感心し、島のサトウキビの大半を加工できる中央工場（他の農園の砂糖も加工する大規模製糖工場）を建設しようと考えた。しかし彼のこの構想が実現すれば、結果的には島内の他の農園主たちをサトウキビ農家の身分に落としてしまうことになる。結局、ヴァンサンがこの計画を実行する前に、彼は忽然と姿を消してしまった。噂によれば、彼の失踪には同業者たちの嫉妬が関与しているようだった。[5]

一八世紀後半にはまだ、技術革新の多くがサトウキビ植民地で生まれていたが、いまや工業化を推し進めるのは、甜菜糖産業の機器製造業者や技術革新者たちになっていた。また、甜菜糖は小麦よりも利幅が大きいため、フランスやベルギーの農民はこぞって製糖工場向けの甜菜糖を栽培し、中央ヨーロッパや東ヨーロッパの地主は工場を自身で、あるいは近隣の地主と共同で建設した。

甜菜糖技術のパイオニアで最も影響力が大きかったのが、パリの薬屋の家庭に生まれた化学者で実業家のルイ・シャルル・ドローヌ（一七八〇〜一八四六）だ。薬屋がまだ砂糖の小売りに重要な役割を果たしていた時代と、蒸気と鋼鉄の工業化時代の橋渡しをしたのが彼だった。一八〇九年から一八一〇年の冬、彼は甜菜から初めて数キログラムのブラウンシュガーをつくり、その一年後、アシャールの製糖方法（第4章を参照）を知った彼は、これをもっと多くの人に伝えるべきだと考えた。そこで彼は、甜菜について書かれたアシャールの著書のフランス語版に序文を書き、この本は一八一二年に出版された。[6] また一八一二年の後半、彼は甜菜の視察旅行でクレスペルの先駆的な工場に滞在し、そこで専門的な知識を身につけた。[7]

その後、ドローヌは産業界の寵児となるが、やがて彼はその名声を、一八二四年に彼のパリの作業場にやってきた農村出身の貧しい二〇歳のボイラー職人と分かち合うことになる。というのも、この若き職人ジャン＝フランソワ・カイユ（一八〇四〜一八七二）がドローヌのところにやってきたのは、彼がぶどう、ジャガイモ、甜菜の蒸留をベースにした新たな砂糖の煮沸技術を発明する寸前という絶好のタイミングだったからだ。[8] 一八三〇年代の初め、ドローヌは仲間の職人たちの発明を一部盗用するかたちで、イギリスの革新的なハワード真空釜の設計を大幅に改良することに成功した。田舎から出てきた青年カイユはドローヌの全面的なパートナーとなり、二人はその後事業を拡大し、一八三八年には国境を越えて、ブリュッセルにも工場を建設した。その数年後、ドローヌ・カイユ社はさまざまな国籍の労働者二五〇〇人を擁するようになったが、これは当時としては非常に大規模な工業施設だった。[9]

自己宣伝にかけては右に出る者がいないドローヌは、やがて自社工場を真空釜市場のリーダーに育て上げた。[10] 当初、彼は苦境にあえぐ甜菜糖工場のみに真空釜を販売していたが、やがて熱帯地方にも販売をし始めた。その顧客第一号が、レユニオン島のあのオーギュスト・ヴァンサンだ。それ以降、ドローヌの事業は急速に拡大し、一八四四年にはドローヌ・カイユ社の真空釜を導入した工場が、キューバに八工場、ジャワに七工場、グアドループに五工場、ブルボンに四工場、そしてスリナムに一工場、メキシコに一工場まで増えた。しかしこの技術の導入には、当時としては信じられないほどの費用がかかった。設備一式の費用は約一万ポンド（五万ドル相当）がかかったうえ、工場建設にはその二倍の投資が必要だった。工場がこれだけの金額を支払うのはなかなか難しかったため、ドローヌ・カイユ社は支払いを四年間の分割にしたり、支払いを砂糖で受け取る仕組みをつくったりもした。[11] プランターたちの資本不足や複雑な煮沸技術に対する理解不足といった大きな障害を、このフランス企業は、設備の導入に共同出資をしたり、客先に自社のエンジニアを派遣したりして乗り越えていった。カイユは手本を見せるために、あえて自身も農園を購入し、実際に砂糖工場を始めてもいる。一八五七年、ウクライナのトロスティアネツに農園を買い、そこに甜菜糖の製糖工場を建設したのだ。[12]

キューバで最初の真空釜が売れると、ドローヌは一八四一年、みずから大物プランターのヴェンセスラオ・デ・ヴィージャ・ウルーティアの農園に出向き、ヨーロッパの製糖工場用に設計した自社の機器をキューバの環境に合わせて設置する作業を監督した。設置が終わり、機器が無事に稼働し始めると、彼は小冊子を作成し、ハバナ大学の化学学部長ホセ・ルイス・カサセカがそれをスペイン語に翻訳した。アランゴ・イ・パレーニョの弟子が「キューバの産業革命」と題した序文を寄せたこの冊子は一〇〇〇部印刷され、三年の内にさらに三台のドローヌ・カイユ社製真空釜がキューバに導入された。[13]

いっぽうジャワの場合、真空釜への転換を推進したのは植民地政府だった。植民地政府は、一八三〇年に強制栽培制度を導入すると、ジャワの農村世帯の六〇％に、一部の土地を放棄させ、わずかな賃金でサトウキビなどの作物を栽培させた。[14] 砂糖の生産は政府の独占事業だったが、政府自体は製糖所を建設せず、民間人に製糖を請け負わせていた。請負契約は真空釜の使用を義務づけていたが、同時に補助金の給付も約束していた。この制度の急速な普及に大きく貢献したのが二人の義理の兄弟だった。ひとりは軍の高級将校、もうひとりは植民地政府の高名な役人でジャワにドローヌ・カイユ社の真空釜を導入するよう植民地省を説き伏せた人物だ。一八四〇年代初め、二人はオランダ人エンジニア、フーベルタス・フーヴナーとともに、ベルギーとフランスを視察して回った。フーヴナーが働いたこともある、アラスにあるクレスペルの工場は、フランスの甜菜糖のパイオニア的存在で、ドイツの化学者やフランスの国王まで、多くのヨーロッパ人が視察に訪れていた。たいていの人は短期間の視察だったが、オランダからやって来たこの三人はしばらく工場に滞在したため、製糖過程を実地で試すことができ、さらには多くの助言も受けることができた。[15]

このオランダの視察団によるフランスとベルギーへの視察旅行は、ドローヌ・カイユ社にとっては非常に大きな意味があったに違いない。というのもジャワではイギリスの商社が幅をきかせており、農園は彼らを通じてイギリスのハワード真空釜を輸入していたからだ。最初にこの真空釜がジャワに導入されたのは一八三五年、導入したのはイギリス人のチャールズ・エッティが東ジャワに所有していた農園だった。そんなイギリスの影響力をそぐために、オランダは喜んでドローヌ・カイユ社と手を組んだ。また、ドローヌ・カイユ社がポール・ファン・フリシンゲンと共同で一八四七年にアムステルダムに工場を建設したのも、この重要なジャワ市場へのアクセスを改善しようと考えたからだろう。フリシンゲンはジャワに滞在したのち、蒸気船の修理をするドックをアムステルダムで始めた著名な実業家だった。フリシンゲンとの共同事業とオランダ政府の積極的な支援が功を奏し、一八五二年までにジャワでは、九台のハワード真空釜に加えて、一四台のドローヌ・カイユ社の真空釜が稼働するようになった。その五年後、ジャワが輸出する砂糖の三分の二は真空釜で生産されるようになり、この島は真空釜の利用では、世界の砂糖生産地のはるか先を行くことになった。[16]

ジャワの砂糖産業の発展においてイギリスの商人が脇役になることはもちろんなかったが、二〇〇年にわたって地元の砂糖産業を支配してきたインドシナ人は徐々に少数派となっていった。なぜなら植民地政府は、元政府高官や退役軍人のグループ、そして少数の裕福なインドシナ商人のなかから特定の人々に声をかけ、製糖事業に参入するよう、支援したからだ。こうして新しい起業家層が出現した。ロジャー・ナイトの言葉を借りれば、彼らは奴隷を買う必要がなかったうえ、事業を始める前金まで政府が支払ってくれた「非常に幸運」な人たちだった。彼らに課された義務はただひとつ、真空釜を含む最先端の設備に投資をすることだけだった。[17] しかし製糖業者のすべてが、こういった人々だったわけではない。一八七〇年代、ジャワの砂糖の二五％は中央ジャワの半自治区、すなわち強制栽培制度が敷かれていない王国で生産されていた。ここの輸出農業を発展させたのは、ヨーロッパ人の軍曹や将校とジャワ人女性のあいだに生まれたヨーロッパ系の息子や孫たちで、彼らは地元の宮廷と関係が深かったので、王室から土地と奴隷を借り、砂糖を生産していた。[18]

新しい産業精神を最も理解していたヨーロッパの砂糖起業家たちにとってはジャワもまた、キューバやモーリシャス、イギリス領ギアナやインドと同様、新たなフロンティアだった。高価な真空釜に真っ先に切り替えたのも彼らで、昔ながらのプランターよりはるかに効率的に製糖を行っていた。また、イギリスの商人は新たな投資先としてインドに目をつけ、一八四七年にはイギリスに輸出されるインド産砂糖の三分の一は真空釜で生産されるようになった。この割合はジャワにも匹敵するレベルで、先進的な砂糖生産地であるキューバやモーリシャスよりも大きかった。[19] これならばルイジアナでも、真空釜はジャワと同じくらい急速に普及するだろうと思われた。なぜならルイジアナも同様に新たな砂糖フロンティアであり、必要な条件のすべてがそろっているように見えたからだ。実際のところ、ルイジアナでも蒸気駆動のサトウキビ圧搾機は速やかに導入され、最初の真空釜（おそらくハワード真空釜と思われる）が設置されたのも一八三二年とかなり早い時期だった。この年はアメリカ合衆国がキューバ産の砂糖に関税をかけた年でもあり、これもルイジアナの砂糖産業への投資に拍車をかけた。[20] アメリカ合衆国は高品質の砂糖に高い関税をかけたが、ルイジアナのプランターはキューバや西インド諸島のプランターと違い、その影響を受けることもなかったのだ。一八四〇年代、ルイジアナの州都ニューオーリンズはアメリカ合衆国で三番目に大きな都市であり、産業と商業の中心地だった。[21] またルイジアナの有力プランターたちは高度な教育を受けた資本家で、技術革新にも非常に敏感だった。一八四二年、彼らはルイジアナ農業機械工協会を設立したが、その名を見ただけでも彼らの工業的野心が伝わってくる。同年、ルイジアナのバイユー・ラフォーシェの農園に、ドローヌ・カイユ社の真空釜第一号が納入され、その後もさらに二台が一八四五年と一八四六年に納入された。プランターが、フランスやフランスで教育を受けた科学者たちと広く交流していたおかげで、砂糖煮沸に関する知識はすべてルイジアナで手に入るようになった。また、出版社を経営し、統計学者でもあったJ・D・B・デボウは農園主たちに科学情報や技術情報を広める『デボウズ・レビュー』*を創刊したが、これもまた革新技術を追求するというルイジアナ精神の証だった。[22]

このように、起業家のエネルギーも化学に対する情熱もじゅうぶんあったが、それでも一八六〇年に真空釜で生産されたルイジアナの砂糖は全体のわずか一一%にすぎなかった。[23] また、ルイジアナで真空釜の普及が遅れた原因は、資金不足というわけでもなかった。たしかに一八三〇年代後半、アメリカ合衆国は深刻な金融危機に見舞われ、ほぼ完全な信用危機に陥った。そのため当時、ルイジアナの知事代行を務めていた有力実業家のエドモンド・J・フォーストールは、砂糖農園が銀行から融資を受ける際の選択肢を減らさざるをえなかったが、それでも経営が順調なプランテーションは融資を受けられたし、所有する奴隷に抵当権を設定することもできた。もし大規模なプランテーションが奴隷をかたに融資を受けたら、これはたいへんな資金になったはずだ。また、ルイジアナの製糖所の多くは、バガスの燃焼技術にも投資をしていたが、これも莫大な資金が必要だった。[24]

ルイジアナで真空釜の普及が進まなかった謎をさらに深めるのが、一九世紀の最も優れた砂糖エンジニア、ノーバート・リライオの存在だ。じつは彼は生まれも、住んでいたのもルイジアナだった。パリで教育を受けた彼は、蒸気機関技術の講師をしたのち、故郷に戻ってドローヌ・カイユ社の真空釜よりさらに優れた真空釜を開発した。この真空釜は蒸気を二度再利用するエネルギー効率の高い釜で、「多重効用」あるいは「三重効用」釜と呼ばれた。それでも南北戦争前夜、ルイジアナで彼の真空釜を導入していた農園はたった一八しかなかったのだ。ここで重要なのは、サトウキビ圧搾機の販売で大繁盛していたフォーストールも、真空釜の価値はそれほど認めていなかった点だ。真空釜は、奴隷が操作するには複雑すぎる、と彼は考えていた。[25]また、真空釜がルイジアナで普及しなかった理由のなかには、リライオの母が「有色人種」だったこともあるだろう。彼自身、人種差別に苦しんだはずで、彼の出自もまた、ルイジアナが真空釜技術のリーダー的存在にならなかった一因かもしれない。それでもリライオの真空釜はキューバには導入され、さらにヨーロッパでも導入された。これは、リライオがドイツのマクデブルク汽船会社のエンジニアに、自分のシステムを甜菜糖産業に応用したらどうかと（明らかに無料で）助言したあとのことだ。このエンジニアは機器の設計を自身の雇い主に売り、会社はそれをドローヌ・カイユ社に売却し、同社はリライオの設計を「三重効用」という名で自社の装置に組み込んだ。[26]やがてこれは最先端の製糖工場にとっては標準的な設備となったが、ルイジアナでは依然として生産する砂糖の大半をオープン・パン（釜炊き）で煮沸していた。

サン＝シモン主義と奴隷制廃止論

一九世紀初頭、時代の産業精神を最も過激かつ雄弁に語っていたのが、アンリ・ド・サン＝シモンだろう。彼は、エンジニアこそが国の政治を導くべきであり、国家は工業化を進める上で大きな役割を担うべきだと主張した。オランダ領東インドでは、半官半民のオランダ貿易会社が植民地農業を支援する最大の金融機関となり、サン＝シモン派の幹部たちが先駆的な工業化を進めた。[27]オランダ国王の支援のもと一八二四年に設立されたこの巨大な植民地企業は、砂糖をはじめとする熱帯産品の輸送と競売の独占権を与えられていた。

これは明らかに国家による介入で、その目的はオランダの植民地の収益性を上げること、そしてオランダ領東インドにおけるイギリス企業の影響力に対抗することにあった。

キューバやインド、ジャワでは、都市部の実業家と裕福で有力な植民地ブルジョワジーそして本国政府が、サトウキビ植民地に産業革命をもたらすために力を合わせた。いっぽうフランスでは、政府の高級官僚と実業家が、砂糖プランターたちの保守的な姿勢をなんとか崩そうと努力を重ねていた。というのも、プランターたちは、真空釜の導入に強硬に抵抗し、蒸気駆動の圧搾機の導入にさえ二の足を踏んでいたからだ。[28] 本国フランスでは、海外植民地が経済的に発展しない原因は奴隷所有者たちの物の考え方にあり、奴隷制を廃止しない限り産業は発展しないと言われるようになっていた。[29] 奴隷制廃止と工業化の関係をとくに強調したのが、フランスで最も著名な奴隷制廃止論者であり、一八四八年に臨時政府内で奴隷制廃止の広報官を務めたヴィクトル・シュルシェールだ。彼は、熱帯地域での砂糖生産には包括的な近代化が必要だと主張し、P・ドーブレの『産業の視点で見た植民地の問題』*（一八四二）を引用している。[30] ドーブレはグアドループの砂糖工場のエンジニアで、抽出率の高い蒸気駆動の圧搾機を使えば、フランス領アンティル諸島の砂糖生産量は簡単に倍増すると考えていた。しかしほとんどのプランテーションは、蒸気動力に投資するには規模が小さすぎる。したがってより大量のサトウキビを加工できるセントラール（集中工場）が今すぐ必要だとドーブレは主張していた。そして彼は、ジャワに真空釜を導入させたオランダの「ギヨーム国王」とあのレユニオン島で失踪したオーギュスト・ヴァンサンのことを、規模の経済と投資銀行の重要性がわかっていたと称賛していた。[31]

グアドループで最初にドローヌ・カイユ社の設備を導入したプランター、シャゼル伯爵のシャルル・アルフォンスは、ドーブレとは少し異なる角度から植民地の砂糖問題に取り組んだが、最終的には彼と同じ結論に達した。彼はアフリカ人奴隷の供給が減ってきていること、そして奴隷が解放される日が迫っていることを敏感に察知していた。そのような彼の主張は明白で、革新的で聡明だったはずのイギリスが犯した過ち、すなわち肉体労働を完全に機械に置き換えることができないうちに奴隷制を廃止するという大きな過ちを繰り返してはならないと彼は考えていた。[32] もちろんシャゼル伯爵は手遅れになるのを漫然と待つ気はなく、奴隷を徐々に解放して農園の土地の一部を与えることで小規模農家の階層をつくり始め、そのいっぽうでヨーロッパからも入植者を呼び込んだ。[33] 彼もフランスの奴隷制廃止論者と考えは同じで、工業化が進めば白人の熟練労働者を集めることができる、プランター社会に明らかに欠けている中産階級の白人労働者を集めることができると考えていた。しかしプランターでもある彼は、白人を呼び寄せることだけに資金のすべてを費やしたわけではなかった。彼は解放された奴隷をプランテーションで働かせ続けるための方策も提唱し、「浮浪者を取り締まる規制が緊急に必要だ」と訴えた。[34]

シャゼル伯爵はグアドループの砂糖産業を近代化する野心的なプロジェクトに積極的に関わった。その絶好の機会となったのが、一八四三年にグアドループを襲った大地震だ。植民地省の要請を受けたドローヌ・カイユ社は、グアドループのサトウキビ加工の工業化計画を策定。ドローヌの義理の息子である銀行家の介入もあり、最終的にこの計画は、民間資本と銀行資本によるコンパニ・ド・アンティル（アンティル諸島会社）の設立という形で実現した。フランスの植民地全土で奴隷制が廃止された一八四八年四月二七日の時点で、グアドループには一二のセントラールがあり、そのうちの二つはドーブレの所有、四つはシャゼル伯爵が取締役を務めるアンティル諸島会社の所有だった。[35] こうしてフランスは、ジャマイカでのイギリスの失敗の二の舞を踏むことは回避したが、それでも災難を防ぐことはできなかった。一八四八年の革命により、アンティル諸島会社のおもな出資者たちが破綻してしまったのだ。この災難に拍車をかけたのが、奴隷制廃止の補償金としてプランターに支払われた何百万フランもの金が、多額の負債を抱えた農園には支払われることなく債権者の手に渡ってしまったことだ。その結果、ドーブレや彼の仲間のほとんどが破綻してしまった。[36]

それでも、もし地震や、本国政府、産業界、銀行の介入がなかったら、グアドループの砂糖産業は、あのまま産業革命以前の状態でとどまっていただろう。おそらく、一八四七年の猛烈なハリケーンで製糖所のほぼ半分が全壊し、残りの製糖所も大きな被害を受けたトバゴの砂糖産業と同様、グアドループの砂糖生産も低迷していたに違いない。アンティル諸島会社が集めた六〇〇万フラン（二四万ポンド相当）と比べると、被災したトバゴにイギリスが融資した二万ポンドは絶望的に不十分だった。その結果、トバゴの六〇の農園の砂糖生産量は、グアドループでアンティル諸島会社が所有する四つのセントラールよりも、生産量が少なくなった。[37] もしこの会社がもっと健闘していたら、フランスの砂糖植民地はキューバやジャワと同様の方向に急速に進んでいったかもしれない。しかしプランターたちの保守主義と資金不足のせいで、結局、彼らは中間技術に甘んじることになってしまった。

中間技術

プランターの多くは、社会の変化を恐れ、本国の実業家や銀行の言いなりになることを嫌ったが、それでも自分の農園の競争力はなんとしてでも維持したいと考えていた。一八四〇年代の半ば、ルイジアナには『デボウズ・レビュー』誌があったし、イギリス領ギアナやジャマイカ、バルバドスのプランターたちも農業協会を組織して技術や植物学のレベル向上に努めていた。農業技術の革新に対するプランターや農園スタッフの関心は非常に高く、たとえば一八四六年にジャマイカのコーンウォール郡で開催された農芸展覧会には、五〇〇〇人の来場者がつめかけた。[38]

レユニオン島のプランターたちにも革新精神は染みこんでおり、この島で開発された中間煮沸技術はその後、他の砂糖植民地へも広がっていく。ドローヌの元同僚、ジョゼフ・マルシャル・ヴェッゼルが、ここレユニオン島で真空釜よりずっと単純で価格も安い煮沸装置を設計し、それに自分の名をつけて普及させたのだ。ワーテルローの戦いがあった一八一五年、彼は理工科学校《エコール・ポリテクニーク》で学ぶことをあきらめてレユニオン島に渡り、数年間、プランターの子息たちに水路学を教えた。その後フランスに戻って製糖技術の講習を受け、ドローヌと共に働いていた彼は一八二八年、北フランスにある甜菜糖工場の工場長にならないかという非常に魅力的な誘いを受けたが、レユニオン島の友人たちとの絆が強かった彼はそれを断った。[39] じつはレユニオン島のプランターたちは砂糖産業の改善を熱望してはいたが、砂糖セントラールの建設は望んでおらず、本国からの資本を受け入れることも、自分たちの商慣行が厳しく監視されることも絶対に避けたいと考えていた。というのも彼らは、アフリカの東海岸やマダガスカルから奴隷を不正に輸入していたからで、これは一八一七年から一八三五年にかけて、合計四万五〇〇〇人の犠牲者を出した人身売買だった。[40]

　そこでヴェッゼルは一八世紀以来主流となっていた煮沸システム、ジャマイカ・トレインより二五%から三三%多く砂糖が生産できる低温の煮沸システムを開発し、それをドローヌ・カイユ社の真空釜の四分の一の値段で販売した。彼自身も、この技術を利用すれば、資金力が乏しく、近隣に修理工場もない農園でも繁栄できると熱弁している。ヴェッゼル釜は植民地の砂糖ブルジョワジーに好まれ、中間技術として、モーリシャス、ナタール、マダガスカル、ペナン、アンティル諸島、ブラジル、プエルトリコにも普及した。[41]

　これが気に食わなかったのが、一八四五年に亡くなったドローヌのパートナー、カイユだった。カイユは自社の真空釜を普及させる資金を調達しようと、一八六〇年、破綻したアンティル諸島会社の後継となる銀行を設立するようナポレオン三世を説得した。サン＝シモン主義者で、自国の有力実業家たちの言葉にはつねに耳を傾けていた皇帝は、さっそくパリの裕福な資本家たちに働きかけて、植民地信用協会《コロニアル・クレジット・ソサエティ》（一八六三年に植民地信用銀行《コロニアル・クレジット・バンク》に改名）を設立。その結果、プランターたちは農園を担保に長期の融資が受けられるようになった。[42] 一八六〇年代、この銀行はグアドループ、マルティニーク、レユニオン島の砂糖生産の工業化に三七〇〇万フラン以上を投資している。[43] それでも、その結果にカイユは落胆したに違いない。なぜならこの銀行が出資してグアドループに建設された一五工場のうち、なんと一一の工場が依然としてヴェッゼル釜を使っていたからだ。[44]

フランス帝国では、工業化を追求するサン゠シモン主義者の思想と、新技術を自分たちの自治や既存の秩序に対する脅威と捉えて不信感を抱くプランター階級との分裂が最も顕著だった。さらに費用対効果で物事を考えるプランターたちにとって重要なのは、現状の維持と関税制度だった。西インド諸島の生産者が真空釜ではなく従来のオープン・パンを使い続けていたのは、イギリスの精製業者が、上質の砂糖には高い関税をかけるという関税制度の維持に成功していたからだ。バルバドスのプランターの一部は、ロンドンの精製業者、オーガスト・ゲーズデンが発明した、ヴェッゼル釜同様に通常の大気条件で機能する釜を使っていた。[45] この時期、イギリス領ギアナではイギリスの裕福な商人たちが真空釜を導入し、ジャワやキューバでも真空釜を採用していたのと比べると、まさに対照的だ。バルバドスのプランターはこのころもまだ、依然として粗いブラウンシュガーを生産することで満足していたのだ。[46] 一八五八年に西インド諸島を旅したイギリスの郵便職員で小説家のアンソニー・トロロープがバルバドスのプランターに、なぜ原始的な製糖方法を採用し続けるのかと尋ねたところ、精製糖への関税が高い現在のイギリスの関税制度では、これが一番利益の出る方法なのだと教えられたという。[47] それでも、時代遅れの技術といくつかのゲーズデン釜、そして四つの真空釜を使い、彼らは奴隷解放後の二〇年間に砂糖の輸出量を六〇%以上増やした。[48] 真空釜導入に対する西インド諸島の抵抗は、ルイジアナでの抵抗よりずっと理にかなったものだったのだ。

こうして農園主たちが選択的に新技術を採用していたころ、ある革新的技術が世界を驚嘆させ、二〇世紀に入るころにはインドのサトウキビ畑にまで普及した。それは一八三九年のパリ万国博覧会で展示された、繊維を乾燥させる新技術で、その技術が製糖産業に一大革命を引き起こすことになった。一八三〇年代まで、糖蜜から砂糖の結晶を取り出す方法は水切りしかなかった。サトウキビの搾り汁を煮詰めた塊から蜜を抽出する方法として最初に普及したのは、水草や粘土を使う方法だったが、これで水を切るには何週間もかかる（第1章を参照）。しかし世界中で約二三〇〇年間利用されてきたこの手法は、糖蜜から砂糖の結晶を分離する遠心分離機が登場したことで、一瞬にして時代遅れとなった。カルカッタ近郊のコシポール工場は、遠心分離機を採用した第一号の製糖工場だ。これを皮切りに、遠心分離機の利用は一八四四年にはマクデブルク、一八五〇年にはキューバとベルギー、一八五一年にはモーリシャス、一八五三年にはジャワへと広がっていった。[49]技術に関しては筋金入りの保守派だったバルバドスのプランターたちでさえ、この遠心分離機の便利さには抗えなかった。

工場、技術者、資本家

砂糖植民地のプランターたちが工業化の時代にしぶしぶ足を踏み入れたころ、キューバやジャワには巨大な砂糖コンビナートが出現し、一九三〇年代の大恐慌までは彼らが世界中のサトウキビ糖市場を牛耳ることになる。この工業化を推進したのは、キューバの場合は影響力の強いブルジョワジー、ジャワの場合は植民地の行政官で、この違いは両植民地の性質が正反対だったことをよく表している。一八一七年、キューバでは総人口五七万二三六三人に対し、白人と分類される住民の占める割合は、ほぼルイジアナと同じ四五％だった。いっぽうジャワでは、七五〇〇万人のインドネシア人に対し、ヨーロッパ人は約一万五〇〇〇人とその割合は圧倒的に少なかった。[50]また、オランダでは植民地省と国王が、真空釜の導入に補助金を出すなどの施策で植民地ブルジョワジーをつくり出そうとしたが、キューバにはすでにみずからを経済エリートと自認する層が存在していた。[51]そんな彼らは、北米やカリブ海の島々、そしてヨーロッパから商人、エンジニア、農園主が流入してきたことで、さらに力を増していった。[52]

キューバが熱帯農業の先駆者になれたのは、キューバのブルジョワジーとスペイン宮廷、そして国際的な銀行との緊密な協力関係があったことも大きい。たとえばスペインの女王の保証付き融資により一八三七年一一月一九日にはキューバ初の鉄道が開通し、輸送費は一〇分の一に削減された。この鉄道を建設したのはアメリカ人エンジニア、資金を提供したのはイングリッシュ・ロバートソン銀行だった。一八五〇年代以降、キューバの鉄道網の拡張をおもに担ったのは一八世紀のハンブルクの砂糖貿易に起源を持つシュローダー家で、彼らは総延長一二六二キロメートルの鉄道網を建設。これによって島の奥地にも砂糖農園をつくれるようになった。さらに農園内に狭軌線路が導入されたことで、製糖工場はより広い地域から原料のサトウキビを集荷できるようにもなった。また蒸気船が砂糖を外国へ輸送し、一八四四年には電信ケーブルによってビジネス・ニュースも即座に手に入るようになったのだ。ハバナ近郊に石炭層が発見されると、キューバの鉄道網の拡張は大幅に進み、島のプランターたちの幸運をさらに後押しした。[53]砂糖生産は、あらゆる側面で蒸気と鋼鉄に支配される世界へと入ったのだ。それでもイギリスとアメリカが課す関税により、上質の砂糖生産は抑制されていた。それが、真空釜の導入を遅らせたのだ。たとえば一八六三年に真空釜で製造されていたキューバの砂糖はわずか二〇%と、ジャワよりはるかに少なかったが、この割合はその後の数十年で徐々に増えることになる。キューバのエリート・プランターたちの技術力の高さは、フスト・ヘルマン・カンテーロの美しい画集『製糖工場』*からもよくわかる。[54]

機械のメンテナンスのために、産業革命の中心地だったイギリスからは多くの技術者がキューバに渡った。一八五〇年代初め、キューバは大半をイギリス人が占める技術者六〇〇〇人以上を雇用しており、一八六〇年代にはその数は八〇〇〇人を上回った。この技術者たちはキューバ経済だけでなく、世界の熱帯農業の発展にも戦略的な役割を果たした。なぜなら、彼ら技術者のおかげで、キューバは他の砂糖輸出地域との競争に勝てたからだ。ジャワでも、海外から流入する専門技術者の数は増加していった。[55]このような機械工たちはエンジニアとしての地位を与えられ、それに見合った賃金が支払われていた。たとえばジャワのエンジニアは、植民地の上級公務員に匹敵する賃金を得ていた。また、戦前のルイジアナでは、エンジニアは一カ月で一五〇ドルまたはそれ以上を稼いでおり、ミシシッピ川上流域やインディアナ、オハイオ、あるいはイリノイから、製糖作業の時期だけ出稼ぎに来る者も多かった。[56]

外部から流入してくるエンジニアに加え、現地には機械の修理工場も出現した。オランダ政府はアムステルダムの実業家、ポール・ファン・フリシンゲン（彼は後にドローヌ・カイユ社の共同経営者になった）に促され、一八三五年、ヤコブ・バイヤーを含む三人の鋳鉄専門家をジャワに派遣した。バイヤーの工場は、一八六〇年には七五〇人を雇用するまでに成長した。また、他にもかなりの数の鋳鉄工場が自前の加熱炉を持ち、その加熱炉は近隣の工場にも使われていた。このころにはほとんどの製糖工場が、少なくとも一部の工程で蒸気機関を利用し、一八七〇年には、すべての製糖工場が真空釜を使っていた。ジャワの製糖工場の所有者たちは自身のことを実業家と見なすようになり、オランダ領東インド工業会を設立した。いっぽう当時のフランス領アンティル諸島では、製糖工場の機械が故障しても、寄港した船に乗船するエンジニアの手が空いているときにしか、修理をすることができなかった。[57]

フランスの砂糖植民地では、高度な教育を受けた砂糖生産者の新世代が、本国からのエンジニアたちの支援を受け、自身の製糖工場の技術レベルを急速に向上させていた。工場で采配を振るっていたこの技術者たちの大半はドローヌ・カイユ社の後継企業、カイユ社の所属で、同社はクリオーリョの一族がフランス領アンティル諸島に所有する高性能工場に、共同出資で機械を導入することも多かった。こうしてヴェッゼル釜は処分され、真空釜を備えた砂糖のセントラールが登場して、近隣の農園からサトウキビを集荷するようになった。それを見たフランス人たちは、大規模農家にも小規模農家にも最先端の工業技術を等しく提供するセントラールは、農業を民主化したと語っている。[58] たしかに、技術的進歩と社会の変化は表裏一体だった。

プランテーションの資金調達

プランテーションが事業を拡張するときは、原則としてみずからの資金を使っていた。銀行から融資を受けたくても、アメリカ大陸に最初の製糖所が出現した時代からある帝国の法律が、債権者に対するプランテーションの責任を制限していたため、なかなか融資を受けられなかったのだ。[59] この法律は、開拓者に製糖工場の建設を奨励するためのものであると同時に、債務不履行になった農園の奴隷を債権者が分割して売却し、農園そのものを破壊してしまうことを防ぐためのものでもあった。[60] イギリスはフランスやポルトガル、スペインほどには製糖工場を保護していなかったが、それでも「結局のところ、ヨーロッパの債権者の利益よりも植民地に住む債務者の利益を優先する植民地共同体には勝てない」と一八世紀西インド商業史のパイオニアであるリチャード・パレスは語っている。[61] したがって債務者から農園を取り上げることができたのは、ラッセルズ家、ベックフォード家、ピニー家のように特別に力のあるプランター兼商人だけであり、だからこそ彼らはプランターたちのあいだで資本を循環させる銀行家の役割を果たすことができたのだった。[62]

一九世紀半ばまで、地所の価値に基づいてプランテーションに抵当権を設定するという手法はきわめて例外的だった。一八世紀、オランダはスリナムとオランダ領ギアナでプランテーション・ローンという画期的な金融手段を導入したが、このスキームは景気が良い時期に担保物件の価値を過大評価したせいで、事実上破綻してしまった。景気が悪化したとたんに、プランターたちは利子が払えなくなったからだ。[63] 一九世紀初頭、ルイジアナの銀行はプランテーションへの貸付額を引き上げ、農園の価値の最大五〇％までを金利六％から八％で貸し付けたが、ルイジアナは例外的なケースで、一八三七年の金融危機によりこのような制度には終止符が打たれた。[64]

一九世紀半ばには、農園を債権者から法的に守るために、実質的にすべての政府が銀行に対して農園の財産を担保にした融資を禁止した。[65]そこに介入してきたのが貿易商社だった。彼らは収穫に対して前金を払ったり、奴隷船に抵当権を設定したりしただけでなく、ルイジアナに対しては奴隷を担保に融資も行った。前金の資金を提供するヨーロッパの商社は、収穫した作物を委託するよう農園に強要した。しかし砂糖の価格が下がり続けたため砂糖農園の収益は大きく低下。リスクを回避するために商社が金利を引き上げると、それがまた借金を背負った農場主たちを追いつめ、債務不履行のリスクはさらに上がることになった。[66]この悪循環を絶つ解決策となったのが、プランテーションの設備を担保にした融資の促進と、債権者の立場の強化だった。スペインやブラジル、イギリス、フランスは、一九世紀半ばまでにはその政策をとるようになったが、それでも砂糖植民地への新たな資本流入を生み出すには不十分だった。[67]

たとえばほとんどのキューバのプランターは、依然として作物を担保に、最高二〇％もの金利を要求するアメリカ、イギリス、スペイン、ラテンアメリカの商人や奴隷貿易商人から多額の借金をしていた。土地の抵当権が認められたのは、一八八〇年に新しい法律ができてからのことだ。[68]しかしキューバの新たな破産法が砂糖農園への資本流入を増やすという当初の目的を果たすことはなく、むしろプランターであり、同時に商人でもある場合が多い富裕層の手に農園が譲渡される流れが加速しただけだった。そのようなキューバの砂糖王のひとりが、トマス・テリー・エイダンだ。彼は、一文無しでカラカス（ベネズエラ）からキューバに渡り、おそらくキューバで一番の、そして世界でも屈指の金持ちのひとりになった人物だ。彼が最初の富を築いたのは奴隷貿易、とくに病気や栄養不良で衰弱してキューバに到着した奴隷のための療養施設をつくって財を成した。[69]こうして彼はキューバの億万長者となったが、彼こそまさに、この島の砂糖産業における大きなトレンド、すなわち五〇〇〇人以上の奴隷が一〇〇〇エーカー以上の土地で働く大規模なプランテーションが出現し、それにともない真空釜が急速に導入されていくというトレンドの拡大例のような存在だった。

キューバや西インド諸島では、国営銀行も本国のその他の銀行も植民地の製糖工場への融資は控えていた。けれどそれとは対照的に、オランダやフランスでは、そのような銀行が主に融資を行っていた。これまで見てきたように、ジャワの砂糖生産の工業化は、オランダ貿易会社——国王の援助の下、オランダの植民地帝国再興のために商業資本が結集して設立された——が直接推進した。また、フランスの植民地では、実業家のカイユの働きかけで設立された植民地信用銀行を通じて新たな資本が注入され、それが砂糖部門の再構築につながった。たとえばレユニオン島では、借金を返せなくなったプランターのプランテーションをこの銀行が次々と買収していき、一八七三年までに一二の農園、総面積五七六一ヘクタールを買収した。彼らは絶望的に時代遅れなヴェッゼルの設備を取り替えるために、カイユ社のエンジニアを雇った。こうしてレユニオン島の砂糖部門はほぼ完全に二つの大資本によって掌握されることになった。この二つとは、植民地信用銀行と、彼らと同様に広大な農園を持つ砂糖王ケルヴェゲンだ。彼は、すでに使われなくなった銀貨をオーストリア＝ハンガリーから購入し、「ケルヴェゲン」と呼ばれる独自通貨として導入したほどの有力者だった。[70]

いっぽうイギリス政府は、自国の砂糖植民地の工業化促進についてとくに目立った動きはしなかった。それどころか、精製業者の圧力で高品質の砂糖に追加関税をかけるという政策をとったため、工業化はさらに遅れることになった。プランテーションの地所は持ち主がめまぐるしく代わって所有者の集中が進んだが、やはり新たに投資がもたらされることはなかった。実際、ジャマイカでは砂糖生産は放棄された。イギリスにいる債権者たちには砂糖生産が斜陽産業にしか見えず、新たな投資をする気にならなかったからだ。[71] 同様に、奴隷所有者たちが受け取った奴隷制廃止の補償金もその多くは砂糖農園に再投資されずに終わった。ジョンとフランシスのベアリング兄弟やジョン・グラッドストンなど、多額の補償金を受け取った大物プラン

1911年、レユニオン島の砂糖工場。1863年にフランス植民地の砂糖生産を近代化するために設立された植民地信用銀行は、この工場を含む多くの工場を所有していた。

ターたちでさえ、その金を別のところに投資してしまった。[72] その後、グラッドストンはインドで砂糖生産を始め、ベアリング兄弟はルイジアナの銀行業とキューバの鉄道建設に参加したため、結果的には奴隷による砂糖生産の長期化に貢献することになった。

裕福なグラスゴーの商人、コリン・キャンベルだけがイギリス領ギアナの広大な農園の経営を続けた。二〇世紀になると彼の子孫は所有する農園をブッカー・マコンネル社に統合し、一九七〇年代のガイアナ独立初期までこの地の砂糖事業を支配することになる。[73] グラッドストン家と同様、リバプール出身のブッカー家は最初、リバプールとイギリス領ギアナの首都ジョージタウンを結ぶ船会社として事業をスタートした。その後は彼らもキャバン・ブロス社やコロニアル社などの大企業と同様、イギリス領ギアナやトリニダードで多くの農園を経営し、急速に真空釜の導入を進めた。こういった企業はイギリス領ギアナの鉄道建設資金を調達する力もあり、海岸沿いを走るこの鉄道は、堤防と輸送手段の二つの役割を果たした。[74]

しかしバルバドスでは、奴隷制廃止の補償金もプランテーションの利益もその大半が、地元に入ることなく、住まいをイギリスに構えるプランターのポケットに入ってしまったため、鉄道建設プロジェクトは失敗に終わった。いっぽう、もともとはイギリスの植民地だが、いまやフランス人プランターに支配されていたモーリシャスではこのような事態は起こらなかった（一八世紀、モーリシャスはフランスの植民地だった）。この島の入植者であるプランターたちは、フランスに送金する代わりに自分たちの農園に投資し続けたのだ。さらに、奴隷制廃止の補償金は分配されることなく政府の準備基金に積み立てられ、そのうちの二〇万ポンドが港町セントルイスと内陸部を結ぶ鉄道建設に投じられた。これに加えてモーリシャス政府は、ロンドンの資本市場で発行された債権によってさらに八〇万ポンドを調達。[75]その結果、一八六〇年代初頭、モーリシャスには鉄道が敷かれ、生産する砂糖の三分の一は真空釜で、残りの砂糖のほとんどはレユニオン島から輸入したヴェッゼル釜でつくられるようになった。[76]

砂糖プランターを支援することなく野放しにしていた大英帝国のこの姿勢を身をもって経験したのが、セントルシア島の野心的な知事、ジョージ・ウィリアム・デヴーで、彼は複数の農園からサトウキビを集めて圧搾する砂糖セントラールの建設プロジェクトに着手した際、それを思い知らされた。デヴーは、マルティニークには砂糖セントラールがあるから、小規模プランターも機械に莫大な費用を費やすことなく農園を続けられるのだと考え、セントルシア島からわずか三〇マイルしか離れていないマルティニークを視察に出かけた。そこで彼は砂糖産業の発達や整備された道路を目のあたりにし、砂糖セントラール建設への思いを強くした。その後、彼はフランスに渡ってパリのカイユ社の工場を訪問し、歓待された。その巨大な工場に感心した彼は、カイユ社が構想した製糖工場をセントルシアにも建設しなければならないと確信した。この会社なら、フランス語を話すセントルシアの農園主たちにも好都合だし、なにより修理が必要になっても、同社のエンジニアがわずか三〇マイルしか離れていないマルティニークに常駐しているのだ。だがその後、デヴーは大きな失望を味わうことになる。資金集めのためにイギリス各地をめぐったが、裕福な投資家たちは西インド諸島への投資にまったく興味を示さなかったのだ。結局、イギリスの建設会社が信用取引で工場建設を引き受けてくれたおかげで予算不足はなんとか補えたが、カイユ社との提携は断念せざるをえなかった。デヴーは多大な私費を投じてセントルシア初の砂糖セントラールを建設すると、その後さらに二つのセントラールを建設した。[77] しかし、フランスやオランダ、キューバのようにサン＝シモン主義が根付いていなかったイギリスでは、デヴーのような官僚はきわめて例外的な存在だった。

新しい砂糖資本主義と古い君主制

砂糖の世界では、王侯貴族がつねに主役だった。その価値の高さゆえ、中世の世俗的、宗教的権威者たちはつねに、この貴重で脆い天然資源を入手する権利を規制してきた。また、ヨーロッパの列強国間で繰り返された戦争では、砂糖の植民地を獲得することは最大の戦果だった。そして一九世紀半ばになると、力を付けてきた近代の官僚機構と砂糖産業資本主義のあいだに新たな関係が生まれ、国は工業化のための資金調達のお膳立てまでしはじめた。砂糖産業の利益率が下がっていたこの時代、それは必要な介入だったのだ。これまで見てきたように、イギリスの植民地のプランターはもちろん、レユニオン島やフランス領アンティル諸島のプランターたちも、投資を抑制し、その結果、負債も抑えることで利益を維持しようとした。しかしこの戦略は間違っていた。なぜなら、帝国政府と植民地政府が工業化を推し進めたため砂糖価格はさらに下がり、中間技術を使った砂糖生産の競争力が失われてしまったからだ。

一九世紀半ばからは、国王や有力な実業家、裕福な商人、そして大物農場主たちが、複数の農園からサトウキビを集荷して製糖する砂糖セントラールを建設するようになり、砂糖生産は新たな段階に入っていった。同様のことはブラジルやエジプトでも起こった。ブラジル政府は、慢性的な資本不足に陥っていた自国の砂糖産業を近代化しようと、投資に対して一定の利益を保証することでイギリスやフランス、オランダの投資家を呼び込もうとした。だがあいにく、これはあまり成果がなかった。[78] いっぽうエジプトでは、国の主導による世界最大の砂糖産業工業化プロジェクトが実施された。かつてあれほど隆盛を極めた砂糖産業を再生させたいという強い思いがエジプトの指導者たちを駆り立てたのだ。

一八一八年、ムハンマド・アリー総督は、ジャマイカの技術を基盤にした工場建設を命じた。これは国内のフランス人医師やエンジニアの影響を受けて高まった彼のサン＝シモン主義的野心、すなわちエジプトを工業国の一員にしたいという野心の表れでもあった。彼の息子で後継者のイブラーヒムは一八四〇年から一八四五年のあいだに四つの製糖工場の建設を計画し、この事業はドローヌ・カイユ社の社員としてグアドループの製糖工場建設を担当したのと同じフランス人エンジニアによって実施された。[79] 南北戦争が終わり、アメリカ合衆国の綿花生産が再興してエジプト綿のブームが終わると、イブラーヒムの息子、イスマーイールは、村人から接収したり、荒れ地を転用したりして確保した合計一三万二五五六ヘクタールの土地に、フェラー（農民）を使って自分の望む作物を栽培させ、エジプトの工業的砂糖生産を大々的に拡大することにした。[80] また、巨大な製糖工場の建設は、機関車製造と鉄道建設を行う企業フィブ・リール社と共同で、カイユ社に依頼した。

この交渉は一八六七年に開催されたパリ万博の国賓晩餐会の席で行われた。ナポレオン三世がわざとエジプト総督イスマーイールとジャン＝フランソワ・カイユを同じテーブルにつかせたのだ。イスマーイールはこの大規模なエジプトの砂糖プロジェクトの進捗を細やかに見守っただけでなく、さまざまなサトウキビ品種の輸入を手配し、世界一流の砂糖技術者を招聘し、圧搾機のローラーの設計にみずから指示を出したりもした。カイユ社とフィブ・リール社はこのエジプト・プロジェクトの一環として、一六の工場を建設し、サトウキビの輸送に利用される総延長五二二キロメートルの狭軌鉄道も敷設した。こうして、ナイル川に沿って延びる一〇〇マイルの砂糖生産地帯が誕生した。[81]

エジプトの製糖工場建設事業は、この時代最大の工業プロジェクトだったが、それだけではなく、カイユ社がそれまで手がけた最大のプロジェクトでもあった、と同社が一八七八年に配布した小冊子には記されている。その記述によれば、カイユ社は合計で七万トンを製造するキューバの五〇工場、六万トンを生産するフランス植民地の二五工場、そして一〇万トンの総生産量を誇るエジプトの一六工場の建設を手がけたという。エジプトの工場は、鉄製の骨組みと鉄製の波形屋根を採用した最初の工場で、以後、これは製糖工場の世界標準ともいえるデザインとなった。ちなみに、一八六七年の万博にはカイユも同様の鉄骨の建物を出展している。[82] こうして、農村から出てきた貧しい少年カイユは、フランス産業界の立志伝中の人物となった。彼は共同経営者のドローヌが亡くなった二五年後、二八〇〇万フランの財を遺してこの世を去った。彼にとって幸いだったのは、フランスがプロイセンに敗れたことを機に勃発した一八七一年の革命で、彼が所有していたパリ下町の不動産の一部が破壊されるのを見ずにすんだことだろう。それは、当時すでに亡命していたサン゠シモン主義者の皇帝、ナポレオン三世の工業的野心と緊密に結びついていたカイユの成功の瓦解を象徴する出来事だった。[83]

エジプトをオスマン帝国から引き剝がしてヨーロッパの国にするというイスマーイール総督の野望は「壮大すぎる」と揶揄されたが、その野望はスエズ運河が華々しく開通した六年後、莫大な負債と破産、そしてイギリスへの完全なる経済的依存という悪夢のなかで終わりを告げた。その結果、スエズ運河のエジプト分の利権のみならず、製糖工場もすべてフランスとレバントの投資家グループに売却され、その後もずっと、外国資本の下にあり続けることになる。[84]

それでも、こういった国王たちの介入は、砂糖の世界における自由競争の時代が終わったことを物語っていた。国家の直接的な介入によって、工業的な砂糖資本主義は前進した。例外はイギリスの植民地で、砂糖生産の工業化を進めようとしたのは本国のひと握りの有力企業と、ひとりの地方行政官だけだった。全体的に見れば、七年戦争後のフランスの重農主義に始まり、一八四〇年代のサン＝シモン主義者による工業化と国家的プロジェクトで終わったこの時期は、砂糖生産にとって重要な転換期だった。第6章で述べるように、国家は労働者の供給においても重要な役割を担うことになるが、その労働者たちはほぼ全員が、強制的に働かされる労働者だった。

第6章　なくならない奴隷制度

サン＝ドマングでトゥサン・ルヴェルチュール率いる革命が起こってから五〇年のあいだに、砂糖輸出の世界地図は一変した。いまやキューバの砂糖生産量はフランスとイギリスが領有するカリブ海の島々すべての輸出量とほぼ匹敵するまでに増えていた。生産量順で言えば、一位はキューバ、そこから少し離れてブラジル、インド、ジャワ、ルイジアナ、モーリシャス、プエルトリコ、そしてイギリス領ギアナが続いた。[1] それでも、サトウキビ畑の労働力が圧倒的に奴隷だったという点は変わらなかった。根強く残っていた奴隷制は社会に甚大な影響を与え、奴隷制が遺した遺産とトラウマは現在もなお続いている。

サトウキビ畑や綿花畑で奴隷労働がなくならなかったのは、肉体的にきつい収穫作業を機械化で解消することができず、その結果、労働力が原価の決定要因であり続けたことが大きい。これは、アジアにとっては有利だった。著名な奴隷制廃止主義者のザカリー・マコーレーが一八二三年に指摘したように、アジアはアメリカと比べて生活費が安いため、サトウキビの栽培や加工に必要な物資の費用もずっと低くてすんだのだ。[2] そのうえアジアでは、砂糖づくりは農民が他の作物を収穫したあとの農閑期に行われることが多かった。いっぽうアメリカの生産者は、まだ完全とは言えないものの恐ろしく高価な技術を使いつつ、慢性的な労働力不足にも苦しんでいた。さらに農学もまだ黎明期で、とくに植物生物学分野は未発達だった。インドの砂糖生産は、一九世紀前半は停滞していたかもしれないが、それでも世界最大であることは変わらず、そのあとに中国が続いた。また、インドはヤシ糖の生産も盛んで、一八七〇年代にはベンガルだけでも年間八万トンのグルを生産していた。[3] 当時はまだ、中国とインドが世界の砂糖生産の半分を占めており、生産した砂糖はおもに自国の消費に充てられていたが、それでもかなりの量が世界中に出荷されていた。[4]

一八〇七年、イギリスは植民地での奴隷貿易を禁止したが、これは奴隷制度の終わりの始まりというよりはむしろ、世界的な人身売買との長く、激しい戦いの始まりだった。イギリスは一八二〇年までに、その他のヨーロッパの、大半の植民地大国にも奴隷貿易を禁止させることに成功したが、それでもキューバとブラジルの大西洋奴隷貿易を封じ込めることはなかなかできなかった。キューバが世界最大の砂糖輸出国として台頭したのも、膨大な数のアフリカ人奴隷を輸入したからに他ならない。奴隷たちは勇敢な抵抗を続け、奴隷制廃止論者たちもたゆまぬ努力を重ねたが、それでも奴隷制はアメリカ大陸のサトウキビ畑を支配し続けた。

奴隷労働に代わって、あるいは奴隷労働と並んで徐々に登場した新たな労働制度も、そのほとんどは強制労働を伴うものだった。その典型とも言えるのがジャワで、植民地政府は島内の農家の六〇%を召集し、最低限の賃金でサトウキビやインディゴ、コーヒーを栽培させた。こうしてキューバとジャワはサトウキビ糖の輸出大国として台頭し、一八六〇年代から一九二〇年代にかけて、両者は世界のサトウキビ糖輸出量のほぼ半分を占めるようになった。[5] キューバもジャワも、熱帯地方での産業革命を実現したが、それは奴隷制や強制労働がなければ不可能だっただろう。

アメリオレーションと奴隷たちの抵抗

イギリスが奴隷貿易を禁止すると、イギリスとオランダ領西インド諸島、そしてフランス領アンティル諸島は、奴隷の待遇を改善するための規制を導入した。これは「アメリオレーション（奴隷の待遇改善）」と名付けられた政策で、資本家による奴隷制の過酷で非人間的な側面を緩和するものだった。この政策で最も重視されたのが奴隷をひとりの人間として認めることで、思春期前の子がいる家族を離ればなれにすることも禁じられた。また、奴隷を裁判の証人として認め、奴隷が財産を所有することも認められた。もうひとつ重要な変化は、農園内での礼拝が認められたことだった。というのも、オランダやイギリスのプランテーションのほとんどは、一八世紀後半まで聖職者が農園内に入ることを禁じていたからだ。

自由黒人のコミュニティや家内奴隷、そして教会は、プランテーションの奴隷文化に大きな影響を与え、奴隷たちはヨーロッパの音楽や服装、洗礼名を受け入れるようになっていった。[6] 西インド諸島の礼拝に出席したヨーロッパからの訪問者たちは、黒人奴隷のコーラスにいたく感激している。またプランテーションでは、収穫のサイクルに祝祭的イベントを組み込むようになった。西インド諸島では、製糖作業の終了を祝って一日の休息とごちそうを楽しむ「収穫祭」が、おそらく一八一九年に導入されている。[7] ルイジアナの奴隷たちは、収穫の終わりと独立記念日を祝ってカドリール〔四組の男女が二組で方形をつくって踊るダンス〕やスクエアダンスを踊ることが許された。もちろんそういったダンスは最新流行のものではなく、フランスやヨーロッパで楽しまれていたダンスを手直ししたものだったが、それでも白人と黒人の境界線を取り払う一助にはなった。[8] スリナムでは一年に三、四回、奴隷がプランテーションで着ているぼろぼろの作業着を脱ぎ、一張羅のよそゆきの服でおめかしをして宴会を開く日があった。[9] フランス領アンティル諸島の奴隷たちは、日曜は一番いい服を着ることができ、ヴィクトル・シュルシェールは「日曜日になると、彼らはフロックコートや仕立てのいい服にサテンのベストとフリル付きのシャツを合わせてブーツを履き、コウモリ傘まで持った完璧な身なりをしていた。完全に私たちと同じ恰好をしたその姿からは、普段の彼らの姿は想像もつかない」と書いている。[10]

奴隷たちがこういった上等の衣装を着るのは、ボロをまとっている日常からの逃避だった。たとえばルイジアナの砂糖農園で奴隷が日常的に着ていたのは、きめの粗い麻の服で、子どもたちは首と腕の部分に穴をあけた麻袋を着せられていた。また大人たちが履く靴は、耐えがたいほど硬かった。[11]奴隷が日曜に身につける服とボロボロの普段着の差は、あこがれと現実のあいだの溝が広がっていることを示す完璧なメタファーだった。植民地の奴隷たちがヨーロッパ的な身の回り品を徐々に使うようになり、それまで聖職者が歓迎されなかった植民地にキリスト教が組み込まれ、植民地当局や農園主も奴隷の人間性をわずかながらも認めるようになっていたが、その傾向とはうらはらに、砂糖増産を求める圧力はいや増すばかりで、奴隷人口が減少の一途をたどるなか、プランテーションの苦境はさらに深刻になっていった。いっぽう自由黒人の識字率が上昇し、奴隷制廃止運動の進展がプランテーション内にも伝わり始めると、奴隷たちのあいだでは期待感が高まっていった。

一七九一年に起こったサン＝ドマングの暴動のニュースはまたたく間にカリブ海の島々やスリナムに伝わり、その二年後にフランス植民地で奴隷制が廃止されたときもまた同様だった。[12]そして一八一六年、バルバドスで大規模な反乱が起こり、何百人もの奴隷が命を落とした。そのきっかけとなったのが、この前年、根強く残る違法な奴隷貿易を撲滅するために、奴隷廃止論者の第一人者ウィリアム・ウィルバーフォースが議会に奴隷登録法案を提出した、というニュースだった。[13]この法案は否決されたものの、農園主たちの怒りは激しく、バルバドスの新聞の紙面には彼らの怒りがあふれていた。当然ながらこのニュースはバルバドスの奴隷たちの耳にも入り、もし反乱を起こせばハイチの兵士たちが加勢にきてくれるという噂まで流れた。[14]

一八二三年、ロンドンでは奴隷の待遇に関する改善勧告が出されたが、それに農園主たちが抵抗を示したことが伝わると、デメララでは数十のプランテーションを巻き込む大規模な反乱が勃発した。[15] そしてこの暴動が、イギリスの奴隷制廃止運動を過激化させるきっかけとなった。暴動の規模もさることながら、それがリバプール出身の大物商人ジョン・グラッドストン所有の農園で始まったという事実が、新たな世論を巻き起こしたのだ。[16] じつは彼と彼の息子たちは債務不履行となったプランターたちからデメララの農園を六つ、ジャマイカ島の農園を五つ手に入れ、その管理を弁護士に委ねていた。しかしその弁護士たちはきわめて野蛮かつ不健康な環境で奴隷を厳しくこき使い、その結果、赤痢の大流行を引き起こしたのだ。デメララの砂糖農園の状況は全体的にかなり劣悪で、奴隷の死亡率は他の西インド諸島の農園より二倍から三倍高かった。明らかに、奴隷労働者の健康への配慮はまったくなく、奴隷の人口が減少しているにもかかわらず、彼らは砂糖の増産だけを考えていたようだった。[17]

アメリオレーションから奴隷制廃止へ

デメララでの暴動はイギリスでも大きなニュースとなり、さらにリバプール出身でクエーカー教徒の商人、ジェームズ・クロッパーの登場で、奴隷制廃止運動には新たなはずみがついた。彼が脚光を浴びることになった経緯には、ちょっとしたドラマがあった。じつは一八二三年の秋に彼が新聞の記事で「奴隷制度の不合理さ」を訴えた当時、グラッドストンと彼は友人だったのだ。クロッパーはグラッドストンを直接糾弾したわけではなかったが、それでも奴隷制の残酷さや暴力性、そして不在農園主が果たしている悪質な役割をほのめかすその記事を読めば、読者には彼が何を言わんとしているのか、すぐにわかった。

その後のグラッドストンとクロッパーの論争は、奴隷廃止運動をいっそう過激なものにし、やがて運動は奴隷制の廃止そのものを目指すようになった。それまでのウィルバーフォースの漸進主義、すなわちイギリス議会で議員を務めるプランターたちの支持を得ながら、ヨーロッパ諸国——イギリスの主要ライバル国で、キューバを掌握するスペインなど——の奴隷貿易を取り締まるよう政府に圧力をかけ、西インド諸島の奴隷の状況を徐々に改善していく、という漸進的な方法論から大きく舵を切ったのだ。こうして奴隷制廃止運動はクロッパーの路線が主流となったが、これはシエラレオネの元総督で奴隷制廃止論者の急先鋒でもあったザカリー・マコーレーに負うところが大きい。もともとはウィルバーフォースと共に奴隷制緩和・段階的廃止協会（のちの反奴隷制協会）を設立したマコーレーだったが、いまや彼もクロッパー側についていた。彼は一八二二年の後半にはすでに、西インド諸島産の砂糖を保護するということは、東インド産の砂糖を閉め出すということだ、なぜなら誰もが知っているようにインド人のほうがずっと安く砂糖を生産できるからだ、と指摘していた[18]。まさに彼の言うとおりで、カルカッタの港で売られていた砂糖は世界一安かったが、イギリス政府は厳しい追加関税をかけることで、その安さを帳消しにしていた[19]。いっぽう、東インド産砂糖の輸入を支持する人々は、西インド諸島の砂糖生産が低迷しているせいで、ロンドン市場では砂糖価格が上がっていると指摘[20]。クロッパーは「貧しい人たちも砂糖を手に入れることはできるが、その量は限られている」と語り、インド人は砂糖も布も安く生産できるのだから、それを輸入すればイギリスは新たな市場に布を販売でき、アジアの農民も潤うと主張した[21]。

プランターを名指しで非難し、東インド産の砂糖の輸入を推奨したクロッパーの主張はやがて、一八二五年にマコーレーが創刊した『反奴隷制協会月報』により、持続的な取り組みとなっていった。この月報は、大英帝国全土、ベルビセからモーリシャスに至るまでの砂糖プランテーションで行われていた奴隷への残虐行為を報じ、植民地政府も農園主も奴隷労働者の心身の健康に配慮しているという神話を打ち砕いた。たとえば、モーリシャスの砂糖農園で奴隷労働者がどのような拷問にあっているかを詳細に記録し、この島の奴隷人口が増えているのは自然な増加によるものではなく、マダガスカルやアフリカ東海岸から奴隷を不正輸入しているからだと暴露している。[22]

ウィルバーフォースの穏健な取り組みから大きく舵を切った奴隷制廃止運動で重要な役割を果たしたのが女性たちだ。女性たちは、西インド諸島産の砂糖を使うのをやめようと呼びかけ、それを実践した。さらに、できる限り東インド産の砂糖を使うよう宣伝活動も行い、多くの家庭が「奴隷がつくっていない東インド産砂糖」とラベルが貼られた砂糖壺をテーブルに置くようになった。[23] 画家であり教師、そして反奴隷制協会の初期からのメンバーでもあった改宗クエーカー教徒のエリザベス・ヘイリックは、ある有名な小冊子でウィルバーフォースたちの腰の引けた態度や、彼らが西インド諸島の傲慢なプランターたちに配慮する姿勢を手厳しく批判している。一八二四年に発行されたヘイリックの小冊子は、その目的が「漸進的ではなく即座の奴隷制廃止」であり、そのために何をすべきなのかも明白だった。「たったひとつの贅沢品を断てば、西インド諸島の奴隷制度を消滅させることができるのです！　しかし私たちは砂糖を断てと言っているのではありません。西インド諸島産の砂糖を東インド産の砂糖に切り替えればいいだけです。そうすればイギリスの空気はまたたくまに浄化され、奴隷制という有毒な感染症から解放されるのです」と彼女は書いている。[24]

もともとは一八世紀後半にクエーカー教徒たちによって始められた「砂糖を断とう」という呼びかけが、今度は「別の砂糖を使おう」という呼びかけに変わったのだ。一七九一年、ウィリアム・フォックスは『西インド産の砂糖とラム酒の使用を控えることの正当性を、英国国民に訴える』*と題した過激な冊子を発行し、奴隷がつくった砂糖をボイコットしようと呼びかけた。この冊子は数カ月のうちに五万部が発行され、彼の支持者は推定三〇万人にのぼった。当時、砂糖を控えるということは、この大義のために砂糖なしの苦いお茶を甘んじて飲むことを意味していた。したがって代替えの砂糖を使おうという一八二〇年代のスローガンは、人々がより実践しやすい、現実的な運動だった。ヘイリックの小冊子はイギリス国内で広く読まれただ

大規模な奴隷廃止運動が巻き起こった1820年代、イギリス人が客人に砂糖を出すときは、「奴隷がつくっていない東インドの砂糖」と書かれた砂糖壺を使っていた。

けでなく、遠くペンシルヴェニアにまで届き、代用品を使おうというメッセージに触発されて巻き起こった〈奴隷がつくったものではない商品を使う〉運動は、独自の店を構えるまでになった。彼らは、ハイチやフィリピン、そしてもっと身近なフロリダなど、自由労働で生産された代替えの砂糖を探し、さらにはサトウキビ以外の作物でつくられた砂糖も代替え品として検討した。[25]こうして大西洋の両岸で、人々は消費者としての自分たちの力も発見したのだ。

クロッパー、マコーレー、ヘイリックはこの闘いを、純粋に倫理的なものから、経済的、そして実際的なものへとシフトし、反奴隷制協会の文章からは「緩和と段階的」という文言が消え去った。一八三〇年代初頭には、合計で女性四〇万人、男性九〇万人が署名した約五〇〇〇件もの請願書が議会に寄せられた。この運動を支えたのが、イギリスの急速な都市化と発行部数が右肩上がりに増えていた新聞だ。ジョサイア・ウエッジウッドをはじめとするクエーカー教徒の起業家たちは、熱心な奴隷制廃止論者で、彼の工場やその他の工場がつくる「奴隷がつくっていない東インドの砂糖」と書かれた砂糖壺は、イギリスの多くの家庭で使われるようになった。[26]

イギリス国内のこの動きを通じて、奴隷たちのあいだでも解放の機運が高まった。イギリス議会における

1831年のクリスマス、ジャマイカの奴隷たちはプランテーションや農園主の邸宅に火を放った。３万人の労働者が関与したこの反乱は残虐に鎮圧されたが、これは大英帝国内における奴隷制廃止運動の一大転換点となった。

奴隷解放の議論に決着がつかなかったというニュースは、おそらく自由黒人からプランテーションの奴隷たちへと伝わったのだろう。一八三一年のクリスマス、くすぶっていた不満はジャマイカでの大規模な反乱というかたちで爆発した。一一日間続いた反乱にはおよそ三万人の奴隷が関わり、多くのプランテーションやプランターの邸宅に火が放たれた。歴史の本にバプテスト戦争ともクリスマスの反乱とも記述されるこの騒乱は、二〇〇人の死傷者を出し、五〇〇人の奴隷が処刑されたのち、ようやく鎮圧された。この反乱とその後の大虐殺に巻き込まれた人数の多さは、まさにこれから起こる災厄を予言する、血塗られた前兆だった。

この悲劇を見たイギリス政府は、もうこれ以上奴隷解放を遅らせることはできないと思い知り、一八三四年、大英帝国全土で奴隷制度を廃止した。これは砂糖生産にたいへんな影響を及ぼす可能性があった。というのもイギリス領西インド諸島にいた六六万七九二五人の奴隷の大半が働いていたのはおもにジャマイカとバルバドス、そして比較的規模は小さいがイギリス領ギアナの砂糖プランテーションだったからだ[27]。しかし、奴隷制が廃止されても奴隷労働者がすぐに自由の身になれたわけではない。彼らはまず見習い期間として一八三八年まで元の主人の農園で働かなければならなかった。しかしこの見習い期間が終わった労働者のほとんどはすぐに逃げ出してしまった。こうして西インド諸島のほぼ全域でプランテーションは労働力不足に陥り、例外は耕作に適した土地のほとんどをプランターが所有していたバルバドスだけだった。バルバドスの賃金は西インド諸島のどこよりも低く、イギリス領ギアナの賃金の三分の一しかなかった。この島を訪れた人たちによれば、荒れ果てたブリッジタウンの通りを歩くだけで、貧困の蔓延が目に飛び込んできたといい、そのような悲惨な境遇から脱出するには、島外に移住してパナマ鉄道などの建設事業に職を求めるしかなかった。[28]

西インド諸島最大の島であるジャマイカは、解放奴隷が村や自作農場をつくることのできる土地がバルバドスよりずっとふんだんにあったため、一八四〇年代の末には、元奴隷の三分の二が農園から離れてしまった。[29] 裕福なプランターたちはこの労働力不足を機械化で乗り切ろうと考え、機器の性能はまだじゅうぶんとはいえなかったものの、高価な設備や軽便鉄道をイギリスから取り寄せた。このころ、プランターたちはまだ自分たちの未来に自信を持っていた。イギリス市場では、自分たちの砂糖は外国産の砂糖との競争から保護されると信じていたのだ。したがって一八四六年にイギリス政府がこの保護を解除し、世界の砂糖価格が暴落すると、政府に裏切られたという彼らの思いは非常に強かった。しかし災難はこれだけでは終わらなかった。さらなる災厄が、壊滅的な干魃《かんばつ》というかたちで訪れ、その後はコレラと天然痘が流行してジャマイカの人口の一〇%が犠牲となった。[30]

一八二〇年代、ジャマイカの砂糖生産はまだ九万トンほどあったが、三〇年後にはその四分の一にまで落ち込んだ。[31] プランテーションは放棄されるか、区画ごとに分割されて売却され、パナマ鉄道の仕事で金を蓄えたジャマイカ人がそれを購入した。一八六〇年までにジャマイカの小規模自作農は五万世帯を超え、以後数十年にわたり、その数は増え続けた。それでも多くのジャマイカ人家族は農民として食べていくことができきず、砂糖部門の崩壊は広範な貧困を引き起こした。[32] ジャマイカのプランターと植民地当局がプランテーションの近代化を拒んだせいで、悲惨な状態はさらに悪化した。フランスの奴隷廃止論者たちと違い、彼らは小規模農家のサトウキビ栽培と近代的な工場をうまく組み合わせて機能させる方法がわからなかったのだ。一八六五年、貧困にあえぎ自暴自棄になったジャマイカ人たちが蜂起してモラント湾の暴動が勃発した。この暴動は残虐に鎮圧され、何百人もの死傷者を出すことになった。

それでもやがて、農民による生産活動によって力を付けていったジャマイカの農村経済は、他の西インド諸島で主流だった単作経済からの脱却へと舵を切った。西インド諸島の悲惨な状況を調査したイギリスの王立委員会は一八九七年、元奴隷の子孫の多くはアメリカ市場向けの果物の栽培を始めており、その生活は砂糖農園の労働者たちよりずっと良くなっている、と報告している。[33] ジャマイカの砂糖部門が崩壊したのはプランターたちが、過去二世紀のあいだずっと、自分たちは労働力をコントロールできるし、イギリスで自分たちは守られ続けると思い込んでいたからだ。しかし、かつてクロッパーが熱弁したように、イギリスは安価な砂糖を求める工業社会へと変貌していた。そのため一八四六年にイギリスが砂糖市場を開放すると、かつてイギリスにとって重要な砂糖島だったジャマイカはその地位を、いまだ奴隷制度が残るキューバなど新興の砂糖生産地域に奪われてしまった。そしてこの市場開放は、イギリスがインドに行っていた投資、すなわち蒸気式の圧搾機や真空釜を採用した製糖工場といった投資をも崩壊させることとなる。

インドの砂糖、工業生産の急成長と破綻

一七九〇年代、イギリスの貿易商たちはインドからの本格的な砂糖輸出を開始した。その砂糖の大半の輸出先は、イギリス以外のヨーロッパ、とくにハンブルクの市場だった。しかし大英帝国で奴隷制が廃止され

ると、事態は一変した。一八三四年、イギリスの綿織物産業に関わっていたリバプール商人たちは、インドに投資家として参入した。イギリスで工業生産した安価な綿織物にとってインドは有望な市場になると考えたからだ。なかでも積極的だったのがジョン・グラッドストンだ。デメララの自身の製糖工場に真空釜を真っ先に導入したのも、カリブ海地域に最初にインドの年季奉公人を連れてきたのも彼だったことを考えると、彼がインドに方向転換したことは意外に思えるかもしれない。だがグラッドストンは、インド人を西インド諸島の工場に連れてくるより工場をインドに移転したほうが、安全であり、おそらく利益も大きいと考えたようだ。そこで一八四〇年、彼はデメララとジャマイカに所有していた農園の大半を売却すると、スタッフの多くをインドのチョウグッチャに新たに建設した最先端のヤシ糖工場へと移した。当時、この工場は世界最大で、年間生産能力は七〇〇〇トンとバルバドス全体の砂糖生産量の三分の一に相当した。[34]

インドで砂糖生産に関わったイギリス人実業家にとって、一八三〇年代半ばからの一〇年間はまさに黄金期だった。バルバドスやジャマイカの同業者と同様に彼らもまた、ロバート・ピール首相は植民地の利益を守り、奴隷がつくったキューバやブラジル産の砂糖がイギリス市場に入ってくるのを阻止してくれると信じていたのだ。リバプールやカルカッタの商社の潤沢な資金により、インドには最先端の設備を備えた工場が何十も建設された。フレンド・オブ・インディア紙には、インドから労働力を輸入するという「とんでもない」制度で生き延びてきた西インド諸島の農園はやがて過去のものになる、と断言する記事も掲載された。[35]

しかし、資金や機械をどれだけ投じようとも、インドの砂糖はサトウキビを収穫した農民みずからが製糖するという習慣は変わらなかった。有力な地主ドワラカナート・タゴール（ノーベル賞を受賞した詩人タゴールの祖父）でさえ、農民が栽培したサトウキビを自分の工場に納めさせることはできなかった。一八四〇年代、タゴールは多額の資金を投じて西インド諸島で経験を積んだ一流のイギリス人技術者を雇い、サトウキビを運ぶための船をモーリシャスに送ったが、それもなんの役にも立たなかった。インドの農民は地主に地代を払ってはいても、地主のために特定の作物を栽培する義務は負っていなかったからだ。農民は自分が収穫したサトウキビで自ら粗糖やグルをつくり続け、たとえ工場がサトウキビの値段として、サトウキビやヤシでつくったグルと同等の金額を提示してもとりあわず、頑固に自分たちの独立を守り続けた。ここでは資本主義は通用せず、実業家たちはサトウキビを使った製糖事業から、農民がつくった砂糖の加工事業へと転換するしかなくなった。

それでも例外的なケースはあった。ネパールと国境を接するティルハット地区では、農園主が地元のマハラジャとの借地契約の一環として、農奴を借り受けることができたのだ。ここにはまもなく一九の工場が建設され、地平線には高い煙突が林立するようになった。しかしティルハットはまだカルカッタとは鉄道で結ばれておらず、生産された砂糖はガンジス川を経由してしかインドを出られなかった。「盗難や、粗末な船での漏出による損失は大きく、船や荷物が消えてしまうことも珍しくなかった」と当時の人は語っている。[36]

代替えとなる砂糖生産地を探していたイギリス人投資家にとって、アジアにはインド以外に適当な選択肢がほとんどなかった。環境的にはモーリシャスが適していたが、土地はフランス系モーリシャス人のプランターたちに押さえられていた。セイロン（スリランカ）は砂糖生産には不向きだったし、マレー半島は有望ではあったが未開の地だった。カリブ海地域のプランテーションのモデルをアジアに移転すべき、と提唱していたレナード・レイは、ウェルズリーのマレー地区で勝負に出たが、そこは沼と海賊だらけの危険な土地だった。一九世紀の末まで、マレー半島やペナン産の砂糖の大半は中国人製糖業者がつくっており、ヨーロッパ人はほんの脇役でしかなかった。レイ自身はその後、南アフリカに向かい、最終的にはアメリカに姿を現すことになる。[37]砂糖生産は、大西洋地域からアジアへと、多くの大規模移転が行われたが、イギリスの奴隷廃止論者たちが期待していたほどのスピード感はなく、やがてこれは大きな問題となった。というのも一八三四年に奴隷制度廃止法が施行されると、イギリス市場は奴隷がつくった砂糖の輸入を閉め出したからだ。

その結果、砂糖は庶民にとって高価な食品であり続け、急速にその数を増やした都市部の無産階級は飢饉と食品価格の高騰に不安を募らせた[38]。やがて、利益を求める産業界と、食料を求める庶民の暴動は自由貿易を求める運動、とくに輸入食料品への関税引き下げを求める運動へと発展していき、これは実業家で政治家でもあったリチャード・コブデンの名を取り、コブデン主義《コブデニズム》と呼ばれるようになった。国民の要望に敏感に反応したトーリー党のロバート・ピール首相は、西インド諸島の砂糖産業の強力な擁護者という評判をかなぐり捨て、一八四四年、イギリスの植民地以外から輸入される非奴隷生産の砂糖に対する関税引き下げを議会で推し進めた。さらにその二年後、ホイッグ党の首相ジョン・ラッセルは一〇年前だったら到底考えられなかった、越えてはならない一線を越え、奴隷生産の砂糖も関税引き下げの対象にした。これは、台頭するドイツの工業経済に対抗して、イギリスの製造業の競争力を保つ必要があったからだ。しかしその結果、一八五六年にはイギリスで消費される砂糖の四〇％が、奴隷が生産した砂糖になってしまった[39]。

　一八四六年に関税が均等化されると、ロンドン市場の砂糖価格は急落し、すでに苦境にあったジャマイカの砂糖産業は大打撃を受けることになった。またインドの工場も原価を下げることはできなかった。というのも彼らは、すべての村に仲買人を送り込んで畑のサトウキビを買い付けていたカンサリ製造所とサトウキビを奪い合わなければならなかったからだ。その結果、いずれはインドで工業生産された砂糖が、奴隷がつくる砂糖にとって代わるという期待は見事に打ち砕かれてしまった。イギリス市場を奴隷がつくる砂糖に開放するために、インドや、西インド諸島最大の砂糖植民地ジャマイカで操業していたイギリスの製糖工場を見捨てたという事実は、いまやほとんど忘れ去られた歴史のなかの一ページだ。しかしジャマイカのプランターたちは決してこれを忘れず、完全に裏切られたと感じていた。彼らにとってロバート・ピールは裏切り者以外の何者でもなかった[40]。

　インドの工場のなかにも、一九世紀半ばの砂糖価格低迷時をなんとか乗り越えたところはあった。南ベンガルでは、たくましい起業家たちが、高い地代がいらない道路や畑の脇に生えたヤシからとれるヤシ糖からグルをつくった。[41] また、工場周辺の有力な地主と強力なコネがあったおかげでなんとか生き延びた起業家もいた。そのひとりが、インド人女性と結婚したアイルランド人、フレデリック・ミンチンで、彼はオリッサでアスカ製糖工場を経営していた。インドの伝統的な手法で精製されたサトウキビ糖やヤシ糖と違い、ミンチンの砂糖がイギリスに輸入されることはなかった。いっぽうで、いわゆるカンサリは精製された砂糖と見なされなかったため、バルバドスの粗糖と同様、課される関税は低く、イギリスも簡単に輸入することができた。だがそれも、一八八〇年代にドイツが甜菜糖をダンピングするまでのことだった。

世界中で砂糖を探すイギリス

イギリスは奴隷のつくったブラジルやキューバの砂糖に市場を開放したが、これは大西洋の奴隷貿易を阻止するための追加的手段として正当化が可能と思われた。一八四五年、イギリスは新たな二国間条約をスペインと結んで奴隷貿易を禁止し、それまでほぼ無視されていた一八一七年の条約と、これもまた巧妙に無視されていた一八三五年の条約を更新した。新たにイギリス・スペイン間で結ばれた条約にはスペイン政府による大きな譲歩が盛り込まれ、イギリス海軍はキューバに向かう奴隷船の航行を阻止して処罰できるようになった。だがそれでもまだ、実効性があるというにはほど遠かった。一八五一年、イギリスはブラジルの領海に海軍の艦船を突入させて奴隷貿易の停止を迫ったが、いっぽうでキューバに対する態度はもっと穏便だった。じつはこのころ、アメリカ合衆国の大物政治家たちがキューバをスペインから買い取りたいと言い出していたため、奴隷貿易禁止を強く迫ってキューバのエリートたちがアメリカ合衆国寄りになっては困るとイギリスは考えていたのだ。スペインはアメリカのキューバ併合を回避するためにイギリスの支援を必要としていたが、それ以外の点では、イギリスはキューバに対してほとんど影響力を持っていなかったのだ。[42]

イギリス政府は、奴隷がつくった砂糖に自国市場を開放しながらも、大西洋の奴隷貿易禁止を再開しようと真剣に努力を重ねていたが、そのような努力が実を結ぶはずもなかった。今にして思えば、コブデン――彼自身はリベラルな奴隷廃止論者だった――に代表される奴隷廃止論者たちの政治目標は、自由貿易と工業化に奴隷解放を組み合わせたもので、その基盤は非常に脆弱だった。奴隷制を廃止するには、法外に高い関税を維持しなければならず、その結果、イギリス国内の砂糖価格は高騰した。また、このような関税の適用には一貫性もなく、たとえばコーヒーや綿花に適用されたことは一度もなかった。奴隷廃止論者たちのなかには、追加関税廃止への抵抗をあきらめた者たちもいた。彼らは、強制労働は本来非効率なもので自由市場の厳しさに耐えられないため、最終的には生き残れないと考えていた、あるいはそう期待していた。ゆえに、奴隷貿易の禁止をきっちり遵守するという条件下でイギリスとブラジルの通商が増加すれば、やがてブラジルの生産は合理化、工業化され、最終的には奴隷制度もなくなると考えたのだ。しかしこれについてのコンセンサスはなかったし、アダム・スミスの時代とは違い、自由労働のほうが奴隷労働よりも安いなどと言う奴隷廃止論者ももういなかった。[43]

いっぽう、イギリス政府は安い穀物や砂糖、そして工業製品の市場を求めて、帝国政策を推し進めた。海上の覇権と急速に成長する金融部門を活用して自国の工業製品を販売する新たな市場を開拓し、新たな商品供給者を自国の商業帝国に結びつけたのだ。イギリスがブラジルに船舶を派遣したのも、ビルマを軍事的に征服したのも、シャムと条約を結んでイギリス向けの米をつくらせることにしたのも、フィリピンのネグロス島を開拓してイギリス市場用の砂糖を生産したのも、すべては一八五〇年代の出来事だ。こういった活動のすべては、ラテンアメリカや東南アジアの周辺地域をイギリスの消費者向け食品の生産地にし、同時にイギリス製品の市場にするという、壮大な構想から生まれていた。農産物の輸入関税を低く抑えるというコブデン主義者の政策は、砂糖に関しては明らかに目的を達成していた。その結果、賃金の上昇ともあいまって、数十年間停滞していた砂糖の消費量は急速に増えていった。[44]

こういったイギリスの政策の直接の結果が、フィリピンに出現したネグロス島の砂糖プランテーション地帯だ。それが始まったのは一八五五年、ネグロス島に隣接するパナイ島の港湾都市、イロイロが貿易港になったときだ。イギリスはこの町に副領事館を設けると、マンチェスターの繊維会社数社の代理人を務めていたニコラス・ローニーにその事務所を任せ、ローニーはリチャード・コブデンの甥でリバプール出身のジョン・ヒギンをパートナーにした。政治的にも個人的にもコブデンとつながりがあったローニーは、経済的にはフィリピン最大の商社ラッセル＆スタージス社とつながっており、そのラッセル＆スタージス社はロンドンの名門ベアリング社の支援を受けていた。[45]

ローニーは、ネグロス島での砂糖生産および、ネグロス島を含むヴィサヤ諸島での綿花の小売業を積極的に奨励した。また、サトウキビと綿花の両方に適切な金利の作付け融資を行い、蒸気駆動の圧搾機などの機器も分割払いで販売した。ローニーとプランターの仲介者として中心的な役割を果たしたのが、修道会の跣足アウグスチノ会で、彼らはときに借金の返済の保証人になることさえあった。さらに、イロイロの織物生産者――ほとんどが中国系だった――は自分たちの工場の利益を、わずか三〇キロメートルほどしか離れていないネグロス島の砂糖フロンティアに投資した。ネグロス島の土地の大半を開墾したのはイロイロからの移民だったが、資本を持つ投資家たちは彼らから土地を奪ってアセンデーロと呼ばれる地主となり、小作を支配した。やがて地主たちは収穫や運搬の作業を季節労働者、すなわち監督に率いられて遠方から二〇人ほどの集団でやってくる労働者たちに頼るようになった。こうして一八八六年には、ネグロス島は鉄製の蒸気駆動圧搾機を二〇〇台、畜力駆動圧搾機を五〇〇台、そして水力駆動の圧搾機を三〇台擁する砂糖の島となった。[46]

かつて世界最大の砂糖輸出地だったブラジルは、イギリス市場に参入するようになってもほとんどその恩恵を受けられなかった。その理由には、資本不足や燃料の枯渇、土壌の疲弊もあったが、なんと言っても大きかったのはブラジル南東部にコーヒーのフロンティアが生まれたことで、一八八八年に奴隷制が廃止されるまでの一〇年間、砂糖産業とコーヒー産業はただでさえ減少していた奴隷を激しく奪い合うことになった。[47]このころ、ブラジルのペルナンブコは砂糖の生産量を倍増させたが、本来ならその成長はもっとめざましくてもよかったはずだ。じつは大規模な製糖工場、セントラールを導入しようとしたブラジル政府の試みが失敗し、この地のサトウキビ畑は依然として一七世紀の製糖工場、エンジェーニョによって支配されていた。ペルナンブコのプランターたちは、広大な土地をどんどん開墾していき、処女地にサトウキビの苗を植え付けると、その後は最長で六年間、株出し栽培（苗を植え付けるのではなく、収穫後の株から萌芽させて栽培する栽培法）を行った。そうやって六年が過ぎて土壌が疲弊すると、彼らは畜力駆動の圧搾機とともにサトウキビ畑を移動させたのだ。そのせいで蒸気と鉄の導入が遅れ、ブラジルでは一トンのサトウキビから生産される砂糖の量がジャワやキューバよりもはるかに少ないままだった。[48]

奴隷制は続く――キューバ、ブラジル、ルイジアナ

地政学的な理由により、奴隷制を禁じるイギリスの圧力をうまくかわすことができたキューバは、やがて世界最大の砂糖輸出地へと成長した。当時、アメリカ合衆国にはまだ奴隷制が存在していたうえ、アメリカ大統領たちは定期的にキューバ併合への関心を表明していたため、キューバのプランター階級がスペインの奴隷制廃止論者に対抗する際には、それが強力な武器となった。一八四五年、イギリスとスペインは、スペイン植民地への奴隷貿易を禁じた以前の条約を更新、強化する条約を結んだが、それでもキューバに売られ

るアフリカ人奴隷の数が減ることはなく、ピークを迎えた一八五九年には、その数は年間二万五〇〇〇人に達した。既存の推定では、一八三五年から一八六四年のあいだにキューバにやってきたアフリカ人奴隷の数は、少なくとも三二万三八〇〇人にのぼるとされている。[49]

しかしこれほど大規模な奴隷貿易が行われていたにもかかわらず、キューバの奴隷人口は減少の一途をたどり、一八四一年に四三万六五〇〇人いた奴隷は、一八六八年には三六万三二八八人にまで減少した。[50] たしかにアフリカからやってきた奴隷はアメリカ大陸の致命的な病気にかかりやすかったが、極端な重労働が彼らの数を減らしたことも事実だ。キューバの奴隷はほぼ毎日、一日一二時間働き、収穫期の労働時間は一日一八時間にも及んだ。一八三五年から一八四一年のあいだのキューバの奴隷の年間死亡率は六・三%にのぼり、奴隷制廃止直前の西インド諸島のほぼどの島よりも高かった。耐えがたいほどの長時間労働が彼らの寿命を縮め、男女の数の不均衡（二対一で男性が多かった）が出生率を下げていた。[51]

厳しい監視の下で行われていたキューバの過酷な奴隷労働は、まさに一九世紀初頭のアメリオレーション政策に逆行するものだった。カリブ海のほとんどの植民地では、奴隷は野菜を栽培する畑を持ち、それを市場で売っていた。しかしキューバでは（そしてプエルトリコでも）奴隷は自給自足用の畑を奪われたため、みずからの自由を買い取れる機会も減っていた。主人は彼らに食料を与え、農園内から出ることを禁じた。それは奴隷たちに食料市場で他の農園の奴隷と交流させないためであると同時に、独立した食料経済が発達することで奴隷が自分の自由を買い取る経済力を持つことを防ぐためでもあった。[52] 奴隷廃止論者でキューバの領事だったデイヴィッド・ターンブルが言ったように、奴隷制度は組織化された虐待以外の何ものでもなかった。彼は、鞭打ち用の柱が使われていた恐ろしい光景について「目隠しの塀は、鞭打たれる者たちの流血やずたずたに引き裂かれた皮膚を通行人の目から隠すことはできても、彼らの甲高い悲鳴や慈悲を求める叫びを遮断することはできなかった」と書いている。[53] この懲罰と拷問の工場は、最大限の管理を目的としたシステムの頂点であり、夜間には多くの奴隷が宿舎に閉じ込められたため、ほぼ投獄されているのと同じだった。[54]

いっぽうブラジルの奴隷たちの大半は、そこまで牢獄のような生活は送っていなかったが、それでも一九世紀のブラジルは最大の奴隷輸入国であり、およそ二〇〇万人のアフリカ人が連れてこられていた。そのうちの多くは砂糖農園に送られ、奴隷に対する身体的、精神的虐待が減ることはなかった。一八五〇年代にブラジルを視察したイギリス系アメリカ人のトーマス・ユーバンクは、奴隷への拷問の詳細を拷問用具の挿絵とともに生々しく書き記している。それでも奴隷たちの抵抗の精神は衰えず、主人の殺害、工場への放火や破壊活動、そして自殺はあとを絶たず、定期的に暴動も発生した。キューバでも抵抗は激しく、カリブ海の他の植民地で奴隷制が廃止されたとのニュースが自由黒人や行商人からもたらされると、抵抗の炎はさらに大きく燃え上がった。[55]

減少する奴隷人口と、激しさを増す抵抗運動に直面したキューバのプランターたちは、アフリカ以外の場所に労働力の供給源を求め、その労働者の出身地に関係なく、徹底的に酷使した。中国人の契約労働者も、アイルランドやメキシコのユカタン半島、カナリア諸島、スペインのガリシアからやってきていた多くの労働者も、扱われ方は商品と大して変わらなかった。さらに一八四〇年代にはかなりの数のガリシア人が誘拐され、アフリカ人奴隷の半額の値段で売られていた。[56]

ルイジアナの砂糖プランテーションにおける抑圧的な労働体制も、一九世紀には膨大な数の奴隷の命を奪った。奴隷の出生率を上げようと、ルイジアナのプランターたちがどのような策を講じても、奴隷をできるだけ働かせようという近視眼的な考え方のせいで、奴隷の人口が増加に転じることはなかった。しかしキューバとは対照的に、ルイジアナの成長めざましい砂糖経済は、アフリカや中国、メキシコそしてヨーロッパからの労働力輸入に頼る必要はなかった。一八二〇年から一八六〇年のあいだに、北部州の約八七万五〇〇〇人の奴隷が、砂糖や綿花の栽培のためにルイジアナ南部へ移ってきたからだ。たとえばヴァージニア州から奴隷が移ってきたのは、土壌が疲弊したせいで栽培する作物がサトウキビからタバコや穀物へと転換され、必要な労働力が格段に減ったためだった。いずれにせよルイジアナが奴隷を輸入しなくてすむようになったのは一八五〇年代に入ってからのことで、その理由は機械化といくらかの待遇改善によるものだった。[57]

ルイジアナの奴隷の待遇改善とは、まずは靴を履くことが許されるようになったことで、ときには靴を履くことが義務づけられることもあった。[58] また、新たな世代の奴隷を産むことは何より重要だったため、出産後の女性に一カ月の療養期間が与えられるようになった。これも、ちょっとした改善と言えるだろう。さらにルイジアナのプランターたちは名目貨幣を導入した。これは奴隷たちが余分な仕事、すなわち夜間に薪を集めたり、自分の庭の野菜や鶏を売ったり、あるいはプランテーションの外の畑で収穫したカボチャやジャガイモ、干し草を農園の管理者に売ったりしたときに与えられるもので、使えるのはプランテーション内の売店だけだった。したがってこの名目貨幣は奴隷が行商人と取引するのを防ぐ手段にもなった。行商人は奴隷に盗み（機械の部品など）をそそのかすと言われていたため、プランターは奴隷が行商人と接触するのを嫌っていたのだ。[59]

奴隷制を擁護する人々は、南部州の奴隷の待遇における些細な改善を取り上げては、工場労働者たちよりずっとましだと言い立てた。たしかに、合衆国北部の都市労働者の生活環境もひどいものだったが、それでも奴隷が受けていた虐待とは比べものにならなかったはずだ。奴隷に対する拷問や傷害、あるいは猟犬を奴隷にけしかけるといった行為の目撃談は枚挙にいとまがなかったし、キューバでターンブルが見たという鞭打ち用の設備は実際にルイジアナにも存在した。[60] プランテーションを美化し、南北戦争前のルイジアナをノスタルジックに語る物語もあるが、そのような物語は、アメリカの奴隷研究の第一人者、ハーバート・アプシーカーが言う「奴隷制度は慢性的な戦争状態であり、黒人以外の全員が、法律により圧制者側の常備軍の一員だった」という現実を覆い隠すものに他ならない。[61]

砂糖農園の年季奉公労働者

イギリスやフランスの植民地帝国における奴隷制廃止は自由の名の下に行われたが、その結果、プランテーション労働者の自由は大きく制限されることになった。まず、植民地の議会を支配していたプランターたちは、シャゼル伯爵のシャルル・アルフォンスがフランス領アンティル諸島で提案したのと同様（第5章を参照）、解放奴隷を強制的に農園に戻す法律を制定するよう本国政府を説得した。フランス帝国が奴隷制を廃止してわずか数年で、マルティニークとグアドループは解放奴隷を強制的に農園に戻す手段として、小作農家への過酷な課税や放浪に対する厳しい規制を導入した。同様の規則は、フランス語を話す砂糖プランターが議会を牛耳るモーリシャスでも導入された。フランスの奴隷制廃止論者の中心人物ヴィクトル・シュルシェールは、このような規則はプランターが解放奴隷を安い労働力として使うための手段でしかない、と強く批判した。[62]

さらには、中世に黒死病の流行で深刻な労働力不足が生じた際に採用されていた強制労働制度までもが、新たに引っ張り出されてきた。それが年季奉公制度だ。年季奉公制度では、契約期間のあいだ、その使用人は自らの命に関わるすべての法的権限を主人に渡すという契約書を交わすが、その契約書が植民地の農園や鉱山で利用される労働契約の基本になった。年季奉公では、もし労働者が年季満了前に仕事を放棄すれば、それは犯罪行為となる。第3章でも述べたように、西インド諸島やフランス領アンティル諸島では、奴隷制度が導入されるまでは年季奉公制度が一般的だった。したがって奴隷制が廃止されるやいなや、西インド諸島やモーリシャスには年季奉公が、フランスの植民地では「アンガジェ」が復活した。砂糖農園で働こうと、アジアからは数十万人の労働者がやってきたが、彼らのほぼすべてがこのような年季奉公契約を結んでいた。実際、こういった契約はハワイやスペインの植民地など、世界中の砂糖農園にあり、そのような労働者にはヨーロッパ人もいた[63]。

奴隷に代わる労働者は中国人労働者が理想的、とは奴隷貿易が禁止されるずっと以前から言われており、ピエール・ポワブルやベンジャミン・ラッシュ、ヘンリー・ボサムたちも、彼らの仕事ぶりを絶賛している。ジャマイカのメソポタミア・プランテーションの所有者、ジョセフ・フォスター・バラム二世は、中国人は勤勉でつましいという話を聞き、会社を設立して彼らを一四年間の年季奉公人として雇う計画を立てたが、それはほとんど奴隷制に近い雇用形態だった。しかしなんといっても、カリブ海におけるアジア人年季奉公労働制度の設計者として歴史に名を遺したのはロバート・ファークワーだろう。ペナンの副総督時代(一八〇四~一八〇五)、熟練の中国人製糖業者がプランテーションを運営しているのを目にしていた彼は、一九二人の中国人移民労働者をマカオからトリニダードへと船で連れていく計画を立てた。この計画は不成功に終わったが、解放奴隷の見習い期間が終わりに近づいてくると、ジョン・グラッドストンやその他のイギリス領ギアナのプランターたちは、年季奉公人の雇用をもう一度試みようと、三九六人のインド人契約労働者を船で連れてくる計画を立てた[64]。とはいえ、グラッドストンもこの計画が成功する自信はなかったらしく、彼はデメララの工場を売却すると、一八四〇年にインドで再度、製糖工場を立ち上げた。これは結果的に、賢明な決断となった。なぜならその一年後、植民地大臣のジョン・ラッセルは「苦力《クーリー》貿易」を「新たな奴隷制度」と非難し、中止させたからだ[65]。

しかしグラッドストンは少々決断を急ぎすぎたようで、この年季奉公人の雇用禁止は一八四四年に解除されてしまった。モーリシャスでは、労働者を連れてくる費用は、プランターが多数派を占める立法議会がワインと蒸留酒に課税して賄ったが、この費用は一八四四年から一八四八年のあいだだけでも四二万三五七九ポンドにのぼった。[66] トリニダードでは、プランターたちが植民地の公費をかすめて、年季奉公労働者の募集資金にあてたが、これには抵抗の声が上がった。有色のトリニダード人たちはこの労働者輸入に反対する請願書を出し、募集費用の二五万ポンドは増税とプランテーションの賃金カットで捻出されたと言って批判した。彼らは、トリニダードがインフラの整備や公共事業のために切実に必要としている公的資金が、プランター階級の利益のために流用されることが許せなかったのだ。ジャマイカの有色議員とバプテスト宣教師たちは、インド人契約労働者を連れてくるための補助金をジャマイカ政府に出させようとしたプランターたちに抵抗し、それをやめさせようとした。[67] プランターは解放奴隷の賃金を下げるために契約労働者を雇うのに、なぜその費用を自分たち解放奴隷が支払うのか、と憤慨したのだ。

プランターたちは必死に年季奉公労働者の募集活動を行い、すぐにそれは大きなビジネスへと成長した。まずは成果報酬で雇われたイギリス領ギアナとトリニダードの採用担当者たちが西インド諸島の小さな島を回って、一万八〇〇〇人の労働者を雇った。[68] 彼らはまたシエラレオネやセントヘレナ島からも労働者を集め、さらにはポルトガル領の大西洋の島々からも黒人や白人の労働者を連れてきた。これはあまり知られていないが、奴隷船から解放された四万人近いアフリカ人はイギリス領ギアナやトリニダード、ジャマイカに上陸し、その大半が年季奉公労働者として砂糖農園で働かされた。[69] イギリスの有力実業家たちは、インド人契約労働者を輸送する事業、とくにイギリス領ギアナに輸送する事業に携わった。彼らはイギリス領ギアナとトリニダードに多額の投資をしていたため、西インド諸島に送られたインド人年季奉公労働者の八五%はこの二つの目的地のどちらかに送られ、砂糖植民地としてはより規模の大きいジャマイカに送られたのはわずか一〇%だった。[70]

この当時、アジアは人口が増えすぎ、紛争も頻発していたため、労働者を集める側としては絶好のタイミングだった。太平天国の乱（一八五〇〜一八六四）が勃発した中国南東部は絶望的な状況にあったため、キユーバやペルー、ハワイのサトウキビ畑で働こうという移民は多かった。シャムやマレー半島で中国人移民によるサトウキビ栽培が隆盛を極めたのも、同様の理由だった。砂糖プランテーションで働くために集められた中国人契約労働者三〇万人のほとんどはキューバ、ペルーまたはハワイの砂糖プランテーションに送られた。そのなかには誘拐されて連れてこられた者もおり、誘拐されたわけではないが、自分がどこに連れて行かれるのかまったくわかっていない者も多かった。ある証言者によれば、カリフォルニアの黄金の山（金鉱のこと）に行くと思い込んでいる者もかなりいたという。目的地に向かう船内は奴隷船と同様にすし詰めで、労働者の二五％は航海中に命を落とした。[71] 生きてキューバに到着した者たちは、奴隷同然の扱いでオークションにかけられ、プランターは彼らをアフリカ人奴隷の半額以下で買うことができた。プランターたちは「苦力《クーリー》を買う」と平気で言い、彼らの弁髪を切って侮辱し、スペイン語名をつけて人間性を否定した。そんな境遇を悲観し、サトウキビの搾り汁が煮えたぎる大釜に飛び込んで自殺を図った中国人の悲劇は枚挙にいとまがない。彼らは虐待され、拷問され、大けがを負わされ、その半数は一八年の年季が明けるまで生き延びることができなかった。[72] 同様に悲惨な目にあったのが、一八五四年の奴隷解放後にマカオ経由でペルーの砂糖農園に送られた九万人の中国人クーリーたちだ。一八七四年、イギリスはマカオから中国人労働者を送ることをやめたが、イギリスがペルーに売るアヘンが急増したせいで、ペルー在住の中国人労働者は奴隷同然の日雇い労働者でい続けることになった。[73]

ジャワの強制栽培システム（一八三〇～一八七〇）

一九世紀のほとんどの期間、強制労働は世界のサトウキビ畑を席巻していた。アメリカ大陸に「第二の奴隷制」が出現して年季奉公労働者が続々と流入していたころ、ジャワでは農村人口の六〇％が、自身の土地と時間の一部を犠牲にして、植民地政府のためにサトウキビやコーヒー、インディゴ、その他の作物を栽培させられていた。この制度を設計、実施したのがオランダの軍人で東インド総督、ヨハネス・ファン・デン・ボスだ。オランダの中産階級出身でカリスマ性があり、せっかちな彼は一八一〇年代後半、現在のオランダとベルギーに貧困者を救済する「慈悲の居留地」をつくるという運動を全国で展開し、その卓越した組織力を証明した。ちなみに貧困を解消するためにつくられたこの居留地のうちの五つが、二〇二一年にUNESCOの世界遺産に指定されている。この活動の数年後、ファン・デン・ボスはまだそれなりの規模の砂糖生産地だったスリナムをはじめとするオランダ領西インド諸島の植民地行政官となった。彼はこれらの植民地の行政を再編し、イギリスのアメリオレーション政策と同様に、奴隷にも人格が認められるようにした。彼自身は奴隷制に反対だったが、オランダには奴隷制廃止運動がほとんどなかったため、これが彼にできる精一杯だった。

一八二九年、オランダ領東インドの総督に指名されたファン・デン・ボスの任務は、アジアで深刻な損失を出していたオランダ植民地帝国の財政立て直しだった。彼がジャワに着任したとき、砂糖生産は依然としておもに中国系の製糖所が担っていた。じつはイギリスが奴隷貿易を禁止した当初、ファン・デン・ボスは、これでジャワの製糖所もヨーロッパ市場に参入できると考えていた。奴隷貿易がなくなれば、アメリカ大陸のプランターたちも労働環境を改善せざるをえなくなり、それに伴う経営コストの上昇が最終的には奴隷制を終わらせることになると思っていたのだ。しかし一八三〇年にアジアに渡った彼は、奴隷貿易を禁じた効果はほとんどなく、奴隷制は当分存在し続けそうだと気がついた。もしそうであれば、ヨーロッパ市場にジャワの砂糖が参入できる見込みはない。とくにジャワの場合、砂糖は喜望峰を回る長旅をしなければならないので、輸送費が倍以上かかるのだ。[74]

これまでも繰り返し見てきたように、砂糖生産者は人件費を最低限に抑えない限り生き残れない。すなわち人件費は、労働者がかろうじて生きていられるぐらいにまで低く抑えなければならないのだ。生活水準が低いジャワでさえ、このような条件下で働きたいと思う人間を見つけるのは至難の業だった。なぜならジャワ人は、自分が所有する狭い土地で生計を立てており、今以上に頑張って働く必要性がないからだ、というのがファン・デン・ボスの言い分だった。ジャワでは農民のかなりの割合が自分の土地を持っていないか、たとえ持っていてもその土地はごくわずかだったが、たいていは裕福な農民の扶養家族としてその畑で働き、収穫の一部をもらうことで生計を立てていた。またこの地では、ヨーロッパ人や中国人およびその子孫が土地を購入することを政府が禁じていたため、分厚い無産階級が生まれることもなかった。一八二三年に出されたこの禁止令はジャワ人の農民が自分の土地から追われるのを防ぐために発令されたもので、農民が土地を失えば、社会が動揺し、植民地支配も揺るがしかねないというのがその理由だった。一九世紀、イギリスの商社は賃金労働者を使って砂糖農園を始めたが、農村地域に無産階級が存在しなかったために人手不足に陥り、結局、立ちゆかなくなってしまった[75]。

この行きづまりを解決するために、少なくとも植民地支配的観点から解決するために、ファン・デン・ボスはジャワの農民たちに現金収入が得られる作物を強制的に栽培させ、彼らのなかに資本主義経済の火をかき立てようと考えた。農民がその収入から土地に課された税金を払えば、彼らは納税者となり、同時に現金収入に頼る消費者にもなるというわけだ。これは植民地政府が掲げる目標には反していたが、植民地政府はすでにジャワ最大の輸出作物であるコーヒーを強制的に栽培させるという大きな例外をつくっていた。またファン・デン・ボスは強制労働に対していかなる哲学的異論も持ち合わせていなかった。オランダの植民地を一手に支配するオランダ国王ウィレム一世に送った手紙の中で彼は、自由労働という概念はほとんどの人類にとって何の意味もない、なぜなら人類にとって怠惰は餓死を意味するからだと述べている。人間は働かないわけにはいかない、働かなければならないのだから、労働はもともと強制されているのと同じ、という理屈だ[76]。一八三〇年にオランダ領東インドの総督として着任したとき、彼はすでに強制栽培システムを導入する許可を国王から取りつけていた。そしてこの強制栽培が、イギリスの商社がジャワでプランテーションに失敗したときの原因だった労働力不足を解消することになる。ヨーロッパ人およびジャワ人の役人の監視の下、強制的に働かされた一二万五〇〇〇人のジャワ人によって、サトウキビは民間の製糖工場へ安定的に供給されるようになったのだ。この労働者の人件費は、カリブ海地域の奴隷にかかる費用のわずか四分の一だとファン・デン・ボスは得意げに語っている。[77]

ファン・デン・ボスはこの強制栽培制度を一時的な政策と考え、ジャワの農村経済がじゅうぶんに貨幣化され、じゅうぶんな数のジャワ人が賃金労働者になれば徐々に緩和させていくつもりだった。そして一八三〇年代初め、植民地政府はこのプロセスを加速するために小さな銅貨を大量にジャワに流通させた。そして第5章でも見たように、ジャワの砂糖部門の工業化で重要な役割を果たした例の半官半民のオランダ貿易会社には重要な任務が与えられた。農民に支払う資金を提供し、植民地産品を出荷してオランダで競売にかけるという任務だ。[78]これらすべてにおいて、ファン・デン・ボスは、オランダの歴史書で「商人王」と呼ばれる国王ウィレム一世の全面的な支援を受けていた。ウィレム一世もまた、エジプトの三代にわたる総督やナポレオン三世と同様、自身の直接的な責任のもとで熱帯地方の農産業資本主義を積極的に推進した。

オランダの植民地行政官がヨーロッパ向けの商品作物の栽培を監視、強化するいっぽう、その実施を担ったのはジャワの伝統的な支配者や村長たちで、彼らは徐々に植民地の官僚機構に組み込まれていった。その報酬として彼らに利益の分け前を渡すことで、商品作物の生産量を最大化することと彼らの利益を直結させたのだ。いっぽうで、土地を所有する農家は、労働力と土地を低い金額で徴用され、受け取った金から地代を支払わなければならなかった。理論的には、強制栽培システムは公正で悪くないもののはずだったが、実際には村の特定の人々だけにその負担は重くのしかかった。土地を所有する裕福な農民は、強制労働の負担を、生活の糧を彼らに頼る多くの小作や土地を持たない農民たちに転嫁したからだ。

ギリギリの生活をしていた貧しい農民はその負担から逃れるために、ジャワ島のなかでも人口密度の低い地域に移って新たに農場を始めた。農民への徴用の負担がとくに重かった地域からは、膨大な数の人々が出て行ったことが記録に残っている。[79] 多くの場合、こういった移住は秘密裏に行われたと思われる。というのもジャワ人が自分の住む地域から出るときは、村長や植民地政府の許可が必要だったからだ。旅行許可証は、強制栽培制度が終わるまで存在し続け、許可証を持っていないことがわかると、籐の鞭による鞭打ちや投獄が待っていた。実際、徴用のためのこのような措置は、カリブ海の島々やモーリシャスが、奴隷制廃止後に解放奴隷がプランテーションから逃げないように施行した、放浪を禁じる法律と同様の考え方、同様の冷笑的実用主義から生まれていた。[80]

ジャワでサトウキビの栽培が強制されるようになると、脱走が蔓延し、農民の抵抗も激しくなった。負担の重さに不満を募らせた農民が、集団で総督代理（州行政長官）の邸宅に押しかけるという、キューバではとても考えられないような行動もあった。また、多くのサトウキビ畑に火が放たれ、懲罰や夜警も役には立たなかった。ジャワの農民は夜警の頭越しに火のついた矢を放つこともあり、夜警は勤務中に放火が起こると、その理由がなんであれ、激しく殴打された。[81] 強制栽培制度には、キューバやブラジル、ルイジアナのプランテーションのような組織的な残虐性はなかったが、それでも暴力はつきものだった。さらに一八四〇年代半ばには、サトウキビ、そしてそれ以上にインディゴの栽培を強いられたせいで、ジャワ全土で飢饉が起こり、農民たちは多大な苦難を味わい、多くの命が失われた。また、強制栽培制度をきっかけにジャワ島内では人の移動が増え、病気の蔓延が加速した。たとえば製糖工場周辺の野営地は、そこで暮らす一〇〇〇人から二〇〇〇人の労働者とその家族であふれかえっていた。ジャワの年間死亡率は、キューバやルイジアナと比べればずっと低かったが、それでも強制栽培制度はジャワ島全体の死亡率を一〇%から三〇%引き上げた可能性がある。[82]

実際のところ植民地政府も、この制度が土地を所有する農民に過度の負担を強いているのはわかっていた。そこで、飢饉がジャワを三年連続で襲ったあとの一八四七年、植民地政府は政府が契約する製糖工場に真空釜の採用を義務づけた。こうすればサトウキビからより多くの砂糖を抽出できるので、労働量を増やすことなく一エーカーあたりの生産量を増やせると考えたのだ。植民地政府はまた、土地を所有する農民をサトウキビの収穫作業から解放し、製糖工場には賃金労働者の雇用を義務づけた。このころ、ジャワは急速に人口が増加していたため、賃金労働者を雇用しやすくなっていたのだ。一八六〇年代、サトウキビ栽培のための徴用は廃止され、サトウキビ栽培は製糖工場の所有者と周囲の村との交渉で行われるようになった。[83] しかしその後に生まれたのは、自由労働市場とはとても言えない代物だった。というのも、工場は個々の農家とは交渉せず、労働者の雇用も個人レベルでは行わなかったからだ。すべての交渉は村長やジャワの有力者を通じて行われ、彼らは労働者ひとり、あるいは土地を一区画提供するごとに、製糖工場から特別手当を受け取った。いっぽう、ジャワの人口は急増していたため農民が土地を入手するのは難しくなっていき、彼らの収入に占める製糖工場での労働収入の割合は増えていった。実際、一九世紀半ばには、工場近辺で働く農業労働者の約五六％が砂糖関連の副業をしていた。[84]

ジャワの農業のインボリューション

強制栽培制度によって、ジャワはキューバに次ぐサトウキビ糖の輸出地となった。その発展の決定的な要因は、急速な人口増加がもたらした豊富な労働力と、ジャワの村落経済を操り、地元の有力者を植民地搾取のプロジェクトにうまく取り込んだ植民地行政官たちの手腕だろう。カリブ海地域では、土壌が疲弊すると、サトウキビの開拓地を拡大して疲弊した土壌は休耕地とするのが常だったが、ジャワでは新たに土地を開拓することなく、砂糖生産を村落経済のなかに維持し続けた。よってジャワの植民地時代の砂糖生産は、社会的にだけでなく生態学的にも特異なものだった。

中国、エジプト、そしてカリブ海の島々でも、サトウキビ栽培による土壌の疲弊を遅らせるため、早い時期から輪作が取り入れられていた。ジャワでは、サトウキビの栽培を既存の水稲（サワ）栽培に組み込んだため、輪作が最大の効果を発揮した。サトウキビが土壌を疲弊させても、稲によって土壌が再生されるからだ。よって二つの作物を交互に栽培すれば、比較的小さな面積、それも限られた量の肥料でサトウキビ栽培が可能となる。そのうえ一エーカーあたりの生産量も大きく増やすことができた。こうして毎年、何万ヘクタールもの水田がサトウキビ畑に転換されたが、サワ栽培用の畦畔はその都度壊され、代わりに若いサトウキビを野生の獣から守るフェンスが作られた。また、橋や道路も、重いサトウキビを積載した荷馬車で傷むため、毎年、収穫期が終わるたびに完全につくり直された。

しかし、一エーカーあたりの生産量を上げるためのこの飽くなき追求は、強制栽培制度がジャワの人々に課した負担を緩和するという植民地政府の政策と激しく対立する。そこで植民地政府は、過酷なインディゴの強制栽培を廃止し、サトウキビ栽培のための徴用も徐々に廃止していった[85]。そうなると明らかに次のステップは、輪作方式の切り替えだった。作物を毎年交互に替えるのではなく、同じ区画でサトウキビを何年か連続して収穫してから輪作をするという方式に切り替えるのだ。一八五〇年代の初め、このステップへと進む準備として、政府の委員会は村長を含む地元の役人全員とサトウキビ栽培に関わる農民何人かに、輪作の方式転換について意見を聞いた。すると驚いたことに、農民も村長も圧倒的に現行の慣習を維持するべきという意見だった。サトウキビと水稲の成長サイクルを考慮すれば、今のやり方が限られた土地を一番有効に活用できるというのだ。収穫が終わるたびにサトウキビの刈り株を畑から取り除く作業——新たなサトウキビの苗を育てるには必要な作業だ――は、刈り株を水没させるだけで済む水田の復元より面倒だと彼らは考えていた。[86]

ジャワの農村部に砂糖部門を組み込む栽培システムの場合、生態学的にも社会的にも、その中心となるのは水田だった。強制栽培の負担は村落に課されるが、村内ではその負担は土地の所有者――とくに水田の所有者――だけに課されるため、村の支配層は作業負担を広く分担させるために、共有地であることが多い水田を小さく区分し、できるだけ多くの村民に水田を所有させるようになった。[87] その結果、村民間および村落と砂糖産業間のサワ共有システムは複雑化し、労働集約化が進んだ。村落経済にこの資本主義的砂糖生産が組み込まれているのを見たクリフォード・ギアーツは著書『インボリューション』のなかで、ジャワの砂糖産業をギリシア神話に登場する半人半馬の怪物、ケンタウロスにたとえている。高度に洗練されたサトウキビ加工と、人口密度の高い水田地帯での労働集約的サトウキビ栽培の組み合わせは、まさにケンタウロスのようだというのだ。[88]

社会生態学的発展としてのこのインボリューション［内側に向かう発展］を元に戻すことは、不可能とは言わないまでも、非常に難しい。一八六〇年代、オランダの自由主義者たちは土地の共同（または共用）所有を禁じ、個人の土地所有を推進してジャワの農村部に資本主義をもたらそうとした。彼らが理想としていたのは、島内のすべての土地を農民に所有させることで、土地を持つ強力な農民階級をつくり、はじき出された弱小農民を「自由」な賃金労働者、すなわち農村部の真の無産階級者にすることだった。だがそのためには、三〇年間続いた強制栽培制度を逆行させて農村社会を完全に変革し、さらには水稲とサトウキビ栽培も切り離さなければならない。[89] いっぽうで製糖工場はといえば、水田を乾田に変えれば一エーカーあたりの収量が著しく減るため現状を変える気はまったくなく、村の有力者たちにとっても現状のほうが明らかに実入りはよかった。こうして、製糖工場とサワ農業の運命はこの後もからみ合い続けた。二〇世紀初頭、砂糖産業がジャワの主要な農業産業となると、工場から半径五キロメートルにある水田の半分以上が、サトウキビに占められた地域もあった。[90]

現代人の目には、ジャワで起こったことも、キューバで起こったことと同様に逆説的に映る。世界でも最も先進的なサトウキビ糖生産地であったにもかかわらず、自由な土地利用と自由な労働市場という経済合理性を受け入れることなく、ジャワは原始的な共同体による土地利用に、キューバは奴隷制に頼ったからだ。しかしこれこそが、砂糖が農産業の産物であることを如実に物語っている。当時の農産業は工場と畑がまったくの別世界で、まさにギアーツが言っていたケンタウロスになっていたのだ。工場は、世界中で画一的なデザインに収斂していったのに対し、サトウキビ畑は地域によって驚くほど多様だった。たとえば膨大な労働力を要するジャワのサトウキビ栽培は、キューバのサトウキビ栽培とはまったく逆の方向に進んだ。キューバの場合、サトウキビ栽培の技術を革新する必要も、輪作や株の新芽を減らすといった古くからの方法を採用する必要もなかったが、肥沃な土地がふんだんにあるせいで、収穫期の人手不足こそが喫緊の課題であり、その時期になるとキューバの労働者は文字通り死ぬほど働かされた。

とにかく人手を節約したかったキューバのプランターは、木を伐採して土地を耕す代わりに、森林を燃やして新たなサトウキビ畑をつくった。そのような急速な森林破壊は環境に壊滅的な影響をもたらす、という警告にも耳を貸さず、砂糖産業は古木を容赦なく燃やしていった。すでに一八四〇年代には、毎年、五万ヘクタールを上回る森が消滅していた。[91] 砂糖の生産では多くの場面で木を必要とする。木は建築資材にも砂糖の輸送用の箱にも使われたが、燃料としても重要だった。じつは当初、プランターたちは巨大な蒸気駆動の圧搾機や真空釜の燃料にバガスや石炭を使ってはいなかった。しかし燃料用にあまりに多くの木を伐採したせいで、農園の木は急速に減っていき、プランターは工場を移転せざるをえなくなったのだ。一八六〇年、キューバの砂糖産業は一二万ヘクタールの土地を直接使用し、八〇万ヘクタールの面積を占めていたが、ジャワの砂糖産業が占めていたのはわずか二万八〇〇〇ヘクタールだった。その四〇年後、この数字はキューバが一七〇万ヘクタール、ジャワは一二万二〇〇〇ヘクタールになった。[92] このころにはキューバの森林は大半が伐採され、島は初期の砂糖開拓地が直面したのと同様の生態系問題に直面するようになった。干魃《かんばつ》、洪水、土壌の疲弊のすべてが、かつては土壌の肥沃さで知られたこの島に起こったのだ。

森林破壊によって引き起こされた降水量の減少は、アルバロ・レイノソが一八六〇年代から指摘していた深刻な問題だった。ハバナの化学研究所の所長だった彼は、ハバナ近郊の出身で、パリの大学で医学博士の学位を取得していた。キューバのサトウキビ栽培をより持続可能なものに転換することをみずからの使命としていたレイノソは、耕耘や施肥、灌漑の改善を提唱し、株出し栽培を何年も続けるのではなく、毎年苗を植えることを推奨した。彼は、「サフラ」と呼ばれる砂糖の収穫期以外の時期に生じる余剰労働力を活用して農業をより持続可能なものにすること、そして焼畑をやめることはプランターたちの責務だ、と主張した。[93]

レイノソの母国キューバでは、彼のこの警告に誰も耳を貸さなかったが、ジャワでは違った。サトウキビの新たな栽培法について書いた彼の小冊子の翻訳版は、砂糖生産地域では知らぬ者がいないほど広く読まれた。ジャワでレイノソのシステムを実践するには、一〇万人以上の男性たちが深い溝を掘り、掘った土を溝の間に畝状に盛る必要があった。そのあとは、同じぐらい大勢のジャワ人女性が畑に出て、サトウキビの苗を溝に植え付けていく。そうやって四カ月間栽培したのち、男性たちが畝の土を溝に戻せば、苗は土深くまで根を張り、風にも強いサトウキビになる。[94] 貧しい農民人口が急増したおかげで、ジャワでは途方もなく人手が必要なサトウキビ糖産業が発展し、一エーカーあたりの収量はどこよりも多くなった。一九二〇年代、一エーカーのサトウキビ畑で働く労働者はジャワでは平均七・七人、キューバでは約〇・五人で、まさに世界の砂糖産業の両極端を代表していた。砂糖一トンを生産するにあたり、ジャワの労働者の数はキューバの三・五倍だったが、必要な土地はキューバの半分だった。[95]

工業化と強制労働

一八三四年にイギリスが世界の先陣を切って奴隷制を廃止したとき、まさかプランテーションの奴隷制が一九世紀の大半の期間続くことになるなどと考えた人はほとんどいなかった。しかし砂糖農園の奴隷制は持ちこたえただけではない。デール・トミッチが「第二の奴隷制」と呼んだこの時期、その数はわずかに増加さえしていたのだ。[96]一九世紀半ばには、およそ八〇万人の奴隷がサトウキビ畑で働いていたが、その半数はキューバ、三分の一はブラジルにいた。[97]一八六四年にはルイジアナでも奴隷制が廃止されたが、それでもなお、世界のサトウキビ糖輸出量のほぼ半分は依然として奴隷によって生産され、四分の一は年季奉公労働者によって生産されていた。[98]奴隷制や強制労働は、ほぼ偽装すらされることなく続けられていた。たとえば労働者はアフリカで買われ、レユニオン島で年季奉公《アンガジェ》人として「解放され」ていた。イギリス当局はこれを厳しく批判したが、その効果はなかった。[99]いっぽうジャワでは一八六〇年以降、強制栽培制度は段階的に廃止されていったが、先にも述べたように貧しい農民の生活は以前とあまり変わらず、相変わらず村の支配層に命じられるまま、製糖工場のためのサトウキビを栽培し続けた。

第二次世界大戦以前、サトウキビ畑では機械化がほとんど進まなかったため、世界の砂糖生産の多くは奴隷制、強制栽培、年季奉公労働者、浮浪者取り締まり法、あるいはバルバドスのケースのような完全なる飢餓など、さまざまな強制的状態によって成り立っていた。これは、機械化によって農業の過酷かつ強制的な肉体労働は段階的になくなっていくとしたサン＝シモン主義者の楽観主義を裏切っただけでなく、工業化と奴隷に依存する生産システムとは相容れないという誤った考えも作り出した。いずれにしてもここでの問題の核心は、ジャワもキューバもサトウキビ畑での強制的な労働なしには、主要な砂糖輸出地域の座を得ることはできなかったという点だ。

奴隷に依存する経済は労働生産性を上げることができない、と経済学者のジョン・エリオット・ケアンズ（一八二三〜一八七五）は主張したが、このとき彼は労働生産性が上がらないのは労働が強制されているからだと考えていた。だがじつは、奴隷依存経済の労働生産性が上がらない大きな理由は、サトウキビ畑や綿花畑の作業では機械化の選択肢が限られていたことにあった。しかしいっぽうで、奴隷に頼る経済を成長させるには、より多くの奴隷が必要となる、という彼の読みは当たっていた。奴隷制とも植民地主義とも縁のないアイルランド人のケアンズは、アメリカで南北戦争が勃発した年に発表した著書『奴隷の力』*で、もし奴隷制を支持する南部連合が勝利すれば、彼らは奴隷貿易を復活させるだろうと予想している。そしてアレクシ・ド・トクヴィルが名著『アメリカの民主政治』で述べた意見を繰り返し、アメリカ合衆国南部のような経済は本質的に攻撃的かつ拡大主義だと論じている。[100] 奴隷制という劣悪な労働制度は滅び行く制度だとする一九世紀初頭の自由資本主義者たちの楽観論が、奴隷制は先進的な経済に政治的、軍事的脅威をもたらすという恐怖に変わったことを悲劇的に証明したのが、アメリカの南北戦争だった。

じつは、工業化と奴隷制は究極的には相容れないと考えていたケアンズや彼と同時代の人々が完全に間違っていたというわけでもない。砂糖農園はつねに熟練の奴隷を使っていたが、サボタージュのリスクを防ぐために、そのような奴隷には報酬が支払われていることが多かった。また、工業化される前のブラジルの工場のように、煮沸工程の監督や砂糖の包装といった重要な仕事にはアフリカ系ヨーロッパ人の自由労働者を雇うこともあった。[101] しかし、たとえリスクはあっても、奴隷を工場の戦略的な職務に就けることは少なくなかった。なぜなら、少なくとも一九世紀半ばごろまでは、技術を持つ白人労働者が熱帯地方には少なく、賃金も高かったからだ。ドローヌは著書『砂糖』*のなかで、一八四〇年代初頭にドン・ヴェンセスラオ・デ・ヴィージャ・ウルーティアが所有するキューバの最先端工場で働いていた白人の砂糖職人はひとりだけだったと書いている。[102] 同様にルイジアナでも、奴隷は大工としてだけでなく、会計士や蒸気駆動機械のオペレーターとしても働いており、プランテーションの運営を任されている者もいた。[103] そのような専門的な仕事をする奴隷たちは、奴隷という立場にはとうてい見合わない権限を手にしていた。しかし一九世紀後半、流入してくるヨーロッパ人労働者が増えてくると、奴隷とヨーロッパ人の自由労働者が隣り合わせで機械を操作するようになり、それがトラブルの元になった。たとえば、キューバの砂糖農園に働きに来たスペイン人移民は、工場に奴隷がいると自分たちの賃金も地位も下がるとして、嫌がった。[104]

工場での強制労働は一九世紀中になくなったが、畑で働く労働者たちは依然として激しい肉体的懲罰を受け続けた。一般的な傾向として、プランテーションの時代には畑と工場に一体感があったが、工場がより広い地域からサトウキビを集荷するようになるとその一体感は失われた。奴隷制が廃止されると、それまでプランテーションで成り立っていた島々では小規模自作農によるサトウキビ栽培が増えていった。モーリシャスでもジャマイカと同様、プランターは解放奴隷やパナマ鉄道の建設工事から戻ってきた多くの労働者たちに土地を売った。これと同様のことは、それほど大規模ではないもののバルバドスでも起こった。いっぽうトバゴ、セントルシア、グラナダ、そしてフランス領アンティル諸島のプランターは、分益小作《メティエ》制度の導入を始めた。これは、一種の小作制度で、農園の所有者が土地と苗木を労働者に提供し、両者が農業上のリスクと利益を分担するという制度だ。たとえばトバゴでは、労働者が一エーカーの土地を受け取ってサトウキビを栽培、収穫するという制度が一八四三年に導入され、一八四五年までにはすっかり普及した。困窮したプランターによる苦し紛れの策ではあったが、これは元奴隷たちにおおいに力を与えた、と現代の識者たちは評価している。同様の効果はセントルシアでも見られ、一八四三年には小規模の分益小作人協同組合が設立された。[105] いっぽうトリニダードでは、増え続けるインド人移住者のなかに小規模自作農階級が生まれた。インドからの移民のおよそ八〇%は契約期間の満了後もトリニダードに住み続けたからだ。何千人ものこのような小規模自作農は栽培したサトウキビを一八七二年に建設された西インド諸島最大の工場、セントマドリンの砂糖セントラールに持ち込んだ。[106] しかしたとえカリブ海の島々やモーリシャスにサトウキビを栽培する小規模自作農階級が生まれても、収穫期のサトウキビ畑は依然として季節労働者を必要とした。そのような季節労働者は砂糖の世界でも最も劣悪な状況に置かれており、彼らは一八八四年に生じた深刻な砂糖危機の衝撃をまともに受けることになる。

第7章　危機と奇跡のサトウキビ

　産業革命は、世界の砂糖生産、輸送、市場を一変させた。とはいってもこの革命は、複雑かつ漸進的な軌跡をたどる緩やかなものだった。資金不足、プランターたちの保守的な姿勢、脆弱な技術、そして収穫作業の機械化の困難さのおかげで、奴隷制は長期化し、新たな形態の強制労働も誕生した。いっぽうで中国やインドで農民がつくる砂糖は、アジアの物価がアメリカ大陸よりはるかに低かったおかげで、世界市場でもその地位を難なく維持できていた。また、二〇世紀初頭になると、ジャワの工場が世界で最も競争力の高い砂糖産業としてのし上がってきたが、これも当地の安い労働力と高い資本集約度を考えれば驚くにはあたらなかった。

　砂糖の大量消費は、生産をグローバル化し、市場の統合を加速させた。そして一八四〇年代になると、帝国政府と植民地の行政機関が中心となって、真空釜や遠心分離機の導入を進めていった。さらに一九世紀後半には、ベッセマー製鋼法の発明により鋼鉄価格が五分の一に下がり、輸送革命が起きる。これにより、砂糖のセントラールは鉄道を建設し、サトウキビを従来よりも遠くの畑から圧搾所へと運べるようになった。こうして最も進んだ砂糖生産地では、何マイルにも及ぶ鉄道網が敷かれ、サトウキビ畑と工場が結ばれるよ

1895年当時、香港のクォーリーベイ（鰂魚涌）にあった太古糖業は世界最大規模の精糖工場のひとつだった。そこで精製されていた砂糖の大半はジャワ島産だった。

うになった。鋼鉄価格の低下はまた、グローバルな砂糖貿易における輸送コストを引き下げ、食料生産と貿易に関する地理的情勢を一変させた。北大西洋地域では、アメリカ産の穀物が大量に流入し、労働力が豊富なヨーロッパの農村地帯は栽培作物を小麦から甜菜へと切り替えた。しかし作物を甜菜に切り替えた農家への対応とは対照的に、ヨーロッパは世界市場での甜菜糖価格急落に対し、輸入関税や輸出補助金で甜菜糖産業を断固として守りぬくことになる。

一九世紀を通じて、砂糖農園は持ち主がめまぐるしく変わり、最終的には一部の裕福な所有者だけが残った。地域によっては、本国の資本がほぼすべての農園を買収したケースもあり、たとえばイギリス領ギアナでは一八五〇年代以降、農園は本国イギリスの少数の大手商社により支配されることとなった。しかしたいていは、成功をおさめた植民地の砂糖ブルジョワジーが本国の砂糖業界や有力な金融業界と提携し、植民地政府はインフラの開発や労働力の確保に取り組んだ。こうして圧搾所や奴隷の住居、農園主の邸宅などで構成されていた旧来の農園は、徐々に大規模な集中工場、すなわちセントラールにとって代わられていった。この猛烈に騒々しい工場からは、周囲のサトウキビ畑へと狭軌の鉄道が何キロも延び、畑から運ばれてくる何トンものサトウキビは、わずか数時間のうちに袋入りのほぼ白い砂糖へと加工された。じつは世界中のどのサトウキビ糖生産地帯でも、このような大規模なサトウキビ処理工場は外観も工場内部もみなそっくりで、それに関しては、ほとんどの甜菜糖工場も同様だった。このような大がかりなコンビナートは、できあがった粗糖を、北大西洋の港湾地域にあるさらに大規模な精糖工場に供給し、一部はアジアの精糖工場にも供給していた。砂糖の精製業者は自国政府との緊密な関係を通じて、高品質の砂糖に対する輸入関税を高いままで維持し、植民地の製糖工場が工場周辺に精糖工場を建設することを阻止した。その結果、ニューヨークや香港、ロンドンの沿岸地域には大規模な精糖工場が出現するようになり、標準化が進む精製技術によって、純白の結晶糖を大量に生産するようになっていった。[1]

いっぽうで、サトウキビ畑の耕作方法は驚くほど多様で、キューバの畑のように荒れた森林に囲まれ、たいして手入れもされていない畑から、レイノソ法で几帳面に整えられたジャワの畑までそれこそ千差万別だった。しかし、サトウキビ畑も甜菜畑も、つねに労働者不足に悩まされていたという点では共通していた。このような畑で働いていたのは、中国やインドからやってきた契約労働者の他、スペインのガリシア地方やポーランド領ガリツィア、マデイラ諸島、ジャワおよびマドゥラ島、ハイチ、バルバドス、西インド諸島内陸部の不毛な乾燥地帯、そしてシチリア島からやってきた貧しい移民たちだった。毎年、労働者たちは何百キロもの道のりを歩いてヨーロッパの甜菜畑やジャワのサトウキビ畑に向かい、その数は年々増えていった。彼らの賃金は最低限に抑えられていたが、工場のほうはどこも同じデザインになり、生産するのも白く輝く砂糖の結晶になっていった。また、工場で働く人々の賃金は右肩上がりに上昇し、彼らは北大西洋地域では慣習として定着した福利厚生の恩恵も受け、工場近くにつくられたテニスコートやプールなどの豪華施設を楽しんでいた。

集約とカルテル化

消費量の急増とは裏腹に、砂糖価格は下落の一途をたどった。それはたんに、キューバやルイジアナ、ジャワが奴隷やその他の強制労働者を大量に動員して、新たに肥沃な土地を開拓したからだけではなく、甜菜糖産業のめざましい成長もまた、砂糖の値段を下げる大きな要因となっていた。砂糖市場の片隅で始まった甜菜糖産業はわずか数十年で大きく成長し、一八六〇年代初頭には生産量が急増しはじめた。ドイツ産の精製甜菜糖が流入することを恐れた精製業者たちはイギリス政府に働きかけ、イギリス政府は一八六四年、フランス、ベルギー、オランダに呼びかけてパリで交渉を行い、輸入関税と輸出補助金の上限を設定することで合意した。[2]

しかし、この休戦はつかの間だった。というのも一〇〇万ヘクタールを超える農地を小麦畑から甜菜畑に転換する農家を支援するために、ヨーロッパの有力国が輸出補助金を支給したため、甜菜糖工場の生産量が急増したからだ。甜菜の葉と搾りかすは牛の餌になり、牛は急成長するヨーロッパの都市人口に乳製品と食肉を供給した。しかし何よりも大きかったのは、甜菜糖産業が農業分野に大量の雇用を生み出したことだろう。甜菜の栽培と収穫には、酪農や小麦栽培の三倍ないし四倍の労働力が必要だったからだ。[3]その労働力を供給したのが、一九世紀の最後の一〇年間で土地を持たない農民の人口が四倍に増えたポーランドなどの国々だった。ヨーロッパ全体には何百万人もの農村無産階級がおり、彼らが、甜菜産業で働く労働力層となったのだ。こうしてヨーロッパの甜菜糖生産量は爆発的に増え、一八八四年の世界的砂糖恐慌が起こるまでの一五年のあいだに、ドイツだけでもその生産量は五倍に膨れあがった。[4]

こうして砂糖の生産量が増え続けるうち、ヨーロッパは砂糖漬けとなり、もし市場が本来の機能を果たしていれば、ドイツの工場は、技術的に遅れたフランスの工場の多くを廃業に追い込んでいたはずだ。しかし一八七〇年代、普仏戦争での屈辱的な敗北からいまだ立ち直れず、ヨーロッパきっての甜菜糖輸出国ドイツに復讐心を燃やしていたフランス政府は、甜菜糖の輸出量をさらに増やし、意地でもドイツに追いつこうとした。またフランスの消費者も、甜菜糖産業にたずさわる一〇万人の労働者の雇用を守るために、砂糖に対して数セントの税金を余分に支払うよう求められた。[5] さらにオーストリア＝ハンガリーやロシアなど他のヨーロッパ諸国も、この輸出補助金競争に加わった。しかしドイツはこれに屈さず、砂糖から得た税収の大半を輸出補助金に充てた。つまりドイツの消費者は、イギリスの食卓に並ぶ砂糖を補助するために、砂糖代を余分に支払っていたのだ。[6]

この構造的な過剰生産は一八八四年には世界市場での砂糖価格の大暴落を招き、その後の一五年で価格はさらに半分にまで下がった。栽培作物が甜菜であれサトウキビであれ、ほぼすべての砂糖生産地で、製糖工場と精糖工場の減少は加速度的に進んだ。そしてその影響は、ヨーロッパやアメリカだけでなく、イギリスとフランスがカリブ海に持っていた植民地全土に、さらにはプエルトリコやペルナンブコ、ルイジアナ、南アメリカにまで及んだ。当時、砂糖産業が世界で最も発達していたキューバでさえ、一八八四年以降は工場の統合が急速に進んだ。キューバに居を構えていたボストンの精製業者エドウィン・F・アトキンスのような有力な砂糖生産者は、廃業する製糖工場を買収して堂々たる砂糖帝国を築いた。それに劣らず注目に値するのが、キューバに生まれ、スペインのバルセロナでエンジニアとしての教育を受けたフリオ・デ・アペステギア・イ・タラファの砂糖事業だ。コンスタンシアと呼ばれていた彼の砂糖セントラールの生産能力は、一八九〇年までに年間二万トンと、ジャマイカ島全体の生産量を上回るようになっていた。[7]

世界中のサトウキビ糖および甜菜糖の生産者と精製業者は、減少する利益に、事業規模の拡大とカルテルの結成で対抗した。その代表的な例が、サトウキビ生産地帯に誕生したジャワ島砂糖生産者シンジケートやハワイさとうきび生産者協会、ルイジアナ砂糖プランター協会などだ。アメリカでは精製業者が結集してあの悪名高き「砂糖トラスト」を結成。かたやドイツ、オーストリア＝ハンガリー、オランダ、ベルギーでは、製糖業者と精製業者がカルテルの結成や事業合併を行った。また、帝政ロシアの甜菜糖生産地帯だったウクライナでは、裕福な貴族を中心とした砂糖生産者たちがカルテルを結び、政府の支援のもと、生産した砂糖をペルシアなどの外国にダンピングした。一九世紀初頭にはすでに、ウクライナ産の安価で上質な甜菜糖がペルシアのサトウキビ産業の発展を妨げていたが、今度はペルシアが砂糖を渇望する国民のためにベルギーの支援を得て構築した甜菜糖産業までもがウクライナに破壊されてしまった。[8] オーストリア＝ハンガリーでは、製糖工場と精製業者がカルテルを結んで利益を拡大し、割を食った消費者と甜菜糖生産者は製糖業界の権力の乱用に激しく反発した。[9] またオランダでは、採算性の低い工場の閉鎖や合併が二〇年間にわたって繰り返され、最終的には一九一九年にオランダ中央砂糖協会が誕生した。この統合組織がやがて国境を越えて拡大したのは、組織を裏で動かしていたベルギー砂糖業界の大立者で、ティルモントワーズ精糖工場の経営者ポール・ウィトックが、オランダにも複数の工場を所有していたからだ。[10]

価格の低下と規模の経済の追求により、世界中の砂糖産業でカルテル化と集約化が進んだ。しかしサトウキビ糖産業の場合は、さらに抜本的な財政再建が加わった。というのも与信は作付けされるサトウキビに対する前金に基づいていたが、一八八四年の砂糖恐慌でその脆弱性が明らかになったからだ。前年の砂糖価格の下落は、前代未聞の信用危機を引き起こした。砂糖植民地では製糖工場に融資していた地方銀行が破綻し、なかにはトバゴのように砂糖産業全体が崩壊したケースもあった。[11] しかし最も世間を驚愕させたのは、ジャワの砂糖産業を支えていた金融インフラ全体が崩壊の危機に瀕したことだ。

当初、本国オランダの銀行は救済措置に消極的で、バタヴィアの植民地政府とハーグのオランダ政府そしてアムステルダムの銀行家たちのあいだでは緊迫した電報のやりとりが繰り返されたが、最終的にはサトウキビ・プランターに融資している銀行に資金を投入するために、急遽三〇〇〇万ギルダー（三〇〇万ポンド）が用意された。[12] このとき、オランダとしては絶対にジャワの砂糖産業を破綻させるわけにいかなかった。ジャワの貧しい地域ではすでに農民の反乱が起きており、もし砂糖産業が崩壊すれば、島の大部分がたちまち深刻な貧困に陥るのが目に見えていたからだ。本国の銀行が砂糖産業を存続させるために多額の投資を行ったため、いったん事態が収まると、ジャワの砂糖産業が植民地政策に及ぼす影響力は増していった。当然ながら、製糖工場側は植民地経済における砂糖産業の重要性を指摘し、まずはジャワ産の砂糖に対する輸出税を停止させ、一八九四年にはその輸出税を完全撤廃させることに成功した。[13]

ジャワの砂糖産業が生き残れたのは、一八八四年の危機を迎えた時点ですでに技術が進んでいたことが大きく、それはイギリス領ギアナとトリニダードの砂糖産業も同じだった。本国からの多額の投資と年季奉公人の絶え間ない流入により、西インド諸島のこれら二つの植民地は一気に砂糖資本主義の最前線に躍り出た。こうして、一八八四年以降も砂糖産業へのさらなる投資と集中は続き、一九〇〇年にはイギリス領ギアナの砂糖産業の七〇％以上が四つの巨大企業に牛耳られるようになった。そして最終的には、最大手のブッカー・マコンネル社が、二〇世紀の大部分にわたってイギリス領ギアナの砂糖経済をほぼ独占することになる。同様にトリニダードでは、コロニアル社が一社で島を支配し、二〇世紀初頭には、かつて一〇〇もの製糖所にサトウキビを供給していたサトウキビ畑すべてが、同社の巨大なセント・マドリン工場の所有または管理となった。イギリス領ギアナでもトリニダードでも、工場は労働者の賃金や小作農からサトウキビを買い取る値段を下げることで、労働コストを削減した。[14]

実際、砂糖産業の抜本的な再建において、多大な代償を支払ったのは労働者たちだった。だがもちろん、危機を乗り越える負担を労働者に転嫁したことには反発もあり、多くの農園でストライキや畑の焼き打ちが発生した。[15] また、まだ家や土地を持っていた人々は、自分の農園やトラピチェ（工業化以前の小さな製糖所）に戻ってしまった。こうして、ペルーやプエルトリコ、ドミニカ共和国、ブラジルでは、多くの労働者が最新式の工場に背を向けることになった。[16]

植民地における砂糖ブルジョワジーの復活

歴史家は一八八四年という年を、権力が植民地から本国の貿易商や銀行に移った瞬間、すなわちロンドン、アムステルダム、パリ、ニューヨークの貿易商や銀行に移った瞬間ととらえている。帝国主義が猛威を振るい、世界の大部分がヨーロッパやアメリカの旗のもとに置かれるなか、工業化が進んだ国々は植民地化した自国領での商品生産に多額の投資を行った。しかし一八八四年の砂糖危機は多くのプランターを破綻に追い込み、本国の銀行は農園に資本を注入して立て直すことを求められた。こうして債権者となった銀行は、製糖工場の経営を支配するようになった。しかしだからといって植民地の資産が必ずしもヨーロッパやアメリカの手に渡ったわけではなく、これが植民地の砂糖ブルジョワジーの終焉となったわけでもない。

砂糖ブルジョワジーは決して滅びたわけではなく、二〇世紀初頭に家族経営の工場が株式保有法人へと転換したのを、歴史家が本国企業による買収と誤って解釈しただけだ。[17] 実際には、サトウキビ糖および甜菜糖を製造する有力な自営工場の多くは、同族経営を維持したまま有限責任会社になったにすぎない。たとえばザクセンのクラインヴァンツレーベンにある有名な甜菜糖工場は、マティアス・ラベスゲと義理の息子ユリウス・ギーゼッケによって設立され、一八八一年と一八八五年に二人がそれぞれ亡くなったのち法人化されたが、その後も、同社はマティアスの孫たちにより同族経営が維持された。同様に、ハワイの砂糖農園の二代目たちも事業を法人化したが、それは一族のメンバーが増えたうえ、各地にちりぢりに住むようになったため、資産が分散するのを防ぐためだった。[18]ドミニカ共和国のビシニ家の他、プエルトリコやキューバの名門一族も砂糖事業を法人化したが、いずれも目的は厄介な相続問題に対する自衛と、新たな資本の獲得だった。たとえばバルセロナを拠点とし、キューバに広大な砂糖農園を所有していたゴイティソーロ家が一八九三年に農園の法人化を決めたのは、アメリカから新たな資本を呼び込んで砂糖セントラールを拡張し、サトウキビを工場まで運ぶ鉄道建設資金を調達するためだった。[19]

同族経営の持続力は折り紙付きだ。たとえばジャワでは、一九一〇年の時点で一七七の製糖工場のうち半数が、二代または三代にわたって同じ一族に所有されていた。また、他の二二の工場も古くからジャワに住むインドシナ人のブルジョワ一族が所有していた。同じ年、プエルトリコでは島のセントラールが生産した砂糖の五七・四%が地元のブルジョワジーに管理されていた。[20]グアドループやマルティニークのクリオーリョの一族たちは植民地信用銀行に多額の借金があったようだが、それでも祖父たちの代よりもビジネスに長けていた彼らは、カイユ社の技術者から工場の経営権を取り戻した。また、深刻な貧困にあえいでいた西インド諸島のプランターもイギリスの債権者への債務を返済し、輸出先を成長著しいアメリカ市場へ切り替えた。[21]バルバドスでは、大規模農園と商社がプランテーションと貿易部門を合併させて垂直的、水平的に集中した複合企業に統合。このような複合企業が不在地主の大部分に大きくとって代わったため、一九三〇年までに不在地主が所有する土地は国土のわずか七・四%にまで減少した。[22]

階級としての植民地ブルジョワジーが本国の影響力に屈することはほとんどなかったが、一八八四年の危機と、ほぼ二〇年にわたる砂糖価格の下落は、多額の信用貸しに頼った野心的すぎる拡張計画に多大な打撃を与えた。その結果、一八七〇年代の終わりにエジプト総督のイスマーイールを襲った悲劇（第5章を参照）と同様のことが、小規模ながらもドミニカ共和国、プエルトリコ、キューバでも繰り返され、慢心していた植民地の投資家と植民地政府は、海外すなわちヨーロッパやアメリカの銀行に資産を奪われることになった。著名なプランターたちも、不運や経営上の失敗、あるいは第二次キューバ独立戦争（一八九五〜一八九八）による損害で農園を失った。しかしたいていの場合、本国の投資家たちは農園の存続を望んだ。[23] ドン・レオナルド・イガラビデスの大規模な製糖工場がプエルトリコ社会の派閥争いや腐敗で崩壊したときも、本国の銀行とカイユ社（機械に投資していた）は必死に工場を救済しようとしたが、結局、その努力は無駄に終わった。[24]

本国の銀行や投資家は植民地ブルジョワジーを商売敵ではなく、顧客として見ていたため、農園の所有者たちは帝国の政治や金融の中枢と通じるネットワークにより深く組み込まれていった。[25] 農園主の家族が植民地と本国の両方に生活拠点を置いて行き来していたことで、植民地と本国の境界はさらに曖昧になった。前述のエドウィン・F・アトキンスやスペイン人のマヌエル・リオンダらキューバの砂糖産業を牽引する大物たちは、一年のうち数カ月をアメリカで過ごしても、収穫の時期には必ず農園に戻った。[26] こうしたつながりが、本国の中枢と砂糖フロンティアのあいだに資本、人材、知識の循環を生んだのだ。ペルー最大の砂糖農園を所有するギルデマイスター家は一八四〇年代にペルーに移住したが、その後も彼らはペルー人であるとともにドイツ人でもあり続け、ドイツから資本と技術者を呼び込んだ。[27] また、植民地と本国のブルジョワジー同士の結婚によって、プランターのネットワークとアムステルダムやウォールストリートの巨額資金が結びつくケースも少なくなかった。[28]

何世代にもわたって砂糖農園の近くや敷地内で暮らしてきたプランター一家でさえ、ヨーロッパの最新スタイルや流行を取り入れ、パリやヴェネツィア、スイスを訪れる観光客のなかに裕福なプランターの姿が見られることも少なくなかった。[29] キューバのプランターは、収穫と収穫のあいだの時期をニューヨークやパリ、スペインで過ごしていたし、そうした旅でルイジアナのプランターが、ジャワやキューバの同業者と出会うことも多かったという。ヨーロッパは、プランターの隠居先としても人気だった。成功をおさめたキューバやプエルトリコのプランターは、畑の管理を次の世代に引き継ぐと、バルセロナに移住した。スペインのコスタ・ブラバにある町、ベグールのように、住民のなかでキューバに親戚のいない家族はほとんどいない、キューバ人居留地のような場所もあった。[30] 裕福なオランダ人プランター一族は、ジャワ島生まれでオランダに行ったことなどほとんどなくても、引退すればハーグに移り住んだ。また、バルバドスのプランターは何代も前からバルバドスに住んでいても、イギリスを故郷と呼んだ。いっぽうイギリス領ギアナのプランター一族は、農園とイギリスにある邸宅とを頻繁に行き来していた。

プランターたちは子女をアメリカやイギリス、フランス、スペイン、またはオランダの高校や大学に留学させたが、そのなかにはフィリピンやジャワの、混血の中国系砂糖ブルジョワジーも含まれていた。[31] 国内にいくつも大学があるブラジルでも、裕福な砂糖プランターは息子を、ときには娘を、教育のためにイギリスやフランスに送り出した。[32] それはたんに上流を気取りたいだけという場合もあったが、プランターの多くは熱帯農業を学ばせるために子息を一流の農業学校や大学に入学させた。そうすることで、工場の経営と債権者の信頼を維持できたからだ。

砂糖ブルジョワジーの強さの理由は、まず水準の高いヨーロッパの文化や教育を志向したこと、もうひとつは一族をみごとな事業ネットワークに発展させたことにある。それはまさに、一九世紀のブルジョワジーがみな、普通にやってきたことだった。たとえば当時のニューヨークの経済エリートはみな名門一族で、婚姻によって互いに結びついていたが、それは中部ジャワ、プエルトリコ、キューバ、フィリピンで砂糖農園を営むクリオーリョや、ルイジアナのフランス系アメリカ人プランターも同じだった。[33] また、裕福な娘が裕福な結婚相手を見つけられない場合、ルイジアナ州のようにその娘自身が農園を運営し、結婚後も資産の管理を続けるというケースもあった。ブラジルでは、プランターの娘は同族内で結婚したが、それは一族の資産が分割されるのを防ぐためであり、それと同時に、ポルトガルから来たばかりの山師の手に資産が渡るのを阻止するためでもあった。[34]

結婚を通じて蓄積された富は、農園主のネットワーク内にヒエラルキーを生んだが、そこにはたいてい、ひとりまたは数人のリーダー的存在がいた。たとえばハワイでは、伝道団の帳簿係として一八三六年に二八歳でボストンから船で渡ってきたサミュエル・ノースラップ・キャッスル（一八〇八〜一八九四）がそうだった。宣教師としての任務を終えたあと、彼はエイモス・S・クックとともに一八五一年に銀行代理業を始めた。キャッスルは新興産業であったハワイの砂糖産業の立役者となり、その長い生涯を通じて砂糖産業に資本と設備を提供し、サンフランシスコの精製業者と関係を築いた。彼はまた、「ハオレ・ビッグファイブ」（ハオレとはハワイ語で白人の意）として知られる、伝導団メンバーの子どもたちが運営する農園を支援し、一八六三年にはハワイ王国の枢密院の評議員にも指名された。[35]

最も有力な砂糖ブルジョワジーの一族は、それぞれの国でも最も裕福な一族に数えられる人々だった。たとえばルイジアナ最大の奴隷所有者は、一〇〇〇人以上の奴隷と一〇〇万ドル以上の資産を所有していた。また、サトウキビ畑へと続く大規模な線路網を持つ巨大な工場を複数所有する一族もいた。たとえばレユニオン島のケルヴェゲン家は、島のサトウキビ畑の半分以上を所有し、農園の総面積は三万ヘクタールに及んだ。ペルーでは、一八八四年の砂糖危機以降の大地主としてラルコ家（イタリア系）とギルデマイスター家（ドイツ系）が台頭したが、一九二七年にヴィクトル・ラルコが破産すると――彼は砂糖帝国を拡大しすぎた――ギルデマイスター家がその広大な地所を引き継ぎ、ペルーのチカマ砂糖生産地帯のほぼ全域を掌握した。[36] 最も裕福な砂糖王たちが世界屈指の大富豪となったのはまちがいない。これに該当するのが一八世紀末のイギリスのラッセルズ家とベックフォード家、そして一九世紀のキューバでおそらく最も裕福だったベネズエラ生まれのテリー・エイダンで、一八八六年にパリで亡くなったとき、彼は約二五〇〇万ドルの資産を所有していた。エイダンの子どもたちはヨーロッパの上流貴族と結婚し、ラッセルズ家の息子のひとりも、イギリス国王ジョージ五世の娘と結婚している。

植民地ブルジョワジーは、排他的とは言わないまでも、明らかに「内」か「外」か、という観点で物事を考える一族で、そうすることで、最も強力な「外」の脅威にも打ち勝っていった。それを壮大な方法でやってのけたのがハワイの五大財閥、ハオレ・ビッグファイブで、彼らはハワイの砂糖生産を一手に掌握したいという野望を抱いていたカリフォルニアの有力な砂糖精製業者クラウス・スプレッケルスを、みごとにはねのけた。

カリフォルニアで一大砂糖ビジネスを築いたスプレッケルスは、もともとはドイツからやってきた無一文の移民で、砂糖王の座に上りつめる以前は、ビール醸造家としてささやかな財を成していた。しかし南北戦争でルイジアナの砂糖農園が壊滅的な打撃を受けると、彼はフィリピンの砂糖を使い、ドイツの技術を取り入れてカリフォルニアで砂糖の精製業を始めた。精糖工場はわずか数年で巨万の富をもたらし、彼はその一部を使ってハワイの島に四万エーカーの王領を借り受けた。王族の負債を巧みに利用し、融資を通じて彼らを財政難から救い、その代償として土地を手に入れたのだ。地元紙はこれを土地の強奪と強く非難したが、おそらくこの地元紙はスプレッケルスに敵対するハオレが所有していたのだろう[37]。

スプレッケルスは、三〇マイルに及ぶ灌漑用水路に五〇万ドルを投資した。さらにまだ緑色の未乾燥のバガスを燃料として使える最新式の工場も建設。工場には自動コンベヤーを設置し、鉄道輸送を導入した。そして早くも一八八一年には電灯も導入したのだ。海運会社も所有していたスプレッケルスは自分の農園だけでなく、ハオレの家系が所有する農園もカリフォルニアの自身の精糖工場とつなげ、ホノルルとサンフランシスコ間の貨物輸送と旅客輸送を独占した[38]。ハオレのプランター階級が支配していたハワイ政府にとって、スプレッケルスはまさにじわじわと迫ってくる包囲網のように見えたに違いない。地元のパートナーであるアーウィン社を通じ、スプレッケルスはハワイのサトウキビのほぼ半分を牛耳った。彼はまた王国の公債の五〇％以上を保有していたため、王を裏で操る真の権力者でもあった。[39]

しかし、そのスプレッケルスも無敵というわけではなかった。一八八四年の砂糖危機はハワイのすべての農園を直撃したが、スプレッケルスの事業はとくに大きな打撃を受け、株主たちをだますことでかろうじて生きのびたとされる。少なくとも、サンフランシスコ・クロニクル紙の記者はそう見ていたが、その記者はこの記事に憤ったスプレッケルスの息子に銃撃され、危うく記事の代償をみずからの命で支払わされるところだった。この一件は、ハワイにおけるスプレッケルス家の力が衰えていることを示す最初の兆候となり、この機会を捉えたハオレ・ビッグファイブは一八八六年、ロンドンの投資家たちから多額の融資を得て、スプレッケルスの経済的支配から王国を奪回した。[40]彼らは失った土地を取り戻し、スプレッケルス社の農園のほぼすべてが、一八九八年までにハオレの企業であるキャッスル&クック社とアレクサンダー&ボールドウィン社の手に渡った。[41]その数年後、このハオレの一族たちは海運業におけるスプレッケルスの独占市場も崩し、一九一〇年にはスプレッケルスが築いた遠洋航路そのものを掌握して、ハワイの砂糖産業を完全に支配することになった。[42]

繰り返しとなるが、ハオレの植民地ブルジョワジーが地位を回復した方法は特別なものではなく、同様のことはバルバドスやグアドループでも起こっていた。また中国系の同族企業とフィリピン人の地主から成るフィリピンのプランター階級は、アメリカの統治下にあった二〇世紀初頭、さらにめざましい復活を遂げている。当時、アメリカの投資家はフィリピンの砂糖産業を改革して資本力の高い少数の大規模製糖工場に集約したが、フィリピンの砂糖エリートたちは銀行システムをつくって、それらの工場を手中に収めた。その結果、一九三〇年代には、フィリピン人が砂糖農園の九四％を所有して、集中工場で砂糖の五一％を生産し、残りの二〇％を、スペイン人が生産していた。やがてフィリピン人の砂糖実業家たちによる緊密なネットワークが生まれ、二〇世紀の大半を通じて、彼らが国を支配していくことになる。[43]
イギリスやオランダでは、裕福なプランターや銀行家の一族が重要な政治的役割を担うのが常だったが、ペルー、ドミニカ共和国、フィリピンなどの砂糖生産国で砂糖財閥が持つ政治的・経済的権力は、それよりはるかに広く深く浸透していた。その結果生まれたのが、人類学者のヴィオレータ・B・ロペス＝ゴンサガが言う「シュガーランディア」で、そこでは生活のほぼすべての側面が有力な砂糖プランター一族によって牛耳られ、そのプランター一族は地元に深く根ざしながら、同時に世界の砂糖経済と一体化していた。[44] このような一族のひとつが、中国系フィリピン人のロペス家だ。一八三〇年代のフィリピンで紡績業を始めた彼らは、のちに砂糖フロンティアのネグロス島で富を築き、二〇世紀初頭にはネグロス島にフィリピン最大の製糖工場を所有するまでになった。一族のひとりはのちに、フェルディナンド・マルコス政権で副大統領に就任している。[45] ペルーでは、砂糖プランターは一九世紀後半から一九三一年まで続いた寡頭政治体制の一角を成し、一九〇〇年から一九一九年のあいだに二人の砂糖王が大統領に選出された。[46] ドミニカ共和国では、有力な砂糖事業の創業者、ファン・バウティスタ・ビシニの息子が一九二二年から一九二四年まで大統領を務め、彼は一九一六年にドミニカ共和国を占領したのち泥沼に陥っていたアメリカ軍に撤退を求めて交渉を行った。[47]

アジア向けのジャワ島産砂糖

ヨーロッパの甜菜糖業界と同様、植民地ブルジョワジーも一八八四年の危機をほぼ切り抜けたが、ブルジョワジーの層は薄くなり、彼らの世界も大きく変化した。ルイジアナやジャワ、ハワイの砂糖業界は、一八四〇年代から一八五〇年代に創設された前出の協会や制度をつくり直すことを余儀なくされた。その結果できた新たな組織は、労働力の募集や賃金などについても、以前の組織より大きな影響力を持つようになった。また、このような組織は定評ある専門誌や科学雑誌を独自に創刊し、糖業試験場も設立した。

いまや世界第二のサトウキビ糖輸出地となったジャワは、一八八四年の危機のあと、みごと方向転換に成功した。一八七五年から一九二七年のあいだにジャワの砂糖輸出量は一〇倍以上に増えたが、この成長は輸出先を完全に変えたことによるものだった。甜菜糖保護主義によってヨーロッパ市場から締め出され、保護主義が進むアメリカ市場に参入する機会も得られなかったジャワの砂糖産業だったが、その後、彼らはなんとアジアの主要市場を征服するという快挙を成し遂げた。一九二〇年代半ばまでに、ジャワ島産砂糖のおもな販売先はアジアとなり、四〇%をインドに、残りの四〇%を中国と日本に輸出するようになった。[48]

急速に工業化が進んだ国の例にもれず、日本も砂糖に親しむようになり、独自の砂糖産業を構築するための第一歩を踏み出した。一九世紀後半まで、日本では菓子は職人がつくるものだったが、次第に大衆化していき、菓子売りの登場で菓子は日本の街角に浸透していった。[49]日本列島の北に位置する開拓の地、北海道に甜菜糖産業を確立しようとした試みは、ドイツ人技術者の支援を得たにもかかわらず失敗に終わった。それでも日本は、鈴木藤三郎《とうざぶろう》のおかげで独自の精製技術を手に入れた。彼はもともと貧しい菓子商だったが、結晶糖をつくろうと、辛抱強く努力を重ねた。手に入る文献を片端から読み、わからない部分があれば大学生に原書の翻訳を頼みもした。そして一八九〇年、彼は最初の砂糖精製機をつくり上げ、一八九六年には日本精製糖株式会社を設立した。[50]同社は、中国沿岸都市にある巨大な精糖工場や、ギリシアの多国籍商社ラリ・ブラザーズ社とともに、ジャワ産砂糖の大口顧客となった他、ジャワでも最大規模の製糖工場を買収したことで、貴重な製糖技術も手に入れた。こうして一九二〇年代には、日本の投資家はジャワに五つの製糖工場を所有するようになった。[51]

アジアの金融資本主義と商業資本主義は、当時、世界金融の中心であったロンドンとは無関係に発展した

アメリカの画家ロバート・フレデリック・ブルームの『The Ameya（飴屋）』（1893）に描かれているように、19世紀後半の日本の街角では飴細工職人の姿がよく見られるようになっていた。

が、それを示す好例が砂糖だ。三社からなる商社グループ――ジャワにあった二社（バタヴィアのマクレーン・ワトソン社とスマランのマクニール社）とシンガポールにあったマクレーン・フレーザー商会――は、イギリスの銀行と手を切って完全にアジアに拠点を移すと、アジア市場との取引を強化し、一八七〇年代以降はアジア最大のヨーロッパ系砂糖商社として台頭した。彼らはジャワ島産の砂糖を中国東部沿岸地域にあるバターフィールド＆スワイヤ商会の精糖工場に供給する主要企業となり、さらにはラリ・ブラザーズ社を通じてインドにも砂糖を供給した。一八八四年の砂糖危機のあと、マクレーン・ワトソン社はジャワの砂糖の半分を買い占め、二〇世紀初頭にはジャワの砂糖の三分の二を支配した時期もあった。[52]

ジャワではほぼ純粋な砂糖――すなわち純度約九九％のショ糖――の生産力が急速に高まり、アジアの都市部で増大する需要に対応した。[53] この砂糖は純度が高かったため、地域の味や好みに合わせやすく、たとえばインドではグルや糖蜜と混ぜて利用され、中国では砂糖の結晶を粉状に挽いて用いられた。中国東部の沿岸地域に拠点を置くイギリスの精製業者バターフィールド＆スワイヤ商会とジャーディン・マセソン社は一九〇七年、広東省での砂糖の買い付けを中止し、ジャワ島の供給業者に切り替えた。また、中国と日本への砂糖輸出が非常に重要になったことから、オランダ領東インド政府が支援するオランダの海運会社のコンソーシアムが、輸送用の直行航路を開設した。[54] ジャワの砂糖産業は、中国の農民がつくる砂糖だけでなく、停滞していたフィリピンやシャムの砂糖産業との競争にも勝利した。[55] 大規模で近代的なイギリス領マラヤのペナン・シュガー・エステーツ社ですら、もはやジャワの砂糖とは競えないと見切りをつけ、ゴムの製造に切り替えた。[56] こうしてジャワの製糖工場は一八八四年の砂糖危機をみごとに乗り越え、砂糖ブルジョワジーはそれまで以上に強力な存在となったが、この勝利は収入が減少したジャワの農民たちの犠牲のもとに成しとげられたということを忘れてはならない。[57]

世界に広がるサトウキビと病害

一八八四年に世界中の砂糖生産地帯を吹き荒れた金融危機は、本国からの資本の大規模注入によってすみやかに解決したが、その結果、製糖工場に対する銀行の監視は強まった。しかしジャワにはまもなく、この金融危機さえかすんで見えるほどの新たな危機が訪れる。一八八三年、プランターたちはブラック・チルボン種のサトウキビに時々、ある病気が発生することに気がついたのだ。見た目がレモングラスのようになることから、その病気は「セレ病」（「セレ」とは、レモングラスの意味）と呼ばれるようになった。この厄介な伝染病を根絶するまでには何年もの月日を要したが、やがてこのセレ病やその他の病気との戦いは、ショ糖の収量が多い画期的なサトウキビ品種の開発につながっていった。しかし、そういった新種が世界のサトウキビ生産地に拡散すると、今度は深刻な生産過剰を招き、一九二〇年代後半に再び世界の金融システムを根底から揺るがすことになる。

植物の病害は、世界的な脅威となっていた。というのも、世界中が多収量品種を追い求めた結果、栽培されるサトウキビ品種がわずか数種類に絞られてしまい、ひとつの病気が世界中のサトウキビ畑を壊滅させかねない状況を生み出したからだ。植物の病気は蒸気船並みのスピードで伝播し、一万キロ離れたサトウキビ畑をも壊滅させる。種の多様性を維持するという昔ながらの農業の知恵は、ほとんどの場所で完全に無視されるようになっていたのだ。しかし、インドの農村部だけは違った。じつはインドの農業園芸協会のメンバーは一八四〇年代にオタヘイティ種のサトウキビを普及させようとしたが、農民たちが、さまざまな品種のサトウキビを取り混ぜて栽培することにこだわったため、うまくいかなかった。病害は特定の種が標的になりやすい。したがってインドの農民が栽培するサトウキビは収量こそ少なかったが、遺伝的に多様だったため、病気が出ても全収穫量を病害で失うリスクは大幅に抑えられた。これとは逆に、植民地ブルジョワジーは、とにかく収量が最も多い品種を見つけることばかりを考えていた。ブーゲンビル伯爵ルイ・アントワーヌによって一七六七年にタヒチ島で発見されて以来、オタヘイティ種は世界中を旅し、カリブ海地域やラテンアメリカ本土のサトウキビ畑を席巻した。しかし、その成功は転落への道でもあった。一八四〇年にモーリシャスとレユニオン島で最初に流行した赤腐れ病は、それから五〇年のあいだにブラジル（一八六〇年）、キューバ（一八六〇年代）、プエルトリコ（一八七二年）、オーストラリアのクイーンズランド州（一八七五年）、そして西インド諸島（一八九〇年代）と、世界各地のサトウキビ栽培地に広がり、収穫量の二〇％から五〇％が失われた。[58]

そのころには、代替種のブラック・チルボンがすでにジャワからアメリカ大陸に進出していた。この品種がオランダ領アンティル諸島にやってきたのは一八世紀の後半で、そこからカリブ海地域全体に急速に広まり——一七九五年にはすでにキューバに到達していた可能性が高い——少し遅れて、ルイジアナにも到達した（そこではルイジアナ・パープルと名付けられた）。ジャワ島産のもうひとつの品種、ホワイト・プリアンガン（別名クリスタリーナ）は、あの有名なボイテンゾルク（ボゴール）の植物園から一八四〇年代にキューバ、アルゼンチン、ルイジアナ、プエルトリコ、台湾に広まり、一九世紀後半から二〇世紀初頭にかけてブラジル、モーリシャス、ペルーにも広く普及した。これは栽培しやすい種で、何度株出ししたあとでも収量が落ちない。つねに労働力不足を抱えるキューバには、その点がとくに重要だった。[59]

しかし、ブラック・チルボンもクリスタリーナも病気に弱い点ではオタヘイティ種と変わらず、セレ病などの伝染病は、プランターにとってほぼ克服不能な問題となっていた。[60] 現在なら、病気に強い品種を開発することで解決を目指すだろうが、一九世紀にはまだ、サトウキビは無性生殖でのみ増えると考えられていたため、異種交配で耐性品種をつくるのは不可能だと広く信じられていた。しかし何人かの研究者は、農業科学界がまだメンデルの法則を知らなかった一八五〇年代にジャワやハワイ、バルバドスで行われ、すぐに放棄されたサトウキビの交配実験のことを覚えていた。そして、セレ病という災厄が、顕花植物の他花受粉という新たな試みに拍車をかけ、一八八六年、ジャワのスマラン試験場のF・ソールトウェデル博士が他花受粉に成功した。[61] こうしてサトウキビの交配による品種改良が一九世紀の終わりに始まり、一九二〇年代には高収量の画期的な交配種が誕生した。これにより世界の砂糖生産量は増大したが、その結果、砂糖価格は急落した。先述したように、実際にはこの成功は、さらに大きな苦難を招くことになる。[62]

しかし、耐性品種探しの効果はてきめんで、すでに血縁の絆で結ばれたプランターのネットワークはさらに強固なものになった。ジャワ島では一八八五年、サトウキビの病害と戦うために三〇の製糖工場が資金を出し合い、島で最初の試験場を開設、一流の科学者を雇い入れた。最終的に、ジャワには三つの砂糖試験場がつくられたが、政府からの助成はいっさい受けず、資金は各工場が支払う会費でまかなわれた。この時期には家族経営の農園から公開有限会社への転換も行われ、技術的にも、植物学や化学の面でも専門化が進んだ。それにより管理職階級が前面に出てくるようになり、事業は技術と科学こそが重要という感覚で運営され、それが経済力のさらなる集中を促進した。技術系管理職たちの論理に基づいた病害管理は砂糖農園を規律あるかたちで結束させ、それと連動するように、工場では雇用と労務管理面の緊密な連携が進んだ。

つまり近代的な砂糖の複合企業体は、砂糖価格の下落が続く市場での激しい国際競争や、大損害を引き起こす病害リスクにつねにさらされている環境、そして労働力の管理と確保という難題に対応した結果、生まれたのだ。技術と科学は生産を均一化し、プランターたちを規制した。また試験場は、植物の取り扱い時の汚染を防ぐ最善の方法を定めた。衛生規則はジャワからルイジアナにも伝わり、新たな病気でサトウキビ畑を全滅させることがないよう、若いサトウキビは細心の注意をもって扱われた。

奇跡のサトウキビPOJ2878

ジャワの砂糖業界はセレ病に効果的に対処し、一八八四年の信用危機からも急速に回復した。これは植民地ブルジョワジーが持つ立ち直る力と、革新的精神をよく表している。危機からの回復を主導したのは、一エーカーあたりの収穫量を増やそうとつねに最大限の努力をしていたジャワのプランターたちだった。そんな彼らのすぐあとを追っていたのが、ルイジアナとバルバドス、そしてフランス領モーリシャスのプランターたちだ。一八六〇年以降、あの有名なパンプルムース植物園の研究課題に多大な影響を与えてきた彼らは、一八九二年、農学研究所を設立した。[63] このころ、植民地ブルジョワジーは世界各地で、農業研究や知識の普及を行う専門機関を創設し、資金提供を行っていた。糖業試験場は、ジャワ島（一八八五年）、ルイジアナ（一八八六年）、バルバドス（一八八七年）、モーリシャス（一八九二年）、ハワイ（一八九五年）、キューバおよびクイーンズランド（一九〇〇年）、ペルナンブコ（一九一〇年）、プエルトリコ（一九一一年）、インドのコインバトール（一九一二年）と急速に数を増やし、そこでは包括的な品種改良プログラムやその他の植物学的研究が進められた。

プランターは試験場を積極的に支援し、自分たちが抱える難題を試験場が解決してくれることを期待していた。冬場の凍害や労働力不足という問題を抱えていたルイジアナのプランターたちは、甜菜糖と同様、サトウキビ糖の製造にも革命を起こす浸出技術の開発に期待した。これは甜菜と同じように、サトウキビをスライスして熱湯に投入し、細胞壁を通してショ糖を抽出するという技術だ。ルイジアナのプランターたちはグアドループで行われた実験でこの技術を知ったのだが、じつはこれは一九世紀初頭にフランスで最初に甜菜糖を生産した農学者、マチュー・ド・ドンバールの研究に触発されたものだった。[64] そして一八八〇年代、元ルイジアナ州知事で州内のプランターの中心的存在だったヘンリー・C・ワーモス所有のマグノリア農園では、注目の実験が進められていた。当時ワーモスは、自由市場ではルイジアナの砂糖はキューバの砂糖に勝てないと痛感していた。

そこでワーモスは、甜菜糖工場で行われている浸出工程をその目で見るために、みずからドイツとフランスに赴き、さらにはアメリカ農務省の主任化学者ハーヴェイ・ワイリーの全面的な協力も得てこの実験を実施したのだ。やがて世界中の砂糖プランターたちの耳に、サトウキビに浸出技術を用いた実験、それもルイジアナの技師で当時パリに住んでいたリリューが開発した最新型の真空釜を使った実験が成功したらしいという話が届きはじめた。[65] ワイリーの発案で、一八八五年にはニューオーリンズ近郊に試験場が設けられ、ハーヴァード大学で学び、世界の砂糖生産の最前線にこの技術を一刻も早く届けたいと願う化学者たちが試験

1920年代、インドネシアのパスルアン糖業試験場で交配後にサトウキビの雌花を分離する職員。異種交配によって品種改良されたサトウキビの開発は、19世紀後半の大きな成果だった。

に取り組んだ。しかしサトウキビ糖製造への浸出技術の導入は、商業ベースではけっしてうまくいきそうになかった。法外なエネルギーが必要となるいっぽう、この浸出方法では燃料になるはずのバガスが使い物にならなくなってしまうからだ。試験の結果に落胆したワーモスは、一八八八年、自身の砂糖農園と工場を売却した。だがその後も試験場は重要な機関であり続け、試験場が育成した砂糖化学者のおかげで、工場はサトウキビの加工処理をよりうまく管理できるようになった。この化学者の育成は一八九一年に学校という形で制度化され、わずか数年のあいだに、キューバ、プエルトリコ、スペイン、コロンビアからも学生が集まるようになった[66]。

いっぽう、ジャワ島のパスルアン糖業試験場は、世界的なサトウキビ研究拠点として台頭した。一九二九年、六〇名の研究者と助手で構成されたこの試験場は、実際に栽培されている品種と「野生の」耐性品種との交配に成功し、壊滅的な被害をもたらすモザイク病の世界的蔓延を食い止めたとして世界に名を馳せることとなった。ジャワ島で発生したモザイク病はおそらくアルゼンチンを経由してアメリカ大陸に渡り、そこからカリブ海地域全体、さらにルイジアナまで広がったと思われる[67]。そして在来種と外来種のサトウキビを使った実験が一五年にわたって続けられ、一九二一年、ＰＯＪ２８７８というサトウキビが驚異的な突破口をもたらした。ＰＯＪとは、東ジャワ州の試験場のオランダ語名である Proefstation Oost-Java の頭文字を取ったものだ。

こうして生まれた奇跡の品種は、モザイク病に耐性をもつだけでなく収量も多い、まさにサトウキビの革命児だった。この品種は、一九二六年に正式導入されるはるか前から、すでにルイジアナとプエルトリコで広く普及していた。ルイジアナでは、一九一一年以来八五％も激減していたサトウキビの収穫量が、ＰＯＪサトウキビ種のおかげで回復した。一九二〇年代、ジャワに五つの製糖工場を所有していた日本の経営者たちは、ＰＯＪ２８７８とその他のＰＯＪ種を、当時、日本の植民地だったフォルモサ（台湾）に持ち込んだ。そして一九三〇年代から一九五〇年代、パスルアン糖業試験場で生まれた交配種がジャワ、モーリシャス、台湾のみならずアメリカ大陸のサトウキビ畑も席巻した。インドでは、一九一二年にコインバトールに設立された試験場がＰＯＪの変種と独自開発の交配種を掛け合わせ、一九三〇年代のフィリピンでは、パスルアンの変種とハワイ産のサトウキビが在来種にとって代わった[68]。

カリブ海地域でも、ＰＯＪサトウキビ種が主流となり、当初はボーヴェルズ・バルバドス植物試験場が開発した交配種がイギリス領西インド諸島の砂糖農園を救い、その後はデンマーク領ヴァージン諸島、グアドループ、マルティニークにも普及していった。プエルトリコではピーク時、このサトウキビが、サトウキビ畑の四〇％以上を占めていた[69]。しかしこのバルバドス種は、カリブ海地域で圧倒的に重要な砂糖生産地、キューバには到達しなかった。なぜなら、キューバの工場主たちは熱心な経営者ではあったが、その多くは自分でサトウキビを栽培せずに農家から購入していたため、サトウキビの品種にはまったく興味がなかったのだ。しかし、キューバに広大なサトウキビ畑を持つエドウィン・F・アトキンスの考えは違っていた。第二次キューバ独立戦争（一八九五～一八九八）の嵐が吹き荒れたあと、彼はハーヴァード大学の科学者たちと相談し、所有するソレダ農園にハーヴァード大学熱帯・サトウキビ研究所を設立した。しかしこの研究所で誕生し、「ハーヴァード」と名付けられた新品種がキューバのサトウキビ農園で栽培されることはなかった。[70]それでも、モザイク病が自分たちの畑で猛威を振るうなか、他の地域ではＰＯＪ種が高い収量を維持しているのを見て、さすがのキューバの製糖工場や農園も考えを改めた。以来、ＰＯＪ種は徐々にクリスタリーナ種にとって代わっていき、一九四三年にはキューバのサトウキビ畑の六三％を占めるまでになった。

パスルアン糖業試験場のサトウキビはバルバドスの交配種より大きな足跡を残したが、両者の歴史を見れば、科学知識がどのように全世界に広まっていったのかがよくわかる。最も注目すべきは、知識の広がりが植民地の境界を越え、あらゆる方向に広がっていたことだ。ロンドンのキュー王立植物園やオランダのヴァーヘニンゲン農業大学など本国の機関の支援を受けていたパスルアン、ボゴール、コインバトール、そしてバルバドスの試験場は、当然、それぞれの後援機関に忠実だったが、個々の研究者は当局の意向とは関係なく、互いに自由に試料を交換し合っていた。たとえば一九三〇年、オランダの植民地政府は貴重な植物試料の持ち出しを禁止したが、もはやそれは手遅れだった。

サトウキビの新品種や革新的な病害虫対策は世界に大きな影響を与えたため、サトウキビの専門家たちは一躍有名人となり、その専門知識は世界中で求められるようになった。ドイツで修業を積んだのち、ルイジアナの試験場の所長となったウォルター・マクスウェルもまた、そうしたサトウキビ専門家のひとりだ。一八九五年、彼はハワイのプランターに請われて新設された試験場で働くことになったが、このときプランターたちは、彼を招聘できたことを小躍りして喜んだに違いない。[71]しかし、ハワイはマクスウェルが骨を埋める場にはならなかった。地元の精製業者にせっつかれたクイーンズランド州政府が、砂糖農園の視察をマクスウェルに依頼してきたのだ。クイーンズランドの農園では、土壌が疲弊し、収量が急激に落ちていたからだ。マクスウェルは栽培方法の稚拙さを指摘し、三つの試験場を設立するよう勧めた。政府はこの助言に耳を傾けただけでなく、彼に所長になってほしいと要請し、彼はそれを引き受けた[72]。いっぽうハワイの試験場は、職員の交流の輪を完成させるべく、ジャワのパスルアン糖業試験場の科学者、A・J・マンゲルスドルフを雇い入れ、一九二六年にサトウキビの交配計画を打ち出した。

砂糖生産者のあいだには熾烈な競争が繰り広げられていたが、科学者たちはそんな競争などどこ吹く風で、機会があればいつでも海外の同業者と協力しながら研究に取り組んでいた。また彼らは広く世界を旅したが、それはあの伝説的なドイツ皇帝フレデリック・バルバロッサ（赤髭王フリードリヒ一世）の時代から変わらない。当時も、砂糖職人たちはシリアでバルバロッサに雇い入れられ、彼の宮廷のあるシチリアへとやってきたのだ。二〇世紀、オランダ人のヘンドリク・コンラート・プリンセン・ヒアリフス・ヒアリフスをはじめとする傑出した専門家の名は、世界中のサトウキビ糖製造業者に知られていた。ヒアリフスは砂糖化学に関する論文を文字通り何百本も発表し、十数冊の本を出版した。また、世界のサトウキビ糖産業に関する権威ある研究も行った。さらに一九二〇年代には、ジャワ島にとって最大のライバルであるキューバの同業者たちと協力して砂糖の計画的減産計画を策定し、世界規模の大惨事を回避しようともした。彼が亡くなったとき、死亡記事には「全世界の砂糖産業のために働いた科学者」と記されていた[73]。

第8章　世界の砂糖、国のアイデンティティ

一九世紀の終わりには、工業用のサトウキビと甜菜の加工技術は標準化がさらに進んだ。畑も同様で、学術誌や農業試験場のおかげで最適な方法がどんどん開発されていった。このように科学的知識は世界中に広がり、資金も電信によってものの数時間で送れるようになったが、それでも労働に関してはつねに物理的な移動が伴った。サトウキビ畑や甜菜畑での収穫に多くの人手を要する砂糖産業は何百万人もの労働者を惹きつけ、農村部の社会構造は激変した。じつは私たちはこれと同様のことをすでに一七世紀に目撃していた。アフリカ人奴隷が大量に流入したことで、ヨーロッパ人の入植地だった西インド諸島やフランス領アンティル諸島がプランテーション地帯となり、ものの数年でヨーロッパ人入植者がこの地の少数派になったときだ。それ以降、砂糖が持つ社会全体の人種構成を激変させる力は拡大の一途をたどった。一九世紀のあいだに、世界の砂糖生産量は一〇倍に増え、サトウキビ畑や甜菜畑には膨大な数の移民が押し寄せた。

貧しい砂糖労働者が大量に流入してくることへの抵抗は二〇世紀に入って頂点に達したが、実際は一八世紀後半からそのような不満は湧き上がっていた。当時の奴隷廃止論者たちは、奴隷とプランテーションと暴力は、小自作農と平和と安定と同様にひとつのセットだと考えていた。ベンジャミン・ラッシュがトマス・

ジェファソンに宛てた公開書簡も、平和な小自作農による砂糖生産と暴力的で抑圧的なプランテーションの砂糖生産という二項対立の考え方がベースとなっており、彼はそのなかで、サトウキビ・プランテーションの砂糖ではなくカエデ糖を使ったらどうかと提案している（第3章を参照）。この問題は、アシャールが書いた甜菜糖の生産マニュアルがヨーロッパのすみずみにまで行き渡った一八一一年以降、深刻な政策課題として浮上していた（第4章を参照）。さまざまな作家が、奴隷制や「苦力《クーリー》貿易」に汚されていない甜菜糖のほうが、サトウキビ糖より自国産の砂糖として倫理的に好ましいという彼の考え方に賛同を示していたのだ。

一九世紀の末には、砂糖は国家的もしくは政治的アイデンティティの問題となった。これは生産と消費の様式が変化したことで、農場と工場、伝統的砂糖と工場、そして農村部の消費と都会の消費のあいだに対立関係が生まれたからだ。都市部ではおもに白い分蜜糖［サトウキビを搾って煮詰め、結晶だけを取り出したもの］が消費されていたが、当時、世界のほとんどの人が居住していた農村部で広く消費されていたのは粗糖だった。一八七〇年代まで、砂糖のほとんどは未精製であり、砂糖は世界の多くの地域で農業サイクルの重要な一部として、農村の収入、ひいては農村の耐久力にも大きく貢献していた。たとえばインドの農民は、イギリス人がインドの砂糖生産を工業化することに激しく抵抗した。南アジアでは二〇世紀の半ばになってもまだ工業生産された分蜜糖より未精製のグルが主流だったし、その当時のラテンアメリカでは一〇万以上あった工業化以前の小規模工場が粗糖を生産していた。世界市場では砂糖価格が下落し、砂糖生産の大規模化が進んでいたが、農村部では工業化以前の古い製糖方法が依然として健在だった。

世界の主要なサトウキビ糖生産地のなかには、奴隷制の影響がその土地の政治文化や制度を形づくってきたところもある。実際のところ奴隷制はそれほど過去のものではなく、一九世紀の半ばまで、世界のサトウキビ糖輸出の半分は奴隷がつくっていた。この時代のアメリカ大陸では、奴隷解放という大義は、どちらに傾くかわからない微妙なバランスを保っていた。もしキューバとアメリカ南部州の奴隷所有者たちが一丸となっていたら、このバランスは彼らの側に有利に傾いたかもしれない。これはたんなる仮説などではなく、ラテンアメリカ情勢が混迷し、アメリカ合衆国にとってキューバが一番の重大関心事だった一八二二年、アメリカ合衆国の大統領ジェームズ・モンローはすでにそのことについて検討していた。[1]

民主党員であり、南部州に政治的基盤を持つジェームズ・ブキャナンは国務長官、駐英大使、アメリカ合衆国大統領（一八五七〜一八六〇）のキャリアを通じてずっと、キューバをスペインから買い取るべき、と主張していた。[2]ブキャナンのこの姿勢はルイジアナの農園主たちから熱烈に支持され、彼らの機関誌『デボウズ・レビュー』は一八五〇年、「キューバの領有はわが国の適切な発展にとっても、安全保障にとっても必要不可欠であり、その事実は国民の心の中にしっかりと根を下ろし、普遍的な確信となっている」と論じている。[3]アメリカ南部諸州の奴隷所有者たちが、豊かなキューバの併合を歓迎するのは目に見えていた。もし、そのような動きに対する北部州の抵抗を克服できれば、合衆国内のバランスは奴隷所有州のほうに傾くからだ。だがこの「もし」はかなり大きな「もし」だった。というのも南北戦争が勃発する直前の一八六〇年、ブキャナン大統領自身が、違法な奴隷貿易を阻止するためにもキューバの奴隷解放には賛成だと明言していたからだ。もちろんこれが、ルイジアナやキューバの砂糖生産者に向けた発言ではなく、北部州の支持者に配慮した発言であったことは間違いない。[4]

アメリカの南北戦争の火蓋が切られたとき、第6章で登場したアイルランドの経済学者ケアンズは著書『奴隷の力』のなかで、奴隷を基盤にした原初的だが暴力的な経済システムが優勢になった場合の危険性について警告している。もし南部が南北戦争に勝利してキューバ（そしてブラジル）と同盟を組んでいたら、奴隷所有者たちはアメリカ大陸の主要な政治勢力として台頭していただろう。しかし南部は降伏し、キューバはすぐに大きな影響を受けることになった。キューバにアフリカ人奴隷を供給していたアメリカの船が人身売買をやめざるをえなくなったからだ。[5]キューバのプランターたちは奴隷制が終わるのは時間の問題だと悟り、すでに機械化を進めていた者たちは奴隷貿易の全面禁止を望むようになった。アメリカ合衆国に併合される可能性がなくなり、違法な奴隷貿易をスペインに守ってもらう必要性もなくなると、シモン・ボリバル〔南米北部地域の独立運動の指導者で、ラテンアメリカ独立の父と呼ばれた〕の時代以降、沈黙していた共和制精神がキューバではふたたび目を覚ました。キューバの一〇年戦争（一八六八〜一八七八）はキューバの国家としてのアイデンティティが確立した決定的な出来事であり、キューバには人種を超えた帰属意識を核とする国のアイデンティティが生まれた。反乱軍に奴隷たちも加わったことで、奴隷制の基盤が崩れたのだ。一八六八年、キューバの一部で自然発生的に奴隷制度の廃止が始まり、一八八〇年には見習い制度が導入され、一八八六年までに奴隷解放は完了した。[6]

砂糖と共和主義

アメリカの南北戦争とキューバの一〇年戦争は、奴隷制度と包括的な市民権を目指す共和主義的ナショナリズムが根本的に相容れないことをあからさまにした。一八一六年、シモン・ボリバルと彼の支持者たちは、スペインを相手に軍事的解放運動を展開していたハイチの支援を得るために奴隷廃止の大義を掲げたが、このとき彼らがイメージしていたキューバという国はまだそれほど包括的ではなく、人種的な面ではともかく、少なくとも文化的にはヨーロッパ人のアイデンティティを持つ白人のクリオーリョ（つまりアメリカ生まれの人々）を基盤とした国だった。しかしこの排他性ゆえに、彼らは大規模なプランテーションの奴隷制にも抵抗を感じていた。奴隷の人口が白人のクリオーリョ人口を大幅に上回ってしまうからだ。ゆえに、砂糖生産と白人の共和主義を結び付ける最善の方法は、一八五〇年以降にヨーロッパから流れ込んできた何百万人もの移民を活用することだった。しかしヨーロッパからの移民で年季奉公をしようと考える者などまずいない。いっぽう、砂糖プランテーションは、低賃金で従属的な労働者がいなければ存続できない。このような白人入植者の共和主義とプランテーション経済のあいだの緊張、もしくは両者の衝突は、キューバやルイジアナ、ブラジルだけでなく、奴隷を使って砂糖を生産した歴史がなく、一九世紀になってから新たな砂糖生産地として台頭したドミニカ共和国やアルゼンチン、オーストラリアにも存在した。

世界最大のサトウキビ糖輸出地であるキューバでは、島の支配者層がずっと以前から、プランテーションと共和制の矛盾をどうやって克服すべきか、頭を悩ませていた。一八四〇年代、キューバに駐在していたイギリスの領事で熱心な奴隷廃止論者でもあったデイヴィッド・ターンブルは「キューバのクリオーリョ愛国者が目標とすべきは、早急に白人の人口を増やし、アフリカ人奴隷の輸入を不要にすることだ」と書いている。[7]その愛国者のなかには、驚いたことにあのフランシスコ・デ・アランゴ・イ・パレーニョ（第4章を参照）もいた。人生の終わりを迎えていた彼は、キューバの経済や支配層が奴隷に依存しすぎたことを悔やんでいたのだ。キューバのイベリアらしさを残すために、彼は人種的偏見の打破と、奴隷の段階的な解放、そして奴隷貿易の実質的な禁止を熱心に訴えた。一七八八年、キューバの奴隷貿易を発展させる方法を学ぼうとわざわざイギリスに渡り、イギリスと条約を結んでいたスペイン政府に対しキューバの奴隷輸入を禁止しないよう求めたあの彼が、いまや奴隷の解放は不可避であり、キューバをヒスパニック文化の島として残すためにも奴隷解放は不可欠だと考えるようになっていた。[8]

ターンブルがキューバにいたころ、ブラジル歴史地理院はブラジルの歴史をどのように書くかについてコンテストを開催した。優勝したカール・フリードリヒ・フィリップ・フォン・マルティウスは小論文のなかで、ブラジル社会は三つの大陸からの移民のるつぼとなっていると認めつつ、白人にはその社会を文明化する責任がある、なぜなら奴隷として連れてこられたアフリカ人は国の進歩を阻害しており、もっと言えばそもそもこの地に連れてこられるべき者たちではなかったからだと主張している。[9]たしかに、ブラジルが独立した君主国になったばかりの二〇年前、ブラジル人のフランシスコ・ソアレス・フランコは、ブラジルは「有色人種カースト」に支配されていると指摘している。ブラジルを「白く」すべきと考えていた彼は、それを実現するにはヨーロッパからの移民が非常に重要だとしていた。黒人のブラジル人は、鉱山や内陸部のプランテーションに追放するべきだ、というのが彼の見解だった。[10] マルティウスもソアレスも、その言い分はこれ以上ないほど露骨で、ブラジルにいるアフリカ人たちは「希釈」するか、人目に触れないように遠ざけるべきだと主張していた。

キューバの支配層と同様にブラジルの知識人たちも、ヨーロッパ以外からの移民受け入れには反対していた。ゆえに奴隷貿易が禁止されて労働者不足が深刻化した一八七〇年代初頭にブラジルのプランターたちが中国人の年季奉公労働者を連れてこようとすると、彼らはこれを激しく非難した。いずれにせよ、結局この試みは実現しなかった。すでにペルーやキューバへの「クーリー」輸出にまつわる恐ろしい話を耳にしていたイギリスが、中国への影響力を使って、その計画を頓挫させたからだ。日本人労働者の雇用はいくらかあったが、ブラジルはおもにイタリア人をはじめとするヨーロッパ人の移住を支援する方向に舵を切った。[11] その結果、ブラジルは二つの顔を持つようになり、一八九〇年の国勢調査は、サンパウロを中心とする南部は白人が多数を占め、古くからの砂糖生産地帯である北東部はアフリカ系の住民が多数を占めていることを明らかにした。[12]

ブラジルに起こったことは、アメリカ大陸全般で起こったことの典型で、汽船の船賃が安かったおかげで、何百万人ものヨーロッパ人やアジア人が工業や農業の職を求めて続々とアメリカ大陸に押し寄せた。一八四五年にアイルランドで起こったジャガイモ飢饉から一九二〇年代までのあいだに、ヨーロッパの人口のほぼ三分の一が移住をし、これによってアメリカ大陸およびオーストラレーシア［オーストラリア、ニュージーランド、近くの南太平洋の島々の全体を指す］社会の人種構成は大きく変わった。さらにヨーロッパ人が流入してきたことに伴い、他の大陸からの移民に対する排他政策も行われるようになった。砂糖の主要生産地になったブラジルが大量の白人移民を受け入れ始めると、キューバも同じ道をたどった。キューバは一〇年戦争で段階的な奴隷廃止の地盤が整い、それがプランテーションから、中央製糖工場と「コロノス」と呼ばれるサトウキビ農家で構成されるシステムへの移行へとつながった。そして、大量の白人が移住してきたのだ。一〇年戦争から一九二〇年代後半までに、およそ一三〇万人のスペイン人移民がキューバにやってきた。その後、彼らの多くは故郷に戻ったが、それでもキューバの人種構成は決定的に変わり、一九世紀半ばに正式に白人として登録されていた国民は全体の五〇％だったが、一九二〇年代にはそれが七〇％にまで増加した。[13]

　アフリカ人排斥の姿勢が最も過激だったのが、一八二一年に隣国のハイチから短期間独立したものの、一八二二年から一八四四年までふたたびハイチの支配下に戻ったドミニカ共和国のエリートたちだろう。彼らは、アングロサクソン文化とは違うものの、やはりヨーロッパ文化であるヒスパニダード（スペイン語圏文化）を国のアイデンティティとするという考え方を信奉していた。この考え方は、詩人のホアキン・バラゲールが提唱したものだ。彼は、二〇世紀後半にドミニカ共和国の大統領として長い政治家としてのキャリアを終えた人物だが、歴史的にもっと重要なのは、一九三〇年から一九六一年まで続いたラファエル・トルヒーヨの独裁政権で、彼が果たした理論的指導者としての役割だ。トルヒーヨ政権下では、国勢調査の登録数が操作され、黒人の人口は減ったように、「白人と黒人の混血《ムラート》」や「混血人《メスティーソ》」の住民数は増えたかのように調査結果が捏造された。[14] このように強硬にヒスパニダードを主張するうえで役立ったのが、砂糖だった。というのも一八八〇年代よりこの島で砂糖をつくりだしたのはキューバ人、アメリカ人、ドミニカ人のプランターたちであり、その彼らが、アフリカ系カリブ人の労働者を大量に雇い入れたからだ。ドミニカの政治家たちは、アフリカ系の労働者の流入を阻止しようとしたが、キューバと違い、彼らはスペイン人労働者を呼び込むことができなかった。そこで代わりに、サトウキビの小作農を志願する移民をカナリア諸島から集め、サトウキビ農家として定住させようと試みたのだが、砂糖農家にまともな生活水準を提供することができず、結局、この計画もほぼ失敗に終わってしまった。[15]

アルゼンチンもドミニカ共和国と同様の問題に直面したが、こちらのプランターたちはオーストラリアのプランターと同じで、新興の砂糖産業と白人としてのアイデンティティの育成を結びつけることにそれほど苦労しなかった。アルゼンチンは主要な砂糖生産国として台頭したのと同時に、虐待と怠慢によってその数を大きく減らしたアフリカ系住民の存在を、一九世紀を通じて自国の歴史から消してしまったからだ。アルゼンチンの白人化は、一八六八年から一八七四年まで同国の大統領を務めたドミンゴ・F・サルミエントが考案し、主張し、実施した政策で、彼はヨーロッパからの移民がアルゼンチンに文明をもたらすことを期待していた。サルミエントは著書『ファクンド――文明と野蛮』*（一八四五）で、アルゼンチン中央部に果てしなく広がる広大な平原、パンパスを旅したときのことを記し、この地の野蛮な空虚さを嘆き、河川輸送や電信、鉄道による文明化の必要性を説いている。[16] 彼は大統領に就任すると、ブエノスアイレスから北西部のトゥクマンまで鉄道を敷き、サトウキビ糖の開拓地を築き、これによってアルゼンチンは世界の砂糖生産量トップ一〇に躍り出た。また、フレデリック・バロン・ポルタリス（彼はカイユ社のパートナー企業であるフィブ・リール社の代表も務めていた）率いるフランスの企業集団は、ブエノスアイレスに製糖所を建設。これによりアルゼンチンでは砂糖産業の政治的影響力がいっそう強まり、一八九四年にはアルゼンチン砂糖協会が設立された。[17]

アルゼンチンの製糖業者たちは、キューバやジャワ、ブラジルからの安価な砂糖に対する関税の壁を維持するよう主張した。[18] 他の砂糖生産国はいまだに奴隷や隷属的労働者を使っているが、人種的に見れば、自分たちの砂糖はクイーンズランド州の砂糖と同じくらい白い、というのが彼らの言い分だった。じつは、オーストラリアは、労働者の募集コストが上昇したことに加え、サトウキビ畑での劣悪な待遇のせいでメラネシア人の年季奉公人が大幅に減少したため、クイーンズランド州の砂糖プランテーションの構造改革を行っていた。二〇世紀初頭、クイーンズランド州は砂糖の中央工場にサトウキビを納入する白人零細農家に頼ることにし、ヨーロッパ人以外の農業労働者を閉め出したのだ。しかしアルゼンチンのトゥクマンの状況は、スペイン領の他のカリブ海の島々とほぼ同じで、土地の配分は極端に偏り、自前の製糖所を手放した大農園と、サトウキビを栽培する小規模農家や小作農が大勢いるという状況だった。小規模農家や小作農のなかには市民権がなく、土地の所有権も曖昧なイタリアやスペインからの移民もいた。サトウキビの大半は、約五万人の季節労働者によって収穫されていたが、彼らのほとんどはアメリカ先住民系の人々だった。[19] 実際のところトゥクマンとクイーンズランド州の数少ない共通点を挙げるとすればそれは、クイーンズランド州もイタリア人移民を何千人も雇用していたことだろう。しかしそんなイタリア人移民はたとえ市民であったとしても、二級市民として扱われていた。[20]

オーストラリアやキューバのプランターがヨーロッパから労働者を呼び込んでいたのとほぼ同じころ、ハワイでも非先住民の五大財閥《ビッグファイブ》が、自分たちの島を白人入植者の共和国にしてアメリカ合衆国の旗の下におこうと野望を抱き、その一環として、ヨーロッパから労働者を連れてきはじめた。彼らの目的は、ハワイをアメリカ合衆国に併合し、ハワイ産の砂糖への関税をなくすことだった。しかし一八七八年から一九一一年のあいだにハワイのサトウキビ畑にやってきたヨーロッパ人は一万六〇〇〇人のポルトガル人だけで、ヨーロッパ人労働者の採用計画は失敗に終わった。たとえば一八九八年にやってきた三六五人のポーランド系ガリツィア人は、手工業の職があると約束されていたにもかかわらず年季奉公人としてサトウキビ畑へ送られ、ドイツ人監督にこき使われたという。[21] そのため、これを最後に、ガリツィア人はひとりも来なくなった。そこでハワイの採用担当者はプエルトリコに向かった。アメリカの統治下、プエルトリコの住人の大半は白人に分類されていたからだ。しかし長い航海の末にやってきた五〇〇〇人のプエルトリコ人も以前やってきたヨーロッパ人労働者と同じで、すぐにだまされたと感じたようだ。それ以後、ハワイのプランターたちは「白人」の労働力をつくるという望みを放棄した。しかしアジア人を排除するアメリカの政策により中国人労働者の移民を禁止され、一九〇七年には日本からの移民もほぼ不可能になった。そこで彼らは、当時アメリカの植民地だったフィリピンの労働者を採用し始めたが、これもなかなか順調にはいかなかった。それでもなんとか労働者を確保したかったハワイのプランターたちは、古い宣教師ネットワークまで利用して、七〇〇〇人の韓国人キリスト教徒を雇用したが、これは韓国の法律では違法行為だった。[22]

砂糖農園が白人を重視する、排外主義的な移民政策で苦労したのは、そもそも彼らが過酷な労働に対して低い賃金しか払わないからで、アメリカ大陸に移住してくるヨーロッパ人にそんなはした金で働いてもらおうと思うこと自体に無理があった。いっぽう零細農家に砂糖の集中工場用のサトウキビを栽培させるという手法は有効で、こちらのほうがプランテーションより効率がいいことも明らかになった。やがてこのシステムは、オーストラリアやアルゼンチン、キューバ、プエルトリコ、トリニダード、そしてモーリシャスでも実施されるようになった。ルイジアナの綿花プランターは当初、零細農家が綿花を栽培するのを許していたが、砂糖のプランター階級は、アフリカ系アメリカ人はおろかイタリア人移民の零細農家がサトウキビを栽培することにさえかたくなに反対した。[23] ハワイでも零細農家の活用は検討されたが、結局実施されなかったのは、やはりプランターたちが強硬に反対したからだ。ルイジアナとハワイのプランター階級は、経済的民主化にも、政治的民主化にも激しく抵抗していた。

賃金の「底辺競争」とアジア人移民を排除する排外的な移民政策の板挟みになった白人入植者共和国の砂糖プランテーションは、ヨーロッパ大陸の最貧地域のヨーロッパ人を採用することで窮地を脱しようと考えた。そういうヨーロッパ人なら、自分の権利を強く主張したりはしないだろうと考えたのだ。彼らを使えば、砂糖生産者たちは搾取的なプランテーション・システムを維持しつつ、自分たちの砂糖は自由な白人労働者につくられていると主張でき、関税維持のためのロビー活動もできるというわけだ。そのような労働者はヨーロッパの経済的に苦しい辺縁地域からやってくるため、彼らを人種的に劣っているとみなして、従属的な立場に置くのも容易だった。

こうして奴隷制廃止後は、世界中のサトウキビ糖・甜菜糖フロンティアで労働者の人種による分類が広まった。砂糖は、白人労働者のなかにより細分化された人種的分類を持ち込んだのだ。

ルイジアナ――プランテーションの再建

プランテーションによる砂糖生産と共和主義の両立が世界で最も不可能だった場所、それがルイジアナだった。というのもアメリカ合衆国は、実質的にすべての男性に選挙権を認めた最初の国だったからだ。一八七〇年の憲法修正第一五条により、ルイジアナ州では人口の過半数を占めるアフリカ系アメリカ人にも白人のアメリカ人と同様の普通選挙権が与えられた。つまり理論上、彼らは選挙でプランター階級を凌駕する力を手にしたのだ。いっぽうブラジルやキューバでは、参政権は識字能力や納税額によって制限されていたため、一九世紀の最後の一〇年、選挙権を持つのは人口のおよそ三%に抑えられていた。[24]

当然ながら、ルイジアナ州をはじめとする南部諸州の白人経済エリートたちは、アフリカ系アメリカ人が市民権を行使するのを全力で阻止した。壊滅的な被害をもたらした南北戦争が終わると、ルイジアナのプランターたちは賃金と労働者の抵抗を抑えるうえで不可欠な自分たちの優位性を徐々に取り戻していったのだ。きわめていびつな一八七七年の選挙が終わると、彼らは州議会での主導権を取り戻し、最も裕福な砂糖プランターたちはルイジアナ砂糖プランター協会を設立。この協会もまた、ハワイやジャワの同種の組織と同様に、統制のとれた会員と政治的影響力を、労働者の権利を抑圧する手段として利用した。[25]

一八七〇年代初め、労働力不足のおかげでルイジアナの砂糖労働者の地位は向上した。[26] しかしプランターたちは、州の抑圧的な制度を強化することで、一八八四年の砂糖危機の負担を労働者に転嫁した。元奴隷たちは、プランテーション社会が復活したのを見て北部へ移住する者も多かったが、ストライキを起こす者もおり、プランターたちは自分たちの権力に刃向かうそのような挑戦を冷酷に抑え込んだ。[27] 一八八七年一一月、サトウキビの収穫が始まると、人種を超えた労働組織「労働騎士団」はストライキを呼びかけ、一万人の労働者が結集した。いっぽうプランターたちは民兵を派遣して三〇〇人を殺傷、これはのちにティボドーの虐殺として歴史に残ることとなった。次に登場したのがあの悪名高い人種差別法のジム＝クロウ法で、一九〇〇年にはアフリカ系アメリカ人の投票権が厳しく制限されるに至った。おかげでプランターは恒常的な労働力不足にもかかわらず賃金を低く抑えることができ、さらには労働者を通常の経済から切り離す手段として奴隷制の時代から利用されていた交換制度《トラッキング・システム》（プランテーション内の売店）や、給与の一部または全部をスクリップと呼ばれる一種の切符で支払う方法も続けることができた。[28]

そして、カリブ海地域のプランターが資金を調達してインドから労働者を輸入したときと同じことが、ルイジアナでも起こった。現地の労働者を抑圧し、足りなくなった労働者を移民労働者で補ったのだ。ルイジアナの政治的、経済的エリートはイタリア人、とくにシチリア出身者を雇いはじめ、大規模なイタリア人コミュニティがあるニューオーリンズとパレルモの交易関係がその流れを促進した。その結果、新たにやってきた何千人もの移民が、にわかづくりの宿にあふれかえる混沌とした光景がニューオーリンズ中に広がるようになった。一九世紀後半、ルイジアナ州のサトウキビ畑には毎年平均六万人のシチリア人がやってくるようになり、さらに数はずっと少ないものの、他のヨーロッパ諸国やメキシコからの労働者もそこに加わった。[29]

このようにヨーロッパ人労働者を輸入し、抵抗するアフリカ系アメリカ人労働者を厳しく弾圧したことで、一八八〇年代、ルイジアナの砂糖産業は、南北戦争前の生産高まではいかないものの、恐るべきスピードで戦争の傷跡から回復した。[30] プランターたちは自信にあふれ、急落する砂糖価格に対抗する覚悟を決めていた。そんな彼らの意気込みは、例のティボドーの虐殺直後の一八八八年に、ルイジアナ砂糖プランター協会の後援で創刊された業界紙からも伝わってくる。冒頭の記事ではルイジアナのプランターのことを「経済の発展、収量の増加、品質の向上を目指して、つねに新しい手法や装置を取り入れ、砂糖の栽培や加工技術に関しては、これまで達成されたことのないエネルギーと熱意の模範を世界に示している」と記している。[31]

このような合理化によって工場と畑の切り離しが進み、砂糖の集中工場の導入につながった。一八八四年の危機で、ルイジアナでは製糖工場の四分の三が消滅したが、残りの工場の七五％は真空釜を採用するようになった。一九三〇年には、ルイジアナ州にはわずか七〇の砂糖集中工場が残るのみとなったが、これらの集中工場は所有する広大な畑のサトウキビに加え、製糖所を手放したプランテーションからのサトウキビも収穫していた。この転換に最も成功したのが、貧しい行商人としてニューオーリンズにやってきて成功をおさめたフランス人、リーオン・ゴッジョだ。彼は南北戦争のさなかに最初のプランテーションを購入すると、砂糖生産への関わりを急速に広げていった。農園再建のための資金をプランターに融資し、債務不履行に陥ったプランターから農園を引き継いで事業を拡大していったのだ。こうしてゴッジョはルイジアナ州の大物実業家となり、「南部の砂糖王」として知られるようになった。一九一六年、ルイジアナ州リザーヴのゴッジョ工場（このころは彼の相続人が所有していた）では、一万エーカーの畑で収穫したサトウキビを製糖しており、生産するほぼ純白の砂糖は、不純物がないことで高く評価されていた。[32]

しかし、ルイジアナの砂糖工場がいかに急速に近代化されても、サトウキビ畑の労働者不足は解消しなかった。州のプランター階級は零細農家がサトウキビを栽培することを許さなかったため、一九一〇年当時、サトウキビ畑の八三％は賃金労働者が手入れをしていた。サトウキビ畑で働いていたイタリア人のなかには、じゅうぶんな金を蓄えると、サトウキビ糖生産地帯を離れ、鉄道会社が売り出した土地を購入するものも多

安心して利用できるサトウキビ収穫機の開発には、何年もかかった。1938年に撮影されたこの写真は、ルイジアナのプランター、アレン・ラムジー・ウルティールが自作の試験機を操作しているところ。

かった。あるいは一九世紀初頭から多くのイタリア系住民が住んでいたニューオーリンズへ職を求めて移っていく者もいた。しかし外国人への憎悪が頂点に達した一八九一年、ニューオーリンズで著名なイタリア系住民がリンチを受けるという事件が発生した。これはアメリカ合衆国とイタリアの外交問題に発展し、ルイジアナのサトウキビ畑へのイタリア人移民は著しく減少した[33]。

零細農家によるサトウキビ栽培へと移行することなく、プランテーションの維持にこだわったせいで、ルイジアナもハワイもサトウキビ畑にヨーロッパ人労働者を呼び込むことはほぼ不可能になり、機械化は急務となった。サトウキビの運搬は一八八〇年代にはすでに部分的に機械化されていたが、一八八九年にはサトウキビを刈る機械の最初の実験がルイジアナのマグノリア農園で行われた。二〇世紀初め、ルイジアナ州オーデュボンの農業試験場ではさまざまな農業機械の試験が行われたが、そのような刈り取り機が一般的に見られるようになったのは第二次世界大戦が始まってからのことだ。[34] ちなみに、ハワイはもっと抜本的な省力化を図った。灌漑用の水に肥料を入れることで、株出し栽培を最低八年間できるようにし、そのうえ一エーカーあたりの収量も世界最大を達成したのだ。[35] 結局、機械化を通じて人類を過酷な労働から解放する、という古くからの野望は、人道主義によってではなく、白人至上主義的アイデンティティを守る政策によって達成されたのだった。

文化的素養と白人性

砂糖の集中工場の出現で、畑と工場はどんどん別世界になっていき、同時に人種間の溝も深まっていった。だがじつは、製糖工場と畑は世界規模で起こっている事象の縮図に他ならなかった。ヨーロッパ人の集団移民、アフリカとアジア全土における植民地の拡大、そしてヨーロッパおよび北米社会の民主化、このすべてがヨーロッパ社会や、その流れをくむ社会の優越感を助長した。実際のところ、民主主義、帝国主義、そして人種差別のそれぞれがまったく無関係というわけではない。[36] 民主主義が進展していく時代、白人と黒人の隔離はプランテーション社会の生き残りをかけた大問題だった。もし民主主義の規範や公民権を無条件に受け入れてしまえば、それはプランテーション社会の存在そのものを危うくすることになるからだ。

ブラジルとキューバでは参政権を人口の三％に抑えることで、極端な不平等を維持していた。しかしルイジアナのプランター階級にとっては、状況はもっと複雑だった。なぜならアメリカ合衆国の政治制度は、平等主義の原則に基づいていたからだ。その常識に逆らうだけの力はさすがのプランター階級にもなかったため、彼らはその平等主義を明確な人種的境界の内にとどめようとした。平等主義的民主主義が前進するのを目のあたりにしたルイジアナのプランターたちは、人種の境界線が曖昧になれば、それは「南部社会の調和とまとまり」にとって最大の脅威になる、と強硬に主張した。そしてそれこそが、南北戦争まっただ中の一八六一年にルイジアナ州のプランター向け雑誌『デボウズ・レビュー』で展開された議論でもあった。[37] ここで言う調和とは人種の補完性のことで、「アフリカの黒人は……白人種の使用人となることがこの世での使命と思われ……人種にはそれぞれ適切な領域がある、すなわちある人種は労働階級を占め、別の人種は管理を担う知的階級を占めることになっている」と同誌は論じていた。[38]

砂糖の集中工場やジム＝クロウ法の時代を予感させるこの「適切な領域」という考え方は一八六一年にはまだ新しいものだったが、やがてそこから隔離という悪名高い概念が生まれてくることになる。[39] 適切な領域という概念はヨーロッパ人の集団移住により、ルイジアナ州だけでなく、多くのプランテーション社会に広まった。ヨーロッパ人が大量に移住してきたことで、移住労働者の男女のバランスがとれるようになり、その結果、私的かつ親密な領域での人種的隔離が可能になったからだ。いっぽう製糖の世界に科学が浸透するにしたがい、製糖工場はこれまで砂糖農園のほぼすべての作業をこなしていた奴隷たちの経験に頼るのをやめ、教育を受けた専門家を雇うようになっていった。そのような教育を受けることができたのは白人だけだったから、それがまた人種的なヒエラルキーを強固なものにし、工場の敷地のレイアウトを決める際の指針となった。こうして駐在員や少なくとも名目上は白人とされているスタッフの住宅は、工場の敷地内でも現地の労働者の住宅とははっきり分けられるようになっていったのだ。

こうなると、ヨーロッパ人がプランテーション内で奴隷とともに生活し、奴隷たちの文化にある程度同化していった時代とは、状況がまるで違ってくる。以前は、プランテーション社会で生まれれば、生粋の白人の子どもでもアフリカ系奴隷の文化から逃れることはできなかった。なぜなら彼らは、自身の母親だけでなく、奴隷たち（ジャワではジャワ人の家事使用人）の手でも育てられていたからで、その結果、プランターの子どもたちの頭の中では、奴隷の世界と主人たちの世界はひとつに溶け合っていた。こうしたわが子の「現地人化」を矯正するために、どの植民地でもプランターは子ども――理想的には思春期前の子ども――を本国へ送り返した。たとえば一八世紀後半の著名なプランターで作家のエドワード・ロングの一族は、何世代も前から深くジャマイカと関わっていたが、彼自身は生まれも育ちもイギリスで、ジャマイカにある一族の農園に足を踏み入れたのはだいぶあとになってからだったという。そんな彼の持論は、プランターは子どもをイギリスの学校に送るべきであり、そうすれば子どもは、すべての植民地社会の悩みの種となっていたプランテーション社会の退廃的な影響を受けずにすむ、というものだった。[40]

だがそれはむしろ希望的観測だった。現実には、一九世紀の初めにはほとんどの植民地社会で、肌の色はもちろん、富や性別、教育が社会的な目印になる複雑な社会構造ができあがっていた。たとえば白人女性が有色人種の自由男性と一緒に暮らすことは社会的にも、法的にもまず許されなかったが、白人男性が異人種の女性と関係を持っても、それが社会的排斥の原因になることはほぼなかった。[41] この二重基準は、ヨーロッパ移民の男性が抱く偏見の論理的帰結として当然のように受け入れられており、そのような偏見はアメリカでは少なくとも一九世紀の半ばまで、アジアの植民地では二〇世紀の初めまで存在していた。いっぽうブラジルやジャワ、プエルトリコの場合、人種的混血はそれがあからさますぎない限り、その個人の社会的優位性を損なうことはなかったし、ジャワのような現地で生まれたオランダ人が多い社会にとってはむしろそれが当然とも言えた。なぜなら一九世紀の末には、ジャワのヨーロッパ系住民の大半にアジア系女性の先祖とヨーロッパ人兵士の先祖がいたからだ。[42] 一八世紀のジャマイカでは、プランテーションの白人従業員の九〇%に奴隷の愛人がいたと言われている。[43] また、白人とされていた人の多くに、ひとりかそれ以上のアフリカ系の先祖がいた可能性はあり、それも社会的にはある程度受け入れられていた。ブライアン・エドワーズによれば、一九世紀後半のジャマイカでは、アフリカ系の先祖が曽祖母ひとりだけの人は白人と完全に同等とみなされ、アフリカ系の先祖が高祖母だけの人は白人とされていた。[44]

さらに、結婚はプランターの子どもたちが自身の地位を上げる手段でもあった。女性は自分より「上」の相手と結婚することで人種的ヒエラルキーの階段を上がることができ、これはほぼすべてのプランテーション社会に存在する野心だった。また、このような結婚は現実的な選択肢でもあった。裕福なプランターの娘には財産があり、新たに植民地にやってきた移民のほとんどは、金はなくても白い肌を持っていたからだ。プランテーションを研究した高名な社会学者で、未来は多民族国家になると予言していたジルベルト・フレイレによれば、ブラジルのプランターは子どもが有色人種の場合は、息子よりも、ポルトガルから来た「事務員」と結婚させることができる娘を好んだという。[45] ルイジアナでさえ、一八五〇年代にはフランス系やスペイン系の有色人種のプランターの存在が指摘されている。ルイジアナでもその他の地域でも、裕福な有色人種の娘は良い結婚をするチャンスを増やすために、国内や海外で最高の教育を受けていた。[46]

植民地時代は、世界中の砂糖ブルジョワジーが、ヨーロッパの社会的、文化的ヒエラルキーにおけるみずからの地位を慎重に守り、培っていた。彼らのほとんどは数世代で富を築いた成金だったので、庶民の出であることや、異人種の血が混ざっているといった都合の悪い事実をごまかすために、家系を偽ることも多かった。こういったブルジョワジーは、ヨーロッパからあらゆる贅沢品を取り寄せた。また、ヨーロッパを訪れたときはその粋を楽しみ、俗っぽいものだけでなく、ハイカルチャーにも惜しげもなく金を使った。[47] ある程度重要なプランターのコミュニティであれば、必ず劇場があり、なかには実業界の大物テリー・エイダンが寄付したシエンフエゴス（キューバ）のオペラハウスのような壮麗なものもあった。一九世紀の初めにブラジルを旅した鉱物学者のジョン・モウは「音楽は一般的な趣味となっており、ギターのない家はほとんどなく、立派な家庭には必ずピアノがある」と言っている。[48] 一八二六年に発明されたアップライト・ピアノの大量生産と大量印刷のおかげで、世界中の何千ものブルジョワジー家庭がショパンのマズルカやシューマンの『子どもの情景』に親しむようになっていた。

一九世紀はその大半の期間、育ちの良さと富さえあれば、文化的に定義される「白人らしさ」を手に入れることができた。しかし時代は変わり、生物学的な白人らしさは、文化的素養の前提条件と見なされるようになっていった。ルイジアナのあの『デボウズ・レビュー』誌が指摘したように、白人の役割は「監督」することだった。[49] それまでアメリカ合衆国の南部では、黒人か白人かを複雑な方法で分類していたが、ジム＝クロウ法の時代になるとその区別は、黒人の血が一滴でも混ざっていれば黒人という「一滴規定」にとって代わられた。その結果、たとえ金髪、碧眼でも、祖先にひとりでも黒人がいれば、その人物は黒人とみなされるようになった。ニューオーリンズのクリオーリョ社会を活写した作家、ジョージ・ワシントン・ケーブルの小説『マダム・デルフィーヌ』*（一八八一）は、自分が母親であることを否定しなければ、金髪の我が子を裕福な白人男性（じつは密輸業者）と結婚させることができない女性の物語で、一滴規定がいかに残酷で悲劇的な結果をもたらすかを読者に伝えている。[50]

アメリカ合衆国南部のこのような状態は、世界的傾向の極端な例、すなわち白人至上主義が世界中に広がり、ヨーロッパとアメリカ両方の帝国主義にも浸透したことで生じた極端な例に過ぎない。だがもちろん、これに抵抗する動きもあった。各地で反植民地運動が巻き起こっただけでなく、ブラジル、メキシコ、ラテンアメリカ諸国の支配層からも反対の声が上がり、クリオーリョ化を理想としてきたドミニカ共和国からも一定の反発が生まれたのだ。ブラジルの社会学者ジルベルト・フレイレは、現代の資本主義を分離主義的で反民主主義的だと非難し、古いプランテーション社会のレガシーより大きな社会的脅威と考えていた。彼はアメリカ南部の白人エリートたちがよくやるプランテーションの美化はいっさいせず、ブラジルの奴隷所有者たちの驚くべき残虐さもきちんと指摘しているが、同時に、プランテーション社会から発散されていたクリオーリョ文化を称えてもいた。[51] こうして彼は、すべての人種を受け入れる「人種民主主義」という強力な逆説を提唱した。それと同様のことを言っているのが、同時代のメキシコの知識人で政治家のホセ・ヴァスコンセロスで、彼は世界中の人々がラテンアメリカで合流して混血が進み、「普遍的人種」の未来が生まれると書いている。[52]

ラテンアメリカでしぶとく残る農民の砂糖

一九四〇年代、フレイレとヴァスコンセロスはクリオーリョ化されたアイデンティティを予言することで、白人主義の台頭を直接批判した。彼らから見ればそれは、帝国主義や近代の産業資本主義と表裏一体の関係にあったからだ。そしてこの考え方にはいまや、非工業的につくられた砂糖も無関係ではなくなっていた。たとえばフレイレが語った、フランシスコ・デ・アシス・シャトーブリアンのエピソードからは、ラパドゥーラ（ブラジルの粗糖）がブラジル料理の伝統の一環として受け入れられるようになっていたことがよく表れている。このシャトーブリアンとはなかなか興味深いブラジルの政治家で、メディア界の大物、そして一九五〇年代には駐英国大使も務めた人物だ。そんな彼はある晩餐会で、輸入したての新鮮なパイナップルにラパドゥーラを添えたものをデザートとしてイギリス人の招待客たちに出したという。[53]ブラジルは長きにわたってヨーロッパ流儀を取り入れてきたのだから、そろそろブラジル流儀をヨーロッパに持ち込んでもいいころだと彼は考えたのだろう。

彼としては、ちょっとした異国趣味でイギリス人を驚かせようと思っただけかもしれないが、これはラテンアメリカの知識人たちに共通する想いの表れでもあった。ちなみにヴァスコンセロスと画家のディエゴ・リヴェラ［アステカのシンボルとキュビズム、そして共産主義を組み合わせた壁画で有名］はピロンジージョ（メキシコの粗糖）を、メキシコ文化の完全性および合衆国からの独立の象徴として称賛している。[54]先住民の血を引き、一九三四年から一九四〇年までメキシコの大統領を務めたラサロ・カルデナスも、コーヒーにはこの砂糖を入れて飲んでいた。合衆国に移民したメキシコ人にとっては、ピロンジージョは自分と祖国をつなぐ絆のひとつだった。値段は、アメリカで売られている工業生産された甜菜糖の三倍と高価だったが、それでも祝いの席となればメキシコ人移民はたとえ甜菜糖労働者であってもピロンジージョを好んだ。[55]

粗糖は、ラテンアメリカが当時主流となっていた北大西洋世界とは違う独立した存在だということをさまざまなレベルで示すシンボルのひとつであり、大企業の砂糖に負けない家内製造の砂糖のしぶとさを示す証でもあった。そしてこの自治を求めるラテンアメリカの想いはその後、一九七〇年代の「小さいことは美しい《スモール・イズ・ビューティフル》」運動で再び息を吹き返すことになる。また、農民がつくる粗糖のこの粘り強さを見て、これこそが資本主義的な大規模農業に直面する現代の農家が、自治を求めて立ち上がった現代の世界的運動の先駆けだと見る人もいるだろう。そのような運動の最たる例が、中小農業者の世界的組織、ビア・カンペシーナの運動だ。農民がつくる砂糖はいまも、ラテンアメリカやインド、そしてインド人移民がインド式の製糖技術を持ち込んだ東アフリカでしぶとく残っている。[56]

いっぽう政府はと言えば、農民がつくる砂糖を嫌っていた。課税しにくいうえに、製糖時にショ糖が失われるため効率が悪いからだ。二〇世紀の初め、インドのプーサにある農業試験場と提携していたウィン・セイヤーズのような砂糖の専門家は、農民の砂糖は無駄が多く、非効率で時代遅れだと厳しく批判していた。[57]また政府は、農民の製糖所は地元の密造酒製造所向けに砂糖や糖蜜をつくっているところが多い、と疑惑の目を向けてもいた。それでも農民の砂糖は製糖会社が行う単作農業と違い、農村にとっては大きな収入源になるというメリットがあった。たしかに農民がサトウキビから抽出できるショ糖の量は少なかったが、他の作物の収穫が終わったあとの農閑期に砂糖づくりができるうえ、使用する製糖機器も単純なものなので、地元で製造も修理もできた。一九世紀にインドでイギリスの実業家たちが直面したこのような農民の抵抗は、二〇世紀に入っても依然として存在していたのだ。またブラジル政府も砂糖産業を近代化するための融資を行ったが、それでも一九四〇年代にブラジルの砂糖の三分の一を生産していたのは、その大半が生産量は三トン未満という、五万五〇〇〇軒の小規模製糖所だった。[58]

インド人やイベリア人、中国人が製糖所を作ったすべての農村部で、家内製糖は脈々と続いた。ハワイとプエルトリコは比較的粗糖の消費が多かったし、ドミニカ共和国には自国産の「ミエロ」（ミエロは「蜂蜜」という意味なので少々まぎらわしい）があり、ベリーズには「ドゥルセ」が、フィリピンには「マスコバド糖」（ヴィサヤ諸島産）や「パノチャ」（タガログ地域産）があった。ラテンアメリカでは全土で、ラパドゥーラ、ピロンチロ、パネラなど農民がさまざまな名前の砂糖を生産していた。マレー世界で最も一般的だったのは粗製のパーム糖で、これはインドシナやインドでも普及していた。[59] エジプトでは、支配者であるエジプト総督たちが製糖を工業化しようと大規模プロジェクトを進めたが、それでも農村部では農民所有の圧搾機が使われ続け、粗糖と糖蜜づくりがなくなることはなかった。[60] ジャワでさえ古い中国式製糖法による製糖は続き、砂糖業界が排除しようとしてもなくならずに二〇世紀まで生き残った。[61]

アメリカ合衆国では、一八五〇年代にソルガムキビ（モロコシ）が国内に入ってきて以来、農村部では自家製のブドウ糖甘味料が日常的に使われるようになった。アメリカの食品と砂糖の専門家ハーヴェイ・ワイリーは、彼が少年だった一八五〇年代後半、自宅のキッチンテーブルにはつねにソルガムの糖蜜があり、牧師が訪ねてきたときはいつも急いでしまっていた、と回想している。[62] 工業生産された砂糖や砂糖菓子が農村部にあふれた二〇世紀初頭になってもまだ、ソルガムでつくる天然甘味料、ソルガム・シロップは慎ましく暮らす家庭の砂糖と考えられていた。いっぽうW・E・D・デュボイスやブッカー・T・ワシントンといったアフリカ系アメリカ人の活動家や学者はそれを、農村の黒人労働者の経済的自立を著しく損なう浪費だとして厳しく非難した。[63]

ラテンアメリカでも農民がつくる砂糖は広く利用され続け、国が砂糖部門の工業化を進めてもなお生き残

16世紀にラテンアメリカに導入された単純なローラー式の圧搾機「トラピチェ」は、現在でも何万台も使用されている。近代化されたこのトラピチェは、コスタリカのモンテベルデでサトウキビの搾り汁やチョコレートづくりに使われている。

った。大規模な分蜜糖工場が主流の国々でも、何万もの小規模製糖所——スペイン人やポルトガル人が一六世紀から一七世紀に導入した圧搾機、トラピチェを使用する製糖所——が存在していた。グアテマラでは、砂糖の三分の二が、パネラと呼ばれる未精製の黒砂糖を製造する一万四〇〇〇の製糖所で生産され、一九四二年のピーク時の生産量は四万九〇〇〇トンに達した。ベネズエラでは多くの農民が小さな畑でサトウキビを栽培しており、一九三七年には平均的なベネズエラ人のパネラの消費量は一五・六キログラム、対して分蜜糖の消費量は七・七キログラムだった。しかしラテンアメリカのなかでも最大のパネラ生産国は、国内に何千台ものトラピチェがあったコロンビアで、一九四〇年代には一年で推定三〇万トンのパネラを生産していた。これは人口ひとりあたり三〇キログラムに相当する。当時のコロンビアの砂糖消費量は、世界でも最も高い水準にあった[64]。

だがたとえ消費者が、もっと高い金額を払ってもいいと思っていても、それでも世界の砂糖部門の工業化は進んでいった。また、農村部から都市部へと人々が移動したことで、農民の砂糖づくりの基盤が弱ることもあった。かつてパネラ生産が盛んだったメキシコのオアハカ州も、使われなくなった圧搾機がうち捨てられた光景が広がっている。[65]ブラジルのペルナンブコも同様で、砂糖のセントラールが主流となり、合併を重ねて大規模な砂糖複合企業になっていった一九五〇年代以降、古い製糖所《エンジェーニョ》は急速にその姿を消していった。[66]二〇世紀に入ってもなお、ラテンアメリカでは推定五万のトラピチェ型工場が稼働しているが、南アジアと同様にラテンアメリカのトラピチェもその多くはモーター駆動になっていた。コロンビアは、二万台のトラピチェで、一三〇万トンのパネラを生産する最大のパネラ生産国で、農村経済にとってはパネラは非常に重要なものだった。今日、ラテンアメリカでは農民がつくる砂糖の総生産量は二〇〇〇万トンと推定されている。[67]

インドの農民がつくる砂糖の進化

一八七〇年代になってもまだ、世界の砂糖の大半は農民がつくる砂糖が占めていた。イギリス領インド（今日のパキスタン、インド、バングラデシュ）だけでも、当時の世界の砂糖の三分の一を生産していたのだ。しかし、この膨大な量のインドの砂糖は、統計上の数字には出ていなかった。統計には、製糖産業界と税関からのデータしかなかったからだ。また、二〇世紀初めになっても、インドの植民地政府が報告できたのは大まかな推定値だけだった。けれどインド産の砂糖の専門家ウィン・セイヤーズは農民が作る砂糖のことなど気にも留めていなかった。産業資本主義のほうが優れており、砂糖生産の未来もそこにあると考えていたからだ。一八世紀後半にはすでに、西インド諸島の製糖業者はインドの砂糖を粗末な砂糖と馬鹿にしていた。たしかにインドの農民がつくる砂糖は繊維が混ざっていることも少なくない、黒ずんだ塊だったが、伝統的手法で精製されたカンサリのほうは一八八〇年代まで、イギリスの食卓にのぼっていた。熱い紅茶に簡単に溶ける細かい粒子が好まれていたからだ[68]。

インドのカンサリ産業が、分蜜糖生産をインドに導入したイギリスの企業家と戦ったとき――そしてバルバドスの砂糖産業が時代遅れの製法を維持したときも――意外なことに、助け船を出したのはロンドンの精製業者たちだった。じつはインドでイギリス企業による分蜜糖の生産が始まると、それに目を付けたイギリスの輸入業者が、モーリシャスとイギリス領ギアナ、そしてインドの分蜜糖に対する高い関税を撤廃するよう政府に嘆願書を提出した。これに反発したイギリスの精製業者たちが、もし関税を撤廃すれば、インドの一部の企業家の利益のためにインドのサトウキビ生産者が犠牲になると非難すると、関税撤廃を嘆願した輸入業者のひとつトラヴァース&サンズ社は、インド産の砂糖の質はひどいもので、インドはサトウキビが豊富にあるにもかかわらず、モーリシャスから分蜜糖を輸入しているほどだと反論した[69]。

この嘆願書について意見を求められたインド政府の専門家たちは、グルがインドの農村経済に果たしている役割も、グルとインド人の食生活は切っても切り離せないということもトラヴァース&サンズ社は無視していると指摘。その専門家のひとりだったある農務官は、インドの砂糖の質を酷評したトラヴァース&サンズ社に対し、そもそもインドの消費者はみな、牛の骨炭を使用する工業生産の砂糖を訝《いぶか》っていると反論した。だが何より重要なのは、人々がグルの味に慣れていること、そしてその事実は今後も変わらないということだった。その農務官は「グルは、機械でつくられた砂糖にはない独特の味わいがある。だからもしインド市場を真にヨーロッパの製糖業者に開放したいなら、まずは最も保守的な人々（つまりインド人）の嗜好を変える必要がある」と書いている[70]。

結局、工業生産された砂糖がインド人の愛する伝統的な砂糖にとって代わることはできなかったが、その製造方法自体は、砂糖がインドの農村社会で果たしている重要な役割に沿った形で変化していった。そもそもインドの農民の砂糖づくりの拡大は、大規模な灌漑プロジェクトによるものだった。マドラスで一八三〇年代と一八四〇年代に、パンジャーブで一八五〇年代に、そしてオリッサとボンベイの内陸部で一八六〇年代に始まった灌漑事業により、広い地域でサトウキビ栽培ができるようになったうえ、灌漑によって水を井戸から畑に運ばなくてもすむようになり、多くの人力と畜力を節約できるようになったのだ。[71]

次の大規模な技術革新は、それまでの臼と杵式の圧搾機に代わる、携帯可能なサトウキビ圧搾機の登場だった。従来の杵臼型の圧搾機は、砂糖の商業化の最初の波が訪れた一三、一四世紀にガンジス平原に広まったもので、上等なものは石でできていたが、ほとんどは木製もしくは古い木の切り株をくりぬいてつくられていた。サトウキビを圧搾するにはまず、茎を短く刻む必要があるのだが、これが汚れた臼と相まって過剰な発酵を引き起こしてしまう。いっぽうインド南部では、ローラー式の圧搾機が使用されていたため、発酵も汚れもショ糖の喪失も抑えることができていた。アフガニスタンや中央アジアへの重要な砂糖輸出地であったパンジャーブは、一九世紀初めには製糖技術もかなり進んだ段階に達していた。ここでは、西インド諸島と同じ圧搾機、すなわち水平に配置した二つのローラーに対して直角に配置した二つの車輪を牛が回してサトウキビを搾る圧搾機を使っていた。[72]

しかしインドのサトウキビ品種は硬くて害虫に強いため、木製のローラー式圧搾機が壊れてしまうことも多く、五年ごとに交換が必要だった。それでも臼と杵式の圧搾機の使用は続いていたが、ウォルター・トムソンとジェームズ・ミルンがその解決策となる圧搾機を導入すると、たちまちのうちにインドの農村部の製糖には革新の潮流が生まれた。シャハーバード（北ビハール）で会社を経営していたトムソンとミルンは、一八五七年から一八五八年にかけて起こったインド大反乱のあと、反乱軍の隠れ家となっていた数千平方メートルのジャングルの跡地のザミンダール（地主）となって徴税権を得た。こうして税の徴収係、地主、貿易商人、そして粗糖の加工業者の役割まで果たすようになった彼らにとっては、より質の高い粗糖（グル）

の生産や、一エーカーあたりせいぜい一・五トンと言われていたライヤット（農民）の収穫量向上は大きな関心事になった。[73]

農民たちが新たに導入された木製のローラー式圧搾機に手こずっているのを見たトムソンとミルンは、鉄製のローラー式圧搾機を開発することにし、それに自分たちの農園の名を取ってベヒーアと名付けた。この圧搾機は、杵臼型の圧搾機より多くのサトウキビの汁を搾ることができたうえ、運搬が可能、つまり機械ごと畑に運んでいくことができたため、農家はこれを集団で、あるいは金貸しや地主に金を借りて購入した。この圧搾機は一八七四年から一八九一年のあいだに推定二五万台が利用されるようになり、大きな成功をおさめた。そしてまもなくこの圧搾機には三つ目のローラーが追加された。二〇世紀に入るとさらにモーターが導入され、この機械の圧搾力を最大限に引き出すには力が弱すぎた牛にとって代わった。[74]

一八世紀初頭、台湾は依然として世界最大の砂糖輸出地だったが、インドはこの新たな圧搾機のおかげで、技術的には台湾よりも先を行くことになった。イギリス領事館員のW・ヴィカム・マイアズは一八九〇年、台湾に携帯可能なサトウキビの圧搾機を導入しようとしたが、うまくいかなかった。台湾はインドとは事情が異なり、金貸しは生産高の増加に関心がなかったからだ。その結果、一八八四年の世界的砂糖危機のあと、日本の砂糖需要は高まったにもかかわらず、台湾の砂糖輸出は頭打ちとなった。台湾式のサトウキビの搾り汁も煮沸濃縮も、土を使った分蜜（下水の底からかき出した泥を使っていた）も、一九世紀後半の基準にはまったく適合していなかったが、それでもこの手順を変えるのは非常に困難だった。[75] しかしヴィカムのこの報告の五年後、日本人征服者たちは台湾の砂糖づくりを、最先端の製糖工場に一変させた。

いっぽうインドの農民の製糖は、このあとも進化が続いた。ミルンは製糖所を視察したときのことを「文字通り粒状の砂糖は皆無で、ただ硬くなった糖蜜の塊があるばかりだった」と語り、サトウキビの搾り汁を煮詰めるプロセスの改善は必要不可欠と考えた。[76] そこで彼の会社は、完全に洗浄することができないせいで砂糖が結晶化しない素焼きの釜を使うのをやめ、新たにスズめっきの煮沸釜——のちにこれはロヒルカンド・ベルと呼ばれるようになった——を使うようになった。そして二〇世紀の初め、三つ目の大きなイノベーションがインドの農村部に登場した。糖蜜を砂糖の結晶から分離する携帯型の遠心分離機だ。設計はイギリス領マラヤの中国人製糖所から拝借したもので、おそらくヨーロッパの技術を応用して単純化したものと思われた。水草を使う旧来の方法をやめて遠心分離機を導入した結果、少ない費用で高品質のグルを大量に生産できるようになった。

革新の最後のステップは、サトウキビそのものの改良だった。インドは一九一二年、コーヤンブットゥールにサトウキビの試験場を設立したが、当初、この事業は難航した。というのも農民たちは、これまでに蓄積してきたリスク軽減の知識を基に、地元のサトウキビ品種を栽培していたからだ。それでも徐々に、農民たちは収量の多い品種を使うようになっていった。より良い品種とより良い加工方法により、一ヘクタールあたりのグルの生産量は倍増して二トンとなり、地域によっては五トンに達したところもあった。ジャワ産砂糖の関税が一九一六年から一九二五年のあいだに五％から二五％に引き上げられたのを機に、インドで製糖工場を始めた実業家たちからの需要に伝統的な砂糖産業が応えることができたのはこの効率性向上のおかげに他ならない。実際、一九二〇年代にボンベイ・デカン地方に建設された遠心分離工場、三工場のうち二つは、依然として廉価なジャワの砂糖や、価格が低下するグルとの競争に勝てず、失敗に終わった。[77]

いっぽう伝統的な精糖業者であるカンサリ工房は、大規模な工業生産に押されることもなく、むしろ一九二〇年代には生産量を倍増させた。この成功の秘訣は、カンサリ工房がみずからの規模に合った技術革新だけを取り入れたことにある。小型の鉄製圧搾機がインドの農村部に広がったのと同様に、小型の遠心分離機も、粗糖の上に水草をのせて糖蜜を抽出する旧来の製法を駆逐した。カンサリ工房は、土地に余裕のある中流の農家と契約を結んでいる代理店のネットワークを持っていたため、つねに大規模工場より優位に立っていた。さらに彼らは、貧しい農家や土地を持たない農民に収穫を手伝ってもらうこともできた。いまや近代的なカンサリ工房は、畑に専属のスタッフを配置し、農民はその監督の下、スズめっきの釜を使って、不純物が少なく、そのまま遠心分離機にかけることができる砂糖(ジャガリー)をつくっていた。このように製法が近代化されたカンサリでさえ、値段はジャワの砂糖より五〇%高かったが、それでもその味はインドの人々が慣れ親しんだ味だった。そしてインドの消費者もラテンアメリカの消費者と同様、たとえ値段が高くても、自分たちの料理の伝統の一部となっている製品を購入した。[78]

また、ラテンアメリカと同様にインドでも、農村の砂糖は帝国主義に抵抗する人々のナラティブと相性がよかった。インドの民族主義運動、そしてガンジー自身もインドの伝統である家内制手工業を支援していたことはよく知られているが、そのような空気もインドの伝統的な砂糖を守る、という大義を推し進める追い風となった。インド政府も、従業員が五〇人未満の工場に税制上の優遇策をとることで小規模産業を支援した。[79]たしかに白人の傲慢に対する反発がきっかけで、インド人のあいだに自治と伝統の尊重という機運が高まったのは事実だ。だが、だからこそ伝統的な砂糖産業と近代的な砂糖産業の違いを大げさに語るべきではない。砂糖の歴史を通じて、新たな技術は文化の境界を乗り越えてきたし、自分たちの社会や文化に適合するようなら、どの社会もそれを積極的に取り入れてきた。だが同時に、伝統的産業を必要以上に美化してもいけない。歴史的に見ればカンサリ工房は、最も初期段階の資本主義的企業であり、二〇世紀初頭には、伝統という名を隠れ蓑に、近代的な製糖工場以上に労働者を搾取していた。なぜなら、カンサリ工房は大規模な製糖工場のように、労働組合と交渉する必要がなかったからだ。また、農村部では、サトウキビを栽培する農民が依然として大地主、ザミンダールに搾取されていた。だがそれでも、農民はサトウキビの栽培やグルづくりをするかしないか、グルづくりを自分たちの地域にとどめるか否かをみずから決めることができたため、グルづくりは農民自治の名残、あるいは資本主義を超えた世界と考えることができる。

砂糖の煮詰め作業。2010年、パキスタンのパンジャーブで撮影。南アジアでは農民たちが今も、自分たちで粗糖をつくっている。

いっぽうでインドのナショナリズムは、伝統工芸に固執していたわけでもない。実業家たちはインド国民会議派で活発に活動し、彼らのリーダーであるジャワハルラール・ネルーは西側の近代化に追いつきたいと考えていた。しかし植民地当局は、植民地の政治的秩序を守るには、工業化よりも農村部の福祉のほうが重要と考え、工業化より福祉への投資を重視した。それでもなお工業生産される砂糖は増加を続け、やがて高収量のサトウキビ品種が普及すると過剰生産が心配されるまでになった。一九三〇年には、この過剰生産の懸念は喫緊の脅威となり、収入の一部をサトウキビ栽培に頼る人々、すなわちインドの総人口の五・五%を占める人々の生活を脅かすこととなった。政府はグルとカンサリ部門を守るために、ジャワからの砂糖の流入を止めることを決めた。そしてそれを補完する政策として、国内の製糖産業の促進を始めた――とはいえ伝統的な製糖部門にとって代わるためではなく、たんに過剰生産されたサトウキビを吸収するためだった。

いずれにせよ、たとえ製糖工場がサトウキビに対してグルと同じだけの金額を支払うと言ったとしても、おそらく農民は自分で粗糖をつくるほうを選び、自分たちの独立を守っただろう。[80] たとえば一九五〇年代後半、砂糖を工業生産するインド最大の製糖企業、ビルラ社のトップは、サトウキビの産地ビハール州とウッタルプラデーシュ州にある七つの自社工場のうちひとつ以上でサトウキビの供給不足が生じていると不満を漏らしているが、その理由もここにあった。[81] この状況は、インド政府がまっとうなサトウキビ価格を農家に保証する価格統制を一九七八年に廃止したことでいっそう悪化し、多くの農民は自分たちのグルをふたたび家内工業でつくるようになってしまった。

一九八〇年代半ば、インドのサトウキビの半分以上はまだ伝統的なグルとそれよりもう少し精製されたジャガリーをつくるために使われており、大企業の製糖には全体の三〇%から三五%しか使われていなかった。世界市場で砂糖価格が低迷していたこの時期、工場は、近代化どころか機器のメンテナンスの費用を捻出するのにも苦労していたため、農民の砂糖にもじゅうぶんな競争力があったのだ。[82] 一九九五年、パキスタンで生産されていた砂糖のほぼ三分の一は依然としてグルだったし、バングラデシュでは最近でもなお、すべてのサトウキビの六〇%がグルやジャガリーづくりに使用されている。[83] また、精製された白砂糖が健康に良くないと言われるようになると、南アジアでは伝統的な砂糖の生産熱がさらに高まった。繊維質以外の栄養素もある粗糖は味も良く、医療専門家の証言を引用した広告は「多くの重要なビタミンやミネラルが豊富に含まれるジャガリーは免疫力を高め、身体を温かく保つうえ、風邪や咳に効き、体温を制御するのにも役立ちます。この天然の甘味料は、太古の昔からずっとインドで愛されてきました」と呼びかけている。[84]

第9章　アメリカ砂糖王国

一九世紀の大半、砂糖はアメリカの主要輸入品であり続け、金額ベースでは、この国の税関を通過する輸入品の一五%を占めていた。[1] アメリカには肥沃な土地がふんだんにあり、南北戦争以前は白人のエリート層が多くの奴隷を抱えていたため労働力もじゅうぶんあったが、それでも国内のサトウキビ糖生産はつねに需要を大きく下回っていた。なぜなら、サトウキビ栽培ができるほど高温の地域は国内最南の州だけだったからだ。温暖な州の土壌は甜菜栽培に向いているところが多かったが、土地はあっても労働力が少ないそのような州には、手間がかかるうえ、安い輸入品と競争しなければならない作物を栽培する余裕はなかった。[2] したがってサトウキビの栽培はルイジアナ州と、規模は小さいものの、まだメキシコの一部だった一八二〇年代からアングロサクソン系アメリカ人によってサトウキビ栽培が始まっていたテキサス州にほぼ限られていた。

今日、フロリダは主要な砂糖産地となっているが、この州の砂糖生産能力は何世紀ものあいだ開発されてこなかった。一五六五年にスペインがここでサトウキビを栽培しようとして失敗し、一八世紀後半にもイギリスの入植者たちが試みたが、やはりうまくいかなかったのだ。[3] しかし一八一九年にアメリカがフロリダを獲得すると、東海岸沿いに二二のプランテーションが出現。そのうちのいくつかは最先端の圧搾機と煮沸機器を採用していた。しかし一八三五年、これらのプランターたちは悲劇的な結末を迎えた。先住民族のセミノル族とマルーン〔西インド諸島や南北アメリカの逃亡奴隷〕が手を組み、いくつかのプランテーションを襲撃したのだ。[4]いっぽうこのころアメリカの船は、砂糖を仕入れるためにあらゆる海を巡っていた。とくにセーラムとマサチューセッツの商人たち——すでにキューバ、マルティニーク、グアドループなど、カリブ海地域全域で砂糖貿易を行っていた——は、ハワイや広東、フィリピン、コーチシナ、そしてペナンから砂糖を入手するために世界的なネットワークを構築していた。[5]

南北戦争によってルイジアナの砂糖産業が完全に崩壊し、砂糖の自給自足という夢がさらに遠のいたときも、それについて真剣に心配した人はほとんどいなかった。砂糖価格は全体的に下がっていたし、砂糖の供給源となる国の多くをアメリカは非公式に支配していたからだ。ハワイの砂糖部門を牛耳っていた非先住民《ハオレ》のビッグファイブ（第7章を参照）は、一八七五年に締結された互恵条約を通じてアメリカ市場に自由に砂糖を輸出できるようになっていたし、アメリカ東岸の精製業者は精製する砂糖の大半を、アメリカ海軍が大きな存在感を示していた近隣のカリブ海地域から入手していた。

一九世紀の末にアメリカが農業国から工業国に移行すると、未精製の砂糖のような商品を国内で生産することはいっそう望ましくないように思われた。一八九〇年のマッキンリー関税法は原材料の輸入関税を引き下げ、アメリカの産業界を大いに潤した。またこれは、主要な政治勢力となっていたアメリカの砂糖精製業者の勝利でもあった。彼らは原材料の砂糖の大半をカリブ海の旧式な製糖工場から調達していたからだ。[6]しかし互恵条約によって無関税でアメリカへの輸出が可能になり、砂糖輸出が一〇倍に増えていたハワイの生産者にとってこれは面白くなかった。マッキンリー関税法のせいでカリブ海の粗糖に対するハワイの優位性が失われたうえ、同法がアメリカ国内の砂糖生産者に補助金を約束したため、それもハワイには不利となったからだ。[7] いっぽうルイジアナの砂糖プランターは大喜びだった。白人至上主義を復活させたうえ新たな労働力の供給源も見つけ、さらには補助金までもらえた彼らは、数年のうちに真空釜へと転換し始めた。

　マッキンリー関税法には、その四〇年前、イギリスがペルーとフィリピンに砂糖フロンティアを、ビルマとシャムに米のフロンティアを開拓しようとした際、それを後押ししたコブデン主義の法律とよく似た点がいくつかある。しかしイギリスと違いアメリカは、砂糖の供給源となる国々を財政的、軍事的にコントロールできる環境をすでにつくり上げていた。一八九三年、ハワイの非先住民《ハオレ》の一族たちは革命を煽ってハワイの女王を退位させ、ハワイをアメリカに併合する環境づくりを行った。ハワイがアメリカの一部になれば、ハワイ産の作物はアメリカ産として扱われるようになるからだ。[8] そしてハワイが併合された一八九八年、アメリカはスペインとの全面戦争に突入した。アメリカはキューバ、プエルトリコを占領し、さらにはスペインの敗北をきっかけに宣言されたフィリピンの独立さえも残忍に抑え込んで占領した。そしてこの植民地拡大のあとは、ドミニカ共和国、ハイチ、ニカラグアへの軍事介入が続き、その後はキューバにも新たな軍事介入を行った。

　しかしアメリカは正式な植民地帝国になる気はなく、新たな領土に州としての地位も与えなかった。ハワイは併合されてから合衆国五〇州のひとつになるまでほぼ六〇年かかっており、プエルトリコは今日に至るまでアメリカの州になっていない。アメリカと属領の貿易関係は、その都度その場しのぎの法律で規制したため、経済的利害関係者（とくに砂糖生産者）たちは激しいロビー活動を展開することになった。ハワイはアメリカ市場に無関税で輸出できたが、その対象は粗糖に限られていた。いっぽうプエルトリコ（甜菜糖業界が猛烈に反発した事実上の植民地）の関税は一九〇一年に廃止された。[9] 一九〇一年に指導者がアメリカ軍に降伏したフィリピンは、一九〇九年には自国の商品を無関税でアメリカに輸出できるようになった。これにより、衰退していたフィリピンのサトウキビ糖輸出は盛り返し、一九二〇年代半ばには世界第四位にランキングされるまでになった。しかし一番の問題は、巨大な生産能力を持つ占領下のキューバの扱いをどうするか、だった。キューバのエリート層は併合を望んでいたかもしれないが、フロリダから二〇〇マイルしか離れていないこの島はアメリカにとって非常に重要な砂糖供給源であったため、アメリカの精製業者や甜菜糖工場はキューバの併合に強硬に反対した。さらにキューバにとって――そしてその他多くのカリブ海地域や中央アメリカの国々にとっても――悲劇だったのは、アメリカはこの島を併合しなくても、その経済をコントロールできたことだ。

領土の占領に加え、アメリカは「ドル外交」として知られるようになった、銀行の支配を通じた新しいスタイルの植民地主義を展開した。とはいってももちろん、その傍らで軍隊が目を光らせていたことは言うまでもない。さらに、このドル外交の目的は銀行融資などではなく、カリブ海諸国の崩壊寸前の銀行制度を乗っ取ることであり、ときにはこれらの国々の税関を管理下に置くことを目的としていた場合もあった。その結果、一九世紀のほとんどの期間を通じて独立国だったドミニカ共和国も、一八九三年にはアメリカの支配下に置かれることになってしまった。プエルトリコやエジプトと同様、ドミニカ共和国も近代化を進めて砂糖部門を構築しようと熱心に取り組んでいたが、そのせいで外国の銀行への依存度が高まり、自国の税関を抵当として外国の銀行に渡すことになってしまったのだ。[10] その結果、ドミニカ共和国は政治的独立も失ってしまった。ドミニカ人ゲリラの反乱がアメリカをさらにドミニカ国内へと引き込み、一九一六年、ドミニカ共和国はアメリカの海兵隊に占領されてしまった。また隣のハイチもその前年にはアメリカの支配下に置かれていた。

一九世紀後半には、アメリカは世界最大の砂糖消費国となったが、これらの領土がアメリカに公式、あるいは非公式に従属するにあたっては、砂糖が大きな役割を果たした。領土の征服とハワイ併合のおかげで、基本的にアメリカは、必要なサトウキビのほぼすべてを帝国内で調達できるようになり、とくにキューバからの砂糖は多く、一九二〇年代のアメリカの砂糖需要の六二％を供給していた。[11] 当時、アメリカとその属領は世界の分蜜糖の半分以上を生産していた。あの著名な『資本主義と奴隷制』（一九四四）の著者、エリック・ウィリアムズは、アメリカの帝国政策と砂糖需要拡大の密接な関係を「アメリカ砂糖王国」という言葉で表現している。

だがそれは、争いの絶えない非常に不安定な王国だった。アメリカの属領となったヒスパニック系カリブ海諸国のクリオーリョたちは、アメリカの製糖工場が安価なアフリカ系カリブ人移民を大量に連れてくることに抵抗し、アメリカ国内からも反発の声が上がったのだ。また、白人のナショナリストたちは甜菜がアメリカの農村部の白人にとって重要な収入源だと気づき、新たに征服した非白人人口の多い領土の併合に反対した。さらに彼らは、そのような属領から砂糖を調達するアメリカの精製業者のカルテルについても、アメリカを植民地主義に向かわせていると批判した。白人ナショナリストたちは、企業の資本主義に反対し、ハワイやカリフォルニアそしてキューバへのアジア人契約労働者の流入も非難して、白人のアメリカ入植者擁護の立場をとった。こうして砂糖は、アメリカの植民地主義を形成しただけでなく、移民をめぐる議論の論点のひとつにもなっていった。

一八九七年、ハワイの併合が迫るなか、アメリカの白人農家の擁護者、ハーバート・マイリックは、アメリカの西半分の市場すべてがハワイなど太平洋の島々の砂糖に征服される可能性を示す地図とともに論文を発表したが、その地図の上には「アメリカの農家は、ハワイ産砂糖とニューヨーク・トラストの犠牲になるのか？」と書かれていた。[12] ちなみにこの「トラスト」とはアメリカの精製業者がつくる有力な共同事業体の名前で、当時、アメリカ人の大半は東海岸に住んでいたから、おそらく多くの人はこれがプロパガンダであることを見抜いただろう。しかし農業不況のこの時代、アメリカは自国の甜菜糖産業を構築するべきであり、「クーリーが栽培した」サトウキビ糖を輸入するなど犯罪に等しい、というマイリックの主張になびく人もいたはずだ。

　実際、白人のナショナリストたちは、トラストや「クーリー」のことは激しく非難したが、帝国主義の道義的な意味についてはまったく疑問を抱いていなかった。民主党議員で、マイリック同様に白人至上主義者で甜菜糖の擁護者だったフランシス・G・ニューランズは、キューバとハワイの併合は「クーリーがつくる砂糖」の流入を食い止める最も手っ取り早い方法とさえ考えていた。もしキューバが併合されれば、アメリカの一八八二年の中国人排斥法は自動的にキューバやハワイにも適用されるようになるからだ[13]。実際、キューバとフィリピンはこの法令の対象となり、一九〇七年、おもにハワイ経由で入ってきていた日本人労働者の流入も止められると、アメリカ領土へのアジア系移民の扉はさらに閉ざされた。ニューランズを味方につけた甜菜糖の関係者たちは、キューバ産砂糖に関税をかけるよう議会を説得し、さらにはプエルトリコとフィリピンで購入できる土地の上限をそれぞれ五〇〇エーカーと一〇二四ヘクタールに制限して、アメリカの製糖会社による大規模プランテーション開発を阻止した。

　いっぽうニューランズは議会に働きかけ、一九〇二年、土地改良法の制定に成功した。彼の名を冠したこの法律は、何百万エーカーもの土地を灌漑と土地の払い下げを通じて農民に開放するというものだった[14]。払い下げを受けた農民のなかには、甜菜の栽培農家も含まれており、保護主義を批判する人々は、このような甜菜糖優遇策はアメリカの消費者に負担を強いることになるし、そもそも熱帯地域がじゅうぶんな砂糖を生産しているのだからまったく必要ないと非難した。砂糖の価格がこれほど不安定なのになぜアメリカが労働者問題もあるこの競争の激しい商品の生産に関わらなければならないのか、というのだ。「こんな重荷は熱帯地域に負わせておけばいい」という声もあった[15]。

　二〇世紀初めのアメリカの砂糖政策は、競合する二大勢力の利害が衝突した結果だった。トラスト側は、粗糖の輸入には低い関税を、精製糖の輸入には高い関税をかけるよう議会に働きかけた。原則として、彼らが領土の併合に反対するのは、新たに獲得した領土が高品質の砂糖をアメリカ市場に輸出するのを防ぐためだった。この精製業者たちに対抗したのが、大衆に迎合する騒々しい白人ナショナリストたちで、彼らはアメリカの甜菜栽培農家と国内産の砂糖を保護する関税を擁護した。砂糖消費が増加したことで、国内産の甜菜糖と海外産のサトウキビ糖のあいだの緊張は緩和されたが、それでもこの問題が解消することはなく、二〇世紀を通じてアメリカ政府は高度に組織化されたこの二つの勢力のバランスを取るのに苦労することになる。

トラスト

一八八〇年代後半、アメリカの精製業者はカルテルを結び、このカルテルは「ザ・トラスト」というシンプルだが不吉な名で呼ばれるようになった。そしてこのカルテルはその後、アメリカの砂糖政策をほぼ半世紀のあいだ支配することになる。製糖技術の急速な進歩と下がり続ける砂糖価格によって誕生したこの大規模な権力の集中により、多くの都市に広がった何百もの職人工房から成るこの産業は、海岸沿いに建設されたわずか数カ所の資本集約型工場へと変貌を遂げた。急速な経済成長を遂げたこの「金ぴか時代〔一九世紀後半、南北戦争が終わって人口が増加し、経済が史上最も高い成長率を記録した時代〕」、ニューヨークは砂糖精製の中心地として台頭した。したがって、この地であのトラストが生まれたのも、たんなる偶然ではなかった。

アメリカ砂糖王国は、J・P・モルガンやシティバンクなど最も有力な銀行も巻き込んだ、さまざまな利権の集合体だった。そしてその中核を成していたのが、植民地時代の砂糖ブルジョワジーと同様に王朝的で階級意識の強い、ニューヨークのブルジョワ一族たちの緊密なネットワークだった。[16] ヘンリー・O・ハヴマイヤーはトラストの代表的人物であり、この産業の最も「毀誉褒貶に富んだ」リーダーとして人々の記憶に

アメリカの甜菜糖生産者たちは、キューバ産粗糖の輸入関税廃止を求めるアメリカの精製業者、通称「トラスト」の動きに激しく抵抗した。しかし1902年にこの風刺画を描いた人物の目には、この綱引きのどちらが勝っても、結局はキューバの農民が締め上げられて苦しむことになると映っていた。【左から右】アメリカン・ビート・シュガー社のヘンリー・T・オックスナード、セオドア・ローズヴェルト大統領、キューバのサトウキビ農家、セレーノ・E・ペイン下院院内総務、トラストのヘンリー・O・ハヴマイヤー。

残っている。彼は精製業者の名家の出身だった。彼の祖父は、兄弟と共にニューヨークに渡ってきたドイツの砂糖精製職人で、父のフレデリック・C・ハヴマイヤーは三代続いた名門精製業者一族の二代目、そのいとこのウィリアム・F・ハヴマイヤーは有力な銀行家でありニューヨーク市長を三期務めた人物で、彼もまた精製業者だった。

ヘンリーの父が砂糖の精製技術を身につけたころ、砂糖の精製はまだ、時間のかかる職人仕事だった。しかし遠心分離機が導入されると、ほぼ一夜にして砂糖の精製工程は一変した。砂糖価格の下落が続くなか、利益を出すには規模を大きくする以外の策はなく、ヘンリーの父は父祖の地ドイツの新しい遠心分離精製技術に、大規模な投資を行った。そして一八七六年、彼の精糖工場は一〇〇〇人の従業員を擁し、年間一億ポンドの精製糖を生産するまでに成長した。[17] 引火性の物質が多く、温度が五〇度に達することもあるこのような工場では当初、技術を必要としない危険な作業を行っていたのはアイルランドやドイツからの移民だったが、のちにそれはポーランドやリトアニアからの移民の仕事に変わっていった。

一八七〇年代、東海岸沿いに工場を持つ精製業者には好景気が訪れた。精製糖の輸出を拡大するための補助金を政府から支給されたうえ、旧式の工場で生産されることが多い見た目の黒っぽいカリブ海産砂糖の輸入が増えたため、粗糖に適用される低関税の恩恵も受けたからだ。[18] このころには、フレデリック・C・ハヴマイヤーと彼の息子は、悪徳実業家として有名になっていた。たとえば彼らは、イギリス領ギアナの自社工場に、砂糖のグレードが低く見えるように色を黒っぽくするよう指示して税関の役人の目をごまかし、関税を低く抑えていた。また、税関を通すことなく、大量の砂糖を直接工場に運び入れたとも言われているが、ハヴマイヤーの工場もほかの最新鋭の精糖工場と同様、海辺にあったので、これはそれほど難しいことではなかった。[19]

しかし精製業者が高収益をあげていた時代も終わりを告げた。アメリカが一八八六年に補助金制度を廃止したのだ。これは、ドイツが甜菜糖をダンピングしたことで動揺していたイギリス市場に、さらにアメリカ産の砂糖までもがなだれこんできたのを見て、イギリスの精製業者が猛反発したからだった。ふたたび売り先が国内市場に限られて利幅が下がった東海岸の精製業者たちは、業界内で生産量に上限を設けざるをえなくなった。このころ頭角を現してきたのがハヴマイヤー家の三世代目たちで、そのリーダー格がヘンリー・O・ハヴマイヤーだった。ジョン・D・ロックフェラーが設立したスタンダード・オイル・トラストの成功を見た彼は、アメリカの精製業者すべてをひとつの会社に統合するプロジェクトに乗り出した。しかし最初の一歩を踏み出したのは彼ではなく、彼のまたいとこたち、すなわちニューヨーク市長ウィリアム・F・ハヴマイヤーの息子たちと、彼らのマネージャー、ジョン・F・サールズだった。[20] サールズがヘンリー・O・ハヴマイヤーをプロジェクトに引き入れると、他の精製業者たちも合流し、一八八七年、アメリカ砂糖界の主要な事業者のほぼすべてが参加するシュガー・リファイナリーズ社が設立された。そのなかにはキューバの大物プランターでボストンに精糖工場を所有（第7章を参照）していたエドウィン・F・アトキンスも含まれていた。また、アメリカ砂糖界の別の大物、オックスナード兄弟は、自分たちの精糖工場をトラストに売却し、カリフォルニアと中西部で新たに野心的な甜菜糖事業を始めた。

アメリカ国内に二三あった精糖工場のうち一七工場を傘下に収め、四四〇〇万ドルの資本を確保したこの新会社は、こうして競合の大半を排除し、「トラスト」という名で知られるようになった。彼らは老朽化した精糖工場を閉鎖して生産能力を縮小し、利幅を急速に拡大していった。これによって精製糖の値段は上がり、ほぼ独占企業となったトラストは原料として購入する砂糖価格を引き下げることにも成功した。アメリカン・シュガー・リファイニング社（一八九〇年以降のトラストの正式名称）は、当時、ダウ・ジョーンズ平均を構成していた一二社のなかで第六位にランクされていた。[21]

トラストの事業は法律に引っかかることも多く、ニューヨーク・セントラル鉄道との違法な輸送協定から、税関に対する複数の詐欺行為まで重大な法律違反をいくつも犯していた。しかし最も重大な違反だったアメリカの独占禁止法違反については、処罰を免れた。当時、ドイツ社会民主党の理論的指導者で「金融資本」という言葉の生みの親でもあるルドルフ・ヒルファーディングがトラストを、資本主義の行き過ぎた典型例に挙げているのもそのせいだ。実際、トラストは一八九五年、アメリカ政府との法廷闘争で勝利しているが、これはまさにアメリカのビジネス史に残る決定的な瞬間だった。ことの発端は、カルテルが法的根拠を見いだすことができる唯一の州ニュージャージーでトラストが法人化したことで、連邦政府はすぐさま反トラスト法であるシャーマン法（一八九〇）違反としてこの法人設立を無効にしようとした。しかし最終的に最高裁判所はトラストを支持し、この判決は重大な結果をもたらすことになった。なぜならこれを機に、前例のない合併の波が押し寄せ、それがいわゆる「企業国家アメリカ《コーポレート・アメリカ》」へつながったからだ。[22]

当然ながらトラストは多くの敵をつくることになり、アメリカ最大のコーヒー企業、アーバックル・ブラザーズ社から、トラストに搾取されていると感じ、「トラストに年貢を払わされている」とまで言っていたルイジアナの砂糖生産者まで、その顔ぶれの幅は広かった。ルイジアナ最大の精製業者リーオン・ゴッジョは、トラストにいいように利用される状況を抜け出すために、自前の精糖工場を建設した。[23] しかしトラストが最も壮絶な戦いを繰り広げた相手は、第7章でも紹介したクラウス・スプレッケルスだ。当時、ハワイで生産される砂糖の半分を牛耳っていたカリフォルニアの精製業者スプレッケルスは、トラストに吸収されることを断固として拒絶した。トラストよりずっと小規模ではあったが、彼の事業は砂糖の精製と輸送、そして海外の砂糖農園を垂直に統合していたため、トラストに合流しないという意志は固かった。いっぽうトラストは、ヘンリー・オックスナードからスプレッケルスの地元の競合、アメリカン・シュガー・リファイナリー・オブ・カリフォルニア社を買収し、この精糖所を利用してスプレッケルの砂糖より安い値段で砂糖を売り始めた。しかしスプレッケルスには、これに報復する力があった。ハワイ産の砂糖の半分を牛耳っていたため、カリフォルニアに入ってくるほとんどの砂糖の価格を決定することができたからだ。[24] 彼はトラストが設定してきた値段に合わせて自社の精製糖の値段を下げていき、同時に自分がコントロールするハワイ産粗糖の値段を上げていった。彼にすれば、これはたんに帳簿上の数字を操作するだけだ。いっぽうトラストが所有するカリフォルニアの精糖工場は、スプレッケルスのハワイ産粗糖を高い値段で買わざるをえず、大きな損害を出すことになった。

さらにスプレッケルスは攻勢にも出た。当時、世界最大と言われた自前の精糖工場を、フィラデルフィアに建設したのだ。工場のオープニングに立ち会うために、彼はサンフランシスコから特別列車を仕立ててフィラデルフィアに向かい、列車が駅に停車するたびに英雄として熱狂的な歓迎を受けた。トラストは「資本主義者の泥棒男爵」と呼ばれて嫌われていたため、世間の人々はスプレッケルスのことを自分たちと同じ大義のために戦う勇敢な弱者として見ていたのだ。だが実際には、スプレッケルスもまたハヴマイヤーと同じ穴の狢だったのだが、それについてはみな都合良く目をつぶっていた。結局、クラウス・スプレッケルスが一九〇八年にこの世を去ったとき、彼が築いたビジネス帝国の価値は五〇〇〇万ドルを上回っていた。[25]

やがてトラストとスプレッケルスは、金のかかるこの価格競争に終止符を打つには交渉による解決しかないと気がついた。そこで一八九二年三月四日に契約を結び、スプレッケルスはフィラデルフィアの工場の四五%をトラストに渡し、カリフォルニアで競合する二つの工場——スプレッケルスの工場とトラストがヘンリー・オックスナードから買い上げた工場——は統合して、スプレッケルスとトラストで等分に分けることで決着した。[26] 一九〇一年にアメリカ産業界のリーダーの歴史についての本を出版したジェームズ・バーンリーはそのなかで、「ミスター・ヘンリー・オズボーン・ハヴマイヤーは東部軍の大立者、ミスター・クラウス・スプレッケルスは西部の大隊の支配者だった」と書いている。[27]

こうして砂糖大手の対立がおさまると、スプレッケルスとオックスナードはハワイの精製糖がアメリカに無関税で入ってくるのを防ぐべく、共にハワイ併合に反対するロビー活動を展開した。ハヴマイヤー、オックスナード、そしてスプレッケルスは一丸となって、保護主義的な色合いが強いディングリー関税法（一八九七）を成立させた。精製糖への関税をさらに引き上げたディングリー関税法は、ドイツから大量に入ってくる輸出補助金付き甜菜糖への対抗策でもあった。この法律は、トラストの精糖工場にとって非常に重要な、比較的粗糖に近いカリブ海産砂糖の輸入を優遇すると同時に、まだ発展途上にある国内の甜菜糖も保護するものだった。[28] このディングリー関税法をきっかけにトラストが国内の甜菜糖産業に進出すると、アメリカにおける甜菜とサトウキビの対立はすっかり過去のものとなり、一九〇七年には甜菜糖の七九%をトラストが支配するようになった。皮肉なことに、トラストを激しく批判していたマイリックは、保護主義色の強い法律を求めるロビー活動を通じて、はからずもトラストが大規模に多角化するチャンスをつくってしまったのだ。

ソルガムのブーム

南北戦争が勃発した当初から、北部州ではサトウキビ糖をやめてもっと温暖な気候に適した別の甘味料を探すべきだという声が強かった。その後、南北戦争によってルイジアナのサトウキビ畑が荒廃すると、連邦政府は農務省（ＵＳＤＡ）を設立した。農務省はすぐさま甜菜糖の試験栽培を開始したが、自国産の甜菜糖がヨーロッパ産の甜菜糖と競争できるかについては懐疑的だった。それに比べると、砂糖の原料としてはソルガムのほうがずっと有望に見えた。ソルガムはサトウキビに似た植物だが、サトウキビと違ってわずか三カ月で成熟するうえ、乾燥した温暖な気候でもよく育つからだ。

一九世紀半ばには、インドからアメリカまで世界中のプランターや化学者、そして投機家が、結晶ソルガム糖の生産競争を繰り広げていた。それまでソルガムがサトウキビに代わる作物として考えられたことはほとんどなかったが、中国では大昔から甘味料として知られていた。いっぽうヨーロッパでソルガムから結晶糖をつくろうとしたのは、あの有名な植物学者ピエトロ・アルディーノだけで、一七六六年に種子を入手した彼はフィレンツェ近郊の自宅の庭で実際に結晶糖づくりを試している。[29] 一八五一年、上海に駐在していたフランス領事が種子を本国に送ったことで、ソルガムへの関心が再燃した。それと同じころ、やがて世界のほぼすべての大陸に住むことになる砂糖プランターのレナード・レイは、ヨーロッパとアメリカの両方でソルガム糖の広告塔となっていた。[30] レイは、幅広く読まれた著書『実践的砂糖プランター』[*]を一八四八年に出版したのち、マレー半島からブラジルのナタルに転居したが、そこで一八五二年、不幸にも倒産の憂き目にあった。しかしズールー族の村で村人たちが甘い「インフィー」（ソルガムを意味するズールー語）を噛んでいると知ったとき、彼は自分にも運が向いてきたことを悟った。一八五四年、彼はこのインフィーの糖蜜を結晶化させる手法について論文を書いた。この論文はフランス語に翻訳され、彼はナポレオン三世からアルジェリアの土地二五〇〇エーカーを与えられることとなった。[31]

しかしレイはアルジェリアには行かず、一八五六年にアメリカに渡ると、ソルガムの搾り汁から結晶糖を抽出する手法の特許を取った。この技術に感銘を受けた元サウスカロライナ州知事のジェームズ・ヘンリー・ハモンドは彼を自分の農園に招いて精製の実験を行ったが、残念ながら結晶糖はできなかった。ソルガムの搾り汁はおもにブドウ糖でできており、ショ糖はあまり含まれていなかったからだ。[32]しかし、搾り汁を数週間休ませるうちについに結晶が出現し、多くの出版物が、ソルガムこそが外国産の砂糖やルイジアナの奴隷がつくる砂糖からアメリカを救う救世主になると大々的に取り上げた。レイがソルガムの結晶糖について書いた論文も紹介したヘンリー・スティール・オルコットの著作『サトウモロコシとインフィー』*は、なんと一年で八回も増刷され、オルコットによればこれをきっかけに、アメリカだけでも何千もの精製実験が行われたという。どの実験でも結晶糖はできなかったが、多くの農民はソルガムからブドウ糖の糖蜜ができるというだけで大満足だった。砂糖ほど甘くはないが、農村部の家庭が使う甘味料としてはじゅうぶんだったからだ。[33]

一八六〇年に勃発した南北戦争はソルガムのブームをさらに煽り、新たに設立された農務省の最初の仕事のひとつが、ソルガム種子を中国に注文することだった。南部連合が降伏すると、ソルガムへの熱はいくらか冷めたが、その熱は農務省によって再度かき立てられた。その農務省のプロジェクトの責任者が、当時は農務省の科学局長で、やがてアメリカの砂糖と食品の歴史に名を残すことになるハーヴェイ・ワイリーだった。ソルガムの結晶糖をつくるという難題に取り組むことにした彼は、浸出技術（細胞壁を通してショ糖を抽出する）に目をつけ、これをソルガム糖の製糖工場だけでなく、ルイジアナのサトウキビ糖産業にも導入しようと考えた（第7章を参照）。浸出技術がヨーロッパの甜菜糖産業を成功に導いたため、ワイリーは一八八五年の冬から一八八六年にかけて多くのヨーロッパの甜菜糖工場を視察した。その後、彼はソルガム糖の生産コストを下げることには成功したが、採算がとれる生産は幻に終わった。[34]

甜菜糖

ソルガム糖の実験が良い結果を出せずにいたころ、カリフォルニアでは甘味料を抽出するために、スイカを含むありとあらゆる作物を使って実験が重ねられていた。しかし結局、最後に勝利したのは甜菜糖だった。ドイツやフランスにルーツを持つカリフォルニアの住民がヨーロッパを訪れ、甜菜糖の製糖法を研究した努力が実ったのだ。[35] そのようなカリフォルニア人のひとりが、クラウス・スプレッケルスだった。一八七〇年代に何度か実験を繰り返した彼は、自身の砂糖王国を拡大し、次の一〇年間で甜菜糖の製糖も手がけるようになった。この多角化は、ハワイの非先住民《ハオレ》プランターとトラストという二つの敵と戦う二正面作戦の一環だった。一八八七年にドイツのマクデブルクの甜菜糖工場を訪れた彼は、機械と苗をカリフォルニアに持ち帰ると、ワトソンヴィルに当時のアメリカでは最大の製糖工場を建設した。[36]

同じ年、スプレッケルスのカリフォルニアでのライバル、オックスナード兄弟はヨーロッパに視察に出かけた。彼らの父はルイジアナの砂糖プランターで精製業者だったが、賢明にも南北戦争が勃発する直前にプランテーションを売却して、マサチューセッツで新たに事業を始めていたのだ。ヘンリー・オックスナードと彼の兄弟はブルックリンの精糖工場をトラストに売却すると、ネブラスカ一の甜菜糖工場をつくるために父祖の地であるフランスでフランス製の機械を購入し、技術者を雇い入れた。[37] このころ、ヘンリー・オックスナードのハーヴァード大学時代の同級生たちもネブラスカとワイオミングに甜菜糖の製糖工場を設立しており、マッキンリー関税法が採択された一八九〇年、オックスナード兄弟もネブラスカとカリフォルニアにさらに二つの工場を建設した[38]。ヘンリー・O・ハヴマイヤーが指摘したように、甜菜糖産業の台頭にマッキンリー関税法が重要な役割を果たしたことは疑いようのない事実だ。だが同時に、この法律ができたのが、ニューランズ、マイリック、オックスナード、スプレッケルスによるプロパガンダとロビー活動の結果だったこともまた真実だ[39]。

また彼らのロビー活動は、鉄道や灌漑システムによって広大な土地がサトウキビや甜菜糖などの農業に開放され、アメリカのフロンティアは西に向かっているというイメージを一般の人々にアピールするものでもあった。民間企業による大規模な灌漑事業を促進する一八九四年制定のケアリー法により、ユタ州、ミシガン州そして大草原地帯の甜菜糖産業は盛り上がっていった。一八九〇年代、技術者たちはコロラド、ワイオミング、そしてネブラスカを横断し、ノース・プラット・ヴァレーに野営地を設営した。その後は、広範な水利権交渉ののち、何百マイルにも及ぶ水路や灌漑用トンネルを掘削し、大きなダムを建設し、山々をダイナマイトで爆破していった。当時、これはアメリカ最大の灌漑プロジェクトで、完成には二〇年の歳月を要した[40]。

このケアリー法が制定された三年後の一八九七年、ディングリー関税法がアメリカの甜菜糖製造をさらに推進した。この法律により関税が急激に引き上げられ、ドイツ産甜菜糖の流入を阻止したからだ。さらにキューバが独立戦争を戦っていたあいだ、キューバの砂糖産業は一時的に消滅状態となり、状況はアメリカの甜菜糖に大きく有利になった。この新しい関税制度を予期していたスプレッケルスは一八九六年にふたたびドイツに渡って最新の甜菜糖の加工技術を学び、カリフォルニア州サリナス・ヴァレーの大規模工場用に機械を注文した。資本の半分をトラストが出資したこのサリナス・ヴァレーの新工場は、アメリカの甜菜糖生産高を八倍に増やし、カリフォルニア州を全米屈指の甜菜糖生産地にした。スプレッケルスはこの工場の周囲に広がる工業都市に自分の名を付けている。いっぽうニューヨークの銀行資本に支援されていたオックスナード兄弟は、事業をコロラドへ広げ、その後はミネソタ州のレッドリバーへと拡大していった。[41]

ニューランズ開墾法によって灌漑計画がアメリカ西部の乾燥地域にまで広がった一九〇二年、ヘンリー・O・ハヴマイヤーも甜菜糖の分野に参入し、末日聖徒イエス・キリスト教会（モルモン教会）と驚くべき提携関係を結んだ。じつは一八四〇年代に甜菜の栽培に失敗（第4章を参照）して以来五〇年ぶりに、モルモン教徒はふたたび甜菜糖生産に乗り出していたのだ。一夫多妻制の罪で連邦政府から財産を没収され、台所事情が厳しかった彼らは、甜菜栽培でその補塡をしようと考えたのだった。当初、モルモン教会の指導者たちはソルガムの栽培を考えていたが、カンザス州で行われた実験結果を見て、その計画はあきらめた。しかしその後、モルモン教徒の農家は、甜菜栽培が自分たちの農業サイクルに適していること、さらに牛の飼料など有用な副産物もあることを知り、甜菜を栽培することにした。モルモン教会初の甜菜糖工場は成功し、教会の指導者たちは事業の拡大を考えるようになった。そして事業のパートナー候補として名前が挙がったのがハヴマイヤーだったのだ。当然ながらモルモン教会の信徒の一部には、外部の悪徳な人物を入れれば悪影響が出るのでは、とこの提案に不快感を示す者もいた。[42]

このころ、すでに甜菜糖産業の可能性を確信していたハヴマイヤーは、モルモン教会には事業を成功させるのに必要な資質が備わっていることを見抜いていた。モルモン教徒の農民は、教会によって甜菜の栽培は宗教上の義務だと信じ込まされていたから、安定供給は保証されたも同然だったのだ。一九〇二年、ハヴマイヤーがモルモン教会所有の製糖会社の株式半分を高値で買い取り、製糖に関わる化学、技術、農学の専門知識を提供したことで、モルモン教徒たちはさらに二つの工場をアイダホ州に建設することができた。この三つの工場は一九〇七年に統合され、事業はワシントン州、オレゴン州、そしてネバダ州にも拡大した。しかしトラストとモルモン教会のこのようなビジネス手法は物議を醸し、一九一一年、民主党が主導する下院が調査に乗り出した。結局、ユタ・アイダホ・シュガー・カンパニーのトップで、モルモン教徒のチャールズ・W・ニブリーは、トラストから株を買い取らざるをえなくなった。それでもこれに懲りることなく、ニブリーはユタとアイダホから競合他社を閉め出し続け、原料となる甜菜の値段は低く抑え、甜菜糖の価格は不自然なほどつり上げた。しかし結局、がまんの限界にきたモルモン教徒の甜菜農家がそれまでの従順さをかなぐり捨て、甜菜の価格がこのまま悲惨なレベルで続くなら、別の作物に切り替えると脅しをかけたため、さすがの彼も屈服せざるをえなかった。[43]

トラスト、アメリカの金融界、そしてマヌエル・リオンダ

ヘンリー・O・ハヴマイヤーが一九〇七年にこの世を去り、一年後にクラウス・スプレッケルス・シニアも亡くなったころには、太平洋からカリブ海地域まで広がり、甜菜とサトウキビの栽培、加工、精製を包含するアメリカ砂糖王国の輪郭ができあがっていた。一八九七年のディングリー関税法によって、国内甜菜糖産業の扉が開くと、トラストもすぐにそこに参入。その一年後にはアメリカ軍がカリブ海地域に進出し、トラストの砂糖利権にまた新たな扉が開いた。トラストは、キューバとプエルトリコで工場の建設や買収を進めて粗糖を調達すると、その粗糖をアメリカ東海岸にある自社の精糖工場が低い関税で輸入して精製し、アメリカ市場で販売していた。アメリカの金融界と密接な関係にあったアメリカ砂糖王国は、国内産の甜菜糖の利益を守りつつ、トラストがその支配を強めていた属領の砂糖にアメリカ市場を開放する、という国の地政学上の方針にも配慮するという難しい対応を強いられた。

興味深いことに、カリブ海地域での実際の砂糖生産の拡大は、一八九八年のアメリカ＝スペイン戦争よりずっと以前にその第一歩が踏み出されていた。一八九〇年、ヘンリー・O・ハヴマイヤーと彼のいとこのチ

ャールズ・センフはそれぞれの妻を伴い、土地の購入と大規模工場の建設準備のためにキューバを訪れていたのだ。そして彼らの会社、トリニダード製糖会社はその二年後に操業を開始する。キューバを訪れたハヴマイヤー一行を歓待したのは、ボストンの精糖工場を通じてトラストの一員となっていたエドウィン・F・アトキンスだった。第7章でも紹介したように、アトキンスは著名なアメリカの砂糖プランターで、ハーヴァード大学の植物学の専門知識をキューバに持ち込み、サトウキビの改良に活かした人物だ。じつはハヴマイヤーがこのタイミングでキューバを訪れたのは、アトキンスが議会に働きかけていたキューバ・アメリカ間の互恵条約につながる一八九一年のフォスター・カノヴァス法の制定を見越していたからだった。[44]

アトキンスは一八三八年からキューバの砂糖貿易に関わってきた一族の末裔で、彼は貿易と砂糖の精製業だけでなく、実際の砂糖生産にも事業を拡大していた。彼のキューバの企業、ソレダ・アレグレ製糖会社は、一八八〇年代から破産債務者たちの土地を買い取り始め、一八九四年には五〇〇〇エーカーのサトウキビ畑を擁する世界最大規模の砂糖農園のひとつになった。しかしこれは手始めでしかなく、一九二〇年代、アトキンスはキューバ全体の砂糖生産量の約八分の一に当たる五〇万トンを超える砂糖を生産するまでになった。一八六六年以来、彼は収穫期には必ず自身の農園に滞在していたが、それ以外の時期はアメリカに住み、J・P・モルガンと共にユニオンパシフィック鉄道の役員を務めるなど、経済エリートの一員として過ごしていた。さらにアトキンスは、アメリカ政府がキューバ関連で下す主要な決定すべてに関与し、下院議員や上院議員はもちろん、外相やアメリカ大統領とも接触していた。[45]

アトキンスとハヴマイヤーは、キューバの一部をスプレッケルスがハワイにつくった砂糖農園よりはるかに大きな砂糖農園に変える、という大胆な計画をあたためていた。しかし戦争によって、この希望は一時的にではあったが打ち砕かれてしまう。というのも一八九四年、アメリカとスペインの貿易交渉が決裂すると、アメリカは粗糖に四〇%、精製糖には四八%もの関税をかけ、スペインはその報復として、アメリカ製品のキューバへの輸入に重い関税をかけたのだ。この二つの措置によってキューバ国民はたいへんな苦難を強いられ、これをきっかけに起こったキューバの独立戦争は一八九八年まで続いた。この戦争に大きな衝撃を受けたアトキンスの友人P・M・ビールは、「トリニダードの丘から海までが一面燃えさかる地獄の火にのまれ、目に入るのは煙とくすぶる廃墟、そしてとぼとぼ歩く貧しい人々や幼子を抱えて安全な場所へと逃げる女性たちの姿だけだった」と一八九五年に書いている。[46] 最終的に、二〇万人のキューバ人が命を落とし、島の砂糖プランテーションの三分の二が破壊され、うち捨てられた。その後キューバの砂糖産業がこの惨状から回復するには何年もの歳月がかかった。[47]

アメリカ軍による一八九八年のキューバ占領は、トラストにとってはキューバの砂糖産業拡大を再開するまたとないチャンスに思われた。しかしキューバの独立戦争とディングリー関税法は、黎明期のアメリカ甜菜糖部門が台頭する絶好の機会を与えることになった。当初、甜菜糖に関わる実業家たちはアメリカの資本でキューバの砂糖産業が再興するのを恐れ、キューバとの互恵通商条約更新に激しく反対していた。この反対運動を率いたひとりが甜菜糖王のヘンリー・オックスナードだ。このころトラストはまだ、甜菜糖部門とサトウキビ糖部門を統合していなかったため、オックスナードはレナード・ウッズ（一八九八年から一九〇一年までキューバ総督を務めた）とともにキューバとの自由貿易を求める運動を展開していたエドウィン・F・アトキンスやヘンリー・O・ハヴマイヤーと対立することになった。もちろんアトキンスもハヴマイヤーも一八九四年の貿易戦争を繰り返すことだけは避けたかった。なぜならあの貿易戦争が引き起こした反乱が独立戦争につながり、キューバの砂糖産業を灰にしてしまったからだ。結局、互恵通商条約は結ばれ、キューバはアメリカ市場に優先的に砂糖を輸出できるようになったが、キューバの不安定な状況と世界的な砂糖価格の低下により、アメリカの投資家たちのあいだには、キューバへの投資に関してはとりあえず様子を見ようという空気が広がった。[48]

しかしハヴマイヤーは一九〇六年までに、キューバは安全で、投資をするのにじゅうぶんな魅力があると結論づけた。彼はトラストを通じて直接、投資を行った他、ジェームズ・ハウエル・ポストと彼のいとこのトマス・アンドルーズ・ハウエル率いるナショナル精製糖会社（NSRC）にも参加した。ハヴマイヤーの支援によりNSRCは一九〇六年に再編され、少数株主持ち分の大部分がトラストに渡ったが、これが独占禁止法に抵触するという判決が一九二二年に下されると、トラストの保有する株式は二五％まで引き下げられた。当時、NSRCはキューバでも最も影響力の大きな製糖企業で、キューバ全体の生産量の一一％以上、年間で四五万トンを超える砂糖を生産し、プエルトリコとドミニカ共和国にも工場を有していた。[49]

第一次世界大戦中は、ヨーロッパの甜菜糖産業の一部が崩壊したうえ、潜水艦が商業船舶を襲撃したため砂糖価格が上がり、アメリカの資本が大量にキューバに流入した。こうしてキューバの砂糖産業は急激な成長段階に入り、土地の買い占めはそれ以上に熱を帯びていった。トラスト、NSRC、ユナイテッド・フルーツ社はキューバの広大な土地をわずかな金額で購入すると、猛烈な勢いで森林を伐採していった。独立性を堅持するアメリカの大企業は、キューバ資本のセントラールとは違い、自社でサトウキビを栽培し、畑と工場を一体化させた。[50] こうして一九二四年までに、キューバ全体で生産される砂糖の六二・五％をアメリカ人――一八九五年から一八九八年にかけて戦争を逃れてきたキューバ人も含む――が所有するようになった。なんといっても重要なのは、アメリカ人のシェアはトラストが独占しており、そのうちの四〇％はアトキンスとハウエルのいとこたちが占めていたことだ。[51]

こうやって見ると、砂糖の精製業者と銀行家に巨大な利益が集中していたことがよくわかる。だがそれは、複雑に絡み合った大きな物語のほんの一部でしかない。第一次世界大戦が始まると、キューバの植民地ブルジョワジーの利権とアメリカ金融界の利権は融合し始めるが、その象徴とも言えるのがキューバ最大の砂糖ブローカーであり砂糖王、そしてツァルニコー・リオンダ社を率いたスペイン人、マヌエル・リオンダだ。

キューバの砂糖輸出は、その大部分を彼の会社が一手に引き受けていた。

ツァルニコー・リオンダ社のルーツをたどるとドイツにたどり着く。一八六一年、プロイセン人のユリウス・ツェーザー・ツァルニコーは砂糖ブローカーとして、そしてロンドンに拠点を置くシュローダー一族の友人としてその地位を築いた。彼の実家は手広く商売をするハンブルク出身の商人一族で、彼の二代前に砂糖貿易で財産を築いていた。彼らはまた、キューバの鉄道システムにとって最も重要な投資家にもなっていた[52](第5章を参照)。シュローダー家の後押しもあり、ツァルニコーはロンドン市場向けに最初の甜菜糖を輸入したほか、ジャワ産およびエジプト産の砂糖も輸入した。その後は、西インド諸島産の砂糖の販売でも支配的な立場を獲得し、その砂糖の三分の二をイギリスからアメリカへ輸出した[53]。そして、短命に終わることになるアメリカとキューバの互恵条約が締結された一八九一年、彼はニューヨークに事務所を開設した。こうして彼は、おそらく世界最大の砂糖ブローカーとなったわけだが、カエサルにちなんだユリウス・ツェーザーというその名に恥じない成功をおさめたと言えるだろう。

一八九七年、ツァルニコーのニューヨークの会社にマヌエル・リオンダが加わった。スペイン生まれではあったが、リオンダもまたキューバの砂糖貿易で財を成した一族の出身だった。一九〇九年にツァルニコーがこの世を去ると、彼のニューヨークの事務所は再編されて社名をツァルニコー・リオンダと変え、リオンダが社長の座についた。そして五年後、彼の会社はキューバの砂糖の四〇%を販売するようになった[54]。リオンダ家は、キューバの製糖工場やサトウキビのバガスを原料にしたセルロース工場を買い、石膏ボード工場を買い、さらには製糖業者への信用供与や保険の手配を行い、麻袋や機械も提供した。つまりこの一族は、キューバの砂糖事業のほぼすべての側面に関わっていたのだ。

名実ともに砂糖王となり、ニューヨークの金融界とも太いパイプを持つようになったマヌエル・リオンダは戦時の砂糖不足という絶好の機会を利用し、一九一五年に一大クーデターを起こした。キューバ・ケイン・シュガー社を設立し、キューバ国内の一七の製糖工場を買収したのだ。彼はさらに、ホーレス・O・ハヴマイヤーとクラウス・オーガスト・スプレッケルス・ジュニアを同社の取締役に迎えることで、アメリカの銀行、とくにJ・P・モルガンの強力な後ろ盾を得た。リオンダのこの大胆な戦略により、アメリカの金融界はキューバの砂糖生産において中心的役割を担うことになったが、ロンドンとハンブルクでの粗糖の取引所および先物取引の廃止を受けて、粗糖取引がニューヨーク証券取引所に追加された一九一四年以来、その役割はすでに大きくなっていた。商品を固定価格で事前に購入する先物取引は、価格の急激な上昇や下落が生じた際に生産者や商人が負うリスクを軽減するものだが、一八四六年と一八八四年に砂糖界を大混乱させたのがこの先物取引だ[55]。

キューバから見れば、キューバの砂糖産業にアメリカの金融界を大きく食い込ませるリオンダの戦略は、逆にアメリカの資本家に乗っ取られるリスクもある大きな賭けだ。しかしリオンダは、これは必要な規模の経済を生み出すための手段であり、競争の激しい国際市場で生き残っていけるようにキューバの砂糖産業を強化する手段だと主張した。リオンダのような国際的砂糖ブローカーにすれば、純粋に取引だけの関係で大手金融機関と手を組むのはごく自然なことだったのだ。彼がやっていたことは、ニューヨークが世界の金融センターになったときに元パートナーの故ツァルニコーがやったこと、すなわちロンドンからニューヨークに乗り換えたのと同じだった。リオンダ家は、スペインのパスポートを持ってはいたが、どこの国の何人という枠には収まらない人々だったのだ[56]。しかし彼らにとって裏目に出たのは愛国心の欠如ではなく、このように扱いにくい砂糖工場の集合体を経営することの難しさだった。第一次世界大戦中から戦後にかけて続いた砂糖不足が一九二一年に突如、供給過剰に転じると、リオンダのキューバ・ケイン・シュガー社は大損害を被り、ほとんどが取引銀行の手に落ちてしまった。実際、壊滅的な打撃を受けた一九二一年以降、アメリカの銀行はヒスパニック系のキューバの銀行システムを引き継ぎ、製糖能力のほぼ三分の二を融資し、製糖工場のすべての信用枠を管理して、キューバ経済の多くの部門を支配した。[57]

カリブ海地域での征服

歴史上、一九二〇年代ほどキューバとアメリカの関係が密接だった時期はない。キューバが繁栄したのもすぐ近くにイギリス、フランス、イタリア、ベルギー、オランダ、そしてドイツのすべての国を合わせたのと同じくらい大きな消費者市場があったことが大きかった。実際、当時のアメリカ人はひとりあたり、ヨーロッパ人の二倍の砂糖を消費していた。またキューバではスペインからの大量移民に加え、人口の自然増も急速に進んだため、一八九九年に一六〇万人だった人口は一九三〇年にはほぼ四〇〇万人にまで増加した。『キューバの本』*（一九二五）ではキューバのことを、アルゼンチンを除けば、ラテンアメリカのどの国よりも豊かな国と記している。死亡率は低く、識字率は高く、電話システムは最先端で、国際空港があり、道路にはラテンアメリカのどの国よりも多くの自動車が走っていたからだ。[58]

トラストやその関連会社であるNSRCだけでなく、他のサトウキビ加工業者やサトウキビ糖製造業者もキューバに注目していた。一九世紀後半から爆発的な勢いで成長した飲料、キャンディ、チョコレート産業では、原価のかなりの割合を砂糖が占めていたため、これらの業界では市場の変動に伴うリスクを回避し、トラストによる恣意的な価格操作を避けるためにも、自前で砂糖をつくりたいという思いが高まっていたのだ。そのようななか、サトウキビ畑からチョコレート・バーまでの工程すべてを統合したパイオニアのひとりが、実業家のミルトン・スネイバリー・ハーシーだった。彼の生まれ故郷であり、アメリカの「菓子の都」と呼ばれるフィラデルフィアは、一八五一年に回転式の蒸気釜を初めて導入して手間のかかるキャンディの製造工程に革命を起こした場所だ。これにより、一九世紀半ばまで職人が菓子をつくる工房でつくれるキャンディは一日に数キロがやっとだったが、新しいキャンディ工場では一週間に何トンものキャンディを生産できるようになった。[59]

ハーシーは貧しい子ども時代を過ごし、業界の花形にのし上がるまで多くの苦難を経験した、まさにたたき上げの伝説的な起業家だ。彼にとって最初の大きな成功は、適切な種類、適切な量の牛乳を混ぜることで、べたつきにくく、よりまろやかなキャラメルを作ることに成功したことで、これは現在でもハーシーのチョコレート・バーの特徴として知られている。[60] 一九一二年には、ハーシーの工場の延べ床面積は一八エーカーに達し、砂糖の大量購入者になった彼は、トラストやNSRCを通さずに砂糖を仕入れたいと考えるようになった。そして第一次世界大戦が始まると、状況はより切迫していった。戦時の砂糖不足により、会社が破綻しかねなくなったのだ。そこでハーシーは一九一六年、キューバに自社の農園を持つことにし、巨大な砂糖の集中工場を建設した。さらに永続的に受け継がれる遺産としてマタンサスからハバナまで電化鉄道を建設し、砂糖を港へと運ぶ輸送手段とした。彼は一年の多くをキューバで過ごしていたが、当時のキューバはアメリカ人富裕層たちが集うプレジャー・アイランドになっていた。そのような富裕層のなかには、ハーシーの友人で、自社の車の燃料にサトウキビを原料にしたエタノールを使えないかと模索していたヘンリー・フォードも含まれていた。砂糖は自社工場で使うものだったため、ハーシーは砂糖の精製もキューバですることを好み、精製された砂糖は麻袋には詰めずに特製の鉄道車両に積み込み、そのあとは船でフィラデルフィアの港へ、そして港から彼の工場へと運んだ。[61] しかしさすがのハーシーも、一九二一年の砂糖価格暴落にはなすすべもなく、キューバとペンシルヴェニアに持っていた財産のすべてをナショナル・シティバンクに渡さざるをえなかった。しかし菓子と飲料、アイスクリームの黄金期となった「狂騒の二〇年代」、ハーシーは抵当に入っていた事業の経営権をふたたび取り戻した。[62]

アメリカ金融界をカリブ海へ進出させたのは、アメリカの精製業者やハーシーなどの実業家、そしてリオンダのようなブローカーたちだった。だがこれは決して、驚きの展開というわけではない。なぜならアメリカの金融界と砂糖企業の幹部は長年にわたって強く結びついていたからだ。彼らはある意味、ニューヨークのブルジョワジーを構成する同じネットワークに属していた。たとえば二〇世紀に入ると、ジェームズ・ハウエル・ポストとヘンリー・O・ハヴマイヤーはともにナショナル・シティバンクの取締役を務めていたし、ハヴマイヤーの息子のホーレスはJ・P・モルガンが支配するニューヨーク・バンカーズ・トラストの取締役だった。[63] しかし第一次世界大戦が終わると銀行は、カリブ海の砂糖産業への融資に直接関わるようになった。たとえばシティバンクは、製糖工場に大規模な融資を行い、一九二一年の砂糖価格大暴落によって大きな損失を出している。ハーシーの資産の多くを含むキューバの工場の四分の一は、銀行の手に渡り、銀行の融資残高六〇〇〇万ドルのうち二五〇〇万ドルが回収不能となった。シティバンクは差し押さえた膨大な砂糖関連の資産をひとつにまとめてジェネラル・シュガー社を設立したが、この会社も利益を出すまでには至らなかった。[64]

いっぽうアメリカ政府はアメリカの銀行に対してカリブ海地域および中央アメリカ全域で支店を開設することを許可し、アメリカ金融界の利益を促進した。これを受け、シティバンク、J・P・モルガン、そしてチェースは、キューバやプエルトリコ、ハイチ、ドミニカ共和国など多くの中央アメリカの国々で支店を開設したが、じつはこういった国々には国内の金融インフラがなかったため、アメリカの銀行の支店は実質的にはその国の中央銀行の役割を果たした。こういったアメリカの銀行が目指していたのは、とにかくハイチやスペイン領のカリブ海の島々からヨーロッパの金融利権を追い出すことだった。アメリカ政府はこのような銀行の活動を支援するいっぽう、銀行を利用することで深刻な債務を負った国々を財政的に支配し、さらにはベネズエラがデフォルトしたときのように、ヨーロッパが債権国に砲艦を派遣するのを避けるために、銀行を利用した。[65]

一九一〇年代には、プエルトリコもキューバ同様、アメリカ金融界の砂糖寡頭政治の支配下となり、一八九九年に四万トンだった砂糖輸出は、一九二九年には一〇〇万トンを上回った。輸出額で見ると、一九一一年から一九四〇年のあいだの六〇%を砂糖が占めていた。このような砂糖輸出のうち、一九二〇年代の輸出の約六〇%は、アメリカの四大企業によるもので、ジェームズ・ハウエル・ポスト、ホーレス・O・ハヴマイヤー、そして彼らと同盟関係にあったアメリカの銀行が支配的な地位を占めていた。[66] しかしこのような複合企業によって地元の砂糖ブルジョワジーが駆逐されたのかと言えば、そうでもなかった。古くからの名門プランター一族は依然として、アメリカ企業が所有する砂糖セントラールに納入するサトウキビ栽培で莫大な利益をあげており、そのセントラールは無関税で砂糖をアメリカの市場に送っていた。大小のサトウキビ農家は家族の絆で結ばれていることが多く、収穫量の向上や工場間の交渉のために提携関係を結ぶこともあった。[67] 彼らは収穫したサトウキビをアメリカ企業に納入していたが、じつはこのような企業は五〇〇エーカーを超える土地を所有することは認められていなかった。しかし彼らは土地所有の制限を巧妙にくぐり抜け、プエルトリコ政府もアメリカの議会もこの状況を放置していた。[68]

しかしプエルトリコにはサトウキビを栽培できる土地がそれほどなかったため、アメリカの大手企業はプエルトリコから八〇キロメートルほどしか離れていないドミニカ共和国でサトウキビ栽培を始め、収穫したサトウキビをプエルトリコの工場に運び入れた。ドミニカ共和国には土地がたっぷりあり、隣のハイチには労働力が豊富にあったからだ。ドミニカ共和国産の安いサトウキビを、プエルトリコの砂糖セントラールで加工して、アメリカ市場に無関税で輸入する。これはトラストにとって非常に収益性の高い事業となった。けれどドミニカ共和国を、トラストとその関連会社が所有するプエルトリコの工場用サトウキビ農園にするには、地元農民が土地を明け渡さなければならず、これがゲリラ戦を引き起こして政府はドミニカ共和国の東部の支配権をゲリラに奪い取られた。その後、ゲリラはロマナ農園（ホーレス・O・ハヴマイヤーが役員を務めていたサウス・ポート・リコ砂糖会社が所有）を占拠し、この一件が一九一六年五月のアメリカ海兵隊によるドミニカ共和国占領を早めたと思われる。それ以降、アメリカ金融界の支援を受けていたトラストとNSRCは、権益を拡大していった。彼らの事業はもはやサトウキビの栽培だけにとどまらず、ドミニカ共和国でも製糖工場を操業し始めた。[69]

アメリカ砂糖王国の歴史は、アメリカ東海岸の精製業者による砂糖生産チェーンの支配および砂糖と銀行の複雑に絡み合った利権を抜きにしては語ることができず、その発展は、ヒスパニック系カリブ海諸国の金融部門の大半をアメリカ金融界が支配したことで促進された。そしてアメリカ砂糖王国は、通常の土地の所有権を完全に無視して砂糖のフロンティアを切り拓き、地元住民とのあいだに暴力的な対立を引き起こした。一八七六年にスプレッケルスがハワイの広大な王領を借り受けた際は土地の収奪だと非難の声が上がったが、それもこの四〇年後にアメリカの砂糖プランテーションが行った甚だしい土地の権利侵害に比べればまだかわいいものだった。しかも二〇世紀に起こったこのような違法行為には、軍隊が関与したことさえ何度となくあったのだ。

ドミニカ共和国では、砂糖プランテーションにより多くの小規模農家が移住を強いられ、一八九〇年代以降、アメリカの海兵隊に対するゲリラ戦や、農民の反乱が頻発した。[70] キューバ東部では一九一二年、アフリカ系キューバ人が蜂起。彼らは強奪された土地が記録され、それによって所有権の移転が正式となった公文書を破棄しようと役所に押し寄せた。製糖工場を暴徒から守るためにアメリカの軍隊が召集され、キューバ軍は住民を容赦なく強制収容所に隔離した。収容を拒んだり、収容が間に合わなかったりした者たちは虐殺されたが、このときの犠牲者の大半は、いかなる暴力行為にも破壊行為にも加わっていなかった。[71] キューバ東部の農民は一九五〇年代になってもなお土地の強奪に抵抗を続け、カストロはそんな彼らを支持基盤としてゲリラ戦を戦い、最終的には権力の座に着くことになる。[72]
アメリカ砂糖王国の暴力はカリブ海地域だけにとどまらなかった。フィリピンでは、製糖工場が食用作物の栽培地を残すことなく、すべての土地を強奪したため、これに反発した地元のリーダー、パップ・イッシオは一九〇八年に農民の反乱を率いたが、アメリカ政府はこれを鎮圧し、アメリカの砂糖産業がフィリピンのネグロス島に進出する道を開いた。[73] また、一九〇九年から一九三三年まで、アメリカ軍がニカラグアを占領したことで、チチガルパの何千エーカーもの土地が砂糖生産のために食い尽くされ、その勢いは、第一次世界大戦中にアメリカ国内の砂糖需要が驚異的な伸びを見せたことでさらに拍車がかかった。これに対し、一九二六年には本格的な反乱が発生し、巨大なサンアントニオ工場の複合施設は破壊され、付属する醸造所には火が放たれた。[74]
最も大胆な土地強奪行為のひとつが起こったのが、ホーレス・O・ハヴマイヤーがフィリピン、ミンドロ島の二万二〇〇〇ヘクタールの土地に工場を建設したときのことだ。ハヴマイヤーはこの広大な土地をフィリピン政府から購入したのだが、じつはその土地は、土地を持たない農民に遊休地を再分配する政策の一環として、政府が所有者である修道会から召し上げたものだった。こういった土地改革違反や、アメリカ人投資家が購入できる土地の上限規定（一〇二四ヘクタール）違反は、「フィリピンを競売にかけた」のと同然の行為としてアメリカ議会でも非難の声が上がったが、だからといって何かが変わることはなかった。[75] アメリカ自身はそうと認めていなかったが、アメリカは、あらゆる面で植民地の宗主国そのものになっていたのだ。

国内のサトウキビ・フロンティアになったフロリダ

無限にも思えるアメリカ人消費者の需要を満たすために、とてつもない面積の土地が切り拓かれ、サトウキビや甜菜の耕作地がつくられていった。農民たちは土地を奪われ、森林は伐採され、山は爆破され、そして最後には、フロリダの有名な湿地、エバーグレーズにも砂糖開拓の手は伸びた。「クーリーの砂糖」の流入に反対するポピュリスト的運動を展開していたマイリックはすでに、亜熱帯湿原であるエバーグレーズのことを国内の南部フロンティアと呼び、これに中西部のフロンティアを加えればアメリカは砂糖の自給自足を達成できると主張していた。[76] この彼の主張に賛同したのが、フロリダの湿地帯はサトウキビ栽培地としての可能性がある、との報告書を発表したハーヴェイ・ワイリーだった。かつてフロリダの東海岸では砂糖産業が悲劇的な終わりを迎えたが、それから半世紀ののち、この湿地帯を肥沃なサトウキビ畑にするための浚渫機がフロリダ半島に現れたのだ。ハミルトン・ディストンはアメリカ北部の投資家を集めて合弁企業を設立すると、居住者の権利を完全に無視して、エバーグレーズ北部の九〇〇万エーカーの土地の水を抜き始めた。[77]

そして一八八八年、最先端の機器を備えたフロリダ初の工場の建設が始まった。しかしこの先駆的事業は、害虫から早霜にいたるまで、あまたの生態学的、気象学的災難に見舞われた。一八九五年、ディストンの誇大妄想的な干拓事業は破綻。彼はその一年後に亡くなったが、自殺だったとも言われている。一九〇〇年、彼の工場は解体され、設備も売却された。[78]

一九二〇年代初頭、フロリダの砂糖生産は依然として実現にはほど遠く、キューバの砂糖王マヌエル・リオンダはフロリダの砂糖生産など恐れるに足りないと考えていた。[79] しかしその数年後、ボーア・ダールバーグの新会社、サザン・シュガー社がオキーチョビー湖の南岸に一三万エーカーの土地を購入したときは、リオンダも考えを少々変えたかもしれない。じつはダールバーグはそもそも砂糖業者ではなく、バガスを使って断熱材を製造するカロテックス社の経営者だった。最高かつ最先端の方式に投資した彼は、オランダの砂糖学者E・W・ブランデスがアメリカに持ち込んだ驚くべきサトウキビ品種、ＰＯＪ２７７８をフロリダで栽培し始めた。しかし労働力不足に悩まされたダールバーグは、実業家の本領発揮とばかりにある作戦に打って出た。オレンジ色のトラクターで有名なウィスコンシンの機械メーカー、アリス・チャルマーズ社に、オーストラリアで特許を取得した先進的なフォルキナー式サトウキビ刈り取り機を参考にして、サトウキビの刈り取り機を一四台つくってほしいと依頼したのだ。これは大胆な挑戦だった。刈り取り機はまだ、技術的には試作段階にすぎなかったからだ。結局、この数年後に訪れた大恐慌によって労働者の賃金が下がったため、刈り取り機はお蔵入りとなり、ダールバーグのサザン・シュガー社は、ジェネラル・モーターズ社の副社長、チャールズ・スチュアート・モットの手に渡ってしまった。[80]

企業だけでなく、地元の農家も、第一次世界大戦中の砂糖不足に乗じてひともうけしようと、サトウキビ栽培に乗り出した。また、フランク・W・ハイザーは農家を動員し、みずからが経営する製糖企業、フェルズミア・シュガー社で使用するサトウキビを栽培したが、畑の排水がうまくいかず、一九一七年に事業は立ちゆかなくなった。しかし大恐慌の前夜、ハイザーはルイジアナやキューバの老朽化した工場からさび付いた部品を調達し、わずかな資本でサトウキビ栽培に再挑戦した。[81] 一九三四年、凍てつく冬のせいでサトウキビの大半はだめになったが、それでも彼はくじけず投資家を集め、砂糖の精製所を建設。そしてその二年後、「フロリダ・クリスタルズ」が詰まった最初の袋が彼の工場から出荷された。

その後の二五年間、フロリダの砂糖生産は悪天候やサトウキビの病気、慢性的な労働者不足に悩まされ、はかばかしい進展を遂げることなく歳月は過ぎていった。しかし一九五九年、キューバでカストロ率いる革命派が権力の座に着くと、フロリダには一大転機が訪れた。アメリカ政府がキューバ産砂糖の輸入停止措置をとったのだ。その結果、フロリダにおけるサトウキビの作付面積は五年で五倍に増え、二一世紀初めには、アメリカの砂糖需要の二〇%をフロリダの砂糖が満たすようになった。[82]

アメリカ砂糖王国を運営していたのはえり抜きの、そして姻戚関係にあることも多い砂糖商人と精製業者たちだったが、アメリカ金融界の関与はどんどん大きくなり、飲料や菓子業界との結びつきも強くなっていった。また、植民地政策にも巻き込まれたアメリカ砂糖王国は、現地の有力者たちと交流し、土地の収奪や脱税、過酷な労働者搾取にも加担した。そして砂糖栽培はついにエバーグレーズ進出へと至ったが、それがアメリカ砂糖王国の頂点であり、その歴史の集大成だった。こうしてフロリダの砂糖フロンティアには、アメリカの大衆迎合主義や金融資本、土地の収奪、植民地ブルジョワジーのすべてが集結することになる。一九五九年にキューバ革命が起きると、リオンダ一族のほぼ全員がフロリダに移り、キューバの他の砂糖エリートの多くもフロリダに移住した。当時、リオンダ家を率いていたのはマヌエル・リオンダの甥、アルフォンソ・ファンジュール・エストラーダだったが、彼がリリアン・ローザ・ゴメス・メナと結婚したことで、キューバで最も裕福な二つの砂糖一族は姻戚関係で結びついた。アルフォンソ・ファンジュールはフロリダに移ると、パホーキーの四〇〇〇エーカーの土地で、一から事業の立て直しを始めた。「彼らは解体した三つの小さな砂糖工場をルイジアナから艀で運び、それを再度組み立ててオーシオーラ工場をつくった」という[83]。二年も経たないうちに、彼らの砂糖事業はふたたび軌道に乗った。現在、フロリダの砂糖産業の中心人物はアルフォンソ・ファンジュールの二人の息子、そしてマヌエル・リオンダの甥の息子だ。今日、大きく成長したファンジュールの持ち株会社は、フロリダ・サトウキビ生産者協同組合と戦略的パートナーシップを結び、世界最大の製糖会社、アメリカン・シュガー・リファイニング社を所有している。

第10章　強まる保護主義

現代の砂糖の過剰消費を招いた大きな原因のひとつを理解するには、世界中で何百もの製糖工場が破綻した一八八四年の砂糖危機までさかのぼる必要がある。この危機は、世界の砂糖市場の継続的な混乱、とくにヨーロッパの甜菜糖産業の途方もない拡大による混乱の結果だった。ここで理解しておくべきは、甜菜糖産業には国際的な競争力などまったくなかったという点だ。甜菜糖産業が急速に拡大したのは、アメリカ産の安い穀類がヨーロッパに大量に流入したため、ヨーロッパの多くの農家が小麦の栽培をやめて甜菜糖の栽培へと切り替えたからだった。一九世紀後半、ヨーロッパの甜菜糖の生産量は二〇〇万トンから五〇〇〇万トンへと異常な増加を見せた。世界の分蜜糖の生産量に甜菜糖が占める割合は、一八七〇年は全体の三分の一をやや上回る程度だったが、一九世紀の末には六〇%を上回るまでになったのだ。[1] そのころにはヨーロッパの甜菜糖輸出量があまりにも増えすぎ、世界の砂糖市場は供給過剰に陥っていた。さらに、ヨーロッパのなかでも甜菜糖の生産がとくに多かった国々は、国内で消費される砂糖に課税することで、輸出補助金を捻出していたため、供給過剰をさらに悪化させていた。この国際的な補助金競争をリードしていたのがドイツだ。一八九八年のドイツの砂糖生産量は一七〇万トンだったが、国内市場で吸収できたのはわずか七〇万トンにす

1923年、ドイツ、クラインヴァンツレーベン製糖工場。1923年撮影。甜菜糖生産者のラベスゲ一族が創立、所有するクラインヴァンツレーベン社は、甜菜の改良種を開発した企業として世界的にその名を知られている。

ぎなかった。[2]

しかし過剰生産を招いた原因は、世界の農産物市場の激変や各国の保護主義だけではない。これまでサトウキビ糖部門で見てきたのと同様の科学的進歩が甜菜糖産業にも訪れ、それが過剰生産へとつながったのだ。一九世紀に入ると、ドイツは甜菜の栽培および製糖の植物学的・技術的中心地としてフランスの先を行くようになった。ドイツ国内でもその中心となったのが、ドイツ産砂糖全体の六五％を生産していたマクデブルク周辺の地域（現在のザクセン＝アンハルト州）だ。[3] ここで、甜菜の品質とショ糖の含有量の向上に熱心に取り組んだのが、クラインヴァンツレーベン製糖工場の創業者の息子、マティアス・ラベスゲ・ジュニアだ。そしてその努力の末誕生したのがクラインヴァンツレーベン種と呼ばれる品種群の原形種で、世界の甜菜畑のおよそ三分の一がこの品種を栽培するようになった。ラベスゲが創業した会社は、今日ではＫＷＳ社として知られ、世界七〇カ国で事業を展開する世界で四番目に大きな種苗会社となっている。[4] 一九〇〇年前後の数十年間、砂糖界の大物たちはみな、クラインヴァンツレーベン製糖工場やマクデブルク近辺の他の工場で見習いをしていた。アメリカ西部の砂糖王クラウス・スプレッケルスも、ルイジアナ、ハワイ、そしてクイーンズランドの糖業試験場を率いたウォルター・マクスウェルも、そしてジャワのパスルアン糖業試験場設立の立役者S・C・ファン・ミュッセンブルークも、ドイツの甜菜糖産業で修業していたのだ。[5]

ブリュッセル条約（一九〇二）

ヨーロッパ大陸で急速に発展を遂げる甜菜糖産業を、イギリスの精製業者はなんと一八六〇年代から警戒していた。彼らにすれば、輸入されてくる砂糖はグレードが低ければそれでよく、原産地など気にも留めていなかったが、甜菜糖に関してはそうはいかなかった。なぜなら甜菜糖は、精製糖として国内に入ってきたからだ。精製業者にせっつかれたイギリス政府は一八六四年、ヨーロッパの主要な砂糖生産者をパリに集めた。ヨーロッパの砂糖生産を規制し、補助金や関税を抑制することで過剰生産に終止符を打とうと考えたのだ。しかし残念なことに、会議は失敗に終わった。その後も三回、同様の会議が開かれたが、状況は悪化の一途をたどり、ついに一八八四年には世界的な砂糖危機へと発展した。その四年後の一八八八年、イギリス、ドイツ、オランダ、ロシア、スペインそしてイタリアは過剰生産を抑制するために、ブリュッセルで新たな会議を開いたが、これもまた失敗した。ちなみに、このとき自分たちの砂糖王国を建設している真最中だったアメリカはこの席に姿を見せなかった。

一八八八年のブリュッセル会議の目的は、市場をゆがめている輸出関税還付の廃止だった。このころある人は、「［イギリスの］家庭は、良質の砂糖を生産国の値段の半分以下で買うことができる」と語っている。[6] 当然ながら、ドイツの製糖業界は自国の補助金制度のコストの高さに不満を募らせ、イギリス政府も砂糖の供給を一部の生産国に依存している現状に違和感を覚え始めていた。たとえばイギリスの自由主義者の政治家、あのウィリアム・ユーアート・グラッドストンは、各国は自国の市場を守るだけでなく、「隠れ補助金」で他国の産業を潰し始めたと語っている。[7] また、イギリスの首相、ソールズベリー卿は「外国の政府がネジをひとつ回すだけで、生産側の商品を人為的に安くできるため、こちら側の産業活動が不可能になる」と言っている。[8] イギリス政府がダンピングの抑制が必要と確信していたのは間違いなく、一八八八年のブリュッセル会議の結果、条約が締結された。しかし、精製業者とは利害が異なる自由市場派と菓子業界が抵抗したため、イギリス議会は条約を批准することができなかった。[9]

こうして、世界の砂糖市場のゆがみはさらに進んでいくことになる。フランスも一八五五年にドイツの補助金制度を真似、甜菜糖生産国としてドイツと肩を並べるようになった。しかしこの政策は反感を買ったうえ、フランスの甜菜糖産業はドイツほど効率が良くなかったためフランスの納税者は大きな負担を負うこととなった。この制度の下、フランスの甜菜糖生産量は一九〇〇年までに四倍に増えたため、フランス領アンティル諸島が輸出する砂糖は、アメリカのシュガー・トラスト社の精糖工場へと振り向けられることになった。補助金制度は、オーストリア＝ハンガリー帝国やウクライナの甜菜糖生産量も押し上げた。[10] しかし輸出に対する補助金にあてる支出が増えれば、国内市場向けの砂糖に課税することで相殺しなければならない。その結果、消費を犠牲にして生産量を増やし、それがダンピングを助長するという悪循環が生まれた。

グローバリゼーションは市場の開放につながると思われがちだし、たしかに一九世紀後半はグローバリゼーションが大きく進んだ時期だった。しかし砂糖市場はその流れに逆行し、保護主義的措置の連鎖反応が生まれた。一八八〇年代以降、ヨーロッパ列強のあいだでは砂糖関税と補助金をめぐる戦いが発生し、その争いは大西洋を渡ってアメリカをも巻き込んだ。一八八六年、イギリスはアメリカに、イギリス市場への精製糖のダンピングをやめさせたが、一八九〇年代半ばになると今度はアメリカが、ドイツ産甜菜糖のダンピング先になってしまった。とはいえ、これはまったくいわれのない仕打ちだったわけではない。ハヴマイヤーのトラストがアメリカ政府に働きかけて、砂糖の輸入関税を引き上げさせたため、ドイツとしてはそれに対抗せざるをえなかったのだ。[11]当時、世界屈指の砂糖ブローカーだったユリウス・ツェーザー・ツァルニコーによれば、ドイツの製糖業者にはもうひとつ別の狙い、すなわち同じくアメリカ市場に砂糖を供給している西インド諸島の砂糖産業に競り勝ち、彼らを排除するという狙いがあったという。[12]

ドイツのこのダンピングに対するアメリカの報復が、関税率を大幅に引き上げた一八九七年のディングリー関税法だった。この法律が施行されたことで、ドイツは砂糖の輸出市場の四分の一をいっきに失い、第9章でも触れたようにオックスナード兄弟、クラウス・スプレッケルス、そしてモルモン教徒の甜菜糖工場には好景気が訪れた。[13]さらにこの関税法は、国際的にも大きな影響を及ぼすこととなった。新たな販売先を求めたヨーロッパの製糖業者たちが、アジア市場に目を向けたからだ。彼らにとってアジア市場は、比較的低コストで参入できる市場だった。白い精製糖は長距離の輸送でも品質が落ちないうえ、アジアに熱帯産の商品を買い付けに行く場合、行きの蒸気船の大きな船倉は空っぽの場合が多かったからだ。こうして、インド産および中国南東部産の砂糖は、補助金で支えられたヨーロッパ産甜菜糖の脅威にさらされることになった。

大英帝国にとって植民地インドは最大の関心事だったため、そこまで重要ではなかった西インド諸島のときとは違い、インドにダンピングされる甜菜糖の脅威に対して黙っているわけにはいかなかった。ゆえに、トリエステとハンブルクからインドに向けて白砂糖が出荷されていると報告を受けると、イギリス政府はすぐさま介入した。植民地大臣のジョゼフ・チェンバレンは、カラチ、ボンベイ、カルカッタに入ってきた補助金付きの砂糖に対して相殺関税を課すよう新任のインド総督、カーゾン卿に指示した。さらに、植民地の秩序を支えるインドの農村経済にとって重要なグル部門は現在、活況を呈しており、近代化も進んでいるため、ヨーロッパ産甜菜糖の脅威にさらされることは断じてあってはならないとも助言。そこでカーゾン卿は一八九九年初め、インドの立法評議会を通して相殺関税を打ち出した。帝国の利益の擁護者であるチェンバレンは、政府の多数派だったコブデン派をみごと出し抜いたのだ。[14]

しかし、これで世界的な関税戦争が終わるわけもなく、ドイツとオーストリア゠ハンガリーは新たな補助金を導入し、当然ながらこれもイギリス側は関税で対応した。一九〇一年、イギリスはさらに関与を高め、補助金の全額を関税で相殺すると脅しをかけた。その結果、甜菜糖の輸出国は一九〇二年にブリュッセル条約を結び、これにて甜菜糖の輸出補助金と報復措置の悪循環には終止符が打たれた。その後、世界市場における甜菜糖のシェアは一八九七年の六二％から、第一次世界大戦前夜には約五〇％へと大幅に低下したため、この条約は歴史的な成功を収めたと言えるだろう。[15] さらに大きな成果は、ブリュッセル条約が守られているかを監視する国際砂糖理事会が新たに設立されたことで、これは二〇世紀の大半において、国際商品市場を安定させる際のお手本となった。この制度がヒントとなって生まれた最も有名なケースが、一九五〇年にフランスの外相、ロバート・シューマンが提案した欧州石炭鉄鋼共同体だろう。シューマンのこの構想は成功し、のちにこれは現在の欧州連合の基礎となった。[16]

しかしブリュッセル条約が後世に残した遺産を挙げるとしたら、それは世界の砂糖市場の棲み分けをさらに進めたことだろう。第一に、ヨーロッパは引き続きサトウキビ糖を実質的に閉め出して、サトウキビ糖より高価な甜菜糖を保護。[17] 第二に、ブリュッセル条約が結ばれた一〇カ月後の一九〇二年一二月、アメリカは、西インド諸島産の砂糖への依存度を下げるという目的にかなうキューバとの互恵条約を批准した。これで西インド諸島産砂糖の輸出先はアメリカの精糖工場からイギリスの精糖工場に変わるはず、というアメリカの予測は実際にそのとおりとなった。[18] イギリスは、砂糖を自国の植民地から購入することを検討し、大打撃を受けていた西インド諸島から輸入する砂糖の優遇措置を交渉しておかなかったことを後悔し始めた。その後、イギリスはブリュッセル条約により砂糖市場がいっそう不安定になったのに気づき、この後悔の念はさらに大きくなった。なんと一九一一年、イギリス国内の砂糖価格は、八〇%も上昇したからだ。したがって植民地からの砂糖の購入は経済合理性にもかなっていたが、同時にこれは道義的な義務でもあった。なぜなら西インド諸島は、第一次世界大戦に兵を出してくれていたからだ。イギリスは、この帝国内の連帯に、砂糖の貿易政策で報いたのだ。[19]

甜菜糖ダンピングが終わったことで生まれたもうひとつの変化は、ヨーロッパ諸国の甜菜糖工場も、各国の国内政策も内向きになり、ヨーロッパ大陸自体が主要な国内砂糖市場になったことだった。ブリュッセル条約以前、アメリカとイギリスの砂糖消費は安価な輸入甜菜糖のおかげで大きく伸びたが、甜菜糖輸出国の砂糖消費は砂糖税のせいで抑え込まれていた。[20]しかし一九〇二年以降は、ダンピングの費用が不要になったフランスとドイツで砂糖税が引き下げられ、甜菜糖の消費は大幅に伸びた。さらに、ドイツ砂糖協会などの利益団体は国内の砂糖消費を促進する追加措置を政府に求め、政府は陸軍省に「新兵には朝のコーヒーに入れる砂糖を毎日配給するように」と命じるなどの措置を講じた。[21]

ブリュッセル条約は、砂糖貿易の国際的規制として模範的な成功を収めたが、それでも砂糖の世界が拡大するヨーロッパ大陸の甜菜糖利権、アメリカ砂糖王国、そしてイギリス帝国の新興砂糖部門の三つに分かれていく流れを止めることはできなかった。そしてそれぞれの砂糖産業が、保護された自分たちの領域の中で政府に働きかけ、消費を促進することで、国内における自らの立場を強化していった。二〇世紀初頭はまだ、この構図がもたらす結果の全貌——人為的な消費拡大がもたらすいびつな影響を含む——は目に見えてこなかったが、その影響はこのあとも続き、グローバルノースによる砂糖の世界の支配をより強固なものにしていった。

ブリュッセル条約は、甜菜糖がアジアに流入するのを止め、そのおかげでジャワの製糖工場は東南アジア最大の産業複合体に育つことができた。また、この条約はキューバの砂糖産業が戦争の荒廃から立ち直る一助にもなった。しかしそれでもジャワの製糖工場はヨーロッパ市場から閉め出されたままだったし、世界最大の砂糖輸出国というキューバの地位もアメリカの甜菜糖利権に脅かされ続けた。また、サトウキビ糖は甜菜糖より低コストで生産できたが、サトウキビを栽培していた地域は公平な競争を市場に強いる政治力を持っていなかった。そしてこの厳しい現実は、二〇世紀を通じて続いたのだ。

それでも一九〇八年までに、ジャワはその高品質の砂糖で大きなアジア市場を確保し、一九二四年にはジャワの砂糖輸出の半分以上がアジア市場向けとなった。[22] ジャワの砂糖は日本からの需要も大きかったが、遠心分離機を使った製糖がまだ初期段階にあったインドからの需要も膨大で、さらにその量は急増していた。ジャワの工場は濾過に牛の骨灰を使っている、という噂のせいで、ジャワ産の砂糖はインドで深刻な逆風にさらされたはず、と考えるむきもあるだろうが、それはもう問題にはならなかった。たしかに当初はインドの小売店やパン屋、レモネード屋は不純物や牛の骨灰を懸念していたが、それも輸入砂糖の値段の安さには勝てず、彼らは輸入砂糖をインドの砂糖と混ぜて使い始めた。[23] また、独立運動の機運が高まり、外国製品の不買運動が拡大していくなかで、「伝統」の味を外国産に置き換えている事実をあえて宣伝するのもはばかられた。インドでは、ジャワから輸入した砂糖をまず細かく砕き、粘り気のある水で洗って、インド産の砂糖のような見た目にして販売している、と一九三一年にカラチの工房を視察したジャワの製糖会社の代表者は報告している。その代表者がカラチを訪れたのは、カラチやボンベイなどアジア全域に事務所を持つジャワ第二の砂糖輸出企業、建源社の招待によるものだった。[24] たしかに経営に人種差別的なところはあったが、それでもジャワの砂糖産業はアジアの砂糖産業の複合体だった。

砂糖大手の衝突

ブリュッセル条約は世界の砂糖市場を規制するという基本的な役割を一九七〇年代まで果たし続けたが、この制度も第一次世界大戦時にはその機能を果たすことができなかった。イギリスは一九一三年に条約から離脱すると、自国の植民地の砂糖に特恵関税を適用し、外国産砂糖に九〇％依存していたそれまでの状況を、帝国内での自給自足へと徐々に切り替えたのだ。[25] しかし戦争が終わり、ヨーロッパの甜菜糖産業が回復してふたたび成長を始めると、戦時中の砂糖不足に対応して急速に生産力を拡大したジャワとキューバによって構造的な過剰生産が生じた。[26]

第一次大戦後にはチェコスロヴァキア、とくに東部のスロヴァキア地域が甜菜糖の主要輸出地として浮上した。この地域は甜菜の栽培に適した土壌に恵まれており、肥料として畑にまく炭酸カリウムも豊富にあったからだ。さらに甜菜は、ジャガイモなどの作物の収穫期が早い彼らの年間農業サイクルにも適していた。人口密度が高く、貧しいこの農業国には低賃金の労働者がたくさんいたし、畑での機械化は進んでいなくても、それを相殺するだけの牛がいた。また甜菜の生産者は、緊密に組織化され、高度に科学的な産業複合体によって支えられ、生産者、製糖業者、精製業者のすべてが政府の保護を受けて活動する砂糖シンジケートを形成していた。糖業試験場の支援を受けるこのシステムは、チョコレートやキャンディを製造する多くの川下産業や蒸留酒製造所に支えられていた。さらに糖蜜や甜菜の搾りかすは貴重な家畜の飼料になった。[27]

いっぽうヨーロッパの砂糖産業は、集中化や垂直統合（加工と精製の一体化）、副産物の製造による事業の多角化、そして東欧および南欧への拡大により、効率性と収益性が向上していった。その最もすばらしい例と言えるのが、一九二六年に南ドイツ製糖会社に統合されたドイツ南部の甜菜糖工場群だろう。しかし驚いたことにその四年後には、同社の株式の大半はドイツ人の手から離れ、イタリア人の工業化学者、イラリオ・モンテシに渡ってしまった。鉄道労働者の息子で、イタリアとベルギーの合弁企業の中心人物だったモンテシの強みは、背後にティルモントワーズ工場があったことだ。ティルモントワーズ社はベルギーで最大かつ最も古い工業精製業者のひとつで、オランダにも工場を持っていた。しかしベルギーとオランダでの製糖はブリュッセル条約の規定の対象となる。そのため同社は条約が適用されず、砂糖消費量はまだ少ないが、増加傾向にあったイタリア、ルーマニア、ブルガリアで甜菜糖の製糖工場を建設し始めた。一九二七年、モンテシはベルギーの共同経営者から工場を買い取ると、南ドイツ製糖会社の株式を取得していき、一九三〇年までに、おそらく当時ドイツ最大の製糖会社だった南ドイツ製糖会社の株式の八二・五％を手に入れた。[28]

いっぽう、過剰生産で余った砂糖は、縮小を続ける砂糖の自由市場に押し寄せたが、一九二〇年代後半、自由市場で取引される砂糖は世界の生産量のわずか二五％しかなかった。[29] こうして世界の主要な砂糖輸出国であるキューバ、ジャワ、そしてヨーロッパの甜菜糖生産国のあいだでは激しい競争が繰り広げられることになった。この競争に最も勝ち目がありそうだったのは、砂糖一トンをわずか一〇ポンドで生産できたうえ、成長を続ける巨大なアジア市場を輸出先として持っていたジャワだった。キューバは頑張っても一トンを一一・五ポンドでしか販売できず、ヨーロッパの甜菜糖工場も一六ポンド以下で販売することはできなかったからだ。[30] しかし、グローバルサウスの砂糖生産国はつねに宗主国の影響下にあり、宗主国はつねに国内の生産者を優遇する。この事実を、ジャワの砂糖生産者たちは忘れていた。彼らはまた、妥協を拒んだことで緊張を招くという大きなミスも犯した。ジャワもキューバも同じ境遇だという現実に向き合うことなくジャワはキューバをライバル視し、砂糖をめぐる全面戦争になれば自分たちのほうが有利と思い込んでいたのだ。[31]

このころ新たに選出されたキューバの大統領、ヘラルド・マチャドは、輸出収入の減少が引き起こした大規模な労働者の暴動を残忍に弾圧した。いっぽうでナショナリストの彼は、キューバの外交政策に対する拒否権をアメリカに与えた一九〇一年のプラット条項を嫌悪していた。また、砂糖産業関係者ではないマチャドは、キューバ経済には多角化が必要だということもわかっていた。そこで大統領に就任してすぐの一九二六年、彼は労働者やコロノス（工場に納入するサトウキビを栽培する農家）が反乱を起こすリスクも承知で、キューバの砂糖生産を一〇％削減し、砂糖価格の下落に対処した。[32]じつはこの生産量の削減は、三つの目的を達成するための戦略の一環だった。その目的のひとつ目は、キューバの砂糖生産をふたたび採算のとれるものにすること。二つ目は、低コストで生産が可能なアメリカ資本の大規模砂糖プランテーションとの競争からコロノスを守ること。三つ目は土地と資源を他の商品の栽培に開放し、砂糖への依存度を下げることだった。また、ナショナリストのマチャドにとっては、この措置によりカリブ海の移民労働者の流入を食い止めることができるというメリットもあった。

マチャドはまた、キューバが今、砂糖産業による大規模な森林伐採が引き起こした深刻な影響に苦しんでいるのもよくわかっていた。第一次世界大戦中の砂糖バブルが、残されていたキューバの森に壊滅的な被害を与えていたのだ。キューバ東部の開拓地では、もはや木を切り倒しても、それを運び出さなくなり、サトウキビは倒れた木のあいだに植えられていた。一八一五年のキューバは国土の八五％が森林だったが、一九二六年にはその割合は二〇％にまで下がっていた。雨量が急激に減少したせいで、第二次世界大戦中には大規模な灌漑工事も必要になり、かつてあれほど耕作に適していたこの島も、いまはその土地の約七八％が劣悪、もしくは非常に劣悪な状態に陥っていた。一九二六年、せめて高地の森林だけでも守ろうと考えたマチャドは、森林保護法に署名したが、キューバを生態学的大惨事から救うにはもう手遅れだった。[33]

マチャドが目的を達成するためには、他の大手輸出業者、すなわちヨーロッパの甜菜糖生産者およびジャワの製糖工場と交渉する必要があった。一九二七年の初め、ヨーロッパの甜菜糖生産者たちは今日もなお影響力を持つ組織として存在する、欧州てん菜生産者協会（ＣＩＢＥ）を組織した。[34]第9章で紹介したマヌエル・リオンダのようなキューバの砂糖エリートたちも、ＣＩＢＥのメンバーたちも、考えていることは一緒だった。ヨーロッパの甜菜糖生産者は自分たちの市場からサトウキビ糖を閉め出しておくことがなにより大事であり、キューバはとにかくアメリカ市場への優先的アクセスを維持しておきたい。したがって両者とも、自由競争よりも割当制度で世界の砂糖市場のバランスを保ちたいと考えていた。[35] しかしジャワの砂糖生産者は、自分たちの市場であるアジア市場にはまだ拡大の余地があるとみており、キューバの砂糖産業の苦境は、彼らと大きな利害関係があるアメリカの金融界が解決すべきと考えていた。いっぽうマチャドは、国内の労働争議の盛り上がりとコロノスからの支持の低下を感じていたため、世界の砂糖輸出量を削減して砂糖価格の下落を食い止めることに合意を得られるかどうかが、彼の政権の死活問題になっていた。

一九二七年、マチャドは世界の三大砂糖輸出地であるチェコスロヴァキア、ジャワ、キューバのあいだで交渉を行うために、リオンダの友人で、キューバ砂糖界の大物実業家、ミゲル・タラファ大佐をヨーロッパに派遣した。タラファはヨーロッパへの航海中、オランダの著名な砂糖専門家、プリンセン・ヒアリフスが著した『一九〇二年ブリュッセル条約の再建計画』という冊子を読み、ブリュッセル条約を復活させることは、この条約を結んだとき以上の大仕事であることに気がついた。なぜなら一九〇二年に譲歩を求めた相手は、多角化した産業経済を持ち、甜菜は経済的関心事項のひとつでしかなかった甜菜糖生産国だったからだ。しかし今、タラファが譲歩を求める相手、それもほとんど見返りのない譲歩を求める相手は、オランダ領東インドで圧倒的な力を持つジャワの砂糖生産者なのだ。そこで彼はまずポーランド、チェコスロヴァキア、そしてドイツの甜菜糖生産者とパリで協議し、彼らの合意を取りつけた。[36] しかしその合意を携えてアムステルダムに向かったタラファを迎えたジャワ砂糖生産者連合の代表者三人は、一九二九年のサトウキビの作付面積を縮小するなど問題外だととりつく島もなかった。一九二九年、タラファは再度、説得を試み、キューバ、ドイツ、チェコスロヴァキア、ポーランド間で減産の合意を結んだが、またもジャワの生産者の承認は得ることができず、結局この合意はたいした意味を持たずに終わってしまった。[37]

このころアメリカでは、ハーバート・フーヴァーが大統領に就任したが、彼は選挙戦中、アメリカの農家の利益を守ると約束していた。一九二九年にウォール街で株が大暴落すると、フーヴァーはこれを論拠に厳しい保護主義的措置の必要性を主張し、その主張は一九三〇年のスムート・ホーリー関税法という形で実現した。輸入される砂糖などの関税を引き上げるこの法案への反対は大きく、一〇〇〇人ものエコノミストがこの法案に署名をしないよう嘆願した。大反対するヘンリー・フォードやこの法案は明らかに非生産的で馬鹿げていると主張したJ・P・モルガンの取締役との個人的な会話では、フーヴァーも彼らの意見に同意していたが、それでも彼はこの法案に署名した。このアメリカの保護主義の高まりと、ジャワ砂糖生産者連合のかたくなさに脅威を覚えたキューバは、中国市場への参入を試みた。上海の新聞が、キューバと中国は上海に合弁で精糖工場を建設し、その資本と技術的知識の一部はキューバが提供する予定であると報じると、それを見たアメリカ財界はこれを、キューバはもはや中国市場をジャワの砂糖生産者に独占させておく気はないらしい、と不吉な予兆として受け止めた。いっぽう、大半が家族所有で、財政状態も健全だったジャワの工場は、もしキューバがアジアで市場を開拓し始めたら全面的に戦うと宣言した。[38]

ジャワの砂糖生産者は中国およびインド市場の成長を信じ、生産コストや輸送コストを削減してきた自分たちの実績も信じていたため、一九二九年を通じて行われた度重なる減産の嘆願にも耳を貸さなかった。彼らは譲歩するどころか、むしろキューバをアジア市場から閉め出そうとしたが、これが大きな間違いだった。ジャワは、アジア市場に参入しようとするキューバへの報復として、「スエズ以西」に安い砂糖を大量に出荷した。しかしこれがジャワにとって、とんでもない裏目に出ることとなった。なんとその砂糖がめぐりめぐってイギリス領インドと中国に回ってきてしまい、ジャワが通常の値段で地元の貿易会社に販売した砂糖と競合することになってしまったのだ。ジャワがダンピングした砂糖が市場に出回ると、当然ながらジャワの砂糖の輸入業者や精製業者のあいだには怒りが広がった。イギリス領インドは一九二九年六月、世界の砂糖市場の問題を話し合うためにジュネーブで開催された国際連盟の経済委員会で正式に不満を表明した。[39]

キューバとインドを敵に回したジャワの製糖業者たちは、ヨーロッパやアメリカとも決して良好な関係にはなかった。ヨーロッパの甜菜糖生産者は世界の砂糖市場を分割したいと強く思っていたからだ。ジャワの砂糖産業の代表としてジュネーブの会議に出席したプリンセン・ヒアリフスは、ドイツとヨーロッパの甜菜糖生産者の代表エーリヒ・ラベスゲと激論を闘わせた際、それを実感した。世界の甜菜畑の三分の一で栽培されているクラインヴァンツレーベン種の原形種を開発した一族のひとりであるラベスゲは、ヨーロッパの保護主義を強く擁護したのだ。また一九二〇年代には、アメリカの甜菜糖産業もサトウキビ糖の輸入に対して自分たちの利益を守れるようになっていた。

アメリカで甜菜糖の利権が主流にならなかった唯一の理由は、もしそうなればカリブ海の砂糖産業に投資するアメリカ金融界の利権が大きく損なわれるからだった。投資家たちは問題を自分たちの手で解決しようと考え、ウォール街の弁護士、トーマス・L・チャドボーンにキューバの砂糖産業を再編するよう依頼した。チャドボーンはまさに、金融と砂糖利権が絡み合うアメリカ砂糖王国を代表する人物で、アメリカのキューバ投資の有力な株主だった。しかし同時に、彼は世界の経済システムを真剣に考える、洞察力に優れた実業家でもあった。たとえば一九一九年のヴェルサイユ会議でドイツに課された懲罰的な戦争賠償金に対しては、彼は深刻な懸念を表明しており、大恐慌の際には、資本主義が試されているとまで言っていた。[40]

チャドボーンはアメリカ金融界とキューバの砂糖関係者を集めた委員会を招集すると、アメリカの甜菜糖生産者とプエルトリコ、ルイジアナ、そしてフィリピンのサトウキビ糖生産者との紳士協定について話し合い、砂糖の生産量をアメリカの消費の成長に合わせるということで合意した。この安定化計画を武器に、チャドボーンは意気揚々とヨーロッパの甜菜糖生産者およびジャワの砂糖生産者との交渉に臨んだ。[41] 当時、砂糖の価格はジャワの砂糖産業が採算割れになる水準にまで下がっていたが、それでもジャワの砂糖生産者たちはチャドボーンの提案に乗ってくる気配を見せなかった。自分たちこそが世界で最も安い砂糖の生産者であり、成長を続ける巨大なアジア市場を握っているのも自分たちなのだから、アメリカの金融界とも強気で渡りあえる、と彼らは思っていたのだ。ジャワのダンピングに対するインドの抗議も、ジャワの生産者の耳にはほとんど入っていなかった。

ジャワの生産者は、自分たちに融資しているオランダの銀行はアメリカの圧力などには負けないだろうし、そもそもチャドボーンをアムステルダムに立ち入らせもしないはずだと考えていた。だがその直後、チャドボーンはアムステルダムにやってきた。それはオランダの銀行家たちが、会談に前向きであることを示す明確な証拠だった。そして数回の交渉ののちオランダ貿易会社は、一九三二年より、ジャワの砂糖栽培を制限することに合意したと発表し、ジャワの砂糖生産者たちはこれに従わざるをえなかった。[42] オランダの合意を取り付けたチャドボーンは、ヨーロッパの甜菜糖生産者に減産を要請するためブリュッセルに向かった。この合意に最も消極的だったのがドイツだったが、チャドボーンはドイツ政府と掛け合い、このハードルもクリアした。こうして彼は一九三一年二月の末までに、主要な砂糖輸出者すべてから自発的な減産の約束を取り付けるという使命を達成した。その後、チャドボーン協定はハーグに事務所を構える国際砂糖理事会を通じて制度化され、ブリュッセル条約は息を吹き返したかに見えた。

チャドボーンは輝かしい成功をおさめたが、それでもこの協定だけでは一九三〇年代初頭に世界の砂糖市場に吹き荒れた嵐を鎮めることはできなかった。キューバは引き続きアメリカの甜菜糖生産者に脅かされ続けていたし、ジャワがインド市場を失うことはもはや避けられなかった。先にも述べたとおり、サトウキビの新品種が登場したことでインドは砂糖を輸入する必要がなくなったからだ。さらにインドの経済政策に対して共同責任を負うことになったインド国民会議派は、植民地的で人種差別的なジャワの製糖施設にまったく同情を寄せていなかった。というのも一九二〇年代後半、ジャワの製糖工場はインド人の管理職研修生を受け入れなかったからだ。それは、インド人の管理職研修生を受け入れれば、工場内の人種区分が曖昧になるという暗黙の、しかし明白な理由からだった。インド国民会議派の地方支部はすでに地元業者に対してジャワの砂糖の購入をやめるように求めていたが、もはやそのようなボイコットは要請するまでもなかった。一九三一年、インド関税委員会には、ジャワの砂糖生産者によるダンピングへの苦情が証言として提出され、一九三二年、インド政府は精製糖の輸入関税を二五％引き上げた。こうして法外な関税を課されたジャワの砂糖産業は、もはや回復不能なほどインド市場を失ってしまった。[43]

悪いことは重なるとよく言われるが、ジャワの砂糖産業にとってはまさにそのとおりだった。いまや日本もジャワの砂糖から離れ、台湾に独自の砂糖産業を発展させたのだ。それまで台湾では中国の農民方式で砂糖がつくられていたが、日本はそこに木製ローラー式の圧搾機一〇〇〇台を導入し、四八の工場が農民の栽培したサトウキビを受け入れるようにしたため、台湾は一大砂糖生産地へとその姿を変えた。一九二九年には、台湾は年間七四万五〇〇〇トンを生産する砂糖生産地へ発展し、生産した砂糖は日本市場だけでなく中国にも供給され、ジャワの砂糖を駆逐していった。[44]このあとさらに、ジャワには三つ目の災難が降りかかった。中国の国民党政府が、ジャワと台湾の砂糖に五〇％という高関税を課したのだ。[45]

いっぽうキューバの状況も、ジャワと同様に悲惨だった。アメリカ金融界の投資家たちは収益性を回復させるために、キューバの生産高をかつての半分以下の二三〇万トンに削減しようとした。しかしマチャド政権を支えるキューバのコロノスたちは、キューバを締めつけていたアメリカの銀行家たちに反旗を翻し、生産量の割当を一部解除するよう要求した。事情に通じたジャワのオランダ系新聞は「マチャドもこれ以上の減産はできない。国に金はなく、大勢の国民が飢えに苦しんでいるからだ。キューバが生き残るためにも、キューバ国民の蜂起を防ぐためにも、キューバは砂糖を生産し、国民に収入をもたらさなければならない」と報じている。[46]

いまや世界の二大サトウキビ産業は崩壊の危機にあり、これを防ぐためにはチャドボーン協定を早急に修正しなければならなかった。まずは、キューバが砂糖を輸出できるように、アメリカ市場の分割を再交渉する必要があった。次に、ジャワとキューバが互いに抱いていた強い不信感を解消しなければならなかった。チャドボーンは、破滅につながる現在の保護主義の波に終止符を打つには公正な価格設定を確立する以外の方法はなく、そのためにはどうしても生産規制が必要だという信念に従い、交渉を進めた。そして紆余曲折の末、一九三二年三月末、第二次チャドボーン協定が合意された。だがこれも、ジャワにはなんの救済にもならなかった。この合意は、一ポンド二・五セントより安い値段で砂糖を売ることを禁じたため、一ポンド二セントという低コストを強みとするジャワの砂糖の競争力は大きくそがれたからだ。ヨーロッパのCIBEとアメリカ砂糖王国はジャワを犠牲にしたのだ。[47] ジャワはアジア以外の新たな市場を見つけることができなかったうえ、そのアジア自体も砂糖の自給が進んでいた。

一九三一年に収穫された大量の砂糖は、ジャワの港町の倉庫に滞留していった。ジャワの製糖工場はひとつ、またひとつと操業をやめて解体されていき、ヨーロッパ人の従業員は何千人単位で解雇された。かつてジャワ島中部や隣のマドゥラ島から多くの貧しい人々が出稼ぎに来ていたジャワ島東部は、飢餓と悲惨のどん底に陥り、あれほど誇り高かったジャワの砂糖産業も、今では工場はインドに売却され、チャドボーン協定のせいで市場に出せなくなった砂糖は倉庫ごと焼却処分された。一九三五年には、ジャワの砂糖生産量は一九三〇年の六分の一にあたる五〇万トンにまで落ち込んだ。[48] 多くが糖業に関わっていたジャワの人々は塗炭の苦しみを味わったが、予想されていたとおり反乱を起こすことはなかった。

いっぽうジャワと対照的だったのがキューバだ。こちらは大方の予想どおり、生産制限後の社会不安は革命の形で頂点を迎え、一九三三年にはマチャド大統領が失脚した。民主的に選出された政治家だった彼も、長年、権力の座に居るうちに、ひどく腐敗した独裁者に変わっていたのだ。それでも彼が、自身の政治的資本の大半をキューバの砂糖生産制限に費やし、国の経済の多角化と、アメリカの銀行に対するキューバの砂糖生産者の立場の強化、そして追い詰められたキューバの砂糖農家の支援に努めていたことは確かだ。マチャドは、彼自身が必死に沈静化に努めた国際的砂糖闘争の犠牲になったのだ。彼の後任となったのが、クーデターを通じて権力を握った大学教授、ラモン・グラウ・サン・マルティンだった。しかし一〇〇日と経たないうちに、彼はフルヘンシオ・バティスタ・イ・サルディバル大佐によって排除された。サルディバルはその後、影響力の強い政治家として一九五九年まで大統領を務めたのち、フィデル・カストロによってその座を追われた。

いっぽうアメリカの新大統領となったフランクリン・ローズヴェルトは、これほど多くのキューバの輸出品をアメリカ市場から閉め出すなど愚の骨頂と感じ始めていた。キューバの砂糖産業は資本過剰で、アメリカの金融界の支配下にあると考えていたローズヴェルトは、決して彼らに同情的ではなかったが、いっぽうで国内の甜菜糖産業の味方でもなかった。甜菜糖産業が求める保護主義は、キューバのような商品生産国への工業製品輸出にとってはマイナスとなるからだ。[49] そこでローズヴェルトはアメリカ砂糖王国内のさまざまな利害関係者の調整に力を注いだ。そして一九三四年、大きな打撃を受けていた地域の甜菜糖部門と甜菜労働者を救済し、アメリカ市場へのキューバの砂糖の輸出も改善するジョーンズ・コスティガン法が署名された。これによりキューバの経済状況は改善し、アメリカ製品の市場も拡大した。[50]

しかしこの合意においてもなお国内の利害関係者が優先され、アメリカの精製業者はキューバの精製糖に対する輸入関税を据え置くことに成功した。アメリカの甜菜糖生産者もフィリピンに生産制限をかけ、一九三四年にフィリピンで収穫された砂糖の六〇%を廃棄させたが、これについてはローズヴェルト政権がフィリピンに対して経済的補償を行った。[51] 結局のところ、ローズヴェルトのニューディール政策はアメリカ砂糖王国の後退を意味していた。ニューディール政策には、一九〇二年にアメリカがキューバに押しつけた植民地主義的なプラット条項の廃止や、フィリピン独立への明確な道筋の設定、そしてニカラグアとハイチからの軍の撤退も含まれていたからだ。また、ニューディール政策はハイチで生まれつつあった砂糖産業の芽も摘み取ったが、これは、貧しいハイチの労働力をヒスパニック系カリブ海地域で利用していたアメリカの製糖会社の利益と完璧に合致していた。[52]

関税の壁に隠れた砂糖

ジャワの砂糖産業が崩壊した五年後の一九三七年、パスルアン糖業試験場は創立一五周年を迎えた。地元新聞の記念特別号はこの一五周年を祝い、ジャワの砂糖産業を世界的産業へと成長させた試験場の業績を称えた。この特別号はまた、パスルアン試験場が自分たちの研究成果を、植物病害で苦しむ世界中の砂糖生産者に気前よく分け与えたことへの後悔の念も記していた。[53] あの驚くべきサトウキビPOJ2878の急速な普及は、ともに植物の病害と戦い、世界の食料生産を守っていこうとする国際主義の表れだった。しかしスペイン系キューバ人の砂糖王マヌエル・リオンダが一九二七年にすでに指摘しているように、それはまたたく間に過剰生産の構造的要因となってしまった。[54] POJ2878が主流品種になったことが、ダンピングと砂糖経済の崩壊という悲惨な状況をもたらし、ひいては一九二九年の大恐慌を引き起こす一因にもなったのだ。

世界の砂糖資本主義が保護主義に飲み込まれるのを救おうとしたチャドボーンの勇敢な試みは、この国際主義の伝統に深く根ざしていた。だが同時に、自由貿易の原則を捨て、甜菜糖との競争に経済的に勝てる力のあるサトウキビ糖生産者を犠牲にしてもなお、割当制によって需要と供給のバランスを取ろうとしたのもまた国際主義だった。国際連盟に働きかけてチャドボーン協定をその保護下におこうとしたアメリカ金融界の試みは失敗したが、そのあとも一九三七年の国際砂糖協定により、国際的かつ法的に裏付けられた調整は進められた。協定はハーグに事務所を置く政府間機関の国際砂糖理事会が監督し、理事会には懲罰的制裁を科す権限が与えられた。しかし、修正を重ねつつ一九七七年まで存在したこの制度も、ジャワとキューバが凋落し、アメリカとヨーロッパ政府が自国の砂糖生産者保護の緩和を拒否してからは、開かれた砂糖市場という理想の形骸化を覆すことはできなかった。CIBEは、その他の強力な農業圧力団体のモデル的存在となり、この三〇年後にはヨーロッパの農家を世界的な競争から守る欧州経済共同体——その後は欧州連合——の共同農業市場を形成することになる。[55]

一九三七年の国際砂糖協定の根本的な弱点は、砂糖を国民の基本的食料として捉える国が増えるなか、依然として砂糖を世界的商品として位置づけていた点だ。各国は、続々と関税の壁を設けて自国の砂糖産業を保護、促進し、それぞれの国が自国市場の価格安定を図った結果、国際市場はさらに縮小し、不安定化していった。[56] 保護主義へと向かうこの傾向をリードしたのはインドで、メキシコ、南アフリカ、エジプト、そしてブラジルも自国の製糖産業を関税の壁で守りつつ、包括的に近代化していった。各国の砂糖の工業生産は急速に伸びていき、たとえばエジプトでは、一九二〇年代には工場が提示するサトウキビ価格が低すぎたせいで自家製糖に戻っていた農家も、再び工場にサトウキビを納入するようになった。[57] 一九三三年、ブラジルのジェトゥリオ・ヴァルガス大統領は大打撃を受けていた自国の砂糖産業を支援し、砂糖価格を安定させようと砂糖・アルコール院を設立した。この組織はやがて、ガソリンへのエタノール混合を義務づけることで、砂糖部門とエネルギー部門を部分的に統合するに至った。[58]

メキシコ、インド、エジプトそしてブラジルが自国の砂糖部門の計画的開発に着手したころ、中国も自国の砂糖産業を構築し始めた。フランス革命やハイチ革命後の数十年の混乱期と同様、このときもまた製糖の専門知識の移転が起こったが、今回は工場全体が解体され、フロリダやインド、中国の新たな開拓地へ送られた。中国の軍閥や国民党政府の場合、製糖事業を進めて行くに当たっては、東南アジア、とくにジャワへと離散した多くの中国人たちを頼ることができた。一九三〇年代初頭、ジャワの華人実業界は国民党政府との関係を強化し始めたが、その中心人物が中国系インドネシア人の大物実業家で、一九四〇年にはジャワに五つの工場を持っていた黄仲涵《こうちゅうかん》だった。[59] 当然ながら、ジャワの華人実業界と中国の結びつきが強まるのを、ジャワの砂糖業界は不安視したが、他の分野での商業的利益のほうが優り、最終的には植民地政府自身が中国に使節団を派遣した。中国の財界首脳とジャワの植民地政府の高官による共同プロジェクトだったこの使節団は、巨大な中国市場の可能性を探るものだったが、同時にそれは、かつて大きな権勢を誇ったジャワの砂糖産業が一九三〇年代半ばまでにいかに弱体化したかを示す証でもあった。[60]

イギリス帝国の砂糖政策

一九世紀後半はまだイギリスが国際的な砂糖協定に影響を与えていた時代で、ブリュッセル条約はイギリスの経済外交のクライマックスだった。しかし一九二〇年代、イギリスはもはや世界をリードする地位になく、いまだ広大な大英帝国のフェンスの内側に引っ込んでしまった。帝国市場という考え方は、一九〇三年に結成されたジョゼフ・チェンバレンの関税改革同盟がすでに広めていたが、その費用を負担するのは消費者だったため、当時はあまり盛り上がらなかった。しかし一九三〇年代の大恐慌によりイギリス人たちのなかにも「帝国のために買い物をする」という機運が生まれた。[61] イギリス帝国の砂糖政策は、第一次世界大戦中に深刻な危機に見舞われた砂糖の安定供給を図り、同時にアメリカ市場を失った西インド諸島の苦境を緩和することを目的としていた。第一次世界大戦前夜まで、イギリスが植民地から輸入する砂糖が輸入砂糖全体に占める割合は一〇%未満だったが、一九三〇年代には五〇%を上回るまでに激増した。さらにイギリスは、一部オランダの技術を採用し、オランダとの共同所有という形もとりながら、自前の甜菜糖産業を発展させ、最終的には国内の砂糖需要の三分の一をまかなうようになった。[62] しかし古い砂糖政策を踏襲するかのように、砂糖植民地が最新の技術に投資することを奨励せず、植民地が「工場の白《ファクトリー・ホワイト》」と呼ばれる純白の砂糖をつくれないようにしていたのは、イギリス国内の精製業者をなだめるためだった。[63]

イギリスは、それぞれの領土が栽培または採掘する商品を分担し、それを売ることでイギリスが製造した製品を購入するという帝国経済、または連邦経済の構築に努め、そのおかげで精製業者のテート&ライル社は世界有数の砂糖生産企業となった。ニューヨークのハヴマイヤー家と同様（第9章を参照）、ヘンリー・テート（ロンドンのあのテート美術館の名の由来となった人物）も、砂糖の精製が職人仕事から大量生産産業へと転換した時期に財産を築いた人物だ。一八一九年に生まれたテートは、もともとは雑貨屋で、六つの店を経営していた四〇歳のときに砂糖事業に参入した。一八七五年、彼は製糖技術の第一人者、デイヴィッド・マーティノーと契約し、さらにドイツのファイファー・ランゲン社の特許を利用する契約も結んで、従来の円錐状ではなく、小さなサイコロ状の角砂糖を生産した。[64]

巨大製糖会社、テート&ライルが誕生したのは、テートがグラスゴーの精製業者エイブラム・ライルの会社、ライル社と合併した一九二一年のことだ。ライル社はゴールデン・シロップ（この製品は今日も存在している）の製造会社で、この商品のおかげで一八八四年の砂糖価格暴落を生き延びた企業だった。[65] その後、テート&ライル社は大英帝国国内とのちの英連邦内で、製糖工場の建設と計画、サトウキビの圧搾、糖蜜貿易、砂糖の精製、そして砂糖のマーケティングまでを支配することになる。たとえば大恐慌の終盤には、彼らは西インド諸島で圧倒的な地位を築いていた。トリニダードでは、すでに一極集中が進んでいた砂糖産業を買収し、アメリカのユナイテッド・フルーツ社から大規模な投資を受けながらも傾いていたジャマイカの砂糖産業も復活させたのだ。[66]

イギリスおよびイギリス領西インド諸島において、テート&ライル社の唯一のライバルはブッカー・マコンネル社だった。この会社の歴史は古く、創立はナポレオンがワーテルローの戦いで最後に敗れた年、そして海抜ゼロメートル地帯に熱帯の砂糖干拓地をつくったオランダからイギリスがデメララを譲渡された一八一五年にまでさかのぼる。ジョサイアス・ブッカーは最初、プランテーションの支配人としてデメララにやってきたのだが、その後、兄弟とともに商社を立ち上げ、一八三五年には、イギリス領ギアナの首都ジョージタウンとリバプールを結ぶ船会社を設立した。そして一八四五年に事務員として入社し、ブッカーたちの下で働き始めたジョン・マコンネルが、最終的にはこの会社のオーナーとなり、一八九〇年以降、同社はブッカー・マコンネルという社名で営業するようになった。その後、もともとは商人とイギリス資本に支えられた金貸しの集合体だったこの会社は、大規模な砂糖複合企業を獲得した。[67] 第二次世界大戦前夜、ブッカー・マコンネル社に、彼らよりさらに長い歴史を持つイギリス領ギアナのプランター一族、キャンベル家が加わったのだ。キャンベル家は、もともとは貿易商だったが、西インド諸島の多くのプランターが債務不履行となった一七八〇年代に広大なプランテーションを手に入れた一族だった。その後、一九五〇年代初めからは、ジョック・キャンベルがブッカー・マコンネル社の舵取りになり、一九六九年、あの有名なブッカー賞を創設した。

第11章　プロレタリアート

一八九九年、アメリカの実業家たちがプエルトリコにセントラル・アギーレ製糖工場を設立したとき、彼らは古い工場と大農園《アシエンダ》を、最先端技術を採用した工業施設に変え、外国人職員のための住宅も備えた完全な村をつくり上げた。このような複合施設は、当時カリブ海地域のいたるところにあり、さらには植民地下のジャワでも見られた。最新の便利な設備に加え、スイミングプールやテニスコートが併設されているところも多く、こういった工場村には、サトウキビ産業における人種隔離についての概念がしっかり反映されていた。[1] もちろんサトウキビ労働者はこうした村に立ち入ることはできず、外国人職員はそこから出る必要がなかった。

製糖工場のこの複合施設は、一九世紀半ば以降、工業化がいかに畑と工場を社会的に分離してきたかを物語っている。それまでは奴隷が圧搾機を操作し、ヨーロッパ人技師たちと並んで働いていたが、いまや工場の仕事をするのは高給取りの職員だけになっていた。管理職はほぼ例外なく職業訓練校や大学で学んだ外国人職員で占められ、彼らはじゅうぶんな給料をもらい、会社の利益も分配されていた。また、地元出身者も少数ながら実験助手などとして雇われることはあり、彼らの賃金は外国人職員よりはずっと低かったが、そ

1935年ごろ。ヨーロッパ人の職員住宅を完備した、中部ジャワ州の製糖工場団地。19世紀後半から、製糖工場には外国人職員用の居住施設が併設されるようになった。

れでも地元の賃金水準よりは高かった。その次にくるのが、サトウキビ農家だ。彼らの大半は数ヘクタール分のサトウキビしか栽培していなかったが、なかには数こそ少ないものの有力な大地主もいた。収穫作業のほとんどは、最低限の賃金しかもらえない膨大な数のサトウキビ労働者が担っており、低賃金ということに関しては甜菜労働者も同様だった。要するに、二〇世紀初頭には、工場職員、農家、そしてサトウキビ労働者の三者による役割分担が完全に定着していたのだ。

二〇世紀初頭、アメリカ大陸では出稼ぎの季節労働者が年季奉公人にとって代わり始めていたが、植民地の多くではまだ、年季奉公人がサトウキビ畑で働いていた。たとえば南アフリカのナタールがそうで、ナタールの死亡率も労働時間の長さも奴隷制時代のキューバとほとんど変わらなかった。ナタールのレイノルズ農園では、労働環境があまりに過酷だったため、何十人もの労働者が自殺を図っている。[2] いっぽうインドでは、このような状態に憤ったインドの民族主義者たちが、年季奉公の廃止を求めて運動を起こした。この要求は、第一次世界大戦で一〇〇万人以上のインド兵が大英帝国のために戦ったのち、一九一七年にようやくインド政府に聞き入れられた。だがたとえ著しく不公正な制度をひとつ廃止したとしても、次にはまた同じくらいひどい制度が採用されるだけ、ということは少なくない。たとえば一八七四年、ペルー政府が中国人労働者の入国を禁止すると、すぐさま日本人労働者が中国人労働者にとって代わった。その日本人労働者が「奴隷のような条件」に不満を言い始めると、今度はペルー内陸部から季節労働者が集められた。そして彼らは大手製糖会社の罠にはめられ、借金漬けにされ続けたのだ。[3]

季節労働者が増えてくると、企業側は年季奉公人を雇わずにすむようになり、労働者の採用コストは大幅に下がった。また、砂糖の消費量は世界中で急増していたうえ、収穫には依然として大量の労働力が必要だったため、季節労働者の需要はますます高まっていった。先進国の歴史家はつねに都市部の起業家精神にスポットライトをあてるが、もし何百万人もの労働者がサトウキビなどの輸出用作物を栽培していなかったら、世界経済は止まっていただろう。世界のサトウキビ糖輸出の半分を占めるジャワとキューバだけでも、一七〇万人の労働者を雇用していたのだ。さらにインドでも六〇〇万人がサトウキビ畑で働き、数は不明ながら中国や南米大陸など世界の他の場所でも多くの労働者が畑で汗を流していた。[4] 二〇世紀初頭、植え付けと収穫の時期には、推定一二〇〇万人が甜菜畑に集まったと思われるが、その大半は女性と子どもだった。[5] 全体として一九二〇年代には、世界の甜菜畑とサトウキビ畑で一〇〇〇万人以上の人々が働いていたが、そのほとんどが一年の内の限られた期間だけそこで働く季節労働者だった。だがそれでも、世界人口の二％以上、すなわち世界の全世帯の六％から八％が砂糖関連の仕事に関わっていた。

とくに収穫に従事する労働者は、借金や干魃《かんばつ》、人口過密のいずれか、あるいはその三つが組み合わさったことで追いつめられた人々が多かった。また、安価な移動手段ができたことで、大量の季節労働者の流入も可能になった。たとえば東ジャワのサトウキビ畑やタバコ畑は日当がジャワ島の平均より二〇％から三〇％

ジャワ島のサトウキビ畑では昔から、若い女性はなくてはならない労働力で、毎年数十万人がサトウキビ畑で働いていた。ジャワ島テガルのサトウキビ畑で働く女性たち。1890年ごろ。

高かったため、列車が数十万人の移民労働者を運んできた。人口の少ない東ジャワのベスキ郡は、砂糖とタバコの大規模なプランテーション地帯に変わり、ジャワ島の他の地域や隣接するマドゥラ島から数十万人が移り住んできた。さらにそこに、多くの季節労働者も加わった。たとえば毎年マドゥラ島からやってくる季節労働者たちは、船でジャワ島までくると、そのあとは歩いて製糖工場に向かった。インド西部では、乾燥した内陸のボンベイやデカン高原から季節労働者が家畜を連れ、灌漑されたサトウキビ畑にやってきた。ブラジルのペルナンブコやアルゼンチンのトゥクマンにも毎年季節労働者がやってきていた。フィリピンではルソン島北西部のイロカノ地方から内陸部のサトウキビ畑へと大規模な移住が起こった。その後は砂糖の島と呼ばれるネグロス島への移民も見られ、一九四〇年代、ネグロス島では少なくとも五万人の男性季節労動者が働いていた。[6]ハワイのプランターは、一八八五年から一九〇七年までに一六万人の日本人を雇用したが、同年、日米紳士協約が結ばれ、日本からの移民の受け入れは停止された。[7] そこでハワイのプランターたちは、一八九八年にアメリカ領土になったフィリピンに目をつけ、一三万人のフィリピン人労働者を確保した。

同時に砂糖生産国は、大量に流入してくるアジア人やポリネシア人、アフリカ系カリブ人労働者とのバランスをとるため、よりいっそうヨーロッパ人の採用に力を入れ始めた。一九世紀後半には毎年六万人のシチリア人がルイジアナのサトウキビ畑に来たうえ、ほかの多くの国々からも労働者の小規模集団がやってきた。[8] ハワイは、「白人」に分類される労働者、二万五〇〇〇人から三万人をサトウキビ畑に連れてきていた。いっぽうキューバは、ヒスパニック国としてのアイデンティティを守るために、きわめて極端な移民政策を打ちだした。一八八二年から一八九八年のあいだに、五〇万人以上のスペイン人移民を呼び込み、移民してもらうために資金援助をすることさえあった。その後の二五年で、キューバにはさらに七五万人のスペイン人移民がやってきた。おかげで、キューバはヨーロッパ人入植者の国というイメージが強まったが、二〇世紀前半にはスペイン人移民がわずか四〇%しか残っておらず、労働力不足が解消することはなかった。[9] 移民はスペインのガリシア地方やアストゥリアス地方、カナリア諸島の出身者が大半を占めていたが、ポーランドやウクライナ、イタリア、トルコ、シリアからも数千人がやってきた。

アメリカ企業が大規模なサトウキビ農園を経営していたドミニカ共和国では、浮浪者取り締まり法を出してハイチや西インド諸島からの労働者の流入を防ぎ、プランテーションでは自国民を働かせようとした。また、ヒスパニック国とされるプエルトリコからも労働者を集め、インドからまで労働者を連れてこようとした。しかしその努力もすべて無駄に終わった。「白人」以外の移民には入国許可が求められたが、それでも西インド諸島からの労働者は一九一二年以降も増えるいっぽうだったのだ。労働者を不正に入国させれば罰金が科され、ハイチや西インド諸島出身者が移民許可証を受けるには法外な費用がかかったが、それでも砂糖産業は巧みにそういった規制をくぐり抜けた。西インド諸島からの移民はたとえ港で入国を拒まれても、海岸のどこからでも島に上陸することができたし、地続きのハイチからは正式な許可証を持たない労働者が何万人も、穴だらけの国境をすり抜け入国してきた。しかし一九一六年、アメリカがドミニカ共和国を軍事占領して統治を開始すると、移民受け入れの制限は即座に撤廃され、砂糖産業の活性化が図られた。[10]

ドミニカ共和国の独裁者ラファエル・トルヒーヨ大統領は、一九三〇年から暗殺された一九六一年まで――ＣＩＡに愛想を尽かされたとも言われている――の三一年にわたって政権を維持したが、彼は賃金の安いハイチ人労働者が砂糖産業で働くのを許すいっぽうで、自国は「ムラート（混血）」や「ヒスパニック」の国として位置づけるという方法をとった。トルヒーヨは一九三六年、ハイチの大統領との会議で友情と協力を確認し、国境についても合意したが、この会議の直後、自国のヒスパニック国としてのアイデンティティ、すなわち白人国であるということを強調するために、国境地帯に軍隊を送り、一万五〇〇〇人のハイチ系ドミニカ人を虐殺した。また皮肉にも、トルヒーヨが国境地帯を軍事化したことで、移民許可証のないハイチ系移民を捕まえて、サトウキビ農園に送りこむという経済目標も達成された。[11]

第一次世界大戦が勃発して人手不足が深刻になり、ついにキューバのサトウキビ畑にもアフリカ系カリブ人がやってきた。一九一五年から一九三四年までアメリカの占領下にあったハイチからは、およそ一八万人の労働者がキューバに渡り、イギリス領西インド諸島からも一四万人がやってきた。西インド諸島からの労働者はジャマイカ出身者が中心で、彼らは一九一四年にパナマ運河が完成すると、新たな働き口を求めてキューバを目指したのだ。[12] 彼らの大半は、キューバの東端、ハイチとジャマイカから数百キロメートルしか離れていないサンティアーゴ・デ・クーバ港から入国したが、許可証を持たない者は東海岸の別の地点から上陸した。[13] さらに、世界中から数千人がカリブ海地域に集まり、中国からも一万人の労働者がやってきた――このときは中国人排斥法が解除された。そして彼らはみな、低賃金の二流労働者として扱われた。[14]

いっぽう、ヨーロッパの農村部では急激に人口が増加したため、何百万人もの農民が、農地が小さすぎて

1913年、デンマーク・ヒュン島の甜菜畑で草取りをするポーランド人労働者。20世紀、アメリカやヨーロッパのプランターは、甜菜畑の手入れや収穫作業を移民労働者に大きく依存していた。

生計が立てられなくなり、土地を持てない農民が何百万人も発生した。そのような農民たちは甜菜畑への季節的な出稼ぎに出たり、移住したりすることで自身の農地を維持し、ときには農地を拡大することもあった。ザクセン公国はポーランドやスペイン、ガリシア地方の人口過密地域の農村から数十万人の労働者を受け入れたが、彼らの置かれた環境もキューバの季節労働者と大差なかった。雇用主を変えることは許されず、収穫が終わったあとは帰国が義務づけられており、名前や雇用主名が記された身分証を持たされて監視されていた。甜菜畑で働いていたのはほとんどが女性の労働者で、彼女たちは男性監督の下、集団で働いていた。[15]

また、深刻な貧困にあえぐフランドル地方の農村の人々は、隣接するフランス北部の甜菜畑に働きに出た。[16] 一日に一三時間から一四時間働き、寝起きするのは馬小屋だったが、それでもフランドル地方の農場労働者の五倍以上を稼ぐことができたからだ。男たちは大半が妻子連れで、子も学校に行かせず、義務教育法もどこ吹く風だった。幸運な者は甜菜糖工場に職を得て出世を果たすこともあったが、それでも収穫期には一日に一八時間働かなければならなかった。[17]賃金の高い工場仕事につけなかった甜菜労働者のなかには、船賃を工面して家族で海を渡り、勝負に出ようとする者もいた。汽船の船賃が安かったので、貧しいヨーロッパの農村出身者ははるばるアメリカ中西部の甜菜糖生産地帯まで働きに行き、その多くは最終的にそこに定住した。[18]

工業化が進んだ社会では、労働者が組合を組織することが認められていたため労働条件が改善することが多かったが、サトウキビ生産地では、労働者への抑圧はさらに強まった。世界的な砂糖価格下落の負担を植民地ブルジョワジーが労働者に転嫁したため、労働者への抑圧はさらに強まった。年季奉公契約で雇われた労働者たちは、一八八四年の砂糖危機のあともさまざまな苦難を押しつけられたが、それに抗うことはできなかった。たとえばハワイでは、砂糖価格の下落を受け、経営者たちは太平洋を越えてやってきた年季奉公の日本人たちに渡航費用を払わなくなった。[19]また、たとえ年季奉公契約ではなくとも、労働者の多くはジャワ島やフィリピンのネグロス島のように強制労働に近い働き方を強いられるか、ルイジアナのように驚くほどの人種差別的環境で働かされた。そしてあろうことか、メキシコ南部に位置するユカタン半島の大農園《アシエンダ》では奴隷制が復活した。そこで労働力として酷使されたのが、メキシコ北部のソノラ州の先住民、ヤキ族で、彼らは一八八〇年代に反乱を起こして失敗し、奴隷としてユカタン半島へ集団で追放されたのだった。[20]

たとえあからさまな抑圧を受けていなかったとしても、サトウキビ畑や甜菜畑で働く労働者は新たに誕生した労働組合からは取り残されていた。というのも当初、労働組合は工場内にしか存在しなかったからだ。それでも彼らは、これまでと同様、低賃金や経営者たちの横暴には断固として抵抗した。季節労働者たちがみずからの利益を守るために行ってきた、最も古く、一般的な方法が、自分たちの代わりに交渉をしてくれるリーダーのもと「ギャング」と呼ばれる集団で移動し、働くというやり方だった。集団で行動すれば、収穫をギャングに依存する工場経営者たちに圧力をかけることができるからだ。サトウキビを収穫するマドゥラ人やハイチ人、フィリピン人労働者だけでなく、カリフォルニアで働くメキシコ人甜菜労働者もみなギャングを形成し、リーダーの指示に従って行動していた。[21]

アフリカから連れてこられた奴隷がプランテーションで働くようになって以来、放火もまた、労働者たちのもうひとつの武器となっていた。収穫期を迎えたサトウキビはきわめて燃えやすく、サトウキビ畑周辺の空は、定期的に濃い煙に包まれた。キューバでは、こうした火災が第一次独立戦争（一八六八～一八七八）、第二次独立戦争（一八九五～一八九八）、大恐慌時代（一九二九～一九三九）などの非常時に頻繁に発生した。製糖工場は放火によって甚大な被害を受けたが、たいていは犯人を特定するには至らなかった。一九二〇年代のジャワの製糖工場では、不満を募らせた小作人やサトウキビの伐採人たちによる放火に対処するため、収穫期には大規模な私設警察が雇われたほどだった。[22]

一八八〇年代には、世界中のサトウキビ畑でストライキが頻発した。ジャワ島では奴隷状態で働く労働者たちが数十のサトウキビ農園やインディゴ農園でストライキを行ったが、ただ仕事を辞めていくものも多かった。[23]マルティニーク島では一八八五年、賃金が半額に引き下げられたことでストライキが起こったが、これは失敗に終わった。その一五年後にふたたびストライキが起きたときは、ある工場で起こった小規模な軍隊との衝突で一〇人の労働者が死亡。この流血の事態に労働者の怒りは高まり、工場側は労働者との交渉のテーブルにつかざるをえなくなった。島の行政当局には、労働者の大規模な抗議活動を抑える手段がなかったからだ。[24]一八八四年以降、労働者が激しい抵抗を示したスリナムのプランテーションでも同様に血が流れた。マリエンブルク農園では、経営側が賃金を引き下げたうえ、労働者からの賃上げの訴えにまともに耳を貸さなかったため、怒りに燃えた二〇〇人の労働者たちが支配人を殺害。その結果、陸軍の小隊が派遣され、二四人の労働者が殺害された。[25]この悲劇は、賃金の低下および年季奉公制度下で行われた長年の苛烈かつ恣意的な懲罰に対する労働者の不満が募った結果に他ならない。

カリブ海地域は全域で、重武装の警察や軍隊による弾圧が行われ、物価上昇に見合った賃上げを要求する労働者の持続的な抵抗を阻んだが、それでも一八九〇年代、西インド諸島では労働争議が頻発し、イギリス政府が調査のために王立委員会を派遣するに至った。[26]興味深いことに調査団は、小規模農家で砂糖をつくるほうが安くすむというまっとうな判断を下し、栽培作物の種類を増やし、プランテーションの分割をするよう勧告した。とはいえ彼らは、甜菜糖の容赦ないダンピングを目の当たりにしていたため、西インド諸島の砂糖産業に明るい未来があるとは考えていなかった――ちなみにこれは、一九〇二年のブリュッセル条約の数年前の話だ。さらに調査団は、イギリス政府は黒人住民の先祖をこの地に連れてきた責任を放棄することはできないとも指摘している。[27]しかしこの調査によって、状況が具体的に改善されることはなかった。賃金も上がることはなく、一九〇五年にイギリス領ギニアのジョージタウンで港湾労働者がストライキを起こすと、それは砂糖プランテーションにも急速に広がった。その後に起きた衝突はまさに、三〇年間据え置かれた賃金と苦難に対して鬱積した不満の爆発に他ならなかった。ストライキは反乱へと発展し、急遽派遣された軍艦と海兵隊の助けを借りてようやく鎮圧された。[28]

二〇世紀初頭になると、より多くのサトウキビ労働者が、賃上げと労働条件の改善を求めて連帯しはじめた。第一次世界大戦ならびに一九一七年のロシア革命の余波で、世界中の砂糖産業の現場で労働運動の波がわきおこったが、ほとんどの組合は抑え込まれた。それでも共産主義の労働組織は、民族の違いを利用した分断で運動を弱体化させようとする雇用主に対して、国際的すなわち異民族間の連帯で対抗するという理想を掲げ、甜菜やサトウキビの畑で働く移民労働者への働きかけを続けた。最終的に、大恐慌時代の労働運動は大きな波になったが、移民労働者の立場は大量失業者によって弱まったため、労働運動が実を結んだとは言い切れない。しかしサトウキビ畑や甜菜畑の悲惨な状況は、砂糖の単一栽培が多くの人々の立場をいかに弱め、持続的な貧困をもたらすかを白日の下にさらした。その結果、一九三〇年代には経済的多様性の欠如や栄養失調、農村社会のあからさまな不公正、人口過密など、世界の砂糖生産地帯に起こっている構造的問題を取り上げた報告書や調査書が多数発表された。このあとに触れるが、これらの報告書は一九五〇年代から一九六〇年代にかけて開発経済学という学問分野が生まれる端緒となった。

アメリカとドイツの甜菜畑における人種差別

一九〇二年、「甜菜糖王」のヘンリー・オックスナードと、甜菜糖の広報係とも言えるハーバート・マイリックは、米国下院の歳入委員会でキューバとの互恵条約締結の可能性について証言した。[29] 彼らは、アメリカの砂糖生産者は、収穫期に数十万もの貧しいカリブ人を使うことができるキューバの製糖工場には、太刀打ちできないと危惧しており、確かにその懸念の根拠は正当だった。マイリックも大衆迎合主義の上院議員フランシス・G・ニューランズも、「クーリー」という言葉が、なんの権利も持たない移民労働者の蔑称だということは理解していた。しかしアメリカ砂糖王国内で活況を呈していた甜菜糖産業もカリブ海地域のサトウキビ畑と同様に移民労働者に依存しているという事実は都合よく無視していた。東ヨーロッパ人はミシガンに渡り、日本人はカリフォルニアに上陸し、膨大な数の人々が甜菜糖農場で働き、そこからさらに内陸部へ移動した。メキシコ人は列車でカリフォルニアやテキサスに向かったが、やはりかなりの人数が北部のミシガンまで行き、一九三〇年にはおよそ一万五〇〇〇人のメキシコ人が甜菜畑で働いていた。[30]

一般に、豊かな国にはサトウキビ畑や甜菜畑で働く労働者がおらず、これは農村部の人々が都市に移住したドイツやフランスと同様、アメリカにも当てはまった。農村の労働者は労働者のヒエラルキーでは底辺に位置し、その保護は工業労働者の労働規制や福祉政策に比べて遅れていた。そして、さらにひどかったのが移民の甜菜労働者の労働環境で、彼らは日給ではなく、家族全体に課されたノルマに応じて賃金が支払われていた。また、移民労働者は、その土地の労働組合のこともほとんどあてにできなかった。なぜなら組合員たちの一番の心配は、次々やってくる貧しい移民のせいで、自分たちの賃金が下がることだったからだ。

　このような懸念はアメリカだけでなく、ポーランドからの季節労働者がきわめて多かったドイツでも持ち上がり、ハイチや西インド諸島から数万人がサトウキビ畑に押し寄せたキューバでも同じだった。[31] 東部ドイツの農村の労働市場を調査した、あの著名な社会学者マックス・ヴェーバーは、ポーランド人労働者を大量に呼び込み、ドイツの労働者階級の立場を弱体化させて得をするのは、何百エーカーもの甜菜畑を所有する地主貴族《ユンカー》たちだけだと結論づけている。[32] アメリカのほとんどの砂糖生産地でも、雇用主たちは同様のことをしていたため、アメリカの労働組合もまたヴェーバーと同様、外国からの労働者の流入を恐れていた。アメリカに渡ったメキシコ移民について初めて体系的に調査した学者のひとり、メキシコの人類学者マヌエル・ガミオは一九二六年、米国労働総同盟がメキシコ移民に敵対的なのは、メキシコ人が来なければ「アメリカ人労働者は今より高い賃金を得ていたはず」と考えているからだと指摘している。[33]

　しかしヴェーバーも米国労働総同盟も、移民労働者の市場と国内労働者の市場の間にはほとんど関連性がないということをわかっていなかった。そもそもドイツでもアメリカでも、自国民だけでは甜菜畑で働く労働者を確保することなどできなかったのだ。キューバでさえ、サトウキビの収穫作業はしだいに移民労働者たちが担うようになっていった。しかし経営者たちが、通常の市民が享受する保護を受けられない「外国人」を雇うことに大きなメリットを見いだしていたのも事実で、アメリカやメキシコでは甜菜の季節労働者の場合、定住を前提とされておらず、自国とのあいだを行ったり来たりしなければならなかった。彼らが、一九一七年の米国移民法で義務づけられた識字テストを免除されていたのも、そのせいだ。[34] つまり、経営者や政府にとっての課題は、ポーランド人労働者をドイツに、メキシコ人労働者をアメリカに入国させるか否かではなく、いかに彼らの定住を防ぐかだった。

第一次世界大戦末期からアメリカにきはじめたメキシコ人にとって、移民規制はますます厳しくなっていった。彼らは使い勝手のいい労働力であり、文化的にも異なる人々と見なされ、一九三〇年の米国国勢調査によれば別の人種とされていた。一部の商店や理髪店には「メキシコ人お断り」という貼り紙があったほどだ。[35] メキシコ人は決して入植者になれないという差別主義者の主張は、一八四〇年代にアメリカがメキシコの領土のおよそ半分まで国境を押し広げた際、そこの住民の多くがアメリカ市民となった事実を無視している。こうした差別主義的な姿勢は大恐慌時代の初期に頂点を迎え、外国人排斥の大きな波となって移民たちを襲った。少なくとも四〇万人、最大で一八〇万人のメキシコ人とメキシコ系アメリカ人が、アメリカ市民かどうかもほとんど考慮されることなく検挙され、メキシコに強制送還されたのだ。おそらくこの措置は、失業したアメリカ人の雇用を確保するためだったのだろう。[36]

甜菜農家や工場の多くは、強制送還の嵐から労働者を守ろうとした。グレート・ウェスタン製糖会社は、強制送還される恐れがある冬のあいだは街に近づかないよう自社の労働者たちに注意し、次のシーズンも雇う約束をした。こうしたなりふりかまわぬ行動は、アメリカの甜菜糖企業がメキシコ人労働者なしには存続できないことの証左であり、甜菜糖を「白人がつくる」砂糖と賛美したニューランズのプロパガンダがまやかしだったことを物語っている。一九三〇年代初めには、アメリカの甜菜労働者の半数以上がメキシコ人かメキシコ系アメリカ人になっていた。[37]

切実に必要とされた労働力でありながら、甜菜畑にやってきたメキシコ人の男性、女性、子どもたちは過酷な生活を強いられた。彼らの仕事は、家長が事実上の下請け業者となり、子どもたちも畑に駆り出されるかたちで成り立っていた。家族総出で一日一二時間働いても、収穫期を通じてもらう賃金はわずか三四〇ドル。これが平均六・四人分の収入であり、労働者ひとりあたりの賃金で考えれば、キューバやハワイのサトウキビ労働者より低かった。ときには七歳の幼い子どもが鋭いナイフを使って作業することもあったが、慢性の栄養失調状態にあった彼らの多くは、同年齢の子どもたちの平均よりずっと小柄だった。しかし長年にわたってキューバのプランテーション制度の悪弊を非難することで国内の砂糖産業の保護を求めてきたアメリカの甜菜糖生産者たちも、一九三〇年代にはついに責任を問われることになった。人権活動家たちから懸念の声が上がり、一九三四年にジョーンズ・コスティガン法が、一九三七年に砂糖法が制定された結果、連邦政府の補助金を受けられるのは、農務長官が定めた最低賃金を支払い、一四歳未満の子どもを畑で働かせていない甜菜農家だけとなったのだ。[38]

労働力不足に対応するための一時的な手段として、第一次世界大戦の終盤に始まったメキシコからの労働移民の受け入れは、それに付随する人種差別と政治的偽善を伴いつつも、アメリカの経済生活の一部として不可欠なものとなった。また第二次世界大戦中も、メキシコ人労働者の需要はふたたび高まった。多くの働き手が徴兵されていた時期に、政府が甜菜の作付面積を二五％増やすことを認めたからだ。当時、砂糖はきわめて重要な商品で、甘味料として消費されるだけでなく、弾薬に欠かせないアセトンの原料としても使用されていた。一九四二年、アメリカとメキシコは、ブラセロ・プログラムとして知られるようになる「メキシコ人農業労働者の短期移民にかんする協定」を結んだ。この協定により、メキシコからは六万三〇〇〇人の労働者がアメリカにやってきて、オレゴンやユタ、アイダホ、モンタナ、コロラド各州のサトウキビ畑で働かされていた三万三〇〇〇人の抑留日系人だけでは足りない労働力を補った。[39] マイリックとニューランズが広めた「白人がつくる」甜菜糖というプロパガンダは、ドミニカ共和国の独裁者トルヒーヨの反アフリカ主義のように大量虐殺にまでは発展しなかったが、それでも同様に偽善的だった。あからさまな人種差別は労働者の権利の否定につながり、それが一九三〇年代初めに起きたメキシコ人とメキシコ系アメリカ人の大量国外追放を招く一因ともなった。

ハワイとカリフォルニアの労働者による抵抗運動

移民が現地の住民から仕事を奪うのではないかというヴェーバーやキューバの知識人、米国労働総同盟が抱いていた懸念に正当性はなかった。それでも、労働者が苦労して勝ちとった組合結成の権利の価値をなんとか低下させようと目論む経営者たちにとって、移民労働者の雇用は効果的な武器になった。また、全国の労働組合が移民を不公平な競争相手と見ていたことが、異なる民族同士を対立させようとする雇用者の姿勢を助長した。この点では、カリフォルニアの甜菜糖産業の経営者とハワイさとうきび生産者協会（ＨＳＰＡ）はまさに達人だった。ハオレの砂糖プランターたちは、ハワイを白人アメリカ人の入植者の地にして、砂糖を「アメリカ産」として売りたいと願っていたが、それでもアメリカ市場でキューバ産の砂糖との競争に勝つには、権利を持たない安い労働力に頼らざるを得なかった。ハワイの労働環境を監督するアメリカの労働監督官、ヴィクター・クラークは一九一五年、議会に提出した報告書でそのご都合主義について辛辣な意見を述べている。「アメリカ合衆国とハワイ準州が進めてきた移民政策は、つねに一貫性がなく日和見主義的だ。ハワイ準州は、状況がよく、砂糖の未来が明るいときは、新しい入植者を求めてヨーロッパに目を向け、小規模農業を育成して人口を増加させようとする。いっぽう状況が悪化し、砂糖産業の見通しが不透明になると、経営者たちはアジアの安い労働力に目を向ける」[40]

クラークのこの辛辣な意見から数年後、ハオレたちの日和見主義はさらにエスカレートし、ＨＳＰＡは議会に、中国人労働者の受け入れ禁止を解除するよう申し立てた。じつはこの類の前例は、キューバの砂糖産業が活況を呈していた第一次世界大戦中にすでにつくられていた。ところが今回は、労働力不足の解消というよりはむしろ、労働運動の鎮火が狙いで、ＨＳＰＡがこの申し立てをしたのは、一万三五四人のフィリピン人と二万四七九一人の日本人労働者による四カ月にわたる大規模ストライキの直後だった。ハワイのプランターたちは議会で、このストライキはアメリカ人から島を乗っ取ろうとする日系人の陰謀だと証言し、アジアの脅威を主張した。[41] 下院の移民帰化委員会は、「ハワイの深刻な労働力不足に対応する緊急策」を検討することに同意したが、おそらくHSPAはこの件をワシントンに持ち込んだことを後悔したに違いない。というのもその場には労働団体も招かれており、彼らもクラークと同様、HSPAのあからさまな日和見主義を批判したからだ。ワシントンには、米国労働総同盟の地方支部の前身であるホノルル中央労働評議会の議長、ジョージ・W・ライトも来ており、彼は下院委員会に宛てた手紙のなかで「プランテーションが大量のクーリーであふれかえること」に断固反対すると断言している。[42] とどめを刺したのが、カリフォルニア州移民住居委員会のメンバーで労働組合長のポール・シャレンバーグで、彼は「委員長、私は日雇い労働者になりそうな外国人労働者の流入に対し、抗議します」と発言した。[43]

分断統治だけでなく、労働運動のリーダーを脅すという手も、アメリカの甜菜畑やサトウキビ畑では頻繁に使われた。ハワイでは、HSPAがストライキ参加者をプランテーションの宿舎から強制退去させるということもしばしば行われ、一九一八年のインフルエンザの大流行時には、労働者がホノルルでの路上生活を余儀なくされたこともあった。[44] プエルトリコと同様、警察官は簡単に買収できたし、彼らはストライキ参加者に銃を向けることさえあり、一九〇三年に日本人労働者とメキシコ人労働者が結成した労働組合がカリフォルニア州オックスナードのチャイナタウンでデモを行ったときは、銃撃事件が発生した。[45] 経営者側はしばしば相手が暴力に訴えるように仕向け、労働組合のリーダーを逮捕する口実にした。ハワイのフィリピン人リーダー、パブロ・マンラピットもそうやって無実の罪で投獄された。有力なハオレのプランターたちによってすっかり腐敗した法制度により、マンラピットの権利は侵害されたのだ。彼はより厳しい処罰を避けるために、カリフォルニアに退去することを受け入れた。ハワイ州知事ウォレス・R・ファリントンは、マンラピットの仮釈放に州外退去の条件を付けた張本人だったが、それでも桟橋まで来て「いい船旅を」と彼を見送った。知事でさえハオレのプランター階級の指示に従わざるをえないと知っていたマンラピットは、彼を責めることはしなかったという。[46]

共産主義と労働者の国際的連帯

経営側は分断統治の方針を崩さず、労働組合も移民労働者を仲間として迎えることに消極的という状況のなか、労働者同士の国際的連帯を訴える共産主義の活動家はサトウキビ労働者や甜菜労働者のあいだで支持を増やしていった。一九一七年にモスクワで起きた一〇月革命は砂糖の世界でも大きな反響を呼び、砂糖価格の高騰や製糖工場があげている途方もない利益、さらにはインフレによる実質賃金の低下に抗議する広範な労働運動に火をつけた。やがてはるかに遠いペルーやドミニカ共和国、キューバ、プエルトリコ、ハワイ、西インド諸島、ジャワなどでもストライキが発生した。労働者たちの要求には、八時間労働や第一次世界大戦中のインフレに見合う賃上げなどが多かった。[47] 植民地政府は、アメリカ大統領ウッドロー・ウィルソンや国際連盟の設立によって提唱された民族自決の理念に感銘を受け、こうした労働者の反乱にもある程度の節度をもって対応した。一九一九年には、三万人強の組合員数を誇るインドネシアの砂糖労働者の組合が、労働者の正当な代表として植民地政府に認められた。[48] いっぽう西インド諸島では、ヨーロッパの前線から帰還した兵士たちが革命熱に拍車をかけ、彼らの要求はもはや無視できないほどになっていた。その結果、ジャマイカでは一九一九年に労働組合が合法化され、一年後にはトリニダードもそれに続いた。

一九二〇年代になると、カリブ海地域に流入した大規模な労働移民を通じて、砂糖を生産するほぼすべての島にスペインの無政府主義やガーヴェイズム（黒人の自己決定と汎アフリカ主義を唱えてジャマイカ人マーカス・ガーヴェイが始めた運動）、共産主義が持ち込まれた。世界最大のサトウキビ糖生産国であり、カリブ海地域の各地から労働移民を受け入れていたキューバは、共産主義の労働運動の中心地として台頭し、当局の体制的抑圧に抵抗した。八時間労働および労働組合の承認を要求するストライキはすでに一九一七年に起きていたが、アメリカ海兵隊に支援を要請した当局により、すぐに抑えこまれていた[49]。一九二四年、同じ要求を掲げた新たなストライキが発生し、今回は工場から畑にまで広がった。このストライキは数カ月後、発足したばかりのヘラルド・マチャド政権に鎮圧されたが、ストライキを率いた共産主義者たちによって奇跡的に守られた労働組合は一九三三年、マチャドを追放するうえで主要な役割を果たすことになる[50]。

東南アジアでも、共産主義運動は国家の弾圧に直面したが、そのような弾圧はプランターたちが扇動している場合が多かった。オランダ領東インド（植民地時代のインドネシア）では、急進的な社会主義者が組織する鉄道労働組合がサトウキビの収穫直前にストライキを決行したが、当局によって速やかに抑えこまれ、労働組合の一斉弾圧につながった。植民地時代のインドネシアでは東南アジア最大の共産主義活動が展開されていたが、時期尚早だった一九二六年の反乱後はさまざまな弾圧が続き、活動は消滅に至った。取り締まりのために加わった新たな武器のひとつが、ジャワの砂糖シンジケートが集めた一六万人分の指紋で、工場労働者やサトウキビ畑で働く「マンドゥール（親方）」のなかに政治活動家がいないかを確認するのに利用された[51]。インドネシアの共産党が解体されると、労働運動は大きく後退したが、それでも共産党はフィリピンの農村部に本格的な足場を築くことには成功した。フィリピンの労働者を苦しめた飢えと大地主《ハセンドロ》たちによる抑圧は広範囲にわたる抵抗運動を招き、それは多くのサトウキビ畑への放火という形で現れた。一九四〇年代には抗日ゲリラ組織のフクバラハップが、土地を持てず、貧困が蔓延するルソン島の砂糖生産地帯や米の生産地帯で台頭した[52]。

東南アジアでは、急進的な労働運動が抑えこまれ、活動家のほとんどが地下に潜ったが、カリブ海地域、とくにキューバでは、労働運動が実際に政治の変化につながった。キューバでは何千人もの人が都市部に押し寄せ、当時これは「飢餓のキャラバン」と呼ばれた。[53] 一九三三年に各地でストライキが起こったときは、共産主義のキューバ労働連盟が中心となり、国境を超えた連帯を構築した。国境を超えた連帯は、共産主義インターナショナル（コミンテルン）のキューバ支部とアメリカ共産党が提唱していたもので、両組織とも一九三〇年ごろには砂糖産業に注目していた。そして一九三三年八月から一〇月にかけて、キューバの畑や工場で働く労働者たちは、読み書きができ、権利をはっきり主張するジャマイカ人やハイチ人の積極的な参加と指導のもと、工場や敷地を占拠し、評議会を設立した。その後、第一次ラモン・グラウ・サン・マルティン政権（一九三三年九月～一九三四年一月）が「キューバ国民」向け施策の一環として、一五万人から二〇万人のカリブ海地域出身の労働者を強制送還し始めたときも、キューバの共産主義者による労働運動は反対を続けた。ちなみにこの施策は、キューバをヒスパニック系白人の国にしたいという一九世紀の願望に根ざしたものだった。[54]

このころ、ヒスパニック系カリブ海地域では反米感情が噴出していた。アメリカの銀行は、あの悲惨な大恐慌を引き起こした一因とされていたアメリカ帝国主義の最もわかりやすい象徴だったため、カリブ海地域ではアメリカの大手銀行の現地オフィスが爆弾の標的にされることもあった。また、ドミニカ共和国の独裁者トルヒーヨは、この反米感情を利用して、シティバンクの資産の大半を私物化した。砂糖価格の下落で悪化した国の財政を立て直そうとしていたキューバのマチャド政権も、アメリカの支配に対する国民の不満の高まりに乗じて、アメリカの銀行や企業にさらなる課税を行った、と少なくともシティバンク側はそう捉えていた。[55]

なかでもプエルトリコの国民には、自分たちの生活が惨めなのはアメリカ企業と銀行のせいだと考えるもっともな理由があった。プエルトリコで一番重要な中央製糖工場が、Ｊ・Ｐ・モルガンやシティバンクが支援するアメリカの精製業者と垂直統合されたため、プエルトリコ国内には利益のごく一部しか残らなくなったからだ。そのうえ工場が砂糖を市場より大幅に低い価格で系列のアメリカの精製業者に売っていたため、そのわずかな利益さえもさらに削られていた。プエルトリコの財務担当者はこの状況が我慢できずに裁判を起こし、このような会計上のトリックによってプエルトリコは多額の税収を失っている、と法廷で詳しく語っている。[56]

こうした陰謀が明らかになるにつれ、プエルトリコ国内では反帝国主義の機運が高まっていった。プエルトリコでは労働人口の四分の一が砂糖産業で働いており、賃金はごくわずかなのに、食料や衣類などには先進国と同等の金額を支払わないといけなかったからだ。[57]その窮状は、フィリピンやインドネシア、ハワイの労働問題の権威、ヴィクター・クラークから依頼を受けたブルッキングス研究所によって克明に記録されている。困窮したプエルトリコ人は、自分たちの島がウォール街の資本家たちに騙し取られたことに激怒し、キューバにならって一九三三年から一九三四年にかけてストライキを起こした。[58]

絶望的な飢えに苦しんだ大衆は、やがて共産主義の手に落ちた。キューバへの主要投資家であるアメリカのユナイテッド・フルーツ社の副社長は一九三四年、「アメリカの関税政策は（キューバ人の）生活そのものを容赦なく破壊している……。多くの国民が食べるものにも着るものにも苦労している。絶えず不安に苛まれている彼らは、キューバに押し寄せる共産主義の恰好の餌食になっている」と語っている。[59]キューバの新たな絶対的指導者になったフルヘンシオ・バティスタは、アメリカ企業に対する国民の恐怖を巧みに利用し、砂糖産業と経済全般への政府の支配を強化した。彼は賃金労働者に利益の一部を与え、八時間労働を導入した。[60]しかしバティスタの政策によってキューバ人労働者の経済的困窮は軽減したが、ハイチやジャマイカ出身の大量の移民労働者は一九三七年、新たな排除の対象となった。[61]

キューバから追放されたサトウキビ労働者は、共産主義活動の知識をカリブ海地域に持ち帰った。一九三一年一〇月、スリナムの首都パラマリボで食料を求める暴動が発生すると、共産主義の影響を強く受けた左派系の労働運動が巻き起こったが、これはすぐさま当局に抑えこまれた。トリニダード、ジャマイカ、ギアナ、バルバドス、セントビンセントの砂糖農園では、貧困と劣悪な環境が広範な抗議行動を引き起こした。一九三〇年代、カリブ海地域では抗議者たちがデモを繰り広げ、フランスやイギリス、スペイン、オランダの領土全土で、食料を求めるデモが頻発した。[62] 一九三四年にはイギリス領ギアナのブッカー・マコンネル砂糖農園でストライキが発生し、その後も労働争議は続いた。一九三五年、バルバドスでは飢えた人々がジャガイモ畑を荒らし、彼らの絶望と怒りは二年後の全島をあげた抗議活動で頂点に達した。[63] 大英帝国領の別の島、モーリシャスでも、賃金とサトウキビの価格が下がり、労働者と小規模農家が立ち上がった。サトウキビ畑は炎に包まれ、ある製糖工場で起こった衝突では数人の犠牲者が出た。[64]

しかし大英帝国領内で、最も持続的かつ成功をおさめた砂糖労働者の労働運動が起こった場所と言えば、世界恐慌の影響でおもにキューバから三万人の労働者が帰国を余儀なくされたジャマイカだろう。その帰国者のなかには実際に労働運動を組織するという貴重な経験をした者たちも含まれていた。ジャマイカで労働運動の発火点になったのは製糖工場だった。六万一五〇〇エーカーの土地を持ち、労働者を使い捨てにしてきたテート&ライル社（第10章を参照）が所有するフローム工場で大規模なストライキが発生したのだ。サトウキビ畑が燃え上がり、警察が工場に駆けつけ、その後は衝突が起こって数人の犠牲者と数十人の負傷者が出た。運動のリーダーや労働者には、自分たちは賃上げだけのために闘っているのではない、イタリアによるエチオピア侵攻が象徴する人種差別や帝国主義とも闘っているのだという自負があった。これにストライキや集会、そして数千人規模のデモが続いた。こうした空気のなかで指導者のアレクサンダー・バスタマンテが逮捕されたが、逮捕はたんに彼の名を広く知らしめただけだった。[65] 彼が一九三八年に創設した産業労働組合は一九四一年、長いストライキの末に、製糖業で働く島中の労働者にとって有利な契約を勝ちとり、初めての大きな成果をあげた。畑で汗を流す労働者の過酷な環境をじゅうぶんに改善するまでには至らなかったが、それでもこれは重要な勝利だった。[66]

最後になるが、アメリカの甜菜畑とハワイのサトウキビ畑は、人種差別と労働組合への弾圧に抵抗して重要な成果を収め、労働運動の拠点になった。この労働運動の後押しをしたのが、ローズヴェルト政権ならびに砂糖割当の付与を労働条件の改善と結びつけた一九三四年のジョーンズ・コスティガン法だ。[67] キューバの場合と同様、カリフォルニアと中西部でも、全国の労働組織から無視されてきた移民労働者の権利を保護する異人種間労働組合が結成された。共産主義の缶詰・農業労働者組合は三万七〇〇〇人を超えるメキシコ人およびメキシコ系アメリカ人の農業労働者と加工包装労働者を率い、とてつもなく低い賃金の改善を求めて多くのストライキを実施した。[68] これに対し経営者側――この場合はオックスナードの工場と提携していた甜菜農家――は、警察による弾圧やならず者を利用し、「メキシコ人農民」に組合を組織する権利などないと思い知らせることで対抗した。彼らは、いざとなればメキシコ人労働者の代わりに急進的な組合への加入に消極的なフィリピン人を雇えばいい、といつもの分断統治の戦術をとることを考えていた。だがやがて、組合加入に対するフィリピン人活動家たちのためらいも、消えていった。自分たちもならず者の暴力にさらされるかもしれない、と気づいたからだ。[69]

しかし、アメリカの甜菜およびサトウキビ労働者の組合の立場は構造的に弱かった。甜菜の作付面積が大幅に減っていたうえ、渡り労働者は切実に仕事を必要としていたからだ。五大湖地方では、ほんとうの雇用者は自分たちではなく下請け会社だとして、工場は甜菜労働者の組合との交渉を頑として受け付けなかった。[70] 一九三五年に労働者の権利を守るために設立された全米労働関係委員会の委員長E・J・イーガンは、一九三七年から一九三八年にかけて九カ月間ハワイを視察したのち、ハワイの島々を実質的に所有しているのはプランターたちだという、忌々しくもなんの驚きもない結論に達した。[71]

大恐慌の時代、サトウキビ労働者と甜菜労働者は変革をもたらす急進的な力となった。また、イギリスとアメリカの砂糖の保護主義政策によりジャマイカやキューバ、アメリカの労働環境にも一定の改善が見られたが、それでも農村の移民労働者の地位は全体的に不安定なままだった。たとえ組合を組織することが許されていても――植民地時代のインドネシアではその権利はほぼ消滅していた――、たいていの場合、移民労働者たちは労働運動の主流からはずれたところに置かれていたからだ。それでも、労働者の抵抗や、一九三〇年代に入ってからの労働者の期待の高まり、とくに当初の福祉政策への期待とサトウキビ畑や甜菜畑での厳しい現実とのギャップは、社会に切迫した危機感を生みだしていた。そしてこの危機感は新たな経済の枠組みによって対処されることになる。

開発経済学の誕生

世界中のサトウキビ畑や甜菜畑で働いていた何百万人もの季節労働者たちは、みなギリギリの生活を送り、急ごしらえの住居はつねに不衛生だった。車を買う余裕のあるメキシコ人一家は――雇い主が資金を出すこともあった[72]――カリフォルニアや中西部、ミシガンの甜菜畑に車で行くことができたが、それでも粗末な小屋に住み、子どもたちは泥にまみれ、危険で、きつい畑仕事をしなければならなかった。ドイツのザクセン州で働くポーランド人の甜菜季節労働者と比べれば、キューバのサトウキビ季節労働者の暮らしのほうがマシだったかもしれないが、キューバの労働者にしても住んでいたのはかつて奴隷が暮らしていたのと同じバラックで、批判的な目で見れば、その生活は奴隷のくらしと変わらなかった。世界恐慌以前から、世界のサトウキビ畑や甜菜畑では貧困が常態化し、砂糖輸出業者も価格下落の苦境にあえいでいた。キューバの著名な歴史家、ラミロ・ゲラ・イ・サンチェスは、プランテーションが支配するカリブ海地域の経済は工業化が遅れているうえ、アメリカに依存している、と一九二七年の著書『アンティル諸島の砂糖と住民』*で批判している。[73]

一九二〇年代の終わりに始まった砂糖危機は、この半世紀で二度目のものだった。最初の一八八四年の危機のときはその余波がおよそ二〇年にわたって続き、世界のほとんどのサトウキビ糖生産地域にとって悲惨な時代となった。しかし一九〇二年にブリュッセル条約が締結されると、事態は改善の兆しが見え始めた。条約により、甜菜糖生産者たちは補助金付きの砂糖の輸出を縮小せざるをえなくなったからだ。しかしそれで得をしたのはおもにキューバとジャワの砂糖産業で、彼らは砂糖生産を急速に拡大していった。そのいっぽうで、砂糖を生産する規模の小さな植民地、とくにカリブ海地域の植民地は衰退していった。

一九三〇年代、経済学者や政治家たちは、世界には砂糖の生産者が多すぎ、そのせいでカリブ海地域はもちろん東南アジアの砂糖産業の未来も厳しくなっていると考えていた。かつて豊かな砂糖生産地として栄えた東ジャワでさえ、いまや住民は飢えに苦しんでいた。ジャワ島全土で死亡率は上昇し、労働者の体力も栄養不足で低下していた。フィリピンのサトウキビ畑で働く労働者もじゅうぶんな食事をとれないことが増え、農村部の最も過密な地域は人口過多によって悲惨な状況に陥っていた。[74]

一九三〇年代の砂糖危機は、商品作物の輸出量を増やす代わりに、製造業と食料生産を促進することで深刻な貧困と戦うよう政府が介入すべきだという声につながった。手法やイデオロギーの方向性はさまざまだったが、タガのはずれた資本主義と共産主義のあいだの第三の方法を模索すべきという思いは共通していた。一九世紀後半のイギリスで生まれた民主社会主義の穏健な形態であるフェビアン主義は、またたく間にインドから西インド諸島にかけての大英帝国領内で政治的勢いを増していき、のちのインド首相で代表的な民族主義者ジャワハルラール・ネルーや経済学者のジョン・メイナード・ケインズらにより広められた。アメリカでは、ニューディール政策がサトウキビ畑や甜菜畑にもようやく到達した。ブラジルとメキシコ、そしてのちにアルゼンチンでも、力強くカリスマ性のある大統領が協調主義《コーポラティズム》を推し進め、その革命熱によって政府は、社会をひとつの組織、すなわちさまざまな部門、とくに資本と労働が調和し、協調して機能するひとつの組織として構築するようになった。

キューバでは、バティスタ大統領が、アメリカの製糖会社と政敵グラウが率いる革命的な党と二正面で戦うなか、経済ポピュリズムの道を歩んだ。一九三八年、彼は一九三三年から一九三四年のストライキ以降なりをひそめていた共産党と労働組合にも活動の再開を許可した。バティスタが彼らの支持を求めた理由は簡単で、彼らはどちらもグラウと敵対していたからだった。[75] さらに輸入関税の引き下げを求めてアメリカを訪問したときは、バティスタは革命を遂げたメキシコも訪問すると発表し、自国の製糖産業の国有化をちらつかせた。これはすべてグラウ派の民族主義者と砂糖実業家を出し抜くための戦略だった。[76] いっぽうプエルトリコでは一九三七年、ルイス・ムニョス・マリンが大衆民主党を設立し、島内の砂糖産業を独占する大手アメリカ企業の強大な権力の弱体化を目指した。四年にわたる選挙活動の末、彼は土地改革とアメリカ企業が所有する土地を五〇〇エーカー以下に制限するという公約を掲げて政権を発足させた。[77]

植民地時代のインドネシアのように、輸出用農作物の生産が経済の中心となっていた社会でさえ、小規模産業の推進を検討するようになった。これまでそのような政策は、ジャワの農村部の生活水準を低く保って、土地と労働力を安く手に入れたかった砂糖産業の強力な圧力で一蹴されていたのだ。植民地政府は農村部の収入を上げるための大きな取り組みとして、シャムやビルマ、ヴェトナムの安価な米の輸入を停止し、ジャワの米市場を保護。これにより、低迷していたジャワの製造業は息を吹き返した。[78] 熱帯経済の多様化が今後の政策の指針となるはずだ、と語ったのは、著名なオランダ人経済学者でありオランダ領東インド統計局の前局長、社会民主主義者のヤコブ・ファン・ヘルデレンだ。一九三九年に出版された著書のなかで彼は、砂糖産業が衰退したことでジャワの地域経済がいかに多様化し、発展したかを明らかにしている。[79]

ファン・ヘルデレンの本が世に出たのと同じ年、若き経済学者でのちにノーベル賞を受賞するウィリアム・アーサー・ルイスはエッセイ『西インド諸島の労働――労働運動の誕生』*をフェビアン協会から発表した。ファン・ヘルデレンと同様にルイスを突き動かしていたのも、大恐慌時代にプランテーション社会を襲った大量失業や栄養失調、さらには飢餓といったトラウマ的状況だった。[80] 彼は、その後の数年間でプランテーション社会の経済的苦境に関する分析を発展させ、一九五四年には論文「労働力の無制限の供給と経済発展」で、世界の砂糖産業は、生産性は並外れて高いのに、なぜ労働者が貧困に陥っているのかを端的に説明し、「砂糖産業の労働者は依然として裸足であばら屋に住み続けているのに対し、小麦産業の労働者は世界でも最高の生活水準を享受している。その理由は、熱帯経済の農業部門はひとりあたりの食料生産量が少なく、砂糖産業がどんなに多くの労働力を求めても、その労働力を低賃金で提供できるからだ」と語っている。[81]

ルイスは農業の生産性の低さが、低賃金の根本原因のひとつだとし、国内農業を改善することが経済発展の決め手になると指摘した。[82] さらに彼は、深刻な不平等や人種間対立、社会階層を上昇する機会の欠如など、プランテーション社会に古くからある負の遺産についても指摘している。[83] 彼によれば、こうした状況は、商品作物の生産国が不利な立場に置かれているから生じるのだという。現在の経済システムの「中心」にいるのはルイスが寡占的な経済構造と呼ぶ帝国や金融センター――この場合はハヴマイヤーのトラストやドイツの南ドイツ製糖会社などの精製業者や製糖会社のカルテルなど――であり、「周辺」は競争の激しい市場に輸出している。ルイスは、世界は「中心」の国と「周辺」の国に分かれていると捉えていた。この「中心」、「周辺」という言葉は、アルゼンチンの経済学者、ラウル・プレビッシュの理論で使われた言葉で、戦後の開発経済学の主要な概念にもなった言葉だ。[84] そして砂糖は、ルイスの学説を語るうえで恰好の例だった。一九世紀、砂糖を輸出する国の数が急速に増加したのに対し、「中心」の国々と主要市場は大きく三つのブロックにまとまったからだ。

この構造が貧困と過剰生産の悪循環から脱出することをますます困難にし、何百万人ものサトウキビ労働者の境遇改善を不可能にしている、とルイスは主張した。逆に言えば、サトウキビの刈り手を数百万人単位で確保できたせいで、畑の機械化が遅れてしまったのだ。かつて砂糖プランテーションに必要な労働力を確保するには、奴隷制や詐欺的な年季奉公人という制度が不可欠だった。しかし二〇世紀には、一九世紀半ばのバルバドスで見られた状況が一般的になった。つまりプランテーション社会では労働力がありあまるようになったのだ。その結果、先細りする砂糖生産地帯では大規模な労働者の移動が起こり、労働者はさまざまな方向に散っていった。

開発経済学の誕生とグローバルサウスにおける労働運動の出現は時期がほぼ同じで、どちらも植民地経済の終焉を告げているかに見えた。その決定的な例が大英帝国だ。ルイスの『西インド諸島の労働』（一九三九）が発表されたのと同じ年、西インド王立委員会、通称モイン委員会は西インド諸島で頻発したストライキについて調査を実施し、新しいフェビアン主義の風が、西インド諸島だけでなく、英連邦全体に吹き抜けたのだ。モーリシャスでは、植民地行政がフランス系モーリシャス人のプランター階級と癒着したり、「法と秩序」を口実にした労働弾圧をしたりしないようイギリス政府が目を光らせるようになった。大英帝国でも、最も植民地化が進んだ場所で、福祉政策の萌芽が見えはじめたのだ。[85]

一九二七年、キューバの著名な歴史家ラミロ・ゲラ・イ・サンチェスは、プランテーション経済は何百年にもわたってカリブ海地域に悲惨な状況をもたらしてきた、と嘆いている。なかでも彼がとくに問題視したのが広大な土地《ラティフンディア》の所有と砂糖のセントラールで、そのせいで肥沃だったカリブ海地域の農地が痩せてしまったと指摘した。土地の所有権は耕作者にあるべきで、その耕作者はキューバ人でなければいけないという経済ナショナリスト的思想を持っていた彼は、カリブ海地域以外からの季節労働者の誘致に強く反対していたが、これはキューバの知識人たちに共通する考え方だった。[86] 彼の『アンティル諸島の砂糖と住民』は、プランテーション経済を初めて批判的に評価した著作のひとつだ。
ジェトゥリオ・ヴァルガス政権によって協調主義的な社会政策が導入されていたブラジルでは、ジルベルト・フレイレ、ジョズエ・デ・カストロといった著名な社会学者たちによりペルナンブコ州の現地調査が行われた。フレイレの調査はプランターに妨害されることもあったが、それでも彼は画期的著作『大邸宅と奴隷小屋――ブラジルにおける家父長制家族の形成』(一九三六)を発表した。彼は自国の恐るべき不平等を批判し、結核などの病は人種に起因するのではなく――これはブラジルの知識層に根強く残る偏見だった――奴隷小屋の劣悪な生活環境のせいだと主張した。こうした貧困の原因はすべて「一九世紀末の時点で数百万人のブラジル人が一片の土地も所有できないのに対し、わずか数千人が工場、牧場、ゴム・プランテーション、コーヒー畑、サトウキビ畑を所有している」ことにあると記している。[87]
しかしながら、プランテーション農業がもたらした破壊の惨状を最も衝撃的に描写したのは、栄養学者のジョズエ・デ・カストロだろう。壮大であると同時に陰鬱でもある彼の著書『飢餓社会の構造――飢えの地理学』(一九五二)は、地球には世界の全人口をじゅうぶんに養えるだけの土地があり、飢餓は政治現象だ、と論じている。ブラジル北東部やキューバでの単一栽培や、カリブ海地域におけるアメリカの支配が低栄養状態を生み出しているのであり、豊かな自然に恵まれたアメリカ南部でさえ、人口の七三%が低栄養状態にあると彼は述べている。[88] さらにデ・カストロは「土壌の衰えも、人類の可能性の衰えも、プランテーション制度というただひとつの要因がもたらした悲惨な結果だ」と主張している。[89] そしてその制度は、工業社会にも破壊的な影響をもたらした。このデ・カストロの著書に序文を寄せたイギリスの著名な栄養学者ジョン・ボイド・オアは、のちにFAO(国際連合食糧農業機関)の事務局長を務め、ノーベル賞も受賞した人物だが、彼は一九三六年、イギリスの人口の約半分が栄養不良だと見積もり、イギリス政府に大恥をかかせている。[90]
つまり、世界屈指の栄養学者が、プランテーション資本主義と栄養不良の関係性を、貧しい国と豊かな国の両方で明らかにしたというわけだ。

今日では、デ・カストロよりセルソ・フルタードのほうがその名はよく知られているが、経済学者の彼もまたデ・カストロと同様にブラジル人であり、植民地の低開発および、いわゆる従属理論の最も著名な研究者のひとりになった人物だ。ほかの先駆者たちと同様にこの二人も、根深い歴史的背景からくる不平等な経済と不公正な取引関係が、商品作物の価格を抑え、植民地や元植民地の工業化を阻害していると指摘した。フルタードは、一九四八年に書き上げた博士論文のなかで、ブラジルは一九世紀の初頭から、商品作物、とくに砂糖の価格下落の犠牲となってきたと論じ、国内産業への保護もなければ、工業製品を世界市場へ輸出することもできなかったせいで、状況はいっそう悪化したと主張した。彼はまた、プランテーションがもたらす苦難に翻弄される農村部のブラジル人と、北米の大部分で豊かな生活を送る独立農民の比較もしている。こうして彼は、一八世紀のトマス・ジェファソンやベンジャミン・ラッシュ、二〇世紀のフランシス・G・ニューランズやキューバ人ナショナリストで歴史家のゲラ・イ・サンチェスたちの考えに自身の考えを付け加え、国家の富は独立農民から生まれると主張した。ちなみにこれらの人物は全員、南北アメリカの大規模なプランテーション経済を批判していた。[91]

ブラジルの植民地経済に関する論文を完成させた三年後、フルタードはラウル・プレビッシュが委員長を務める国連のラテンアメリカ・カリブ経済委員会で働きはじめた。いっぽう、すでにキューバ革命で動揺していたアメリカのジョン・F・ケネディ大統領は、かつて砂糖生産地帯だったペルナンブコ州のあまりの困窮ぶりに驚愕し、一九六一年にラテンアメリカのための開発協力プログラム「進歩のための同盟」を立ち上げた際にはあえて、ブラジル北東部について言及している。フルタードは企画相として、そして野心的な北東部の開発監督者として、政府出資の灌漑事業と引き換えに遊休地の一部を譲渡してほしいと地主たちを説得した。しかし彼は激しい反発にあい、一九六四年の軍事クーデター後は、亡命を余儀なくされた。[92]

一九三〇年代以降、砂糖生産地帯の貧困は人道上の問題であると同時に、喫緊の政治的課題にもなっていた。単一栽培のせいで経済が停滞し、抑圧された労働者たちが革命を起こす可能性が高まっていたからだ。ではなぜ、こうした絶望的な状況が生まれたのか。それは、砂糖の世界では国内外の既得権益が、公平な環境づくりを妨げてきたからだ。ブリュッセル条約の歴史もチャドボーン協定の歴史も、世界の砂糖市場をゆがめる過剰生産と保護貿易主義を回避することがいかに重要か、そしていかに難しいかを示している。このあとプレビッシュは、国際連合貿易開発会議の初代事務局長として砂糖の国際市場を調整し、チャドボーンの仕事を再活性化するうえで重要な役割を果たすことになる。

第12章　脱植民地化の失敗

一九三〇年代の言語を絶する経済的混乱がもたらした数少ない前向きな結果を挙げるとすれば、そのひとつが開発経済学の誕生だろう。開発経済学は、何世紀も続いてきたプランテーション資本主義の悪しき遺産を明らかにしたが、そのプランテーション資本主義で主要な役割を果たしてきたのが砂糖だ。開発経済学者たちは、サトウキビ畑に正義を、世界の砂糖市場に一定の秩序をもたらすために、各国政府や国際組織の政策に影響を与えた。一九世紀初頭に奴隷の抵抗が奴隷制に依存したプランテーション制度を終わらせたように、一九三〇年代の労働者の抵抗も、農業の労使関係に政府が介入せざるを得ない状況を招いた。砂糖労働者の組合も、雇用者側がつくり出した人種的分断をなんとか乗り越えた。一九三〇年代後半には、世界もようやく大恐慌から立ち直り、労働者たちの期待も膨らんだ。一九三九年のモイン報告が西インド諸島について記していたように、労働者は近代的な消費を目の当たりにし、自分たちもその分け前にあずかりたいと考えたのだ。[1] じつはその内容があまりにも衝撃的だったため――なんといっても当時は戦時中だった――、イギリス政府は一九四五年になるまでこのモイン報告を公表しなかった。しかしだからといってその重要性が失われたわけではなく、この報告書はイギリスがカリブ海の領土と新たな関係を構築していく際の指針となった。そしてこのころ、フランスの指導者たちもイギリスと同様の危機感を抱いていた。

労働者たちは要求を明確に示したが、もはやサトウキビが足りない状況ではなく、貧しいサトウキビ・プランテーション地帯の労働者の立場は弱くなっていた。また、大恐慌のあいだ停滞していた機械化を加速するうえで、プランターたちの選択肢が増えていったのも、そうした地域だった。アメリカの砂糖生産者たちは、強気に出るようになった労働者への対抗策として、畑の徹底的な機械化を進めた。アメリカのサトウキビ労働者の賃金が世界で最も高かったハワイは、生産のあらゆる段階で労働者を削る努力をし、最後には灌漑用水に肥料を投入するまでに至った。その結果、ハワイのプランテーションにおける労働者ひとりあたりの生産量は、一九四五年から一九五七年のあいだに四倍に増加した。これは、フロリダの二・五倍、アメリカの甜菜糖部門の五倍の生産量だった。[2]

機械化をリードしたのはアメリカだったが、オーストラリアやカリブ海地域、そしてモーリシャスでも労働力を節約するための機械化に、積極的に投資をした。その投資は、サトウキビの植え付け機械から耕運機付きのトラクターやキャタピラーまで、さらにはサトウキビの収穫機から輸送方式の切り替え（袋の使用からバルク輸送への切り替え）まで多岐にわたった。機械化が最も難しかった収穫作業も、何世紀もの失敗の末に機械化は着実に進んでいった。とはいえ、サトウキビを刈り取る際に収穫機にかかる負荷は大きいうえ、地形ごとに特別の技術が必要なため、収穫作業の機械化はやはり難題だった。たとえばハワイの丘陵地の場合は草刈り機タイプではなく、地表から約一〇センチ下でサトウキビを刈り、葉や石、土などがついたままの茎を大型トラックに積み込むブルドーザー・タイプの収穫機が開発された。またフロリダではアリス・チャルマーズ社製のオレンジ色のサトウキビ収穫機を使っていたが、最初は収穫機が柔らかな土壌に沈んでしまい、なかなかうまく使いこなせなかった。キューバでは一九六〇年代にソ連から何百台もの機械が届いたが、どれもつくりが悪く、そのほとんどが故障してしまった。ソ連製の機械の技術的欠陥が改善されるまでには、この後一〇年の歳月がかかった。[3]

機械式のサトウキビ収穫機が一般的になったのは、ルイジアナのサトウキビ畑が最初だった。というのも第二次世界大戦が始まると、労働者は近隣の産業や、テキサス、ミシシッピ湾の港に流れてしまい、畑の機械化が喫緊の課題になったからだ。深刻な砂糖不足に直面したアメリカ政府は、ルイジアナのプランターたちに好きなだけサトウキビを栽培する許可を与えた。その結果、この時期、畑の耕作や植え付け、雑草取り、施肥、そしてサトウキビの積み込みに使われるトラクターの台数は倍増した。こうして一九四六年には、三五四台の機械がサトウキビの刈り手、一万八〇〇〇人分の作業を肩代わりし、サトウキビ全体の半分を収穫するようになった。[4] また、戦争とそれに伴う労働者不足により、アメリカの甜菜畑の機械化も加速していった。トラクターがあらゆる場所で植え付けや、雑草取りに使われるようになり、甜菜収穫機に関する実験も進められた。やがて小型の飛行機が農薬を噴霧して甜菜の畝のあいだを除草するようになり、一九五二年には機械による収穫も一般的になった。[5]

機械化は砂糖の世界を一変させた。とくに、高所得国が低所得国と競争しやすくなったことが大きかった。機械化の威力のすさまじさは、一八世紀の奴隷ひとりあたりの砂糖生産量が五〇〇キロだったのに対し、一九五〇年代後半のハワイで働く機械オペレーターひとりあたりの生産量がその三〇〇倍だったことを考えればよくわかる。[6] この競争では、低所得の国々は圧倒的に不利だった。じゅうぶんな資本がないだけでなく、そのような国ではサトウキビの収穫作業で得るわずかな収入が、多くの人の生活を支えていたからだ。西インド諸島やキューバでは、サトウキビの収穫の機械化に、労働者や組合が激しく抵抗した。一九三〇年代、キューバではまだ試験段階だったサトウキビ収穫機の導入を阻止するために、労働者がサトウキビ畑に杭を打ち込んだほどだ。このような妨害行為は一九五〇年代まで続き、たとえ機械が輸入されても、税関の職員が労働者側についていたため、機械が税関を通過できないということもあった。[7]

機械化に対する労働者の抵抗や、何万人もの失業者がでることを恐れた政府が機械化に二の足を踏んだということもあるが、収穫の機械化がなかなか進まなかった理由には、機械自体が脆弱、あるいはサトウキビだけでなくゴミや泥、果ては死んだ動物までもサトウキビと一緒に収穫し、そのすべてが圧搾機に入ってしまうといった作業上の問題もあった。[8] したがって手作業による収穫のほうが結果的には安上がりという場合も多く、それはインドやブラジルといった貧しい国だけに限らなかった。オーストラリアのクイーンズランド州もルイジアナと共にサトウキビの収穫機を製造した最初のサトウキビ生産地域だったが、当初はそのクイーンズランドでさえ、農家にとって収穫機は高価すぎた。だから、何千人ものイタリア人やマルタ人移民が収穫のためにオーストラリアのサトウキビ畑にやってきていたのだ。[9] フロリダ州は、ジャマイカやハイチからやってきたサトウキビの刈り手たちを酷使することで、一九八〇年代までサトウキビ収穫の機械化を遅らせた。ワシントンポスト紙のコラムニストは、サトウキビの刈り取り作業を「この国で最も危険で過酷な仕事」と報じており、別の調査報道ジャーナリストは、労働者たちの住宅や生活環境は明らかにアメリカの基準を下回っていると非難している。この地域の畑にサトウキビの収穫機が導入されたのは、労働組合が大手製糖企業を相手取って最低賃金の規定を守っていないと裁判を起こしたあと、そしてこの砂糖生産地帯に驚くほどの勢いでＨＩＶ（エイズ・ウイルス）が蔓延したあとのことだ。[10]

しかし全体的に見れば、機械化が最も早く進んだのは富裕国だった。関税の壁は、アメリカやヨーロッパの製糖会社をグローバルサウスの安価な砂糖生産者との競争から守り、大規模な投資が可能な安全な環境を提供した。こうして保護主義は、欧米から発展途上国へと砂糖生産が大規模に移転することを食い止めたのだ。だがこれは、一九二〇年代後半より世界経済を覆い始めた破壊的な保護主義の流れを逆行させるために結ばれた一九四四年のブレトン・ウッズ協定の精神と真っ向から対立するものだった。当初の計画では、世界銀行や国際通貨基金といったブレトン・ウッズ体制の機関は、国際貿易機構（ＩＴＯ）によって補完されることになっていた。これはブレトン・ウッズ体制を設計したジョン・メイナード・ケインズによる野心的な計画だった。ＩＴＯは国際貿易と世界の商品市場の安定を目的とした機関で、一九四八年にハバナで国際貿易機構憲章が採択されたが、あとはそれを批准するだけという段になって、アメリカの議会は批准を拒否した。こうして失敗に終わったＩＴＯは、市場を安定化させたい開発途上国と、安い商品は欲しいが自国の農業生産者も保護したい先進工業国のあいだに横たわる根本的な溝を浮き彫りにした。結局、国際貿易の枠組みには、のちの世界貿易機関の前身「関税と貿易に関する一般協定（ＧＡＴＴ）」が採用されたが、一九四八年にＧＡＴＴが発効した際、世界の商品市場はこの協定の対象にならなかった。

しかしＩＴＯの構想が頓挫したことで、大恐慌時にチャドボーンの交渉で生まれた国際砂糖協定がふたたび引っ張り出されてくることになった。そして一九五三年、これについて議論する国連主催の会議がロンドンで開催された。開催地としてロンドンが選ばれたことに国連のスタッフは困惑し、第二次世界大戦で大規模な空襲を受けたロンドンはまだ、大規模な国際会議を開ける状態にないと正式に異議を唱えた。だがじつは、英連邦の首都であり、中立地帯とはほど遠いロンドンはこの会議の場にふさわしくないというのが彼らの本音だった。というのもそのわずか二年前の一九五一年一二月、イギリスは英連邦砂糖協定（ＣＳＡ）を通じて独自の国内保護市場をつくり、イギリスの自治領が保証された価格で独占的にイギリス市場に輸出できるようにしていたのだ。さらにアメリカの後ろ盾もあり、じゅうぶんな政治的専門知識もあったイギリスは、国連からまんまと主導権を奪い取り、自国の利益を守り抜いた。イギリスの官僚たちが砂糖の輸出国と輸入国を巧みに説得し、自分たちの要求をのませたのだ。その結果、英連邦の砂糖生産者たちは引き続き保護され続けることになった。[11]

実際、ＣＳＡに固執したイギリスと、割当制度に固執したアメリカのせいで、この会議の成果は大きく損なわれ、砂糖輸出国にとっては明らかに不公平なものとなってしまった。たとえばこの会議の結果に不満を抱いていたキューバは一九五九年一月一日にフィデル・カストロの共産党が政権を握ると、自国の砂糖輸出に対するすべての制限は「砂糖王たちと帝国主義的なアメリカ金融界」の陰謀だとして拒絶した。キューバは、各国は砂糖を輸入する余地を作るべき、すなわち甜菜糖の生産を減らすべきだと主張した。[12] しかしそれが実現することはなく、一九六〇年代の保護主義は、関税の壁に守られた裕福な砂糖生産国の砂糖価格を押し上げるいっぽう、世界市場の砂糖価格を三三％から五〇％押し下げた。[13]

一八六〇年代より砂糖の世界を悩ませてきた古くからの対立により、いまや国際市場そのものが消滅の危機に瀕していた。これに立ち上がったのが国際貿易と農業の世界でよく知られた三人の官僚で、彼らは一九六八年、国際砂糖協定を復活させて、砂糖の国際市場を救おうとした。この三人とは、国際砂糖協定を監視する評議会の事務局長アーネスト・ジョーンズ・パリー、国際連合食糧農業機関のディレクター、アルバート・ヴィトン、そしてのちに国際連合貿易開発会議（国際的な商品政策を調整する目的で一九六四年に設立）の事務局長に就任するラウル・プレビッシュだ。しかしこの三人の専門家たちがつくった国際砂糖協定も、限定的かつ一時的な成功で終わることとなった。欧州連合（EU）の前身である欧州経済共同体（EEC）は、協定に署名した他の国々は制限を守るだろうと踏んで自分たちは署名をせず、協定にただ乗りをしたのだ。この協定を復活させるために一九八四年にふたたび交渉が行われたが、二〇〇〇万トンにのぼる膨大な過剰生産の上限をどこに設定するかでもめ、合意には至らなかった。[14] その一年後、世界の砂糖市場はふたたび崩壊し、多くのサトウキビ糖生産地帯に社会的混乱をもたらした。後述するように、この大惨事はグローバルサウスの国々が、植民地時代から脱却し、サトウキビ畑により公平な状況をつくりだすために計画していた国家的プロジェクトも崩壊させることになった。

植民地主義を超えた砂糖――協同組合

より安定的で公正な砂糖の世界市場をつくるための試みが国際政治の世界で難航するうちに、その影響は、いわゆる発展途上国の、サトウキビ農家にも公正な取り分を与えようとする取り組みにも暗い影を落とし、結局、その取り組み自体を頓挫させてしまった。じつはこのような取り組みでは、協同組合が大きな役割を果たすと考えられていた。一九六一年、ローマ教皇ヨハネ二三世は「母と教師」と題された回勅のなかで、当時の時代の精神と課題について語っているが、彼も農家が協同組合をつくることを明確に奨励している。[15]サトウキビ糖の場合、教皇のこの呼びかけは、砂糖の集中工場と小規模農家という組み合わせに移行しつつあったこの産業の傾向にうまく一致した。このような傾向が始まったのはオーストラリア、モーリシャス、カリブ海地域、そして一九一一年の革命後のメキシコで、その数十年後には、プエルトリコが包括的な土地の再分配計画に着手し、大農場やアメリカの大手製糖企業が管理していた土地は、プエルトリコ政府が所有する農園になるか、地主から土地を借りていたアセンデーロと呼ばれる農民たちに与えられた。[16]こういった小規模農家によるサトウキビ栽培へのシフトは二〇世紀を通じて続き、一九九〇年には世界のサトウキビ糖の六〇％以上が平均五ヘクタール未満の畑で栽培されたサトウキビとなり、その栽培は、土壌を回復させるために他の作物と組み合わせて行われることが一般的になった。[17]また甜菜は、小さな畑で栽培されることがさらに一般的だった。

しかし、たいていの場合、農家の立場は工場よりも弱かった。サトウキビも甜菜も非常にいたみやすい作物なので、収穫後は即座に加工しなければいけなかったからだ。したがって畑と工場の緊密な調整が欠かせず、「独立した」小規模農家には、収穫物をいつ、どこに納めるかを決定する余地などほとんどなかった。そこで「従属のない同期性」という理想的なサイクルを実現するために、サトウキビ農家の協同組合が、工場に対抗する勢力として、あるいは工場の所有者として世界中で誕生した。

サトウキビが、メラネシア人の労働者を使って栽培されるプランテーション作物から、白人農民だけが栽培する作物へと変わった二〇世紀初め、クイーンズランド州政府が資金を提供した最初の協同製糖工場がオーストラリアに誕生した。このころ、ヨーロッパでは甜菜農家が、自分たちを支配しようとする実業家たちに反撃し、しばしば勝利をおさめていた。たとえばオランダの甜菜農家は、工場によるカルテル化に対抗して協同組合の甜菜糖工場を建設し、まもなく同様の工場が六カ所で建設された。[18] 今日、オランダの甜菜糖の六〇%はただひとつの協同組合によって生産されており、フランスでは、二つの大きな協同組合、テレオス社とクリスタル社が市場を独占している。ドイツの二つの甜菜糖大手ズットトツッカー社とノルトツッカー社は、その株式の過半数を農家が所有している。[19] ズットツッカー社は、実業家と農家が争奪戦を四〇年間繰り広げた末、一九八八年に三万人の甜菜糖農家が勝利し、この砂糖と食品の巨大企業の株式の過半数を取得した。[20]

一九世紀後半になると、企業資本主義が砂糖部門を支配してきたアメリカでさえ、砂糖の協同組合は実現可能なモデルとして登場した。ほとんどのプランターがサトウキビを集中工場に供給していたルイジアナでも一九三二年、農家のグループが州で最初の協同組合工場を建設し、一九六〇年代半ばにはルイジアナのサトウキビのほぼ四分の一を協同組合工場が処理するようになった。[21] 第二次世界大戦以前から、農家の協同組合が砂糖生産を行っていたフロリダでは、カストロが政権を取り、アメリカがキューバをボイコットしたのをきっかけに、一九六〇年、サトウキビ農家も自分たちの協同組合を立ち上げた。今日、この協同組合はファンジュール兄弟のフロリダ・クリスタルズ社と緊密に連携する強力な垂直統合事業になっている。また、一八九八年にオックスナードが創立したアメリカン・クリスタル・シュガー社が農家の協同組合に移管され、一九七〇年代の初めにはアメリカ最大の甜菜糖の製糖会社になったのも驚くべき出来事だった。効率化のために人員を削減し、工場を閉鎖し、それでもなお上昇する輸送コストを農家に押しつけてくる製糖会社に我慢できなくなった農家たちが、自分たちの手で未来をつくろうと株式を買い、その製糖会社を協同組合にしてしまったのだ。[22]

こうした動きと対照的だったのがグローバルサウスで、一九七〇年代、グローバルサウスでは多くの協同組合が頓挫した。国家が主導した一部のプロジェクトでは、農家に力を与えるどころか農家を抑圧し、協同組合の理念を完全に否定するような組合まで現れた。インドでは当初、協同組合が雨後の竹の子のように増え、幸先のいいスタートを切ったかに思われた。ボンベイ内陸部では、アメリカ南北戦争後に世界の綿花価格が暴落して農村が困窮した一八七〇年代の古い協同組合システムから派生する形で、砂糖産業の協同組合が発展した。ボンベイ市と民間の資本家が、内陸部からの貧しい農民の流入を食い止めるために、農村部の状況を改善する村落の協同組合の設立推進を始めたのだ。彼らの取り組みは広大な土地を灌漑する大規模な運河プロジェクトを補完するものだった。さらに、信用制度の導入で農家は鉄製の鋤や圧搾機を購入できるようになり、一九一〇年以降、燃焼モーター付きの圧搾機の数が急速に増加した。[23]こうして繁栄したボンベイのサトウキビ農家の協同組合は、工場を建設できるだけの資本を集め、最終的にはボンベイの資本家たちを排除した。

北インドのビハール州やウッタルプラデーシュ州では一九三〇年代、インドの資本家とイギリスの経営代理店――企業の資金を調達し経営を行う企業――が建設した何十もの工場に対抗するために、少々タイプの異なる協同組合が登場した。当初、イギリスの経営代理店は仲介業者を使って、地元の農家に、グルづくりをやめ、自分たちの工場用のサトウキビを栽培してほしいと交渉していた。しかしこのやり方は手間がかかるうえ、効率も悪い。また、サトウキビを積んで正反対の方向に向かう列車が駅ですれ違うこともあり、サトウキビが最寄りの工場に納入されていないことは明らかだった。もちろん一九二〇年にジャワを視察したインド糖業連合会のメンバーは、コロンブスの卵とも言えるアリアルを目にしていた。アリアルとはジャワの各工場を囲む所定の領域を指し、そこで栽培されたサトウキビを他の工場が買い付けることはできないという仕組みだ。しかしこれこそまさにジャワの強制栽培制度（一八三〇〜一八七〇、第6章を参照）の一環として考え出された植民地モデルそのものであり、サトウキビ農家を工場の言いなりにするシステムだった。結局、北インドでは農家の協同組合設立が解決策となり、組合が組合員を代表して産業界とサトウキビの価格について交渉することになった。こうして数千もの協同組合が開発事業を行い、サトウキビの新品種を普及させ、化学肥料を提供するようになり、農家と工場の両方に利益をもたらした。[24]

より平等で民主的な農村部を実現したいと考えていた各国政府にとって、世界中で成功をおさめていた砂糖農家の協同組合は恰好の手本となった。たとえばメキシコでは、協同組合の発展は大地主が所有する土地の分割につながった。しかしインドやアメリカ、ヨーロッパと違い、メキシコでは農民が主導権を握ったわけではなかったため、メキシコ政界では工場所有者たちが大きな影響力を持ち続け、砂糖市場を支配した。[25]ペルーの砂糖労働者はさらに悲惨だった。一九六九年に政府を掌握した軍の将校たちが、ギルデマイスター家（第7章を参照）の巨大な農園、カーサ・グランデなど多くの広大な地所も掌握したからだ。その目的は、農村部を改革したいというよりはむしろ、自分たちに抗う大地主を抑え込むことで、元の地主の邸宅の屋根には「カーサ協同組合」という大きな看板が飾られたが、これはおためごかしでしかなかった。現実には、政府は地主に支払う補償金のつけを小作に回しただけで、小作たちは大きな負債を負わされることになった。[26]インドネシアのスハルト政権は、協同組合の理念をさらにあからさまに悪用した。サトウキビの調達に苦しむ荒廃した砂糖産業を受け継いだスハルト政権は、小規模農家のサトウキビ栽培を強化するという聞こえのいいプログラムのもと、サトウキビ栽培地の指定に中心的な役割を果たす村長の権力を復活させた。その結果、植民地時代の強制栽培システムを彷彿とさせるこの方法を通じて、村落のエリートたちは砂糖工場に代わって土地と労働者を管理するという役割をふたたび担うようになった。[27]

だがたとえ、農民たちに力を与えるという純粋な動機で協同組合を設立したとしても、砂糖価格は下がり続け、農村部の雇用も思うようには行かず、工場も何十年もメンテナンスできずじまいといった状況でその理想を達成するのは、所詮、無理な話だった。たとえば一九六二年に独立したジャマイカは、テート&ライル社やユナイテッド・フルーツ社の時代遅れで非効率な工場を引き継ぎ、サトウキビ畑を二三の協同組合に払い下げた。これはある意味、一九三〇年代の大規模ストライキのリーダーのひとりで、初代のジャマイカ首相ノーマン・マンリーの息子、マイケル・マンリーの政権の勝利だった。父の後を継いだマイケルは、グローバルサウス、当時の言葉で言う「第三世界」を代表する発言者となった。彼はジャマイカを属領の立場から脱却させようとし、サトウキビ協同組合の労働者に「あなたたちは、社会主義のパイオニアになるのだ」と語りかけた。[28]しかし砂糖部門に社会的公正を持ち込もうとした政府のプロジェクトが始まったのは、不幸にも一九七四年をピークに砂糖価格が急落したタイミングだった。

途上国の政府は、世界的な市場価格の大暴落から自国の協同組合を守ることができなかった。富裕国の政府と違い、長期にわたって砂糖部門に補助金を出すことができなかったからだ。世界市場の急激な砂糖価格下落が始まって四年後の一九七八年、インド政府はついに価格統制をあきらめざるをえなくなった。北インドでは、工場が目盛りに細工をしたり、メンテナンスを節約したりと、涙ぐましい経費節減を行った。操業停止の頻度が増えれば、サトウキビを持ってきた農家は何時間も工場の門の前で待つことになる。これに不満を募らせた農家のなかには、グルの生産に戻る者も、他の作物に切り替える者もおり、困窮のあまり、仕事を求めてインド国内の別の土地へ移っていく者もあった。マハラシュトラの協同組合の工場はなんとか生き残ったが、それは小規模農家の犠牲の上に成り立っていた。大規模農家が構成する協同組合の指導部には、小作層がグルの生産に戻るのを阻止するだけの力があったからだ。世界銀行に支援されたマハラシュトラの工場は一九七〇年代後半、デカン高原の五〇万ヘクタールの土地で、一エーカーあたり世界最高の収穫量を記録した。[29]

世界銀行はインドネシアからジャマイカまで、グローバルサウス全域で不振に陥っていた砂糖産業の再構築を計画し、資金援助を行った。協同組合に対して、世界銀行が偏見を持っていたとは思えないが、それでも彼らの支援はつねに、小規模サトウキビ生産者にとっては不利になる権力の集中につながった。大地主の農家も工場も、サトウキビを収穫する膨大な数の刈り手たちを搾取することで利益を得ていたが、この刈り手たちは協同組合の枠組みには含まれていなかった。実際、グローバルサウスで協同組合の理念が崩壊した原因は、砂糖価格の急激な暴落のせいだけではない。新たに独立した国々に根強く残っていた農村部の不平等と権威主義的傾向もまた、協同組合の理念を崩壊させた一因だった。一九五〇年代後半のキューバやジャワのように、農園を国有化してしまえば、砂糖のプランター階級は一夜にして消滅するが、だからといって農村部の住民の暮らしが楽になるわけではなく、一九六〇年代のインドネシアやペルーのように軍が政権を取った場合はなおさらだった。たとえばドミニカ共和国の独裁者ラファエル・トルヒーヨは国内の砂糖産業を私物化することにし、一九五七年にはそのほとんどをわがものにしてしまった。[30]

フィリピンでは、軍人ではないものの、それでも独裁者として君臨したフェルディナンド・マルコスがフィリピンの砂糖ブルジョワジーの経済力を奪い取った。彼を大統領の地位に就けたロペス家は、ネグロス島で大成功をおさめた砂糖プランターの一族で、時間をかけて徐々に事業を多角化していった財閥だった。[31]しかし大統領に就任したマルコスは、取引の一環として副大統領の座に就けたフェルナンド・ロペスを脇に追いやると、ロペス家の砂糖事業の跡取りだったフェルナンドの甥を投獄し、その財産を私物化していった。マルコスやトルヒーヨのように砂糖産業とは無関係の部外者（トルヒーヨはもと牛泥棒で軍人だった）は、間違いなく砂糖ブルジョワジーの一員ではない。つまり彼らは大統領の座を利用して、砂糖産業を乗っ取ったのだ。それはマムルーク朝のスルタン、バルスバイが一五世紀初頭のエジプトでカーリミー商人のブルジョワにしたことと同じだった[32]（第2章を参照）。専制君主の強引なやり方を前に、砂糖ブルジョワジーはなすすべもなかった。しかしマムルーク朝のスルタンたちと違い、近代の独裁者たちは悪評の高い支配を数十年続けた末に追放されてしまい、結局は、植民地時代の砂糖ブルジョワジーがふたたび舞い戻ってきた。フィリピンでマルコスのあとに大統領となったのは、有力な砂糖一族の一員、コラゾン・アキノだ。ロペス一族もマルコス政権が終わると息を吹き返し、ドミニカ共和国のビシニ家もトルヒーヨが一九六一年に暗殺されると、亡命先から戻ってきた。

英連邦砂糖協定の勝者と敗者

ジャマイカの砂糖産業をより公平な産業にしようとしたマイケル・マンリーの試みは、著しく歪んだ国際砂糖市場の重圧に耐えかね、崩壊してしまった。先にも述べたように、砂糖価格は一九七四年をピークに、急速に下落していった。さらにその年、イギリス帝国の保護主義的な砂糖政策が終わると、この競争で最高のカードを握っているのは、サトウキビを栽培する海外領土ではなく大企業だということが誰の目にも明らかになった。一九四九年にイギリス政府が製糖企業の巨人、テート&ライル社の国営化を決定したとき、このような結果を誰が予想しただろうか。当時、テート&ライル社は政府のこの動きに激しく抵抗した。まずはPRキャンペーンから始まり、ミスター角《キューブ》砂糖と呼ばれるキャラクターが「政府《ステート》ではなく、テート」と呼びかけるマンガが、同社のすべての商品の包装紙、トラックの車体、そして店主や顧客に手渡すビラに印刷された。

結局、政府は譲歩せざるをえなくなり、国営化の動きは中止となったが、この件で明白となったのは、砂糖は国民と帝国両方の利害に関わる問題だということだった。一九五一年、英連邦砂糖協定（ＣＳＡ）が導入され、砂糖生産者には世界市場の砂糖価格より平均二五％高い安定価格が保証された。これが、フェビアン主義者たちが西インド諸島のために提唱した社会改革と保護主義がもたらした成果だった[33]。第11章でも触れたように、第二次世界大戦前夜、ウィリアム・アーサー・ルイスはフェビアン協会と共に砂糖植民地の憂慮すべき状況について報告書を発表した。しかし時間の経過とともに、ＣＳＡはフィジーやモーリシャス、西インド諸島の貧しい人々より、テート&ライル社やブッカー・マコンネル社に有益であることが明らかになった。

ブッカー・マコンネル社のトップでフェビアン主義者、そしてのちに労働党の政治家に転身したジョック・キャンベルは、ＣＳＡをまとめる際、砂糖産業側の交渉責任者を務めた。植民地の経済的自立を支援するのは自分たちの世代の使命と考えていた彼は、古いプランター階級と、斜陽の大英帝国の架け橋的役割を果たした。イギリス領ギアナの有力な製糖会社の責任者だった彼は、Ｃ・Ｌ・Ｒ・ジェームズや、いとこ同士だが一九三〇年代後半からはライバル関係になった政治指導者、アレクサンダー・バスタマンテとノーマン・マンリーなど、カリブ海の一流の知識人たちと面識があり、意見交換も行っていた。また『資本主義と奴隷制』を著した有名作家で一九五六年から二五年間トリニダードの首相を務めたエリック・ウィリアムズとも昼食を共にする仲だった[34]。敵対的な関係にあったが、それでも互いに敬意を抱いていたのは、歯科医で共産主義者の労働活動家であり、のちにイギリス領ギアナの主任大臣、首相となり、晩年にはガイアナの大統領になったチェディ・ジェーガンだ。

ジェーガンは、徹底的に経済を脱植民地化しない限り、イギリス領ギアナに未来はないと考えていた。ＣＳＡでは、砂糖植民地の経済的独立を円滑に進めるという目的を達成することはできない、というのが彼の主張だった。イギリス領ギアナでは、砂糖は輸出のほぼ半分を占めており、ジャマイカの砂糖輸出（輸出全体の一二%)よりずっと大きかったからだ。ジェーガンの見解がさらにあてはまるのがモーリシャスとフィジーで、一九七〇年代、輸出全体に対して砂糖が占める割合はそれぞれ五九%と八九%だった。[35] 結局、CSAによって多くの砂糖島の生活水準は向上したが、それがかえって彼らの工業化の道を阻むという皮肉な結果をもたらしていた。一九六〇年代初頭、モーリシャス経済の多角化について語ったノーベル賞受賞者のジェームズ・ミードは、新興工業国の場合、賃金水準が世界最低ランクでない限り、世界市場でシェアを手に入れることはできないと述べている。[36]

ノーベル賞受賞者のルイスやミードだけでなく、カリブ海地域の一流知識人たちもみな、砂糖に代わる工業化政策を提唱していたが、それでもイギリスの砂糖政策は海外領土を原材料や農産物の供給地として扱い続け、テート&ライル社やブッカー・マコンネル社といった大企業が、世界市場で売るには高すぎる砂糖の生産を拡大していくのを許していた。[37] また、その規模の大きさから、これらの企業は西インド諸島のそれぞれの政府に絶大な影響力を持つようになっていた。たとえばテート&ライル社はジャマイカ最大の製糖会社であったし、トリニダードではすべての海運業と製糖業の八〇%から九〇%を支配していた。また、イギリス領ギアナでは、ブッカー・マコンネル社が国家内国家のように振る舞い、製糖業の八〇%、そして大規模貯蔵と輸送施設のすべてを牛耳っていた。[38] たとえ西インド諸島の彼らの農園が損失を出しても、それを補って余りある利益を輸送や製糖、小売り部門などの川下事業で得ていたのだ。一九七五年、世界銀行はこのテート&ライル社の大規模な垂直統合について、「利益はチェーンのおおもとに集中すると考えられる」と喝破している。ちなみに、利益が集中するチェーンのおおもととはすなわちイギリスだ。実際、テート&ライル社の売り上げのうち西インド諸島からの輸出による売り上げは一〇%しかなく、収入の大半はイギリスの砂糖市場を支配することで生じていた。[39]

一九七四年にCSAが廃止され、西インド諸島の各政府が経費節減の必要性からサトウキビ収穫の機械化に重い腰を上げると、テート&ライル社もブッカー・マコンネル社もそろそろ撤退の潮時と判断した。そこで彼らは、新たに独立した各国政府に自社の工場をすぐさま売却して経済的に一方的に不利な問題を彼らに押しつけ、自分たちは西インド諸島産砂糖のヨーロッパ市場への輸出事業は掌握し続けた。[40] フィジーでもこれと同様のことが起こった。シドニーに拠点を置き、一九二六年よりフィジーの製糖工場すべてを所有していた植民地精糖会社は、サトウキビを栽培する小規模農家を搾取し、農業プロセスを完全に支配していたが一九七三年にイギリス政府が小規模農家に有利となる介入をすると、同社はさっさとフィジーを離れ、オーストラリアでの事業の多角化に専念したのだ。[41]

　商品連鎖においては、原料や基本的材料を供給する国々の政府の立場は明らかに弱い。なぜなら、多国籍企業は農業リスクをさまざまな国に分散し、垂直統合と製品の多角化を通じてリスクを軽減できるからだ。その結果、当時、独立間近あるいはすでに独立した西インド諸島の各国政府は、工場を手放したかったイギリス企業と、不満が募る労働者の板挟みになり、街角でも目につくようになった労働者の不安はやがて、サトウキビ畑の火事の増加となって現れた。

　テート&ライル社とブッカー・マコンネル社は西インド諸島から手を引くと、今度は新たな事業の場として、かつて大英帝国の一角をなし、いまやその後継である英連邦の一部となったアフリカ諸国に目を向けた。それまで砂糖と無縁だったアフリカ社会でもこのころには砂糖が消費され始め、アフリカの多くの国が、サトウキビ栽培に適した気候と急増する労働力を活かして砂糖の自国生産を開始していたからだ。砂糖消費が増えたことで輸入が増加し、外貨準備高が低下したことも、砂糖の自国生産にはずみをつけた。アフリカ諸国は、国内に製糖工場を建設することで、そのような事態を回避したいと考えたのだ。[42] しかし製糖工場を建設するには、大企業の投資と専門知識が必要となる。そこに目を付けたのが、テート&ライル社とブッカー・マコンネル社だった。

1969年、エチオピア、ウォンジのアムステルダム貿易連合（HVA）のサトウキビ・プランテーション。植民地時代にインドネシア最大のプランテーション企業だったHVA社は、オランダの植民地支配が終わると、エチオピアで新たな事業を開始した。

ヘンリー・O・ハヴマイヤーがカリブ海地域でアメリカ砂糖王国の拡大を指揮したときのように、ヘンリー・テートも一九六〇年代初め、フランス系モーリシャス人のルネ・ルクレザイオに、多角的に事業展開するロンドン・ローデシア・マイニング&ランド社（ロンロ）内に砂糖支社をつくる仕事を任せた。ロンロは、無節操な企業買収家、タイニー・ローランドが経営する会社で、彼は多くのアフリカ人指導者たちと親交がある人物だった。ルクレザイオは脱植民地化を進めるイギリス領アフリカにさまざまな事業を立ち上げ、一九九七年に引退するころにはアフリカ大陸全土に砂糖工場を建設していた。[43]

脱植民地化の時代に入ると、植民地時代を支配していた製糖会社は工場への資本投下をやめ、意欲に燃えるアジアやアフリカの製糖会社にみずからの専門知識を売る、新たなビジネスモデルへと切り替えた。工場を所有すること自体が、いまや高リスクになっていたからだ。それを、身をもって示したのが、植民地時代のインドネシアで大規模プランテーションを所有していた大手企業、アムステルダム貿易連合（ＨＶＡ）だ。インドネシアでの自社の立場に不安を覚えていたオランダ最大の植民地企業、ＨＶＡ社は（実際、彼らの工場は一九五八年に国有化された）一九五一年、エチオピア帝国の皇帝で反植民地主義の獅子、ハイレ・セラシエと契約を結ぶという驚くべき決断をし、エチオピアで製糖工場の建設に着手した。これにより、アワッシ川沿いの湿地はサトウキビ畑に転換され、およそ三万世帯分の雇用が創出された。しかしＨＶＡ社はここでも痛い目に遭うこととなる。共産主義革命の影響で、一九七四年、同社のエチオピアの資産もまた国有化されてしまったのだ。

こうしてＨＶＡ、ブッカー・マコンネル、テート&ライルなどの企業は、資産の国有化リスクから身を守るために、工場経営から手を引き、コンサルタント業と経営に専念するようになった。技術や経営の専門知識を独占する彼らは、開発援助計画が提供する財政支援を利用したのだ[44]。コンサルタントたちは、小規模農家によるサトウキビ栽培という、聞こえがよく、政治的にも正しい農業モデルを口にしながら、畑を支配することでサトウキビを確保し、他の製糖企業と同様に工場を運営した。彼らは、国有化された資産や協同組合計画を巧みに利用し、他の外国企業であれば絶対に認められないような方法で小規模農家を従属させるスキームを設計したのだ。ＨＶＡ社はグローバルサウスの三〇カ国でコンサルタント業を展開したが、そのほとんどは製糖事業のコンサルタントだった。その裏では、テート&ライル社やブッカー・マコンネル社がアフリカに新たな砂糖フロンティアを切り拓き、二一世紀に入るとアフリカの一ヘクタールあたりの収量は急激に増えてカリブ海地域のそれを追い越し、世界最高水準となった[45]。

結局のところＣＳＡは、イギリスの巨大製糖企業が画策した、西インド諸島からアフリカへの砂糖生産地の大移転に手を貸したようなものだった。そのいっぽうで、古い砂糖植民地は政策の方向転換を強いられた。たとえばモーリシャス政府は独立して二年後の一九七〇年、ヨーロッパ市場への優先的アクセスと香港資本へのアクセスという二つの優遇措置が受けられるＥＰＺ（輸出貿易地区）を設定し、この島の経済を「インド洋の虎」に変えた。[46] 実際、東アジアの「虎」と呼ばれた台湾経済の成功は、第二次世界大戦後の砂糖部門の復活に負うところが大きい。一九五〇年代、国営の農協に依存していた台湾糖業公司は、台湾の主要な外貨獲得源であると同時に政府の主要歳入源でもあったため、政府は投資に必要な資本を蓄積することができた。[47] このように台湾とモーリシャスはある程度の繁栄を遂げることができたが、通常、緩やかな税制下で運営される輸出貿易地区を設定してしまうと、プランテーションの飛び地経済を永続させ、企業に利益を吸い上げられてしまう可能性が高かった。

　同様の方向性の見直しは、縮小傾向にあったアメリカ砂糖王国の中でも進んだ。たとえばフィリピンは、低賃金の女性労働者が集中する繊維とエレクトロニクスの巨大な飛び地を形成したことで悪名高い。また、一九八〇年代半ばの批評家たちによれば、カリブ海地域は多国籍企業のパラダイスとなり、企業は賃金が最も安い工場を求めて島から島へと渡り歩き、最終的にはより賃金の安い国へと移っていった。ドミニカ共和国の有力砂糖一族の一員、フェリペ・ビシニは、このような工業化は真の工業的発展にはつながらない、企業がより安い労働力を見つけたとたんになくなる仕事をもたらすだけの誤った工業化だと批判した。[48]

　いっぽう、植民地時代のハワイ、モーリシャス、バルバドス、ドミニカ共和国、プエルトリコ、そしてフィリピンの砂糖ブルジョワ一族たちは、不動産や繊維、インフラ、観光、メディアといった分野に巧みに事業を多角化した。たとえばマルコス政権下の副大統領の弟、エウヘニオ・ロペスは、大手新聞社や船舶会社の経営者として頭角を現した。[49] イギリス領内では、有力一族は製糖産業から離れるか、少なくとも観光やその他の経済部門へと事業を多角化していった。二一世紀に入ってもなお島内の製糖工場を所有していたフランス系モーリシャス人のプランターたちでさえ、製糖以外の部門に投資を行い、成功をおさめた。[50] イギリスの元砂糖植民地やプエルトリコ、ドミニカ共和国、マルティニークにとっては、労働搾取《ブラック》工場や多国籍企業の下請けよりは持続性が高い観光が新たなフロンティアとなった。その結果、三世紀にわたってサトウキビを圧搾する動力源となっていた風車はいまや、カリブ海のラグジュアリーなホテルリゾートでナプキンに描かれたロゴマークになっている。[51] しかし観光やオフショア産業ぐらいでは、砂糖産業の崩壊で失われた雇用の穴を埋めることなどとても無理だった。カリブ海の島々からの大量移住、それは砂糖植民地だったこの地域の過去の遺産だ。

残された二つの砂糖帝国

国際競争から身を守ろうとする砂糖帝国の断固とした姿勢を見れば、一九三〇年代の開発経済学者たちが抱いていた夢と野心がなぜ実現しなかったのかがよくわかる。第二次世界大戦以後、保護主義は悪化の一途をたどり、一九七六年までに、世界で生産される砂糖はその二五％しか輸出されなくなった。それもこのうちの半分は、アメリカ、ＥＥＣ（のちのＥＵ）とソ連が率いる経済相互援助会議（ＣＯＭＥＣＯＮ）の特恵待遇の下で輸出されていたのだ。とくにＣＯＭＥＣＯＮはキューバの砂糖の大半を買い上げ、一九七四年以降の砂糖価格の下落からキューバを守っていた。[52]

国際砂糖市場にとってとくに有害だったのが、欧州経済共同体（ＥＥＣ）の砂糖政策で、その政策によりＥＥＣは世界で二番目に大きな砂糖輸出地域となった。一九六二年に定められたＥＥＣの共通農業政策では、所定の割当量に関しては、世界の砂糖の市場価格を五〇％から一〇〇％上回る最低価格、いわゆる介入価格を農家に保証した。割当量を超える分には補助金がいっさい出なかったが、その分は世界市場で自由に処分してもかまわなかった。介入価格があったおかげで、効率のいい製糖業者、とくにヨーロッパの巨大な甜菜糖協同組合は、世界市場に砂糖をダンピングしたことで生じた損失を補填できた。ＥＥＣはグローバルサウスの砂糖生産者——おもに旧ヨーロッパ植民地——がＥＥＣ市場に輸出することをある程度は認めていたが、そのような輸出は、彼らの生産量に上限を設けるために設定された割当制度を通じて行われていた。というのも、彼らが輸出する砂糖が一キログラム増えるごとに、世界の市場価格が大きく下落したからだ。

一九七三年にイギリスがEECに加盟したのち、ヨーロッパの砂糖帝国はさらに強大になった。その二年後にロメ協定を通じてヨーロッパの砂糖帝国が統合され、アフリカやカリブ海地域、太平洋地域の一八カ国がヨーロッパ市場へ参入できるようになったからだ。モーリシャスやフィジー、ガイアナ、ジャマイカ、スワジランドなどの旧イギリス植民地も、EECに一定量の砂糖を輸出できるようになったが、そのほとんどがテート&ライルを通じて行われた。というのも同社が準独占的な地位にあったイギリス向けの砂糖輸出には割増制度があったからだ。[53] こうしてテート&ライル社はブッカー・マコンネル社とともに、旧イギリス植民地産のサトウキビ糖がヨーロッパ市場に入ってくる際のゲートキーパーの立場を確立し、彼らが西インド諸島に所有していた工場はより売却しやすくなった。しかしサトウキビ糖生産国にとっては、ロメ協定はいいことばかりではなかった。この協定のせいで彼らは、より単一栽培の方向に突き進むことになったからだ。前述したように、モーリシャスはその運命を回避することができたが、フィジーは急速にその道を進み、ロメ協定が結ばれて三年と経たないうちにサトウキビの作付面積は倍増した。[54]

巨大な砂糖企業は輸出補助金の恩恵を受けたうえ、EEC——一九九三年からはEU——が域内に設定した自由市場によってさらなる成長の余地も生まれ、ソ連崩壊後にはその自由市場が地理的にも拡大した。その結果、それまで各国政府が阻止していた巨大な砂糖利権が、国境を超えて集中することになった。一九九一年、イタリアのフェルッチ・グループがフランスのベギャン・セ精糖工場を買収し、ヨーロッパ最大の製糖会社になった。いっぽうズットツッカー社は、フェルッチ社とテート&ライル社を出し抜いてベルギーのティルモントワーズ社を買収し、ドイツ最大の食品会社となった。その後ズットツッカー社はショラー・グループも買収。同社はまた、EUの東方拡大に追従するようにハンガリー、チェコ共和国、ポーランドにも投資を進めていった。鉄のカーテンが崩壊するとすぐさま、ズットツッカー社のオーストリアのパートナー、アグラナ社が、かつてオーストリア＝ハンガリーに属していた国々に工場を建設していったのだ。[55] このような資本の集中により、二一世紀初頭には三三万五〇〇〇人の農民と四万人の工場労働者を、ひと握りの強力な農工複合体が牛耳ることになった。さらに、事業の多角化により、このような複合企業の経済力と政治力はよりいっそう強化され、アソシエイテッド・ブリティッシュ・フーズ社やズットツッカー社は、ＥＵのトップ食品企業に名を連ねた。このような強固な既得権益のせいで、ＥＵは農業補助金や農産品のダンピングをなくそうとする世界貿易機関の政策に合わせることが難しくなった。[56]

残されたもうひとつの砂糖帝国であるアメリカは、国内の甜菜糖の利益を地政学的緊急性に照らして調整し、従属国の砂糖輸入割当を維持した。戦後のアメリカの砂糖政策（砂糖プログラムとも呼ばれる）の大枠は依然として、国内市場のシェアを争う勢力を調整することが主眼の一九三四年のジョーンズ・コスティガン法に根ざしていた。この法律が、消費者価格を制限内に抑え、キューバの復興を助け、アメリカ領ハワイ、フィリピン、プエルトリコ、ヴァージニア諸島を支援してきたのだ。[57] 割当制度は、第二次世界大戦中に一時中断されたが、共和党が支配する議会が一九四七年に砂糖割当法を復活させた。消費者を犠牲にして、国内の製糖業者を著しく優遇するこの法律のおかげで、一九五〇年代半ばには消費者は年間三億ドルを負担させられるはめとなった。[58] 当初、キューバの人々は、自国の状況は上向いたと見ていた。これは、戦時中に生産量を増やしてアメリカを助けたからでもあったが、そのような好調もやがてアメリカ国内の生産量が盛り返し、フィリピンの砂糖産業も復活してくると危うくなっていった。[59]

愚かにもアメリカはキューバに割り当てた砂糖輸出量を切り札に、同国の砂糖産業を管理下に置き、アメリカ資本の工場で働くアメリカ人職員の数を制限しようとするキューバ政府の試みを抑え込もうとした。[60] ヨーロッパを立て直した戦後の援助プログラムの父、国務長官のジョージ・マーシャルは、アメリカ市場への輸出割当を減らしたうえにそのような政策をとれば、キューバに政治的混乱を招くと警告。アメリカ国務省もマーシャルの警告を繰り返し、キューバの経済的利益を軽んじれば、二万五〇〇〇人の現役共産主義者を助けることになるだけだと指摘した。それでもこの一年後、アイゼンハワー政権はキューバの割当量を戦前のレベルまで引き下げたため、キューバはアメリカが警戒するのを承知で、砂糖をソ連に売るという選択肢を検討した。こうして、バティスタはソ連とつきあい始め、それが最終的にはカストロ政権の存続を助けることになる。[61]

そんなことをしてもカストロを権力の座にとどまらせるだけだと上院の外交委員長、ジェームズ・フルブライトが警告したにもかかわらず、一九六二年、キューバ分の砂糖割当は、他のラテンアメリカ諸国に回されてしまった。[62] このキューバ枠の再分配は結局、三人の独裁者たちを支えることになった。アメリカは、米州機構がトルヒーヨ政権に対する禁輸措置を求めたにもかかわらず、ドミニカ共和国の割当量を一五％増やし、フィリピンの割当量も拡大したからだ。[63] これによってフィリピンには新植民地的な状況が生まれ、肥大化した競争のない砂糖部門は直接、マルコスの利益につながった。

戦後のアメリカの砂糖政策は多くの点で、アメリカ砂糖王国の地政学と砂糖とのもつれを永続化させた。そしてこのもつれをどう利用すればいいかを最も熟知していたのがカリブ海やラテンアメリカの国々であり、彼らが雇った砂糖ロビイストたちはワシントンで強力なロビー活動を展開した。さらにトルヒーヨはその一歩先を行き、下院の農業委員会のメンバーを自国への視察に招待し、委員長の親戚や、委員会のメンバーの何人かは臆面もなくその招待に応じていた。[64] 明らかに、割当制度には腐敗がつきまとっていたし、消費者が負った負担は莫大だった。そしてその利益の大半は、アメリカの大規模砂糖農園へと流れたのだ。農業経済学者のゲイル・ジョンソンは、もし砂糖を輸入するのであれば、成長の可能性がとてつもなく大きいブラジルから輸入したほうがましだと結論づけている。[65]

一九七四年に保護主義的な割当制度が廃止されたときは、アメリカ政府もようやくジョンソンの助言に従ったかに見えたが、じつはその年は、世界の砂糖価格が一時的に上がったからに過ぎなかった。したがってこの八年後、世界の砂糖価格がアメリカの国内価格をはるかに下回ると、割当制度は復活し、政治的手段としてのこの制度の役割もまた再開した。たとえば革命が起きたニカラグアに対しては、レーガン大統領が懲罰的な措置をとり、一九八三年の砂糖の割当量は九〇％削減された[66]。しかし結局のところ、この政治色が強い割当制度を抑えこんだのは経済合理性などではなく、甘味料化学の驚くべき進展、すなわち、かつての甜菜糖の導入と同じくらい画期的な科学の進歩だった。

高果糖コーンシロップとその影響

その画期的な科学的進歩で誕生したのが高果糖コーンシロップ（ＨＦＣＳ）だ。一九三〇年代より、科学者たちはブドウ糖をより甘いショ糖に変換しようと試行錯誤を繰り返していたが、それは南北戦争中に大流行したソルガムキビのような、決め手となる甘味料探しの旅だった。しかし、ソルガム、いわゆるモロコシからショ糖を抽出することをあきらめて以来、科学は飛躍的に進歩した。そして一九六六年、二人の日本人科学者がブドウ糖を果糖五五％の甘味料（いわゆるＨＦＣＳ）に変換する方法を発見した。その後、化学プロセスの改良が重ねられ、一九七〇年代には、ＨＦＣＳの原価は甜菜糖やサトウキビ糖より少なくとも三〇％は下回るようになった。当初、ＨＦＣＳは菓子パンやシリアル、乳製品にしか使われていなかったが、飲料用の砂糖に完全にとって代わる可能性も出てきた。そして一九七九年、コカ・コーラ社はＨＦＣＳをアメリカ市場で使い始め、やがて同社が使う甘味料の半分がまかなわれるようになった。逆を言えば、アメリカ国内の砂糖価格を世界市場の四倍も高く維持していた保護主義のせいで、かえってこの安価な甘味料に注目が集まったとも言える。ＨＦＣＳは実質的にすべての清涼飲料に使われるようになり、一九九八年までにアメリカで使用されている全甘味料の半分がＨＦＣＳになった。[67]

ＨＦＣＳのおかげで、世界最大の砂糖輸入国だったアメリカも一〇年と経たないうちにほぼ甘味料を自給できるようになり、アメリカの甜菜糖産業の一部も一掃されてしまった。しかし何よりも、すでに過剰生産で苦しんでいた国際砂糖市場をＨＦＣＳは大きく揺るがした。世界の砂糖価格はピークだった一九七四年の一キロあたり二・六〇ドルから一九八五年にはなんと〇・〇六ドルにまで大暴落したのだ。[68] この価格の崩壊は、アメリカの従属国だけでなく、何百万人ものサトウキビ労働者の生活にも深刻な影響を与えた。ドミニカ共和国では、増量されたばかりの砂糖の割当量が大幅に削られ、ハイチから来ていた何万人もの季節労働者の暮らしはこれまで以上に悲惨なものになった。[69] それまでほぼアメリカだけにしか輸出をしていなかったフィリピンの砂糖産業も、深刻な危機に陥った。マルコス政権は、サトウキビの植え付けや除草、収穫を機械化することで、蔓延する労働者たちの抵抗を抑えようとしたが、フィリピンの砂糖部門の賃金はすでに非常に低かったため、この戦略も失敗に終わった。[70] ネグロス島では、単一栽培のせいで食用作物を栽培する土地がほとんどなかったため、宗教指導者や労働者のリーダーたちは、島の耕地の一〇%を食用作物に割り当てて欲しいとマルコス大統領に懇願したが、プランターたちはこれに反対し、労働者はブリキ缶で食料を育てればいいとうそぶいた。[71] このように、すでにじゅうぶん悲惨だった労働者の状況は、ＨＦＣＳのせいで本格的な飢餓状態に変わり、ネグロス島は東南アジアのエチオピアとまで言われるようになった。そして最終的にＨＦＣＳは、マルコス政権を崩壊させる要因のひとつになった。

砂糖価格の急落とアメリカの輸入砂糖需要の減少は、国内の甜菜糖産業にも、フィリピンやドミニカ共和国の砂糖産業にも深刻なダメージを与え、さらには、いまだに宣教師のひ孫世代のハオレが所有していたハワイの非常に効率的な砂糖産業にさえも終止符を打った。ハワイの場合、砂糖産業の終焉にはもうひとつ別の要因もあった。格安航空券の登場によって大量の観光客がハワイに押し寄せるようになり、もはや製糖業は実入りのいい産業ではなくなったのだ。二〇一六年には、ハオレが所有する最後の製糖工場も操業を停止した。同様に、トリニダードとトバゴも砂糖の輸出をやめ、ジャマイカの工場もほとんどは廃業し、マルティニークの製糖業もほぼ解体されてしまった。[72]バルバドスで何世紀にもわたって島を牛耳ってきたプランタ一階級の人々でさえ、砂糖産業はあきらめてしまい、いまや島の未来を担うのは砂糖ではなく観光になっている。[73]

HFCSの登場によって、グローバルサウスのサトウキビ生産地帯は大混乱に陥り、最も効率の高い生産者だけが、垂直統合や、国内市場に砂糖とエタノールを提供する事業でなんとか生き延びた。また、ネグロス島の古くからの大農園《アシエンダ》も、フィリピンの国内市場に砂糖を供給する農工複合体に姿を変えた。[74]ブラジルでは、製造業者がコパスカーという名の協同組合、というか企業連合を設立した一九六〇年代から垂直統合を推し進め、自国をアメリカに次ぐ世界最大のエタノール生産国に変えた。大企業が広大な土地を手に入れ、ブラジルのサトウキビ生産を支配したのだ。そしてエタノールの生産は、単一栽培や大規模な土地所有、疑わしい厚生効果、そして季節労働者の劣悪な労働条件を助長した。[75]ブラジルと並んで世界の製糖をリードしていたインドも、垂直統合とエタノール生産への転換という同じ道をたどった。インドのマハラシュトラ州政府は補助金を出して協同組合の工場を救済したが、最も効果があったのはガソリンへのエタノールの混合を義務化したことだった。[76]一九九〇年代、インド北部では民間企業が荒れ果てた国有工場を買い取って改修し、腐敗した協同組合を廃止した。七つの自社製糖工場が使うサトウキビを三〇万人の農家から調達するビルラ社のような企業や、ヒンドゥスタン石油社は、農家に肥料や化学薬品を気前よく提供し、アドバイスを与え、彼らからサトウキビを購入することで、農家の心をつかんだ。[77]

いっぽう国際通貨基金は、メキシコの国有工場を民営化するよう強く要求した。その結果、一九九〇年代には、メキシコの砂糖の半分をペプシコやコカ・コーラなどの大手清涼飲料水メーカーが加工するようになり、彼らは、コスト削減のために零細農家を攻撃しはじめた。零細農家のせいで機械化が進まず、その結果、安価なサトウキビの供給を妨げていると言うのだ。サトウキビ価格が急落したせいでサトウキビ農家は借金を負い、自分の土地を売らざるをえなくなった。そのような運命を避けるために、家畜飼料の栽培やブラックベリーの栽培に切り替えたサトウキビ農家も多く、むしろこちらのほうが彼らの生活は楽になった。[78] 大手エネルギー企業や飲料メーカーによる砂糖農園や工場の買収は、グローバルサウスにおける砂糖生産の脱植民地化を完全に逆転させてしまったのだ。

砂糖の脱植民地化はある意味、実現しなかった可能性の物語だ。大恐慌の時代、栽培する作物を多角化し、協同組合による生産を行えば、生産者はより良い生活、より公平な生活を送れるようになるとの期待が高まったが、結局、その期待はものの数十年で打ち砕かれてしまった。だがそれは、決して意外な展開というわけではなかった。一九三〇年代、プランテーションを批判する人々が小規模農家によるサトウキビ栽培と、プランテーション経済の経済的多用化を提唱したとき、彼らはサトウキビ糖の供給者が多いことも、需要が少数の有力者によってコントロールされていることもよくわかっていたからだ。歪んだ砂糖のグローバル市場は、グローバルサウスの砂糖協同組合の衰退を招いた。一九八〇年代の構造調整プログラムは市場の自由と民営化を最優先としたが、それはたんなる緩和策で、解決策ではなかった。むしろこれらのプログラムは皮肉なほど一方的な国の撤退を招いた。インドは砂糖の価格統制を廃止したため、協同組合による工業的砂糖生産というかつての民族主義的プロジェクトは急激に衰退していった。いっぽうで関税の壁に守られて成長したグローバルノースの砂糖協同組合と製糖企業は、いまやその狙いをグローバルサウスに定めていた。次の章ではそれについて見ていきたい。

第13章　企業の砂糖

一九八〇年代、砂糖はグローバリゼーションと市場の規制緩和、そして力を増すばかりの多国籍企業が業界の未来を決める企業の時代に突入した。砂糖の生産も消費も世界中で飛躍的に伸びたが、砂糖の国際取引は減少した。一九二〇年代より、砂糖産業は国内消費の傾向が強まり、五〇年後には国内消費が市場の七五％を占めるようになった。このとき、日本とアメリカでは高果糖コーンシロップ（ＨＦＣＳ）生産がいまにも始まろうとしていたが、それはやがてグローバルサウスの砂糖生産者にたいへんなダメージを与えることになった。[1]

これまで見てきたように、砂糖の国際貿易が減少したのは、国益の追求と保護主義が原因だった。アダム・スミスの時代から、保護主義は不公正なものとして非難され、奴隷制などの非人間的な制度に加担しているとの批判まで受けてきた。また、弱い国が自国の非効率な経済を競争から守るために使う戦略とも考えられてきた。しかし歴史を見ればわかるように、砂糖について高度に保護主義的な政策をとったのは、弱い国というよりはむしろ強い国——アメリカ、欧州連合（ＥＵ）、日本——だった。だがそれも驚くにはあたらない。砂糖の歴史が繰り返し示してきたように、厳しい関税や手厚い輸出補助金を通じて産業資本主義を著しく促進してきたのは国家だったからだ。グローバル資本主義の発展における国家の役割は時代と共に大きくなるいっぽうだが、砂糖に関してもまさにそのとおりのことが言える。そしてそれが現在の逆説的状況、すなわち強い保護主義があるからこそ、巨大な多国籍企業が砂糖の世界を発展させ、支配できる、という現状をつくり出しているのだ。

巨額の補助金と、厳しい輸入関税を組み合わせることで、ＥＵは域内の企業が何百万トンもの砂糖を世界市場に輸出（というよりダンピング）できるようにした。二一世紀初頭、ＥＵの粗糖輸出の世界シェアは一七％（精白糖に関しては三〇％）で、これを上回るのはシェア二六％のブラジルだけだった。そのＥＵに続くのがタイとキューバで、それぞれシェア九％と八％を占めていた。[2] 世界で最も知られている非政府開発機関のひとつ、オックスフォード飢餓救済委員会（オックスファム）は、この状況を二〇一四年には把握しており、「ヨーロッパは毎年過剰な砂糖、約五〇〇万トンを世界市場にダンピングすることで価格を人為的に下落させており、効率的な開発途上国の生産者から潜在的な収入を奪っている」と指摘している。[3]

いっぽうアメリカでは、国内の砂糖・甘味料業界が、それまでアメリカ砂糖王国にとって非常に重要な要素となってきた地政学的恩顧主義に打ち勝った。もしアメリカとＥＵ両方の砂糖政策を根本から改革していたら、一九九〇年代、グローバルサウスの国々は砂糖価格を平均して最大三分の一は引き上げられたはずだ。また、カリブ海地域の砂糖農園も最大で六八・二％まで値段を上げることができ、その多くは破滅せずにすんだだろう。[4]

ヨーロッパとアメリカの大手製糖企業が関税の壁に守られて繁栄していくいっぽう、グローバルサウスの各国政府は砂糖産業の保護を断念し、協同組合事業もあきらめた。国際的コンサルタント企業や世界銀行はそういった国々の砂糖産業を再編成したが、たいていの場合、その改革によって小規模農家や協同組合が犠牲になった。そしてその状況が、多国籍の製糖企業に参入のチャンスを与えたのだ。このような企業の拠点はもはや北半球だけではなく、アフリカ南部やタイ、中国、ラテンアメリカにも広がっていた。巨大多国籍企業の数は減少してはいるものの、その少ない数の企業が砂糖部門のインプット（肥料、種子など）とアウトプット（飲料、食品、燃料）の両方を牛耳っている。いまや何億人もの農民と、それよりはるかに多い消費者が、農家の出荷価格と消費者の購入価格の差を拡大することで富を増やしている食品企業、それも数が減少を続けているそのような食品企業に依存しているのだ。[5]

いっぽうで、サトウキビの作付面積は急速に拡大していった。グローバルサウスの国々や、ブラジル、インド、タイなどサトウキビの大手生産国が、先進工業国による砂糖のダンピングや保護主義から自国の産業を守るためにエタノール生産を受け入れたからだ。しかしそのせいで世界は莫大な環境コストを負担することになり、消費者世帯はこの部門に年間五〇〇億ドルもの補助金を支払っている。[6] 結局、プランテーションから小規模農家による砂糖栽培へ、という流れは逆転してしまい、最低限のコストで最大限のエネルギーを土壌から取り出すことを目的とした、鉱山会社のような資本集約型のプランテーション企業が生まれてしまったのだ。

サトウキビの刈り手たちの苦境

世界経済の秩序は、商品を生産する旧植民地に有利となるようには変化しなかった。したがって国際労働機関が二一世紀の初め、サトウキビ労働者の貧困は普遍的であるかに見える、と指摘したのもまた驚くにはあたらない。[7] 貧しい内陸部や近隣の島々から出稼ぎに来る労働者は、依然として汚く危険で、肉体的にきついサトウキビの刈り取り作業に携わっていた。かつてそのような作業をするのはマドゥラ島から東ジャワへ、ジャマイカやハイチからキューバへ、あるいはプエルトリコの高地から南海岸へと出稼ぎに来た季節労働者だった。しかし今日、季節労働者は西インドの乾燥地帯からマハラシュトラやサウス・グジャラートへ、ブラジルの北東部からサンパウロ州の砂糖地帯へ、ペルーの高地から沿岸部へ、あるいはハイチからドミニカ共和国へと仕事を求めてやってくる。出稼ぎの移民を借金漬けにして斡旋人や雇用主に縛り付けるやり方は古くからいたるところで見られたが、それは現在も同じで、アジアやラテンアメリカ、そしてアフリカ南部の大規模な砂糖プランテーションにはびこっている。たとえばモザンビークでは、この地で砂糖の生産が始まった一世紀前と同様、現在も仕事の斡旋人たちが車で村から村を回り、労働者を集めている。[8]

大手の製糖会社は、下請け業者を通じて人材を集めることで、最低賃金を支払うといった法的責任を逃れている。もちろんこのような慣行を労働者や組合が黙って見過ごしていたわけではないが、そもそも労働組合は労働者を組織すること自体が非常に難しかった。労働組合はグローバルサウスのサトウキビ生産地帯全域で、既存の労働法に違反し、労働者の募集や賃金の支払いを仲介業者に請け負わせている工場の責任を追及するよう、各国政府に求めた。[9] しかし機械化の進展という状況のなか、労働組合の交渉上の立場が崩壊することも少なくなかった。サトウキビ収穫機を導入するぞ、と脅すだけで、会社側は、賃金を極端に低いレベルに抑えることができたからだ。そのためつい最近まで、グローバルサウスのサトウキビ畑では近代的な機械を目にすることがほとんどなかった。

ナタを持ったサトウキビの刈り手たちは使い捨ての商品同然になり、一八世紀の奴隷とほとんど変わらない条件の下で働いている。何千人もが負傷し、彼らの仕事につきものの深刻な脱水症状による腎臓病で命を落とす者も多い。[10] 二一世紀に起こったサトウキビ労働者への虐待として世間の耳目を集めたケースのいくつかは、ドミニカ共和国のプランテーションで発生している。恐ろしいことだが、一九三〇年代にハイチとの国境地帯で起こったトルヒーヨ政権による残虐な民族浄化と大量虐殺という陰惨な事件は、その始まりにすぎなかったのだ（第11章を参照）。割当量が大幅に削減されはしたものの、それでもまだドミニカ共和国がアメリカの砂糖割当で最大のシェアを占めていた二〇〇七年、同国で働くハイチのサトウキビ労働者が劣悪な扱いを受けていることを記録した二つの衝撃的なドキュメンタリーがアメリカで公開された。[11] 一本目の『ザ・プライス・オブ・シュガー』は、アメリカ人のビル・ヘイニーが監督した作品で、あの有名なビシニ家の砂糖農園で働く労働者の苦境を記録した作品。[12] 二本目の『シュガー・ベイビーズ』は、著名なアメリカ系キューバ人映画監督、エイミー・セラーノの作品で、彼女はインタビューのなかで、ハイチ人労働者がいかに虐待されているかを「牛が怪我をすれば、すぐに獣医が呼ばれるが、ハイチ人が怪我をしても医者は呼ばれない」と端的に語っている。[13] ドミニカ共和国の大使など同国の砂糖産業関係者たちは、『シュガー・ベイビーズ』がフロリダ大学のキャンパスで初上映されるやいなや、この作品を激しく非難した。このあと、同作品は二〇〇八年マイアミ国際映画祭で落選したが、これも驚くにはあたらなかった。フロリダにはドミニカ共和国最大の製糖会社のひとつを所有するファンジュール一族が住んでいたからだ。[14]

ブラジルでも同様に、サトウキビ畑には暴力と抑圧がはびこっていた。一九八五年に二一年間続いた軍事政権が終わったが、それでも地主たちの力が強すぎるせいで土地改革は進まず、彼らが労働者のリーダーたちを暴力で脅したため、労働組合自体も農村部の無法状態を終わらせることができるか自信が持てずにいた。労働者の大半はエンプレイテイロス（請負業者）を通じて雇用されていたので、雇用主は税金や福利厚生費を支払わずにすみ、労働者は請負業者によって借金漬けにされることが多かった。このような慣行は、もうひとつの主要な砂糖生産地帯、インド西部のサトウキビ畑でも横行していた。[15] サトウキビの刈り手たちが、昔の奴隷のように鞭で打たれたり、拷問されたりすることはさすがになかったが、それでもやはり使い捨ての労働力と見なされ、一二年後にはたいていの労働者が仕事で身体を壊した。二〇〇八年にも、アムネスティ・インターナショナルは、ブラジルのサトウキビ労働者は「奴隷同然の生活」をしている、と指摘している。[16]

グローバルサウスのサトウキビ畑に機械式の収穫機が配備されるようになったのは決して人道的配慮の結果ではなく、むしろ労働者の要求をのんで譲歩するよりは、機械を入れたほうが安上がりだという企業の冷徹な計算によるものだった。インド西部の畑に収穫機が登場したのは二一世紀の初め、サトウキビの刈り手たちが搾取されることに対して集団で効果的に抗議できるようになってからのことだ。だが、機械が入ったことで彼らがこれまで苦労して勝ち取ってきた成果は水の泡となってしまった。それなのにいまだにサトウキビの収穫のほとんどが手作業で行われているのは、それでも採算が合うくらい、労働者の賃金が低いからに他ならない。[17] いっぽうブラジルでは、環境問題への配慮から、サトウキビの収穫の機械化が進んでいった。手作業の収穫スピードを上げるために行われていた大規模な焼畑のせいで、サンパウロ州が濃い煙に包まれることが問題になったからだ。フェルナンド・エンリケ・カルドーソ大統領の政権下で始まり、後任のルイス・イナシオ・ルーラ・ダ・シルヴァ大統領が推進した収穫の機械化は、生産者と政府のあいだで結ばれた新たな「社会と環境」契約の一環だった。[18] ブラジルの場合、収穫の機械化はサトウキビ労働者の悲惨な労働条件や生活環境への配慮から、というよりは煙への苦情が大量に寄せられたことがきっかけだった。だがそれでも、政府がサトウキビ畑に急進的な変化を起こそうとしていたことはよくわかる。[19]

オックスファムの最近の報告書によれば、インド西部では今もなおお手作業によるサトウキビの収穫作業と非人間的な労働環境が続いているという。それは、ヤン・ブレマンがほぼ半世紀前にサウス・グジャラートでの現地調査で明らかにした、マハラシュトラの一五〇〇万人の季節労働者の状況とほとんど変わっていない。また、労働者の賃金は非常に低く、一家族が「動物のような最低限の水準で生きる」のがやっとというレベルだと指摘する研究者もいる。[20] 現在でもまだ、一日の労働時間は一二時間から一八時間で、男性がサトウキビを刈り取り、女性は四〇キログラムから四五キログラムあるサトウキビの束を運んでいる。グジャラートとマハラシュトラのサトウキビ労働者は収穫期には高利の前借り金で生活をしなければならないため、永久に借金のサイクルから抜け出せず、まさに半世紀前と同じ生活を送っている。[21]

砂糖ブルジョワジーの終焉?

ドキュメンタリー、『シュガー・ベイビーズ』がたどった運命からもわかるように、古くから続く同族での経営やビジネス上のネットワークは、今日の砂糖の多国籍企業の世界でもじゅうぶん生き残っている。植民地時代の砂糖ブルジョワジーたちは、資本主義の新たな段階である企業段階にも見事に適応した。このプロセスが始まったのは一九世紀後半、砂糖の世界と金融の世界が、それぞれの企業の役員人事を通じて融合し始めたころだ。砂糖界も金融界も、そのリーダーたちは、モルガン家やハヴマイヤー家、スプレッケルス家など、二〇世紀の初めに最も権力のある地位に上りつめたブルジョワの名家の出身だった。ドイツでも、ラベスゲ家のような有力な砂糖一族が銀行の役員となり、ドイツ最大の製糖企業ズットツッカー社はドイツ銀行の監査役会にその名を連ねていた。[22]

じつは砂糖ビジネスの世界はきわめて個人的なもので、二〇世紀の大半は限られた有力者一族によって牛耳られてきた。たとえば著名な製糖企業であるテート&ライル社、スプレッケルス社、ツァルニコー・リオンダ社、そしてジャワを拠点とするマクレーン・ワトソン社などもみな、同族経営の企業だ。[23] なかには、社名に一族の名を冠することなく、世襲による権力継承で統治が続いてきた企業もある。たとえばあのクラインヴァンツレーベン社などは、ラベスゲ・ギーゼッケ家が権力を握り続けたまま、第二次世界大戦の混乱やドイツの分断も乗り越え、奇跡的に生き延びてきた。一九四五年、イギリスはこの一族を、彼らの甜菜糖の種子六〇トンとともに、ソ連の占領下にあったクラインヴァンツレーベンからドイツ内のイギリス占領地へ脱出させた。今日、クラインヴァンツレーベン社の監査役会会長はアンドレアス・J・ビュヒティングだが、彼の両親であるジョアン・ラベスゲとカール・エルンスト・ビュヒティングは共に、この会社の創立者マティアス・ラベスゲのひ孫だ。

世界的な砂糖貿易は家族主義が強く、広大な商売上のネットワークのそれぞれの結節点に一族のメンバーを配している。こういった傾向は早くも一四世紀、エジプトのカーリミー商人やドイツのラーヴェンスブルクの商人の時代には存在していた（第2章を参照）。このビジネスモデルがこれほど長く続いているのは、社内の政治的機密に関わる重要でデリケートな秘密を守るのに適しているからだ。また、意思決定も迅速に行えるうえ、社外株主がいないので利益を社内に留保し、事業の成長を後押しすることもできる。そのうえ、世界の砂糖市場は縮小して歪みがますます進んだため、砂糖や市場を知り尽くし、さらには有力政治家や国家元首たちとの人脈も豊富な、政治に精通した砂糖商人たちが活躍する余地がじゅうぶんにあった。

キューバの砂糖王、フリオ・ロボイ・オラバリアはまさにこの手の砂糖商人だった。一九三四年、マヌエル・リオンダを追い越してキューバで最も重要な砂糖商人になろうとしていたフリオ・ロボは、アメリカの砂糖商人たちを出し抜いて、ニューヨーク証券取引所の砂糖価格を急騰させた。そのせいで砂糖の取引は一時的に停止せざるをえなくなったほどだ[24]。その後、ロボはアメリカ砂糖王国最大の砂糖商人となり、一九五九年にはキューバの砂糖を大量にフランスに売ることで、アメリカの締め付け――カストロが政権についたためだ――からキューバの砂糖経済を救った。しかし彼はその後、カストロ政権に参加しないかというチェ・ゲバラの誘いを断って亡命し、マドリードの小さなアパートで晩年を過ごした。

このころ、出番を待っていた世界的な砂糖商人がもうひとりいた。それがフィデル・カストロと取引することさえいとわない大胆不敵な人物、モリス・ヴァルサーノだ。フランス企業シュクル・エ・ダンレ（サクデン）社のオーナーだった彼が国際的な砂糖商人として頭角を現したのは、ロボと契約を結んでキューバの砂糖をフランスに輸入し、さらにカストロのためにアフリカ北部に新市場を開拓したときだった。ヴァルサーノは、カストロの他、独立したばかりの多くの国の指導者たちと親交を結び、グローバルサウスの砂糖商人としての名声を得た。彼はまた、旧植民地諸国をヨーロッパ市場に参入できるようにした一九七五年のロメ協定の設計者のひとりとも言われている。だがそのいっぽうで彼は、新たなハヴマイヤーとして、ヨーロッパの甜菜糖生産者のカルテル化に重要な役割を果たしたとも言われている。今日、ヴァルサーノの息子セルジュが率いるサクデン社は、ロシア産の砂糖の最大ブローカーとなっており、ヴェトナムを含む東南アジアやブラジルにサトウキビ畑も所有している。同社は現在、世界で取引されている砂糖の約一五％を扱っている。[25]

ヴァルサーノも、それ以前のツァルニコーやリオンダ、ロボといった聡明で大胆な砂糖商人たちも、めぐるしく変化する砂糖の地政学を抜け目なく読むことで、世界の砂糖取引のかなりの部分を手に入れてきた。だがそれでも一九八〇年代以降は、このような商人が砂糖の世界に派手な変化を仕掛ける余地も減っていった。一九三四年当時なら、ロボのはったりや市場の知識は、先物の取引を混乱させ、アメリカの商品取引業者を破滅させることもできただろう。だがコンピューターが支配する今の時代、そんなものは通用しない。一九八〇年代より、高度に寡占化された商品取引はニューヨーク、フランクフルト、ロンドン、ジュネーブそして東京の一〇から一五の銀行によって融資されてきた。商社の事務所は収穫に関するあらゆる情報を衛星で追跡し、それを銀行の情報システムと組み合わせている。したがって、世界の砂糖取引の約四〇％はスイスのオフィスにあるコンピューターを通じて行われているのだ。[26]

いっぽう、伝統ある名門精製業者一族たちは、かつて自分たちが権勢をふるったアメリカやイギリスの砂糖帝国とともに表舞台から退場していくことになる。ハヴマイヤー家は一九六九年に製糖事業を売却。ブッカー・マコンネル社とテート&ライル社は、イギリスが一九七三年に英連邦の砂糖政策を放棄し、欧州連合の前身である欧州経済共同体に加盟した数年後、帝国の砂糖事業から撤退した。ブッカー・マコンネル社はその後、卸売りの巨大企業となり、テート&ライル社は結局、高度に専門化された人工甘味料に活路を見いだした。ジョック・キャンベルは一九七九年にブッカー・マコンネル社の社長を退任。その一年後には、一族のメンバーでテート&ライル社のトップを務めた最後のひとり、サクソン・テートが日々の経営から遠ざけられた。新たに同社のトップを務めることになったのは新しいタイプの経営者、これまでのように帝国の砂糖市場の形成だけを考えるのではなく、企業の恒久的な合併や組織再編に精通した経営者だった。[27]

帝国の砂糖商人や精製業者と比べると、植民地の砂糖ブルジョワジーのほうがはるかにしぶとかった。フィリピンのロペス家や、リオンダ＝ファンジュール家、ラベスゲ家は戦争も革命も生き抜き、数十年で自分たちの帝国を再建した。彼らは特定の人種や宗教に縛られることがなく、たとえ金融界と手を組むときでも独立性はしっかりと守っていた。そしてそんな古くからの名家たちに、グローバルサウスの新興同族企業が加わった。ヨーロッパやアメリカと同じで、このような有力製糖業者が大きく成長したのも、保護主義的関税や政府の補助金によるところが大きかった。「すべてのトラストの母は関税法案だ」とは、二〇世紀初頭にヘンリー・O・ハヴマイヤーが語った名言だが、これは一〇〇年後もいまだ真実だ。世界第三位の砂糖企業、ミトポン・グループをおもに所有しているのはタイのウォンクソンキット家だが、一九五六年に製糖事業を始めた同社は、政府から大規模な支援を受け、現在は広西（中国）、ラオス、クイーンズランド、そしてカンボジアに工場を所有している。[28]また、第8章で紹介したインドの巨大製糖企業、ビルラ社は四世代を経た現在も経営は一族が行っている。この大企業の創業者は一八六〇年にボンベイでアヘン、のちに綿花の貿易商として創業した人物だが、彼の孫とひ孫はマハトマ・ガンジー、ジャワハルラール・ネルー首相、そしてネルーの娘でやはり首相を務めたインディラ・ガンジーとも親しい関係を保ち続けた。インド国民会議派は一貫してインドの起業家階級の台頭を支援していたため、一九三〇年代にビルラ社がウッタルプラデーシュ州とビハール州に建設した七つの工場は、まさにこの経済ナショナリズムの果実のひとつだった。[29]

植民地時代および植民地が独立したあとの砂糖ブルジョワジーの機動性と柔軟性を最もよく示したケースと言えばやはり、フロリダを拠点に、世界一〇カ国に精糖工場と製糖工場を持つ世界最大の製糖会社、ＡＳＲグループだろう。同社は、フロリダ・サトウキビ生産者協同組合とファンジュール兄弟が所有するフロリダ・クリスタルズ社が結んだ戦略的パートナーシップによって誕生した企業だ。同グループのウェブサイトにあるタイムラインを見ると、その歴史は一九世紀、ニューヨークのウィリアム・Ｆ・ハヴマイヤーから始まっており、ヘンリー・テートの最初の工場やファンジュール兄弟のキューバ初の工場についても記されている。名門砂糖一族たちの事業の合併・統合が始まったのは一九六三年、スプレッケルス家が砂糖事業の株式をハヴマイヤー家のアメリカン・シュガー・リファイニング社に売却したときで、一九六九年、ハヴマイヤー家はその利権を投資銀行家たちに売却した。そして一九八八年、ＨＦＣＳの登場で精糖所の価値が大きく下がると、精糖所を「破格の値段」で買収できる絶好のチャンスと見たテート＆ライル社が、この会社の新たなオーナーとなった。[30] テート＆ライル社はこの買収により、アメリカの砂糖精製能力の三六％を握ることになったが、それも長くは続かなかった。一九九〇年代、同社は事業の重心を人工甘味料やノンスイートシュガーへと移したからだ。[31] その結果、アメリカン・シュガー・リファイニング社全体と、テート＆ライル社の一部がＡＳＲグループに……すなわちファンジュール兄弟の手に渡った。[32] これもまた、砂糖企業の世界が家族主義に基づいた世界であり、植民地時代の砂糖ブルジョワジーがいかにしぶといかをよく物語っている。ハヴマイヤーのトラストの精糖所も、イギリスのテート＆ライルの精糖所も、現在の所有者は、スペインとアメリカのパスポートを持ち、植民地時代のキューバで最も有力なブルジョワジーだったファンジュール家だ。

くびきから放たれた巨大製糖企業

保護主義のおかげで巨大製糖企業は大きく成長したが、コーポレート・キャピタリズムの時代となった現在、もはや企業は国に守ってもらう必要がないようだ。それが誰の目にも明らかになったのが二〇〇五年、オーストラリアがタイやブラジルと共にＥＵの砂糖ダンピングを世界貿易機関（ＷＴＯ）に提訴し、その訴えが認められてヨーロッパが砂糖帝国の解体を始めたときだ。当然ながら、砂糖を使用するヨーロッパの食品産業はＷＴＯの決定に喝采を送り、ＥＵ当局者も、他の食品と比べてそれほど付加価値が高くない砂糖をめぐって貿易摩擦を悪化させる必要はないと判断した。[33] 同時に、ＥＵの砂糖帝国の解体は、ロメ協定下での割当制の終焉も意味し、これは、ヨーロッパ市場へ特恵的に参入を許されてきたグローバルサウスの小規模生産国の破綻につながった。ＥＵの粗糖輸出は一九九九年から二〇一九年のあいだに八〇％減少したが、ブラジルの輸出はほぼ三倍になり、タイも二倍以上に増えた。さらに砂糖生産国のなかでも生産コストが最も低かったおかげで、モザンビーク、スワジランド、マラウィの砂糖輸出量は、二〇〇七年より大幅に増えた。[34]

ヨーロッパの大手製糖企業は、ヨーロッパの甜菜糖生産者に対する補助金制度の廃止をほとんど問題視しなかった。ＥＵの砂糖割当システムが終わった二〇一七年九月三〇日、欧州委員会農業担当委員のフィル・ホーガンは意気揚々と「製糖会社はいまや、事業を世界市場へ拡大する機会を得た」と語っている。[35] じつは欧州委員会のおかげもあり、彼らはすでにその動きを始めていた。補助金が打ち切られる前の何年間か、ＥＵは五四億ユーロを砂糖部門の再編と世界進出促進のために用意していたのだ。ヨーロッパ大陸で最大の製糖会社となっていたズットツッカー社は二〇〇八年、ＥＵの新たな砂糖政策の下で放棄を強いられた甜菜糖の割当量を補うため、モーリシャスから粗糖を輸入し始めた。[36] またフランスの甜菜糖生産者、一万二〇〇〇人が所有する協同組合、テレオス社は二〇一〇年、レユニオン島で唯一の製糖会社となった。同社はサクデン社と提携してブラジルの砂糖生産にも参入し、モザンビークでも生産を開始した。[37]

いっぽう、イギリスの食品・小売り大手、アソシエイテッド・ブリティッシュ・フーズ社（ＡＢＦ）は二〇〇六年、アフリカ大陸最大の製糖会社、イロボ社の株式の過半数を取得し、アフリカ南部でめざましい事業拡大を行った。オバルチンやプライマークなどの有名ブランドを持つＡＢＦは、イギリスの砂糖市場の三分の二を掌握しており、南アフリカ、中国、ヨーロッパに四つの砂糖関連企業を有している。[38] イロボ社の創業の地は南アフリカで、当初はアパルトヘイト下で保護された南アフリカ市場の恩恵を受けて成長し、その体制が崩壊すると、今度はアフリカ南部へ進出した。イロボ社が大きく動いたのは一九九七年、ロンロ社の創業者でフランス系モーリシャス人のルネ・ルクレザイオ（第12章を参照）から同社を買収したときだ。こうしてすっかり大きく成長したイロボ社だったが、その後、ＡＢＦに完全に飲み込まれ、ＡＢＦはイロボ社の株式を一〇〇％所有することとなった。この買収およびその他の買収を通じて、いまやＡＢＦはフロリダのＡＳＲグループに次ぐ世界で第二の製糖企業となっている。[39]

保護主義的な砂糖政策を徐々に廃止していったＥＵとは対照的に、アメリカは北米自由貿易協定（一九九四～二〇二〇）を通じて自由貿易圏を拡大し、メキシコとカナダを自由貿易圏内にした。しかしこれは消費者を犠牲にし、効率的な生産者を差別する施策だった。[40] それを見たアメリカのリバタリアン系シンクタンク、ケイトー研究所は「残念ながらこの国で砂糖価格とその生産地を決めるのは消費者と生産者だけではない。官僚と政治家もまた彼らと同様の力を握っている」と忌憚のない言葉で語っている。[41] 納税者を犠牲にしてでも保護と補助金を求めるロビー活動は非常に強引で、一九八〇年代にフロリダのサトウキビ生産地帯を調査したジャーナリスト、アレック・ウィルキンソンは「北東部選出のある議員によれば、サトウキビと甜菜の生産者およびトウモロコシの生産者は、全米ライフル協会と同じぐらい効果的に議会に働きかけている」と指摘している。[42] しかし彼らのこの政治的影響力に反対する勢力がなかったわけではない。一九九〇年代よりフロリダのASRグループは、環境保護主義者とコカ・コーラ社、そしてチョコレートメーカーのハーシー社という、意外な組み合わせの勢力から、環境を破壊し、アメリカ人納税者を犠牲にして砂糖価格をつり上げていると非難されるようになった。[43]

攻撃にさらされた製糖業界は、政党に献金することで守りを固めた。ファンジュール兄弟は、価格維持の継続と、「外国産砂糖のダンピングを防ぐ」ことを求め、共和党と民主党の両方に惜しみなく献金をした。[44]フロリダ州の砂糖関連企業から熱烈な支持を集めるフロリダ選出の上院議員、マルコ・ルビオは、保護主義的政策――批評家たちはこれを「企業福祉」と呼んでいる――を擁護し、これがなければアメリカの砂糖産業はブラジルの砂糖産業によって一掃されてしまうと主張した。[45]だがたぶん、彼の支援者たちはそんな心配などしないだろう。たとえ関税が廃止されても、ASRグループは二〇〇五年当時のヨーロッパの大手製糖企業と同様、やすやすと生き延びることができるからだ。アルフォンソ・ファンジュールに関する限り、海外進出に関してはいかなるタブーも存在せず、二〇一四年、彼は、機が熟せばキューバにも投資する意思があると表明した。彼は裏切り者として非難されたが、たとえアメリカの保護主義におおいに助けられたからといって、多国籍企業に忠誠を期待するのはお門違いだろう。[46]

ブラジル、アフリカ南部、東南アジアでサトウキビの作付面積が急速に拡大したことで、砂糖産業はそれまで自分たちに多くの「企業福祉」を提供してくれていた帝国との関係を再考する必要に迫られた。テート&ライル社もEUとの関係を見直したが、それでも二〇一二年まではEUの農業補助金六〇億ユーロの三分の一以上を受け取っていたとされる。[47]しかし同社は、積極的なブレグジット（イギリスのEU離脱）推進派だった。その元役員のひとりが、著名な保守党員であり、熱心なEU離脱論者のデイヴィッド・デイヴィスだ。彼は、一九七〇年代から一九八〇年代にかけて、テート&ライル社がヨーロッパ大陸の莫大な甜菜糖権益獲得に失敗したあと、会社の一部の再編を任されていた。さらにテート&ライル社がヨーロッパ市場向けにＨＦＣＳを生産しようとした際、ヨーロッパの甜菜糖産業側に立った欧州委員会がＨＦＣＳの生産量の上限を甘味料全体の五％に設定し、同社の計画を潰したという経緯もあった。そのうえ最近では、ロメ協定下での割当量が撤廃されたせいで、精製業者としてのテート＆ライル社の権力基盤は消滅していた。[48] したがって二〇一六年から二〇一八年にかけてＥＵ離脱の交渉役を務めたデイヴィスは、ようやくＥＵと決着を付けるチャンスを得たのだった。

また、テート＆ライル社がＥＵ離脱派になった理由には、イギリスの甜菜糖産業を支配し、ＥＵの砂糖政策で優遇されてきたもうひとつの大手砂糖企業、ＡＢＦ社との確執もあった。どうやらテート＆ライル社は、どうせイギリスの甜菜糖部門はブラジルやオーストラリア、アフリカ南部のサトウキビ糖とは競争できないのだから、甜菜糖部門を犠牲にしてでも、熱帯サトウキビ糖を自由に輸入できるようにし、サトウキビ糖界における自分たちの主導的地位を回復したいと考えていたらしい。しかし二〇二〇年、食品と砂糖の大手、ＡＢＦ社の取締役ポール・ケンワードはガーディアン紙のインタビューのなかで、テート＆ライル社が大英帝国の旗艦企業だなどというのは名ばかりで、二〇一〇年以降、彼らの精糖所を所有しているのは「マイアミの連中」だと言い、テート＆ライル社の傷口に塩を塗ったのだ。ケンワードがここで言ったマイアミの「連中」とはもちろん、ファンジュール兄弟のことだった。また、テート＆ライル社がイギリスにおける砂糖輸入業者としてのかつての地位を取り戻そうとすれば、アマゾン地域などの砂糖フロンティアで中国企業やアメリカ企業との競争にさらされる可能性もある。グリーンピースはすでにテート＆ライル社のことを、社会的、生態学的に容認できない状況で生産されたブラジルの安い砂糖を輸入していると批判しており、これは同社が掲げる、責任ある起業家精神という理念とは相容れないものだった。[49]

全体主義的資本主義、それとも緑の資本主義？

世界の砂糖消費やエタノール需要が驚異的に増大するなか、多国籍企業はアフリカ南部やブラジル、中国、東南アジアの砂糖フロンティアを前代未聞のペースで拡大させている。増加の一途をたどる世界の砂糖生産は土壌からあまりにも大量の炭水化物を抽出しすぎたせいで、いまや鉱山に匹敵するほど多くの環境問題を引き起こしている。エタノール生産が推進され、さらには中国など急激に拡大する新たな消費者市場も誕生したことで、砂糖フロンティアは世界の最も脆弱な地域にまで拡大しているのだ。

世界三位の砂糖生産国であるにもかかわらず、中国はいまも大量の砂糖を輸入しており、その量は増えるいっぽうだ。現在、中国の砂糖の平均消費量はヨーロッパのわずか四分の一だが、たとえ中国の人口の伸び率が停滞しているとしても、市場が先進国に追いつけば、消費量は現在の四倍になる。[50] 中国最大の国有食品加工企業である中糧集団有限公司が輸入する砂糖は、中国が輸入する砂糖全体の五〇％を占めており、彼らのウェブサイトによれば二〇一七年の同社の砂糖の取引量は世界の上位五社に入っているという。[51] 当然ながら、彼らはブラジルの主要な砂糖・エタノール生産企業としても台頭してきている。

現在、ヨーロッパや中国、タイ、アメリカの巨大砂糖企業は、広大で資本も充実した農園を自ら運営し、そこで砂糖やエタノールを生産している。たとえばインドネシアでは、歴史的に砂糖生産が集中していたジャワ島以外の場所に新たな農園が生まれている。これはインドネシアの政府にとっては、非常に都合がいい。というのも植民地時代が終わったあとのジャワの農村部では、農民や協同組合、あるいは村落の長たちとの面倒な交渉が大きな問題になっていたからだ。また、グローバルサウスの新たな砂糖フロンティアのなかには依然として零細のサトウキビ農家が存在しているところもあるが、彼らは垂直統合された企業の取引先としてサトウキビを栽培しており、このような形態は世界で最も競争が激しく、急速に成長を遂げている砂糖生産地域のひとつであるアフリカ南部でよく見られる。製糖工場を所有する大手の製糖企業は農民と協力するが、企業は大地主を優遇し、大地主は貧しい農家を搾取し始める。まさに、インド西部で起こったのとおなじ構造だ。[52]

砂糖とエタノールの需要が拡大し続けているにもかかわらず、一ヘクタールあたりのサトウキビの収量は伸び悩んでいるため、サトウキビはますます多くの土地を食い尽くしている。たとえば一九六〇年から一九八五年にかけて、世界のサトウキビの作付面積は二倍になった。また、サトウキビ栽培地の拡大は、バイオ燃料に対する補助金によってさらに促進され、いまやブラジルとアメリカは世界最大のエタノール生産国となっている。[53] たとえばブラジルのペルナンブコ州では、一九七〇年から一九八〇年代後半のあいだにサトウキビの作付面積が約二倍となったが、このサトウキビはほぼ完全にエタノール生産用であった。驚異的な量の肥料使用、壊滅的な森林伐採、そして水質汚染は、零細農家の完全なる疎外化や食料生産用の土地の減少と相まって、食品の価格高騰につながっている。[54] 残念ながら、エタノール生産のために森林をサトウキビ畑に転換しても、結局は化石燃料を使うより炭素排出量は増えてしまう（炭素を吸収する能力が低下するからだ）。[55] また、大規模なサトウキビ栽培には膨大な量の水が必要なため、すでに脆弱な生態系がさらなる危機にさらされることになる。たとえばインド西部、マハラシュトラの砂糖生産地帯では二〇一〇年代、降水量の減少によって深刻な水不足に陥った。[56]

アグロ燃料（大規模単一作物栽培によって生産される燃料）の生産競争のせいで、アフリカ、フィリピン、ブラジル、そしてインドネシアの広大な土地が外国企業の手に渡ってしまう可能性もある。ジャワやドミニカ共和国、キューバで見られたように、サトウキビ栽培にはつねに土地の強奪や、買い占め、地域の共有地の奪い合いがつきものだった。しかしサトウキビが食品と燃料の両方に使える作物となって以来、その傾向は飛躍的に高まった。熱帯雨林は一〇〇年前のキューバを彷彿とさせる勢いで伐採されているが、それだけでなく、ルソン島のイサベラ州やアチェ（スマトラ）などの農村部では、エタノール生産が強制的に推し進められている。実際には人が住み、耕作もされている広大な土地が、なぜか遊休地と宣言される、といった手口が横行し、企業が現地の軍隊を味方に付け、土地を更地にしてしまうのだ。[57]通常、住民はこれに対してなすすべがないが、ときにはアムネスティのような有力な国際組織が介入してくれることもある。たとえば、二〇〇八年から二〇〇九年にかけてカンボジアの七〇〇世帯が自宅から強制退去させられたときはアムネスティが裁判に持ち込み、最終的に勝訴したが、勝利を勝ち取るまでにはなんと一一年の歳月がかかった。[58]この件に関するアムネスティの公式声明には、ミトポン・グループの現地子会社が軍隊を雇い、「砂糖プランテーション用の更地をつくるために、農地を破壊し、何百軒もの家をブルドーザーでつぶし、焼き払い、破壊した」という、身の毛もよだつような企業による土地の収奪の実態が記されていた。[59]

かすかな希望があるとすればそれは、人権団体や地球環境保護を訴える非政府組織の告発によってサトウキビの刈り手に対する身体的虐待や土地の収奪、生態系の破壊といった恐ろしい実態が公にされ、砂糖の多国籍企業が行動を起こさざるを得ない状態に追い込まれていることだろう。たとえばイロボ社はアフリカ南部の土地の権利問題や強制労働に深く関わっていたため、親会社であるイギリスのABFは、そのような行為を公式に非難せざるをえなくなった。[60]一流ブランドの経営者たちは、自社の生産方法が社会や環境に与える影響に対する世間の目が厳しくなっていることにプレッシャーを感じている。このような世間の視線をそらすために、企業は砂糖を生産する小規模農家と提携を始め、自分たちのブランドに「付加価値」を付けている。たとえばドイツの製糖企業ノルトツッカー社は自社のサトウキビ糖ブランド「スイート・ファミリー」で、フェアトレード認証を取得している。同様に、二〇〇八年、テート&ライル社もベリーズの協同組合から仕入れた砂糖をフェアトレードとして小売りする許可を取っている。[61]ベリーズのサトウキビ畑を運営するためのコストは同社の売り上げのほんの一部でしかないが、テート&ライル社はそのわずかなコストと引き換えに、イギリスや海外のスーパーマーケットで自分たちを「公正な取引をする企業」としてPRする権利を手にしたのだ。

「緑の資本主義」はビジネスモデルとしてその地位を確立しており、台湾からフロリダまで、世界の主要な砂糖企業が公に打ち出すセルフイメージの指針になっている。[62] ファンジュール家が所有するフロリダ・クリスタルズ社のパートナーである、フロリダ州サトウキビ生産者協同組合のPRビデオは、フロリダ州南部の湿地、エバーグレーズの映像とともに「土地を大切にすることが良いビジネスへとつながることを私たちは理解しています——また、私たちが耕作する土地が生態学的に非常に影響を受けやすいことにもじゅうぶん配慮しながら、事業を行っています」というナレーションを流している。[63] そして人々と環境に配慮するハイテク企業のキラキラしたプレゼンテーションが続き、一世紀前にホーレス・O・ハヴマイヤーが導入したドミノ・ブランドのロゴが入った砂糖袋が映し出される。だがじつは、フロリダの砂糖産業は環境保護と水質改善のための適切な対策を何十年にもわたって妨害してきたと言われている。[64] 一九九〇年代、ファンジュール兄弟はビル・クリントンとの個人的な関係を利用して、副大統領のアル・ゴアが始めた浄化作戦を延期させたとして批判された。大統領と直接電話できる仲だったアルフォンソ・ファンジュールは、モニカ・ルインスキーと逢瀬の最中の大統領に電話をしているが、その電話で彼は、エバーグレーズを救うための課税に異議を唱えたと言われている。[65]

たしかに大手製糖会社は自社の評判を気にしており、環境への責任という言葉をイメージ戦略のために巧みに利用している。だから、社会的意識の高い消費者向けに、環境にやさしいニッチ製品も喜んでつくるのだ。だがそれでも、彼らの中核事業は、食品は安くなければいけないという庶民の感覚がベースになっている。[66] そこで誕生したのが、零細農家と環境に配慮した生産体制を、裕福で社会的意識の高い消費者と結びつける高級スーパーマーケットだが、一般的なスーパーの大半が扱っているのは、グローバルサウスの環境と農民の両方を搾取してつくられた、大量の安価な食品だ。[67] 二〇一八年、フェアトレードの認証の下で販売された砂糖はわずか二〇万トン、世界の総生産量一億七一〇〇万トンのわずか〇・一一%にすぎない。[68]

それでも、大企業のマーケティング部門が、社会の空気の変化に気づいたことは希望の兆しだ。消費者の意識の高まりと生産地の抵抗が鍵となった奴隷廃止運動のときと同じで、グローバルサウスでの今日の環境正義運動は消費者意識の高まりと結びつき、より効果的なフェアトレード運動へと発展している。この動きは、二世紀前の一九世紀初頭に砂糖産業資本主義という体制が誕生したときのような、新たな食料生産体制をもたらすかもしれない。しかし、私たちはまだそこにはいない。ほとんどの砂糖は依然として最低限のコストで大量につくられており、たいていの場合、それは劣悪な労働条件と壊滅的な環境破壊につながっている。また、砂糖産業は肥満と二型糖尿病の主因にもなっている。

第14章　自然より甘い

その広範で長い歴史の大半において、砂糖はほとんどの人にとって手の届かない贅沢品だった。一五〇年前、世界の砂糖の消費量は現在のわずか一〇分の一だった。ひとりあたりの砂糖の消費量は、一八五〇年には一・八キログラムだったが、その量は急速に増えていき、一九〇〇年には五・一キログラム、一九三〇年には一二・三キログラムにまで増え、あとは一九五〇年代の初めまで頭打ちとなった。その後、ふたたび消費量は増加に転じ、一九九〇年代にはひとりあたり二〇キログラムにまで増えた。[1] いっぽう、国ごとの消費量の差は驚くほど大きい。一九九〇年代後半のひとりあたりの砂糖消費量は、中国は控えめで年間七キログラムだったが、インドは一五・四キログラム、そしてブラジル、キューバ、メキシコなど収入が中程度の砂糖生産国はなんと四〇キログラムを超えていた。[2]

かつて砂糖は、ほとんどの人がほんのわずかな量を大切に消費するものだった。その砂糖が、グローバル化した食品産業の主要商品へと大きく飛躍したのはこの一世紀ほどのことで、そのような変化が可能になったのは、企業による強力な砂糖産業が出現したからに他ならない。著名な農業経済学者、ゲイル・ジョンソンは一九七四年、アメリカの砂糖プログラム――保護主義色の強いアメリカの割当制度――を酷評し、人類が甘い物好きなのは古い文化的伝統の賜物というよりはむしろ、「一般に高コスト産業とされているものを高度に保護」したからだと結論づけている。[3] 砂糖、高果糖コーンシロップ（ＨＦＣＳ）、その他の大量生産される甘味料は、ブランド化され、大量販売されている食品や飲料にふんだんに使われているが、ほとんどの消費者はその全容を知らない。たとえばタバコには、ニコチンを肺の奥深くまで吸い込みやすくする甘味タバコ――レイノルズ社が第一次世界大戦直前にブレンドタバコの「キャメル」に初めて使用した――が含まれている。[4] また、九〇％が水、一〇％が砂糖であるにもかかわらず、「スポーツドリンク」として宣伝される飲料もある。企業は競争の激しい環境で生き抜いていくために、莫大な広告費用を投じなければならないのだ。

バンティング・ダイエットは、どうやって葬られたのか

砂糖は脂肪をつくる。これについては、じゅうぶんな量の砂糖が世の中に出回り、深刻な公衆衛生問題に発展するずっと以前から、よく知られていた。一八四五年、高名な医学雑誌、ロンドン・ランセット誌は、肥満と糖尿病の原因について長文の記事を掲載し、砂糖とでんぷんこそが肥満の原因だと指摘した。記事の著者は自身の主張を裏付けるために、一〇年前の一八三五年に出版された『医療百科事典』[*]から、「このように、西インド諸島の黒人や中国人奴隷たちのなかには、製糖の時期にサトウキビの搾り汁を飲んで大きな身体をつくるものもいる」という一文を引用している。[5] この百科事典はさらに、意図的に大量の砂糖とでんぷんを摂取することで肥満を招いた、他文化の歴史的な例も紹介している。これを見ても、砂糖が大量消費されるようになる以前から、ヨーロッパでは糖質と肥満と糖尿病には関係があると理解されていたことがわかる。

一九世紀以前の欧米では、砂糖の過剰摂取で肥満になった例はほとんどなく、砂糖と肥満の関係はごくたまに言及されるだけだった。たとえばオランダの医師、ステフェン・ブランカールトは早くも一七世紀には、自国の裕福な人々に対して砂糖の大量摂取はすべきではないと言っている。しかし、彼が注目していたのは虫歯と痛風だった。[6] 面白いことに一九世紀半ばには、砂糖の消費量がつねに世界随一だったインドで痛風の発症率が高いこと――人口の約七％――に医師たちは気づいていた。[7] それなのに、痛風と砂糖の関係が明らかになったのは、ずっとあとのことだ。いずれにせよ、真空釜と遠心分離機が導入されるまで、欧米では砂糖はあまりにも高価だったため、肥満や糖尿病の原因にはなりえなかったのだ。

一九世紀初め、あの美食評論家のジャン・アンテルム・ブリア＝サヴァランは、世の中には砂糖ほど広く使われている食材はないが、「砂糖は財布を傷めるだけだ」と言っている。もちろん彼はでんぷんの多い食事と肥満の関係を知っていたはずだが、砂糖に関しては、子どもが食べ過ぎればおなかが出るくらいにしか認識していなかった。[8]

一九世紀半ばまで、肥満は裕福な人々に限られた問題だった。イギリスでは最も裕福な数％の人々が、その他の人たちの八倍から一〇倍の砂糖を消費していたからだ。[9] だが次第に、そのような豊かな人たちのあいだで肥満が問題視されるようになり、もし砂糖を摂るのをやめなかったら自分は死んでしまうと確信する肥満者が現れた。それが、イギリスのエリート階級を顧客にしていた高級葬祭業者ウィリアム・バンティングだ。彼は一八六三年、自身が出版した小冊子、『市民に宛てた肥満に関する書簡』*のなかで、かかりつけ医の助言に従い、食事からでんぷんと砂糖を排除した方法について語っている。この食事療法により彼は、正常な体重に戻ったといい、彼の小冊子はその後、数十年のあいだに版を四回重ね、多くの食事療法の出発点となった。なかには「バンティング」という名前は「ダイエット中」とほぼ同義語になった国もあったほどだ。[10]

このころには、砂糖の摂取に、より真っ向から反対する本も現れた。そのひとつが一八六四年にジョン・ハーヴェイが著した『肥満とその軽減および健康を害することのない治療法』*だ。砂糖に対する彼の姿勢はより厳しく、「いつ、いかなる場所でとる食事でも、あらゆる形態の砂糖の摂取を禁じる」と書いていた[11]。現代人にはこの助言が極端に聞こえるかもしれないが、砂糖の摂取はほどほどにすべき、という意見には誰もが賛成するだろう。たとえば『生きるための食事——飲食物と健康、病気、治療との関係』*（一八七七）の著者、トマス・ニコルズは、バンティングのダイエットは極端だとして、読者には過剰な砂糖摂取を控え、自然で新鮮な食品をとるように奨めている[12]。

しかし二〇世紀に入ると医学界では、砂糖が肥満につながるという議論よりも、砂糖はエネルギー源だという議論のほうが主流となり、バンティングの著書は世間の目に触れなくなった。しかしドイツとオーストリアの医学者たちは砂糖についての懸念を表明し続け、肥満はホルモンの調節障害だと明らかにした。そして約一世紀後に栄養学者たちが指摘したように、そのホルモン障害こそが砂糖の取り過ぎと直接関係していたのだ。だが残念ながら、ゲアリー・タウブスが言うように、この一連の研究は第二次世界大戦中に「消えて」しまった。戦後、英語圏ではドイツ語で書かれた科学文献がほとんど読まれなくなってしまったからだ[13]。

二〇世紀を通じて、砂糖業界はバンティングの説を「葬る」活動にいそしんだ。心血管疾患の原因は脂肪だとする栄養学の研究に積極的に資金を援助することで、砂糖摂取を減らす必要性から世間の目をそらそうとしたのだ。この流れに逆らったのが栄養学者のジョン・ユドキンで、彼は砂糖こそが肥満や高血圧、心血管疾患などが急増した原因と主張したのだが、そのせいで彼は大きな代償を支払うことになった。彼は著書、『純白、この恐ろしきもの——砂糖の問題点』（一九七二）で、進化的に見てヒトの代謝にはショ糖を大量に処理できる能力がない、というしごくまっとうな主張をしたせいで、学術界からつまはじきにされてしまったのだ。彼の説が認められるようになるには数十年の歳月がかかったが、二〇〇七年、タウブスは著書、

『グッド・カロリーズ、バッド・カロリーズ』*のなかで、ユドキンとバンティングに敬意を表している。[14] 二〇一二年、ユドキンの著書は再版され、そこには、二〇〇九年に砂糖の危険性を指摘した講演が話題となり、砂糖業界が医学に影響を及ぼしていることを厳しく批判した著名な栄養学者、ロバート・ラスティグが序文を寄せている。[15]

砂糖や食品、飲料業界の広告もロビー活動もそのほとんどは、砂糖は肥満と二型糖尿病を引き起こす重要な要因だという事実をわかりにくくするために行われている。これは、明らかに不健康な習慣である喫煙について、タバコ業界が似非科学的な議論と魅力的な広告を駆使して、消費者に誤ったイメージを植え付けようとしていたことと、よく似ている。しかし、喫煙者と非喫煙者の病歴を追跡するのは簡単だが、砂糖を摂取していない人を探すのは難しい。また、砂糖摂取者と非摂取者の二つの集団を縦断的に調査するには費用がかかるし、倫理的にもおおいに問題がある。したがって、砂糖消費量の増加がもたらす影響を理解するには、病歴と民族誌学的な視点での調査が重要になる。そこで栄養学者たちは過去のデータに注目し、砂糖の大量生産が始まったのと同時に、肥満、二型糖尿病、心血管疾患が増加したことを突き止めた。たとえばユドキンはネイチャー誌に発表した画期的な論文のなかで、奴隷がつくった砂糖への関税が一八五〇年代に撤廃されると、イギリス人の砂糖消費量が急増したことをグラフで示している。また栄養学者たちは二〇世紀初めの医療データを調べ、アメリカではこの時期、高血圧が大幅に増えたことを指摘し、さらにこの時期には病院の医師が二型糖尿病と診断した患者の数が驚くほど増加していたことも明らかにした。[16] たしかに、二型糖尿病の増加と砂糖消費の上昇は重なっていた。

一般に、砂糖の消費量が最も多いのは、何世紀ものあいだ砂糖に親しんできた国々で、その一番の例がインドだろう。また、奴隷やのちのプランテーション労働者にとっては、サトウキビの茎や搾り汁、糖蜜のシロップ糖は、じゅうぶんな量が摂取できる数少ない栄養素だった。[17] 一九世紀の終わり、テヘラン――ペルシアは

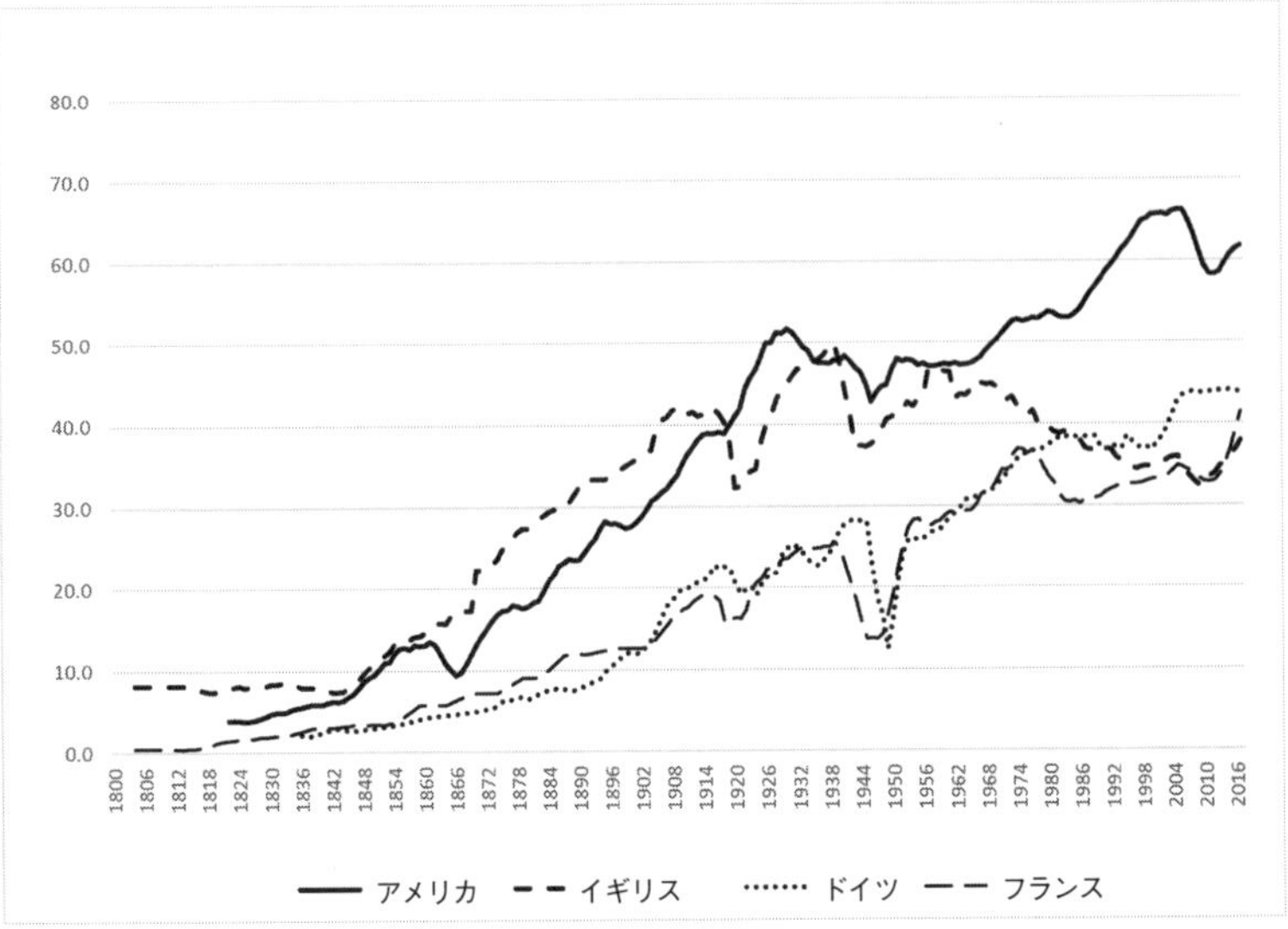

工業国4カ国における、ひとりあたりの砂糖と甘味料の消費量(kg)。期間は1801年から2017年まで（5年間の移動平均)。

古代から砂糖生産国だ——の平均的な住民はひとりあたり約二〇キロの砂糖を摂取していたようだ。[18] 何世紀にもわたって砂糖を愛してきたトルコも、二〇世紀初めの砂糖消費量はイタリアのほぼ二倍だった。しかし、イタリア国内における砂糖消費量も場所によってばらつきは大きく、たとえば古くから砂糖交易の中心地だったヴェネツィアやトスカーナ州の砂糖消費量は一六・一キログラムだが、生活水準がずっと低く、文化的、料理的な伝統も異なる南部ではわずか三二〇グラムにすぎなかった。[19] 一九世紀後半のフランスでは、裕福な家族は一年にひとりあたり二一・五キロの砂糖を消費していたが、その他の国民は一キロ以下だったと推定されている。フランスの農民はチーズと塩のほうを好み、パリの職人でさえ砂糖の消費量は年間で三キログラムから四キログラムと控えめだった。[20]

　二〇世紀にはいると、アメリカが世界の砂糖消費をリードしたが、そのあとを僅差で追ったのがオーストラリア、西ヨーロッパ、インド、中東、ラテンアメリカだ。アジアやアフリカの大半の国々は、そのはるか後ろに続き、中央アフリカでは砂糖はほとんど手に入らなかった。[21] 要するに、砂糖の消費量は富や入手可能性だけでは説明できず、歴史的な消費パターンもそれと同じくらい重要なのだ。これまで見てきたようにフランスもドイツも裕福な国であり、どちらも大規模な甜菜糖産業があったが、それでも一九世紀後半、アメリカとイギリスはフランスとドイツの二倍の砂糖を消費していた。ドイツの砂糖の消費量は一八世紀後半には大きく増加したが、その後は自国の甜菜糖産業が急成長したにもかかわらず消費量が増える速度は鈍化した。これはドイツが、砂糖の輸出奨励金を賄うために国内の砂糖に税金をかけたせいだ（第10章を参照）。さらに、ヨーロッパの他の地域の上流階級、中流階級は砂糖の摂取量を急激に増やしていたが、ドイツ人は、医師が健康にとって重要と考えるカルシウムやミネラルを砂糖は身体から奪うと信じていたため、それほど消費量は伸びなかった。ちなみにドイツで温泉に関わる経済活動が盛んだったのも、ミネラルを重視するこの考え方のせいだ。[22]

いっぽう、イギリスやアメリカは事情がまったく違った。どちらの国も、一九世紀、二〇世紀を通じて砂糖消費は急増したが、その一番の原因のひとつがキャンディ、すなわち砂糖菓子だった。子どもたちの多くは小遣い稼ぎをしており、その金を甘いお菓子に使っていた。当初から、砂糖菓子は健康に良くないと考えられていたが、それは虫歯や肥満の原因になるからではなく、危険な添加物がふんだんに含まれていたからだ。世界で最も権威ある医学雑誌、ランセット誌は一八三〇年、そのような有毒な菓子について警鐘を鳴らしている。[23] しかし一般の人でこの学術誌を読む人はまずいなかったし、砂糖菓子はどこでも簡単に手に入ったから、この警鐘もあまり意味はなかった。一九世紀半ばには、店売りだけでなく、二〇〇人もの砂糖菓子売りがロンドンの通りで商いをし、さらにはマフィンやクランペット（円盤状のパン）を売る売り子たちも五〇〇人ほどいた。このような行商人たちだけでも、一年に一二五トンの糖蜜と白砂糖を使っていた。[24]

このころ、砂糖はアメリカの清教徒たちに注目されるようになっていた。一八三〇年代、長老派の牧師、シルヴェスター・グラハムは菜食主義を説き、砂糖などの刺激物を避けるよう奨励した。自然に帰れという彼の考え方は、アメリカのアバンギャルドたちに大きな影響を持つようになり、セブンス・デイ・アドベンチストの信者は刺激物を排除した菜食主義に徹していた。この宗派の信者だったのがケロッグ兄弟で、彼らは悪い食習慣を絶とうとする人々が滞在したバトル・クリーク療養所の入所者のためにコーンフレークを開発した。コーンフレークは、脂肪と砂糖たっぷりの当時の朝食に代わる健康食という触れ込みで提供されたが、じつはとくに健康的な食品というわけではない。一九〇七年、コーンフレークの大量生産を開始したウィル・キース・ケロッグは、もっと儲けるためにこれに砂糖を加えるようになり、コーンフレークは健康的な食事からさらにほど遠くなった。以来、コーンフレークをめぐる状況はまったく改善されていない。二〇一一年にアメリカの環境ワーキンググループが実施した調査によると、ケロッグ社とクエーカー・オーツ社の子どもの朝食用シリアルは、市販のシリアルのなかでも最も甘く、最大五五％の砂糖が含まれていた。[25]

結局、清教徒の信仰と禁酒運動は、砂糖の消費を抑制するよりもむしろ奨励することに貢献してしまった。一九世紀の初め、お茶は禁酒運動の象徴で、その信奉者は「禁酒主義者《ティー・トータラー》」と呼ばれるようになった。だがお茶は砂糖を入れて飲むし、お茶のお供にはスイーツやケーキがつきものだ。したがって、アルコールを避けるクエーカー教徒は、おもにスイーツ業界で台頭した。一八二四年、クエーカー教徒でやはり熱心な禁酒運動の信奉者だったジョン・キャドバリーは、バーミンガムにお茶とコーヒーを売る店を開き、その後はココアの販売と飲用チョコレートをつくるようになった。またフィラデルフィアは、クエーカー教徒たちにより一八世紀後半までに「菓子の都」となり、二〇世紀の初めにはハーシー社のチョコレート帝国が誕生した。[26]アルコールを禁じているイスラーム教やモルモン教の信徒たちが、大量の砂糖を消費しているのも偶然ではないだろう。とくにモルモン教徒の場合は、驚くほど大量の砂糖を消費している。[27]たしかに、砂糖とアルコールは互いに代用品として作用しているように見える。タウブスがベストセラー『砂糖反対論』*で述べているように、「砂糖はアルコールに対する渇望を緩和する」のだ。[28]

アメリカでアルコール飲料に対する社会の目が厳しくなるにつれ、甘い物全般の広告がいたるところで見られるようになり、新たな飲料が登場し始めた。たとえばコカ・コーラは、一八八六年、薬剤師のジョン・S・ペンバートンが、ふるさとのジョージア州アトランタの町でアルコールが禁止されたときに発明した飲料だ。一九〇五年までコカインが含まれていたこの飲み物は、一九一五年にあのアイコンとも言えるボトルが開発され、大量に小売りされるようになった。アメリカで禁酒法が施行されていた一九二〇年から一九三三年にかけて、飲料業界も砂糖菓子業界も飛躍的に発展したが、製造ラインの導入によって砂糖菓子の製造コストが劇的に下がったのもちょうどこのころのことだ。[29] その結果、一九三六年にはひとりあたりの砂糖菓子の消費量が年間約七・三キログラムという記録的な数字になり、これらの菓子は当時、八番目に多く消費される「食品」になった。[30]

コカ・コーラのような大量生産の飲料も、ソーダ・ファウンテン（清涼飲料水を提供するために、レストランやファストフード店などで使用される装置）やコーン入りのアイスクリームなどの発明品も、アメリカ全土で広く手に入るようになった。砂糖価格は依然として安く、下落傾向が続いていたため、アイスクリーム・メーカーも、キャドバリーやハーシーのようなチョコレート・バーのメーカーも、大衆の手が届く商品をつくることができた。また、包装された小ぶりのケーキやデザートもアメリカ市場に登場した。[31] 一九二〇年代、ハリー・バート・シニアは息子と共に、チョコレートコーティングされた棒付きのバニラアイスクリームを開発した。ベルの付いた白いトラックで販売されたこのアイスクリーム、「グッド・ヒューマー」バーは、一九六四年に幼児用絵本『リトル・ゴールデン・ブック』で取り上げられ、アメリカ国外でも広く知られるようになった。こういった菓子の製造プロセスに起こった革命的変化と、反アルコール政策を考えると、砂糖摂取量の増加とそれに付随する疾病の関係は火を見るより明らかだ。一九三〇年代、アメリカの糖尿病による死亡率はすでに一八八〇年代の五倍にまで激増していた。[32]

　いっぽう自国の砂糖消費がアメリカやイギリスのようには増えていないと気づいたドイツとフランスの甜菜糖工場は、医療の専門家たちを大量に雇い、砂糖はエネルギー源として必要だと消費者たちを説得にかかった。だが当初、その努力はなかなか実を結ばなかった。砂糖の値段が依然として高かったうえ、消費者も大量の砂糖消費に慣れていなかったからだ。しかし一九〇二年にブリュッセル条約が結ばれ、甜菜糖生産者が砂糖への税金引き下げを政府に働きかけられるようになると、甜菜糖工場による砂糖消費量拡大キャンペーンも成果が出始めた。[33]ダンピングをやめさせられた生産者たちが、今度は自国市場に自分たちの砂糖を流すようになったからだ。

1913年のボストンのソーダ・ファウンテン。19世紀半ばから、ソーダ・ファウンテンはアメリカで急速に普及し、甘い炭酸飲料の消費が一般化した。

　ドイツとフランスの甜菜糖業者は、努力をすれば人々を砂糖好きにできると確信していた。そして、ブリュッセル条約と同じ年、アルフレッド・シュタイニッツアーは砂糖業界がスポンサーとなった著書、『観光、スポーツ、兵役の燃料としての砂糖の重要性』*を出版し、砂糖業界は「砂糖はエネルギーになる」というスローガンが入ったポスターや絵はがき、紙袋を制作して雑貨店で配布した。いっぽうフランスで砂糖産業を後押ししたのは科学者たちで、彼らは、労働者は仕事をするのにじゅうぶんなカロリーを摂取できていないと主張した。フランスでは農村部に住む人々をはじめとするほとんどの人が依然として、砂糖の摂取はブルジョワ的で軽薄な習慣だと考えていた。あのパリでさえ一九〇五年の時点では、男性で四人にひとり、女性でも五人にひとりは、砂糖を日常的に摂取していなかったのだ。フランス当局は、健康な食事にはひとりあたり年間二五キログラムの砂糖摂取が必要だという考えを受け入れていたようだが、実際の当時の摂取量は年間でひとりあたり一四キログラムから一五キログラムで、二五キログラムといった高レベルの摂取量はフランス人の嗜好には合わなかった。バゲットに甘みを持たせるという案もあったが、それを聞いただけでも、彼らがいかに砂糖の摂取を一般大衆に浸透させるのに苦労していたかがよくわかる。[34]ドイツでは二〇世紀に入ると粥《ポリッジ》やプディング、その他の甘い食品が出回り始めて工場労働者たちが食べるようになったが、多くの農家は依然として、砂糖の摂取を無駄で、罪深い行為と考えていた。[35]

　そのようななか、砂糖の消費量を増やすうえで決定的な役割を果たしたのが、駐屯地と戦場だった。フランス軍は一八七〇年代より、兵士への配給に少量の砂糖を入れたコーヒーやお茶を導入し始めた。[36]ドイツでは一九世紀の末、兵士の小隊を対象に、砂糖は兵士の持久力を高めるかを調査し、それが事実であることが確かめられた。それ以来、兵士たちには甘いケーキなどのスイーツが配給されるようになった。第一次世界大戦中、栄養豊富な食品が入手しにくくなったドイツ軍は不足する栄養を補うために、砂糖の入った製品の購入量、とくにマーマレードなどの購入量を急速に増やしていった。[37]

　二〇世紀初頭にアメリカの統治下となった熱帯地域へ派遣されたアメリカの兵士には、砂糖がふんだんに支給された。砂糖は簡単に消化できるため、たとえ熱帯地域で下痢に苦しんでも、体力を維持できるからだ。その後、砂糖の配給量は徐々に増え、一九一七年にヨーロッパに派遣されたアメリカ人兵士は一日に四分の一ポンド（約一一〇グラム）の砂糖と砂糖菓子を消費した。そして第二次世界大戦が始まると、砂糖はふたたび兵士の背嚢に大量に入れられることとなった。[38] 日本軍も、欧米の軍隊の例にならって兵士への砂糖の配給を増やしたが、それが可能だったのは日本が植民地を拡大し、台湾を砂糖の供給源にしたからだ。日本の兵士は栄養不良の場合も多かったが、一九三〇年代と一九四〇年代は国営の砂糖産業を通じて広く菓子が提供された。[39]

食品規格と大量消費

砂糖業界は砂糖を必要不可欠なエネルギー源として広く宣伝したが、それと同時に細菌や害虫、不純物に対する一般の人々の意識が高まったことも、砂糖産業には有利に働いた。このような意識が高まったのは化学や微生物学が発達したこともあるが、都市部で消費する茶葉が中国で摘まれ、牛乳も農村部で生産されるというように、生産者と消費者のあいだの距離が開いたことも大きかった。[40] 衛生観念が高まった結果、工業的に生産され、包装された食品への信頼が高まり、そのおかげでイギリスのリプトン社のお茶や、アメリカのボーデン社のコンデンスミルクが人気となっていった。これらの商品は急速に都市部や工業地帯に広がったが、アメリカではとくに早く、包括的に広まり、今日に至るまで、アメリカは世界の食品消費基準に大きな影響を与え続けている。

砂糖を加えたボーデン社のコンデンスミルクは、食品の保存性と大量生産、そして砂糖摂取量の増加がいかに密接に絡み合っているかをよく物語っている。アメリカの南北戦争前夜、ゲイル・ボーデンはコンデンスミルクの工業生産に成功し、北軍は暑い南部でも酸っぱくならないミルクを兵士に提供することが可能になった。ボーデンのこの発明は、都市部の市場でも人気を呼んだ。都会では牛乳に不純物が混入していることが多く、そのせいで他の先進国のどこよりも子どもの死亡率が高いと言われていたからだ。[41] 世界の列強としてアメリカが台頭すると、それとともにコンデンスミルクは世界中に広まり、これに砂糖を混ぜてキャラメルペーストにしたドゥルセ・デ・レチェ、すなわち加糖練乳はラテンアメリカ、フィリピン、スペインで大人気となった。こうしてコンデンスミルクは、インドで人気の甘く濃厚なミルクから、多くの家庭でパンに塗られていたキャラメルペーストにいたるまで、世界中で日常的に見られる食材になった。[42]

新たに登場した大衆向けの食品産業では、食品を甘くすることが一般的になった。というのも当時のアメリカには衛生基準がなく、毒性のある物質の添加や、牛乳、蜂蜜、甘味料の希釈が頻繁に行われていたからだ。したがって、とにかく甘ければ消費者から信頼され、衛生的と受け止められる傾向が強かった。当時はアニリン、クロム、銅など毒性のある着色料を子ども用の菓子に添加することが普通に行われており――これはアメリカに限らなかった――、一九世紀末のアメリカ人はそういった砂糖菓子を大量に消費していた。[43] このような、甘味料や食品への不純物の添加に異を唱え、反対運動を展開したのが、アメリカの砂糖専門家として第7章で紹介したハーヴェイ・ワイリーだ。彼は一九〇六年の連邦純正食品・薬品法を立案した中心人物で、この法律の施行はワイリーが所属する農務省（ＵＳＤＡ）に委ねられた。また今日、私たちが購入する包装された食品や飲料には必ず原材料のリストが記されているが、これもまたワイリーの努力のおかげに他ならない。これによって、消費者たちは規格化され、不純物が添加されていない食品を購入することの重要性を知るようになり、信頼できる食品を消費することは健康にいいだけでなく、中流階級という自らの地位を保証することにもなると学んだのだ。ただしその副作用とも言えるのが、工業的に加工された食品、すなわちビタミン類が少なく、多くの場合、炭水化物の含有量が多い食品が好まれるようになったことだ。

こうして、工業的にボトル詰めされた飲料や缶詰食品は健康的な食品とみなされるようになっていき、国内の経済学者たちは、新鮮な野菜や果物はアメリカの一般的労働者階級にとっては無意味な贅沢であり、脂肪や砂糖こそが効率性の高いエネルギー供給源だとほめそやした。[44] 当然ながら、砂糖は最も効率的なエネルギー食品だ。しかし、そんなことはインドの旅人は二〇〇〇年も前から知っていたし、エジプト人や十字軍のホスピタル騎士団たちもおよそ一〇〇〇年前にはわかっていた。一九一七年に発表されたアメリカ初の食事ガイドラインは、全体の五二％が炭水化物で構成される食事を健康的な食事としていた。これにより大量の砂糖摂取は正当化され、砂糖菓子さえもが食品と見なされた。[45] ビタミンが発見され、その重要性が明らかになったのは一九一二年以降のことだが、人々の健康にとって野菜と果物が不可欠ということはもっとずっと前から知られていた。つまり下層階級の人々には、一八七七年のヴィクトリア朝のイギリスでトマス・ニコルズが中流および上流の人々に奨励していた食事基準とは明らかに異なる基準が適用されていたということになる。

安い甘味料の市場は非常に大きく、甘味料業界はいまやそのニーズを満たすことができるようになっていた。たとえば、昔から貧しい人の砂糖と言われていた糖蜜は、工業的につくられたグルコース・シロップにとって代わられた。製糖工場がサトウキビの搾り汁からほぼすべてのショ糖を抽出できるようになったため、糖蜜は食べられないほど甘みがなくなってしまったからだ。当初、グルコース・シロップはおがくずと同列に扱われることもあり、そのような世間の偏見を克服する必要があったが、値段が安く、毒性がなく、ほぼ無制限にいくらでも生産できるという利点から、やがて広く普及するようになった。[46] ヘンリー・O・ハヴマイヤーの甥で、シカゴの巨大精糖工場のオーナー、フランツ・O・マシーセンは一八九七年にグルコース・シュガー・リファイニング社を設立し、グルコース生産を新たな段階に進めた。その後、この会社は合併してトウモロコシの精製会社、コーン・プロダクツ・リファイニング社となり、一九〇三年には大々的な広告キャンペーンとともに「カロ」ブランドのコーンシロップを売り出した。[47]

不衛生で毒性のある食品は危険だという意識が高まるにつれ、世間の人々は工業生産された白砂糖を好むようになっていった。しかしワイリーは彼の著書、『食品と不純物の添加』*（一九一七）のなかで、消費者はなぜ、「現在流行しているこの真っ白な砂糖」を好むのかと首をひねっている。[48]だがそれも驚くにはあたらなかった。というのも当時は、バクテリアの概念が広まり始め、世間は粗糖に対して疑惑の目を向けるようになっていたからだ。さらに、一八九〇年代、アメリカの港に入荷した粗糖の袋からシュガー・ビートルと呼ばれる害虫が見つかったことが広く喧伝された。砂糖の精製業者たちは粗糖に関係するバクテリアや害虫の話題に飛びつき、消費者たちが粗糖から白砂糖に切り替えるきっかけとして利用したのだ。いっぽうヘンリー・O・ハヴマイヤーは一九〇〇年、白いグラニュー糖のブランド「イーグル・アンド・クリスタル・ドミノ」を立ち上げた。二〇年後、彼の息子のホーレスは、ひとつひとつ紙に包まれた角砂糖をおしゃれなレストランで提供するようになり、これはドミノの砂糖が上流階級向けで上品、そして衛生的であるというイメージづくりに役立った。[49]

砂糖のマーケティングはいまや白いグラニュー糖を純粋さと科学、そして衛生と結びつけるようになり、その戦略は世界的に影響を持つようになった。一九二〇年代、インドではある新聞がジャワ産の砂糖のことを、工業的に高度に精製された純粋な砂糖、つまり上位カーストの砂糖だと宣伝した。またその記事は、「教育が普及してきたにもかかわらず、保守的なインドはいまだに粗悪で有害な自国の砂糖を好み、純粋でよりよい食品に切り替えるという知的な判断ができない」とも書いている。[50]いずれにせよ、世界中で食品産業が活況を呈するようになったのは、標準化され、包装され、品質が保証された商品を何百万もの単位で出荷できるようになったからに他ならない。大衆向けの広告によってブランディングが行われ、印刷資本主義による大量広告は情報や価値観だけでなく、コカ・コーラやドミノ、ケロッグ、カロなどの「全国的」ブランドを共有する共同体としての国家を構成した。こういった有名な商標すべてがアメリカの国としてのアイデンティティとなり、アメリカの生活様式となり、世界に向けて輸出されるアメリカの文化になったのだ。

信頼され、人気もあるこのようなブランドは、家庭での時間を節約できる便利な食品としても成功した。このトレンドが始まったのは一八六〇年代、精製した小麦粉と砂糖を組み合わせたケーキミックスが家庭のオーブン料理の基本的材料として市場に登場したころだ。[51] ケーキミックスは当時、ほとんどの中流家庭にあった鋳鉄製コンロで使いやすかった。自宅でパンを焼く女性が減っていたころだったので、ケーキの素であるケーキミックスは小麦粉会社にとっては有望な新市場となったのだ。外箱に記された使用方法に従えば、標準的な味と食感を持つ信頼感のあるケーキができあがるため、ケーキミックスは工業社会のほぼすべての家庭で利用されるようになった。[52] また砂糖も、ゼリーの素の「ジェロ」など水を加えるだけでできるインスタント食品に利用されるようになった。[53]

アメリカが第一次世界大戦に参戦すると、砂糖は缶詰の野菜やさまざまな香味エキスなど、膨大な種類の食品に使われるようになり、もちろんコンデンスミルクにも入れられるようになった。戦時中に食品管理局の責任者だったハーバート・フーヴァーは、「砂糖は私たちの料理の中心を占める、結合材的な食品」だと言い、砂糖を配給制にしたら暴動が起こるのではと懸念したほどだ。[54] そのため戦争のせいで砂糖は世界的に不足していたが、それでもアメリカでは砂糖を配給制にはせず、砂糖消費は増加した。[55] やがて砂糖を含む食品は安くなり、「砂糖を含まない」食品より売りやすくなった。[56] これはロバート・ラスティグが指摘したように、繊維を含む健康的な商品は保存可能期間が短いが、砂糖は保存料になるからだった。だが砂糖が保存料になることは、砂糖の精製業者たちがほぼ二〇〇〇年も前から知っていた事実だ。[57]

不特定多数向けの広告によって社会が工業生産された食品を受け入れるようになると、そのような食品には強力な保存力を持つ液状の転化糖（ブドウ糖と果糖にショ糖を溶かしたもの）がたっぷり入れられた。また、砂糖は安価だったため、製造業者にとって砂糖を添加した食品の収益性は高かった。こうして砂糖は、もはや砂糖そのものとしてではなく、砂糖を含んださまざまな食品の形で宣伝されるようになった。砂糖業界は複数のチャネルを通じて、砂糖がたっぷり入ったケーキや菓子、飲料はもちろん、トマトケチャップやコーンフレークなどを摂取することを、ごくあたりまえの行為にした。アメリカの料理研究家たちは、大手の食品会社と組んで料理本を出版し、人気雑誌に掲載されるレシピには、大量生産のインスタント食品が使われた。[58]子どもたちはマンガやテレビを通じて誘惑され、砂糖菓子や甘い飲み物、食品を取るようになった。やがて広告は、より洗練された方法で喜びや欲望や高級感をかき立てるようになっていく。第二次世界大戦中、アメリカ軍兵士とともに世界を旅したコカ・コーラは、世界中でアメリカのプレゼンスの一部となり、ごく貧しい地域にもコカ・コーラの工場が誕生した。[59]

肥満との戦い

アメリカの食品や飲料に砂糖が遍在するようになった歴史は、世界の他の地域でも起こったことの極端なケースと言うことができる。アメリカは世界の工業の中心地として、自国の消費パターンをさまざまな方法で、そしてときには思いも寄らぬ方法で国外に輸出してきた。たとえば日本からアメリカに出稼ぎに来て菓子づくりを学んだ森永太一郎は、一八九九年にアメリカから帰国すると、日本初のキャラメル製造会社を立ち上げた。[60]やがて砂糖菓子は、一〇万部以上発行されることもある日本の人気料理本でも紹介されるようになり、一九一〇年に日本が朝鮮半島を占領すると、砂糖菓子は朝鮮半島にも持ち込まれた。ジャワや植民地の台湾から供給される砂糖が増えていくと、日本政府は、急速に都市化する工業労働者にとって砂糖は安価な栄養源だと宣伝し始めた。こうして一九世紀のイギリスに勝るとも劣らぬ勢いで、安価な砂糖は日本の帝国主義実現の燃料とされていった。一九二〇年代には、政府は国を強くするための食料として、砂糖の消費を推進した。[61]

アメリカの広告文化も、砂糖の消費促進に一役買った。砂糖たっぷりの食品はアメリカの生活様式の一部であり、そのような食品の消費は、アメリカの映画産業を通じて世界に広がったのだ。皮肉にも、スリムな体型こそが標準だという新たな基準をつくったのもこの映画産業で、食生活と衛生環境が向上して結核が減るにつれ、映画産業の広告ではスリムな体型が前面に押し出されるようになった。それまでは、痩せていると、当時は死病だった結核を連想させたが、第一次世界大戦が始まる前には、そのような体型はまったく別の意味を持つようになっていた。[62] このころには女性たちも甘いものを食べると太るとわかっていたため、タバコ産業はそれを利用して女性向けのタバコ市場を開拓した。彼らは甘いお菓子と競うように、「スイーツの代わりに、ラッキー［ストライク］をどうぞ」といった広告コピーで、タバコを吸えば痩せられると宣伝した。[63]

アメリカの中流階級にとって、砂糖の過剰摂取、もっと広く言えば炭水化物の過剰摂取は明らかに懸念材料だった。たとえば二〇世紀の初め、ボストン・クッキング・スクール誌は「砂糖は熱とエネルギーを供給するのに必要だが、ほとんどの家庭や施設の食事にはでんぷんや糖類が多すぎ、タンパク質が不足している」と警告している。[64] 当時、非常に影響力が大きかったグッド・ハウスキーピング研究所も糖類の取り過ぎに警鐘を鳴らしている。同研究所が発行するグッド・ハウスキーピング誌の発行部数は、一九二〇年代は約一〇〇万部だったが、第二次世界大戦後は五〇〇万部にまで伸びた。砂糖に対するこの雑誌の慎重な物言いが注目に値するのは、この月刊誌に関わっていた重鎮二名が砂糖業界に非常に近い人物だったからだ。ひとりは大衆向けに国産砂糖をさんざん宣伝してきたハーバート・マイリックで、彼は農家向けの雑誌を発行する出版社フェルプスの社長でもあった。その彼が一九〇〇年から一九一一年にかけて取締役を務めたのがグッド・ハウスキーピング社であり、彼はグッド・ハウスキーピング誌の出版人も務めていた。そしてもうひとりはあのハーヴェイ・ワイリーだ。

一九一二年から一九三〇年にかけてグッド・ハウスキーピング研究所の研究部長を務めたのがワイリーだった。グッド・ハウスキーピング誌は、広く影響力を及ぼすことができる絶好のプラットフォームを彼に提供し、彼はこの雑誌を通じて、女性たちを台所に立たせ、美味しい料理で結婚生活を成功させ、家族を幸せにするアメリカの中流階級御用達の食品科学者になった。マイリック同様にワイリーも、アメリカの砂糖産業とは関わりが深すぎたため、砂糖業界と完全に対峙できる立場にはなかった。彼がミルドレッド・マドックスと執筆し、一九一四年に初版が発行された『グッド・ハウスキーピング・クック・ブック』[*]ではなんと「砂糖」という言葉が二一一回も登場している。しかしそれでも「砂糖はデザートに大量に使われる食品ですが、熱とエネルギー、そして脂肪を形成するだけです。したがって砂糖を摂取しすぎる人は、脂肪の蓄積を避けることができません」と厳しく戒めてはいる。[65]化学者であり、アメリカの砂糖産業の擁護者でもある彼も、砂糖が「脂肪物質」であることは、はっきりとわかっていたのだ。

砂糖は肥満を招くが、それだけでなく虫歯とも関係が深いということは、オハイオの歯科医、ウェストン・A・プライスが一九三九年に発表した大規模研究によって明らかになった。人々の虫歯が急速に悪化していることに気づいた彼は、世界中を旅した結果、「原始的な」人々——スイスの山里の住人も含まれていた——のほうが、「文明化」された人々より歯の状態がいいという結論に達した。[66]プライスが研究論文を発表した一年後、アメリカ軍に徴兵された最初の一〇〇万人のうち入隊が拒否された四〇%の人々の不採用理由で最も多かったのが重度の虫歯だった。[67]砂糖、とくに砂糖菓子はアメリカだけでなくイギリスでも、医師と教師の心配の種となっていた。砂糖菓子のせいで、子どもたちの歯がぼろぼろになっていたからだ。[68]早くも一九三〇年代には、子どもには菓子の代わりにフルーツやナッツを与えるようにという助言がされるようになっていた。教師たちは、学校のカリキュラムに栄養学を入れるべきだと主張し、給食の質の向上を求めた。だが同時に彼らは、自分たちが広告に何百万ドルも投じることができる食品産業を相手に苦しい戦いを挑んでいるということもよくわかっていた。[69]

砂糖は要注意だという声は一九三〇年代にはあがっていたが、実業家たちは自分たちの存在を脅かすいかなるものにも対処する用意ができていた。一九四二年、農務省が政府に、戦時の砂糖不足は健康に関わる問題ではなく、もっと栄養価の高い食品は他にもあると助言すると、砂糖業界はこれに真っ向から異を唱えた。そして彼らは強力なロビー活動を繰り広げ、アメリカ議会はソフトドリンクに税金を課すことをあきらめた。[70]さらに、ナショナル精製糖会社社長の指揮の下、アメリカ領全域の粗糖製造業者と精製業者が一丸となって大規模な宣伝攻勢をかけ、一九四三年には、砂糖業界の広報機関として砂糖研究財団が設立された。財団は、マサチューセッツ工科大学の准教授を理事長として迎えたが、その彼の主要な任務のひとつが、砂糖の危険性に警鐘を鳴らす栄養士やその他の専門家に反論することだった。[71]一九四七年、戦時の砂糖の配給制が徐々に廃止されると財団は、砂糖は健康的な食生活の一環だと提唱するよう要請された。それはまさに五〇年前、フランスとドイツの甜菜糖業界が砂糖を贅沢品ではなく栄養食品として世間に売り込もうとしたときと同じだった。アメリカの砂糖業界のスポークスパーソンであるシュガー誌の編集者は一九四七年、「この五年間、政府機関や民間の機関が消費者に植え付けてきた〈欠乏の心理〉を是正する措置を講じる必要がある」と書いている。[72]

一九五〇年代、心血管疾患の原因はコレステロールだというアンセル・キースの主張が大々的に取り上げられると、砂糖業界はこのときとばかりにその流行に乗り、脂肪こそが我々の食事の一番の問題だと言い立てた。砂糖研究財団は、ハーヴァード大学の教授三人による研究を後援したが、そのうちのひとりマーク・L・ヘグステッドは、その後数十年間、アメリカの食品政策で大きな役割を果たすことになる。一九六七年、心血管疾患の主要な原因は飽和脂肪酸だと明らかにした彼らの研究が発表されたが、これは砂糖の健康リスクから世間の注目をそらす上でおおいに役立った。[73]そして一九八〇年、キースが七カ国を対象にした大規模研究の論文を発表し、この事実は裏付けられたかのように思われた。しかし彼の研究には根本的な欠陥があった。基本的な統計的法則に違反していたのだ。脂肪こそが心血管疾患の決定的な原因だということを証明したいあまり、彼はそれと同じくらい重要な事実、すなわちその研究対象期間中、砂糖の摂取量も大幅に増えていたという事実を見落としていたのだ。砂糖が心血管疾患や代謝異常の原因になることも、心血管疾患と糖尿病、そして肥満が関連しているということも、当時は主流の考え方ではなかったようだ。記録が訂正されたのはごく最近のことで、二〇一三年、サンジェイ・バスやロバート・ラスティグたちは計量経済分析により「砂糖と糖尿病の有病率には、独自の相関関係があるようだ」と明らかにした。[74]

いっぽう一九五〇年から一九八〇年にかけて、アメリカの消費者ひとりあたりが消費するソフトドリンクのボトルの本数は七・五倍になった。というのも学校への財政支援と引き換えに校内に設置されることが多い自販機では、驚くほど多くの甘いものが売られていたからだ。[75]二〇世紀初めに兵士たちに起こったことが、いまや子どもたちに起こるようになっていた。大量の砂糖摂取に慣れるのが若ければ若いほど、飲料会社や砂糖産業にとっては好都合だ。一九七〇年代のアメリカでは、砂糖で摂取する毎日の平均的摂取カロリーが五〇〇キロカロリーから五五〇キロカロリーに達し、これに関してはイギリスも同じだった。だがじつは、多くの人が一〇〇〇キロカロリーから一五〇〇キロカロリーの砂糖を摂取しており、砂糖は成人が必要とする一日の摂取カロリーの半分を占めていた。いっぽうで、アメリカにおける牛乳の消費量は、一九七〇年から一九九七年までに二二・五％減っている。[76]

ランセット誌の社説が肥満を「世界で最も重要な栄養疾患」と呼んだ一九七四年当時から、データはすでに危険領域に入っていた。しかしそれが現実の問題として認知されるまでには、アメリカでさえしばらく時間がかかった。なぜなら政治家たちの関心はなかなか改善しない国内の飢餓問題ばかりに向けられていたからだ。しかし、炭水化物が安価なせいで、飢餓や栄養不良の背後に肥満の問題が隠れていることに気づく人はほとんどいなかった。貧困層の購買力が上がっても、まだ健康的な食品には手は届かず、彼らが買うのは安価で工業的に大量生産された食品だったのだ。実際、二〇世紀の低収入労働者はもはや飢えてはいなかった。彼らは一世代のうちに、栄養不良からカロリーだけはじゅうぶん足りている状態へとシフトしたのだ。[77]

砂糖摂取のガイドライン

アメリカ上院の「栄養と人間ニーズに関する特別委員会」の議事録を見れば、飢餓から肥満への移行がいかに急速に起こりうるのかがよくわかる。この委員会は、アメリカ国内の飢餓問題に対応するために、一九六八年、ジョージ・マクガヴァンを委員長に設立されたが、委員会はすぐに問題は飢餓ではなく肥満であることに気づいた。そして審議の結果、一九七七年に「アメリカの食事目標」、いわゆるマクガヴァン報告が発表された。この報告書は、心臓や血管の病気のおもな原因は脂肪であるとし、炭水化物の摂取を大幅に増やして飽和脂肪酸と一価不飽和脂肪酸の摂取を減らすことを推奨した。[78] この委員会のおもなコンサルタントはマーク・L・ヘグステッドだった。彼はユドキンを「健康を脅かす存在」として公に非難した学者であり、飽和脂肪酸こそが心血管疾患の原因だと特定した研究でアメリカの砂糖業界から助成金を受け取っていた例のハーヴァード大学の三人の栄養学者のひとりでもあった。マクガヴァン報告の謝辞から砂糖業界をはずしたのはあからさまな倫理違反だったが――おそらく特別委員会はこの事実を知らなかったのだろう――、だからといってヘグステッドが製糖工場の手先としてのみ行動したというわけではない。じつはマクガヴァン報告は、精製糖と加工糖の摂取量を一日の摂取カロリーの四五％から一〇％に減らすべきという指針も示していた。しかしこの勧告はその後、何十年にもわたって論争の的となる。[79]

レーガン政権下、肥満との戦いは深刻な打撃を受けることになった。ＨＦＣＳによって砂糖価格が下落し

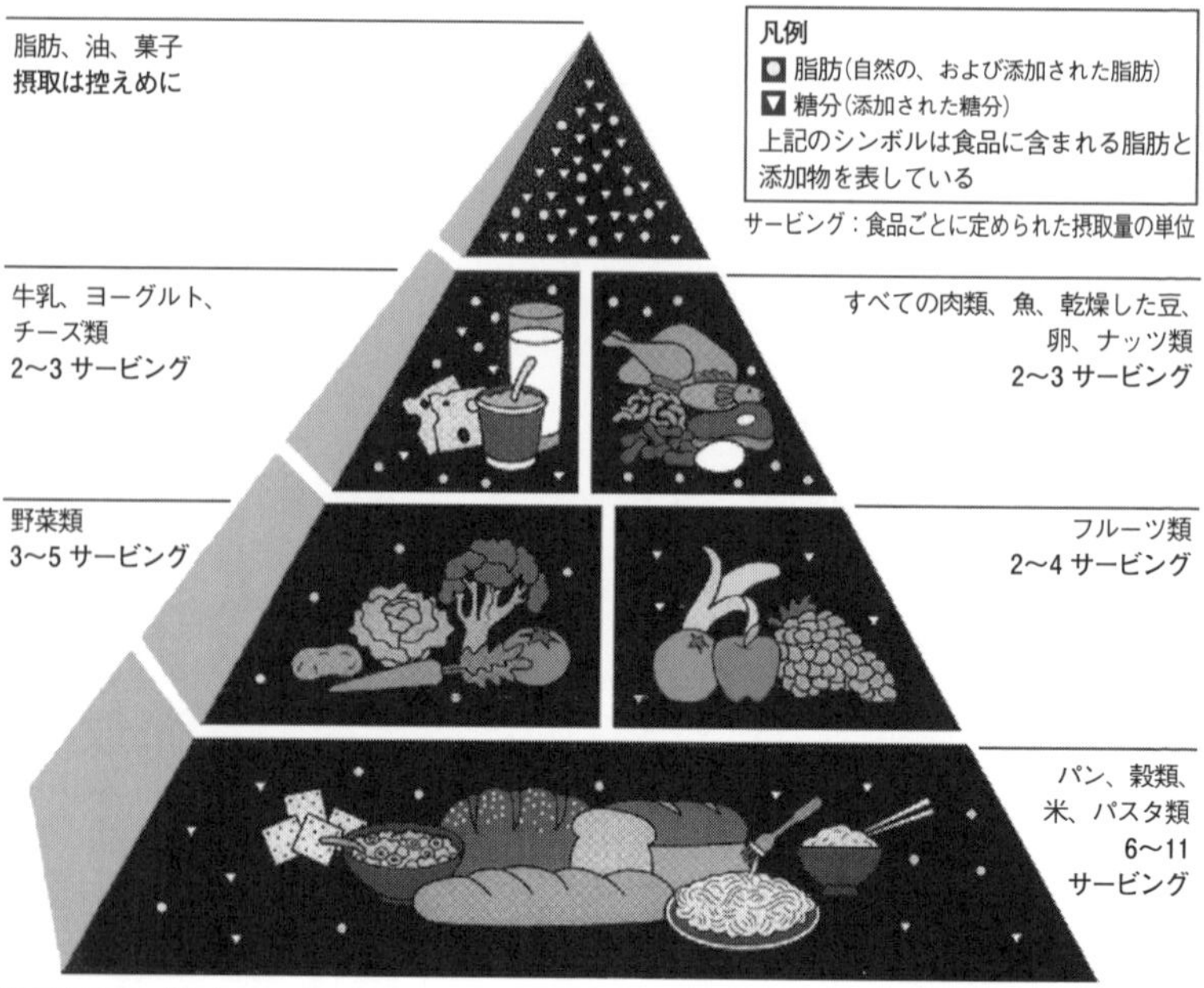

米国農務省が発表した1992年のフード・ピラミッドは、もっとバランスのいい食事を取るように奨励するためのものだった。しかしこのプロジェクトは、脂肪と砂糖の摂取量削減を奨励することにまったく関心のない食品業界のロビイストたちにもう少しで潰されるところだった。いっぽう、栄養学者たちはこのピラミッドの一番下に記された炭水化物の消費量の多さに批判的だった。

たため、国内の砂糖産業を守るために、一九七四年に廃止された保護主義的砂糖プログラムが復活したからだ。その結果、毎日のメニューに登場する炭水化物の量は増加していった。[80]またこれにより、一九四三年の七つの基本食品群表、そして一九五六年の四つの基本食品群表の後継として策定されることになっていた新たな食事のガイドライン、いわゆるフード・ピラミッドを策定するという農務省のプロジェクトも頓挫した。このプロジェクトのリーダーとして雇われた栄養学者のルイーズ・ライトは、最終的にできあがったピラミッドが、栄養学者がつくったというよりはむしろ食品ロビイストがつくったかのようなものになったことにおおいに落胆した。彼女とそのチームは、精製された穀物や飽和脂肪酸の摂取を減らし、遊離糖（精製された、または加工された糖で、蜂蜜やフルーツジュースも含まれる）を一日の摂取エネルギーの一〇％に抑えることを推奨していた。しかしライトがその食品ガイドラインを農務長官に提出したあともそれは公表されず、一九九二年に公表されたときにはその内容はほぼ正反対になっており、「より少なく」としたものはすべて「適度に」に変えられていた。このように、元々のガイドライン――マーケティング局によってピラミッド型にデザインされた――がこれほど大幅に修正されたにもかかわらず、食品業界からはたいへんな非難を浴びることとなり、それほど健康的とも言えないこのガイドラインでさえ潰されかねなかった。内部告発者や、著名な栄養学者マリオン・ネスル――じつは彼女はこのピラミッドにはあまり乗り気ではなかった――がいたからこそ、このガイドラインはなんとか生き延びられたのだ。[81]

いっぽうで、現実社会の消費パターンは、ガイドラインが奨励するパターンよりはるかに不健康な方向に動いていた。簡単に言えば、ガイドラインが牛乳と緑黄色野菜に指定した場所を、甘い飲料とフライドポテトが占めてしまったのだ。ユドキンが言っていたように「良質の食品は、栄養的に劣った、糖質ベースの食品に押し出されてしまった」のである。[82]この傾向を食い止めようと、一九九〇年、世界保健機関（ＷＨＯ）は「食事、栄養および生活習慣病の予防」に関する報告書を発表したが、このような試みに砂糖業界と飲料業界は大反発した。ＷＨＯの報告書は、遊離糖の年間摂取量を世界の大半の人々が摂取している量の半分、すなわち一五キログラムから二〇キログラムに抑えることを奨励していたからだ。[83]

一九九〇年代、世界の砂糖業界はＷＨＯが認定する利害関係者となり、ＷＨＯは彼らの意見や助言を聞かざるをえなくなった。さらに恐ろしいのは、もしＷＨＯが一日あたりの遊離糖摂取量の上限を一〇％に抑えるべきというガイドラインを二〇〇三年の報告書から削除しないのなら、ＷＨＯへの資金拠出を打ち切るべきだ、と砂糖業界がアメリカ議会とジョージ・Ｗ・ブッシュ政権に圧力をかけたことだった。とはいえ、このガイドラインは報告書に残され、多くの国で子どもたちが甘い飲料を大量に摂取していることにＷＨＯが懸念を抱いていることが強調された[84]。それでもアメリカ側の猛烈なロビー活動は功を奏し、二〇〇四年、WHO加盟国で構成される世界保健総会では、最大で一〇%という上限が明確に承認されることはなく、たんに遊離糖の摂取量を「制限」することを推奨する、という曖昧な呼びかけで終わってしまった。その後も、WHOは運営組織のこの生ぬるい姿勢を無視し、一日の摂取エネルギーに占める遊離糖の割合を一〇%未満に抑えるよう奨励するガイドラインをつくり続けることとなる[85]。

このような遊離糖の多くは飲料に含まれているため、肥満との戦いの場はこの一〇〇年のあいだに、ワイリーの時代のキッチンから、飲料産業へと移っていった。二〇世紀の末までに、HFCSはアメリカの甘味料市場の五六%を占めるまでになったが、そのHFCSを大量に使用しているのが飲料だった[86]。砂糖で甘くした飲料では空腹は満たされない。そのため人々は他の食品の摂取を減らすことができず、それが肥満のおもな原因となっていた。そして、最もその罠に陥りやすいのが子どもだということは火を見るよりも明らかだ。したがって二〇一〇年、世界保健総会は甘い飲料の広告に関する勧告を行い、誤解を招くような広告を制限するよう呼びかけた。さらに二〇一六年には、甘い飲み物に対する税金の導入も勧告された[87]。

しかしWHOがどのようなガイドラインを出しても、それを各国政府が実施しない限り効果はない。そして多くの場合、政府はそれをやらないのだ。アメリカの上院財政委員会は二〇〇九年、オバマケアの共同財源として砂糖入りの甘い飲料に対する課税案を議論したが、その議論も上院で審議されるまでには至らなかった。また、ニューヨーク州は、低カロリーではないソフトドリンクと果汁七〇%未満の飲料に対する一八%課税を実現できなかった[88]。元ニューヨーク市長のマイケル・ブルームバーグは、市長在任時に砂糖税を導入しようとしたがうまくいかず、かつてフード・スタンプ・プログラムと呼ばれていた補助的栄養支援プログラムから砂糖入りの飲料を試験的に除外したらどうかと農務省に提案もしたが、それも受け入れられなかった。そこでブルームバーグは何百万ドルもの資金を投じてシカゴに砂糖税を導入するキャンペーンを展開。このキャンペーンは成功したが、その措置も二カ月とたたずに撤回されてしまった。[89] 皮肉にもこのような事態になったのは、砂糖税が甘い飲料の売り上げを減少させるうえであまりにも効果的だったからで、それはアメリカ国内の他の地域でも証明された。たとえば二〇一四年に砂糖入りの炭酸飲料に税金を導入したバークレー市では、二〇一七年までにその種の飲料の消費が半減した。また二〇一七年に砂糖入り飲料への課税を開始したフィラデルフィア市でも、消費は約四二％減少した。[90] 課税により消費量が減ったことは、それほど驚くにはあたらない。というのも一九世紀後半、ドイツもフランスも国内の砂糖消費量が比較的抑えられていたのは、甜菜糖を国外にダンピングするための補助金を税金のかたちで消費者が負担していたからだ。

それでもなお、ショ糖が多く含まれた飲料への課税に反対する声はあった。砂糖入りの飲料に課税しても、別の不健康な食品が代替えになるだけで、結局、この課税で一番影響を受けるのは低所得層だという理屈だ。[91] とはいえ、メキシコのように中所得国で、成人の三人にひとりが太りすぎ、さらに死亡原因のトップが心血管疾患という国にとっては、砂糖消費を財政的な手段で抑制するしか手段はないのかもしれない。この状況は、メキシコの製糖工場の半分以上をコカ・コーラ社をはじめとするアメリカの飲料企業が所有しているということ、そして清潔な水道水がないことがもたらした直接的な結果だ。メキシコでは子どもたちが朝食にソフトドリンクを飲んでおり、こういった商品が安価なせいで、健康的な食品やフルーツを摂らなくなってしまうのだ。[92] 二〇一三年、メキシコは甘い飲料一リットルあたり一ペソの税金を課すことにした。その七年後、オアハカ州はさらに大きな一歩を踏み出し、子どもに甘い飲料やジャンクフードを販売することを禁止した。[93]

欧州連合も高カロリーのソフトドリンクへの課税を検討し、実際にそれを実施した国もある。そのひとつがデンマークだが、この措置は一五カ月しかもたなかった。二〇一五年七月、英国医師会は砂糖による健康被害への関心を高める団体アクション・オン・シュガーや有名なシェフ、ジェイミー・オリヴァーなどの支援を受け、飲料に含まれる糖分に関連した課税を二〇一六年に導入するようイギリス政府に圧力をかけた。[94]二〇一八年までには、イギリス、ポルトガル、カタロニア、アメリカの六つの地方都市、チリ、メキシコ、フランス、フィンランド、ハンガリー、ブルネイ、タイ、アラブ首長国連邦、そしてサウジアラビアが何らかの形で砂糖税を導入した。いっぽう食品業界は、そのような措置に反対するロビー活動を全力で展開しており、彼らの影響力はタバコ業界のそれよりはるかに大きい。なぜなら砂糖は、工業的に加工されたほぼすべての食品に含まれているからだ。人口の半分以上が太りすぎで、二〇%から二五%が病的肥満に悩むドイツで、砂糖税を支持する声が上がらない理由の一端も、そのような強大な力を持つ食品業界にあるのだろう。また二〇一五年、ヨーロッパの保健相たちが合意した二〇二〇年までに削減する遊離糖の摂取量がわずか一〇%だった理由もここにある。政府と食品業界の「協力」は、つねに期待はずれの結果で終わる。オランダでは政府と食品業界の合意により砂糖の消費量を減らすことになったが、その合意が想定する削減率はわずか二%で、ひとりあたりの年間摂取量は依然、四〇キロを超えていた。[95]

この一五〇年間、砂糖業界は食生活に関する健全なアドバイスの矛先をかわすために、ありとあらゆる策を弄し、その財力を使って政治家、メディア、科学者に影響を及ぼしてきた。だがそのいっぽうで、報復をも恐れず彼らに立ち向かう広報担当者や科学者はつねに存在した。テート&ライル社は、栄養学の専門家であるユドキンをけなし、彼の著書、『純白、この恐ろしきもの――砂糖の問題点』はサイエンス・フィクションだと嘲った。[96]マリオン・ネスルは著書『フード・ポリティクス――肥満社会と食品産業』の二〇〇七年版のなかで、二〇〇二年の初版が出る二週間前、アマゾンのウェブサイトにはこの本を酷評するレビューが三本投稿されたと明かしている。[97]このような食品業界の魔の手は、さらに遠くまで及んだ。スイスの広報マンで、スーパーマーケット・チェーンのミグロスが出資する研究所の所長を務めていたアル・イムフェルドは、講演会の講演者としてユドキンを招いたあと職を失った。だがイムフェルドは、それで黙って引っ込む人物ではなく、著書『砂糖』*のなかで、砂糖業界の悪質な裏工作を暴露している。[98] ロバート・ラスティグや彼の仲間たちは、肥満との戦いは医師や栄養学者の力だけでは到底勝ち目がないと再三指摘してきた。なぜなら医師や栄養学者は、科学的知見を混乱させる戦術に長けた手ごわい既得権益者たちより、圧倒的に劣勢だからだ。その結果、英国王室にも仕えた一五〇年前の葬祭業者、バンティングの時代より現在のほうが、砂糖と肥満の関係は曖昧になってしまっている。砂糖はつねに贅沢品だったし、栄養学的には不要な添加物だ。だからたとえ砂糖はエネルギー源として必要だと力説しても、一九世紀の労働者たちには鼻で笑われるのが関の山で、砂糖を売り込むには、広告を盛大に打ち、兵士の配給に入れ、学校に自販機を無理やりに設置しなければならなかった。そして現在、政府は国民の健康と安全を守るという本来の義務をないがしろにし、その義務が食品業界という利益団体によってむしばまれるのを許しているのだ。

飲料業界も砂糖業界も、肥満の予防は消費者個人の責任だと主張し、自分たちのブランドをスポーツやワークアウトにいそしむ人たちのイメージとともに宣伝することで、それを強調している。二〇一五年、ニューヨークタイムズ紙は、肥満のおもな原因は砂糖ではなく運動不足だと主張する研究者たちをコカ・コーラ社が後援していると報じた。[99] 自分たちが売る飲料は、スポーツやフィットネスを楽しむ人たちが飲むものだ、というマーケティング戦略にのっとってつくられた広告は、タバコ業界の二番煎じのようにも思えるが、もしかしたら二番煎じはタバコ業界の広告のほうかもしれない。[100] しかしタバコ業界と違って飲料業界に希望の光があるとすれば、飲料メーカーはショ糖以外の代用甘味料に頼ることができるという点だろう。とはいっても、そのような代用甘味料がほんとうに肥満との戦いに大きく貢献するかはまだはっきりしていない。[101]

企業の甘味料ビジネス

甜菜の加工業界も、サトウキビやでんぷんの加工業界も、それぞれに独自の利害があり、その利害が対立することも多い。しかし、いったん自分たちの産業が危険にさらされると見るや、それが国レベルの危険であれ、WHOのような国際機関による危険であれ、彼らは一致団結する傾向にある。また彼らには強力な飲料業界という共通の敵もいる。飲料業界は、必要とあればファンジュール兄弟を敵に回すこともいとわず、HFCSが登場したときのようにショ糖甘味料の使用をやめることも、甜菜農家やサトウキビ農家を廃業に追い込むこともためらわない。ちなみに、甘味料をHFCSに切り替えて一気に生産コストを二〇%削減したコカ・コーラのCEO、ロベルト・ゴイズエタは、皮肉にもキューバからの難民であり、スペイン人精製業者の孫だった[102]。

しかしそのHFCSよりももっと手ごわい敵がノンカロリーの甘味料で、当然ながら、甜菜糖とサトウキビ糖の生産者はこの甘味料の世界市場参入に徹底的に抵抗してきた。人工甘味料の登場は、産業界によるロビー活動の新たな舞台をつくり、新たな宣伝文句を生み出した。なぜなら彼らのロビー活動も広告もその最大の目的は、ショ糖は太る、だから人工甘味料の商品を買え、という明確なメッセージを大衆に植え付けることだったからだ。サトウキビ糖業界と甜菜糖業界は、すぐさま一丸となり、この流れに抵抗した。一九五〇年代半ば、人工甘味料の登場でアメリカの砂糖消費量が減少に転じると、キューバのサトウキビ農家、砂糖研究財団、ツァルニコー・リオンダ社、そしてアメリカの砂糖労働者たちは普通なら考えられない連合を結成してアメリカ議会に向けて猛烈なロビー活動を行い、人工甘味料の進出に抵抗した[103]。

しかし、人工甘味料との戦いはこれが初めてではなかった。二〇世紀の初め、ドイツ政府は甜菜糖業界から圧力をかけられ、一般の消費者市場でのサッカリン販売を禁止していたのだ。コールタールを原料とするサッカリンは、ロシア出身のコンスタンティン・ファールベルクにより一八七九年に発見された添加物だ。ドイツで化学者としての教育を受け、アメリカのジョンズ・ホプキンス大学に所属していた彼は、サッカリンの製造法の特許を取るとドイツに戻り、叔父とともに、世界の甜菜糖利権の中心地、マクデブルク近郊に工場を建設した。糖尿病患者にとってはまさに奇跡的な発見と評判になったサッカリンは、またたく間に広く報じられた。ショ糖の五〇〇倍甘いサッカリンは、一九〇一年、「甘味力」で、ドイツの砂糖市場の五%を占めるようになり、甜菜糖と競合する強力な甘味料として頭角を現した。これによって、ファールベルクは大富豪になった。しかしドイツ議会は甜菜糖生産者に配慮し、サッカリンの製造を医療目的だけに制限する法律を制定した。その後、甜菜糖の生産を厳しく制限するブリュッセル条約への署名が行われると、ドイツの砂糖業界は政府にサッカリンの製造制限をもっと強化するよう要求。政府は今回もそれを受け入れ、サッカリンが製造できる工場を、ひとつの工場に限定した。[104]

ヨーロッパ諸国のほとんどはこのドイツの措置にならったが、スイスは例外で、同国では人工甘味料の研究によって巨大化学会社サンド社が誕生した。[105] また、モンサント社の研究所では、スイス人化学者たちがバニリン、クマリン、カフェインなど多くの化学的代用品を製造した。一九〇一年にセントルイスに設立されたこの巨大化学企業、モンサント社は、当初はコカ・コーラ社用のサッカリン製造業者として出発した。[106] 二〇世紀初頭、アメリカでは多くのソフトドリンクにモンサント社製のサッカリンが使われていたのだ。

やがてサッカリンは、ハーヴェイ・ワイリー率いる添加物撲滅運動のターゲットのひとつとなり、ワイリーはコカ・コーラに、というよりすべてのダイエットコーラにサッカリンの使用を中止させることに成功した（これは一九六二年まで続いた）。ワイリーは、石炭から甘味料を抽出して、なんの栄養価もない物質をつくること、それも彼が毒に近いと見なす物質をつくることに嫌悪感を抱いていたのだ。一九一一年、ワイリーの食品検査局は、サッカリンの添加は不健康であり、食品の価値を下げると決定した。じつはこの数年前、彼はこれをセオドア・ローズヴェルト大統領に説明したが、皮肉にもこのとき大統領は医師から、糖尿病の予防にサッカリンを処方されていたため、理解は得られなかった。それでも、ワイリーの意見は法律として明文化され、サッカリンは砂糖の代用甘味料にはならず、この甘味料が含まれている製品の包装にはかならず、ダイエット目的で添加されている旨が明記されることになった。[107]その後、第一次世界大戦が始まると砂糖不足が懸念されるようになり、サッカリンの使用が拡大する環境が整ったかに思われた。だがそれでも、アメリカではサッカリンはダイエット目的にのみ使用される添加物にとどまった。サッカリンの利用が低カロリー飲料を通じて急速に広がったのは第二次世界大戦後のことで、一九六四年には低カロリー飲料は飲料市場の一〇%を占めるようになった。[108]

サッカリンには後味が悪いという欠点があったため、他の人工甘味料との競争にさらされやすかった。一九五〇年には液体甘味料のチクロが「スカリル」という名で発売され、「ウエストのシェイプを保ちながら」、最高の味を楽しめるという広告で売り出された。[109]この広告を見ても、当時のアメリカ人はすでに、砂糖が肥満を招くと理解していたことがわかる。大手化学企業はチクロを大量に生産し始め、生産されたチクロは飲料の生産ラインでも使われるようになった。当時のアメリカ人は一週間に四本から五本のソフトドリンクを飲んでいたから、これはばかにならない大きなビジネスだった。もちろん米国砂糖協会も砂糖研究財団も黙っているはずはなく、チクロに反対する運動を開始した。チクロに発がん性があるという証拠はなく――とんでもない量を摂取すれば話は別だが――、一九六九年にはヨーロッパの多くの国がチクロの使用を許可したが、アメリカ食品医薬品局（FDA）は同年、チクロの使用を禁止した。チクロ反対のPRキャンペーンが、しっかり成果をあげたというわけだ。[110]

チクロが使えなくなった飲料業界は、ふたたびサッカリンに戻ることになったが、この甘味料もまたラットを使った不適切な試験の犠牲になった。実験用のラットに異常に大量のサッカリンが与えられたのだ。一九七二年、ＦＤＡはサッカリンを安全な添加物のリストからはずし、その五年後には、サッカリンを含む食品は、その包装に健康被害警告を記すことが義務づけられた。サッカリンをめぐる戦いは、アメリカ議会がこの規定を廃止する二〇〇〇年まで続いた。[111]

ＦＤＡがサッカリンを安全な添加物リストからはずした二年後の一九七四年、カロリーゼロの新たな甘味料が登場した。しかしこの甘味料、アスパルテームはその後、波乱に富んだ経過をたどることになる。というのもこれを開発したサール社は、操作したデータをＦＤＡに提出していたからだ。栄養学者たちはアスパルテームに反対するキャンペーンを始め、消費者運動家であり公民権運動家としても有名なラルフ・ネーダーがこれに加わった。そして調査の結果、サール社の研究所が試験日誌を改竄《かいざん》していたという衝撃的な事実が明らかになった。[112] アスパルテームは一九七五年に使用を禁止されたが、それも長くは続かなかった。サール社は元――そして未来の――国防長官、ドナルド・ラムズフェルドを社長として雇ったのだ。彼に与えられた任務のひとつが、アスパルテームの使用禁止を撤回させることだった。そしてまもなく、彼にチャンスが訪れた。ロナルド・レーガン政権の最初の政権移行チームの一員としてＦＤＡの新局長人事をとりまとめる仕事が回ってきたのだ。そして新局長は魔法のように、アスパルテームの食用および食品用の使用禁止を解除した。[113]

一九八一年、アスパルテームはＦＤＡに認可されたが、そのころには特許がほぼ切れかかっていたため、この問題は、サール社からキャンペーン資金を受け取っていたとされる上院議員たちが対処することになった。その結果、特許期間は延長され、一九八五年、サール社は最終的に当時、非常に収益が大きく、連邦議会議員たちとの人脈も豊富だった化学会社、モンサント社に高値で売却された。[114] 一九八六年にはＦＤＡがアスパルテームに関する規制をすべて解除したが、あまりにも長い年月が経過したため、この甘味料の名には悪いイメージがついてしまった。しかし専門家はアスパルテームの消費にいかなる健康リスクもないとしており、そのようなイメージは適切でもなければ、正当でもない。イタリアの研究者、モランド・ソフリティのチームが行った新たな試験はアスパルテームの発がん性を指摘したが、欧州食品安全機関はこの試験に欠陥があるとして却下している。[115]

こうして三つの人工甘味料の評判は地に落ち、四つ目の甘味料への道が開かれた。それが、スプレンダというブランド名で販売されたスクラロースだ。スクラロースは塩化物を含んでいるため、米国砂糖協会はこの甘味料を「塩素系人工甘味料」と喧伝し、早急にこの甘味料をつぶそうと試みた。しかしこれはナンセンスで、スクラロースとスイミングプールに投入されるあの不快な臭いのする物質にはなんの共通点もない。スクラロースは、一九七六年にテート&ライル社がイギリスで特許を取得しており、同社は巨大製薬企業ジョンソン&ジョンソン社と共同で、アラバマにスクラロースの生産拠点を置いた。これはちょうど一九九〇年代、テート&ライル社が砂糖を大量生産する大手製糖企業から栄養の専門企業へと転換し、自社のことを「低カロリーソリューションを提供する」企業と位置づけた時期でもあった。スプレンダは同社の稼ぎ頭となり、アメリカの人工甘味料市場の六〇%を握ることとなった。[116] テート&ライル社にとって面白くなかったことがあるとすれば、それは中国の工場が起こしたスクラロースの特許侵害訴訟で手ひどく敗訴したことだろう。中国側が勝訴したのはひとえに、この甘味料の発明に関わった研究者のひとり、アフリカ人奴隷の子孫でジャマイカ出身の著名な化学者、バートラム・フレイザー・リードの証言のおかげだ。[117] 彼が生まれ育ったジャマイカでは、抑圧的な労使関係、とくに一九三〇年代の抑圧的な労使関係の元凶はテート&ライル社にあるとされていたから、これもまた皮肉なものだった。[118]

ノンカロリー甘味料を市場に参入させるための戦いが何十年も続いたのは、サトウキビ糖や甜菜糖生産者が強大な力を持っていたというだけでなく、そこに企業の莫大な利益が関わっていたからでもあった。ノンカロリー甘味料が市場を確立するには長い年月がかかったが、それでもいったん市場が確立すると、生産者たちはためらうことなく競合を追い出しにかかった。そしてそれと同じことが、ステビアにも起こった。ステビアは他のノンカロリー甘味料と違って植物由来であるため、人工甘味料として切り捨てることのできない甘味料だった。一九三一年、フランス人化学者がステビオシドの単離に成功したが、その後、これが商品として市場に出るまでには三九年の歳月がかかった。人工甘味料を禁止していた日本が一九七〇年にステビアを導入し、以後、日本ではステビアが幅広く利用されるようになったのだ。しかしアメリカでは一九八〇年代、FDAがステビアに対して積極的に反対運動を行った。噂によればアメリカがこの甘味料を禁じたのは、一九八五年からニュートラスイート社を所有していたモンサント社に煽られたからだという。モンサント社は自社の市場シェアを拡大し、ステビアの人気の高まりに対抗しようと、あらゆる手を尽くした。それを、身をもって経験したのがブラジルだ。一九八八年、ブラジルは国内の肥満と二型糖尿病の蔓延への対策として、他の人工甘味料は禁止しながらも、ステビアの使用だけは承認した。しかしこれを問題視したのがモンサント社で、ステビアの使用を許すなら、アスパルテーム、チクロ、サッカリンもダイエット・ドリンク用に許可するようブラジルに迫ったのだ[119]。

WHOはすでに一九九〇年にはステビアの使用を許可していたし、ステビアはアトキンス式低炭水化物ダイエットでも推奨されていたが、それでもアメリカのFDAがステビアを甘味料として受け入れるにはさらに一八年の歳月がかかった。その後、二〇一〇年にはベルギー、イタリア、スペインでも認可され、その一年後にはEU全域でステビアの使用が許可された。ステビアには不快な後味があったうえ他の人工甘味料より高価ではあったが、それでもコカ・コーラ、スプライト、ネスティーに利用されるという大成功をおさめ、これらの飲料の砂糖含有量を三〇%削減した。フランスの製糖大手、テレオス社はいくつかのEU加盟国で、ステビアをベースにした砂糖製品を食品・飲料メーカーに販売し始めた[120]。テート&ライル社は不快な後味のないステビアの開発に挑戦して「テイステヴァ」と呼ばれる自社ブランドを立ち上げ、これは同社の非ショ糖甘味料へのシフトに重要な役割を果たすことになった。そのための資本を確保するために、テート&ライル社は二〇〇七年、ヨーロッパにあったでんぷんベースのブドウ糖工場五つをシラル社（テレオス社の子会社）に売却した。[121] 同社はまた、アメリカに所有していた精糖工場も売り、最終的には糖蜜の販売部門も二〇一〇年に売却して、イギリスの大手製糖企業としての歴史に終止符を打った。CEOのジェイヴド・アーメッドは、糖蜜部門を売却したのは、食品素材、とくに低カロリーの食品素材に特化した企業になるための資金を確保することが目的だと説明した。[122]

砂糖資本主義の権化とも言えるテート&ライル社は今回も潮目の変化を敏感に察知し、今後何十年かを生き残っていくために動いたのだろう。大量のショ糖摂取が二型糖尿病や心血管疾患に関連しているという学術界の圧倒的なコンセンサスを考えれば、現在進行中の大きな悲劇を食い止めるために、世界が人工甘味料を求めるのは当然だ。[123] 砂糖の発祥の地とも言えるインドでは、二〇一九年、七七〇〇万人が糖尿病を患っており、中国では一億一六四〇万人、砂糖の島モーリシャスでは人口の二二%が糖尿病に苦しんでいる。[124] この驚くべき数字は、ユドキンが警鐘を鳴らしてから半世紀後、バンティングが『市民に宛てた肥満に関する書簡』を書いてから一五〇年後の世界の姿だ。

おわりに

かつてたいへんな贅沢品だった白い結晶糖は、比較的短い期間のうちに、日常生活にあたりまえに存在するごく普通のアイテムとなった。また、食品の大半は驚くほど甘くなったが、私たちの味覚はそれにほとんど気づかぬまま、その甘さに慣れてしまった。この過剰なまでの砂糖消費は世界的な健康リスクをもたらしたが、それだけでなく環境破壊や人種差別、そして世界規模の激しい不平等とも複雑に絡み合っている。それは七〇〇年にわたる世界的な資本主義の結果だ。その歴史は、エジプト、マムルーク朝の支配者やヴェネツィアの有名なコルナーロ家に始まり、さらにはあの著名な探検家のイブン・バットゥータやマルコ・ポーロの時代にまでさかのぼるが、さらにもっとさかのぼればイギリスの軍人、ロバート・ミニャンを驚かせたあのペルシア、アフワーズの製糖工場までたどり着く。そしてその歴史は、非人間的な虐待や生態系の破壊、そのような流れに反対する運動や抵抗や抗議行動、さらには製糖業者同士の激しい戦いに満ちている。だが同時にそれは、驚くべき創意工夫や起業家精神、楽観主義の歴史でもあった。

産業革命以前から、砂糖はすでに重要な産業部門であり、一九世紀の砂糖は二〇世紀の石油と同じくらい重要だった。つまりグローバルな交易において砂糖は莫大な価値がある商品であり、大量の労働力を伴う重要な商品だった。二〇世紀初頭、全世界の人口の六%から八%は、収入の一部を砂糖産業に頼っていたが、そのいっぽうで、砂糖の生産や精製、貿易は、非常に巨大な力を持つ多国籍企業にどんどん集中していった。たとえばヘンリー・O・ハヴマイヤーのシュガー・トラスト社はダウ・ジョーンズ指数を構成する一二の会社のうちのひとつだった。また、ヨーロッパの甜菜糖産業は、欧州連合の協同農業政策の先駆けとなる政策の策定に重要な役割を果たしたが、それと同時に多くの途上国の砂糖経済を破壊し、特定の国の砂糖経済だけを膨張させた。さらに砂糖業界はこれまでずっと、時代に適応していくためのコストを労働者や消費者に転嫁してきた。また、裕福な国や中間所得の国々を砂糖の過剰摂取に陥らせることで、平均をはるかに上回る利益率を確保することも少なくなかった。そのような強力な産業が自分たちの成長に限りがあるなど考えるはずもなく、彼らは今後もこれまで以上に深刻な影響を環境に与えながら、エタノール生産という新たなフロンティアを開拓し、容赦ない拡大へと邁進していくだろう。

砂糖産業は資本主義の二つの側面、すなわち進歩的かつ革新的な面と、自分たちのビジネスに影響がない限りは社会的、環境的影響に無関心という面を併せ持っている。たしかに、砂糖商品は適度に消費している限りは無害であり、ニコチンと違って依存性のある刺激物でもない、という砂糖業界の主張は間違ってはいない。だが問題は、砂糖部門も、その主要な部分を占める食品産業も、食品に過剰な砂糖を加えたほうが儲かるということ、そして彼らにはそれを自主規制する力がないという点だ。砂糖産業は自分たちの利益を最大化し、そこで生じる健康や環境へのコストは社会全体に転嫁している。砂糖を生産する多国籍企業の強大な権力を駆使して、保護主義的関税や過剰消費のコスト、莫大な健康保険料、そして環境被害の回復費用を私たち消費者に支払わせているのだ。

しかし本書でも見てきたように、資本主義の暴走を、砂糖産業だけのせいにするのは根本的に間違っている。スヴェン・ベッカートが『綿の帝国——グローバル資本主義はいかに生まれたか』のなかでも指摘しているように、私たちは資本家が力をつけていくうえで国家が非常に重要な役割を果たしていること、そしてそのせいで資本主義は私たちが思っている以上に変化に弱いということを見落としがちだ。だが結局のところ、政府が権力を持ち続けられるか否かは有権者次第だ。[1] これまでの歴史を見てもわかるように、社会が抵抗し、消費者が選択する権利を武器に産業界と政府の両方に圧力をかければ、砂糖資本主義は軌道修正することができる。だが同時に、そのような修正はつねに部分的なものであり、改善のための変化はどれも新たな問題や矛盾を生む。何百年ものあいだ、土壌の疲弊は新たなフロンティアの開拓を促し、その結果、広大な土地が破壊されてきた。また、一九世紀末にサトウキビの病害を撲滅したことで、大恐慌時には砂糖の過剰生産が生じた。砂糖の割当制度と関税制度は裕福な国々の問題を解消したかもしれないが、その結果、世界市場は非常に不安定化し、不平等も拡大した。今日、砂糖産業は健康問題や環境に関する消費者意識の高まりに直面しているが、純粋に量が物を言う従来のビジネスモデル、すなわち市場占有率が成功を左右するビジネスモデルはそう簡単には変わらない。莫大な広告予算を投入して砂糖産業のイメージアップを図り、批判的な消費者たちにとってさえ魅力的なイメージをつくり上げる、それは「偽善的な環境への配慮《グリーンウォッシング》」とも呼ばれる現象だ。たとえば消費者が環境についての懸念を表明すれば、食品業界は、自分たちは環境関連の認証を得ていると宣伝するだろうし、健康的な食事には繊維質が重要という言説が出れば、食品業界は消費者が大好きな砂糖たっぷりの食品や飲料に繊維質を添加するだろう。

それでも私たちは今、大規模な労働者の抵抗や革命的な動乱によって開発経済や砂糖の協同組合が誕生したあの大恐慌の時代よりも、もっと根本的な変化を目にしているのかもしれない。緑の資本主義、いわゆるグリーン・キャピタリズムへと向かう潮流は、一九世紀初頭の社会運動にも匹敵する大きな流れだ。その当時、世界では奴隷による抵抗運動と、奴隷がつくった砂糖を食べることは残忍なことであり、そのような生産システムは経済的に合理性がないと非難する消費者運動が同時に巻き起こっていた。そして今、砂糖を企業が支配する体制に対する抵抗はふたたび高まっており、そのような抵抗は放置しておけば甚だ破壊的なものとなる。とくにそれが、現地のコミュニティの絶滅につながるのであればなおさらだ。二〇〇年前と同様に現在も、消費者や拡大を続ける砂糖フロンティアによって権利を著しく侵害されている人々からの抗議と抵抗は世界レベルで高まっている。そしてフェアトレード運動は、環境正義運動に対する消費者の意識と健康に対する懸念を効果的に結びつけている。

資本主義の歴史のなかで、砂糖は非常に重要な位置を占めてきたため、今日の砂糖産業はまさにゴルディアスの結び目［思い切った手段を用いないと解決出来ない困難な問題のたとえ］同然の存在になっている。砂糖フロンティアを容赦なく拡大してきたせいで、環境上、健康上、人道上の大問題が蓄積してきたからだ。過去七〇〇年かけて進化してきたシステムを改革し、ひとりあたりの年間砂糖消費量をWHOが推奨する二〇キログラムに抑え、燃料のためだけにサトウキビを栽培することを禁止するには、たいへんな政治的意志が必要だ。国家は長きにわたって砂糖生産に介入してきたが、今、民主的に選ばれた政府の大半がWHOのガイドラインを実現することに消極的というこの現実は、皮肉以外の何ものでもない。だが、一八〇七年にイギリス議会が奴隷貿易を禁止したのと同程度の変革を起こすことぐらいは、立法機関の権限でできるはずだ。もちろん、奴隷貿易の禁止によってサトウキビ労働者の生活が一変したわけではないが、それでも奴隷制や強制労働に反対する長い闘いのきっかけにはなった。資本主義が新たな段階に入るたびに、そこには新たな失望と新たな挑戦が待ち受けている。食品や飲料への砂糖の過剰添加を禁じることは、この必要不可欠な変化の始まりにすぎないが、それは消費者が負担するコストを削減するだけでなく、人々の健康と環境にも大きな改善をもたらすはずだ。砂糖産業における過剰生産、過剰搾取、そして過剰消費という複雑に絡み合った問題を解決するには、法律の斬新な変革こそが求められている。

謝辞

二〇〇一年、アムステルダムに少人数の研究者が集まった。インドネシア、キューバ、オーストラリア、プエルトリコ、そしてアメリカとオランダから集まった学者たちだ。私はこのワークショップの主宰者のひとりで、主賓はシドニー・ミンツ教授だった。ワークショップの目的は、アジアの製糖とアメリカ大陸の製糖という、地理的にも学問的にも遠く離れた分野をそれぞれ研究する歴史家のあいだで対話を始めるというシンプルかつ野心的なものだった。ミンツ教授は私たちに、砂糖の歴史はこれまで大西洋を中心に書かれてきたが、その「バランスを見直して」みたらどうかと促した。それは、ほぼ全世界を横断する私の想像の旅にとって最高のスタートとなった。

その旅の途中、私は砂糖のほぼすべての側面において、最高の学識を持つ人たちに頼ることができた。また、その旅は孤独なひとり旅でもなかった。たとえば友人であり研究仲間でもあるロジャー・ナイトとは、植民地時代のジャワのブルジョワジーについて長年にわたってじっくり話し合ってきた。ジャワの砂糖産業に関する知識において、彼の右に出る者はいないだろう。また、イギリスの「帝国の商品」プログラムの発起人たちと親しくなったおかげで、ジャワとキューバの二大サトウキビ糖生産者を比較する出版物をジョナサン・カリー＝マチャドとの共著で発表することもできた。彼には、ジャワの奇跡のサトウキビ、ＰＯＪ２８７８がどのようにして世界中に広がったかを教えてもらった。カティンカ・シンハ・カルコフとマスーム・レザはインドの砂糖の歴史を教えてくれただけでなく、研究資料の利用や入手をする際、大いに力になってくれた。また、スヴェン・ベッカート、ミンディ・シュナイダー、フランク・ファノウトとともにホワイトボードを前に、資本主義を「時代で分ける」企画をあれこれ考えていたときのことも忘れられない。二〇一八年、私たちはオランダ先端人文社会科学研究所の特別研究員としてアムステルダムのダウンタウンにいた。ペパイン・ブランドン率いる私たちのグループは、奴隷に依存した商品、とくに砂糖がオランダ共和国の富を構築するのに大きく貢献したことを明らかにし、この研究は二〇一九年、オランダの新聞の一面を飾った。また、クリス・マンジャパラとサシャ・アウェルバックとともに、プランテーションの視点から見た自由とはどのようなものだったのかを考察したことも忘れられない。グアンミャン・シューは、台湾が近世の製糖に果たした役割について、私に気づきを与えてくれた。ノーベルト・オートマイヤーとマーシェル・ファン・デル・リンデンもジョナサン・カリー゠マチャドやスヴェン・ベッカートと共に、私の原稿に貴重な考察を寄せてくれた。

またアムステルダムの国際社会史研究所のすばらしいアーカイブと図書館にも感謝したい。二〇年以上にわたり、調査部門や閲覧室、コレクション部門の有能な同僚たちはずっと最高の知的環境を整えてくれている。ジャック・ファン・ヘルヴェンは、ドイツの甜菜とオランダの砂糖産業に関する貴重な資料を入手するために、最大限の尽力をしてくれた。

また、慎重かつ建設的な感想を寄せてくれた匿名の査読者たちにも感謝する。本書の文章に磨きをかけてくれたポール・ヴィンセント、シェリー・ガースタイン、そしてサイモン・ワックスマンにも感謝したい。そして最後になるが、この作品が読まれるに値すると判断し、私たちにとって必要不可欠というわけではなかった砂糖、けれど依然として私たちの世界を形作っている砂糖をいかに語るかについて、ともに考えてくれたシャーミラ・センに心より感謝したい。

訳者あとがき

本書は原題の『*The World of Sugar: How the Sweet Stuff Transformed Our Politics, Health, and Environment over 2,000 Years*』が示すとおり、過去二〇〇〇年にわたる砂糖の全歴史をさまざまな側面からあますところなく語った一冊だ。

現代人にとって砂糖はほんとうに身近な食品で、いまや過剰摂取が懸念されるほど私たちの身の回りにあふれている。しかし、この二〇〇〇年ほどのあいだに世界の政治を変え、人々の健康にも環境にも大きな影響を与えてきた砂糖を、たんなる食品として片付けることはできない。本書は、砂糖が世界の歴史に果たした役割と人々の健康や環境に与えた影響をアジアから欧米、地中海、カリブ海にいたるまで、まさに世界的な視点で語り尽くしている。

冒頭でも著者が書いているように、今日、キッチンの棚を覗けば、ほぼどの食品にも砂糖や甘味料の表示がある。いまや砂糖のない世界など考えることもできないのが実状だ。しかし、人類の歴史と比べれば砂糖の歴史は思いのほか浅い。サトウキビを原料とした粒状の砂糖に関する最古の記録があるのは、今から二五〇〇年ほど前のインドだ。けれども世界には蜂蜜など簡単に甘味料として利用できるものはさまざまあり、サトウキビを栽培し、収穫して搾り、それを煮詰めてさらに精製しなければならない砂糖は、主流の甘味料と呼ぶにはほど遠い存在だった。インドのように、伝統的に農民が無精製の砂糖を日常的に食べていた地域は別としても、世界のほとんどの地域では、砂糖は王侯貴族だけが楽しむことのできる貴重な贅沢品であり、薬、そして富の象徴だったのだ。

そういった時代が長く続いたが、この数百年で砂糖は突然、世界を代表する甘味料となった。はたして砂糖はどのようにして現在の地位に上りつめたのか。また、あれほど貴重だった砂糖が、なぜ過剰生産に陥り、世界の環境を破壊し、肥満の大敵となって人々の健康を脅かすようになったのだろうか。

本書でその答えを語るのが、労働史、国際労働力移動、一次産品フロンティアの研究者である著者、ウルベ・ボスマだ。アジアのプランテーション、そして西インド諸島の植民地についても詳しいボスマがさまざまな角度から語る砂糖の歴史はまさに包括的だ。インドで始まった砂糖づくりの技術はその後、東は中国へ、そして西はペルシアからメソポタミアへ、そして地中海東岸やエジプトへと伝わっていくのだが、本書はこの製糖技術が世界を旅していく物語で幕を開ける。

やがて貴重な白い結晶糖は富の象徴となり、ヨーロッパの支配者たちの砂糖への渇望は砂糖の供給地を確保する欲望へと姿を変えていく。サトウキビの栽培に適した土地がほとんどなかったヨーロッパの国々は、カリブ海の島々や東南アジアの植民地で砂糖生産を始めるようになるのだが、労働集約型の砂糖産業はとにかく膨大な数の労働者が必要だ。こうしてカリブの島々のプランテーションは多くのアフリカ人奴隷を労働力として使い、ジャワではオランダの植民地政府が強制栽培制度を導入して、貧しい農民を徹底的に搾取するようになる。砂糖という貴重な「甘味」は、大規模で残虐な人権侵害を引き起こしたのだ。

奴隷制度というと、綿花のプランテーションを想起しがちだが、アフリカ人奴隷のおもな行き先は砂糖プランテーションで、海を渡ってやってきたアフリカ人奴隷一二五〇万人のうち、半数から三分の二は砂糖プランテーションに送られていたという。その後、イギリスでは奴隷制の廃止運動が巻き起こるが、この運動の象徴となったのがまた砂糖だったというのも興味深い。イギリス本国の人々は、「これは奴隷の砂糖ではありません」と書かれた砂糖壺を食卓に置き、奴隷のつくった砂糖をボイコットすることで奴隷制廃止を訴えた。砂糖のために奴隷制度が導入され、砂糖を通して奴隷制度の廃止が叫ばれたのだ。

砂糖プランテーションの拡大で、砂糖の生産量は格段に増えていった。しかし生産量の増加は奴隷の労働だけで達成されたわけではない。かつてインドでは農民が農閑期にサトウキビを搾り、その汁を煮詰めて砂糖の塊をつくっていたが、砂糖づくりが世界中に広がるうちに製糖技術も精製技術も各地で発展を続け、やがてヨーロッパで産業革命が起こると、製糖産業にも科学と蒸気が導入され、工業化が進んだ。さらに甜菜《てんさい》糖《とう》の出現でヨーロッパでも砂糖を生産できるようになると、それまで熱帯地域だけに頼っていた砂糖生産は大きな転換期を迎えることになる。この製糖技術や科学の発展がいかに砂糖の世界を変えていったかも、著者は真空釜の開発やその普及の経緯とともに詳しく語っている。

本書の特徴は、砂糖そのものの歴史や製糖技術の発達のみならず、砂糖が政治に与えた影響や、プランテーションが生んだ砂糖ブルジョワジー、製糖業者が支配する強力な砂糖資本主義といった点からも、砂糖を語っているところだろう。また、カリブ海の島々やブラジルなどの一般的によく知られる砂糖生産地だけでなく、インドの農民による製糖やジャワにおけるオランダの強制栽培制度、日本植民地下の台湾製糖の発達など、アジアの砂糖生産についてもバランスよく語られ、全世界の砂糖の歴史を俯瞰して見ることができる。

砂糖は植民地間の競争を生み、宗主国間に争いを生み、プランテーションの拡大で環境の破壊は大規模に進んだ。また、甜菜糖の登場とヨーロッパ各国の保護主義が砂糖の過剰生産を招き、世界の砂糖価格が大暴落するという危機も訪れる。世界を襲うその変化はめまぐるしく、砂糖を引き金に革命が起こり、人種間あるいは社会階層間に対立が生じ、品種改良はサトウキビの病害を招いて砂糖業界を窮地へ追いやった。著者は、砂糖を取り巻くさまざまな側面を多角的に語ることで、砂糖に翻弄される世界を浮き彫りにし、世界商品としての当時の砂糖が現代の石油と同様に、世界の政治、経済に大きな影響を与えていたことを、臨場感を持って描き出している。

著者はまた、サトウキビ糖や甜菜糖の次の世代の甘味料とも言える高果糖コーンシロップの登場によって生じた砂糖界の変化、そしてその後に続々と登場する人工甘味料について語ることも忘れない。肥満や糖尿病が世界的に大きな社会問題となっている現代、低カロリーやゼロカロリーの人工甘味料に向けられる視線は熱い。しかしサトウキビ糖や甜菜糖を製造してきた従来の製糖企業にとって人工甘味料の存在が面白いはずはない。たとえば一九世紀末に開発されたサッカリンは、ドイツ政府が甜菜糖製造業者に配慮して、医療用以外の製造販売を禁止しているし、一九五〇年に開発されたチクロは、砂糖業界の激しい反対運動の結果、アメリカ食品医薬品局がその使用を禁止している。その後も、人工甘味料と砂糖業界との攻防は激しく、誹謗中傷やデマの流布で新たな甘味料を潰そうとする砂糖業界の、消費者そっちのけの利権争いには愕然とさせられる。同様に、アメリカ農務省が国民にバランスのとれた栄養摂取を促すために策定したフード・ピラミッドに対して、糖分の摂取が抑制されないよう横槍を入れ、自分たちに都合のいいように書き換えてしまう製糖業界の暴挙と利益至上主義も、読んでいて戦慄を覚える。

いにしえの人々はおそらく、サトウキビを嚙んで、その濃厚な甘味を単純に楽しんでいたのだろう。けれどもそのサトウキビが搾られ、煮詰められ、精製されて白い砂糖になると、それは多くの人々を搾取し、富と権力の源となり、政治にも影響を与える存在となっていく。甘い砂糖は、もはや甘いだけの食品ではないことを、本書はその歴史を通じて教えてくれる。

著者のウルベ・ボスマは一九九五年、オランダのライデン大学で歴史学博士号を取得した。社会史国際研究所（ＩＩＳＨ）の上級研究員であると同時に、アムステルダム自由大学で「国際比較社会史」の教授として教鞭をとっており、パリの社会科学高等研究院（ＥＨＥＳＳ）の客員教授でもある。専門は労働と商品生産の歴史、とりわけ砂糖と国際労働力移動。『*The Making of a Periphery*』、『*The Sugar Plantation in India and*

Indonesia』など、開発経済やインドおよびインドネシアの砂糖プランテーションについての著作もある。本書が世界の砂糖の全歴史を多角的に網羅できているのも、アジア、大西洋、カリブ海地域の植民地プランテーションについての彼の深い造詣があってこそだろう。

最後に、本書を担当する機会を与えてくださった河出書房新社、編集部の渡辺史絵さんと、迅速な対応と的確なアドバイスでもたもたする訳者を支えてくださった携木敏男さんに心から感謝したい。

吉嶺　英美

二〇二四年六月

索　引

【ア】

【イ】

【カ】

【キ】

【ク】

【ケ】

【コ】

【サ】

【シ】

【ス】

【セ】

【ソ】

【タ】

【チ】

【ツ】

【テ】

【ト】

【ナ】

【ニ】

【ネ】

【ノ】

【ハ】

【ヒ】

【フ】

【へ】

【ホ】

【マ】

【ミ】

【ム・メ】

【モ】

【ヤ・ユ・ヨ】

【ラ】

【リ】

【ル】

図版出典

p. 21: KITLV 153524, Leiden University Libraries, Netherlands
p. 31: Reproduction courtesy of the Institute of History and Philology, Academia Sinica, Taiwan
p. 45: Courtesy of Marie-Louise von Wartburg
p. 54: Cecilia Heisser / Nationalmuseum Sweden
p. 68: Henry Koster, *Travels in Brazil*, London, 1816, p. 336. Slavery Images
p. 71: Amsterdam City Archives, Netherlands
p. 117: W. A. V. Clark, "Ten Views in the Island of Antigua," plate III. (London: Thomas Clay, 1823) / British Library / Wikimedia Commons
p. 157: Bibliothèque nationale de France / CIRAD, France
p. 170: Reproduction ©The Trustees of the British Museum
p. 171: Adolphe Duperly, "Destruction of the Roehampton Estate January during Baptist War in Jamaica" (1833) / Wikimedia Commons
p. 202: Reproduction courtesy of Swire Archives
p. 217: Metropolitan Museum of Art / Wikimedia Commons
p. 223: Nationaal Museum van Wereldculturen, Netherlands
p. 240: Library of Congress Prints and Photographs Division, LC-DIG-fsa-8a24782
p. 249: viajesviatamundo.com
p. 256: Khalid Mahmood / Wikimedia / CC BY-SA 3.0
p. 265: Library of Congress / Wikimedia Commons
p. 291: TrangHo KWS / Wikimedia Commons / CC BY-SA 3.0
p. 314: Nationaal Museum van Wereldculturen, Netherlands
p. 316: KITLV 10735, Leiden University Libraries, Netherlands
p. 319: Reproduction courtesy of Nakskov lokalhistoriske Arkiv, Denmark
p. 359: Eric Koch for Anefo, National Archive, The Hague, Netherlands
p. 395: Data sources: Stephan Guyenet and Jeremy Landen, "Sugar Consumption in the US Diet between 1822 and 2005," Online Statistics Education: A Multimedia Course of Study, Rice University (https://onlinestatbook.com/2/casestudies/sugar.html); Julius Wolf, "Zuckersteuer und Zuckerindustrie in den europäischen Ländern und in der amerikanischen Union von 1882 bis 1885, mit besonderer Rücksichtnahme auf Deutschland und die Steuerreform daselbst," FinanzArchiv 3, no. 1 (1886): 71; James Russell, *Sugar Duties: Digest and Summary of Evidence Taken by the Select Committee Appointed to Inquire into the Operation of the Present Scale of Sugar Duties* (London: Dawson, 1862), Appendix 1, 87; H. C. Prinsen Geerligs, *De ontwikkeling van het suikergebruik* (Utrecht: De anti-suikeraccijnsbond, 1916); *Cahiers de l'I.S.E.A., Économies et Sociétés*, (Paris: Institut de science économique appliquée, 1971): 1398, Table 16; Hans-Jürgen Teuteberg, "Der Verzehr von Nahrungsmitteln in Deutschland pro Kopf und Jahr seit Beginn der Industrialisierung: Versuch einer quantitativen Langzeitanalyse," *Archiv für Sozialgeschichte 19 (1979): 348; FAO, The World Sugar Economy in Figures 1880–1959* (Rome: FAO, 1961), table 14; FAOSTAT, "Food Balance Old," https://www.fao.org/faostat/en/#data /FBSH(with sugar*0,9

accounting for loss); FAOSTAT, “Food Balance 2010 -,” https://www.fao.org/faostat/en/#data / FBS

p. 309: Reproduction courtesy of the Free Library of Philadelphia, Print and Picture Collection

p. 412: USFDA

原註

はじめに

1. Stanley L. Engerman, "Contract Labor, Sugar, and Technology in the Nineteenth Century," *Journal of Economic History* 43, no. 3 (1983): 651.
2. Patrick Karl O'Brien, "Colonies in a Globalizing Economy, 1815–1948," in *Globalization and Global History*, ed. Barry K. Gills and William R. Thompson (Hoboken, NJ: Taylor and Francis, 2012), 237–238.
3. Sidney W. Mintz, *Sweetness and Power: The Place of Sugar in Modern History* (Harmondsworth, England: Penguin, 1986), 158. シドニー・W・ミンツ『甘さと権力——砂糖が語る近代史』2021年、筑摩書房
4. 資本主義に関する歴史的な視点については、以下をはじめとする文献を参照。Jürgen Kocka, "Durch die Brille der Kritik: Wie man Kapitalismusgeschichte auch Schreiben Kann," *Journal of Modern European History* 15, no. 4 (2017): 480–488.
5. Aseem Malhotra, Grant Schofield, and Robert H. Lustig, "The Science against Sugar, Alone, Is Insufficient in Tackling the Obesity and Type 2 Diabetes Crises — We Must Also Overcome Opposition from Vested Interests," *Journal of the Australasian College of Nutritional and Environmental Medicine* 38, no. 1 (2019): a39.
6. 165カ国のデータを網羅したある出版物は、2030年までに世界人口の7.7%が2型糖尿病に罹患すると予測している。Praveen Weeratunga et al., "Per Capita Sugar Consumption and Prevalence of Diabetes Mellitus — Global and Regional Associations," *BMC Public Health* 14, no. 1 (2014): 1.
7. ブルジョワ階級の定義については、以下の文献も参照。Christof Dejung, David Motadel, and Jurgen Osterhammel, *The Global Bourgeoisie: The Rise of the Middle Classes in the Age of Empire* (Princeton, NJ: Princeton University Press, 2020), 6–7

第1章　アジアの砂糖の世界

1. Robert Mignan, *Travels in Chaldea, Including a Journey from Bussorah to Bagdad, Hillah, and Babylon, Performed on Foot in 1827* (London: H. Colburn and R. Bentley, 1829), 304.
2. Mignan, *Travels in Chaldea*, 309; Carl Ritter, *Über die geographische Verbreitung des Zuckerrohrs.....* (Berlin: Druckerei der k. Akademie, 1840), 1.
3. Alexander Burnes, *Travels into Bokhara: Being the Account of a Journey from India to Cabool, Tartary and Persia..... in the Years 1831, 1832, and 1833*, vol. 2 (London: J. Murray, 1834), 453–454.
4. W. Heyd and Furcy Raynaud, *Historie du commerce du Levant au moyen age*, vol. 2 (Wiesbaden, Germany: Otto Harrassowitz, 1885–1886), 681; Mohamed Ouerfelli, *Le sucre: Production, commercialisation et usages dans la Méditerranée médiévale* (Leiden: Brill, 2008), 19–21; Ritter, *Über die geographische*, 67.
5. Tsugitaka Sato, *Sugar in the Social Life of Medieval Islam* (Leiden: Brill, 2015), 23. 佐藤次高『砂糖のイスラーム生活史』2008年、岩波書店
6. Duarte Barbosa, *A Description of the Coasts of East Africa and Malabar, in the Beginning of the Sixteenth Century*, trans. Henry E. J. Stanley (London: Hakluyt Society, 1866), 14.
7. Ritter, *Über die geographische*, 20.
8. Richard H. Major, *India in the Fifteenth Century: Being a Collection of Narratives of Voyages to India.....* (London: Hakluyt Society, 1857), 27; Jean-Baptiste Tavernier, *Travels in India: Translated from the Original French Edition of 1676.....* , 2 vols. (London: Macmillan, 1889)、とくに1: 275, 386, 391; and 2: 264 を参照。
9. Ulbe Bosma, *The Sugar Plantation in India and Indonesia: Industrial Production, 1770–2010* (Cambridge: Cambridge University Press, 2013), 38–39.
10. Lallanji Gopal, "Sugar-Making in Ancient India," *Journal of the Economic and Social History of the Orient* 7, no. 1 (1964): 65.
11. Edmund Oskar von Lippmann, *Geschichte des Zuckers: Seit den ältesten Zeiten bis zum Beginn der Rübenzucker-*

Fabrikation: ein Beitrag zur Kulturgeschichte (Berlin: Springer, 1929), 160–161.

12. Sucheta Mazumdar, *Sugar and Society in China: Peasants, Technology, and the World Market* (Cambridge, MA: Harvard University Press, 1998), 22, 26–27. サトウキビの搾り汁を煮詰めて砂糖を作る技術は、紀元前400年には中国で知られていたと季羨林は考えている。Ji Xianlin *A History of Sugar* (Beijing: New Starr Press, 2017), 72, 78–80.
13. F. Buchanan, *A Journey from Madras through the Countries of Mysore, Canara, and Malabar.....*, vol. 1 (London: Cadell and Davies, 1807), 157–158.
14. Francis Buchanan, *A Geographical, Statistical and Historical Description of the District of Dinajpur in the Province of Bengal* (Calcutta: Baptist Mission Press, 1833), 301–307.
15. Bosma, *The Sugar Plantation*, 40.
16. Irfan Habib, *Economic History of Medieval India, 1200–1500* (Delhi: Longman, 2011), 127; Ritter, *Über die geographische*, 32.
17. S. Husam Haider, "A Comparative Study of Pre-Modern and Modern Stone Sugar Mills (Distt. Agra and Mirzapur)," *Proceedings of the Indian History Congress* 59 (1998): 1018–1019; B. P. Mazumdar, "New Forms of Specialisation in Industries of Eastern India in the Turko-Afghan Period," *Proceedings of the Indian History Congress* 31 (1969): 230.
18. Jan Lucassen, *The Story of Work: A New History of Humankind* (New Haven, CT: Yale University Press, 2021), 176–177.
19. Scott Levi, "India, Russia and the Eighteenth-Century Transformation of the Central Asian Caravan Trade," *Journal of the Economic and Social History of the Orient* 42, no. 4 (1999): 529; R. H. Davies, *Report on the Trade and Resources of the Countries on the North-Western Boundary of British India* (Lahore: Government Press, 1862), 8–9; Anya King, "Eastern Islamic Rulers and the Trade with Eastern and Inner Asia in the 10th–11th Centuries," *Bulletin of the Asia Institute* 25 (2011): 177; Burnes, *Travels into Bokhara*, 2: 429.
20. Duarte Barbosa, *The Book of Duarte Barbosa: An Account of the Countries Bordering on the Indian Ocean and Their Inhabitants [Mansel L. Dames]*, vol. 2 (London: Hakluyt Society, 1918), 112, 146; Barbosa, *A Description*, 60–69, 80; Ralph Fitch, "1583–1591 Ralph Fitch," in *Early Travels in India 1583–1619*, ed. William Foster (London: Humphrey Milford, Oxford University Press, 1921), 24; François Bernier, *Travels in the Mogul Empire A.D. 1656–1668: A Revised and Improved Edition Based upon Irving Brock's Translation by Archibald Constable* (Westminster, England: Archibald Constable, 1891), 283, 428, 437, 441, 442.
21. ヨハネス・ド・ラートは Frederic Solmon Growse, *Mathurá: A District Memoir*, vol. 1 (North-Western Provinces' Government Press, 1874), 115に引用されている。
22. Haripada Chakraborti, "History of Irrigation in Ancient India," *Proceedings of the Indian History Congress* 32 (1970): 155; Habib, *Economic History*, 194–195.
23. Mazumdar, *Sugar and Society*, 142; Joseph Needham, Christian Daniels, and Nicholas K. Menzies, *Science and Civilisation in China*, vol. 6, *Biology and Biological Technology*, pt. 3, *Agro-Industries: Sugarcane Technology* (Cambridge: Cambridge University Press, 2001), 303–306.
24. Lady Fawcett, Charles Fawcett, and Richard Burn, *The Travels of the Abbé Carré in India and the Near East, 1672 to 1674*, vol. 1 (London: Hakluyt Society, 1947), 178; Barbosa, *A Description*, 60, 69, 155; John Fryer, *A New Account of East-India and Persia..... Being Nine Years Travels, Begun 1672 and Finished 1681.....* (London: Chiswell, 1698), 105; Tomé Pires, Armando Cortesão, and Francisco Rodrigues, *The Suma Oriental of Tomé Pires: An Account of the East, from the Red Sea to Japan, Written in Malacca and India in 1512–1515.....* (London: Hakluyt Society, 1944), 92; Barbosa, *The Book*, 1: 64, 107, 188.
25. Ibn Battúta, *Travels in Asia and Africa, 1325–1354* (London: George Routledge and Sons, 1929), 282.
26. Needham, Daniels, and Menzies, *Sugar Cane Technology*, 185; Billy K. L. So, *Prosperity, Region, and Institutions in Maritime China: The South Fukien Sugar Cane Pattern, 946–1368* (Cambridge, MA: Harvard University Asia Center/Harvard University Press, 2000), 71.
27. Françoise Sabban, "Sucre candi et confiseries de Quinsai: L'essor du sucre de canne dans la Chine des Song (Xe–XIIIes.)," *Journal d'Agriculture traditionnelle et de Botanique appliquée* 35, no. 1 (1988): 209; Françoise Sabban, "L'industrie sucrière, le moulin à sucre et les relations sino-portugaises aux XVIe–XVIIIe siècles," *Annales. Histoire, Sciences sociales* 49 (1994): 836; Mazumdar, *Sugar and Society*, 29–30; Needham, Daniels, and Menzies,

Sugar Cane Technology, 92; So, *Prosperity*, 65–66; Paul Wheatley, "Geographical Notes on Some Commodities Involved in Sung Maritime Trade," *Journal of the Malayan Branch of the Royal Asiatic Society* 32, no. 2 (186) (1959): 87; Ju-Kua Chau, *Chau Ju-Kua: His Work on the Chinese and Arab Trade in the 12th and 13th Centuries, Entitled Chu-fan-dii*, trans. Friedrich Hirth and W. W. Rockhill (St. Petersburg: Imperial Academy of Sciences, 1911), 49, 53, 61, 67.

28. 両ダニエルズはバガス（サトウキビの搾りかす）を煮詰めることで、スクロースが細胞壁から離れる拡散プロセスが可能になったとしている。John Daniels and Christian Daniels, "The Origin of the Sugarcane Roller Mill," *Technology and Culture* 29 (1988): 524n. 110. 彼らは Pehr Osbeck, *A Voyage to China and the East Indies..... and an Account of the Chinese Husbandry, by Captain Charles Gustavus Eckeberg*, trans. John Reinhold Forster, F.A.S., vol. 2 (London: Benjamin White, 1771), 197 で引用されたエックバーグの目撃談にも言及している。Sabban もマズンダーもこの浸透プロセスについては触れていないが、煮たバガスから汁を搾っていることについては言及している。Sabban, "Sucre candi," 202; Mazumdar, *Sugar and Society*, 129–130.

29. Sato, *Sugar in the Social Life*, 49; Marco Polo, *The Book of Ser Marco Polo the Venetian concerning the Kingdoms and Marvels of the East* ....., trans. and ed. Henry Yule and Henri Cordier, 2 vols. (London: Murray, 1903), 1: intro., 98; 2: 226. マルコ・ポーロ『東方見聞録』2022年、河出書房新社

30. Angela Schottenhammer, "Yang Liangyao's Mission of 785 to the Caliph of Baghdād: Evidence of an Early Sino-Arabic Power Alliance ?," *Bulletin de l'École française d'Extrême-Orient* 101 (2015): 191, 208, 211; Xianlin, *A History of Sugar*, 127–128.

31. Mazumdar, *Sugar and Society*, 162–163; Sabban, "L'industrie sucrière," 843; Needham, Daniels, and Menzies, *Sugar Cane Technology*, 95–98.

32. Daniels and Daniels, "The Origin," 528; Mazumdar, *Sugar and Society*, 152–158. アメリカ大陸では、ローラーが３つの水平型圧搾機からローラーが３つの縦型圧搾機が開発されたという説については Sabban, "L'industrie sucrière," 824, 829, 831 を参照。

33. Mazumdar, *Sugar and Society*, 160–161.

34. Chin-Keong Ng, *Boundaries and Beyond: China's Maritime Southeast in Late Imperial Times* (Singapore: NUS Press, 2017), 104, 239–240.

35. Darra Goldstein, *The Oxford Companion to Sugar and Sweets* (Oxford: Oxford University Press, 2015), 372, 467.

36. Data assembled by Nagazumi and quoted in George Bryan Souza, "Hinterlands, Commodity Chains, and Circuits in Early Modern Asian History: Sugar in Qing China and Tokugawa Japan," in *Hinterlands and Commodities*, ed. Tsukasa Mizushima, George Bryan Souza, and Dennis Owen Flynn (Leiden: Brill, 2015), 34.

37. Ng, *Boundaries and Beyond*, 227–228.

38. 17世紀半ばには、台湾の中国人人口21,500人のうち93％が成人男性であった。以下を参照。"Generale missiven van gouverneurs-generaal en raden aan heren XVII der Verenigde Oostindische Compagnie," II, Grote Serie 112, 354–355, http://resources.huygens.knaw.nl/voctaiwan. また VOC のアーカイブは公司が製糖に関与していたことに触れている。"VOC, *Dagregisters van het Kasteel Zeelandia, Taiwan*", July 12, 1655, fol. 669, http://resources.huygens.knaw.nl/voctaiwan.

39. Chin-Keong Ng, *Trade and Society: The Amoy Network on the China Coast, 1683–1735* (Singapore: NUS Press, 2015), 104, 134; Mazumdar, *Sugar and Society*, 300; John Robert Shepherd, *Statecraft and Political Economy on the Taiwan Frontier: 1600–1800* (Stanford, CA: Stanford University Press, 1993), 159; Xianlin, *A History of Sugar*, 376.

40. Robert B. Marks and Chen Chunsheng, "Price Inflation and Its Social, Economic, and Climatic Context in Guangdong Province, 1707–1800," *T'oung Pao* 81, fasc. 1/3 (1995): 117; Guanmian Xu, "Sweetness and Chaozhou: Construction of Tropical Commodity Chains on the Early Modern China Coast, 1560s–1860s" (MA thesis, Chinese University of Hong Kong, 2017), 57–59; Guanmian Xu, "From the Atlantic to the Manchu: Taiwan Sugar and the Early Modern World, 1630s–1720s," *Journal of World History* 33, no. 2 (2022): 295; Xianlin, *A History of Sugar*, 347, 414.

41. Osbeck, *A Voyage to China*, 2: 297.

42. 以下を参照。Mazumdar, *Sugar and Society*, 173–177. Yukuo Uyehara, "Ryukyu Islands, Japan," *Economic Geography* 9, no. 4 (1933): 400.

43. Yasuzo Horie, "The Encouragement of 'Kokusan' (國產) or Native Products in the Tokugawa Period," *Kyoto University Economic Review* 16, no. 2 (36) (1941): 45, 47; Souza, "Hinterlands," 41–42; Laura Mason, *Sweets and Candy: A Global History* (London: Reaktion Books, 2018), 18; Goldstein, *The Oxford Companion*, 777.
44. Tansen Sen, "The Formation of Chinese Maritime Networks to Southern Asia, 1200–1450," *Journal of the Economic and Social History of the Orient* 49, no. 4 (2006): 426; Craig A. Lockard, "'The Sea Common to All': Maritime Frontiers, Port Cities, and Chinese Traders in the Southeast Asian Age of Commerce, ca. 1400–1750," *Journal of World History* 21, no. 2 (2010): 229–230.
45. Xianlin, *A History of Sugar*, 261, 263, 274.
46. 以下を参照。Guanmian Xu, "The 'Perfect Map' of Widow Hiamtse: A Micro-Spatial History of Sugar Plantations in Early Modern Southeast Asia, 1685–1710," *International Review of Social History* 67, no. 1 (2021): 97–126.
47. Mazumdar, *Sugar and Society*, 68; John A. Larkin, *Sugar and the Origins of Modern Philippine Society* (Berkeley, CA: University of California Press, 1993), 21.
48. Agustin de la Cavada y Méndez de Vigo, *Historia geográfica, geológicos y estadísticos de las Islas de Luzon, Visayas, Mindanao y Jolo: Y los que Correspónden a las Islas Batanes, Calamianes, Balabac, Mindoro, Masbate, Ticao y Burias, Situadas al n. so. y s. de Luzon*, vol. 2 (Manila, Philippines: Imp. de Ramirez y Giraudier, 1876), 410.
49. Larkin, *Sugar and the Origins*, 22, 25–26; Nathaniel Bowditch and Mary C. McHale, *Early American-Philippine Trade: The Journal of Nathaniel Bowditch in Manila, 1796* (New Haven, CT: Yale University, Southeast Asia Studies/Cellar Book Shop, Detroit, 1962), 31n. 14.
50. Lockard, "'The Sea Common,'" 237.
51. Pierre Poivre, *Voyages d'un philosophe ou observations sur les moeurs et les arts des peuples de l'Afrique, de l'Asie et de l'Amérique*, 3rd ed. (Paris: Du Pont, 1796), 89.
52. John Crawfurd, *Journal of an Embassy from the Governor General of India to the Courts of Siam*, vol. 1 (London: S. and R. Bentley, 1828), 474; Ritter, *Über die geographische*, 40; John White, *History of a Voyage to the China Sea* (Boston: Wells and Lilly, 1823), 251, 260–261.
53. A. D. Blue, "Chinese Emigration and the Deck Passenger Trade," *Journal of the Hong Kong Branch of the Royal Asiatic Society* 10 (1970): 80.
54. Jean-Baptiste Pallegoix, *Description du royaume Thai ou Siam*, vol. 1 (Paris: Mission de Siam, 1854), 80–82.
55. James Carlton Ingram, *Economic Change in Thailand since 1850* (Stanford, CA: Stanford University Press, 1955), 4, 123–124; Jacob Baxa and Guntwin Bruhns, *Zucker im Leben der Völker: Eine Kulturund Wirtschaftsgeschichte* (Berlin: Bartens, 1967), 155.
56. Jean-Paul Morel, "Aux Archives Pusy La Fayette: Les archives personnelles de Pierre Poivre. Mémoire sur la Cochinchine," no. 25 (April 2020): 8, http://www.pierre-poivre.fr/Arch-pusy-D.pdf; Poivre, *Voyages d'un Philosophe*, 90.
57. Bosma, *The Sugar Plantation*, 47–48.
58. James Low, *A Dissertation on the Soil & Agriculture of the British Settlement of Penang, or Prince of Wales Island..... Including Province Wellesley on the Malayan Peninsula.....* (Singapore: Singapore Free Press Office, 1836), 49–58.
59. Jan Hooyman, *Verhandeling over den Tegenwoordigen Staat van den Landbouw in de Ommelanden van Batavia* (Batavia: Bataviaasch Genootschap der Konsten en Wetenschappen, 1781), 184; P. Levert, *Inheemsche Arbeid in de Java-Suikerindustrie* (Wageningen, the Netherlands: Veenman, 1934), 55–56.
60. B. Hoetink, "So Bing Kong: Het Eerste Hoofd der Chineezen te Batavia (1619–1636)," *Bijdragen tot de Taal-, Landen Volkenkunde van Nederlandsch-Indië* 73, nos. 3–4 (1917): 373–376; Tonio Andrade, "The Rise and Fall of Dutch Taiwan, 1624–1662: Cooperative Colonization and the Statist Model of European Expansion," *Journal of World History* 17, no. 4 (2006): 439–440.
61. Andrade, "The Rise and Fall," 445–447; Hui-wen Koo, "Weather, Harvests, and Taxes: A Chinese Revolt in Colonial Taiwan," *Journal of Interdisciplinary History* 46, no. 1 (2015): 41–42; Xu, "From the Atlantic," 8, 11.
62. Hooyman, *Verhandeling over den Tegenwoordigen Staat*, 225, 238–239; Margaret Leidelmeijer, *Van Suikermolen tot Grootbedrijf: Technische Vernieuwing in de Java-Suikerindustrie in de Negentiende Eeuw* (Amsterdam: NEHA, 1997), 74, 324.
63. J. J. Reesse, *De Suikerhandel van Amsterdam: Bijdrage tot de Handelsgeschiedenis des Vaderlands, Hoofdzakelijk uit*

de Archieven verzameld, vol. 1 (Haarlem: J. L. E. I Kleynenberg, 1908), 169。以下も参照。Ghulam Nadri, “The Dutch Intra-Asian Trade in Sugar in the Eighteenth Century,” *International Journal of Maritime History* 20, no. 1 (2008): 63–96.

64. “Generale missiven van gouverneurs-generaal en raden aan heren XVII der Verenigde Oostindische Compagnie,” III, Grote Serie 125, 645, 743, http://resources.huygens.knaw.nl; Norifumi Daito, “Sugar Trade in the Eighteenth-Century Persian Gulf” (PhD diss., Leiden University, 2017), 23, 37, 68; Nadri, “The Dutch Intra-Asian Trade,” 76–77; James Silk Buckingham, *Travels in Assyria, Media, and Persia, Including a Journey from Bagdad by Mount Zagros, to Hamadan, the Ancient Ecbatani.....* , vol. 2 (London: Colburn and Bentley, 1830), 115, 117, 170.
65. Daito, “Sugar Trade,” 44, 47.
66. A. Mesud Kucukkalay and Numan Elibol, “Ottoman Imports in the Eighteenth Century: Smyrna (1771–72),” *Middle Eastern Studies* 42, no. 5 (2006): 730; James Justinian Morier, *Journey through Persia, Armenia, and Asia Minor, to Constantinople, in 1808 and 1809* (London: Longman, Hurst, 1812), 171–172; Sébastien Lupo, “Révolution(s) d’échelles: Le marché levantin et la crise du commerce marseillais au miroir des maisons Roux et de leurs relais à Smyrne (1740–1787)” (PhD diss., Université Aix-Marseille, 2015), 580.
67. Burnes, *Travels into Bokhara*, 2: 436.
68. William Milburn, *Oriental Commerce: Containing a Geographical Description of the Principal Places in the East Indies, China, and Japan, with their Produce, Manufactures, and Trade.....* , vol. 2 (London: Black, Parry, 1813), 307, 547. 1805年のアメリカ、ペルシア、アラビアへの輸出に関しては、１マウンド（37.22キログラム）あたり５ルピーとした。以下も参照。*East-India Sugar: Papers Respecting the Culture and Manufacture of Sugar in British-India: Also Notices of the Cultivation of Sugar in Other Parts of Asia* (London: E. Cox and Son, 1822), app. 4, 4.
69. 品質と価格（１マウンドあたり3.5から6.5ルピー）にもよるが、ボンベイやスーラトからインド洋西部を渡った輸出は2,200トンから4,000トンのあいだ、西インド沿岸への輸出は3,100トンから5,800トンのあいだだったと思われる。Milburn, *Oriental Commerce*, 1: 148, 211–212, 223; William Milburn and Thomas Thornton, *Oriental Commerce.....* (London, 1827), 41, 119.
70. １マウンド3.5ルピーを基準とする。Milburn, *Oriental Commerce*, 1: 155, 221.
71. １マウンド５ルピーを基準とする。以下も参照。Milburn, *Oriental Commerce*, 1: 217. Milburn and Thornton, *Oriental Commerce*.
72. Hosea Ballou Morse, *The Chronicles of the East India Company: Trading to China, 1635–1834* (Cambridge, MA: Harvard University Press, 1926), 249–250, 272, 385.
73. Milburn and Thornton, *Oriental Commerce*, 307, 327, 349, 515.
74. J. W. Davidson, *The Island of Formosa: Historical View from 1430 to 1900.....* (New York: Paragon Book Gallery, 1903), 445, 446, 457.
75. Mazumdar, *Sugar and Society*, 351, 356–357, 383; Robert Marks, *Rural Revolution in South China: Peasants and the Making of History in Haifeng County, 1570–1930* (Madison: University of Wisconsin Press, 1984), 107; Jack F. Williams, “Sugar: The Sweetener in Taiwan’s Development,” in *China’s Island Frontier Studies in the Historical Geography of Taiwan*, ed. Ronald G. Knapp (Honolulu: University of Hawaii Press, 1980), 220.

第２章　西へ向かう砂糖

1. Tsugitaka Sato, *Sugar in the Social Life of Medieval Islam* (Leiden: Brill, 2015), 34–36. 佐藤次高『砂糖のイスラーム生活史』2008年、岩波書店
2. Mohamed Ouerfelli, *Le sucre: Production, commercialisation et usages dans la Méditerranée médiévale* (Leiden: Brill, 2008), 81.
3. Sato, *Sugar in the Social Life*, 40–45.
4. Subhi Labib, *Handelsgeschichte Ägyptens im Spätmittelalter* (1171–1517) (Wiesbaden, Germany: Franz Steiner Verlag, 1965), 319–320.
5. Eliyahu Ashtor, “Levantine Sugar Industry in the Later Middle Ages: An Example of Technological Decline,” in *Technology, Industry and Trade: The Levant versus Europe, 1250–1500*, ed. Eliyahu Ashtor and B. Z. Kedar (Hampshire, England: Ashgate, 1992), 240.
6. たとえば、Judith Bronstein, Edna J. Stern, and Elisabeth Yehuda, “Franks, Locals and Sugar Cane: A Case

Study of Cultural Interaction in the Latin Kingdom of Jerusalem," *Journal of Medieval History* 45, no. 3 (2019): 316–330; Judith Bronstein, *The Hospitallers and the Holy Land: Financing the Latin East, 1187–1274* (Woodbridge, England: Boydell and Brewer, 2005) を参照。

7. Edna J. Stern et al., "Sugar Production in the 'Akko Plain from the Fatimad to the Early Ottoman Periods," in *The Origins of the Sugar Industry and the Transmission of Ancient Greek and Medieval Arab Science and Technology from the Near East to Europe*, ed. K. D. Politis (Athens: National and Kapodistriako University of Athens, 2015), 89–93; Hamdan Taha, "Some Aspects of Sugar Production in Jericho, Jordan Valley," in *A Timeless Vale: Archaeological and Related Essays on the Jordan Valley in Honour of Gerrit van der Kooij on the Occasion of His Sixty-Fifth Birthday*, ed. Eva Kaptijn and Lucas Pieter Petit (Leiden: Leiden University Press, 2009), 181, 186–187.
8. Eliyahu Ashtor, *Levant Trade in Later Middle Ages* (Princeton, NJ: Princeton University Press, 1983), 17–18.
9. Bethany J. Walker, "Mamluk Investment in Southern Bilad Al-Sham in the Eighth/Fourteenth Century: The Case of Hisban," *Journal of Near Eastern Studies* 62, no. 4 (2003): 244; Laparidou Sofia and M. Rosen Arlene, "Intensification of Production in Medieval Islamic Jordan and Its Ecological Impact: Towns of the Anthropocene," *The Holocene* 25, no. 10 (2015): 1687–1688.
10. Ashtor, *Levant Trade*, 52–53.
11. A. T. Luttrell, "The Sugar Industry and its Importance for the Economy of Cyprus during the Frankish Period," in *The Development of the Cypriot Economy: From the Prehistoric Period to the Present Day*, ed. Vassos Karageorghis and Demetres Michaelides (Nicosia: Printed by Lithographica, 1996), 168; Ashtor, *Levant Trade*, 39.
12. Luttrell, "The Sugar Industry," 166.
13. Ellen Herscher, "Archaeology in Cyprus," *American Journal of Archaeology* 102 (1998): 351–352; Marie-Louise von Wartburg, "The Medieval Cane Sugar Industry in Cyprus: Results of Recent Excavation," *Antiquaries Journal* 63, no. 2 (1983): 304, 309, 312, 313.
14. Darra Goldstein, *The Oxford Companion to Sugar and Sweets* (Oxford: Oxford University Press, 2015), 767.
15. Stuart J. Borsch, *The Black Death in Egypt and England: A Comparative Study* (Austin: University of Texas Press, 2010), 24.
16. Labib, *Handelsgeschichte*, 421.
17. Ashtor, *Levant Trade*, 102, 131–132.
18. Walker, "Mamluk Investment," 249; John L. Meloy, "Imperial Strategy and Political Exigency: The Red Sea Spice Trade and the Mamluk Sultanate in the Fifteenth Century," *Journal of the American Oriental Society* 123, no. 1 (2003): 5.
19. Nelly Hanna, *Artisan Entrepreneurs in Cairo and Early-Modern Capitalism (1600–1800)* (New York: Syracuse University Press, 2011), 44.
20. Ronald Findlay and Kevin H. O'Rourke, *Power and Plenty: Trade, War, and the World Economy in the Second Millennium* (Princeton, NJ: Princeton University Press, 2009), 132.
21. Ibn-al-'Auwām, *Le Livre de l'Agriculture par.....* , trans. J. J. Clément-Mullet, vol. 1 (Paris: Albert L. Hérold, 1864), 365–367.
22. Ouerfelli, *Le sucre*, 180, 192–194; Adela Fábregas García, *Producción y comercio de azúcar en el Mediterráneo medieval: El ejemplo del reino de Granada* (Granada: Editorial Universidad de Granada, 2000), 151–163.
23. Ouerfelli, *Le sucre*, 25.
24. Stephan R. Epstein, *An Island for Itself: Economic Development and Social Change in Late Medieval Sicily* (Cambridge: Cambridge University Press, 2003), 210–215; Carmelo Trasselli, *Storia dello Zucchero siciliano* (Caltanissetta, Italy: S. Sciascia, 1982), 115–174.
25. Mohamed Ouerfelli, "L'impact de la production du sucre sur les campagnes méditerranéennes à la fin du Moyen Âge," *Revue des Mondes musulmans et de la Méditerranée*, no. 126 (2012): para. 34.
26. Ashtor, "Levantine Sugar Industry," 246–257. アシュトールは、地中海西部産の砂糖が安価なのは圧搾技術が優れていたからとしているが、これはシチリア島のトラペットを輪転圧搾機ではなくローラーが3つある圧搾機と誤解していたためである。
27. Aloys Schulte, *Geschichte der grossen Ravensburger Handelsgesellschaft, 1380–1530*, 2 vols. (Stuttgart: Deutsche Verlags-Anstalt, 1923), 1: 17, 21, 31.
28. Schulte, *Geschichte der grossen Ravensburger*, 2: 176–177.

29. Stern et al., "Sugar Production," 109.
30. Alberto Vieira, "The Sugar Economy of Madeira and the Canaries, 1450–1650," in *Tropical Babylons: Sugar and the Making of the Atlantic World, 1450–1680*, ed. Stuart B. Schwartz (Chapel Hill: University of North Carolina Press, 2004), 65.
31. Juan Manuel Bello León and María Del Cristo González Marrero, "Los 'otros extranjeros' catalanes, flamencos, franceses e ingleses en la sociedad canaria de los siglos XV y XVI," *Revista de Historia Canaria* 179 (1997): 11–72; 180 (1998): 16, 55–64.
32. Ouerfelli, *Le sucre*, 51–52; Stern et al., "Sugar Production," 99.
33. Luttrell, "The Sugar Industry," 166; von Wartburg, "The Medieval Cane Sugar Industry," 301.
34. Jason W. Moore, "Madeira, Sugar, and the Conquest of Nature in the 'First' Sixteenth Century, Part II: From Regional Crisis to Commodity Frontier, 1506–1530," *Review (Fernand Braudel Center)* 33, no. 1 (2010): 11–13; Stefan Halikowski Smith, "The Mid-Atlantic Islands: A Theatre of Early Modern Ecocide?," *International Review of Social History* 55, suppl. 18 (2010): 65–67; Vieira, "The Sugar Economy of Madeira," 45.
35. María Luisa Frabellas, "La producción de azúcar en Tenerife," *Revista de Historia* (Tenerife) 18, no. 100 (1952): 466; Vieira, "The Sugar Economy of Madeira," 45; Felipe Fernandez-Armesto, *The Canary Islands after the Conquest: The Making of a Colonial Society in the Early Sixteenth Century* (Oxford: Oxford University Press, 1981), 65, 91, 106.
36. Frabellas, "La producción de azúcar," 456; J. H. Galloway, *The Sugar Cane Industry: An Historical Geography from Its Origins to 1914* (Cambridge: Cambridge University Press, 1989), 57.
37. von Wartburg, "The Medieval Cane Sugar Industry," 314n. 22.
38. Ouerfelli, "L'impact," paras. 14–15, 20, 22, 27; Fernandez-Armesto, *The Canary Islands*, 97–98.
39. Ouerfelli, *Le sucre*, 270–271.
40. Vieira, "The Sugar Economy of Madeira," 75. 大西洋諸島部の砂糖生産に付随する生態学的問題については Halikowski Smith, "The Mid-Atlantic Islands," 63–67 を参照。
41. Ritter, *Über die geographische* 103; M. Akif Erdoğru, "The Servants and Venetian Interest in Ottoman Cyprus in the Late Sixteenth and the Early Seventeenth Centuries," *Quaderni di Studi Arabi* 15 (1997): 104–105.
42. Ouerfelli, *Le sucre*, 23–24; Jacqueline Guiral-Hadziiossif, "La diffusion et la production de la canne à sucre: XIIIe–XVIe siècles," *Anuario de Estudios Medievales/Consejo Superior de Investigaciones Cientificas* 24 (1994): 225–226; Sato, *Sugar in the Social Life*, 38.
43. Ouerfelli, *Le sucre*, 126–127; Luttrell, "The Sugar Industry," 167. キプロス島の王が所有する砂糖プランテーションでは何千人もの奴隷が働いていたという記述があるが、さらなる裏付けがないため、信憑性は低い。Benjamin Arbel, "Slave Trade and Slave Labor in Frankish Cyprus (1191–1571)," in *Cyprus, The Franks and Venice, 13th–16th Centuries*, ed. Benjamin Arbel (Aldershot, England: Variorum, 2000), 161.
44. Ouerfelli, "L'impact," para. 8. モロッコの製糖分野における奴隷の存在は佐藤も否定している。Sato, *Sugar in the Social Life*, 39. 以下も参照。David Abulafia, "Sugar in Spain," *European Review* 16, no. 2 (2008): 198.
45. Fernandez-Armesto, *The Canary Islands*, 202.
46. Sidney W. Mintz, *Sweetness and Power: The Place of Sugar in Modern History* (Harmondsworth, England: Penguin, 1986), 78. シドニー・W・ミンツ『甘さと権力——砂糖が語る近代史』2021年、筑摩書房
47. Paul D. Buell, "Eurasia, Medicine and Trade: Arabic Medicine in East Asia — How It Came to Be There and How It Was Supported, Including Possible Indian Ocean Connections for the Supply of Medicinals," in *Early Global Interconnectivity across the Indian Ocean World*, vol. 2, *Exchange of Ideas, Religions, and Technologies*, ed. Angela Schottenhammer (London: Palgrave Macmillan, 2019), 270–293.
48. Woodruff D. Smith, *Consumption and the Making of Respectability, 1600–1800* (London: Routledge, 2002), 266n. 84; Edmund Oskar von Lippmann, *Geschichte des Zuckers: Seit den ältesten Zeiten bis zum Beginn der Rübenzucker-Fabrikation: ein Beitrag zur Kulturgeschichte* (Berlin: Springer, 1929), 274–275.
49. Ouerfelli, *Le sucre*, 587; Sato, *Sugar in the Social Life*, 92–94.
50. 著者による訳。Lippmann, *Geschichte des Zuckers*, 245–254, 290.
51. Lady Fawcett, Charles Fawcett, and Richard Burn, *The Travels of the Abbé Carré in India and the Near East, 1672 to 1674*, vol. 1 (London: Hakluyt Society, 1947), 46.

52. Wendy A. Woloson, *Refined Tastes: Sugar, Confectionery, and Consumers in Nineteenth-Century America* (Baltimore, MD: Johns Hopkins University Press, 2002), 67.
53. John Fryer, *A New Account of East-India and Persia..... Being Nine Years Travels, Begun 1672 and Finished 1681.....* (London: Chiswell, 1698), 223.
54. Sucheta Mazumdar, *Sugar and Society in China: Peasants, Technology, and the World Market* (Cambridge, MA: Harvard University Press, 1998), 41.
55. Lippmann, *Geschichte des Zuckers*, 224–225; Jean Mazuel, *Le sucre en Egypte: étude de géographie historique et economique* (Cairo: Société Royale de Géographie d'Égypte, 1937), 11–12; Sato, *Sugar in the Social Life*, 58, 123–125; Ashtor, "Levantine Sugar Industry," 232.
56. Eddy Stols, "The Expansion of the Sugar Market in Western Europe," in *Tropical Babylons: Sugar and the Making of the Atlantic World, 1450–1680*, ed. Stuart B. Schwartz (Chapel Hill: University of North Carolina Press, 2004), 237; John Whenham, "The Gonzagas Visit Venice," *Early Music* 21, no. 4 (1993): 542n. 75; Edward Muir, "Images of Power: Art and Pageantry in Renaissance Venice," *American Historical Review* 84, no. 1 (1979): 45.
57. Sato, *Sugar in the Social Life*, 29, 166–167; Ouerfelli, *Le sucre*, 570–571.
58. Philip Lyle, "The Sources and Nature of Statistical Information in Special Fields of Statistics: The Sugar Industry," *Journal of the Royal Statistical Society. Series A (General)* 113, no. 4 (1950): 533 より引用。Jon Stobart, *Sugar and Spice: Grocers and Groceries in Provincial England 1650–1830* (Oxford: Oxford University Press, 2016), 30–31.
59. たとえば Félix Reynaud, "Le mouvement des navires et des marchandises à Port-de-Bouc à la fin du XVe siècle," *Revue d'Histoire économique et sociale* 34, nos. 2–3 (1956): 163 を参照。
60. Tobias Kuster, "500 Jahre kolonialer Rohrzucker —250 Jahre europäischer Rübenzucker," *Vierteljahrschrift für Sozial-und Wirtschaftsgeschichte* (1998): 485.
61. 以下に引用されている。John Yudkin, *Pure, White and Deadly* (London: Penguin, 2012), 128–129. ジョン・ユドキン『純白、この恐ろしきもの——砂糖の問題点』1978年、評論社。以下も参照。Alain Drouard, "Sugar Production and Consumption in France in the Twentieth Century," in *The Rise of Obesity in Europe: A Twentieth Century Food History*, ed. Derek J. Oddy, P. J. Atkins, and Virginie Amilien (Farnham, England: Ashgate, 2009), 123n. 21.
62. Noël Deerr, *The History of Sugar*, vol. 1 (London: Chapman and Hall, 1949), 113, 193–200, 235–236.
63. Laura Mason, *Sweets and Candy: A Global History* (London: Reaktion Books, 2018), 10–11. ローラ・メイソン『キャンディと砂糖菓子の歴史物語』2018年、原書房
64. たとえば中国で菓子の製造が始まったのは、サトウキビ糖が入ってきた7世紀から。以下を参照。Joseph Needham, Christian Daniels, and Nicholas K. Menzies, *Science and Civilisation in China*, vol. 6, *Biology and Biological Technology*, pt. 3, *Agro-Industries: Sugarcane Technology* (Cambridge: Cambridge University Press, 2001), 68.
65. G. D. J. Schotel and H. C. Rogge, *Het Oud-Hollandsch Huisgezin der Zeventiende Eeuw Beschreven*, 2nd ed. (Leiden: Sijthoff, 1905), 52, 224, 242–243, 270; Yda Schreuder, *Amsterdam's Sephardic Merchants and the Atlantic Sugar Trade in the Seventeenth Century* (London: Palgrave Macmillan, 2019), 108.
66. Goldstein, *The Oxford Companion*, 745–747.
67. 以下を参照。Jay Kinsbruner, *Petty Capitalism in Spanish America: The Pulperos of Puebla, Mexico City, Caracas, and Buenos Aires* (Boulder, CO: Westview Press, 1987), 3, 7; Goldstein, *The Oxford Companion*, 72.
68. 以下を参照。Reiko Hada, "Madame Marie Guimard: Under the Ayudhya Dynasty of the Seventeenth Century," *Journal of the Siam Society* 80, no. 1 (1992): 71–74.
69. Lallanji Gopal, "Sugar-Making in Ancient India," *Journal of the Economic and Social History of the Orient* 7, no. 1 (1964): 67; R. H. Davies, *Report on the Trade and Resources of the Countries on the North-Western Boundary of British India* (Lahore: Government Press, 1862), 1:clx, clxi.
70. Daito, "Sugar Trade," 15, 17.
71. Alexander Burnes, *Travels into Bokhara: Being the Account of a Journey from India to Cabool, Tartary and Persia..... in the Years 1831, 1832, and 1833*, 3 vols. (London: J. Murray, 1834), 2: 167, 168, 436; Davies, *Report on the Trade*, 1: clx, clxi.
72. Ibn Battúta, *Travels in Asia and Africa, 1325–1354* (London: George Routledge and Sons, 1929), 57. イブン・バットゥータ『三大陸周遊記』（世界探検全集２）2023年、河出書房新社

73. James P. Grehan, *Everyday Life and Consumer Culture in Eighteenth-Century Damascus* (Seattle: University of Washington Press, 2016), 116–118; Ju-Kua Chau, *Chau Ju-Kua: His Work on the Chinese and Arab Trade in the 12th and 13th Centuries, Entitled Chu-fan-dii*, trans. Friedrich Hirth and W. W. Rockhill (St. Petersburg: Imperial Academy of Sciences, 1911), 140.
74. Jacob Baxa and Guntwin Bruhns, *Zucker im Leben der Völker: Eine Kultur-und Wirtschaftsgeschichte* (Berlin: Bartens, 1967), 19.
75. これに関しては、ヨーロッパ人が北米に進出する以前の考古学的データが存在しないため、アメリカ先住民もメープルシロップを煮詰めていたかどうかの結論は出ていない。以下を参照。Margaret B. Holman, "The Identification of Late Woodland Maple Sugaring Sites in the Upper Great Lakes," *Midcontinental Journal of Archaeology* 9, no. 1 (1984): 66. Mason にとって、この問題は未解決のままだ。Carol I. Mason, "Prehistoric Maple Sugaring Sites ?," *Midcontinental Journal of Archaeology* 10, no. 1 (1985). 以下も参照。Matthew M. Thomas, "Historic American Indian Maple Sugar and Syrup Production: Boiling Arches in Michigan and Wisconsin," *Midcontinental Journal of Archaeology* 30, no. 2 (2005): 321; John G. Franzen, Terrance J. Martin, and Eric C. Drake, "Sucreries and Ziizbaakdokaanan: Racialization, Indigenous Creolization, and the Archaeology of Maple-Sugar Camps in Northern Michigan," *Historical Archaeology* 52, no. 1 (2018): 164–196.
76. Mazumdar, *Sugar and Society*, 15; Goldstein, *The Oxford Companion*, 39–40, 419, 529–530.
77. Guanmian Xu, "From the Atlantic to the Manchu: Taiwan Sugar and the Early Modern World, 1630s–1720s," *Journal of World History* 33, no. 2 (2022): 293.
78. Deerr, *The History of Sugar*, 1: 239 によれば、カリブ海植民地の砂糖生産量は1790年には25万トン弱であった。1790年については Angus Maddison, *The World Economy. A Millennial Perspective (Vol. 1). Historical Statistics (Vol. 2)* (Paris: OECD, 2006), https://www.stat.berkeley.edu/~aldous/157/Papers/worldeconomy.pdf で西ヨーロッパ人として紹介されている13カ国の人口１億2,000万人という数字を採用した。当時の合衆国の人口は約400万人だったので、ラテンアメリカでは砂糖は自給自足できていたと考えられる。
79. Kenneth Pomeranz, *The Great Divergence: Europe, China, and the Making of the Modern World Economy* (Princeton, NJ: Princeton University Press, 2000), 120–122. ケネス・ポメランツ『大分岐——中国、ヨーロッパ、そして近代世界経済の形成』2015年、名古屋大学出版会；George Bryan Souza, "Hinterlands, Commodity Chains, and Circuits in Early Modern Asian History: Sugar in Qing China and Tokugawa Japan," in *Hinterlands and Commodities*, ed. Tsukasa Mizushima, George Bryan Souza, and Dennis Owen Flynn (Leiden: Brill, 2015), 31.
80. Deborah Jean Warner, *Sweet Stuff: An American History of Sweeteners from Sugar to Sucralose* (Washington, DC: Smithsonian Institution Scholarly Press/Rowman and Littlefield, 2011), 32.
81. 1770年、13植民地における年間の砂糖消費量はひとりあたり約1.5キログラムだったと思われる。以下を参照。John J. McCusker, *Essays in the Economic History of the Atlantic World* (London: Routledge, 2014), 322. しかし合衆国は、年間でひとりあたりさらに11リットルの糖蜜（モラセス）を輸入し、そのほとんどをラム酒製造に用いていた。以下を参照。John J. Mc-Cusker and Russell R. Menard, *The Economy of British America, 1607–1789* (Chapel Hill: University of North Carolina Press, 1991), 290.
82. Goldstein, *The Oxford Companion*, 518–519, 528–529.
83. Maud Villeret, *Le goût de l'or blanc: Le sucre en france au XVIIIe siècle* (Rennes: Presses Universitairs, 2017), 258.
84. バンケット・レターとは、アーモンドペーストなどを使って文字をかたどった伝統的な砂糖菓子。
85. Steven Blankaart, *De Borgerlyke Tafel* (Amsterdam: J. ten Hoorn, 1683), 41–42, 102.
86. Villeret, *Le goût de l'or blanc*, 261.
　*『華麗なる菓子職人（*Le pâtissier pitoresque*）』
　*『フランスの菓子職人（*Le Cannameliste français*）』
87. Goldstein, *The Oxford Companion*, 777.
88. インドについては H. R. Perrott, "The Family Budget of an Indian Raiyat," *Economic Journal* 22, no. 87 (1912): 497 を参照。トルコに関しては Julius Wolf, *Zuckersteuer und Zuckerindustrie in den europäischen Ländern und in der amerikanischen Union von 1882 bis 1885, mit besonderer Rücksichtnahme auf Deutschland und die Steuerreform Daselbst* (Tübingen: Mohr Siebeck, 1886), 5 を参照。ペルシアについては以下のサイトを参照。*Encyclopaedia Iranica*, s.v. "Sugar," http://www.iranicaonline.org/articles/sugar-cultivation,（最終更新日：2009年７月20日）.

89. Ralph A. Austen and Woodruff D. Smith, "Private Tooth Decay as Public Economic Virtue: The Slave-Sugar Triangle, Consumerism, and European Industrialization," *Social Science History* 14, no. 1 (1990): 99. リチャードソンはやや異なる数字を挙げているが、それでも桁は同じで、1710年の4.6〜6.5ポンドが1770年には23.2ポンドに増加していた。David Richardson, "The Slave Trade, Sugar, and British Economic Growth, 1748–1776," *Journal of Interdisciplinary History* 17, no. 4 (1987): 748.
90. Richardson, "The Slave Trade," 751–752; Stobart, *Sugar and Spice*, 12, 53.
91. Guillaume Daudin, "Domestic Trade and Market Size in Late-Eighteenth-Century France," *Journal of Economic History* 70, no. 3 (2010): 736; Austen and Smith, "Private Tooth Decay," 101.
92. Louis-Sébastien Mercier, *Tableau de Paris.....* , vol. 1 (Amsterdam, 1783), 227–229. L・S・メルシエ『十八世紀パリ生活誌——タブロー・ド・パリ』1989年、岩波書店 ; Haim Burstin, *Une Révolution à l'Oeuvre: Le Faubourg Saint-Marcel* (1789–1794) (Seyssel, France: Champ Vallon, 2005), 332.
93. George Rudé, *The Crowd in the French Revolution* (Oxford: Oxford University Press, 1960), 96–97, 114–115, 230. G・リューデ『フランス革命と群衆』1996年、ミネルヴァ書房
94. Martin Bruegel, "A Bourgeois Good?: Sugar, Norms of Consumption and the Labouring Classes in Nineteenth-Century France," in *Food, Drink and Identity: Cooking, Eating and Drinking in Europe since the Middle Ages*, ed. Peter Scholliers (Oxford: Berg, 2001), 106.
95. Hans Jürgen Teuteberg and Günter Wiegelmann, *Der Wandel der Nahrungsgewohnheiten unter dem Einfluss der Industrialisierung* (Göttingen: Vandenhoeck and Ruprecht, 1972), 239.
96. Ulrich Pfister, "Great Divergence, Consumer Revolution and the Reorganization of Textile Markets: Evidence from Hamburg's Import Trade, Eighteenth Century," *Working Paper* 266 (London: London School of Economics and Political Science, 2017), 37, 47; Teuteberg and Wiegelmann, *Der Wandel der Nahrungsgewohnheiten*, 304–305.
97. Klaus Weber, "Deutschland, der atlantische Sklavenhandel und die Plantagenwirtschaft der Neuen Welt," *Journal of Modern European History* 7, no. 1 (2009): 60.
98. Erika Rappaport, *A Thirst for Empire: How Tea Shaped the Modern World* (Princeton, NJ: Princeton University Press, 2017), 49.

第3章　戦争と奴隷制

1. David Harvey, "The Spatial Fix — Hegel, Von Thunen, and Marx," *Antipode* 13, no. 3 (1981): 1–12.
2. Fernando Ortiz, *Cuban Counterpoint: Tobacco and Sugar* (New York: Vintage Books, 1970), 268.
3. Klaus Weber, "Deutschland, der atlantische Sklavenhandel und die Plantagenwirtschaft der Neuen Welt," *Journal of Modern European History* 7, no. 1 (2009): 41–42; Julia Roth, "Sugar and Slaves: The Augsburg Welser as Conquerors of America and Colonial Foundational Myths," *Atlantic Studies* 14, no. 4 (2017): 439–441.
4. Genaro Rodríguez Morel, "Esclavitud y vida rural en las plantaciones azucareras de Santo Domingo, siglo XVI," *Genaro Anuario de Estudios Americanos* 49 (1992): 6. 水平ローラーが2本ある圧搾機の導入については、以下も参照。Anthony Stevens-Acevedo, "The Machines That Milled the Sugar-Canes: The Horizontal Double Roller Mills in the First Sugar Plantations of the Americas" (unpublished manuscript, 2013).
5. Ward J. Barrett, *The Sugar Hacienda of Marqueses del Valle* (Minneapolis: University of Minnesota Press, 1970), 11.
6. 2,000〜2,500トンという数字は、Lorenzo E. López y Sebastián and Justo L. del Río Moreno, "Comercio y transporte en la economia del azucar antillano durante el siglo XVI," no. 49 (1992) に記されているように、スペイン領アメリカでは製糖工場が50カ所以上あり、トラピチェ（圧搾機）も少なくとも4台、5台はあったという事実に基づいて算出した。16世紀におけるイスパニョーラ島での砂糖生産については、以下を参照。López y Sebastián and Río Moreno, "Commercio y transporte," 29–30; Mervyn Ratekin, "The Early Sugar Industry in Española," *Hispanic American Historical Review* 34, no. 1 (1954): 13.
7. 以下を参照。I. A. Wright, "The History of the Cane Sugar Industry in the West Indies V," *Louisiana Planter and Sugar Manufacturer* 63, no. 15 (1919). セビリャの砂糖輸入は1580年代に激減した。以下を参照。Huguette Chaunu and Pierre Chaunu, *Séville et l'Atlantique: 1506–1650: Première partie: Partie statistique* (Paris: S.E.V.P.E.N., 1956), VI2, 1004–1005, table 702.
8. Arlindo Manuel Caldeira, "Learning the Ropes in the Tropics: Slavery and the Plantation System on the Island of São Tomé," *African Economic History*, no. 39 (2011): 48–49.

9. H. A. Gemery and J. S. Hogendorn, "Comparative Disadvantage: The Case of Sugar Cultivation in West Africa," *Journal of Interdisciplinary History* 9, no. 3 (1979): 431, 447–449.
10. Christopher Ebert, *Between Empires: Brazilian Sugar in the Early Atlantic Economy, 1550–1630* (Leiden: Brill, 2008), 22, 152; Eddy Stols, *De Spaanse Brabanders of de Handelsbetrekkingen der Zuidelijke Nederlanden met de Iberische wereld 1598–1648* (Brussels: Paleis der Academi.n, 1971), 102–103.
11. J. H. Galloway, "Tradition and Innovation in the American Sugar Industry, c. 1500–1800: An Explanation," *Annals of the Association of American Geographers* 75, no. 3 (1985): 339. ブラジルの圧搾機の能力については、以下を参照。Stuart B. Schwartz, "A Commonwealth within Itself," in *Tropical Babylons: Sugar and the Making of the Atlantic World, 1450–1680*, ed. Stuart B. Schwartz (Chapel Hill: University of North Carolina Press, 2004), 165.
12. Kit Sims Taylor, "The Economics of Sugar and Slavery in Northeastern Brazil," *Agricultural History* 44, no. 3 (1970): 272.
13. 奴隷ひとりあたりの生産高については以下を参照。Stuart B. Schwartz, "Introduction," in *Tropical Babylons: Sugar and the Making of the Atlantic World, 1450–1680*, ed. Stuart B. Schwartz (Chapel Hill: University of North Carolina Press, 2004), 19. また、以下も参照。"Trans-Atlantic Slave Trade — Estimates," Slave Voyages, https://www.slavevoyages.org/assessment/estimates,（閲覧日：22年 1 月20日）; Noël Deerr, *The History of Sugar*, vol. 1 (London: Chapman and Hall, 1949), 112.
14. Yda Schreuder, *Amsterdam's Sephardic Merchants and the Atlantic Sugar Trade in the Seventeenth Century* (London: Palgrave Macmillan, 2019), 52.
15. Kristof Glamann, *Dutch-Asiatic Trade: 1620–1740* (The Hague: Nijhoff, 1958), 153.
16. Schreuder, *Amsterdam's Sephardic Merchants*, 108.
17. J. J. Reesse, *De Suikerhandel van Amsterdam: Bijdrage tot de Handelsgeschiedenis des Vaderlands, Hoofdzakelijk uit de Archieven verzameld*, vol. 1 (Haarlem: J. L. E. I Kleynenberg, 1908), 132–133.
18. Markus P. M. Vink, "Freedom and Slavery: The Dutch Republic, the VOC World, and the Debate over the 'World's Oldest Trade,' " *South African Historical Journal*, no. 59 (2007): 23, 30.
19. José António Gonsalves de Mello, G. N. Visser, and B. N. Teensma, *Nederlanders in Brazilië (1624–1654): De Invloed van de Hollandse Bezetting op het Leven en de Cultuur in Noord-Brazilië* (Zutphen, the Netherlands: Walburg Pers, 2001), 183, 185.
20. Henk den Heijer, "The Dutch West India Company, 1621–1791," in *Riches from Atlantic Commerce: Dutch Transatlantic Trade and Shipping, 1585–1817*, ed. Johannes Postma and Victor Enthoven (Leiden: Brill, 2003), 88; Hermann Wätjen, *Das holländische Kolonialreich in Brasilien: Ein Kapitel aus der Kolonialgeschichte des 17. Jahrhunderts* (Gotha, Germany: Justus Perthes, 1921), 316–323からの引用。
21. Heijer, "The Dutch West India Company," 88.
22. "Generale missiven van gouverneurs-generaal en raden aan heren XVII der Verenigde Oostindische Compagnie," II, Grote Serie 112, 613, 706, 758; III Grote Serie 125, 238, 363, digital version at http://resources.huygens.knaw.nl/; Guanmian Xu, "From the Atlantic to the Manchu: Taiwan Sugar and the Early Modern World, 1630s–1720s," *Journal of World History* 33, no. 2 (2022): 3.
23. Larry Gragg, *Englishmen Transplanted: The English Colonization of Barbados, 1627–1660* (Oxford: Oxford University Press, 2007), 19.
24. "Trans-Atlantic Slave Trade — Estimates"; William A. Green, "Supply versus Demand in the Barbadian Sugar Revolution," *Journal of Interdisciplinary History* 18, no. 3 (1988): 411; Schreuder, *Amsterdam's Sephardic Merchants*, 102–103.
25. Matthew Edel, "The Brazilian Sugar Cycle of the Seventeenth Century and the Rise of West Indian Competition," *Caribbean Studies* 9, no. 1 (1969): 30.
26. Green, "Supply versus Demand," 405; Richard Ligon, *A True & Exact History of the Island of Barbados.....* (London: H. Moseley, 1657), 85–86.
27. Schreuder, *Amsterdam's Sephardic Merchants*, 113, 134, 146, 156.
28. Christian J. Koot, *Empire at the Periphery: British Colonists, Anglo-Dutch Trade, and the Development of the British Atlantic.....* (New York: New York University Press, 2011), 187.
29. Herbert I. Bloom, *The Economic Activities of the Jews in Amsterdam in the Seventeenth and Eighteenth Centuries*

(Williamsport, PA: Bayard Press, 1937), 37.

30. Gyorgy Novaky, "On Trade, Production and Relations of Production: The Sugar Refineries of Seventeenth-Century Amsterdam," *Tijdschrift voor Sociale Geschiedenis* 23, no. 4 (1997): 476; Jan van de Voort, *De Westindische Plantages van 1720–1795: Financiën en Handel* (Eindhoven, the Netherlands: De Witte, 1973), 26; Schreuder, *Amsterdam's Sephardic Merchants*, 230, 234, 239–240, 243–245, 252.

31. David Watts, *The West Indies: Patterns of Development, Culture and Environmental Change since 1492* (Cambridge: Cambridge University Press, 1998), 219–223; Galloway, "Tradition and Innovation," 342.

32. Matthew Parker, *The Sugar Barons: Family, Corruption, Empire, and War in the West Indies* (New York: Walker, 2012), 143.

33. Cecilia Ann Karch, "The Transformation and Consolidation of the Corporate Plantation Economy in Barbados: 1860–1977" (PhD diss., Rutgers University, 1982), 158.

34. この植え穴の技術は1670年ごろに始まったと思われる。以下を参照。Peter Thompson, "Henry Drax's Instructions on the Management of a Seventeenth-Century Barbadian Sugar Plantation," *William and Mary Quarterly* 66, no. 3 (2009): 579. Menardによれば、畝を縦横に立てる技法は、17世紀後半には溝を掘る方法にとって代わられた。Russell R. Menard, *Sweet Negotiations: Sugar, Slavery, and Plantation Agriculture in Early Barbados* (Charlottesville: University of Virginia Press, 2014), 71.

35. Justin Roberts, "Working between the Lines: Labor and Agriculture on Two Barbadian Sugar Plantations, 1796–97," *William and Mary Quarterly* 63, no. 3 (2006): 580–582, 584; Robert Hermann Schomburgk, *The History of Barbados* (London: Longman, Brown, Green and Longmans, 1848), 166n. 1.

36. Thomas D. Rogers, *The Deepest Wounds: A Labor and Environmental History of Sugar in Northeast Brazil* (Chapel Hill: University of North Carolina Press, 2010), 32–33. リゴンの著書（1657年出版）の挿絵にはバルバドスの製糖工場が描かれており、5つの大鍋、圧搾機、そして煎糖室が作業の流れを配慮して配置、設計されていることがよくわかる。Ligon, *A True & Exact History*, 84–85.

37. Mohamed Ouerfelli, *Le sucre: Production, commercialisation et usages dans la Méditerranée médiévale* (Leiden: Brill, 2008), 270–271.

38. Parker, *The Sugar Barons*, 46–51.

39. B. W. Higman, "The Sugar Revolution," *Economic History Review* 53, no. 2 (2000): 213.

40. 以下を参照。Roberts Justin, "Surrendering Surinam: The Barbadian Diaspora and the Expansion of the English Sugar Frontier, 1650–75," *William and Mary Quarterly* 73, no. 2 (2016): 225–226.

41. Schreuder, *Amsterdam's Sephardic Merchants*, 181. 以下も参照。Samuel Oppenheim, "An Early Jewish Colony in Western Guiana, 1658–1666, and Its Relation to the Jews in Surinam, Cayenne and Tobago," *Publications of the American Jewish Historical Society*, no. 16 (1907): 95–186.

42. Michel-Christian Camus, "Le Général de Poincy, premier capitaliste sucrier des Antilles," *Revue française d'Histoire d'Outre-Mer* 84, no. 317 (1997): 122.

43. Mordechai Arbell, "Jewish Settlements in the French Colonies in the Caribbean (Martinique, Guadeloupe, Haiti, Cayenne) and the 'Black Code,' " in *The Jews and the Expansion of Europe to the West, 1450–1800*, ed. Paolo Bernardini and Norman Fiering (New York: Berghahn Books, 2001), 288–290; Guy Josa, "Les industries du sucre et du rhum à la Martinique (1639–1931)" (PhD diss., Universit. de Paris, 1931), 12, 33–34.

44. Abdoulaye Ly, "La formation de l'économie sucrière et le développement du marché d'esclaves africains dans les Iles françaises d'Amérique au XVIIe siècle," *Présence Africaine*, no. 13 (1957), 20–21, no. 16 (1957), 120n. 14, 125.

45. Alex Borucki, David Eltis, and David Wheat, "Atlantic History and the Slave Trade to Spanish America," *American Historical Review* 120, no. 2 (2015): 440.

46. Gallowayは、干魃による農業状況悪化など、他の要因についても指摘している。J. H. Galloway, "Northeast Brazil 1700–50: The Agricultural Crisis Re-Examined," *Journal of Historical Geography* 1, no. 1 (1975): 21–38.

47. Taylor, "The Economics of Sugar," 270n. 13. 以下も参照。Henry Koster, *Travels in Brazil* (London: Printed for Longman, Hurst, Rees, Orme, and Brown, 1816), 348–349.

48. Shawn W. Miller, "Fuelwood in Colonial Brazil: The Economic and Social Consequences of Fuel Depletion for the Bahian Rec. ncavo, 1549–1820," *Forest & Conservation History* 38, no. 4 (1994): 183, 186, 189–190; Koster, *Travels in Brazil*, 346, 358, 360.

49. アフリカから連れてこられた奴隷の3分の2が砂糖プランテーションに送られたというのは Deerr の推測だが、彼の推測は正確だった可能性がある。Noël Deerr, *The History of Sugar*, vol. 2 (London: Chapman and Hall, 1950), 284. 以下も参照。B. W. Higman, *Slave Population and Economy in Jamaica, 1807–1834* (Kingston, Jamaica: University of the West Indies Press, 1995), 243–244.
50. Deerr, *The History of Sugar*, 1: 239. アフリカ東部からサン＝ドマングに運ばれた奴隷の数については以下を参照。David Eltis and David Richardson, *Atlas of the Transatlantic Slave Trade* (New Haven, CT: Yale University Press, 2015), 248.
51. Roberts, "Working between the Lines," 569, 579, 581.
52. C. L. R. James, *The Black Jacobins: Toussaint L'Ouverture and the San Domingo Revolution* (New York: Vintage, 1989), 392. C・L・R・ジェームズ『ブラック・ジャコバン――トゥサン・ルヴェルチュールとハイチ革命』2002年、大村書店
53. Roberts, "Working between the Lines," 560–561; Jennifer L. Morgan, *Laboring Women: Reproduction and Gender in New World Slavery* (Philadelphia: University of Pennsylvania Press, 2004), 147–149; Ligon, *A True & Exact History*, 48.
54. Mello, Visser, and Teensma, *Nederlanders in Brazilië*, 142, 148–152.
55. ラバの言葉は以下に引用されている。Judith Ann Carney and Richard Nicholas Rosomoff, *In the Shadow of Slavery: Africa's Botanical Legacy in the Atlantic World* (Berkeley: University of California Press, 2011), 110; Dale Tomich, "Une petite Guinée: Provision Ground and Plantation in Martinique, 1830–1848," in *The Slaves Economy: Independent Production by Slaves in the Americas*, ed. Ira Berlin and Philip D. Morgan (London: Frank Cass, 1991), 71.
56. Edmund Oskar von Lippmann, *Geschichte des Zuckers: Seit den ältesten Zeiten bis zum Beginn der Rübenzucker-Fabrikation: ein Beitrag zur Kulturgeschichte* (Berlin: Springer, 1929), 503–504.
57. J. R. Ward, *British West Indian Slavery, 1750–1834: The Process of Amelioration* (New York: Oxford University Press, 1991), 22–24, 151–155; J. S. Handler and R. S. Corruccini, "Plantation Slave Life in Barbados: A Physical Anthropological Analysis," *Journal of Interdisciplinary History* 14, no. 1 (1983): 75, 78.
58. Jean Baptiste Labat, *Nouveau voyage aux isles de l'Amerique: Contenant l'histoire naturelle de ces pays, l'origine, les moeurs, la religion & le gouvernement des habitans anciens & modernes*, vol. 3 (Paris: Chez Guillaume Cavelier pere, 1742), 356–358. ジャン＝バティスト・ラバ『仏領アンティル諸島滞在記』2003年、岩波書店
59. John Gabriel Stedman, *Reize in de Binnenlanden van Suriname*, 2 vols. (Leiden: A. en J. Honkoop, 1799), 2: 200.
60. Jerome S. Handler and Diane Wallman, "Production Activities in the Household Economies of Plantation Slaves: Barbados and Martinique, Mid-1600s to Mid-1800s," *International Journal of Historical Archaeology* 18, no. 3 (2014): 449, 450, 454–456, 461; Carney and Rosomoff, *In the Shadow*, 76–79, 106, 132; Hilary McD. Beckles, "An Economic Life of Their Own: Slaves as Commodity Producers and Distributors in Barbados," in *The Slaves Economy: Independent Production by Slaves in the Americas*, ed. Ira Berlin and Philip D. Morgan (London: Frank Cass, 1991), 32–34.
61. Carney and Rosomoff, *In the Shadow*, 76–79.
62. Gilberto Freyre, *The Mansions and the Shanties (Sobrados e Mucambos): The Making of Modern Brazil* (New York: A. A. Knopf, 1968), 186, 189.
63. Handler and Wallman, "Production Activities," 458–460.
64. Sweeney, "Market Marronage: Fugitive Women and the Internal Marketing System in Jamaica, 1781–1834," *William and Mary Quarterly* 76, no. 2 (2019): 201.
65. Robert Robertson, *A Detection of the State and Situation of the Present Sugar Planters: Of Barbadoes and the Leward Islands* (London: J. Wilford, 1732), 44; Stedman, *Reize*, 1: 142.
66. Ligon, *A True & Exact History*, 50–51; Vincent Brown, *The Reaper's Garden: Death and Power in the World of Atlantic Slavery* (Cambridge, MA: Harvard University Press, 2010), 132–133.
67. William Beckford, *Remarks upon the Situation of Negroes in Jamaica: Impartially Made from a Local Experience of Nearly Thirteen Years in That Island.....* (London: Printed for T. and J. Egerton, 1788), 23.
68. Stedman, *Reize*, 2: 203.
69. Daniel E. Walker, *No More, No More: Slavery and Cultural Resistance in Havana and New Orleans* (Minneapolis: University of Minnesota Press, 2004), 14–15.

70. Londa Schiebinger, *Plants and Empire: Colonial Bioprospecting in the Atlantic World* (Cambridge, MA: Harvard University Press, 2004), chap. 3. ロンダ・シービンガー『植物と帝国――抹殺された中絶薬とジェンダー』2007年、工作舎
71. Robertson, *A Detection of the State*, 49.
72. Hilary Beckles, *Afro-Caribbean Women and Resistance to Slavery in Barbados* (London: Karnak House, 1988), 69–70.
73. Caldeira, "Learning the Ropes," 59; Deerr, *The History of Sugar*, 2: 318.
74. Morgan, *Laboring Women*, 175.
75. Menard, *Sweet Negotiations*, 112, 20. 通行証の偽造については、以下を参照。Beckles, *Afro-Caribbean Women*, 63.
76. Jerome S. Handler and Charlotte J. Frisbie, "Aspects of Slave Life in Barbados: Music and Its Cultural Context," *Caribbean Studies* 11, no. 4 (1972): 8.
77. たとえば、以下を参照。Stuart B. Schwartz, *Slaves, Peasants, and Rebels: Reconsidering Brazilian Slavery* (Urbana: University of Illinois Press, 1992), chap. 4. また、以下も参照。Richard Price, *Maroon Societies: Rebel Slave Communities in the Americas* (Baltimore, MD: Johns Hopkins University Press, 1979); Vincent Brown, *Tacky's Revolt: The Story of an Atlantic Slave War* (Cambridge, MA: Harvard University Press, 2022).
78. Stedman, *Reize*, 2: 13–14.
79. Laurent Dubois, *Avengers of the New World: The Story of the Haitian Revolution* (Cambridge, MA: Harvard University Press, 2005), 55, 62.
80. たとえば以下を参照。Douglas Hall, *In Miserable Slavery: Thomas Thistlewood in Jamaica, 1750–86* (London: Macmillan, 1989).
81. Zachary Macaulay and Margaret Jean Trevelyan Knutsford, *Life and Letters of Zachary Macaulay* (London: E. Arnold, 1900), 8.
* 『反奴隷制協会月報（*Anti-Slavery Monthly Reporter*）』
82. 以下を参照。Dave Gosse, "The Politics of Morality: The Debate Surrounding the 1807 Abolition of the Slave Trade," *Caribbean Quarterly* 56, nos. 1–2 (2010): 127–138; Katherine Paugh, *Politics of Reproduction: Race, Medicine, and Fertility in the Age of Abolition* (New York: Oxford University Press, 2017), 26, 31–36, 42–43.
83. Alex van Stipriaan, *Surinaams Contrast: Roofbouw en Overleven in een Caraïbische Plantagekolonie 1750–1863* (Leiden: KITLV, 1993), 323; Nicole Vanony-Frisch, "Les esclaves de la Guadeloupe à la fin de l'Ancien R. gime d'après les sources notariales (1770–1789)," *Bulletin de la Société d'Histoire de la Guadeloupe*, nos. 63–64 (1985): 52–53; S. D. Smith, *Slavery, Family, and Gentry Capitalism in the British Atlantic: The World of the Lascelles, 1648–1834* (Cambridge: Cambridge University Press, 2010), 284. Craton と Greenland は、1783年までの自然減少率（死亡数から出生数を引く）を２％としている。Michael J. Craton and Garry Greenland, *Searching for the Invisible Man: Slaves and Plantation Life in Jamaica* (Cambridge, MA: Harvard University Press, 1978), 85.
84. Karol K. Weaver, " 'She Crushed the Child's Fragile Skull': Disease, Infanticide, and Enslaved Women in Eighteenth-Century Saint-Domingue," *French Colonial History* 5 (2004): 94.
85. Richard B. Sheridan, *Doctors and Slaves: A Medical and Demographic History of Slavery in the British West Indies, 1680–1834* (Cambridge: Cambridge University Press, 1985), 238; Ward, *British West Indian Slavery*, 16.
86. Parker, *The Sugar Barons*, 208.
87. Selwyn H. H. Carrington, *The Sugar Industry and the Abolition of the Slave Trade, 1775–1810* (Gainesville: University Press of Florida, 2002), 73; Bryan Edwards, *The History, Civil and Commercial, of the British Colonies in the West Indies.....*, vol. 2 (London: Printed for John Stockdale, 1793), 451, 493.
88. Richard S. Dunn, "The English Sugar Islands and the Founding of South Carolina," *South Carolina Historical Magazine* 101, no. 2 (2000): 142–144, 146.
89. クリストファー・コドリントンの伝記については以下を参照。James C. Brandow, *Genealogies of Barbados Families: From Caribbeana and the Journal of the Barbados Museum and Historical Society* (Baltimore, MD: Genealogical Publishing, 2001), 222–224.
90. Jean Baptiste Labat and John Eaden, *The Memoirs of Pere Labat, 1693–1738* (London: Constable, 1931), 214.
91. Daniel Defoe, *The Complete English Tradesman, etc.*, 2nd ed., vol. 1 (London: Printed for Charles Rivington at

the Bible and Crown in St. Paul's Church-yard, 1727), 316.

92. T. G. Burnard, " 'Prodigious Riches': The Wealth of Jamaica before the American Revolution," *Economic History Review* 54, no. 3 (2001): 508.
93. Smith, *Lascelles*, 102–118.
94. Parker, *The Sugar Barons*, 265.
95. Alex van Stipriaan, "Debunking Debts: Image and Reality of a Colonial Crisis: Suriname at the End of the 18th Century," *Itinerario* 19, no. 1 (1995): 75; Smith, *Lascelles*, 106; Bram Hoonhout, *Borderless Empire: Dutch Guiana in the Atlantic World (1750–1800)* (Athens: University of Georgia Press, 2020), 50, 169.
96. Smith, *Lascelles*, 104; Hoonhout, *Borderless Empire*, 170.
97. Klas Rönnbäck, "Governance, Value-Added and Rents in Plantation Slavery-Based Value-Chains," *Slavery & Abolition* 42, no. 1 (2021): 133.
98. Smith, *Lascelles*, 77–78, chap. 6.
99. S. D. Smith, "Gedney Clarke of Salem and Barbados: Transatlantic Super Merchant," *New England Quarterly* 76, no. 4 (2003): 540–541.
100. Amy Frost, "The Beckford Era," in *Fonthill Recovered: A Cultural History*, ed. Caroline Dakers (London: UCL Press, 2018), 63–64.
101. Richard B. Sheridan, "The Wealth of Jamaica in the Eighteenth Century," *Economic History Review* 18, no. 2 (1965): 308–309; Lillian Margery Penson, *The Colonial Agents of the British West Indies: A Study in Colonial Administration, Mainly in the Eighteenth Century* (London: F. Cass, 1971), 228; Richard B. Sheridan, *Sugar and Slavery* (Aylesbury, England: Ginn, 1976), 60. 以下も参照。Andrew J. O'Shaughnessy, "The Formation of a Commercial Lobby: The West India Interest, British Colonial Policy and the American Revolution," *Historical Journal* 40, no. 1 (1997): 71–95.
102. ここで言及しているのは2019年製作の映画で、2022年に公開された続編ではない。
103. Carrington, *The Sugar Industry*, 70–72.
104. David Richardson, "Slavery and Bristol's 'Golden Age,' " *Slavery & Abolition* 26, no. 1 (2005): 48–49.
105. Madge Dresser, "Squares of Distinction, Webs of Interest: Gentility, Urban Development and the Slave Trade in Bristol c. 1673–1820," *Slavery & Abolition* 21, no. 3 (2000): 31–32; David Pope, "The Wealth and Social Aspirations of Liverpool's Slave Merchants of the Second Half of the Eighteenth Century," in *Liverpool and Transatlantic Slavery*, ed. David Richardson, Anthony Tibbles, and Suzanne Schwarz (Liverpool: Liverpool University Press, 2007), 170.
106. 30万人という数字は、西インド諸島の奴隷労働者ひとりあたりの生産量を砂糖500キログラムと推定し、19世紀に入った最初の5年間の西インド諸島の実際の砂糖生産量約15万トンを基に算出したもの。以下を参照。Selwyn H. H. Carrington, " 'Econocide' — Myth or Reality? — The Question of West Indian Decline, 1783–1806," *Boletín de Estudios Latinoamericanos y del Caribe*, no. 36 (1984): 2; Ward, *British West Indian Slavery*, 91.
107. Rönnbäck, "Governance," 144.
108. この「負担論」はのちに歴史家たちによって繰り返された。Robert Paul Thomas, "The Sugar Colonies of the Old Empire: Profit or Loss for Great Britain?," *Economic History Review* 21, no. 1 (1968): 37. Coelhoは「(イギリス領西インド諸島における) イギリス植民地の経営コストは、砂糖の消費者や納税者によって賄われている」としている。Philip R. P. Coelho, "The Profitability of Imperialism: The British Experience in the West Indies 1768–1772," *Explorations in Economic History* 10, no. 3 (1973): 278.
109. J. F. Wright, "The Contributions of Overseas Savings to the Funded National Debt of Great Britain, 1750–1815," *Economic History Review* 50, no. 4 (1997): 658.
110. Joseph E. Inikori, "Slavery and the Development of Industrial Capitalism in England," *Journal of Interdisciplinary History* 17, no. 4 (1987): 778–781, 788–789; Ralph Davis, "English Foreign Trade, 1660–1700," *Economic History Review* 7, no. 2 (1954): 291–292.
111. Barbara L. Solow, "Caribbean Slavery and British Growth," *Journal of Development Economics* 17, nos. 1–2 (1985): 111.
112. 以下を参照。Guillaume Daudin, "Profitability of Slave and Long-Distance Trading in Context: The Case of Eighteenth-Century France," *Journal of Economic History* 64, no. 1 (2004): 144–171.

113. たとえば、以下を参照。Daron Acemoglu, Simon Johnson, and James Robinson, "The Rise of Europe: Atlantic Trade, Institutional Change, and Economic Growth," *American Economic Review* 95, no. 3 (2005): 546–579.

114. 以下を参照。Ronald Findlay, " 'The Triangular Trade' and the Atlantic Economy of the Eighteenth Century: A Simple General-Equilibrium Model," Essays in International Finance No. 177, Princeton University, International Finance Section, Department of Economics, 1990; Knick Harley, "Slavery, the British Atlantic Economy, and the Industrial Revolution," in *The Caribbean and the Atlantic World Economy: Circuits of Trade, Money and Knowledge, 1650–1914*, ed. Adrian Leonard and David Pretel (London: Palgrave Macmillan, 2015), 173–174.

115. Guillaume Daudin, *Commerce et prospérité: La France au XVIII siècle* (Paris: Presses de l'Universit. Paris-Sorbonne, 2005), 367–368. 9％という数字は、フランスがヨーロッパ以外の地域から輸入して再輸出した物資の75％がアンティル諸島からのものだったという仮定に基づいている。

116. このおおよその推定は以下を根拠にしている。Klas Rönnbäck, "Sweet Business: Quantifying the Value Added in the British Colonial Sugar Trade in the 18th Century," *Revista de Historia Económica* 32, no. 2 (2014): 233. Rönnbäck は1759年の GDP を2.8％、1794〜1796年の GDP を3.1％と計算しているが、植民地は定義上、イギリスの GDP に参入されるべきではないため、平均的なプランターの総剰余金を差し引く必要がある。駐屯地や海軍の維持コストも加える必要があり、Thomas はこれを41万ポンドと算定している。Thomas, "The Sugar Colonies," 38. さらに奴隷貿易もあり、これは18世紀末にはイギリスの GDP の0.54％を占めていたと Engerman は推定している。この0.54％の3分の2は砂糖関連と考えられる。以下を参照。Stanley L. Engerman, "The Slave Trade and British Capital Formation in the Eighteenth Century: A Comment on the Williams Thesis," *Business History Review* 46, no. 4 (1972): 440. フランスの3.5％という数字は、フランス領アンティル諸島の貿易額の39％を砂糖が占めていることに基づいている。以下を参照。Pierre Emile Levasseur, *Histoire du Commerce de la France* (Paris: Librarie nouvelle de droit et de jurisprudence, 1911), 488; Daudin, *Commerce et prosperité*, 367–368.

117. Paul M. Bondois, "Les centres sucriers fran. ais au XVIIIe si. cle," *Revue d'Histoire économique et sociale* 19, no. 1 (1931): 57, 60; Paul M. Bondois, "L'Industrie sucrière française au XVIIIe siècle: La fabrication et les rivalit. s entre les raffineries," *Revue d'Histoire économique et sociale* 19, no. 3 (1931): 338, 346.

118. Maud Villeret, *Le goût de l'or blanc: Le sucre en france au XVIIIe siècle* (Rennes: Presses Universitairs, 2017), 80.

119. Stipriaan, "Debunking Debts," 72, 78–79; Van de Voort, "De Westindische Plantages," 26, 260–261.

120. Van de Voort, "De Westindische Plantages," 260–261; Reesse, *De Suikerhandel van Amsterdam*, 1: 57–58.

121. C. Sigmond, Sjoerd de Meer, and Jan Willem de Boezeman, *Een Zoete Belofte: Suikernijverheid in Dordrecht (17de–19de eeuw)* (Dordrecht, The Netherlands: Historische Vereniging Oud-Dordrecht, 2013), 72–190, 192.

122. Pepijn Brandon and Ulbe Bosma, "De Betekenis van de Atlantische Slavernij voor de Nederlandse Economie in de Tweede Helft van de Achttiende Eeuw," *Tijdschrift voor Sociale en Economische Geschiedenis* 16, no. 2 (2019): 45, annex x, xii. 以下も参照。Tamira Combrink, "From French Harbours to German Rivers: European Distribution of Sugar by the Dutch in the Eighteenth Century," in *La diffusion des produits ultra-marins en Europe* (XVIe–XVIIIe siècles), ed. Maud Villeret and Marguerite Martin (Rennes: Presses Universitaires de Rennes, 2018).

123. Van de Voort, "De Westindische Plantages," 260–261; Pepijn Brandon and Ulbe Bosma, "Slavery and the Dutch Economy, 1750–1800," *Slavery & Abolition* 42, no. 1 (2021): 63.

124. Astrid Petersson, *Zuckersiedergewerbe und Zuckerhandel in Hamburg im Zeitraum von 1814 bis 1834: Entwicklung und Struktur Zweier wichtiger Hamburger Wirtschaftzweige des vorindustriellen Zeitalters* (Stuttgart: F. Steiner, 1998), 53, 56.

125. Tsugitaka Sato, *Sugar in the Social Life of Medieval Islam* (Leiden: Brill, 2015), 177–178. 佐藤次高『砂糖のイスラーム生活史』2008年、岩波書店；Sébastien Lupo, "Révolution(s) d'échelles: Le marché levantin et la crise du commerce marseillais au miroir des maisons Roux et de leurs relais à Smyrne (1740–1787)" (PhD diss., Université Aix-Marseille, 2015), 580.

126. Deerr, *The History of Sugar*, 1: 193–203, 235–236, 239–240.

127. Benjamin Lay, *All Slave-Keepers that Keep the Innocent in Bondage, Apostates Pretending to Lay Claim to the Pure & Holy Christian Religion*..... (Philadelphia: Printed by Benjamin Franklin for the author, 1837), 32, 37, 40, 151. 以下も参照。Marcus Rediker, *The Fearless Benjamin Lay: The Quaker Dwarf Who Became the First Revolutionary Abolitionist* (Boston: Beacon Press, 2018).

*『貧民弁護論（*Plea for the Poor*）』

128. Julie L. Holcomb, *Moral Commerce Quakers and the Transatlantic Boycott of the Slave Labor Economy* (Ithaca, NY: Cornell University Press, 2016), 32.

129. Roy L. Butterfield, "The Great Days of Maple Sugar," *New York History* 39, no. 2 (1958): 159–160.

130. Holcomb, *Moral Commerce*, 67–69.

131. 以下を参照。Benjamin Rush, "An Account of the Sugar Maple-Tree of the United States, and of the Methods of Obtaining Sugar from It....." *Transactions of the American Philosophical Society* 3 (1793): 64–81.

132. ポワブルは以下で引用されている。Benjamin Rush, *An Address to the Inhabitants of the British Settlements in America, upon Slave-Keeping* (Boston: John Boyles, for John Langdon, 1773), 8. 以下も参照。Pierre Poivre, *Voyages d'un philosophe ou observations sur les moeurs et les arts des peuples de l'Afrique, de l'Asie et de l'Amérique*, 3rd ed. (Paris: Du Pont, 1796), 90.

133. Rush, *An Address*, 30.

134. Holcomb, *Moral Commerce*, 38–40, 67; Seymour Drescher, *The Mighty Experiment: Free Labor versus Slavery in British Emancipation* (New York: Oxford University Press, 2002), 18, 21, 31.

135. William Fox, *An Address to the People of Great Britain on the Propriety of Abstaining from West India Sugar and Rum* (London; Philadelphia: D. Lawrence, 1792), 4.

136. Troy Bickham, "Eating the Empire: Intersections of Food, Cookery and Imperialism in Eighteenth-Century Britain," *Past & Present*, no. 198 (2008): 82, 86, 89–90.

137. Ortiz, *Cuban Counterpoint*, 42.

138. Jon Stobart, *Sugar and Spice: Grocers and Groceries in Provincial England 1650–1830* (Oxford: Oxford University Press, 2016), 60–62.

139. ウィルバーフォースは以下で引用されている。Charlotte Sussman, "Women and the Politics of Sugar, 1792," *Representations* 48 (1994): 64.

140. Fox, *An Address*, 11.

141. K. P. Mishra, "Growth of Sugar Culture in Eastern U.P. (1784–1792)," *Proceedings of the Indian History Congress* 41 (1980): 594, 597–598; N. P. Singh, "Growth of Sugar Culture in Bihar (1793–1913)," *Proceedings of the Indian History Congress* 45 (1984): 588–589; Shalin Jain, "Colonial Expansion and Commodity Trade in Banares, 1764–1800," *Proceedings of the Indian History Congress* 63 (2002): 499; Kumkum Chatterjee, *Merchants, Politics and Society in Early Modern India: Bihar, 1733–1820* (Leiden: Brill, 1996), 48–50.

142. Elizabeth Boody Schumpeter, *English Overseas Trade Statistics, 1697–1808* (Oxford: Clarendon Press, 1976), table XIII; Ulbe Bosma, *The Sugar Plantation in India and Indonesia: Industrial Production, 1770–2010* (Cambridge: Cambridge University Press, 2013), 17, 58.

143. 以下を参照。John Prinsep, *Strictures and Occasional Observations upon the System of British Commerce with the East Indies.....* (London: J. Debrett, 1792).

144. East India Sugar: Papers Respecting the Culture and Manufacture of Sugar in British India: also Notices of the Cultivation of Sugar in Other Parts of Asia (London: Printed by Order of the Court of Proprietors of the East India Company by E. Cox and Son, Great Queen Street, 1822), app. I, 211.

145. Bosma, *The Sugar Plantation*, 50–51.

*『西インド諸島および東インドにおけるヨーロッパ人の定住と貿易の哲学的および政治的歴史（*A Philosophical and Political History of the Settlements and Trade of the Europeans in the East and West Indies*）』

146. Macaulay and Knutsford, *Life and Letters of Zachary Macaulay*, 21.

147. David Geggus, "Jamaica and the Saint Domingue Slave Revolt, 1791–1793," *The Americas* 38, no. 2 (1981): 219.

148. Geggus, "Jamaica," 222.

149. David Geggus, "The Cost of Pitt's Caribbean Campaigns, 1793–1798," *Historical Journal* 26, no. 3 (1983): 703.

150. Geggus, "The Cost", 705.

151. *Kentisch Gazette*, November 14, 1794.

152. Carrington, " 'Econocide,' " 25, 44. 数値は以下による。Schumpeter, *English Overseas Trade Statistics, 1697–1808*, table XVIII.

153. David Beck Ryden, "Does Decline Make Sense?: The West Indian Economy and the Abolition of the British

Slave Trade," *Journal of Interdisciplinary History* 31, no. 3 (2001): 365, 368, 370–371; Carrington, " 'Econocide,' " 35.

154. Deerr, *The History of Sugar*, 1: 59.

155. Bosma, *The Sugar Plantation*, 46–48, 63.

156. Petersson, *Zuckersiedergewerbe*, 91, 124–161; Otto-Ernst Krawehl, *Hamburgs Schiffsund Warenverkehr mit England und den englischen Kolonien 1814–1860* (Köln: Böhlau, 1977), 323, 325; Richard Roberts, *Schroders: Merchants and Bankers* (Basingstoke, England: Macmillan, 1992).

第４章　科学と蒸気

1. Plinio Mario Nastari, "The Role of Sugar Cane in Brazil's History and Economy" (PhD diss., Iowa State University, 1983), 43; Gilberto Freyre, *New World in the Tropics: The Culture of Modern Brazil* (New York: Alfred A. Knopf, 1959), 72. ジルベルト・フレイレ『熱帯の新世界――ブラジル文化論の発見（ラテン・アメリカ文化叢書）』1979年、新世界社

2. Alex van Stipriaan, *Surinaams Contrast: Roofbouw en Overleven in een Caraïbische Plantagekolonie 1750–1863* (Leiden: KITLV, 1993), 139. ほとんどの場合、労働者の生産性の向上――スリナムとバルバドスの場合は生産性低下の反転――が起こったのは、1790年以降で、これはサトウキビのオタヘイティ種が導入された時期と一致している。Ward, *British West Indian Slavery*, 7, 91, 132, 190; David Eltis, Frank D. Lewis, and David Richardson, "Slave Prices, the African Slave Trade, and Productivity in the Caribbean, 1674–1807," *Economic History Review* 58, no. 4 (2005): 684–685; Alex van Stipriaan, "The Suriname Rat Race: Labour and Technology on Sugar Plantations, 1750–1900," *New West Indian Guide* 63, nos. 1–2 (1989): 96–97, 101–102.

3. 以下を参照。Sven Beckert, *Empire of Cotton: A Global History* (New York: Alfred A. Knopf, 2014). スヴェン・ベッカート『綿の帝国――グローバル資本主義はいかに生まれたか』2022年、紀伊國屋書店

4. Padraic X. Scanlan, "Bureaucratic Civilization: Emancipation and the Global British Middle Class," in *The Global Bourgeoisie: The Rise of the Middle Classes in the Age of Empire*, ed. Christof Dejung, David Motadel, and Jürgen Osterhammel (Princeton, NJ: Princeton University Press, 2019), 145.

5. Dorothy Burne Goebel, "The 'New England Trade' and the French West Indies, 1763–1774: A Study in Trade Policies," *William and Mary Quarterly* 20, no. 3 (1963): 337.

6. Franklin W. Knight, "Origins of Wealth and the Sugar Revolution in Cuba, 1750–1850," *Hispanic American Historical Review* 57, no. 2 (1977): 249.

7. Eltis, Lewis, and Richardson, "Slave Prices," 683–684.
   *『耕作と作付けについての論説（*Treatise on Husbandry and Planting*）』

8. 以下を参照。William Belgrove, *A Treatise upon Husbandry or Planting, etc.* (Boston: D. Fowle, 1755).

9. S. D. Smith, *Slavery, Family, and Gentry Capitalism in the British Atlantic: The World of the Lascelles, 1648–1834* (Cambridge: Cambridge University Press, 2010), 124–125; Olwyn M. Blouet, "Bryan Edwards, FRS, 1743–1800," *Notes and Records of the Royal Society* 54 (2000): 216.

10. Ward, *British West Indian Slavery*, 208–209.

11. 以下を参照。Jerome S. Handler and JoAnn Jacoby, "Slave Medicine and Plant Use in Barbados," *Journal of the Barbados Museum and Historical Society*, no. 41 (1993): 74–98.
   *『西インド諸島の疾病に関する小論（*Essay on the West Indian Diseases*）』

12. 以下を参照。James Grainger, *An Essay on the More Common West-India Diseases and the Remedies which that country itself produces. To which are added, some hints on the management, and of Negores* (London: T. Becket and P. A. De Hondt, 1764).

13. 以下を参照。Susana María Ramírez Martín, "El legado de la real expedición filantrópica de la Vacuna (1803–1810): Las Juntas de Vacuna," *Asclepio* 56, no. 1 (2004); Richard B. Sheridan, *Doctors and Slaves: A Medical and Demographic History of Slavery in the British West Indies, 1680–1834* (Cambridge: Cambridge University Press, 1985), 249–267.

14. W. A. Green, "The Planter Class and British West Indian Sugar Production, before and after Emancipation," *Economic History Review* 26, no. 3 (1973): 454; J. H. Galloway, "Tradition and Innovation in the American Sugar Industry, c. 1500–1800: An Explanation," *Annals of the Association of American Geographers* 75, no. 3 (1985): 334–351; Christopher Ohm Clement, "Settlement Patterning on the British Caribbean Island of Tobago," *Historical*

Archaeology 31, no. 2 (1997); Michael J. Craton and Garry Greenland, *Searching for the Invisible Man: Slaves and Plantation Life in Jamaica* (Cambridge, MA: Harvard University Press, 1978), 15.

15. Green, "The Planter Class," 449–450.
16. Jerome S. Handler and Diane Wallman, "Production Activities in the Household Economies of Plantation Slaves: Barbados and Martinique, Mid-1600s to Mid-1800s," *International Journal of Historical Archaeology* 18, no. 3 (2014): 450, 461; Judith Ann Carney and Richard Nicholas Rosomoff, *In the Shadow of Slavery: Africa's Botanical Legacy in the Atlantic World* (Berkeley: University of California Press, 2011), 131; Dale Tomich, "Une petite Guin. e: Provision Ground and Plantation in Martinique, 1830–1848," in *The Slaves Economy: Independent Production by Slaves in the Americas*, ed. Ira Berlin and Philip D. Morgan (London: Frank Cass, 1991), 70, 73, 86; Sheridan, *Doctors and Slaves*, 195, 207, 213.
17. シャルル・モーザルの言葉は以下に引用されている。James E. McClellan and Vertus Saint-Louis, *Colonialism and Science: Saint Domingue in the Old Regime* (Chicago: University of Chicago Press, 2010), 160.
18. Richard A. Howard, "The St. Vincent Botanic Garden — The Early Years," *Arnoldia* 57, no. 4 (1997): 12–14.
19. Edward Brathwaite, *The Development of Creole Society in Jamaica 1770–1820* (Oxford: Clarendon Press, 1978), 84.
20. Richard Harry Drayton, *Nature's Government: Science, Imperial Britain, and the "Improvement" of the World* (New Haven, CT: Yale University Press, 2000), 94–95.
21. Stipriaan, *Surinaams Contrast*, 171; Galloway, "Tradition and Innovation," 341.
22. たとえば以下を参照。Ward J. Barrett, *The Sugar Hacienda of Marquess del Valle* (Minneapolis: University of Minnesota Press, 1970), 45–46.
23. Galloway, "Tradition and Innovation," 341; Stuart George McCook, *States of Nature: Science, Agriculture, and Environment in the Spanish Caribbean, 1760–1940* (Austin: University of Texas, 2002), 79–80.
24. Drayton, *Nature's Government*, 104, 110.
25. Adrian P. Thomas, "The Establishment of Calcutta Botanic Garden: Plant Transfer, Science and the East India Company, 1786–1806," *Journal of the Royal Asiatic Society of Great Britain & Ireland* 16, no. 2 (2006): 171–172.
26. Matthew Parker, *The Sugar Barons: Family, Corruption, Empire, and War in the West Indies* (New York: Walker, 2012), 271.
27. Seymour Drescher, *The Mighty Experiment: Free Labor versus Slavery in British Emancipation* (New York: Oxford University Press, 2002), 20.
28. McClellan and Saint-Louis, *Colonialism and Science*, 226–227.
29. Hans Groot, *Van Batavia naar Weltevreden: Het Bataviaasch Genootschap van Kunsten en Wetenschappen, 1778–1867* (Leiden: KITLV, 2009), 52, 101.
30. Groot, *Van Batavia*, 78–79, 105; McClellan and Saint-Louis, *Colonialism and Science*, 226.
31. 以下を参照。Jan Hooyman, *Verhandeling over den Tegenwoordigen Staat van den Landbouw, in de Ommelanden van Batavia* (Batavia: Bataviaasch Genootschap der Konsten en Wetenschappen, 1781), 239.
32. J. J. Tichelaar, "De Exploitatie eener Suikerfabriek, Zestig Jaar Geleden," *Archief voor de Java-Suikerindustrie* 33, no. 1 (1925): 265–266; Margaret Leidelmeijer, *Van Suikermolen tot Grootbedrijf: Technische Vernieuwing in de Java-Suikerindustrie in de Negentiende Eeuw* (Amsterdam: NEHA, 1997), 76–79, 110.
33. David Lambert, *White Creole Culture, Politics and Identity during the Age of Abolition* (Cambridge: Cambridge University Press, 2010), 50; Brathwaite, *The Development of Creole Society*, 83–84; Edward Long, *The History of Jamaica; or, General Survey of the Ancient and Modern State of That Island with Reflections on Its Situation, Settlements, Inhabitants, Climate, Products, Commerce, Laws and Government*, vol. 1 (London: Lowndes, 1774), 436–437.
34. William Whatley Pierson, "Francisco de Arango y Parreño," *Hispanic American Historical Review* 16, no. 4 (1936): 460.
35. Dale Tomich, "The Wealth of Empire: Francisco Arango y Parreño, Political Economy, and the Second Slavery in Cuba," *Comparative Studies in Society and History* 45, no. 1 (2003): 7; *Wikipedia*, s.v., "Francisco de Arango y Parreño," https://en.wikipedia.org/wiki/FranciscodeArangoyParre%C3%B1,（閲覧日：2022年4月9日）.
36. Ada Ferrer, *Freedom's Mirror: Cuba and Haiti in the Age of Revolution* (New York: Cambridge University Press, 2016), 23; David Murray, "The Slave Trade, Slavery and Cuban Independence," *Slavery & Abolition* 20, no. 3

(1999): 112.

37. Ferrer, *Freedom's Mirror*, 33–36; Francisco de Arango y Parreño, *Obras*, vol. 1 (Havana: Impr. Enc. Rayados y Efectos de Escritorio, 1888), 47–51.
38. 以下を参照。"Discurso sobre la agricultura de la Habana y medios de fomentarla," in Arango y Parreño, *Obras*, 1: 53–112; Antonio Benítez Rojo, "Power/Sugar/Literature: Toward a Reinterpretation of Cubanness," *Cuban Studies* 16 (1986): 9–31.
39. Alain Yacou, "L'expulsion des Fran. ais de Saint-Domingue réfugiés dans la région orientale de l'Île de Cuba (1808–1810)," *Cahiers du Monde hispanique et luso-brésilien*, no. 39 (1982): 50.
40. Carlos Venegas Fornias, "La Habana y su region: Un proyecto de organizacion espacial de la plantacion esclavista," *Revista de Indias (Madrid)* 56, no. 207 (1996): 352; María M. Portuondo, "Plantation Factories: Science and Technology in Late-Eighteenth-Century Cuba," *Technology and Culture* 44 (2003): 253; Antón L. Allahar, "The Cuban Sugar Planters (1790–1820): 'The Most Solid and Brilliant Bourgeois Class in All of Latin America,' " *The Americas* 41, no. 1 (1984): 49.
41. Tomich, "The Wealth of Empire," 23; Francisco de Arango y Parreño, *Obras*, vol. 2 (Havana: Impr. Enc. Rayados y Efectos de Escritorio, 1889), 214, 220–221; Rafael Marquese and Tâmis Parron, "Atlantic Constitutionalism and the Ideology of Slavery: The Cádiz Experience in Comparative Perspective," in *The Rise of Constitutional Government in the Iberian Atlantic World: The Impact of the Cádiz Constitution of 1812*, ed. Scott Eastman and Natalia Sobrevilla Perea (Alabama: University of Alabama Press, 2015), 184.
42. Matt D. Childs, *The 1812 Aponte Rebellion in Cuba and the Struggle against Atlantic Slavery* (Chapel Hill: University of North Carolina Press, 2009), 4, 22, 79, 157; Ferrer, *Freedom's Mirror*, chap. 7.
43. Alexander von Humboldt, *Essai politique sur l'Île de Cuba* (Paris: Librairie de Gide fils, 1826), 309.
44. Oliver Lubrich, "In the Realm of Ambivalence: Alexander von Humboldt's Discourse on Cuba (Relation historique du voyage aux régions équinoxiales du nouveau continent)," *German Studies Review* 26, no. 1 (2003): 71; Humboldt, *Essai politique*, 323–329; Ferrer, *Freedom's Mirror*, 27.
45. Irina Gouzévitch, "Enlightened Entrepreneurs versus 'Philosophical Pirate,' 1788–1809: Two Faces of the Enlightenment," in *Matthew Boulton: Enterprising Industrialist of the Enlightenment*, ed. Kenneth Quickenden, Sally Baggott, and Malcolm Dick (New York: Routledge, 2013), 228; Venegas Fornias, "La Habana y su region," 353; Jennifer Tann, "Steam and Sugar: The Diffusion of the Stationary Steam Engine to the Caribbean Sugar Industry 1770–1840," *History of Technology* 19 (1997): 70.
46. Noël Deerr, *The History of Sugar*, vol. 2 (London: Chapman and Hall, 1950), 537, 540, 543.
47. Michael W. Flinn, *The History of the British Coal Industry*, vol. 2 (Oxford: Clarendon Press, 1986), 228.
48. ボールトン・ワット商会、Fawcett & Littledale、Rennie 各社の機械の台数や、それがカリブ海地域のどこへ送られたかについては以下を参照。Tann, "Steam and Sugar," 71–74, 79. グラスゴーの Smith Mirrlees 社については以下を参照。Annie Wodehouse and Andrew Tindley, *Design, Technology and Communication in the British Empire, 1830–1914* (London: Palgrave Pivot, 2019), 94. ブラジルでは、蒸気駆動のサトウキビ圧搾機は1860年代までほぼ存在しなかった。以下を参照。J. H. Galloway, "The Sugar Industry of Pernambuco during the Nineteenth Century," *Annals of the Association of American Geographers* 58, no. 2 (1968): 296.
49. Luis Martinez-Fernandez, "The Sweet and the Bitter: Cuban and Puerto Rican Responses to the Mid-Nineteenth-Century Sugar Challenge," *New West Indian Guide* 67, nos. 1–2 (1993): 49; Alexander von Humboldt, *The Island of Cuba. Translated from the Spanish, with Notes and a Preliminary Essay* by J. S. Thrasher (New York: Derby & Jackson, 1856), 271.
50. John Alfred Heitmann, *The Modernization of the Louisiana Sugar Industry: 1830–1910* (Baton Rouge: Louisiana State University Press, 1987), 10; Lawrence N. Powell, *The Accidental City: Improvising New Orleans* (Cambridge, MA: Harvard University Press, 2013), 258–260.
51. E. J. Forstall, "Louisiana Sugar," *De Bow's Review* 1, no. 1 (1846): 55–56.
52. Beckert, *Empire of Cotton*, 220.
53. Andrew James Ratledge, "From Promise to Stagnation: East India Sugar 1792–1865" (PhD diss., Adelaide University, 2004), 379, app. 4, table 1.
54. Tann, "Steam and Sugar," 65.

55. Ulbe Bosma, "Het Cultuurstelsel en zijn Buitenlandse Ondernemers: Java tussen Oud en Nieuw Kolonialisme," *Tijdschrift voor Sociale en Economische Geschiedenis* 2, no. 1 (2005): 24; Leidelmeijer, *Van Suikermolen*, 142.
56. José Guadalupe Ortega, "Machines, Modernity and Sugar: The Greater Caribbean in a Global Context, 1812–50," *Journal of Global History* 9, no. 1 (2014): 12.
57. Jacob Baxa and Guntwin Bruhns, *Zucker im Leben der Völker: Eine Kultur-und Wirtschaftsgeschichte* (Berlin: Bartens, 1967), 100, 102, 112, 131.
58. Herbert Pruns, *Zuckerwirtschaft während der Französischen Revolution und der Herrschaft Napoleons* (Berlin: Verlag Dr. Albert Bartens KG, 2008), 457–458.
59. アシャールの言葉は以下に引用されている。Baxa and Bruhns, *Zucker im Leben*, 130.
60. Dubuc, "Of Extracting a Liquid Sugar from Apples and Pears," *Belfast Monthly Magazine* 5, no. 28 (1810): 378–379; H. C. Prinsen Geerligs, *De Ontwikkeling van het Suikergebruik* (Utrecht: De Anti-Suikeraccijnsbond, 1916), 8.
61. *Gazette nationale ou le Moniteur universel*, March 12, 1810, p. 286; June 22, 1810, p. 684.
62. Wilhelm Stieda, *Franz Karl Achard und die Frühzeit der deutschen Zuckerindustrie* (Leipzig: S. Hirzel, 1928), 44, 46–47, 60–61.
63. M. Aymar-Bression, *L'industrie sucrière indigène et son véritable fondateur* (Paris: Chez l'Auteur et les principaux Libraires, 1864), 15.
64. 著者による訳。*Gazette nationale ou le Moniteur universel*, January 3, 1812, p. 13.
65. S. L. Jodidi, *The Sugar Beet and Beet Sugar* (Chicago: Beet Sugar Gazette Company, 1911), 2; H. D. Clout and A. D. M. Phillips, "Sugar-Beet Production in the Nord Département of France during the Nineteenth Century," *Erdkunde* 27, no. 2 (1973): 107; Baxa and Bruhns, *Zucker im Leben*, 135, 138–139.
66. Baxa and Bruhns, *Zucker im Leben*, 149.
67. Napoléon-Louis Bonaparte, *Analyse de la Question des Sucres.....* (Paris: Administration de librairie, 1843), 5.
68. Roland Villeneuve, "Le financement de l'industrie sucrière en France, entre 1815 et 1850," *Revue d'Histoire économique et sociale* 38, no. 3 (1960): 293.
69. Aymar-Bression, *L'industrie sucrière indigène*, 23.
70. Tobias Kuster, "500 Jahre kolonialer Rohrzucker —250 Jahre europäischer Rübenzucker," *Vierteljahrschrift für Sozial-und Wirtschaftsgeschichte* (1998): 505; Manfred Pohl, *Die Geschichte der Südzucker AG 1926–2001* (Munich: Piper, 2001), 29.
71. Baxa and Bruhns, *Zucker im Leben*, 175–176, 186–187; Stieda, *Franz Karl Achard*, 165.
72. Susan Smith-Peter, "Sweet Development: The Sugar Beet Industry, Agricultural Societies and Agrarian Transformations in the Russian Empire 1818–1913," *Cahiers du Monde russe* 57, no. 1 (2016): 106–107, 120; A. Seyf, "Production of Sugar in Iran in the Nineteenth Century," *Iran* 32 (1994): 142.
73. Harvey Washington Wiley, *The Sugar-Beet Industry: Culture of the Sugar-Beet and Manufacture of Beet Sugar* (Washington, DC: Government Printing Office, 1890), 31.
74. Edward Church, *Notice on the Beet Sugar: Containing 1st; A Description of the Culture and Preservation of the Plant. 2d; An Explanation of the Process of Extracting Its Sugar.....* (Northampton, MA: J. H. Butler, 1837), iv; Warner, *Sweet Stuff*, 88; Torsten A. Magnuson, "History of the Beet Sugar Industry in California," *Annual Publication of the Historical Society of Southern California* 11, no. 1 (1918): 72.
*『甜菜糖に関する考察（*Notices on Beet Sugar*）』
75. Church, *Notice on the Beet Sugar*, 54.
76. Deborah Jean Warner, *Sweet Stuff: An American History of Sweeteners from Sugar to Sucralose* (Washington, DC: Smithsonian Institution Scholarly Press/Rowman and Littlefield, 2011), 89–90.
77. Matthew C. Godfrey, *Religion, Politics, and Sugar: The Mormon Church, the Federal Government, and the Utah-Idaho Sugar Company, 1907–1921* (Logan: Utah State University Press, 2007), 21–24.
78. Leonard J. Arrington, "Science, Government, and Enterprise in Economic Development: The Western Beet Sugar Industry," *Agricultural History* 41, no. 1 (1967): 3.

第５章　国家と産業

1. 以下を参照。Conrad Friedrich Stollmeyer, *The Sugar Question Made Easy* (London: Effingham Wilson, 1845).
2. Ulbe Bosma and Jonathan Curry-Machado, "Two Islands, One Commodity: Cuba, Java, and the Global Sugar

Trade (1790–1930)," *New West Indian Guide* 86, nos. 3–4 (2012): 238–239.

3. Walter Prichard, "Routine on a Louisiana Sugar Plantation under the Slavery Regime," *Mississippi Valley Historical Review* 14, no. 2 (1927): 175.
4. Sidney Mintz, "Cañamelar: The Subculture of a Rural Sugar Plantation Proletariat," in *The People of Puerto Rico: A Study in Social Anthropology* by Julian Haynes Steward et al. (Urbana: University of Illinois Press, 1956), 337.
5. José Guadalupe Ortega, "Machines, Modernity and Sugar: The Greater Caribbean in a Global Context, 1812–50," *Journal of Global History* 9, no. 1 (2014): 10.
6. Franz Carl Achard, D. Angar, and Charles Derosne, *Traité complet sur le sucre européen de betteraves: Culture de cette plante considérée sous le rapport agronomique et manufacturier* (Paris: chez M. Derosne: chez D. Colas, 1812), viii–x.
7. M. Aymar-Bression, *L'industrie sucrière indigène et son véritable fondateur* (Paris: Chez l'Auteur et les principaux Libraires, 1864), 17; J. Flahaut, "Les Derosne, pharmaciens parisiens, de 1779 à 1855," *Revue d'Histoire de la Pharmacie* 53, no. 346 (2005): 228.
8. Jean-Louis Thomas, *Jean-François Cail: Un acteur majeur de la première révolution industrielle* (Chef-Boutonne, France: Association CAIL, 2004), 15–23, 30.
9. Thomas, *Jean-François Cail*, 37, 85.
10. Ortega, "Machines, Modernity," 16.
11. J. A. Leon and Joseph Hume, *On Sugar Cultivation in Louisiana, Cuba, &c. and the British Possessions* (London: John Ollivier, 1848), 40–41, 58–60, 65; Nadia Fernández-de-Pinedo, Rafael Castro, and David Pretel, "Technological Transfers and Foreign Multinationals in Emerging Markets: Derosne & Cail in the 19th Century," Working Paper, Departamento de Análisis Económico, Universidad Autonoma de Madrid, 2014, 22.
12. Thomas, *Jean-François Cail*, 92.
13. Hugh Thomas, *Cuba; or, the Pursuit of Freedom* (London: Eyre and Spottiswoode, 1971), 117; Ortega, "Machines, Modernity," 18–19.
14. Ulbe Bosma, *The Making of a Periphery: How Island Southeast Asia Became a Mass Exporter of Labor* (New York: Columbia University Press, 2019), 75.
15. Margaret Leidelmeijer, *Van Suikermolen tot Grootbedrijf: Technische Vernieuwing in de Java-Suikerindustrie in de Negentiende Eeuw* (Amsterdam: NEHA, 1997), 159; Aymar-Bression, *L'industrie sucrière indigène*, 20–21.
16. Leidelmeijer, *Van Suikermolen*, 138, 152.
17. Roger G. Knight, *Sugar, Steam and Steel: The Industrial Project in Colonial Java, 1830–1850* (Adelaide, Australia: University of Adelaide Press, 2014), 139–141; Ulbe Bosma, "The Cultivation System (1830–1870) and Its Private Entrepreneurs on Colonial Java," *Journal of Southeast Asian Studies* 38, no. 2 (2007): 285.
18. Ulbe Bosma and Remco Raben, *Being "Dutch" in the Indies: A History of Creolisation and Empire, 1500–1920* (Singapore: NUS Press, 2008), 106–124.
19. Great Britain Parliament and House of Commons, *The Sugar Question: Being a Digest of the Evidence Taken before the Committee on Sugar and Coffee Plantations.....* (London: Smith, Elder, 1848), 40; Ulbe Bosma, *The Sugar Plantation in India and Indonesia: Industrial Production, 1770–2010* (Cambridge: Cambridge University Press, 2013), 67.
20. John Alfred Heitmann, *The Modernization of the Louisiana Sugar Industry: 1830–1910* (Baton Rouge: Louisiana State University Press, 1987), 33, 35.
21. Lawrence N. Powell, *The Accidental City: Improvising New Orleans* (Cambridge, MA: Harvard University Press, 2013), 346.
   ＊『デボウズ・レビュー（*DeBow's Review*）』
22. Heitmann, *The Modernization*, 16–19, 42; J. Carlyle Sitterson, *Sugar Country: The Cane Sugar Industry in the South 1753–1950* (Lexington: University of Kentucky Press, 1953), 147.
23. Mark Schmitz, *Economic Analysis of Antebellum Sugar Plantations in Louisiana* (New York: Arno Press, 1977), 39.
24. J. Carlyle Sitterson, "Financing and Marketing the Sugar Crop of the Old South," *Journal of Southern History* 10, no. 2 (1944): 189; Sitterson, *Sugar Country*, 200–202; Richard J. Follett, *The Sugar Masters: Planters and Slaves in Louisiana's Cane World, 1820–1860* (Baton Rouge: Louisiana State University Press, 2007), 35.
25. Daniel Rood, *The Reinvention of Atlantic Slavery: Technology, Labor, Race, and Capitalism in the Greater Caribbean*

(Oxford: Oxford University Press, 2020), 36; Sitterson, *Sugar Country*, 148–150; Schmitz, *Economic Analysis*, 35, 39–40; Follett, *The Sugar Masters*, 34, 36; Judah Ginsberg, *Norbert Rillieux and a Revolution in Sugar Processing* (Washington, DC: American Chemical Society, 2002).

26. Ortega, "Machines, Modernity," 19–21; Deerrは少し違うことを言っている。以下を参照。Noël Deerr, *The History of Sugar*, vol. 2 (London: Chapman and Hall, 1950), 569.

27. Albert Schrauwers, "'Regenten' (Gentlemanly) Capitalism: Saint-Simonian Technocracy and the Emergence of the 'Industrialist Great Club' in the Mid-Nineteenth Century Netherlands," *Enterprise & Society* 11, no. 4 (2010): 766; Knight, *Sugar, Steam*, 63–91.

28. Dale Tomich, "Small Islands and Huge Comparisons: Caribbean Plantations, Historical Unevenness, and Capitalist Modernity," *Social Science History* 18, no. 3 (1994): 349.

29. Victor Comte de Broglieが以下に引用されている。Victor Schoelcher, *Histoire de l'esclavage pendant les deux dernieres années*, vol. 2 (Paris: Pagnerre, 1847), 399.
 * 『産業の視点で見た植民地の問題（*Questions Coloniales sous le rapport industriel*）』

30. Victor Schoelcher, *Des colonies françaises: Abolition immédiate de l'esclavage* (Paris: Pagnerre, 1842), xxiii. n. 2.

31. Paul Daubrée, *Question coloniale sous le rapport industriel* (Paris: Impr. de Malteste, 1841), 8, 55–56.

32. A. Chazelles, *Émancipation — Transformation: Le système anglais — le système français: Mémoire adressé à la Chambre des Députés à l'occasion du projet de loi concernant le régime des esclaves dans les colonies françaises* (Paris: Imprimerie de Guiraudet et Jouaust, 1845), 18.

33. Chazelles, *Emancipation — Transformation*, 47.

34. Chazelles, *Emancipation — Transformation*, 56.

35. Thomas, *Jean-François Cail*, 192–193, 195; Christian Schnakenbourg, "La création des usines en Guadeloupe (1843–1884)," *Bulletin de la Societé d'Histoire de la Guadeloupe*, no. 141 (2005): 25–26. Thomasが採用する*Usine*（工場）の定義は少し違い、彼はグアドループには砂糖セントラールが10、マルティニークには2つあると言っている。

36. Nelly Schmidt, "Les paradoxes du developpement industriel des colonies françaises des Caraibes pendant la seconde moitie du XIX siècle: Perspectives comparatives," *Histoire, Économie et Société* 8, no. 3 (1989): 321–322.

37. Henry Iles Woodcock, *A History of Tobago* (London: Frank Cass, 1971), 107, 190, app.

38. William A. Green, *British Slave Emancipation: The Sugar Colonies and the Great Experiment 1830–1865* (Oxford: Clarendon Press, 2011), 200; Claude Levy, *Emancipation, Sugar, and Federalism: Barbados and the West Indies, 1833–1876* (Gainesville: University Press of Florida, 1979), 95.

39. Jean-François Géraud, "Joseph Martial Wetzell (1793–1857): Une révolution sucrière oubliée à la Réunion," *Bulletin de la Société d'Histoire de la Guadeloupe*, no. 133 (2002): 44–45.

40. Alessandro Stanziani, *Labor on the Fringes of Empire: Voice, Exit and the Law* (Basingstoke, England: Palgrave Macmillan, 2019), 187.

41. Géraud, "Joseph Martial Wetzell," 57; Andrés Ramos Mattei, "The Plantations of the Southern Coast of Puerto Rico: 1880–1910," *Social and Economic Studies* 37, nos. 1–2 (1988): 369; Peter Richardson, "The Natal Sugar Industry, 1849–1905: An Interpretative Essay," *Journal of African History* 23, no. 4 (1982): 520.

42. Thomas, *Jean-François Cail*, 204–205; Fernández-de-Pinedo, Castro, and Pretel, *Technological Transfers*, 22.

43. Sudel Fuma, *Un exemple d'impérialisme écconomique dans une colonie française aux XIXe siècle — l'île de La Réunion et la Société du Crédit Foncier Colonial* (Paris: Harmattan, 2001), 31.

44. Schnakenbourg, "La création," 36, 54–55.

45. W. J. Evans, *The Sugar-Planter's Manual: Being a Treatise on the Art of Obtaining Sugar from the Sugar-Cane* (Philadelphia: Lea and Blanchard, 1848), 171–173.

46. Dale Tomich, "Commodity Frontiers, Spatial Economy, and Technological Innovation in the Caribbean Sugar Industry, 1783–1878," in *The Caribbean and the Atlantic World Economy Circuits of Trade, Money and Knowledge, 1650–1914*, ed. Adrian Leonard and David Pretel (London: Palgrave Macmillan, 2015), 204.

47. Anthony Trollope, *West Indies and the Spanish Main* (London: Chapman and Hall, 1867), 183, 202.

48. Noël Deerr, *The History of Sugar*, vol. 1 (London: Chapman and Hall, 1949), 194; Richard B. Sheridan, "Changing Sugar Technology and the Labour Nexus in the British Caribbean, 1750–1900, with Special Reference to Barbados and Jamaica," *New West Indian Guide* 63, nos. 1–2 (1989): 74.

49. Deerr, *The History of Sugar*, 2: 577; Luis Martinez-Fernandez, “The Sweet and the Bitter: Cuban and Puerto Rican Responses to the Mid-Nineteenth-Century Sugar Challenge,” *New West Indian Guide* 67, nos. 1–2 (1993): 50.

50. Victor H. Olmsted and Henry Gannett, *Cuba: Population, History and Resources, 1907* (Washington, DC: US Bureau of the Census, 1909), 131, 143; Bosma, “The Cultivation System,” 280–281. ジャワ島の総人口の推計は Bosma, *The Making of a Periphery*, 29 を参照。

51. David Turnbull, *Travel in the West Cuba: With Notices of Porto Rico, and the Slave Trade* (London: Longman, Orme, Brown, Green, and Longmans, 1840), 129–130.

52. 以下を参照。J. Curry-Machado, “‘Rich Flames and Hired Tears’: Sugar, Sub-Imperial Agents and the Cuban Phoenix of Empire,” *Journal of Global History* 4, no. 1 (2009): 33–56.

53. Oscar Zanetti Lecuona and Alejandro García Alvarez, *Sugar and Railroads: A Cuban History, 1837–1959* (Chapel Hill: University of North Carolina Press, 1998), 25, 78, 95–96; Turnbull, *Travel in the West Cuba*, 175; Thomas, *Cuba*, 123.

*『製糖工場（*Los Ingenios*）』

54. Thomas, *Cuba*, 118–119. 1860年には、キューバで生産される砂糖の8.3％は真空釜で生産されていたと Fraginals は考えているが、この数字は過小評価かもしれない。以下も参照。Manuel Moreno Fraginals, *El ingenio: El complejo economico social cubano del Azucar* (Havana: Comisión Nacional Cubana de la UNESCO, 1964), 119. J. G. Cantero et al., *Los ingenios: Colección de vistas de los principales ingenios de azúcar de la isla de Cuba* (Madrid: Centro Estudios y Experimentación de Obras Públicas, 2005).

55. Jonathan Curry-Machado, *Cuban Sugar Industry: Transnational Networks and Engineering Migrants in Mid-Nineteenth Century Cuba* (Basingstoke, England: Palgrave Macmillan, 2011), 67; Bosma, “The Cultivation System,” 290.

56. J. Carlyle Sitterson, “Hired Labor on Sugar Plantations of the Ante-Bellum South,” *Journal of Southern History* 14, no. 2 (1948): 200–201; Sitterson, *Sugar Country*, 65.

57. Knight, *Sugar, Steam and Steel*, 56, 60n. 109; Dale Tomich, “Sugar Technology and Slave Labor in Martinique, 1830–1848,” *New West Indian Guide* 63, nos. 1–2 (1989): 128.

58. Schnakenbourg, “La création,” 39–41, 58, 71, 73; Schmidt, “Les paradoxes,” 314, 325.

59. Raymond E. Crist, “Sugar Cane and Coffee in Puerto Rico, I: The Rôle of Privilege and Monopoly in the Expropriation of the Jibaro,” *American Journal of Economics and Sociology* 7, no. 2 (1948): 175.

60. Charles Ralph Boxer, *The Golden Age of Brazil, 1695–1750: Growing Pains of a Colonial Society* (Berkeley: University of California Press, 1962), 150; Fernando Ortiz, *Cuban Counterpoint: Tobacco and Sugar* (New York: Vintage, 1970), 278–279; Schoelcher, *Des colonies françaises*, 296.

61. Richard Pares, *Merchants and Planters* (Cambridge: Cambridge University Press, 1960), 44.

62. Pares, *Merchants and Planters*, chap. 4; S. D. Smith, *Slavery, Family, and Gentry Capitalism in the British Atlantic: The World of the Lascelles, 1648–1834* (Cambridge: Cambridge University Press, 2010), chap. 6.

63. Bram Hoonhout, “The Crisis of the Subprime Plantation Mortgages in the Dutch West Indies, 1750–1775,” *Leidschrift* 28, no. 2 (2013): 85–100 を参照。

64. Sitterson, “Financing and Marketing,” 189.

65. “Havana,” *Bankers' Magazine* (1846–1847): 243; Richard A. Lobdell, *Economic Structure and Demographic Performance in Jamaica, 1891–1935* (New York: Garland, 1987), 321–322.

66. Lobdell, *Economic Structure*, 321.

67. キューバでは1850年代、債務不履行時に奴隷を含む製糖所の財産が債権者に差し押さえられることを防ぐための特権（*privilegio de ingenio*）が廃止され、債権者の立場は強くなった。フランスの砂糖植民地でも1848年の新たな抵当法を通じてこれが実現し、西インド諸島でも1854年の抵当不動産法を通じて実現した。ブラジル政府は1846年に抵当権法の改正を試みた。以下を参照。Martinez-Fernandez, “The Sweet and the Bitter,” 56; Christian Schnakenbourg, “La disparition des ‘habitation-sucreries’ en Guadeloupe (1848–1906): Recherche sur la désagrégation des structures préindustrielles de la production sucrière antillaise après l'abolition de l'eslavage,” *Revue française d'Histoire d'Outre-Mer* 74, no. 276 (1987): 265–266; Nicholas Draper, “Possessing People,” in *Legacies of British Slave-Ownership: Colonial Slavery and the Formation of Victorian Britain* by Catherine Hall et al. (Cambridge: Cambridge University Press, 2014), 43; Peter L. Eisenberg, *The Sugar*

Industry in Pernambuco: Modernization without Change, 1840–1910 (Berkeley: University of California Press, 1974), 73.

68. Trollope, *West Indies*, 130; Alexander von Humboldt, *The Island of Cuba. Translated from the Spanish, with Notes and a Preliminary Essay by J. S. Thrasher* (New York: Derby and Jackson, 1856), 281; Franklin W. Knight, *Slave Society in Cuba during the Nineteenth Century* (Madison: University of Wisconsin Press, 1970), 119; Edwin Farnsworth Atkins, *Sixty Years in Cuba: Reminiscences.....* (Cambridge: Riverside Press, 1926), 52.
69. Thomas, *Cuba*, 137; Martín Rodrigo y Alharilla, "From Periphery to Centre: Transatlantic Capital Flows, 1830–1890," in *The Caribbean and the Atlantic World Economy: Circuits of Trade, Money and Knowledge, 1650–1914*, ed. Adrian Leonard and David Pretel (London: Palgrave Macmillan, 2015), 221–222.
70. ケルヴェゲンもヴェッゼル釜を使っていたが、1850年代からはレユニオン島の大規模砂糖プランターたちと同様、ドローヌ・カイユ社の真空釜に転換した。以下を参照。Jean-François Géraud, *Kerveguen Sucrier* (Saint-Denis: Université Réunion, n.d.); Fuma, *Un exemple d'impérialisme*, 54–55, 64, 75.
71. Draper, "Possessing People," 43; R. W. Beachey, *The British West Indies Sugar Industry in the Late 19th Century* (Oxford: B. Blackwell, 1957), 36–38.
72. Levy, *Emancipation, Sugar, and Federalism*, 55.
73. 以下も参照。Nicholas Draper, "Helping to Make Britain Great: The Commercial Legacies of Slave-Ownership in Britain," in *Legacies of British Slave-Ownership: Colonial Slavery and the Formation of Victorian Britain* by Catherine Hall et al. (Cambridge: Cambridge University Press, 2014), 83, 95, 102.
74. Alan H. Adamson, *Sugar without Slaves: The Political Economy of British Guiana, 1838–1904* (New Haven, CT: Yale University Press, 1972), 202–203; Beachey, *The British West Indies*, 69, 95.
75. Ryan Saylor, "Probing the Historical Sources of the Mauritian Miracle: Sugar Ex-porters and State Building in Colonial Mauritius," *Review of African Political Economy* 39, no. 133 (2012): 474; Arthur Jessop, *A History of the Mauritius Government Railways: 1864 to 1964* (Port Louis, Mauritius: J. E. Félix, 1964), 2.
76. Draper, "Helping to Make Britain Great," 95. 居住奴隷所有者と不在奴隷所有者への補償金については以下を参照。Centre for the Study of the Legacies of British Slavery, https://www.ucl.ac.uk/lbs/project/details/ のデータベース、Richard B. Allen, *Slaves, Freedmen and Indentured Laborers in Colonial Mauritius* (Port Chester, NY: Cambridge University Press, 1999), 123–127; Bosma, *The Sugar Plantation*, 85n. 159; Richard B. Allen, "Capital, Illegal Slaves, Indentured Labourers and the Creation of a Sugar Plantation Economy in Mauritius, 1810–60," *Journal of Imperial and Commonwealth History* 36, no. 2 (2008): 157.
77. G. William Des Voeux, *My Colonial Service in British Guiana, St. Lucia, Trinidad, Fiji, Australia, New-Foundland, and Hong Kong with Interludes.....* (London: John Murray, 1903), 212–225, 279.
78. Galloway, "The Sugar Industry of Pernambuco," 300–302; Manuel Correia de Andrade, *The Land and People of Northeast Brazil* (Albuquerque: University of New Mexico Press, 1980), 71.
79. Jean Mazuel, *Le sucre en Egypte: Étude de géographie historique et economique* (Cairo: Société Royale de Géographie d'Égypte, 1937), 32; Claudine Piaton and Ralph Bodenstein, "Sugar and Iron: Khedive Ismail's Sugar Factories in Egypt and the Role of French Engineering Companies (1867–1875)," *ABE Journal*, no. 5 (2014): paras. 7 and 8.
80. F. Robert Hunter, *Egypt under the Khedives, 1805–1879: From Household Government to Modern Bureaucracy* (Cairo: American University in Cairo Press, 1999), 40; Kenneth M. Cuno, "The Origins of Private Ownership of Land in Egypt: A Reappraisal," *International Journal of Middle East Studies* 12, no. 3 (1980): 266.
81. Piaton and Bodenstein, "Sugar and Iron," para. 9, p. 13; *Institution of Civil Engineers, Minutes of Proceedings of the Institution of Civil Engineers with Abstracts of the Discussions* (London: 1873), 37.
82. 以下を参照。Piaton and Bodenstein, "Sugar and Iron," para. 29.
83. Thomas, *Jean-François Cail*, 105–106, 135.
84. Maule, *Le sucre en Egypte*, 40–44; Barbara Kalkas, "Diverted Institutions: A Reinterpretation of the Process of Industrialization in Nineteenth-Century Egypt," *Arab Studies Quarterly* 1, no. 1 (1979): 33.

第6章　なくならない奴隷制度

1. キューバに続くのがブラジル（82,000トン）、インド（イギリスに60,000トン、さらに量は不明だがアジアにも輸出していた）、ジャワ（60,000トン）、ルイジアナ（49,460トン）、モーリシャス（36,599トン）、プエルトリコ（36,515トン）、イギリス領ギアナ（35,619トン）。Noël Deerr, *The History of Sugar*,

vol. 1 (London: Chapman and Hall, 1949), 112, 126, 203, 249.

2. Zachary Macaulay, *A Letter to William W. Whitmore, Esq. M.P.* ..... (London: Lupton Relphe, and Hatchard and Son, 1823), 2–4.
3. Harold E. Annett, *The Date Sugar Industry in Bengal: An Investigation into Its Chemistry and Agriculture* (Calcutta: Thacker Spink, 1913), 289.
4. Ulbe Bosma, *The Sugar Plantation in India and Indonesia: Industrial Production, 1770–2010* (Cambridge: Cambridge University Press, 2013), 29.
5. Ulbe Bosma and Jonathan Curry-Machado, "Two Islands, One Commodity: Cuba, Java, and the Global Sugar Trade (1790–1930)," *New West Indian Guide* 86, nos. 3–4 (2012): 239.
6. Jerome S. Handler and JoAnn Jacoby, "Slave Names and Naming in Barbados, 1650–1830," *William and Mary Quarterly* 53, no. 4 (1996): 702, 725; Colleen A. Vasconcellos, *Slavery, Childhood, and Abolition in Jamaica, 1788–1838* (Athens: University of Georgia Press, 2015), 72–74.
7. Jerome S. Handler and Charlotte J. Frisbie, "Aspects of Slave Life in Barbados: Music and Its Cultural Context," *Caribbean Studies* 11, no. 4 (1972): 11, 38–39.
8. John B. Cade, "Out of the Mouths of Ex-Slaves," *Journal of Negro History* 20, no. 3 (1935): 333–334; Richard J. Follett, *The Sugar Masters: Planters and Slaves in Louisiana's Cane World, 1820–1860* (Baton Rouge: Louisiana State University Press, 2007), 220.
9. Jan Jacob Hartsinck, *Beschryving van Guiana, of de Wilde Kust, in Zuid-America*..... (Amsterdam: G. Tielenburg, 1770), 910, 913; John Gabriel Stedman, *Reize in de Binnenlanden van Suriname*, 2 vols. (Leiden: A. en J. Honkoop, 1799), 2: 205.
10. 訳は著者。Victor Schoelcher, *Des colonies françaises: Abolition immédiate de l'esclavage* (Paris: Pagnerre, 1842), 14.
11. Cade, "Out of the Mouths," 297–298.
12. J. Wolbers, *Geschiedenis van Suriname* (Amsterdam: H. de Hoogh, 1861), 455–456.
13. Claude Levy, *Emancipation, Sugar, and Federalism: Barbados and the West Indies, 1833–1876* (Gainesville: University Press of Florida, 1979), 20.
14. Hilary McD. Beckles, "The Slave-Drivers' War: Bussa and the 1816 Barbados Slave Rebellion," *Boletín de Estudios Latinoamericanos y del Caribe*, no. 39 (1985): 95, 102–103; Michael Craton, "Proto-Peasant Revolts? The Late Slave Rebellions in the British West Indies 1816–1832," *Past & Present*, no. 85 (1979): 101.
15. 反乱には推定13,000人から30,000人の奴隷が加わったとされる。Craton, "Proto-Peasant Revolts?," 106; Richard B. Sheridan, "The Condition of the Slaves on the Sugar Plantations of Sir John Gladstone in the Colony of Demerara, 1812–49," *New West Indian Guide* 76, nos. 3–4 (2002): 248.
16. *Legacies of British Slavery Database* s.v., "John Gladstone," http://wwwdepts-live.ucl.ac.uk/lbs/person/view/8961,（閲覧日：2022年 1 月27日）.
17. Sheridan, "The Condition of the Slaves," 256, 259; Anya Jabour, "Slave Health and Health Care in the British Caribbean: Profits, Racism, and the Failure of Amelioration in Trinidad and British Guiana, 1824–1834," *Journal of Caribbean History* 28, no. 1 (1994): 4, 7, 10–13.
18. Zachary Macaulay, *East and West India Sugar, or, A Refutation of the Claims of the West India Colonists to a Protecting Duty on East India Sugar* (London: Lupton Relfe and Hatchard and Son, 1823), 44; Macaulay, *A Letter to William W. Whitmore*, 31.
19. Bosma, *The Sugar Plantation*, 64.
20. Robert Montgomery Martin, *Facts Relative to the East and West-India Sugar Trade, Addressed to Editors of the Public Press, with Supplementary Observations* (London, 1830), 5–6.
21. James Cropper, *Relief for West-Indian Distress, Shewing the Inefficiency of Protecting Duties on East-India Sugar, and Pointing Out Other Modes of Certain Relief* (London: Hatchard and Son, 1823), 27.
22. 筆者不明、"A Picture of the Negro Slavery Existing in the Mauritius," *Anti-Slavery Monthly Reporter* (1829): 375, 378–379.
23. Bosma, *The Sugar Plantation*, 61.
24. Elizabeth Heyrick, *Immediate, Not Gradual Abolition: or, an Inquiry into the Shortest, Safest, and Most Effectual Means of Getting Rid of West Indian Slavery* (Boston: Isaac Knapp, 1838), 24.

*『西インド産の砂糖とラム酒の使用を控えることの正当性を、英国国民に訴える（*An Address to the People of Great Britain, on the Propriety of Refraining from the Use of West India sugar and Rum*）』

25. Holcomb, *Moral Commerce*, 42, 43, chap. 4, 107; Ruth Ketring Nuermberger, *The Free Produce Movement: A Quaker Protest against Slavery* (Durham, NC: Duke University Press, 1942), 77–79.
26. 以下を参照。Seymour Drescher, "History's Engines: British Mobilization in the Age of Revolution," *William and Mary Quarterly* 66, no. 4 (2009): 737–756; J. Quirk and D. Richardson, "Religion, Urbanisation and Anti-Slavery Mobilisation in Britain, 1787–1833," *European Journal of English Studies* 14, no. 3 (2010): 269.
27. Levy, *Emancipation, Sugar, and Federalism*, 55.
28. Hilary McD. Beckles, *Great House Rules: Landless Emancipation and Workers' Pro-test in Barbados, 1838–1938* (Kingston, Jamaica: Randle, 2004), 45; Cecilia Ann Karch, "The Transformation and Consolidation of the Corporate Plantation Economy in Barbados: 1860–1977" (PhD diss., Rutgers University, 1982), 200; Levy, *Emancipation, Sugar, and Federalism*, 113, 115–116, 127.
29. G. E. Cumper, "A Modern Jamaican Sugar Estate," *Social and Economic Studies* 3, no. 2 (1954): 135.
30. William G. Sewell, *The Ordeal of Free Labor in the British West Indies* (New York, 1863), 204; W. A. Green, "The Planter Class and British West Indian Sugar Production, before and after Emancipation," *Economic History Review* 26, no. 3 (1973): 458–459.
31. Deerr, *The History of Sugar*, 1: 198–199.
32. Thomas C. Holt, *The Problem of Freedom: Race, Labor, and Politics in Jamaica and Britain, 1832–1938* (Baltimore, MD: Johns Hopkins University Press, 1992), 278, 317; Karch, "The Transformation," 193; O. Nigel Bolland, *On the March: Labour Rebellions in the British Caribbean, 1934–39* (Kingston, Jamaica: Ian Randle, 1995), 158.
33. West India Royal Commission, *Report of...... with Subsidiary Report by D. Morris...... (Appendix A), and Statistical Tables and Diagrams, and a Map (Appendix B)* (London: H. M. Stationery Office, by Eyre and Spottiswoode, 1897), 140–142.
34. Bosma, *The Sugar Plantation*, 71, 78; Andrew James Ratledge, "From Promise to Stagnation: East India Sugar 1792–1865" (PhD diss., Adelaide University, 2004), 240.
35. Bosma, *The Sugar Plantation*, 67–68.
36. Bosma, *The Sugar Plantation*, 79.
37. Lynn Hollen Lees, *Planting Empire, Cultivating Subjects: British Malaya, 1786–1941* (New York: Cambridge University Press, 2019), 25–26.
38. Leone Levi, *On the Sugar Trade and Sugar Duties: A Lecture Delivered at King's College, London, Feb. 29, 1864* (London: Effingham Wilson, 1864), 12–13. イギリスの砂糖輸入のデータについては以下を参照。James Russell, *Sugar Duties: Digest and Summary of Evidence Taken by the Select Committee Appointed to Inquire into the Operation of the Present Scale of Sugar Duties* (London: Dawson, 1862), app. 1, 87.
39. Seymour Drescher, *The Mighty Experiment: Free Labor versus Slavery in British Emancipation* (New York: Oxford University Press, 2002), 205; Tâmis Parron, "The British Empire and the Suppression of the Slave Trade to Brazil: A Global History Analysis," *Journal of World History* 29, no. 1 (2018): 8.
40. Anthony Trollope, *West Indies and the Spanish Main* (London: Chapman and Hall, 1867), 101.
41. Bosma, *The Sugar Plantation*, 83.
42. 以下を参照。Leslie Bethell, "The Mixed Commissions for the Suppression of the Transatlantic Slave Trade in the Nineteenth Century," *Journal of African History* 7, no. 1 (1966): 79–93; David R. Murray, *Odious Commerce: Britain, Spain and the Abolition of the Cuban Slave Trade* (Cambridge: Cambridge University Press, 2002); Arthur F. Corwin, *Spain and the Abolition of Slavery in Cuba, 1817–1886* (Austin: University of Texas Press, 1967), 112–113, 118–119.
43. Richard Huzzey, "Free Trade, Free Labour, and Slave Sugar in Victorian Britain," *Historical Journal* 53, no. 2 (2010): 368–372.
44. Julius Wolf, *Zuckersteuer und Zuckerindustrie in den europäischen Ländern und in der amerikanischen Union von 1882 bis 1885, mit besonderer Rücksichtnahme auf Deutschland und die Steuerreform Daselbst* (Tübingen: Mohr Siebeck, 1886), 71.
45. Demy P. Sonza and Nicholas Loney, *Sugar Is Sweet: The Story of Nicholas Loney* (Manila: National Historical

Institute, 1977), 53, 59–60.

46. Violeta Lopez-Gonzaga, "The Roots of Agrarian Unrest in Negros, 1850–90," *Philippine Studies* 36, no. 2 (1988): 162, 165; Nicholas Loney, José María Espino, and Margaret Hoskyn, *A Britisher in the Philippines, or, The Letters of Nicholas Loney: With an Introduction by Margaret Hoskyn and Biographical Note by Consul José Ma. Espino* (Manila: National Library, 1964), xx, xxi; Filomeno V. Aguilar, *Clash of Spirits: The History of Power and Sugar Planter Hegemony on a Visayan Island* (Honolulu: University of Hawaii Press, 1998), 107, 110–117, 128; Sonza and Loney, *Sugar Is Sweet*, 53, 59–60, 100.

47. Shawn W. Miller, "Fuelwood in Colonial Brazil: The Economic and Social Consequences of Fuel Depletion for the Bahian Recôncavo, 1549–1820," *Forest & Conservation History* 38, no. 4 (1994): 190–191.

48. John Richard Heath, "Peasants or Proletarians: Rural Labour in a Brazilian Plantation Economy," *Journal of Development Studies* 17, no. 4 (1981): 272; David A. Denslow, "Sugar Production in Northeastern Brazil and Cuba, 1858–1908," *Journal of Economic History* 35, no. 1 (1975): 262; J. H. Galloway, "The Sugar Industry of Pernambuco during the Nineteenth Century," *Annals of the Association of American Geographers* 58, no. 2 (1968): 291–300.

49. David Eltis, "The Nineteenth-Century Transatlantic Slave Trade: An Annual Time Series of Imports into the Americas Broken Down by Region," *Hispanic American Historical Review* 67, no. 1 (1987): 122–123. トミッチが推定するこの時期の奴隷の数は、もう少し多く387,000人である。Dale Tomich, "World Slavery and Caribbean Capitalism: The Cuban Sugar Industry, 1760–1868," *Theory and Society* 20, no. 3 (1991): 304.

50. Tomich, "World Slavery," 304.

51. Manuel Moreno Fraginals, "Africa in Cuba: A Quantitative Analysis of the African Population in the Island of Cuba," *Annals of the New York Academy of Sciences* 292, no. 1 (1977): 196, 199–200; Franklin W. Knight, *Slave Society in Cuba during the Nineteenth Century* (Madison: University of Wisconsin Press, 1970), 76, 82.

52. Luis A. Figueroa, *Sugar, Slavery, and Freedom in Nineteenth-Century Puerto Rico* (Chapel Hill: University of North Carolina Press, 2005), 98–102.

53. David Turnbull, *Travel in the West Cuba: With Notices of Porto Rico, and the Slave Trade* (London: Longman, Orme, Brown, Green, and Longmans, 1840), 53.

54. Aisha K. Finch, *Rethinking Slave Rebellion in Cuba: La Escalera and the Insurgencies of 1841–1844* (Chapel Hill: University of North Carolina Press, 2015), 69.

55. 以下を参照。Joao José Reis, *Slave Rebellion in Brazil the Muslim Uprising of 1835 in Bahia* (Baltimore, MD: Johns Hopkins University Press, 1993); Thomas Ewbank, *Life in Brazil: Or, a Journal of a Visit to the Land of the Cocoa and the Palm.....* (New York: Harper & Brothers, 1856), 438–441. 以下も参照。Manuel Barcia Paz, *West African Warfare in Bahia and Cuba: Soldier Slaves in the Atlantic World, 1807–1844* (Oxford: Oxford University Press, 2016); Finch, *Rethinking Slave Rebellion*, 48, 78–80, 227.

56. Antón Allahar, "Surplus Value Production and the Subsumption of Labour to Capital: Examining Cuban Sugar Plantations," *Labour, Capital and Society* 20, no. 2 (1987): 176–177.

57. *American Slavery as It Is: Testimony of a Thousand Witnesses* (New York: American Anti-Slavery Society, 1839), 35–39; Rebecca J. Scott, *Degrees of Freedom: Louisiana and Cuba after Slavery* (Cambridge, MA: Harvard University Press, 2008), 23; Follett, *The Sugar Masters*, 77; Peter Depuydt, "The Mortgaging of Souls: Sugar, Slaves, and Speculations," *Louisiana History* 54, no. 4 (2013): 458.

58. Frederick Law Olmsted, *A Journey in the Seaboard Slave States: With Remarks on Their Economy* (New York: Dix and Edwards, 1856), 694.

59. Olmsted, *A Journey*, 675, 689; J. Carlyle Sitterson, *Sugar Country: The Cane Sugar Industry in the South 1753–1950* (Lexington: University of Kentucky Press, 1953), 99; Follett, *The Sugar Masters*, 201; Roderick A. McDonald, "Independent Economic Production by Slaves on Louisiana Antebellum Sugar Plantations," in *The Slaves' Economy: Independent Production by Slaves in the Americas*, ed. Ira Berlin and Philip D. Morgan (London: Frank Cass, 1991), 186, 190.

60. Daniel E. Walker, *No More, No More: Slavery and Cultural Resistance in Havana and New Orleans* (Minneapolis: University of Minnesota Press, 2004), 28; Albert Bushnell Hart, *Slavery and Abolition, 1831–1841* (New York: Harper and Bros., 1906), 114–115.

61. Herbert Aptheker, *Essays in the History of the American Negro* (New York: International Publishers, 1945), 62.

62. 以下を参照。Victor Schoelcher, *L'arrêté Gueydon à la Martinique et l'arrêté Husson à la Guadeloupe* (Paris: Le Chevalier, 1872); Ryan Saylor, "Probing the Historical Sources of the Mauritian Miracle: Sugar Exporters and State Building in Colonial Mauritius," *Review of African Political Economy* 39, no. 133 (2012): 471.
63. ハワイについては以下を参照。Gary Okihiro, *Cane Fires: The Anti-Japanese Movement in Hawaii* (Philadelphia: Temple University Press, 1991), 15; Joan Casanovas, "Slavery, the Labour Movement and Spanish Colonialism in Cuba, 1850–1890," *International Review of Social History* 40, no. 3 (1995): 373–374.
64. B. W. Higman, "The Chinese in Trinidad, 1806–1838," *Caribbean Studies* 12, no. 3 (1972): 26–28, 42; Alan H. Adamson, *Sugar without Slaves: The Political Economy of British Guiana, 1838–1904* (New Haven, CT: Yale University Press, 1972), 42.
65. Madhavi Kale, "'Capital Spectacles in British Frames': Capital, Empire and Indian Indentured Migration to the British Caribbean," *International Review of Social History* 41, suppl. 4 (1996): 123.
66. Saylor, "Probing the Historical Sources," 471; Great Britain Parliament and House of Commons, *The Sugar Question: Being a Digest of the Evidence Taken before the Committee on Sugar and Coffee Plantations.....* (London: Smith, Elder, 1848), 34.
67. Walton Look Lai, *Indentured Labor, Caribbean Sugar: Chinese and Indian Migrants to the British West Indies, 1838–1918* (Baltimore, MD: Johns Hopkins University Press, 2003), 157–158, 184–187; R. W. Beachey, *The British West Indies Sugar Industry in the Late 19th Century* (Oxford: B. Blackwell, 1957), 107.
68. J. H. Galloway, *The Sugar Cane Industry: An Historical Geography from Its Origins to 1914* (Cambridge: Cambridge University Press, 1989), 175.
69. G. W. Roberts and J. A. Byrne, *Summary Statistics on Indenture and Associated Migration Affecting the West Indies, 1834–1918* (London: Population Investigation Committee, 1966), 127.
70. Roberts and Byrne, *Summary Statistics*, 127.
71. John McDonald and Ralph Shlomowitz, "Mortality on Chinese and Indian Voyages to the West Indies and South America, 1847–1874," *Social and Economic Studies* 41, no. 2 (1992): 211; Watt Stewart, *Chinese Bondage in Peru: A History of the Chinese Coolie in Peru, 1849–1874* (Chicago: Muriwai Books, 2018), 17–22, 37–38.
72. Lisa Lee Yun, *The Coolie Speaks: Chinese Indentured Laborers and African Slaves in Cuba* (Philadelphia: Temple University Press, 2009), 17, 29, 31, 83, 84, 140, 148, 149.
73. Peter Klaren, "The Sugar Industry in Peru," *Revista de Indias* 65, no. 233 (2005): 37; Michael J. Gonzales, "Economic Crisis, Chinese Workers and the Peruvian Sugar Planters 1875–1900: A Case Study of Labour and the National Elite," in *Crisis and Change in the International Sugar Economy 1860–1914*, ed. Bill Albert and Adrian Graves (Norwich, England: ISC Press, 1984), 188–189, 192.
74. Bosma, *The Sugar Plantation*, 93–94.
75. 以下を参照。G. R. Knight, "From Plantation to Padi-Field: The Origins of the Nineteenth Century Transformation of Java's Sugar Industry," *Modern Asian Studies*, no. 2 (1980): 177–204.
76. J. Van den Bosch, "Advies van den Luitenant-Generaal van den Bosch over het Stelsel van Kolonisatie," in *Het Koloniaal Monopoliestelsel Getoetst aan Geschiedenis en Staatshuishoudkunde*, ed. D. C. Steijn Parvé (Zalt-Bommel, the Netherlands: Joh. Noman en Zoon, 1851), 316–317.
77. Knight, "From Plantation to Padi-Field," 192; G. H. van Soest, *Geschiedenis van het Kultuurstelsel*, 3 vols. (Rotterdam: Nijgh, 1871), 2: 124–125, 145.
78. Jan Luiten van Zanden, "Linking Two Debates: Money Supply, Wage Labour, and Economic Development in Java in the Nineteenth Century," in *Wages and Currency: Global Comparisons from Antiquity to the Twentieth Century*, ed. Jan Lucassen (Bern: Lang, 2007), 181–182.
79. Ulbe Bosma, "Migration and Colonial Enterprise in Nineteenth Century Java," in *Globalising Migration History*, ed. Leo Lucassen and Jan Lucassen (Leiden: Brill, 2014), 157.
80. Saylor, "Probing the Historical Sources," 471.
81. Van Soest, *Geschiedenis van het Kultuurstelsel*, 3: 135.
82. 以下を参照。Pim de Zwart, Daniel Gallardo-Albarrán, and Auke Rijpma, "The Demographic Effects of Colonialism: Forced Labor and Mortality in Java, 1834–1879," *Journal of Economic History* 82, no. 1 (2022): 211–249.
83. Bosma, *The Sugar Plantation*, 100–118.

84. Ulbe Bosma, "The Discourse on Free Labour and the Forced Cultivation System: The Contradictory Consequences of the Abolition of Slave Trade for Colonial Java 1811–1863," in *Humanitarian Intervention and Changing Labor Relations: The Long-Term Consequences of the British Act on the Abolition of the Slave Trade (1807)*, ed. M. van der Linden (Leiden: Brill, 2010), 410–411; Bosma, *The Sugar Plantation*, 111.

85. Bosma, "The Discourse," 413.

86. Bosma, "The Discourse," 413–414.

87. Bosma, *The Sugar Plantation*, 112.

88. 以下を参照。Clifford Geertz, *Agricultural Involution: The Process of Ecological Change in Indonesia* (Berkeley: University of California Press, 1966).

89. Ulbe Bosma, "Multatuli, the Liberal Colonialists and Their Attacks on the Patrimonial Embedding of Commodity Production of Java," in *Embedding Agricultural Commodities: Using Historical Evidence, 1840s–1940s.*, ed. Willem van Schendel (London: Routledge, 2016), 46–49.

90. Arthur van Schaik, "Bitter and Sweet: One Hundred Years of the Sugar Industry in Comal," in *Beneath the Smoke of the Sugar-Mill: Javanese Coastal Communities during the Twentieth Century*, ed. Hiroyoshi Kano, Frans Hüsken, and Djoko Suryo (Yogyakarta, Indonesia: Gadjah Mada University Press, 2001), 64.

91. Josef Opatrný, "Los cambios socio-económicos y el medio ambiente: Cuba, primera mitad del siglo XIX," *Revista de Indias* 55, no. 207 (1996): 369–370, 384.

92. Michael Zeuske, "Arbeit und Zucker in Amerika versus Arbeit und Zucker in Europa (ca. 1840–1880); Grundlinien eines Vergleichs," *Comparativ* 4, no. 4 (2017): 62. ジャワに関しては以下を参照。Handelingen van de Tweede Kamer der Staten-Generaal, *Koloniaal Verslag* (1900), 89; Reinaldo Funes Monzote, *From Rainforest to Cane Field in Cuba an Environmental History since 1492* (Chapel Hill: University of North Carolina Press, 2008), 133, 144–153, 171.

93. 以下を参照。Alvaro Reynoso, *Ensayo sober el cultivo de la caña de azucar* (Madrid, 1865); Funes Monzote, *From Rainforest to Cane Field*, 154–155.

94. J. Sibinga Mulder, *De Rietsuikerindustrie op Java* (Haarlem: H. D. Tjeenk Willink, 1929), 39.

95. Bosma, *The Sugar Plantation*, 159–160.

96. 以下を参照。Dale Tomich, "The Second Slavery and World Capitalism: A Perspective for Historical Inquiry," *International Review of Social History* 63, no. 3 (2018): 477–501.

97. ルイジアナでは総数22万9,000人の奴隷のうち13万9,000人が砂糖プランテーションで働き、キューバではおよそ30万人、プエルトリコでは５万人、スリナムでは１万8,000人が働いていた。Galloway は、ブラジル北東部にいた奴隷35万人の大半が砂糖プランテーションで働いていたとしている。Reis は、ペルナンブコのゾーナ・ダ・マタでは、奴隷人口の約70％が砂糖経済に直接関わっており、リオデジャネイロ近郊の製糖にも関わっていたと述べている。したがってブラジルのサトウキビ畑で働いていた奴隷の数として、28万人は妥当と思われる。J. H. Galloway, "The Last Years of Slavery on the Sugar Plantations of Northeastern Brazil," *Hispanic American Historical Review* 51, no. 4 (1971): 591; Jaime Reis, "Abolition and the Economics of Slaveholding in North East Brazil," *Boletín de Estudios Latinoamericanos y del Caribe*, no. 17 (1974): 7.

98. Stanley L. Engerman, "Contract Labor, Sugar, and Technology in the Nineteenth Century," *Journal of Economic History* 43, no. 3 (1983): 651. Engerman のデータは完全ではなく、世界の輸出量といっても、フィリピンやインド、中国からの輸出量は抜けていることに留意する必要がある。

99. Alessandro Stanziani, *Labor on the Fringes of Empire: Voice, Exit and the Law* (Basingstoke, England: Palgrave Macmillan, 2019), 201–202.

* 『奴隷の力（*Slave Power*）』

100. John Elliott Cairnes, *The Slave Power* (New York: Carleton, 1862), 46, 137, 142–143.

101. Stuart B. Schwartz, *Slaves, Peasants, and Rebels: Reconsidering Brazilian Slavery* (Urbana: University of Illinois Press, 1992), 44–47; Manuel Correia de Andrade, *The Land and People of Northeast Brazil* (Albuquerque: University of New Mexico Press, 1980), 64, 66.

* 『砂糖（*Sugar*）』

102. Schoelcher, *Des colonies françaises*, 158; Dale Tomich, "Sugar Technology and Slave Labor in Martinique, 1830–1848," *New West Indian Guide* 63, nos. 1–2 (1989): 128; David R. Roediger and Elizabeth D. Esch, *Production of*

Difference: Race and the Management of Labor in U.S. History (Oxford: Oxford University Press, 2012), 43.
103. Roediger and Esch, *Production of Difference*, 43; Follett, *The Sugar Masters*, 119–120.
104. Casanovas, "Slavery, the Labour Movement," 368–369; Daniel Rood, *The Reinvention of Atlantic Slavery: Technology, Labor, Race, and Capitalism in the Greater Caribbean* (Oxford: Oxford University Press, 2020), 10, 34.
105. Henry Iles Woodcock, *A History of Tobago* (London: Frank Cass, 1971), 189; Woodville K. Marshall, "Metayage in the Sugar Industry of the British Windward Islands, 1838–1865," in *Caribbean Freedom: Economy and Society from Emancipation to the Present: A Student Reader*, ed. Hilary McD. Beckles and Verene Shepherd (Kingston, Jamaica: Ian Randle, 1996), 65, 67, 75–76.
106. Karen S. Dhanda, "Labor and Place in Barbados, Jamaica, and Trinidad: A Search for a Comparative Unified Field Theory Revisited," *New West Indian Guide* 75, nos. 3–4 (2001): 242; Roberts and Byrne, *Summary Statistics*, 129, 132.

第７章　危機と奇跡のサトウキビ

1. 香港については以下を参照。Jennifer Lang, "Taikoo Sugar Refinery Workers' Housing Progressive Design by a Pioneering Commercial Enterprise," *Journal of the Royal Asiatic Society Hong Kong Branch* 57 (2017): 130–157.
2. George Martineau, "The Brussels Sugar Convention," *Economic Journal* 14 (1904): 34.
3. Klaus J. Bade, "Land oder Arbeit? Transnationale und interne Migration im deutschen Nordosten vor dem Ersten Weltkrieg" (PhD diss., University of Erlangen-Nuremberg, 1979), 277–278.
4. E. Sowers, "An Industrial Opportunity for America," *North American Review* 163, no. 478 (1896): 321; George Martineau, "The Statistical Aspect of the Sugar Question," *Journal of the Royal Statistical Society* 62, no. 2 (1899): 297.
5. Julius Wolf, *Zuckersteuer und Zuckerindustrie in den europäischen Ländern und in der amerikanischen Union von 1882 bis 1885, mit besonderer Rücksichtnahme auf Deutschland und die Steuerreform Daselbst* (Tübingen: Mohr Siebeck, 1886), 3–4; Martineau, "The Statistical Aspect of the Sugar Question," 298–300.
6. John Franklin Crowell, "The Sugar Situation in Europe," *Political Science Quarterly* 14, no. 1 (1899): 89, 97, 100.
7. César J. Ayala, "Social and Economic Aspects of Sugar Production in Cuba, 1880–1930," *Latin American Research Review* 30, no. 1 (1995): 97, 99; *Wikipedia*, s.v. "Julio de Apezteguía y Tarafa," https://es.wikipedia.org/wiki/Julio_de_Apeztegu%C3%ADa_y_Tarafa, (閲覧日：2022年１月27日).
8. Roger Munting, "The State and the Beet Sugar Industry in Russia before 1914," in *Crisis and Change in the International Sugar Economy 1860–1914*, ed. Bill Albert and Adrian Graves (Norwich, England: ISC Press, 1984), 26; Martineau, "The Statistical Aspect of the Sugar Question," 314; A. Seyf, "Production of Sugar in Iran in the Nineteenth Century," *Iran* 32 (1994): 140, 142–143.
9. Em Hromada, *Die Entwicklung der Kartelle in der österreichisch-ungarischen Zuckerindustrie* (Zurich: Aktien-Buchdruckerei, 1911), 52–99.
10. Martijn Bakker, *Ondernemerschap en Vernieuwing: De Nederlandse Bietsuikerindustrie, 1858–1919* (Amsterdam: NEHA, 1989), 119–121, 125–128.
11. R. W. Beachey, *The British West Indies Sugar Industry in the Late 19th Century* (Oxford: B. Blackwell, 1957), 115; Richard A. Lobdell, *Economic Structure and Demographic Performance in Jamaica, 1891–1935* (New York: Garland, 1987), 327; Benito Justo Legarda, *After the Galleons: Foreign Trade, Economic Change and Entrepreneurship in the Nineteenth-Century Philippines* (Quezon City, Philippines: Ateneo de Manila University Press, 2002), 320–326.
12. Ulbe Bosma and Remco Raben, *Being "Dutch" in the Indies: A History of Creolisation and Empire, 1500–1920* (Singapore: NUS Press, 2008), 260–261.
13. Bijlagen Handelingen der Tweede Kamer 1894–1895 [150. 1–7], "Schorsing der Heffing van het Uitvoerrecht van Suiker in Nederlandsch-Indië"［オランダ領東インド諸島産砂糖にかかる輸出税の停止］.
14. C. Y. Shephard, "The Sugar Industry of the British West Indies and British Guiana with Special Reference to Trinidad," *Economic Geography* 5, no. 2 (1929): 152–153; Alan H. Adamson, *Sugar without Slaves: The Political Economy of British Guiana, 1838–1904* (New Haven, CT: Yale University Press, 1972), 190–192, 212.
15. たとえば以下を参照。O. Nigel Bolland, *On the March: Labour Rebellions in the British Caribbean, 1934–39* (Kingston, Jamaica: Ian Randle, 1995), 179.

16. Teresita Martinez Vergne, “New Patterns for Puerto Rico's Sugar Workers: Abolition and Centralization at San Vicente, 1873–92,” *Hispanic American Historical Review* 68, no. 1 (1988): 53–59.
17. 最たる例のひとつが以下。J. S. Furnivall, *Netherlands India: A Study of Plural Economy* (Cambridge: Cambridge University Press, 1939), 196–199.
18. Carol A. MacLennan, *Sovereign Sugar: Industry and Environment in Hawaii* (Honolulu: University of Hawaii Press, 2014), 100–101.
19. たとえば以下を参照。Andrés Ramos Mattei, “The Plantations of the Southern Coast of Puerto Rico: 1880–1910,” *Social and Economic Studies* 37, nos. 1–2 (1988): 385. また、以下も参照。Martín Rodrigo y Alharilla, “Los ingenios San Agustín y Lequeitio (Cienfuegos): Un estudio de caso sobre la rentabilidad del negocio del azúcar en la transición de la esclavitud al trabajo asalariado (1870–1886),” in *Azúcar y esclavitud en el final del trabajo forzado: Homenaje a M. Moreno Fraginals*, ed. José A. Piqueras Arenas (Madrid: Fondo de Cultura Económica, 2002): 252–268; César J. Ayala, *American Sugar Kingdom: The Plantation Economy of the Spanish Caribbean, 1898–1934* (Chapel Hill: University of North Carolina, 1999), 102.
20. Humberto García Muñiz, *Sugar and Power in the Caribbean: The South Porto Rico Sugar Company in Puerto Rico and the Dominican Republic, 1900–1921* (San Juan, Puerto Rico: La Editorial, 2010), 69; Ulbe Bosma, “Sugar and Dynasty in Yogyakarta,” in *Sugarlandia Revisited: Sugar and Colonialism in Asia and the Americas, 1800–1940*, ed. U. Bosma, J. R. Giusti-Cordero, and R. G. Knight (New York: Berghahn Books, 2007), 90.
21. Christian Schnakenbourg, “La création des usines en Guadeloupe (1843–1884),” *Bulletin de la Societé d'Histoire de la Guadeloupe*, no. 141 (2005): 63–64, 71–74; Beachey, *The British West Indies*, 33.
22. Cecilia Karch, “From the Plantocracy to B.S. & T.: Crisis and Transformation of the Barbadian Socioeconomy, 1865–1937,” in *Emancipation IV: A Series of Lectures to Commemorate the 150th Anniversary of Emancipation*, ed. Woodville Marshall (Kingston, Jamaica: Canoe Press, 1993), 38–43.
23. *Wikipedia*, s.v. “Julio de Apezteguía y Tarafa.” また、以下も参照。Rodrigo y Alharilla, “Los ingenios.”
24. Teresita Martínez-Vergne, *Capitalism in Colonial Puerto Rico: Central San Vicente in Late Nineteenth Century* (Gainesville: University Press of Florida, 1992), 74, 90–92, 98–100.
25. 以下を参照。Roger Knight, “Family Firms, Global Networks and Transnational Actors,” *Low Countries Historical Review* 133, no. 2 (2018): 27–51.
26. John Paul Rathbone, *The Sugar King of Havana: The Rise and Fall of Julio Lobo, Cuba's Last Tycoon* (New York: Penguin, 2010), 69. また、以下も参照。Edwin Farnsworth Atkins, *Sixty Years in Cuba: Reminiscences.....* (Cambridge: Riverside Press, 1926).
27. Peter F. Klarén, *Modernization: Dislocation, and Aprismo: Origins of the Peruvian Aprista party, 1870–1932* (Austin: University of Texas Press, 1973), 15.
28. たとえば以下を参照。García Muñiz, *Sugar and Power*, 149–155.
29. William Kauffman Scarborough, *Masters of the Big House: Elite Slaveholders of the Mid-Nineteenth-Century South* (Baton Rouge: Louisiana State University Press, 2003), 40; Atkins, *Sixty Years in Cuba*, 50.
30. Martín Rodrigo y Alharilla, “From Periphery to Centre: Transatlantic Capital Flows, 1830–1890,” in *The Caribbean and the Atlantic World Economy: Circuits of Trade, Money and Knowledge, 1650–1914*, ed. Adrian Leonard and David Pretel (London: Palgrave Macmillan, 2015), 218, 225; Mattei, “The Plantations of the Southern Coast,” 374–375.
31. その時代を映した豊富な資料の一例が以下。Peter Post and M. L. M. Thio, *The Kwee Family of Ciledug: Family, Status and Modernity in Colonial Java* (Volendam, the Netherlands: LM Publishers, 2019).
32. Gilberto Freyre, *Order and Progress: Brazil from Monarchy to Republic* (New York: Knopf, 1970), 279–280; Gilberto Freyre, *The Mansions and the Shanties (Sobrados e Mucambos): The Making of Modern Brazil* (New York: A. A. Knopf, 1968), 355.
33. Sven Beckert, *The Monied Metropolis: New York City and the Consolidation of the American Bourgeoisie, 1850–1896* (Cambridge: Cambridge University Press, 2001), 33.
34. Freyre, *Mansions*, 97; Scarborough, *Masters of the Big House*, 107, 124.
35. ハオレは、こうした伝道団（またはその他のアメリカおよびヨーロッパからの移民）の子孫を指す。Castle & Cooke, *The First 100 Years: A Report on the Operations of Castle & Cooke for the Years 1851–1951* (Honolulu, 1951), 10; MacLennan, *Sovereign Sugar*, 88–89.

36. Klarén, *Modernisation*, 16–20.
37. Jacob Adler, *Claus Spreckels: The Sugar King in Hawaii* (Honolulu: Mutual, 1966), 52, 54, 63–65.
38. Jacob Adler, "The Oceanic Steamship Company: A Link in Claus Spreckels' Hawaiian Sugar Empire," *Pacific Historical Review* 29, no. 3 (1960): 257, 259, 261–262; Adler, *Claus Spreckels*, 73–78, 112–26.
39. Adler, *Claus Spreckels*, 99, 158, 183.
40. Adler, *Claus Spreckels*, 159–213.
41. MacLennan, *Sovereign Sugar*, 95–96; Adler, *Claus Spreckels*, 83–85.
42. US Congress, *National Labor Relations Act: Hearings before the United States House Special Committee to Investigate National Labor Relations Board, Seventy-Sixth Congress, Third Session, on May 2, 3, 1940. Volume 22* (Washington, DC: Government Printing Office, 1973), 4525–4226; Adler, "The Oceanic Steamship Company," 269; Adler, *Claus Spreckels*, 127; Castle & Cooke, *The First 100 Years*, 27–28.
43. Filomeno V. Aguilar, *Clash of Spirits: The History of Power and Sugar Planter Hegemony on a Visayan Island* (Honolulu: University of Hawaii Press, 1998), 207–208.
44. 以下を参照。Violeta B. Lopez Gonzaga, *Crisis in Sugarlandia: The Planters' Differential Perceptions and Responses and Their Impact on Sugarcane Workers' Households* (Bacolod City, Philippines: La Salle Social Research Center, 1986).
45. Alfred W. McCoy, "Sugar Barons: Formation of a Native Planter Class in the Colonial Philippines," *Journal of Peasant Studies* 19, nos. 3–4 (1992): 114.
46. Peter Klaren, "The Sugar Industry in Peru," *Revista de Indias* 65, no. 233 (2005): 39.
47. Ellen D. Tillman, *Dollar Diplomacy by Force: Nation-Building and Resistance in the Dominican Republic* (Chapel Hill: University of North Carolina Press, 2016), 189.
48. Rudolf Freund, "Strukturwandlungen der internationalen Zuckerwirtschaft: Aus dem Institut für Weltwirtschaft und Seeverkehr," *Weltwirtschaftliches Archiv* 28 (1928): 32.
49. Barak Kushner, "Sweetness and Empire: Sugar Consumption in Imperial Japan," in *The Historical Consumer: Consumption and Everyday Life in Japan, 1850–2000*, ed. Penelope Francks and Janet Hunter (New York: Palgrave Macmillan, 2012), 131–132.
50. Kozo Yamamura, "The Role of the Merchant Class as Entrepreneurs and Capitalists in Meiji Japan," *Vierteljahrschrift für Sozialund Wirtschaftsgeschichte* 56, no. 1 (1969): 115–118; Johannes Hirschmeier, *The Origins of Entrepreneurship in Meiji Japan* (Cambridge, MA: Harvard University Press, 2013), 266–267.
51. G. R. Knight, *Commodities and Colonialism: The Story of Big Sugar in Indonesia, 1880–1942* (Leiden: Brill, 2013), 46.
52. 以下を参照。G. Roger Knight, *Trade and Empire in Early Nineteenth-Century Southeast Asia: Gillian Maclaine and His Business Network* (Roydon, England: Boydell Press, 2015), 170.
53. 通常、砂糖の純度は偏光角度で示される。工場で製造される白砂糖の偏光角度は約99度、純粋な砂糖は約100度である。
54. Bosma, *The Sugar Plantation*, 169–171; Robert Marks, *Rural Revolution in South China: Peasants and the Making of History in Haifeng County, 1570–1930* (Madison: University of Wisconsin Press, 1984), 107.
55. たとえば以下を参照。James Carlton Ingram, *Economic Change in Thailand since 1850* (Stanford, CA: Stanford University Press, 1955), 124–125.
56. Lynn Hollen Lees, *Planting Empire, Cultivating Subjects: British Malaya, 1786–1941* (New York: Cambridge University Press, 2019), 24–37, 175.
57. 以下を参照。Ulbe Bosma and Bas van Leeuwen, "Regional Variation in the GDP Per Capita of Colonial Indonesia 1870–1930," *Cliometrica* (2022; https://doi.org/10.1007/s11698-022-00252-x.
58. O. Posthumus, "Java-Riet in het Buitenland," *Archief voor de Suikerindustrie in Ned.-Indië* 36, no. 2 (1928): 1149; Shephard, "The Sugar Industry," 151; Peter Griggs, "'Rust' Disease Outbreaks and Their Impact on the Queensland Sugar Industry, 1870–1880," *Agricultural History* 69, no. 3 (1995): 427; Ulbe Bosma and Jonathan Curry-Machado, "Turning Javanese: The Domination of Cuba's Sugar Industry by Java Cane Varieties," *Itinerario: Bulletin of the Leyden Centre for the History of European Expansion* 37, no. 2 (2013): 106.
59. Posthumus, "Java-Riet in het Buitenland," 1150; Bosma and Curry-Machado, "Turning Javanese," 107.
60. *De Locomotief*, January 24, 1885.

61. D. J. Kobus, "Historisch Overzicht over het Zaaien van Suikerriet," *Archief voor de Suikerindustrie in Ned.-Indië* 1 (1893): 17.
62. A. J. Mangelsdorf, "Sugar Cane Breeding: In Retrospect and in Prospect," in *Proceedings of the Ninth Congress of the International Society of Sugar Cane Technologists*, ed. O. M. Henzell (Cambridge: British West Indies Sugar Association, 1956), 562.
63. W. K. Storey, "Small-Scale Sugar Cane Farmers and Biotechnology in Mauritius: The 'Uba' Riots of 1937," *Agricultural History* 69, no. 2 (1995): 166.
64. J. A. Leon and Joseph Hume, *On Sugar Cultivation in Louisiana, Cuba, &c. and the British Possessions* (London: John Ollivier, 1848), 15–18.
65. Roger G. Knight, *Sugar, Steam and Steel: The Industrial Project in Colonial Java, 1830–1850* (Adelaide, Australia: University of Adelaide Press, 2014), 194–195.
66. John A. Heitmann, "Organization as Power: The Louisiana Sugar Planters' Association and the Creation of Scientific and Technical Institutions, 1877–1910," *Journal of the Louisiana Historical Association* 27, no. 3 (1986): 287, 291; J. Carlyle Sitterson, *Sugar Country: The Cane Sugar Industry in the South 1753–1950* (Lexington: University of Kentucky Press, 1953), 255–257.
67. Stuart George McCook, *States of Nature: Science, Agriculture, and Environment in the Spanish Caribbean, 1760–1940* (Austin: University of Texas, 2002), 87–88.
68. Bosma and Curry-Machado, "Turning Javanese," 109; T. Lynn Smith, "Depopulation of Louisiana's Sugar Bowl," *Journal of Farm Economics* 20, no. 2 (1938): 503; Thomas D. Rogers, *The Deepest Wounds: A Labor and Environmental History of Sugar in Northeast Brazil* (Chapel Hill: University of North Carolina Press, 2010), 104.
69. 以下を参照。J. H. Galloway, "Botany in the Service of Empire: The Barbados Cane-Breeding Program and the Revival of the Caribbean Sugar Industry, 1880s–1930s," *Annals — Association of American Geographers* 86, no. 4 (1996).
70. 以下を参照。Leida Fernandez-Prieto, "Networks of American Experts in the Caribbean: The Harvard Botanic Station in Cuba (1898–1930)," in *Technology and Globalisation: Networks of Experts in World History*, ed. David Pretel and Lino Camprubi (London: Palgrave Macmillan, 2018), 159–188.
71. Association Hawaiian Sugar Planters and A. R. Grammer, *A History of the Experiment Station of the Hawaiian Sugar Planters' Association, 1895–1945* (Honolulu: Hawaiian Sugar Planters' Association, 1947), 183.
72. Peter Griggs, "Improving Agricultural Practices: Science and the Australian Sugarcane Grower, 1864–1915," *Agricultural History* 78, no. 1 (2004): 13, 21.
73. W. P. Jorissen, "In Memoriam Dr. Hendrik Coenraad Prinsen Geerligs: Haarlem 23. 11. 1864— Amsterdam 31. 7. 1953," *Chemisch Weekblad: Orgaan van de Koninklijke Nederlandse Chemische Verenging* 49, no. 49 (1953): 905–907.

第 8 章　世界の砂糖、国のアイデンティティ

1. Hugh Thomas, *Cuba; or, the Pursuit of Freedom* (London: Eyre and Spottiswoode, 1971), 100.
2. Anthony Trollope, *West Indies and the Spanish Main* (London: Chapman and Hall, 1867), 131.
3. J. D. B. De Bow, "The Late Cuba Expedition," *Debow's Review: Agricultural, Commercial, Industrial Progress and Resources* 9, no. 2 (1850): 173.
4. *New York Times*, August 24, 1860.
5. Leslie Bethell, "The Mixed Commissions for the Suppression of the Transatlantic Slave Trade in the Nineteenth Century," *Journal of African History* 7, no. 1 (1966): 92.
6. Joan Casanovas, "Slavery, the Labour Movement and Spanish Colonialism in Cuba, 1850–1890," *International Review of Social History* 40, no. 3 (1995): 377–378. 以下を参照。Rebecca J. Scott, "Gradual Abolition and the Dynamics of Slave Emancipation in Cuba, 1868–86," *Hispanic American Historical Review* 63, no. 3 (1983): 449–477.
7. David Turnbull, *Travel in the West Cuba: With Notices of Porto Rico, and the Slave Trade* (London: Longman, Orme, Brown, Green, and Longmans, 1840), 261.
8. Francisco de Arango y Parreño, *Obras*, vol. 2 (Havana: Impr. Enc. Rayados y Efectos de Escritorio, 1889), 649–658; David Murray, "The Slave Trade, Slavery and Cuban Independence," *Slavery & Abolition* 20, no. 3 (1999):

121.

9. Lilia Moritz Schwarcz, *The Spectacle of the Races: Scientists, Institutions, and the Race Question in Brazil, 1870–1930* (New York: Hill and Wang, 1999), 128.

10. Gilberto Freyre, *The Mansions and the Shanties (Sobrados e Mucambos): The Making of Modern Brazil* (New York: A. A. Knopf, 1968), 388–389. ジルベルト・フレイレ『大邸宅と奴隷小屋――ブラジルにおける家父長制家族の形成』2005年、日本経済評論社

11. Gilberto Freyre, *New World in the Tropics: The Culture of Modern Brazil* (New York: Alfred A. Knopf, 1959), 128–131. ジルベルト・フレイレ『熱帯の新世界――ブラジル文化論の発見』1979年、新世界社

12. Schwarcz, *The Spectacle of the Races*, 10.

13. Alejandro de la Fuente, "Race and Inequality in Cuba, 1899–1981," *Journal of Contemporary History* 30, no. 1 (1995): 135.

14. April J. Mayes, *The Mulatto Republic: Class, Race, and Dominican National Identity* (Gainesville: University Press of Florida, 2015), 115; Edward Paulino, *Dividing Hispaniola: The Dominican Republic's Border Campaign against Haiti, 1930–1961* (Pittsburgh: Pittsburgh University Press, 2016), 150, 159.

15. Mayes, *The Mulatto Republic*, 44, 80.

*『ファクンド――文明と野蛮（*Facundo: Civilization and Barbarism*）』

16. Aarti S. Madan, "Sarmiento the Geographer: Unearthing the Literary in Facundo," *Modern Language Notes* 126, no. 2 (2011): 266.

17. J. H. Galloway, *The Sugar Cane Industry: An Historical Geography from Its Origins to 1914* (Cambridge: Cambridge University Press, 1989), 187–188.

18. Donna J. Guy, "Tucuman Sugar Politics and the Generation of Eighty," *The Americas* 32, no. 4 (1976): 574; Henry St John Wileman, *The Growth and Manufacture of Cane Sugar in the Argentine Republic* (London: Henry Good and Son, 1884), 12.

19. Patricia Juarez-Dappe, "*Cañeros* and *Colonos:* Cane Planters in Tucumán, 1876–1895," *Journal of Latin American Studies* 38, no. 1 (2006): 132–133; Daniel J. Greenberg, "Sugar Depression and Agrarian Revolt: The Argentine Radical Party and the Tucumán Cañeros' Strike of 1927," *Hispanic American Historical Review* 67, no. 2 (1987): 310–311; Oscar Chamosa, *The Argentine Folklore Movement: Sugar Elites, Criollo Workers, and the Politics of Cultural Nationalism, 1900–1955* (Tucson: University of Arizona Press, 2010), 79–80, 82–83; Adrian Graves, *Cane and Labour: The Political Economy of Queensland Sugar Industry, 1862–1906* (Edinburgh: Edinburgh University Press, 1993), 26, 33, 77–78, 89, 126, 248.

20. Maria Elena Indelicato, "Beyond Whiteness: Violence and Belonging in the Borderlands of North Queensland," *Postcolonial Studies: Culture, Politics, Economy* 23, no. 1 (2020): 104; N. O. P. Pyke, "An Outline History of Italian Immigration into Australia," *Australian Quarterly* 20, no. 3 (1948): 108.

21. Tadeusz Z. Gasinski, "Polish Contract Labor in Hawaii, 1896–1899," *Polish American Studies* 39, no. 1 (1982): 20–22; Edward D. Beechert, *Working in Hawaii: A Labor History* (Honolulu: University of Hawaii Press, 1985), 86–87, 119, 124–139.

22. Wayne Patterson, "Upward Social Mobility of the Koreans in Hawaii," *Korean Studies* 3 (1979): 82, 89.

23. Sven Beckert, *Empire of Cotton: A Global History* (New York: Alfred A. Knopf, 2014), 287. スヴェン・ベッカート『綿の帝国――グローバル資本主義はいかに生まれたか』2022年、紀伊國屋書店

24. Joseph L. Love, "Political Participation in Brazil, 1881–1969," *Luso-Brazilian Review* 7, no. 2 (1970): 7; Inés Roldán de Montaud, "Política y elecciones en Cuba durante la restauración," *Revista de Estudios Politicos*, no. 104 (1999): 275.

25. Rebecca J. Scott, *Degrees of Freedom: Louisiana and Cuba after Slavery* (Cambridge, MA: Harvard University Press, 2008), 70; Rick Halpern, "Solving the 'Labour Problem': Race, Work and the State in the Sugar Industries of Louisiana and Natal, 1870–1910," *Journal of Southern African Studies* 30, no. 1 (2004): 22.

26. J. C. Rodrigue, "'The Great Law of Demand and Supply': The Contest over Wages in Louisiana's Sugar Region, 1870–1880," *Agricultural History* 72, no. 2 (1998): 160.

27. Paolo Giordano, "Italian Immigration in the State of Louisiana: Its Causes, Effects, and Results," *Italian Americana* 5, no. 2 (1979): 165; J. P. Reidy, "Mules and Machines and Men: Field Labor on Louisiana Sugar Plantations, 1887–1915," *Agricultural History* 72, no. 2 (1998): 184.

28. Scott, *Degrees of Freedom*, 85, 93, 189–99; Halpern, "Solving the 'Labour Problem,'" 23.
29. J. Vincenza Scarpaci, "Labor for Louisiana's Sugar Cane Fields: An Experiment in Immigrant Recruitment," *Italian Americana* 7, no. 1 (1981): 20, 27, 33–34; Giordano, "Italian Immigration," 165; Reidy, "Mules and Machines," 188.
30. Mark D. Schmitz, "Postbellum Developments in the Louisiana Cane Sugar Industry," *Business and Economic History* 5 (1976): 89.
31. 筆者不明、"Salutatory," *Louisiana Planter and Sugar Manufacturer*, 1888, 1.
32. Mark Schmitz, "The Transformation of the Southern Cane Sugar Sector: 1860–1930," *Agricultural History* 53, no. 1 (1979): 274, 277；筆者不明、"Leon Godchaux," *Louisiana Planter and Sugar Manufacturer*, 1899, 305–306.
33. Giordano, "Italian Immigration," 168–172.
34. Reidy, "Mules and Machines," 189–190, 196; William C. Stubbs, "Sugar," *Publications of the American Economic Association* 5, no. 1 (1904): 80; J. Carlyle Sitterson, *Sugar Country: The Cane Sugar Industry in the South 1753–1950* (Lexington: University of Kentucky Press, 1953), 277, 394.
35. 以下を参照。John Wesley Coulter, "The Oahu Sugar Cane Plantation, Waipahu," *Economic Geography* 9, no. 1 (1933): 60–71.
36. これは、*Tensions of Empire: Colonial Cultures in a Bourgeois World*, ed. Frederick Cooper and Ann Laura Stoler (Berkeley: University of California Press, 1997), 226 で Ann Laura Stoler が書いている「Sexual Affronts and Racial Frontiers: European Identities and the Cultural Politics of Exclusion in Colonial Southeast Asia」と共鳴する。
37. A. Featherman, "Our Position and That of Our Enemies," *Debow's Review: Agricultural, Commercial, Industrial Progress and Resources* 31, no. 1 (1861): 31.
38. Featherman, "Our Position," 27.
39. これについては以下を参照。Ann Stoler, "Rethinking Colonial Categories: European Communities and the Boundaries of Rule," *Comparative Studies in Society and History* 31, no. 1 (1989): 134–161.
40. J. A. Delle, "The Material and Cognitive Dimensions of Creolization in Nineteenth Century Jamaica," *Historical Archeology* 34 (2000): 57.
41. Lawrence N. Powell, *The Accidental City: Improvising New Orleans* (Cambridge, MA: Harvard University Press, 2013), 287–290.
42. Henry Koster, *Travels in Brazil* (London: Printed for Longman, Hurst, Rees, Orme, and Brown, 1816), 393–394; Elena Padilla Seda, "Nocorá: The Subculture of Workers on a Government-Owned Sugar Plantation," in *The People of Puerto Rico: A Study in Social Anthropology*, ed. Julian H. Steward (Urbana: University of Illinois Press, 1956), 274–275.
43. Colleen A. Vasconcellos, *Slavery, Childhood, and Abolition in Jamaica, 1788–1838* (Athens: University of Georgia Press, 2015), 43.
44. Bryan Edwards, *The History, Civil and Commercial, of the British Colonies in the West Indies.....*, vol. 2 (London: Printed for John Stockdale, 1793), 16–17.
45. Freyre, *Mansions*, 177.
46. Frederick Law Olmsted, *A Journey in the Seaboard Slave States: With Remarks on Their Economy* (New York: Dix and Edwards, 1856), 594, 635.
47. Edwin Farnsworth Atkins, *Sixty Years in Cuba: Reminiscences.....* (Cambridge: Riverside Press, 1926), 46; Antonio Benítez Rojo, "Power/Sugar/Literature: Toward a Reinterpretation of Cubanness," *Cuban Studies* 16 (1986): 19.
48. John Mawe, *Travels in the Interior of Brazil: Particularly in the Gold and Diamond Districts of that Country.....* (London: Longman, Hurst, Rees, Orme, and Brown, 1812), 281.
49. Featherman, "Our Position," 27.
* 『マダム・デルフィーヌ（*Madame Delphine*）』
50. George Washington Cable, *Madame Delphine: A Novelette and Other Tales* (London: Frederick Warne, 1881); Alice H. Petry, *A Genius in His Way: The Art of Cable's Old Creole Days* (Rutherford, NJ: Fairleigh Dickinson University Press, 1988), 32.
51. 以下を参照。Gilberto Freyre, *The Masters and the Slaves (Casa-Grande and Senzala): A Study in the Development of Brazilian Civilization*, trans. Samuel Putnam (New York: Knopf, 1946).

52. Freyre, *New World*, 92; Freyre, *Mansions*, 431. 以下も参照。José Vasconcelos, *La raza cósmica: Misión de la raza iberoamericana, Argentina y Brasil* (México: Espasa-Calpe Mexicana, 1948).
53. Gilberto Freyre, *Order and Progress: Brazil from Monarchy to Republic* (New York: Knopf, 1970), xix.
54. April Merleaux, *Sugar and Civilization: American Empire and the Cultural Politics of Sweetness* (Chapel Hill: University of North Carolina Press, 2015), 108–115.
55. Edward E. Weber, "Sugar Industry," in *Industrialization of Latin America*, ed. L. J. Hughlett (New York: McGraw-Hill, 1946), 398; Merleaux, *Sugar and Civilization*, 114–119.
56. R. B. Ogendo and J. C. A. Obiero, "The East African Sugar Industry," *GeoJournal: An International Journal on Human Geography and Environmental Sciences* 2, no. 4 (1978): 343, 347.
57. Ulbe Bosma, *The Sugar Plantation in India and Indonesia: Industrial Production, 1770–2010* (Cambridge: Cambridge University Press, 2013), 197, 210.
58. Manuel Correia de Andrade, *The Land and People of Northeast Brazil* (Albuquerque: University of New Mexico Press, 1980), 81; Weber, "Sugar Industry," 393–394.
59. J. C. K., "The Sugar-Palm of East Indies," *Journal of the Royal Society of Arts* 59, no. 3048 (1911): 567–569; Charles Robequain, "Le sucre de palme au Cambodge," *Annales de Géographie* 58, no. 310 (1949): 189; D. F. Liedermoij, "De Nijverheid op Celebes," *Tijdschrift voor Nederlandsch Indië* 16, 2, no. 12 (1854): 360. 以下も参照。Harold E. Annett, *The Date Sugar Industry in Bengal: An Investigation into Its Chemistry and Agriculture* (Calcutta: Thacker Spink, 1913).
60. Roger Owen, "The Study of Middle Eastern Industrial History: Notes on the Interrelationship between Factories and Small-Scale Manufacturing with Special References to Lebanese Silk and Egyptian Sugar, 1900–1930," *International Journal of Middle East Studies* 16, no. 4 (1984): 480–481.
61. Bosma, *The Sugar Plantation*, 191.
62. Mildred Maddocks and Harvey Washington Wiley, *The Pure Food Cook Book: The Good Housekeeping Recipes, Just How to Buy — Just How to Cook* (New York: Hearst's International Library, 1914), 3.
63. Merleaux, *Sugar and Civilization*, 133.
64. Weber, "Sugar Industry," 410–417.
65. Leigh Binford, "Peasants and Petty Capitalists in Southern Oaxacan Sugar Cane Production and Processing, 1930–1980," *Journal of Latin American Studies* 24, no. 1 (1992): 51–54; Manuel Moreno Fraginals, *El ingenio: El complejo economico social cubano del azucar* (Havana: Comisión Nacional Cubana de la UNESCO, 1964), 82.
66. John Richard Heath, "Peasants or Proletarians: Rural Labour in a Brazilian Plantation Economy," *Journal of Development Studies* 17, no. 4 (1981): 278; Andrade, *Land and People*, 86.
67. Gonzalo Rodriguez et al., *Panela Production as a Strategy for Diversifying Incomes in Rural Area of Latin America* (Rome: United Nations Food and Agriculture Organization, 2007), xvi, 10, 17.
68. Bosma, *The Sugar Plantation*, 86.
69. Bosma, *The Sugar Plantation*, 134–135; Leone Levi, *On the Sugar Trade and Sugar Duties: A Lecture Delivered at King's College, London, Feb. 29, 1864* (London: Effingham Wilson, 1864), 19–20.
70. Bosma, *The Sugar Plantation*, 135に引用されている。
71. Bosma, *The Sugar Plantation*, 136–137.
72. Alexander Burnes, *Travels into Bokhara: Being the Account of a Journey from India to Cabool, Tartary and Persia..... in the Years 1831, 1832, and 1833*, 3 vols. (London: J. Murray, 1834), 1: 44.
73. James Mylne, "Experiences of an European Zamindar (Landholder) in Behar," *Journal of the Society of Arts* 30, no. 1538 (1882): 704.
74. この部分は以下より。Bosma, *The Sugar Plantation*, 138–142, and app. I, 271.
75. J. W. Davidson, *The Island of Formosa: Historical View from 1430 to 1900.....* (New York: Paragon Book Gallery, 1903), 450, 457. ヴィカム・マイアズのエッセイは、Davidson, *The Island of Formosa*, 449–451 に収録されている。
76. Mylne, "Experiences of an European Zamindar," 706.
77. Bosma, *The Sugar Plantation*, 146, 150, 205.
78. Bosma, *The Sugar Plantation*, 206.
79. Bosma, *The Sugar Plantation*, 206.

80. Bosma, *The Sugar Plantation*, 207–208.
81. Krishna Kumar Birla, *Brushes with History* (New Delhi: Penguin India, 2009), 594–595.
82. Bosma, *The Sugar Plantation*, 241–242.
83. "Background Study: Pakistan," *Proceedings of Fiji/FAO Asia Pacific Sugar Conference, Fiji, 29–31 October 1997*, https://www.fao.org/3/X0513E/x0513e23.htm; M. S. Rahman, S. Khatun, and M. K. Rahman, "Sugarcane and Sugar Industry in Bangladesh: An Overview," *Sugar Tech* 18, no. 6 (2016): 629.
84. Aashna Ahuja, "15 Jaggery (Gur) Benefits: Ever Wondered Why Our Elders End a Meal with Gur?," *NDTV Food*, August 24, 2018, https://food.ndtv.com/health/15-jaggery-benefits-ever-wondered-why-our-elders-end-a-meal-with-gur-1270883.

第９章　アメリカ砂糖王国

1. Paul Leroy Vogt, *The Sugar Refining Industry in the United States: Its Development and Present Condition* (Philadelphia: Published for the University, 1908), 2.
2. J. Carlyle Sitterson, "Ante-Bellum Sugar Culture in the South Atlantic States," *Journal of Southern History* 3, no. 2 (1937): 179, 181–182, 187.
3. Gordon Patterson, "Raising Cane and Refining Sugar: Florida Crystals and the Fame of Fellsmere," *Florida Historical Quarterly* 75, no. 4 (1997): 412.
4. Lucy B. Wayne, *Sweet Cane: The Architecture of the Sugar Works of East Florida* (Tuscaloosa: University of Alabama Press, 2010), 3, 38–39, 98, 147.
5. Eleanor C. Nordyke and Richard K. C. Lee, *The Chinese in Hawaii: A Historical and Demographic Perspective* (Honolulu: East-West Center, 1990), 197; Carol A. MacLennan, *Sovereign Sugar Industry and Environment in Hawaii* (Honolulu: University of Hawaii Press, 2014), 85; Dorothy Burne Goebel, "The 'New England Trade' and the French West Indies, 1763–1774: A Study in Trade Policies," *William and Mary Quarterly* 20, no. 3 (1963): 344; Markus A. Denzel, "Der seewärtige Einfuhrhandel Hamburgs nach den 'Admiralitätsund Convoygeld-Einnahmebüchern' (1733–1798): Für Hans Pohl zum 27. März 2015," *Vierteljahrschrift für Sozialund Wirtschaftsgeschichte* 102, no. 2 (2015): 150.　以下を参照。Nathaniel Bowditch and Mary C. McHale, *Early American-Philippine Trade: The Journal of Nathaniel Bowditch in Manila, 1796* (New Haven, CT: Yale University, Southeast Asia Studies/Cellar Book Shop, Detroit, 1962).
6. C. Y. Shephard, "The Sugar Industry of the British West Indies and British Guiana with Special Reference to Trinidad," *Economic Geography* 5, no. 2 (1929): 151.
7. Sumner J. La Croix and Christopher Grandy, "The Political Instability of Reciprocal Trade and the Overthrow of the Hawaiian Kingdom," *Journal of Economic History* 57, no. 1 (1997): 172, 181.
8. La Croix and Grandy, "The Political Instability," 182–183.
9. César J. Ayala and Laird W. Bergad, "Rural Puerto Rico in the Early Twentieth Century Reconsidered: Land and Society, 1899–1915," *Latin American Research Review* 37, no. 2 (2002): 66–67.
10. April J. Mayes, *The Mulatto Republic: Class, Race, and Dominican National Identity* (Gainesville: University Press of Florida, 2015), 48–49.
11. Mark Schmitz, "The Transformation of the Southern Cane Sugar Sector: 1860–1930," *Agricultural History* 53, no. 1 (1979): 284.
12. Herbert Myrick, *Sugar: A New and Profitable Industry in the United States.....* (New York: Orange Judd, 1897), 1.
13. April Merleaux, *Sugar and Civilization: American Empire and the Cultural Politics of Sweetness* (Chapel Hill: University of North Carolina Press, 2015), 33–38.
14. Merleaux, *Sugar and Civilization*, 36–37.
15. F. Schneider, "Sugar," *Foreign Affairs* 4, no. 2 (1926): 320; Frank R. Rutter, "The Sugar Question in the United States," *Quarterly Journal of Economics* 17, no. 1 (1902): 79.
16. 以下を参照。Sven Beckert, *The Monied Metropolis: New York City and the Consolidation of the American Bourgeoisie, 1850–1896* (Cambridge: Cambridge University Press, 2001).
17. Deborah Jean Warner, *Sweet Stuff: An American History of Sweeteners from Sugar to Sucralose* (Washington, DC: Smithsonian Institution Scholarly Press/Rowman and Littlefield, 2011), 8.
18. Christian Schnakenbourg, "La disparition des 'habitation-sucreries' en Guadeloupe (1848–1906): Recherche sur

la désagrégation des structures préindustrielles de la production sucrière antillaise après l'abolition de l'eslavage," *Revue française d'Histoire d'Outre-Mer* 74, no. 276 (1987): 288.

19. Warner, *Sweet Stuff*, 23; Alfred S. Eichner, *The Emergence of Oligopoly: Sugar Refining as a Case Study* (Baltimore, MD: Johns Hopkins Press, 1969), 52–55.
20. Eichner, *The Emergence of Oligopoly*, 59, 65, 69, 72.
21. Eichner, *The Emergence of Oligopoly*, 84–87.
22. Eichner, *The Emergence of Oligopoly*, 16, 150, 152, 184–187.
23. J. Carlyle Sitterson, *Sugar Country: The Cane Sugar Industry in the South 1753–1950* (Lexington: University of Kentucky Press, 1953), 302, 312.
24. Jacob Adler, *Claus Spreckels: The Sugar King in Hawaii* (Honolulu: Mutual, 1966), 101.
25. Adler, *Claus Spreckels*, 29; "To Fight the Sugar Trust: Claus Spreckels as Belligerent as Ever and Ready for the Fray", *New York Times*, April 25, 1889; Eichner, *The Emergence of Oligopoly*, 153–154.
26. Eichner, *The Emergence of Oligopoly*, 166, 172.
27. James Burnley, *Millionaires and Kings of Enterprise: The Marvellous Careers of Some Americans Who by Pluck, Foresight, and Energy Have Made Themselves Masters in the Fields of Industry and Finance* (London: Harmsworth Brothers, 1901), 212.
28. Shephard, "The Sugar Industry," 151.
29. Henry Steel Olcott, *Sorgho and Imphee, the Chinese and African Sugar Canes: A Treatise upon Their Origin, Varieties and Culture, Their Value as a Forage Crop, and the Manufacture of Sugar.....* (New York: A. O. Moore, 1858), 23.
30. Warner, *Sweet Stuff*, 145.
    *『実践的砂糖プランター（*Practical Sugar Planter*）』
31. Olcott, *Sorgho and Imphee*, 27; C. Plug, "Wray, Mr Leonard Hume," in *S2A3 Biographical Database of Southern African Science*, https://www.s2a3.org.za/bio/Biograph_final.php?serial=3197,（閲覧日：2022年４月10日）.
32. Olcott, *Sorgho and Imphee*, 228, 230–231.
    *『サトウモロコシとインフィー（*Sorgho and Imphee*）』
33. Olcott, *Sorgho and Imphee*, iv, v, 243–245; Warner, *Sweet Stuff*, 146; Isaac A. Hedges and William Clough, *Sorgo or the Northern Sugar Plant* (Cincinnati, OH: Applegate, 1863), vi.
34. Warner, *Sweet Stuff*, 150, 153.
35. Leonard J. Arrington, "Science, Government, and Enterprise in Economic Development: The Western Beet Sugar Industry," *Agricultural History* 41, no. 1 (1967): 5.
36. Adler, *Claus Spreckels*, 25.
37. Warner, *Sweet Stuff*, 94; Alfred Dezendorf, "Henry T. Oxnard at Home," *San Francisco Sunday Call* 90, no. 40 (July 10, 1904).
38. Jack R. Preston, "Heyward G. Leavitt's Influence on Sugar Beets and Irrigation in Nebraska," *Agricultural History* 76, no. 2 (2002): 382–383.
39. Arrington, "Science, Government, and Enterprise," 15–17; Thomas J. Osborne, "Claus Spreckels and the Oxnard Brothers: Pioneer Developers of California's Beet Sugar Industry, 1890–1900," *Southern California Quarterly Southern California Quarterly* 54, no. 2 (1972): 119–121; Eichner, *The Emergence of Oligopoly*, 232.
40. Gerald D. Nash, "The Sugar Beet Industry and Economic Growth in the West," *Agricultural History* 41, no. 1 (1967): 29. 以下を参照。Preston, "Heyward G. Leavitt's Influence."
41. 筆者不明、"American Beet Sugar Company," *Louisiana Planter and Sugar Manufacturer* 2, no. 17 (1899): 268; Eichner, *The Emergence of Oligopoly*, 243–244.
42. Matthew C. Godfrey, *Religion, Politics, and Sugar: The Mormon Church, the Federal Government, and the Utah-Idaho Sugar Company, 1907–1921* (Logan: Utah State University Press, 2007), 62–64.
43. Matthew C. Godfrey, "The Shadow of Mormon Cooperation: The Business Policies of Charles Nibley, Western Sugar Magnate in the Early 1900s," *Pacific Northwest Quarterly* 94, no. 3 (2003): 131; Godfrey, *Religion, Politics, and Sugar*, 65, chap. 3, 107–117; Eichner, *The Emergence of Oligopoly*, 239–240.
44. César J. Ayala, *American Sugar Kingdom: The Plantation Economy of the Spanish Caribbean, 1898–1934* (Chapel Hill: University of North Carolina, 1999), 36, 57.

45. 以下を参照。Edwin Farnsworth Atkins, *Sixty Years in Cuba: Reminiscences.....* (Cambridge: Riverside Press, 1926), 108; Ayala, *American Sugar Kingdom*, 94.
46. Atkins, *Sixty Years in Cuba*, 186.
47. Mary Speck, "Prosperity, Progress, and Wealth: Cuban Enterprise during the Early Republic, 1902–1927," *Cuban Studies*, no. 36 (2005): 53.
48. Ayala, *American Sugar Kingdom*, 58–62; Antonio Santamaría García, "El progreso del azúcar es el progreso de Cuba: La industria azucarera y la economía cubana a principios del siglo XX desde el análisis de una fuente: *El Azúcar. Revista Industrial Técnico-Práctica*," *Caribbean Studies* 42, no. 2 (2014): 74.
49. Ayala, *American Sugar Kingdom*, 80.
50. Robert B. Hoernel, "Sugar and Social Change in Oriente, Cuba, 1898–1946," *Journal of Latin American Studies* 8, no. 2 (1976): 229, 239.
51. Ayala, *American Sugar Kingdom*, 80, 94–95.
52. Muriel McAvoy, *Sugar Baron: Manuel Rionda and the Fortunes of Pre-Castro Cuba* (Gainesville: University Press of Florida, 2003), 22–23.
53. R. W. Beachey, *The British West Indies Sugar Industry in the Late 19th Century* (Oxford: B. Blackwell, 1957), 128–132.
54. McAvoy, *Sugar Baron*, 73.
55. E. M. Brunn, "The New York Coffee and Sugar Exchange," *Annals of the American Academy of Political and Social Science* 155 (1931): 112; McAvoy, *Sugar Baron*, 73.
56. McAvoy, *Sugar Baron*, 82–83, 95, 199; Ayala, *American Sugar Kingdom*, 88–89.
57. Rémy Herrera, "Where Is Cuba Heading? When the Names of the Emperors Were Morgan and Rockefeller.....: Prerevolutionary Cuba's Dependency with Regard to U.S. High Finance," *International Journal of Political Economy* 34, no. 4 (2005): 33–34, 46.
* 『キューバの本（*Book of Cuba*）』
58. Boris C. Swerling, "Domestic Control of an Export Industry: Cuban Sugar," *Journal of Farm Economics* 33, no. 3 (1951): 346; Speck, "Prosperity, Progress, and Wealth," 54.
59. Laura Mason, *Sweets and Candy: A Global History* (London: Reaktion Books, 2018), 71. ローラ・メイソン『キャンディと砂糖菓子の歴史物語』2018年、原書房
60. Michael D'Antonio, *Hershey: Milton S. Hershey's Extraordinary Life of Wealth, Empire, and Utopian Dreams* (New York: Simon and Schuster, 2006), 36–59.
61. D'Antonio, *Hershey*, 106–107, 131, 161–166.
62. Thomas R. Winpenny, "Milton S. Hershey Ventures into Cuban Sugar," *Pennsylvania History: A Journal of Mid-Atlantic Studies* 62, no. 4 (1995): 495.
63. Ayala, *American Sugar Kingdom*, 83–84, 95.
64. Peter James Hudson, *Bankers and Empire: How Wall Street Colonized the Caribbean* (Chicago: University of Chicago Press, 2018), 147, 189, 202.
65. 以下を参照。Hudson, *Bankers and Empire*.
66. Ayala, *American Sugar Kingdom*, 108, 112–115, 226–227, 240; Victor Selden Clark, *Porto Rico and Its Problems* (Washington, DC: Brookings Institution, 1930), 404, 431; Harvey S. Perloff, *Puerto Rico's Economic Future: A Study in Planned Development* (Chicago: University of Chicago Press, 1950), 136.
67. John Emery Stahl, "Economic Development through Land Reform in Puerto Rico" (PhD diss., Iowa State University of Science and Technology, 1966), 11–12; J. O. Solá, "Colonialism, Planters, Sugarcane, and the Agrarian Economy of Caguas, Puerto Rico, between the 1890s and 1930," *Agricultural History* 85, no. 3 (2011): 359–361; Javier Alemán Iglesias, "Agricultores independientes: Una introducción al origen de los colonos en el municipios de juncos y sus contratos de siembra y molienda, 1905–1928," *Revista de los Historiadores de la Región Oriental de Puerto Rico*, no. 3 (2019): 32–36.
68. Matthew O. Edel, "Land Reform in Puerto Rico, 1940–1959," *Caribbean Studies* 2, no. 3 (1962): 28–29.
69. Ellen D. Tillman, *Dollar Diplomacy by Force: Nation-Building and Resistance in the Dominican Republic* (Chapel Hill: University of North Carolina Press, 2016), 70; Ayala, *American Sugar Kingdom*, 106–107; Humberto García Muñiz, *Sugar and Power in the Caribbean: The South Porto Rico Sugar Company in Puerto Rico and the Dominican*

Republic, 1900–1921 (San Juan, Puerto Rico: La Editorial, 2010), 261, 330.
70. Bruce J. Calder, "Caudillos and Gavilleros versus the United States Marines: Guerrilla Insurgency during the Dominican Intervention, 1916–1924," *Hispanic American Historical Review* 58, no. 4 (1978): 657–658.
71. Louis A. Pérez, "Politics, Peasants, and People of Color: The 1912 'Race War' in Cuba Reconsidered," *Hispanic American Historical Review* 66, no. 3 (1986): 533–537.
72. Sara Kozameh, "Black, Radical, and *Campesino* in Revolutionary Cuba," *Souls* 21, no. 4 (2019): 298.
73. Serge Cherniguin, "The Sugar Workers of Negros, Philippines," *Community Development Journal* 23, no. 3 (1988): 188, 194.
74. Jeffrey L. Gould, "The Enchanted Burro, Bayonets and the Business of Making Sugar: State, Capital, and Labor Relations in the Ingenio San Antonio, 1912–1926," *The Americas* 46, no. 2 (1989): 167–168.
75. Volker Schult, "The San Jose Sugar Hacienda," *Philippine Studies* 39, no. 4 (1991): 461–462.
76. Myrick, *Sugar*, 19.
77. Gail M. Hollander, *Raising Cane in the 'Glades: The Global Sugar Trade and the Transformation of Florida* (Chicago: University of Chicago Press, 2009), 23.
78. 以下を参照。Pat Dodson, "Hamilton Disston's St. Cloud Sugar Plantation, 1887–1901," *Florida Historical Quarterly* 49, no. 4 (1971): 356–369.
79. Hollander, *Raising Cane*, 86.
80. John A. Heitmann, "The Beginnings of Big Sugar in Florida, 1920–1945," *Florida Historical Quarterly* 77, no. 1 (1998): 50–54; Geoff Burrows and Ralph Shlomowitz, "The Lag in the Mechanization of the Sugarcane Harvest: Some Comparative Perspectives," *Agricultural History* 66, no. 3 (1992): 67.
81. 以下を参照。Patterson, "Raising Cane," 416–418.
82. Gail M. Hollander, "Securing Sugar: National Security Discourse and the Establishment of Florida's sugar-producing region," *Economic Geography* 81 (2005): 252–253, 354.
83. "Alfonso Fanjul Sr.," in *Palm Beach County History Online*, http://www.pbchistoryonline.org/page/alfonso-fanjul-sr,（閲覧日：2022年 1 月26日）.

第10章　強まる保護主義

1. Noël Deerr, *The History of Sugar*, vol. 2 (London: Chapman and Hall, 1950), 490–491.
2. S. L. Jodidi, *The Sugar Beet and Beet Sugar* (Chicago: Beet Sugar Gazette Company, 1911), 3, 5; Rudolf Freund, "Strukturwandlungen der internationalen Zuckerwirtschaft: Aus dem Institut für Weltwirtschaft und Seeverkehr," *Weltwirtschaftliches Archiv* 28 (1928): 7–8; Em Hromada, *Die Entwicklung der Kartelle in der österreichisch-ungarischen Zuckerindustrie* (Zurich: Aktien-Buchdruckerei, 1911), 29.
3. Dirk Schaal, "Industrialization and Agriculture: The Beet Sugar Industry in Saxony-Anhalt, 1799–1902," in *Regions, Industries and Heritage: Perspectives on Economy, Society and Culture in Modern Western Europe*, ed. Juliane Czierpka, Kathrin Oerters, and Nora Thorade (Houndsmills, England: Palgrave Macmillan, 2015), 138.
4. "Future with Origin," KWS, https://www.kws.com/corp/en/company/history-of-kws-future-with-origin/,（閲覧日：2021年12月21日）.
5. Roger G. Knight, *Sugar, Steam and Steel: The Industrial Project in Colonial Java, 1830–1850* (Adelaide, Australia: University of Adelaide Press, 2014), 193.
6. Thomas Henry Farrer, *The Sugar Convention* (London: Cassell, 1889), 3.
7. 以下に引用されている。William Smart, *The Sugar Bounties: The Case for and against Government Interference* (Edinburgh: Blackwood and Sons, 1887), 47.
8. Farrer, *The Sugar Convention*, 47.
9. Philippe Chalmin, *The Making of a Sugar Giant: Tate and Lyle: 1859–1959* (Chur, Switzerland: Harwood Academic, 1990), 36–37.
10. George Martineau, "The Statistical Aspect of the Sugar Question," *Journal of the Royal Statistical Society* 62, no. 2 (1899): 308.
11. F. W. Taussig, "The Tariff Act of 1894," *Political Science Quarterly* 9, no. 4 (1894): 603.
12. Chalmin, *The Making of a Sugar Giant*, 37.
13. George S. Vascik, "Sugar Barons and Bureaucrats: Unravelling the Relationship between Economic Interest and

Government in Modern Germany, 1799–1945," *Business and Economic History* 21 (1992): 338.
14. Overton Greer Ganong, "France, Great Britain, and the International Sugar Bounty Question, 1895–1902" (PhD diss., University of Florida, 1972), 258–261.
15. F. W. Taussig, "The End of Sugar Bounties," *Quarterly Journal of Economics* 18, no. 1 (1903): 130–131; Deerr, *The History of Sugar*, 2: 491.
16. Fritz Georg Von Graevenitz, "Exogenous Transnationalism: Java and 'Europe' in an Organised World Sugar Market (1927–37)," *Contemporary European History* 20, no. 3 (2011): 258.
17. Martineau, "The Statistical Aspect," 321, 323.
18. B. Pullen-Burry, *Jamaica as It Is, 1903* (London: T. F. Unwin, 1903), 183.
19. E. Cozens Cooke, "The Sugar Convention and the West Indies," *Economic Journal* 17, no. 67 (1907): 315–322; Edward R. Davson, "Sugar and the War," *Journal of the Royal Society of Arts* 63, no. 3248 (1915): 263–266.
20. Paul Leroy Vogt, *The Sugar Refining Industry in the United States: Its Development and Present Condition* (Philadelphia: Published for the University, 1908), 90.
21. Vascik, "Sugar Barons," 339.
22. J. Van Harreveld, "Voortdurende Verschuiving van Ruwsuiker naar Wit-Suiker," *Archief voor de Suikerindustrie in Ned.-Indië* 33, no. 2 (1925): 1279.
23. Hendrik Coenraad Prinsen Geerligs, *De Rietsuikerindustrie in de Verschillende Landen van Productie: Historisch, Technisch en Statistisch Overzicht over de Productie en den Uitvoer van de Rietsuiker* (Amsterdam: De Bussy, 1931), 35–36.
24. Ulbe Bosma, *The Sugar Plantation in India and Indonesia: Industrial Production, 1770–2010* (Cambridge: Cambridge University Press, 2013), 171.
25. C. Y. Shephard, "The Sugar Industry of the British West Indies and British Guiana with Special Reference to Trinidad," *Economic Geography* 5, no. 2 (1929): 155.
26. Freund, "Strukturwandlungen," 34.
27. 以下を参照。Bessie C. Engle, "Sugar Production of Czechoslovakia," *Economic Geography* 2, no. 2 (1926): 213–229.
28. Quentin Jouan, "Entre expansion belge et nationalisme italien: La Sucrerie et Raffinerie de Pontelongo, image de ses époques (1908–1927)," *Histoire, Économie et Société* 34, no. 4 (2015): 76; Manfred Pohl, *Die Geschichte der Südzucker AG 1926–2001* (Munich: Piper, 2001), 129.
29. Bill Albert, "Sugar and Anglo-Peruvian Trade Negotiations in the 1930s," *Journal of Latin American Studies* 14, no. 1 (1982): 126–127.
30. Von Graevenitz, "Exogenous Transnationalism," 261.
31. C. J. Robertson, "Geographical Aspects of Cane-Sugar Production," *Geography* 17, no. 3 (1932): 179; Bosma, *The Sugar Plantation*, 159–160, 162.
32. Brian H. Pollitt, "The Cuban Sugar Economy and the Great Depression," *Bulletin of Latin American Research* 3, no. 2 (1984): 8, 13.
33. 筆者不明、"Irrigation of Atrophy?," *Sugar: Including Facts about Sugar and the Planter and Sugar Manufacturer*, 41, no. 10 (1946): 26–28; Reinaldo Funes Monzote, *From Rainforest to Cane Field in Cuba an Environmental History since 1492* (Chapel Hill: University of North Carolina Press, 2008), 228, 229, 256, 261, 272.
34. CIBEはドイツ、オーストリア、ベルギー、フランス、ハンガリー、イタリア、ポーランド、チェコスロヴァキア各国の甜菜生産者協会で構成され、オランダとスウェーデンも非公式メンバーとして加わっていた。以下を参照。Francois Houillier and Jules Gautier, *L'organisation internationale de l'agriculture: Les institutions agricoles internationales et l'action internationale en agriculture* (Paris: Libraire technique et economique, 1935), 164.
35. Michael Fakhri, *Sugar and the Making of International Trade Law* (Cambridge: Cambridge University Press, 2017), 92–93.
36. Houillier and Gautier, *L'organisation internationale*, 165.
37. Chalmin, *The Making of a Sugar Giant*, 151.
38. Bosma, *The Sugar Plantation*, 216.
39. Bosma, *The Sugar Plantation*, 217.

40. John. T. Flynn, "The New Capitalism," *Collier's Weekly* (March 18, 1933): 12.

41. Clifford L. James, "International Control of Raw Sugar Supplies," *American Economic Review* 21, no. 3 (1931): 486–489.

42. *De Indische Courant*, December 9, 1930.

43. Bosma, *The Sugar Plantation*, 217–218.

44. Arthur H. Rosenfeld, "Een en Ander omtrent de Suiker-Industrie in Formosa," *Archief voor de Suikerindustrie in Ned.-Indië* 37, no. 2 (1929): 1024–1026, *International Sugar Journal*, 31, no. 369 (September 1929) から翻訳。

45. Cheng-Siang Chen, "The Sugar Industry of China," *Geographical Journal* 137, no. 1 (1971): 30.

46. *De Locomotief*, February 12, 1932.

47. 以下を参照。Von Graevenitz, "Exogenous Transnationalism"; Anno von Gebhardt, *Die Zukunftsentwicklung der Java-Zucker-Industrie unter dem Einfluß der Selbstabschließungstendenzen auf dem Weltmarkt* (Berlin: Ebering, 1937), 135; James, "International Control," 490–491.

48. Gebhardt, *Die Zukunftsentwicklung*, 56; Bosma, *The Sugar Plantation*, 220.

49. Gail M. Hollander, *Raising Cane in the 'Glades: The Global Sugar Trade and the Transformation of Florida* (Chicago: University of Chicago Press, 2009), 116.

50. Pollitt, "The Cuban Sugar Economy," 15–16.

51. Theodore Friend, "The Philippine Sugar Industry and the Politics of Independence, 1929–1935," *Journal of Asian Studies* 22, no. 2 (1963): 190–191.

52. Guy Pierre, "The Frustrated Development of the Haitian Sugar Industry between 1915/18 and 1938/39: International Financial and Commercial Rivalries," in *The World Sugar Economy in War and Depression 1914–40*, ed. Bill Albert and Adrian Graves (London: Routledge, 1988), 127–128.

53. *Soerabaiasch Handelsblad*, July 9, 1937, extra edition.

54. Muriel McAvoy, *Sugar Baron: Manuel Rionda and the Fortunes of Pre-Castro Cuba* (Gainesville: University Press of Florida, 2003), 203.

55. Von Graevenitz, "Exogenous Transnationalism," 278–279.

56. Fakhri, *Sugar*, 120; Kurt Bloch, "Impending Shortages Catch Sugar Consumers Napping," *Far Eastern Survey Far Eastern Survey* 8, no. 12 (1939): 141.

57. Eastin Nelson, "The Growth of the Refined Sugar Industry in Mexico," *Southwestern Social Science Quarterly* 26, no. 4 (1946): 275; Roger Owen, "The Study of Middle Eastern Industrial History: Notes on the Interrelationship between Factories and Small-Scale Manufacturing with Special References to Lebanese Silk and Egyptian Sugar, 1900–1930," *International Journal of Middle East Studies* 16, no. 4 (1984): 480–481.
* 『キューバの本（*Book of Cuba*）』

58. Plinio Mario Nastari, "The Role of Sugar Cane in Brazil's History and Economy" (PhD diss., Iowa State University, 1983), 77–79; Barbara Nunberg, "Structural Change and State Policy: The Politics of Sugar in Brazil since 1964," *Latin American Research Review*. 21, no. 2 (1986): 55–56.

59. Peter Post, "Bringing China to Java: The Oei Tiong Ham Concern and Chen Kung-po during the Nanjing Decade," *Journal of Chinese Overseas* 15, no. 1 (2019): 45.

60. H. Y. Lin Alfred, "Building and Funding a Warlord Regime: The Experience of Chen Jitang in Guangdong, 1929–1936," *Modern China* 28, no. 2 (2002): 200–201; Post, "Bringing China," 53–55; G. R. Knight, *Commodities and Colonialism: The Story of Big Sugar in Indonesia, 1880–1942* (Leiden: Brill, 2013), 150, 220.

61. Erika Rappaport, *A Thirst for Empire: How Tea Shaped the Modern World* (Princeton, NJ: Princeton University Press, 2017), 234–252.

62. H. D. Watts, "The Location of the Beet-Sugar Industry in England and Wales, 1912–36," *Transactions of the Institute of British Geographers*, no. 53 (1971): 98–99.

63. Albert, "Sugar and Anglo-Peruvian Trade," 127; C. J. Robertson, "Cane-Sugar Production in the British Empire," *Economic Geography* 6, no. 2 (1930): 135; Michael Moynagh, *Brown or White?: A History of the Fiji Sugar Industry, 1873–1973* (Canberra: Australian National University, 1981), 119.

64. Chalmin, *The Making of a Sugar Giant*, 75; Hermann Kellenbenz, *Die Zuckerwirtschaft im Kölner Raum von der Napoleonischen Zeit bis zur Reichsgründung* (Cologne: Industrieund Handelskammer, 1966), 92.

65. Darra Goldstein, *The Oxford Companion to Sugar and Sweets* (Oxford: Oxford University Press, 2015), 307.

66. Carl Henry Fe, "Better Must Come: Sugar and Jamaica in the 20th Century," *Social and Economic Studies* 33, no. 4 (1984): 5.
67. David Hollett, *Passage from India to El Dorado: Guyana and the Great Migration* (Madison, WI: Fairleigh Dickinson University Press, 1999), 56–63.

第11章　プロレタリアート

1. Sam R. Sweitz, "The Production and Negotiation of Working-Class Space and Place at Central Aguirre, Puerto Rico," *Journal of the Society for Industrial Archeology* 36, no. 1 (2010): 30.
2. Maureen Tayal, "Indian Indentured Labour in Natal, 1890–1911," *Indian Economic & Social History Review* 14, no. 4 (1977): 521–522, 526, 544; Duncan Du Bois, "Collusion and Conspiracy in Colonial Natal: A Case Study of Reynolds Bros and Indentured Abuses 1884–1908," *Historia: Amptelike Orgaan* 60, no. 1 (2015): 98–102.
3. Bill Albert, "The Labour Force on Peru's Sugar Plantations 1820–1930," in *Crisis and Change in the International Sugar Economy 1860–1914*, ed. Bill Albert and Adrian Graves (Norwich, England: ISC Press, 1984), 203, 206.
4. Ulbe Bosma and Jonathan Curry-Machado, "Two Islands, One Commodity: Cuba, Java, and the Global Sugar Trade (1790–1930)," *New West Indian Guide* 86, nos. 3–4 (2012): 253–254.　インドについては以下を参照。Ulbe Bosma, *The Sugar Plantation in India and Indonesia: Industrial Production, 1770–2010* (Cambridge: Cambridge University Press, 2013), 270.
5. 1920年の平均収量を１ヘクタールあたり５トンとし（1890年の４トンから推定）、１ヘクタールあたりひとりの労働者が必要と仮定。以下を参照。H. Paasche, *Zuckerindustrie und Zuckerhandel der Welt* (Jena, Germany: G. Fischer, 1891), 43.
6. Ulbe Bosma, *The Making of a Periphery: How Island Southeast Asia Became a Mass Exporter of Labor* (New York: Columbia University Press, 2019), 81–88.
7. Eleanor C. Nordyke, Y. Scott Matsumoto, *The Japanese in Hawaii: Historical and Demographic Perspective* (Honolulu: Population Institute, East-West Center, 1977), 164.
8. J. Vincenza Scarpaci, "Labor for Louisiana's Sugar Cane Fields: An Experiment in Immigrant Recruitment," *Italian Americana* 7, no. 1 (1981): 20, 33, 34; J. P. Reidy, "Mules and Machines and Men: Field Labor on Louisiana Sugar Plantations, 1887–1915," *Agricultural History* 72, no. 2 (1998): 188.
9. M. Bejarano, "La inmigración a Cuba y la política migratoria de los EE. UU. (1902–1933)," *Estudios Interdisciplinarios de América Latina y rl Caribe* 42, no. 2 (1993): 114.
10. Patrick Bryan, "The Question of Labour in the Sugar Industry of the Dominican Republic in the Late Nineteenth and Early Twentieth Century," *Social and Economic Studies* 29, nos. 2–3 (1980): 278–283; April J. Mayes, *The Mulatto Republic: Class, Race, and Dominican National Identity* (Gainesville: University Press of Florida, 2015), 83; Samuel Martínez, "From Hidden Hand to Heavy Hand: Sugar, the State, and Migrant Labor in Haiti and the Dominican Republic," *Latin American Research Review* 34, no. 1 (1999): 68.
11. Edward Paulino, *Dividing Hispaniola: The Dominican Republic's Border Campaign against Haiti, 1930–1961* (Pittsburgh: Pittsburgh University Press, 2016), 54; Richard Lee Turits, "A World Destroyed, a Nation Imposed: The 1937 Haitian Massacre in the Dominican Republic," *Hispanic American Historical Review* 83, no. 3 (2002): 590–591.
12. Jorge L. Giovannetti, *Black British Migrants in Cuba: Race, Labor, and Empire in the Twentieth-Century Caribbean, 1898–1948* (Cambridge: Cambridge University Press, 2000), Kindle, 44.
13. Louis A. Pérez, "Politics, Peasants, and People of Color: The 1912 'Race War' in Cuba Reconsidered," *Hispanic American Historical Review* 66, no. 3 (1986): 524–525.
14. César J. Ayala, *American Sugar Kingdom: The Plantation Economy of the Spanish Caribbean, 1898–1934* (Chapel Hill: University of North Carolina, 1999), 172; Barry Carr, "Identity, Class, and Nation: Black Immigrant Workers, Cuban Communism, and the Sugar Insurgency 1925–1934," *Hispanic American Historical Review* 78, no. 1 (1998): 83.
15. Klaus J. Bade and Jochen Oltmer, "Polish Agricultural Workers in Prussia-Germany from the Late 19th Century to World War II," in *The Encyclopedia of Migration and Minorities in Europe: From the 17th Century to the Present*, ed. Klaus J. Bade et al. (Cambridge: Cambridge University Press, 2011), 595–597.
16. Dirk Musschoot, *Van Franschmans en Walenmannen: Vlaamse Seizoenarbeiders in den Vreemde in de 19de en 20ste*

Eeuw (Tielt, Belgian: Lannoo, 2008), 32–33, 38; E. Sommier, "Les cahiers de l'industrie française: V: Le sucre," *Revue des Deux Mondes (1829–1971)* 2, no. 2 (1931): 354.

17. Musschoot, *Van Franschmans*, 51, 83, 111, 246; Christiaan Gevers, *De Suikergastarbeiders: Brabantse Werknemers bij de Friesch-Groningsche Suikerfabriek* (Bedum, the Netherlands: Profiel, 2019), 20.
18. Mark Wyman, *Round-Trip to America: The Immigrants Return to Europe, 1880–1930* (Ithaca, NY: Cornell University Press, 1993), 37–38, 129.
19. Gary Okihiro, *Cane Fires: The Anti-Japanese Movement in Hawaii* (Philadelphia: Temple University Press, 1991), 27.
20. Allan D. Meyers, "Material Expressions of Social Inequality on a Porfirian Sugar Hacienda in Yucatán, Mexico," *Historical Archaeology* 39, no. 4 (2005): 118. 以下を参照。John Kenneth Turner, *Barbarous Mexico: An Indictment of a Cruel and Corrupt System* (London: Cassell, 1911).
21. たとえば以下を参照。Matthew Casey, "Haitians' Labor and Leisure on Cuban Sugar Plantations: The Limits of Company Control," *New West Indian Guide* 85, nos. 1–2 (2011): 14.
22. G. R. Knight, *Commodities and Colonialism: The Story of Big Sugar in Indonesia, 1880–1942* (Leiden: Brill, 2013), 199; Bosma, *The Sugar Plantation*, 190.
23. Bosma, *The Sugar Plantation*, 177.
24. Jacques Adélaïde-Merlande, *Les origines du mouvement ouvrier en Martinique 1870–1900* (Paris: Ed. Karthala, 2000), 113, 127, 139, 170, 173.
25. Rosemarijn Hoefte, "Control and Resistance: Indentured Labor in Suriname," *New West Indian Guide* 61, nos. 1–2 (1987): 8, 11–12.
26. R. W. Beachey, *The British West Indies Sugar Industry in the Late 19th Century* (Oxford: B. Blackwell, 1957), 153.
27. West India Royal Commission, *Report of the West India Royal Commission* (London: Printed for Her Majesty's Stationery Office by Eyre and Spottiswoode, 1897), 8, 17, 64, 66.
28. 以下を参照。Walter Rodney, "The Ruimveldt Riots: Demerara, British Guiana, 1905," in *Caribbean Freedom: Economy and Society from Emancipation to the Present: A Student Reader*, ed. Hilary McD. Beckles and Verene Shepherd (Kingston, Jamaica: Ian Randle, 1996), 352–358.
29. US Congress and House Committee on Ways and Means, *Reciprocity with Cuba Hearings before the Committee on Ways and Means, Fifty-Seventh Congress, First Session January 15, 16, 21, 22, 23, 24, 25, 28, 29, 1902* (Washington, DC: Government Printing Office, 1902), 175, 194.
30. Elizabeth S. Johnson, "Welfare of Families of Sugar-Beet Laborers," *Monthly Labor Review* 46, no. 2 (1938): 325; Dennis Nodín Valdés, "Mexican Revolutionary Nationalism and Repatriation during the Great Depression," *Mexican Studies* 4, no. 1 (1988): 3.
31. キューバについては以下を参照。Giovannetti, *Black British Migrants*, 56.
32. Max Weber, *Die Verhältnisse der Landarbeiter im ostelbischen Deutschland: Preussische Provinzen Ostu. Westpreussen, Pommern, Posen, Schlesien, Brandenburg, Grossherzogtümer Mecklenburg, Kreis Herzogtum Lauenburg* (Leipzig: Duncker and Humblot, 1892), 491.
33. Manuel Gamio, *Mexican Immigration to the United State: A Study of Human Migration and Adjustment* (New York: Arno Press, 1969), 31.
34. Kathleen Mapes, *Sweet Tyranny: Migrant Labor, Industrial Agriculture, and Imperial Politics* (Urbana: University of Illinois Press, 2009), 128.
35. Dennis Nodín Valdés, "Settlers, Sojourners, and Proletarians: Social Formation in the Great Plains Sugar Beet Industry, 1890–1940," *Great Plains Quarterly* 10, no. 2 (1990): 118.
36. Jim Norris, *North for the Harvest: Mexican Workers, Growers, and the Sugar Beet Industry* (St. Paul: Minnesota Historical Society Press, 2009), 43n. 7, 44.
37. Elizabeth S. Johnson, "Wages, Employment Conditions, and Welfare of Sugar Beet Laborers," *Monthly Labor Review* 46, no. 2 (1938): 325; Valdés, "Mexican Revolutionary," 4, 21–22.
38. Johnson, "Wages, Employment Conditions," 322.
39. Louis Fiset, "Thinning, Topping, and Loading: Japanese Americans and Beet Sugar in World War II," *Pacific Northwest Quarterly* 90, no. 3 (1999): 123.
40. Victor S. Clark, *Labor Conditions in Hawaii: Letter from the Secretary of Labor Transmitting the Fifth Annual*

Report of the Commissioner of Labor Statistics on Labor Conditions in the Territory of Hawaii for the Year 1915 (Washington, DC: Government Printing Office, 1916), 63.

41. Melinda Tria Kerkvliet, *Unbending Cane: Pablo Manlapit, a Filipino Labor Leader in Hawaii* (Honolulu: Office of Multicultural Student Services, University of Hawaii at Mānoa, 2002), 23–28; Okihiro, *Cane Fires*, 71–76, 84–98.
42. US Congress, House Committee on Immigration, and Naturalization, *Labor Problems in Hawaii. Hearings before the Committee on Immigration and Naturalization, House of Representatives, 67th Congress, 1st Session on H.J. Res. 158..... Serial 7— Part 1–2, June 21 to June 30 and July 7, July 22, 27 and 29, Aug. 1, 2, 3, 4, 10, and 12, 1921* (Washington, DC: Government Printing Office, 1921), 278–279.
43. US Congress, House Committee on Immigration, and Naturalization, *Labor Problems in Hawaii*, 361.
44. Kerkvliet, *Unbending Cane*, 25; Okihiro, *Cane Fires*, 52.
45. F. P. Barajas, "Resistance, Radicalism, and Repression on the Oxnard Plain: The Social Context of the Betabelero Strike of 1933," *Western Historical Quarterly* 35 (2004): 33; Tomás Almaguer, "Racial Domination and Class Conflict in Capitalist Agriculture: The Oxnard Sugar Beet Workers' Strike of 1903," *Labor History* 25, no. 3 (1984): 339.
46. Kerkvliet, *Unbending Cane*, 59–60.
47. たとえば以下を参照。Humberto García Muñiz, *Sugar and Power in the Caribbean: The South Porto Rico Sugar Company in Puerto Rico and the Dominican Republic, 1900–1921* (San Juan, Puerto Rico: La Editorial, 2010), 409; Albert, "The Labour Force on Peru's Sugar Plantations 1820–1930," 213–214.
48. Elsbeth Locher-Scholten, *Ethiek in Fragmenten: Vijf Studies over Koloniaal Denken en Doen van Nederlanders in de Indonesische archipel, 1877–1942* (Utrecht: Hes Publishers, 1981), 103.
49. Barry Carr, "Mill Occupations and Soviets: The Mobilisation of Sugar Workers in Cuba 1917–1933," *Journal of Latin American Studies* 28, no. 1 (1996): 134.
50. Oscar Zanetti, "The Workers' Movement and Labor Regulation in the Cuban Sugar Industry," *Cuban Studies*, no. 25 (1995): 185.
51. John Ingleson, *Workers, Unions and Politics: Indonesia in the 1920s and 1930s* (Leiden: Brill, 2014), 28.
52. 社会情勢に関しては以下を参照。I. T. Runes, *General Standards of Living and Wages of Workers in the Philippine Sugar Industry* (Manila: Philippine Council Institute of Pacific Relations, 1939).
53. Carr, "Mill Occupations," 132–133.
54. Ken Post, *Arise Ye Starvelings: The Jamaican Labour Rebellion of 1938 and Its Aftermath* (The Hague: Nijhoff, 1978), 3; Alejandro de la Fuente, "Two Dangers, One Solution: Immigration, Race, and Labor in Cuba, 1900–1930," *International Labor and Working-Class History* 51 (1997): 43–45; M. C. McLeod, "Undesirable Aliens: Race, Ethnicity, and Nationalism in the Comparison of Haitian and British West Indian Immigrant Workers in Cuba, 1912–1939," *Journal of Social History* 31, no. 3 (1998): 604.
55. Hudson, *Bankers and Empire*, 217–218, 269.
56. Ayala, *American Sugar Kingdom*, 118.
57. Peter James Hudson, *Bankers and Empire: How Wall Street Colonized the Caribbean* (Chicago: University of Chicago Press, 2018), 264–265; Raymond E. Crist, "Sugar Cane and Coffee in Puerto Rico, II: The Pauperization of the Jíbaro; Land Monopoly and Monoculture," *American Journal of Economics and Sociology* 7, no. 3 (1948): 330; J. A. Giusti-Cordero, "Labour, Ecology and History in a Puerto Rican Plantation Region: 'Classic' Rural Proletarians Revisited," *International Review of Social History* 41 (1996): 53–82.
58. 以下を参照。Victor Selden Clark, *Porto Rico and Its Problems* (Washington, DC: Brookings Institution, 1930); Matthew O. Edel, "Land Reform in Puerto Rico, 1940–1959," *Caribbean Studies* 2, no. 3 (1962): 26; Hudson, *Bankers and Empire*, 263–267.
59. 以下に引用されている。Robert Whitney, *State and Revolution in Cuba: Mass Mobilization and Political Change, 1920–1940* (Chapel Hill: University of North Carolina Press, 2001), 119.
60. Robert Whitney, "The Architect of the Cuban State: Fulgencio Batista and Populism in Cuba, 1937–1940," *Journal of Latin American Studies* 32, no. 2 (2000): 442.
61. Whitney, *State and Revolution*, 155; Giovannetti, *Black British Migrants*, 240.
62. たとえば以下を参照。Édouard de Lepine, *La crise de février 1935 à la Martinique: La marche de la faim sur*

Fort-de-France (Paris: L'Harmattan, 1980); O. Nigel Bolland, *On the March: Labour Rebellions in the British Caribbean, 1934–39* (Kingston, Jamaica: Ian Randle, 1995), 280.

63. Bolland, *On the March*, 279–285, 340–356.
64. Jeremy Seekings, "British Colonial Policy, Local Politics, and the Origins of the Mauritian Welfare State, 1936–50," *Journal of African History* 52, no. 2 (2011): 162.
65. Post, *Arise ye Starvelings*, 350–351; Bolland, *On the March*, 299, 301, 312–313, 325.
66. Carl Henry Fe, "Better Must Come: Sugar and Jamaica in the 20th Century," *Social and Economic Studies* 33, no. 4 (1984): 21–22, 24.
67. Edward D. Beechert, *Working in Hawaii: A Labor History* (Honolulu: University of Hawaii Press, 1985), 272–273.
68. US Department of Labor, *Labor Unionism in American Agriculture* (Washington, DC: Government Printing Office, 1945), 83, 87.
69. Barajas, "Resistance, Radicalism," 37, 41–42, 48; Department of Labor, *Labor Unionism*, 96, 129; Carlos Bulosan, *America Is in the Heart: A Personal History* (Manila: National Bookstore, 1973), 195, 196.
70. Department of Labor, *Labor Unionism*, 59, 238–253, 387.
71. イーガンの報告書は以下に収載されている。*National Labor Relations Act: Hearings before the United States House Special Committee to Investigate National Labor Relations Board, Seventy-Sixth Congress, Third Session, on May 2, 3, 1940*, vol. 22 (Washington, DC: Government Printing Office, 1945), 4525–4526.
72. J. Norris, "Growing up Growing Sugar: Local Teenage Labor in the Sugar Beet Fields, 1958–1974," *Agricultural History* 79, no. 3 (2005): 301.
   *『アンティル諸島の砂糖と住民（*Sugar and Population in the Antilles*）』
73. 以下を参照。Ramiro Guerra, *Azúcar y población en las Antillas* (Havana: Cultural, 1927), 86.
74. A. M. P. A. Scheltema, *The Food Consumption of the Native Inhabitants of Java and Madura: Done into English by A.H. Hamilton* (Batavia: Ruygrok/National Council for the Netherlands and the Netherlands Indies of the Institute of Pacific Relations, 1936), 62. 以下も参照。Runes, *General Standards of Living;* Yoshihiro Chiba, "The 1919 and 1935 Rice Crises in the Philippines: The Rice Market and Starvation in American Colonial Times," *Philippine Studies* 58, no. 4 (2010): 540.
75. Samuel Farber, *Revolution and Reaction in Cuba, 1933–1960: A Political Sociology from Machado to Castro* (Middletown, CT: Wesleyan University Press, 1976), 85.
76. Whitney, "The Architect," 454, 459.
77. 以下を参照。Edel, "Land Reform."
78. Ulbe Bosma, "The Integration of Food Markets and Increasing Government Intervention in Indonesia: 1815–1980s," in *An Economic History of Famine Resilience*, ed. Jessica Dijkman and Bas Van Leeuwen (London: Routledge, 2019), 152–154.
79. J. van Gelderen, *The Recent Development of Economic Foreign Policy in the Netherlands East Indies* (London: Longmans, Green, 1939), 84. J・ファン・ヘルデレン『蘭印最近の経済・外交政策』1940年、生活社
   *『西インド諸島の労働 – 労働運動の誕生（*Labor in the West Indies: The Birth of a Worker's Movement*）』
80. William Arthur Lewis, *Labour in the West Indies the Birth of a Workers' Movement* (London: New Beacon Books, 1977), 16.
81. William Arthur Lewis, "Economic Development with Unlimited Supplies of Labour," *Manchester School of Economic and Social Studies* 22, no. 2 (1954): 183.
82. Norman Girvan, "W. A. Lewis, the Plantation School and Dependency: An Interpretation," *Social and Economic Studies* 54, no. 3 (2005): 215, 218; W. Arthur Lewis, *Growth and Fluctuations 1870–1913* (London: George Allen, 1978), 161, 200.
83. W. Arthur Lewis, *The Theory of Economic Growth* (London: Allen and Unwin, 1955), 410.
84. ルイスは以下に引用されている。Girvan, "W. A. Lewis," 205–206.
85. Seekings, "British Colonial Policy," 165.
86. Guerra, *Azúcar y población*, 117, 123.
87. Gilberto Freyre, *The Mansions and the Shanties (Sobrados e Mucambos): The Making of Modern Brazil* (New York: A. A. Knopf, 1968), 135–136, 407. ジルベルト・フレイレ『大邸宅と奴隷小屋——ブラジルにおける家

父長制家族の形成』2005年、日本経済評論社

88. Josué de Castro, *Geography of Hunger: With a Foreword by Lord Boyd Orr* (London: Victor Gollancz, 1952), 113.

89. Castro, *Geography of Hunger*, 117.

90. Castro, *Geography of Hunger*, 198; John Boyd Orr, *Food Health and Income: Report on a Survey of Adequacy of Diet in Relation to Income* (London: Macmillan, 1937), 11.

91. Celso Furtado, *The Economic Growth of Brazil: A Survey from Colonial to Modern Times* (Berkeley: University of California Press, 1968), 109. C・フルタード『ブラジル経済の形成と発展』1971年、新世界社

92. Manuel Correia de Andrade, *The Land and People of Northeast Brazil* (Albuquerque: University of New Mexico Press, 1980), 193–206.

第12章　脱植民地化の失敗

1. Walter Edward Guinness Moyne, *Royal Commission on West India Report* (London: Colonial Office, Great Britain, 1945), 422–423. フランス領アンティル諸島については以下を参照。Charles Robequain, "Le sucre dans l'Union française," *Annales de Géographie* 57, no. 308 (1948): 340.

2. John Wesley Coulter, "The Oahu Sugar Cane Plantation, Waipahu," *Economic Geography* 9, no. 1 (1933): 64, 66; James A. Geschwender and Rhonda F. Levine, "Rationalization of Sugar Production in Hawaii, 1946–1960: A Dimension of the Class Struggle," *Social Problems* 30, no. 3 (1983): 358.

3. Charles Edquist, *Capitalism, Socialism and Technology: A Comparative Study of Cuba and Jamaica* (London: Zed, 1989), 38–42, 45.

4. Robequain, "Le sucre dans l'Union française," 333; Joseph T. Butler Jr., "Prisoner of War Labor in the Sugar Cane Fields of Lafourche Parish, Louisiana: 1943–1944," *Louisiana History*, 14, no. 3 (1973): 284.

5. James E. Rowan, "Mechanization of the Sugar Beet Industry of Scottsbluff County, Nebraska," *Economic Geography* 24, no. 3 (1948): 176, 179; Jim Norris, "Bargaining for Beets: Migrants and Growers in the Red River Valley," *Minnesota History* 58, no. 4 (2002): 200, 202, 207.

6. J. A. Mollett, "Capital and Labor in the Hawaiian Sugar Industry since 1870: A Study of Economic Development," *Journal of Farm Economics* 44, no. 2 (1962): 386.

7. Edquist, *Capitalism, Socialism and Technology*, 32–33; Oscar Zanetti, "The Workers' Movement and Labor Regulation in the Cuban Sugar Industry," *Cuban Studies*, no. 25 (1995): 198, 202–203; John Paul Rathbone, *The Sugar King of Havana: The Rise and Fall of Julio Lobo, Cuba's Last Tycoon* (New York: Penguin, 2010), 185–186.

8. Alec Wilkinson, *Big Sugar: Seasons in the Cane Fields of Florida* (New York: Vintage, 1990), 72; George C. Abbott, *Sugar* (London: Routledge, 1990), 89.

9. David S. Simonett, "Sugar Production in North Queensland," *Economic Geography* 30, no. 3 (1954): 231.

10. Deborah Jean Warner, *Sweet Stuff: An American History of Sweeteners from Sugar to Sucralose* (Washington, DC: Smithsonian Institution Scholarly Press/Rowman and Littlefield, 2011), 78; Wilkinson, *Big Sugar*, 14–15; John A. Heitmann, "The Beginnings of Big Sugar in Florida, 1920–1945," *Florida Historical Quarterly* 77, no. 1 (1998): 61.

11. Albert Viton, *The International Sugar Agreements: Promise and Reality* (West Lafayette, IN: Purdue University Press, 2004), 31, 34.

12. Viton, *The International Sugar Agreements*, 84–96.

13. G. Johnson Harry, "Sugar Protectionism and the Export Earnings of Less Developed Countries: Variations on a Theme by R. H. Snape," *Economica* 33, no. 129 (1966): 34, 37. 以下も参照。R. H. Snape, "Some Effects of Protection in the World Sugar Industry," *Economica* 30, no. 117 (1963): 63–73.

14. Michael Fakhri, *Sugar and the Making of International Trade Law* (Cambridge: Cambridge University Press, 2017), 199; Abbott, *Sugar*, 204–206.

15. Pope John XXIII, *Mater et magistra*, encyclical letter, *The Holy See*, May 15, 1961, https://www.vatican.va/content/john-xxiii/en/encyclicals/documents/hf_j-xxiii_enc_15051961_mater.html (sec. 143).

16. 以下を参照。Matthew O. Edel, "Land Reform in Puerto Rico, 1940–1959," *Caribbean Studies* 2, no. 3 (1962): 26–60.

17. Abbott, *Sugar*, 87.

18. Martijn Bakker, *Ondernemerschap en Vernieuwing: De Nederlandse Bietsuikerindustrie, 1858–1919* (Amsterdam:

NEHA, 1989), 89.
19. 以下を参照。Bert Smit and Krijn Poppe, "The Position, Role and Future of Cooperative Sugar Refineries in the EU," in *Proceedings of the 74th International Institute of Sugar Beet Research Congress, Dresden, July 1–3, 2014* (Brussels: International Institute of Sugar Beet Research, 2014).
20. Manfred Pohl, *Die Geschichte der Südzucker AG 1926–2001* (Munich: Piper, 2001), 293–294.
21. 以下を参照。William R. Sharman, "Louisiana Sugar Co-Ops Help Raise Prosperity," *News for Farmer Cooperatives*, March 19, 1965.
22. "The Sugarbeet Growers Association Story," Red River Valley Sugarbeet Growers Association, https://rrvsga.com/our-story/,（閲覧日：2022年 2 月 1 日）.
23. Ulbe Bosma, *The Sugar Plantation in India and Indonesia: Industrial Production, 1770–2010* (Cambridge: Cambridge University Press, 2013), 149–150.
24. Bosma, *The Sugar Plantation*, 207–208, 234, 241.
25. たとえば以下を参照。Peter Singelmann, "The Sugar Industry in Post-Revolutionary Mexico: State Intervention and Private Capital," *Latin American Research Review* 28, no. 1 (1993): 61–88; Jack. F. Williams, "Sugar: The Sweetener in Taiwan's Development," in *China's Island Frontier Studies in the Historical Geography of Taiwan*, ed. Ronald G. Knapp (Honolulu: University of Hawaii Press, 1980), 228–229, 238.
26. James S. Kus, "The Sugar Cane Industry of the Chicama Valley, Peru," *Revista Geográfica*, no. 109 (1989): 61–66.
27. Bosma, *The Sugar Plantation*, 229.
28. マンリーは以下に引用されている。Carl H. Feuer, *Jamaica and the Sugar Worker Cooperatives the Politics of Reform* (Boulder, CO: Westview Press, 1984), 177.
29. Bosma, *The Sugar Plantation*, 239–248, 255, 256.
30. Michael R. Hall, *Sugar and Power in the Dominican Republic: Eisenhower, Kennedy, and the Trujillos* (Westport, CT: Greenwood Press, 2000), 5, 19, 21–22.
31. Mina Roces, "Kinship Politics in Post-War Philippines: The Lopez Family, 1945–1989," *Modern Asian Studies* 34, no. 1 (2000): 203.
32. Eliyahu Ashtor, "Levantine Sugar Industry in the Later Middle Ages: An Example of Technological Decline," in *Technology, Industry and Trade: The Levant versus Europe, 1250–1500*, ed. Eliyahu Ashtor and B. Z. Kedar (Hampshire, England: Ashgate, 1992), 240, 242.
33. Vincent A. Mahler, "Britain, the European Community, and the Developing Commonwealth: Dependence, Interdependence, and the Political Economy of Sugar," *International Organization* 353 (1981): 477.
34. Clem Seecharan, *Sweetening 'Bitter Sugar': Jock Campbell, the Booker Reformer in British Guiana, 1934–1966* (Kingston, Jamaica: Ian Randle, 2005), 265.
35. Mahler, "Britain, the European Community," 480.
36. J. E. Meade, "Mauritius: A Case Study in Malthusian Economics," *Economic Journal* 71, no. 283 (1961): 525.
37. Richard L. Bernal, "The Great Depression, Colonial Policy and Industrialization in Jamaica," *Social and Economic Studies* 37, nos. 1–2 (1988): 44.
38. Philippe Chalmin, *The Making of a Sugar Giant: Tate and Lyle: 1859–1959* (Chur, Switzerland: Harwood Academic, 1990), 354–355; George L. Backford, "The Economics of Agricultural Resource Use and Development in Plantation Economies," *Social and Economic Studies* 18, no. 4 (1969): 329, 331.
39. George L. Beckford and Cherita Girvan, "The Dynamics of Growth and the Nature of Metropolitan Plantation Enterprise," *Social and Economic Studies* 19, no. 4 (1970): 458–459. 世界銀行のデータは以下に引用されている。Chalmin, *The Making of a Sugar Giant*, 375.
40. Al Imfeld, *Zucker* (Zurich: Unionsverlag, 1986), 72.
41. Michael Moynagh, *Brown or White?: A History of the Fiji Sugar Industry, 1873–1973* (Canberra: Australian National University, 1981), 124; David Merrett, "Sugar and Copper: Postcolonial Experiences of Australian Multinationals," *Business History Review* 81, no. 2 (2007): 218–223.
42. A. M. O'Connor, "Sugar in Tropical Africa," *Geography* 60, no. 1 (1975): 25.
43. 以下を参照。Jerry Gosnell, *Gallic Thunderbolt: The Story of René Leclézio and Lonrho Sugar Corporation* (Durban: Pinetown, 2004).
44. Samuel E. Chambua, "Choice of Technique and Underdevelopment in Tanzania: The Case of Sugar

Development Corporation," *Canadian Journal of African Studies* 24, no. 1 (1990): 27–28, 30–31; Barbara Dinham and Colin Hines, *Agribusiness in Africa* (Trenton, NJ: Africa World Press, 1984), 172–173.

45. Abbott, *Sugar*, 104; Imfeld, *Zucker*, 60–63.

46. Tijo Salverda, "Sugar, Sea and Power: How Franco-Mauritians Balance Continuity and Creeping Decline of Their Elite Position" (PhD diss., Vrije Universiteit Amsterdam, 2010), 126.

47. "The Recovery of Taiwan Sugar Industry," *Taiwan Today*, March 1, 1952, https://taiwantoday.tw/news.php?unit=29,45&post=36816.

48. Tom Barry, Beth Wood, and Deb Preusch, *The Other Side of Paradise: Foreign Control in the Caribbean* (New York: Grove Press, 1984), 55–74（ビシニはp. 74に引用されている）.

49. Roces, "Kinship Politics," 190, 194, 195.

50. Salverda, "Sugar, Sea and Power," 119.

51. Grant H. Cornwell and Eve W. Stoddard, "Reading Sugar Mill Ruins: 'The Island Nobody Spoiled' and Other Fantasies of Colonial Desire," *South Atlantic Review* 66, no. 2 (2001): 137.

52. Jorge F. Perez-Lopez, "Cuban-Soviet Sugar Trade: Price and Subsidy Issues," *Bulletin of Latin American Research* 7, no. 1 (1988): 143; Gail M. Hollander, *Raising Cane in the 'Glades: The Global Sugar Trade and the Transformation of Florida* (Chicago: University of Chicago Press, 2009), 166.

53. Chalmin, *The Making of a Sugar Giant*, 474; Ben Richardson, *Sugar* (Cambridge: Polity, 2015), 76–77.

54. Thomas J. DiLorenzo, Vincent M. Sementilli, and Lawrence Southwick, "The Lomé Sugar Protocol: Increased Dependency for Fiji and Other ACP States," *Review of Social Economy* 41, no. 1 (1983): 37–38.

55. Pohl, *Die Geschichte*, 295–300, 313.

56. Pohl, *Die Geschichte*, 301.

57. D. Gale Johnson, *The Sugar Program: Large Costs and Small Benefits* (Washington, DC: American Enterprise for Public Policy, 1974), 9.

58. Harold A. Wolf, "Sugar: Excise Taxes, Tariffs, Quotas, and Program Payments," *Southern Economic Journal* 25, no. 4 (1959): 421.

59. David J. Gerber, "The United States Sugar Quota Program: A Study in the Direct Congressional Control of Imports," *Journal of Law & Economics* 19, no. 1 (1976): 113, 116.

60. 以下を参照。Thomas J. Heston, "Cuba, the United States, and the Sugar Act of 1948: The Failure of Economic Coercion," *Diplomatic History* 6, no. 1 (1982): 1–21.

61. Alan Dye and Richard Sicotte, "U.S.-Cuban Trade Cooperation and Its Unraveling," *Business and Economic History* 28, no. 2 (1999): 28. 以下も参照。Willard W. Radell, "Cuban-Soviet Sugar Trade of Large Cuban Sugar Factories in the 1984 'Zafra,'" *Cuban Studies* 17 (1987): 141–155.

62. Thomas A. Becnel, "Fulbright of Arkansas v. Ellender of Louisiana: The Politics of Sugar and Rice, 1937–1974," *Arkansas Historical Quarterly* 43, no. 4 (1984): 301.

63. Thomas H. Bates, "The Long-Run Efficiency of United States Sugar Policy," *American Journal of Agricultural Economics* 50, no. 3 (1968): 525; Daniel M. Berman and Robert Heineman, "Lobbying by Foreign Governments on the Sugar Act Amendments of 1962," *Law and Contemporary Problems* 28, no. 2 (1963): 417.

64. Berman and Heineman, "Lobbying," 423–425.

65. Johnson, *The Sugar Program*, 58, 76.

66. Michael S. Billig, *Barons, Brokers, and Buyers: The Institutions and Cultures of Philippine Sugar* (Honolulu: University of Hawaii Press, 2003), 91.

67. Raul Fernandez, "Bitter Labour in Sugar Cane Fields," *Labour, Capital and Society* 19, no. 2 (1986): 245; Edward A. Evans and Carlton G. Davis, "US Sugar and Sweeteners Markets: Implications for CARICOM Tariff-Rate Quota Holders," *Social and Economic Studies* 49, no. 4 (2000): 16; Won W. Koo, "Alternative U.S. and EU Sugar Trade Liberalization Policies and Their Implications," *Review of Agricultural Economics* 24, no. 2 (2002): 350.

68. Brent Borrell and Ronald C. Duncan, "A Survey of the Costs of World Sugar Policies," *World Bank Research Observer* 7, no. 2 (1992): 172.

69. Scott B. MacDonald and F. Joseph Demetrius, "The Caribbean Sugar Crisis: Consequences and Challenges," *Journal of Interamerican Studies and World Affairs* 28, no. 1 (1986): 44; Julie Lynn Coronado and Raymond Robertson, "Inter-American Development and the NAFTA: Implications of Liberalized Trade for the Caribbean

Sugar Industry," *Caribbean Studies* 29, no. 1 (1996): 128–129.
70. Billig, *Barons*, 68.
71. Serge Cherniguin, "The Sugar Workers of Negros, Philippines," *Community Development Journal* 23, no. 3 (1988): 194.
72. Borrell and Duncan, "A Survey of the Costs," 176–178; MacDonald and Demetrius, "The Caribbean Sugar Crisis," 41–42.
73. Pamela Richardson-Ngwenya, "Situated Knowledge and the EU Sugar Reform: A Caribbean Life History," *Area* 45, no. 2 (2013): 190.
74. Michael S. Billig, "The Rationality of Growing Sugar in Negros," *Philippine Studies* 40, no. 2 (1992): 165.
75. Philippe Grenier, "The Alcohol Plan and the Development of Northeast Brazil," *GeoJournal* 11, no. 1 (1985): 64; C. R. Dabat, "Sugar Cane 'Plantations' in Pernambuco: From 'Natural Vocation' to Ethanol Production," *Review (Fernand Braudel Center)* 34, nos. 1–2 (2011): 134; Barbara Nunberg, "Structural Change and State Policy: The Politics of Sugar in Brazil since 1964," *Latin American Research Review* 21, no. 2 (1986): 59.
76. 以下を参照。Madhav Godbole, "Co-Operative Sugar Factories in Maharashtra: Case for a Fresh Look," *Economic and Political Weekly* 35, no. 6 (2000): 420–424.
77. Bosma, *The Sugar Plantation*, 248–249, 260; "About Us," Birla Sugar, https://www.indiamart.com/birla-sugarkolkata/aboutus.html,（閲覧日：2022年４月17日）.
78. Donna L. Chollett, "From Sugar to Blackberries: Restructuring Agro-Export Production in Michoacán, Mexico," *Latin American Perspectives* 36, no. 3 (2009): 82. 以下も参照。Donna L. Chollett, "Renouncing the Mexican Revolution: Double Jeopardy within the Sugar Sector," *Urban Anthropology and Studies of Cultural Systems and World Economic Development* 23, nos. 2–3 (1994): 121–169.

第13章　企業の砂糖

1. Donald F. Larson and Brent Borrell, *Sugar Policy and Reform* (Washington, DC: World Bank, Development Research Group, Rural Development, 2001), 3.
2. 以下を参照。Stephen Haley, *Sugar and Sweetener Situation and Outlook Report* (Washington, DC: Economic Research Service, US Department of Agriculture, January 2000), 24–39; Richard Gibb, "Developing Countries and Market Access: The Bitter-Sweet Taste of the European Union's Sugar Policy in Southern Africa," *Journal of Modern African Studies* 42, no. 4 (2004): 569, 570.
3. Penny Fowler and Rian Fokker, "A Sweeter Future: The Potential for EU Sugar Reform to Contribute to Poverty Reduction in Southern Africa," *Oxfam Policy and Practice: Agriculture, Food and Land* 4, no. 3 (2004): 4.
4. Gibb, "Developing Countries and Market Access," 578; Andrew Schmitz, Troy G. Schmitz, and Frederick Rossi, "Agricultural Subsidies in Developed Countries: Impact on Global Welfare," *Review of Agricultural Economics* 28, no. 3 (2006): 422; Won W. Koo, "Alternative U.S. and EU Sugar Trade Liberalization Policies and Their Implications," *Review of Agricultural Economics* 24, no. 2 (2002): 348.
5. Jan Douwe van der Ploeg, "The Peasantries of the Twenty-First Century: The Commoditisation Debate Revisited," *Journal of Peasant Studies* 37, no. 1 (2010): 18.
6. 補助金総額500億ドルという数字は以下で言及されている。Gawali Suresh, "Distortions in World Sugar Trade," *Economic and Political Weekly* 38, no. 43 (2003): 4513.
7. "ILO Global Farm Worker Issues," *Rural Migration News* 9, no. 4 (October 2003), https://migration.ucdavis.edu/rmn/more.php?id=785.
8. Alicia H. Lazzarini, "Gendered Labour, Migratory Labour: Reforming Sugar Regimes in Xinavane, Mozambique," *Journal of Southern African Studies* 43, no. 3 (2017): 621–622.
9. たとえば以下を参照。"Colombia: Sugar Cane Harvesters Demand Rights at Work," International Trade Union Confederation, September 25, 2008, https://www.ituc-csi.org/colombia-sugar-cane-harvesters?lang=en.
10. Edward Suchman et al., "An Experiment in Innovation among Sugar Cane Cutters in Puerto Rico," *Human Organization Human Organization* 26, no. 4 (1967): 215. 以下も参照。Allan S. Queiroz and Raf Vanderstraeten, "Unintended Consequences of Job Formalisation: Precarious work in Brazil's Sugarcane Plantations," *International Sociology* 33, no. 1 (2018): 128–146.
11. Julie Lynn Coronado and Raymond Robertson, "Inter-American Development and the NAFTA: Implications of

Liberalized Trade for the Caribbean Sugar Industry," *Caribbean Studies* 29, no. 1 (1996): 128.

12. *Wikipedia* s.v., "The Price of Sugar (2007 Film)," https://en.wikipedia.org/wiki/The_Price_of_Sugar_(2007_film),（閲覧日：2022年 4 月17日）; "Who Are the Richest Entrepreneurs in Central America and the Dominican Republic ?," *Dominican Today*, June 29, 2020, https://dominicantoday.com/dr/economy/2020/06/29/who-are-the-richest-entrepreneurs-in -central-america-and-the-dominican-republic/.
13. Amy Serrano, "A Black Camera Interview: Documentary Practice as Political Intervention: The Case of "Sugar Babies": A Conversation With," *Black Camera* 22–23 (2008): 39.
14. Serrano, "A Black Camera Interview," 35.
15. Anthony W. Pereira, "Agrarian Reform and the Rural Workers' Unions of the Pernambuco Sugar Zone, Brazil 1985–1988," *Journal of Developing Areas* (1992): 173–175, 178, 188.
16. Eduardo Simoes and Inae Riveras, "Amnesty Condemns Forced Cane Labor in Brazil," *Reuters*, May 29, 2008, https://www.reuters.com/article/us-brazil-amnesty-cane/amnesty-condemns-forced-cane-labor-in-brazil-idUSN2844873820080528; Queiroz and Vanderstraeten, "Unintended Consequences," 137–138.
17. Dionne Bunsha, "Machines That Mow Down Migrants," *Dionne Bunsha* (blog), March 31, 2007, https://dionnebunsha.wordpress.com/2007/03/31/machines-that-mow-down-migrants; Saturnino M. Borras, David Fig, and Sofía Monsalve Suárez, "The Politics of Agrofuels and Mega-Land and Water Deals: Insights from the ProCana Case, Mozambique," *Review of African Political Economy* 38, no. 128 (2011): 221, 224.
18. Terry Macalister, "Sun Sets on Brazil's Sugar-Cane Cutters," *Guardian*, June 5, 2008, https://www.theguardian.com/environment/2008/jun/05/biofuels.carbonemissions.
19. 以下を参照。Jussara dos Santos Rosendo, "Social Impacts with the End of the Manual Sugarcane Harvest: A Case Study in Brazil," *Sociology International Journal* 1, no. 4 (2017): 121–125.
20. "Migrant Workers, Super-Exploitation and Identity: Case of Sugarcane Cutters in Gujarat," *Economic and Political Weekly* 23, no. 23 (1988): 1153. 以下も参照。Jan Breman, "Seasonal Migration and Co-Operative Capitalism: The Crushing of Cane and of Labour by the Sugar Factories of Bardoli, South Gujarat," *Journal of Peasant Studies* 6, no. 1 (1978): 41–70; no. 2 (1979): 168–209.
21. Pooja Adhikari and Vani Shree, "Human Cost of Sugar: Living and Working Conditions of Migrant Cane Cutters in Maharashtra," Oxfam India Discussion Paper, February 3, 2020, https://d1ns4ht6ytuzzo.cloudfront.net/oxfamdata/oxfamdatapublic/2021-02/Human%20Cost%20of%20Sugar_Maharashtra%20Case-2.pdf?33ji.96dQfp5xHQ9svfwmnaSKE_ywIEC.
22. Manfred Pohl, *Die Geschichte der Südzucker AG 1926–2001* (Munich: Piper, 2001), 127.
23. たとえば以下を参照。Alexander Claver and G. Roger Knight, "A European Role in IntraAsian Commercial Development: The Maclaine Watson Network and the Java Sugar Trade c. 1840–1942," *Business History* 60, no. 2 (2018): 202–230.
24. John Paul Rathbone, *The Sugar King of Havana: The Rise and Fall of Julio Lobo, Cuba's Last Tycoon* (New York: Penguin, 2010), 111–113.
25. Ulbe Bosma, "Up and Down the Chain: Sugar Refiners' Responses to Changing Food Regimes," in *Navigating History: Economy, Society, Knowledge and Nature*, ed. Pepijn Brandon, Sabine Go, and Wybren Verstegen (Leiden: Boston: Brill, 2018), 267; Al Imfeld, *Zucker* (Zurich: Unionsverlag, 1986), 77–82.
26. Frederick F. Clairmonte and John H. Cavanagh, "World Commodities Trade: Changing Role of Giant Trading Companies," *Economic and Political Weekly* 23, no. 42 (1988): 2156; Thomas Braunschweig, Alice Kohli, and Silvie Lang, *Agricultural Commodity Traders in Switzerland — Benefitting from Misery ?* (Lausanne, Switzerland: Public Eye, 2019), 5.
27. Philippe Chalmin, *The Making of a Sugar Giant: Tate and Lyle: 1859–1959* (Chur, Switzerland: Harwood Academic, 1990), 668–671; "Sir Saxon Tate Bt," *Telegraph*, September 5, 2012.
28. "Foreign Business," Mitr Phol Group, https://www.mitrphol.com/offshore.php,（閲覧日：2022年 4 月18日）.
29. Birla, *Brushes with History*, 5–7.
30. "History Timeline," ASR Group, https://www.asr-group.com/history-timeline,（閲覧日：2022年 4 月18日）; Bosma, "Up and Down," 259, 266.
31. Gary W. Brester and Michael A. Boland, "Teaching Case: The Rocky Mountain Sugar Growers' Cooperative: 'Sweet' or 'Sugar-Coated' Visions of the Future ?," *Review of Agricultural Economics* 26, no. 2 (2004): 291.

32. "Tate and Lyle Sugar Division Sold to US Company," *Agritrade*, August 7, 2010, https://agritrade.cta.int/en/layout/set/print/Agriculture/Commodities/Sugar/Tate-and-Lyle-sugar-division-sold-to-US-company.html.
33. Ben Richardson, *Sugar* (Cambridge: Polity, 2015), 204.
34. Alex Dubb, Ian Scoones, and Philip Woodhouse, "The Political Economy of Sugar in Southern Africa — Introduction," *Journal of Southern African Studies* 43, no. 3 (2017): 448; Haley, *Sugar and Sweetener Situation*, 24–39; United States Department of Agriculture, *Sugar: World Markets and Trade* (May 2022), 7, Foreign Agricultural Service, https://www.fas.usda.gov/data/sugar-world-markets-and-trade.
35. Ben Richardson, "Restructuring the EU-ACP Sugar Regime: Out of the Strong There Came Forth Sweetness," *Review of International Political Economy* 16, no. 4 (2009): 674; European Commission, "EU Sugar Quota System Comes to an End," *CTA Brussels Office Weblog*, October 9, 2017, http://brussels.cta.int/indexa9a6.html?option=com_k2&view=item&id=15325:eu-sugar-quota-system-comes-to-an-end.
36. "Südzucker — Corporate Profile," *Agritrade*, September 27, 2014, https://agritrade.cta.int/en/Agriculture/Commodities/Sugar/Suedzucker-corporate-profile.html.
37. "Tereos — Corporate Profile," *Agritrade*, July 23, 2014, https://agritrade.cta.int/en/Agriculture/Commodities/Sugar/Tereos-corporate-profile.html.
38. Mark Carr, "AB Sugar's Modern Slavery Statement 2018," November 2018, https://www.absugar.com/perch/resources/abs-modern-slavery-statement-2018-2.pdf.
39. "Acquisition of Illovo Minority Interest Update," Associated British Foods, May 25, 2016, https://www.abf.co.uk/media/news/2016/2016-acquisition-of-illovo-minority-interest-update.
40. Coronado and Robertson, "Inter-American Development," 121, 134; J. Dennis Lord, "End of the Nation-State Postponed: Agricultural Policy and the Global Sugar Industry," *Southeastern Geographer* 43, no. 2 (2003): 287; "About Us," Alliance for Fair Sugar Policy, https://fairsugarpolicy.org/about/,（閲覧日：2022年 1 月27日）.
41. Colin Grabow, "Candy-Coated Cartel: Time to Kill the U.S. Sugar Program," *Policy Analysis*, no. 837 (April 10, 2018): 2, https://www.cato.org/publications/policy-analysis/candy-coated-cartel-time-kill-us-sugar-program.
42. Alec Wilkinson, *Big Sugar: Seasons in the Cane Fields of Florida* (New York: Vintage, 1990), 79.
43. Gail M. Hollander, *Raising Cane in the 'Glades: The Global Sugar Trade and the Transformation of Florida* (Chicago: University of Chicago Press, 2009), 258.
44. Deborah Jean Warner, *Sweet Stuff: An American History of Sweeteners from Sugar to Sucralose* (Washington, DC: Smithsonian Institution Scholarly Press/Rowman and Littlefield, 2011), 80.
45. Zachary Mider, "Rubio's Deep Sugar Ties Frustrate Conservatives," *Bloomberg*, January 29, 2016, https://www.bloomberg.com/news/articles/2016-01-28/rubio-s-deep-sugar-ties-frustrate-conservatives; Grabow, "Candy-Coated Cartel," 8; Timothy P. Carney, "At Kochfest, Rubio Defends Sugar Subsidies on National Security Grounds," *Washington Examiner*, August 2, 2015, https://www.washingtonexaminer.com/at-kochfest-rubio-defends-sugar-subsidies-on-national-security-grounds.
46. Peter Wallsten, Manuel Roig-Franzia, and Tom Hamburger, "Sugar Tycoon Alfonso Fanjul Now Open to Investing in Cuba under 'Right Circumstances,'" *Washington Post*, February 2, 2014.
47. Tim Lang and Michael Heasman, *Food Wars: The Global Battle for Minds, Mouths, and Markets*, 2nd ed. (London: Earthscan, 2004), table 8.4; "Tate & Lyle Europe (031583)," FarmSubsidy.org, https://farmsubsidy.org/GB/recipient/GB47951/tate-lyle-europe-031583-gb-e16-2ew/source,（閲覧日：2022年 1 月27日）.
48. Scott B. MacDonald and F. Joseph Demetrius, "The Caribbean Sugar Crisis: Consequences and Challenges," *Journal of Interamerican Studies and World Affairs* 28, no. 1 (1986): 37; "Flüssig ist billiger," *Spiegel*, October 3, 1976, http://www.spiegel.de/spiegel/print/d-41136649.html. 以下も参照。E. K. Aguirre, O. T. Mytton, and P. Monsivais, "Liberalising Agricultural Policy for Sugar in Europe Risks Damaging Public Health," *BMJ (Online)* 351 (2015): h5085.
49. Dan Roberts, "Sweet Brexit: What Sugar Tells Us about Britain's Future outside the EU," *Guardian*, March 27, 2017, https://www.theguardian.com/business/2017/mar/27/brexit-sugar-beet-cane-tate-lyle-british-sugar; Michael Savage, "Brexit Backers Tate & Lyle Set to Gain £73m from End of EU Trade Tariffs," *Guardian*, August 8, 2020, https://www.theguardian.com/business/2020/aug/08/brexit-backers-tate-lyle-set-to-gain-73m-from-end-of-eu-trade-tariffs.
50. 以下を参照。ATO Guangzhou Staff, *People's Republic of China: Annual Chinese Sugar Production Growth*

Expected to Slow, Prices Rise, GAIN Report Number: CH196006 (Guangzhou: US Department of Agriculture Foreign Agricultural Service, 2019); Y. R. Li and L. T. Yang, "Sugarcane Agriculture and Sugar Industry in China," *Sugar Tech* 17, no. 1 (2015): 1–8.

51. "Base in China, March onto the Global Scene," COFCO, http://www.cofco.com/en/AboutCOFCO/; "Sugar," COFCO International, https://www.cofcointernational.com/products-services/sugar/, (閲覧日：2022年４月18日).
52. Fowler and Fokker, "A Sweeter Future," 23–30; Alan Terry and Mike Ogg, "Restructuring the Swazi Sugar Industry: The Changing Role and Political Significance of Smallholders," *Journal of Southern African Studies* 43, no. 3 (2017): 585, 592, 593; Emmanuel Sulle, "Social Differentiation and the Politics of Land: Sugar Cane Outgrowing in Kilombero, Tanzania," *Journal of Southern African Studies* 43, no. 3 (2017): 517, 528; P. James and P. Woodhouse, "Crisis and Differentiation among Small-Scale Sugar Cane Growers in Nkomazi, South Africa," *Journal of Southern African Studies* 43, no. 3 (2017): 535–549.
53. 以下を参照。P. Zuurbier et al., "Land Use Dynamics and Sugarcane Production," in *Sugarcane Ethanol: Contributions to Climate Change Mitigations and the Environment*, ed. P. Zuurbier and J. van de Vooren (Wageningen, the Netherlands: Wageningen Academic Publishers, 2008): 29–62.
54. Thomas D. Rogers, *The Deepest Wounds: A Labor and Environmental History of Sugar in Northeast Brazil* (Chapel Hill: University of North Carolina Press, 2010), 182, 188, 199, 204, 210.
55. Ujjayant Chakravorty, Marie-Hélène Hubert, and Linda Nøstbakken, "Fuel versus Food," *Annual Review of Resource Economics* 1 (2009): 658.
56. 以下を参照。Adhikari and Vani Shree, "Human Cost of Sugar."
57. Carol B. Thompson, "Agrofuels from Africa, Not for Africa," *Review of African Political Economy* 35, no. 117 (2008): 517; Mohamad Shohibuddin, Maria Lisa Alano, and Gerben Nooteboom, "Sweet and Bitter: Trajectories of Sugar Cane Investments in Northern Luzon, the Philippines, and Aceh, Indonesia, 2006–2013," in *Large-Scale Land Acquisitions: Focus on South-East Asia*, ed. Christophe Gironde, Christophe Golay, and Peter Messerli (Boston: Brill-Nijhoff, 2016), 112–117; Borras, Fig, and Suárez, "The Politics of Agrofuels"; Marc Edelman, Carlos Oya, and Saturnino M. Borras, *Global Land Grabs: History, Theory and Methods* (Abingdon, England: Routledge, 2016). 以下を参照。Yasuo Aonishi et al., *Not One Idle Hectare: Agrofuel Development Sparks Intensified Land Grabbing in Isabela, Philippines: Report of the International Fact Finding Mission: May 29th–June 6th 2011: San Mariano, Isabela, Philippines* (Quezon City, Philippines: People's Coalition on Food Sovereignty, 2011); "ITOCHU and JGC Launch Large-Scale Bio-Ethanol Production and Power Plant Businesses in the Philippines," ITOCHU Corporation, https://www.itochu.co.jp/en/news/press/2010/100408.html, (閲覧日：2022年４月18日).
58. "Cambodia/Thailand: Court Ruling on Mitr Phol Watershed Moment for Corporate Accountability in SE Asia," Amnesty International, July 31, 2020, https://www.amnesty.org/en/latest/news/2020/07/court-ruling-mitr-phol-case-watershed-moment-for-se-asia -corporate-accountability/.
59. "Thailand: Evicted Cambodian Villagers Sue Giant Mitr Phol; Amnesty International Submits Third Party Intervention to Thai Court," Amnesty International, July 30, 2020, https://www.amnesty.org/en/documents/asa39/2806/2020/en/.
60. Blessings Chinsinga, "The Green Belt Initiative, Politics and Sugar Production in Malawi," *Journal of Southern African Studies* 43, no. 3 (2017): 511, 514; Carr, "AB Sugar's Modern Slavery Statement 2018."
61. "Tate & Lyle Sugar to Be Fairtrade," *BBC News*, February 23, 2008, http://news.bbc.co.uk/2/hi/uk_news/7260211.stm.
62. "Rooted in Sustainability," ASR Group, https://www.asr-group.com/Sustainability-Report, (閲覧日：2022年４月18日); "Sustainability," Taiwan Sugar Corp., https://www.asr-group.com/Sustainability-Report, (閲覧日：2022年４月18日).
63. "Environment," Sugar Cane Growers Cooperative of Florida, https://www.scgc.org/environment/, (閲覧日：2022年４月18日).
64. たとえば以下を参照。"Florida: Republican 'Green Governor' Seeks to Reverse Predecessor's Legacy," *Guardian*, January 23, 2019, https://www.theguardian.com/us-news/2019/jan/23/florida-governor-ron-desantis-water-reservoir-environment.
65. Kenneth Starr et al., *The Starr Report* (Washington, DC: Government Printing Office, 1998), 38; Marion Nestle, *Food Politics: How the Food Industry Influences Nutrition and Health* (Berkeley: University of California, 2002),

109–110. マリオン・ネスル『フード・ポリティクス——肥満社会と食品産業』2005年、新曜社；Hollander, *Raising Cane*, 252, 261.

66. Kristin Wartman, "Food Fight: The Politics of the Food Industry," *New Labor Forum* 21, no. 3 (2012): 76–77; Hans Jürgen Teuteberg, "How Food Products Gained an Individual 'Face': Trademarks as a Medium of Advertising in the Growing Modern Market Economy in Germany," in *The Rise of Obesity in Europe: A Twentieth Century Food History*, ed. Derek J. Oddy, P. J. Atkins, and Virginie Amilien (Farnham, England: Ashgate, 2009), 84.
67. Harriet Friedmann, "From Colonialism to Green Capitalism: Social Movements and Emergence of Food Regimes," in *New Directions in the Sociology of Global Development*, ed. Frederick H. Buttel and Philip D. McMichael (Bingley, England: Emerald Group Publishing, 2005), 251–253.
68. "Sweet News: Fairtrade Sugar Newsletter," April 2020, https://files.fairtrade.net/Fairtrade-Sugar-Newsletter_2_2020_external-edition.pdf.

第14章　自然より甘い

1. Sergey Gudoshnikov, Linday Jolly, and Donald Spence, *The World Sugar Market* (Cambridge: Elsevier Science, 2004), 11–12.
2. Won W. Koo, "Alternative U.S. and EU Sugar Trade Liberalization Policies and Their Implications," *Review of Agricultural Economics* 24, no. 2 (2002): 338.
3. D. Gale Johnson, *The Sugar Program: Large Costs and Small Benefits* (Washington, DC: American Enterprise for Public Policy, 1974), 6.
4. Carolyn Crist, "Few Smokers Know about Added Sugar in Cigarettes," *Reuters*, October 26, 2018, https://www.reuters.com/article/us-health-cigarettes-sugar-idUSKCN1N02UC; Robert Proctor, *Golden Holocaust: Origins of the Cigarette Catastrophe and the Case for Abolition* (Berkeley: University of California Press, 2011), 33–34.
   *『医療百科事典（*Cyclopedia of the Practice of Medicine*）』
5. William Watts, "On the Proximate Cause of Diabetes Mellitus," *The Lancet* 45, no. 1129 (1845): 438.
6. Steven Blankaart, *De Borgerlyke Tafel* (Amsterdam: J. ten Hoorn, 1683), 41–42, 102.
7. Gary Taubes, *The Case against Sugar* (London: Portobello Books, 2018), 240.
8. Jean Anthelme Brillat-Savarin, *Physiologie du goût ou méditations de gastronomie transcendante* (Paris: A. Sautelet, 1828), 106, 221.
9. Leone Levi, *On the Sugar Trade and Sugar Duties: A Lecture Delivered at King's College, London, Feb. 29, 1864* (London: Effingham Wilson, 1864), 12.
   *『市民に宛てた肥満に関する書簡（*Letter on Corpulence, Addressed to the Public*）』
10. W. Banting, *Letter on Corpulence: Addressed to the Public. with Prefatory Remarks by the Author Copious Information from Correspondents and Confirmatory Evidence of the Benefit of the Dietary System Which He Recommended to Public Notice* (London: Harrison & Sons, 1863).
   *『肥満とその軽減および健康を害すことのない治療法（*On Corpulence, its Diminution and Cure without Injury to Health*）』
11. John Harvey, *Corpulence, Its Diminution and Cure without Injury to Health* (London: Smith, 1864), 96.
   *『生きるための食事——飲食物と健康、病気、治療との関係（*Eating to Live: The Diet Cure: An Essay on the Relations of Food and and Drink to Health, Disease and Cure*）』
12. Thomas Low Nichols, *Eating to Live: The Diet Cure: An Essay on the Relations of Food and Drink to Health, Disease and Cure* (London, 1877), 43–45.
13. Taubes, *The Case*, 116.
   *『グッド・カロリーズ、バッド・カロリーズ（*Good Calories, Bad Calories*）』
14. Gary Taubes, *Good Calories, Bad Calories* (New York: Knopf, 2007), ix, x.
15. John Yudkin, *Pure, White and Deadly* (London: Viking, 2012), vii. ジョン・ユドキン『純白、この恐ろしきもの——砂糖の問題点』1978年、評論社
16. John Yudkin, "Sugar and Disease," *Nature* 239, no. 5369 (1972): 197; Taubes, *The Case*, 6–7; Richard J. Johnson et al., "Potential Role of Sugar (Fructose) in the Epidemic of Hypertension, Obesity and the Metabolic Syndrome, Diabetes, Kidney Disease, and Cardiovascular Disease," *American Journal of Clinical Nutrition* 86, no. 4 (2007): 901; H. B. Anderson, "Diet in Its Relation to Disease," *Public Health Journal* 3, no. 12 (1912): 713.

17. Manuel Correia de Andrade, *The Land and People of Northeast Brazil* (Albuquerque: University of New Mexico Press, 1980), 99, 124; William Arthur Lewis, *Labour in the West Indies the Birth of a Workers' Movement* (London: New Beacon Books, 1977), 16; Deborah Jean Warner, *Sweet Stuff: An American History of Sweeteners from Sugar to Sucralose* (Washington, DC: Smithsonian Institution Scholarly Press/Rowman and Littlefield, 2011), 33.
18. *Encyclopædia Iranica* s.v., "Sugar," https://www.iranicaonline.org/articles/sugar-cultivation,（最終更新日：2009年７月20日）.
19. C. J. Robertson, "The Italian Beet-Sugar Industry," *Economic Geography* 14, no. 1 (1938): 13–14.
20. Romuald Le Pelletier de Saint-Rémy, *Le questionnaire de la question des sucres* (Paris: Guillaumin, 1877), 216–220.
21. Charles Robequain, "Le sucre dans l'Union française," *Annales de Géographie* 57, no. 308 (1948): 323, 333; Koo, "Alternative U.S. and EU Sugar Trade," 338.
22. John Perkins, "Sugar Production, Consumption and Propaganda in Germany, 1850–1914," *German History* 15, no. 1 (1997): 25–30.
23. Wendy A. Woloson, *Refined Tastes: Sugar, Confectionery, and Consumers in Nineteenth-Century America* (Baltimore, MD: Johns Hopkins University Press, 2002), 36–37, 54, 55, 118.
24. Henry Mayhew, *London Labour and the London Poor*, vol. 1 (New York: Dover, 1968), 202–203.
25. Darra Goldstein, *The Oxford Companion to Sugar and Sweets* (Oxford: Oxford University Press, 2015), 758; Robert H. Lustig, *Fat Chance: Beating the Odds against Sugar, Processed Food, Obesity, and Disease* (New York: Penguin Group, 2013), 261. ロバート・H・ラスティグ『果糖中毒――19億人が太り過ぎの世界はどのように生まれたのか？』2018年、ダイヤモンド社 ; Paul Pestano, Etan Yeshua, and Jane Houlihan, *Sugar in Children's Cereals: Popular Brands Pack More Sugar Than Snack Cakes and Cookies* (Washington, DC: Environmental Working Group, 2011), 5.
26. Erika Rappaport, *A Thirst for Empire: How Tea Shaped the Modern World* (Princeton, NJ: Princeton University Press, 2017), 71–74, 81–82.
27. Philip B. Mason, Xiaohe Xu, and John P. Bartkowski, "The Risk of Overweight and Obesity among Latter-Day Saints," *Review of Religious Research* 55, no. 1 (2013): 132.
*『砂糖反対論（*The Case Against Sugar*）』
28. Taubes, *The Case*, 42.
29. Goldstein, *The Oxford Companion*, 87–88; Samira Kawash, *Candy: A Century of Panic and Pleasure* (New York: Faber and Faber, 2013), 85.
30. April Merleaux, *Sugar and Civilization: American Empire and the Cultural Politics of Sweetness* (Chapel Hill: University of North Carolina Press, 2015), 213.
31. Goldstein, *The Oxford Companion*, 87.
32. Irving V. Sollins, "Sugar in Diet Part I: An Educational Problem," *Journal of Educational Sociology* 3, no. 6 (1930): 345.
33. Perkins, "Sugar Production," 31.
*『観光、スポーツ、兵役の燃料としての砂糖の重要性（*Die Bedeutung des Zuckers als Kraftsstoff für Tourisit, Sport under Militär dienst*）』
34. Julia Csergo, "Food Consumption and Risk of Obesity: The Medical Discourse in France 1850–1930," in *The Rise of Obesity in Europe: A Twentieth Century Food History*, ed. Derek J. Oddy, P. J. Atkins, and Virginie Amilien (Farnham, England: Ashgate, 2009), 169–170; Martin Bruegel, "A Bourgeois Good?: Sugar, Norms of Consumption and the Labouring Classes in Nineteenth-Century France," in *Food, Drink and Identity: Cooking, Eating and Drinking in Europe since the Middle Ages*, ed. Peter Scholliers (Oxford: Berg, 2001), 107–110; Maurice Halbwachs, *L'évolution des besoins dans les classes ouvrières* (Paris: F. Alcan, 1933), 122.
35. Hans Jürgen Teuteberg and Günter Wiegelmann, *Der Wandel der Nahrungsgewohnheiten unter dem Einfluss der Industrialisierung* (Göttingen: Vandenhoeck and Ruprecht, 1972), 299.
36. Halbwachs, *L'évolution des besoins*, 122; Bruegel, "A Bourgeois Good?," 111.
37. Perkins, "Sugar Production," 32; Siegmund Ziegler, "Die Weltzuckerproduktion während des Krieges und der Zuckerpreis," *Weltwirtschaftliches Archiv* 15 (1919): 53–54; Kawash, *Candy*, 105.
38. Merleaux, *Sugar and Civilization*, 59, 65, 68–69; Kawash, *Candy*, 107.
39. Barak Kushner, "Sweetness and Empire: Sugar Consumption in Imperial Japan," in *The Historical Consumer:*

Consumption and Everyday Life in Japan, 1850–2000, ed. Penelope Francks and Janet Hunter (New York: Palgrave Macmillan, 2012), 140–141.

40. Rappaport, *A Thirst for Empire*, 122, 139, 152.
41. Joe Bertram Frantz, "Infinite Pursuit: The Story of Gail Borden" (PhD diss., University of Texas, 1948), 68–69.
42. Laura Mason, *Sweets and Candy: A Global History* (London: Reaktion Books, 2018), 83–86. ローラ・メイソン『キャンディと砂糖菓子の歴史物語』2018年、原書房
43. Goldstein, *The Oxford Companion*, 753; Harvey Washington Wiley, *Foods and Their Adulteration: Origin, Manufacture, and Composition of Food Products: Infants' and Invalids' Foods: Detection of Common Adulterations* (Philadelphia: P. Blakiston's Son, 1917), 485.
44. Gail Hollander, "Re-Naturalizing Sugar: Narratives of Place, Production and Consumption," *Social & Cultural Geography* 4, no. 1 (2003): 64.
45. Kawash, *Candy*, 98, 112.
46. Kawash, *Candy*, 55, 67.
47. Warner, *Sweet Stuff*, 44, 109–119, 133.
   *『食品と不純物の添加（*Foods and Their Adulteration*）』
48. Wiley, *Foods and Their Adulteration*, 470.
49. Warner, *Sweet Stuff*, 20, 24–25.
50. Ulbe Bosma, *The Sugar Plantation in India and Indonesia: Industrial Production, 1770–2010* (Cambridge: Cambridge University Press, 2013), 171.
51. Alice Ross, "Health and Diet in 19th-Century America: A Food Historian's Point of View," *Historical Archaeology* 27, no. 2 (1993): 47.
52. Goldstein, *The Oxford Companion*, 95–96.
53. Woloson, *Refined Tastes*, 214.
54. Merleaux, *Sugar and Civilization*, 106.
55. Ziegler, "Die Weltzuckerproduktion," 63, 65.
56. Merleaux, *Sugar and Civilization*, 19.
57. Lustig, *Fat Chance*, 172.
58. Goldstein, *The Oxford Companion*, 757.
59. Mark Pendergrast, *For God, Country, and Coca-Cola: The Definitive History of the Great American Soft Drink and the Company That Makes It* (London: Weidenfeld and Nicolson, 1993), 238. マーク・ペンダグラスト『コカ・コーラ帝国の興亡——100年の商魂と生き残り戦略』1993年、徳間書店
60. Goldstein, *The Oxford Companion*, 737.
61. Kushner, "Sweetness and Empire," 135–136, 139.
62. K. Walden, "The Road to Fat City: An Interpretation of the Development of Weight Consciousness in Western Society," *Historical Reflections* 12, no. 3 (1985): 332.
63. Merleaux, *Sugar and Civilization*, 147; Kawash, *Candy*, 191.
64. Woloson, *Refined Tastes*, 194.
   *『グッド・ハウスキーピング・クック・ブック（*Good Housekeeping Cook Book*）』
65. Mildred Maddocks and Harvey Washington Wiley, *The Pure Food Cook Book: The Good Housekeeping Recipes, Just How to Buy — Just How to Cook* (New York: Hearst's International Library, 1914), 11, 237.
66. 以下を参照。Weston A. Price, *Nutrition and Physical Degeneration* (Redland, CA: P. B. Hoeber, 1939). ウェストン・A・プライス『食生活と身体の退化——先住民の伝統食と近代食　その身体への驚くべき影響』2010年、恒志会：農村漁村文化協会 ; Merleaux, *Sugar and Civilization*, 221–222.
67. Taubes, *The Case*, 125.
68. Yudkin, *Pure, White and Deadly*, 127.
69. Sollins, "Sugar in Diet Part I," 342, 345–346; Irving V. Sollins, "Sugar in Diet Part II: An Experiment in Instruction in Candy Consumption," *Journal of Educational Sociology* 3, no. 9: 548.
70. *Revenue Revision of 1943: Hearings before the Committee of Ways and Means House of Representatives. Seventy-Eighth Congress. First Session, 1014–1031* (Washington, DC: Government Printing Office, 1943).
71. Hollander, "Re-Naturalizing Sugar," 65.

72. "Encourage Sugar Consumption," *Sugar (Including Facts about Sugar and the Planter & Sugar Manufacturer)*, June 25–27, 1947.
73. Marion Nestle, "Food Industry Funding of Nutrition Research: The Relevance of History for Current Debates," *JAMA Internal Medicine* 176, no. 11 (2016): 1685–1686.
74. Sanjay Basu et al., "The Relationship of Sugar to Population-Level Diabetes Prevalence: An Econometric Analysis of Repeated Cross-Sectional Data," *PLoS ONE* 8, no. 2: e57873 (p. 6). キースのプロジェクトの方法論的欠陥の簡潔な説明については、Lustig, *Fat Chance*, 111 を参照。
75. Yudkin, *Pure, White and Deadly*, 41; Pana Wilder, "No One Profits from Candy in the Schools," *Middle School Journal Middle School Journal* 15, no. 4 (1984): 18; Marion Nestle, *Food Politics: How the Food Industry Influences Nutrition and Health* (Berkeley: University of California, 2002), 197. マリオン・ネスル『フード・ポリティクス――肥満社会と食品産業』2005年、新曜社
76. Nestle, *Food Politics*, 214.
77. Jonathan C. K. Wells, "Obesity as Malnutrition: The Role of Capitalism in the Obesity Global Epidemic," *American Journal of Human Biology* 24, no. 3 (2012): 272.
78. US Senate Select Committee on Nutrition and Human Needs, *Short Dietary Goals for the United States* (Washington, DC: Government Printing Office, 1977), 4, 5.
79. US Senate Select Committee on Nutrition and Human Needs, *Short Dietary Goals*, 4. 別に砂糖業界が、脂肪と砂糖に対するヘグステッドの立場を変えさせたわけではないかもしれない、という Johns と Oppenheimer の意見には私も賛成だが、それでも彼らの倫理違反は弁解の余地がない。下記を参照。David Merritt Johns and Gerald M. Oppenheimer, "Was There Ever Really a 'Sugar Conspiracy'? Twists and Turns in Science and Policy Are Not Necessarily Products of Malevolence," *Science* 359, no. 6377 (2018): 747–750.
80. Lustig, *Fat Chance*, 169.
81. Nestle, *Food Politics*, 59, 66.
82. Yudkin, *Pure, White and Deadly*, 66.
83. WHO, *Diet, Nutrition, and the Prevention of Chronic Diseases: Report of a WHO Study Group* (Geneva: WHO, 1990), 94.
84. Sarah Boseley and Jean McMahon, "Political Context of the World Health Organization: Sugar Industry Threatens to Scupper the WHO," *International Journal of Health Services* 33, no. 4 (2003): 831–833; Joint WHO/FAO Expert Consultation on Diet, Nutrition and the Prevention of Chronic Diseases, *Diet, Nutrition and the Prevention of Chronic Diseases: Report of a Joint WHO/FAO Expert Consultation* (Geneva: WHO, 2003), 56–58, 66.
85. Geoffrey Cannon, "Why the Bush Administration and the Global Sugar Industry Are Determined to Demolish the 2004 WHO Global Strategy on Diet, Physical Activity and Health," *Public Health Nutrition* 7, no. 3 (2004): 369–380; David Stuckler et al., "Textual Analysis of Sugar Industry Influence on the World Health Organization's 2015 Sugars Intake Guideline," *Bulletin of the World Health Organization* 94, no. 8 (2016): 566–573; Boseley and McMahon, "Political Context"; WHO, *Guideline: Sugars Intake for Adults and Children* (Geneva: WHO, 2015), 4.
86. J. Putnam and J. Allshouse, "U.S. Per Capita Food Supply Trends," *Food Review* 21, no. 3 (1998): 1–10.
87. WHO, *Set of Recommendations on the Marketing of Foods and Non-Alcoholic Beveages to Children* (Geneva: WHO, 2010), http://www.who.int/dietphysicalactivity/publications/recsmarketing/en/index.html; WHO, "WHO urges Global Action to Curtail Consumption and Health Impacts of Sugary Drinks," news release, October 11, 2016, https://www.who.int/news/item/11-10-2016-who-urges-global-action-to-curtail-consumption-and-health-impacts-of-sugary-drinks.
88. Alex Wayne, "Senate Panel Suggests Tax on Sweet Drinks to Pay for Health Care Overhaul," Commonwealth Fund, May 18, 2009, https://www.commonwealthfund.org/publications/newsletter-article/senate-panel-suggests-tax-sweet-drinks-pay-health-care-overhaul; Chen Zhen et al., "Habit Formation and Demand for Sugar-Sweetened Beverages," *American Journal of Agricultural Economics* 93, no. 1 (2011): 175.
89. Lustig, *Fat Chance*, 245; V.v.B., "Chicago's Soda Tax Is Repealed: A Big Victory for Makers of Sweet Drinks," *Economist*, October 13, 2017, https://www.economist.com/democracy-in-america/2017/10/13/chicagos-soda-tax-is-repealed.
90. Emi Okamoto, "The Philadelphia Soda Tax, while Regressive, Saves Lives of Those Most at Risk," *A Healthier Philly*, April 9, 2019, https://www.phillyvoice.com/philadelphia-soda-tax-regressive-saves-lives-most-at-risk; Chuck

Dinerstein, “Soda Tax Continues to Decrease Sales, but There’s No Evidence of Health Benefit,” American Council on Science and Health, April 12, 2018, https://www.acsh.org/news/2018/04/12/soda-tax-continues-decrease-sales-theres-no-evidence-health-benefit-12829.

91. Zhen et al., “Habit Formation,” 190.

92. Nathalie Moise et al., “Limiting the Consumption of Sugar Sweetened Beverages in Mexico’s Obesogenic Environment: A Qualitative Policy Review and Stakeholder Analysis,” *Journal of Public Health Policy* 32, no. 4 (2011): 468, 470; A. R. Lopez, “Mexico’s Sugar Crusade Looking Forward,” *Harvard International Review* 37, no. 3 (2016): 48–49.

93. Lawrence O. Gostin, “Why Healthy Behavior Is the Hard Choice,” *Milbank Quarterly* 93, no. 2 (2015): 243; David Agren, “Mexico State Bans Sale of Sugary Drinks and Junk Food to Children,” *Guardian*, August 6, 2020, https://www.theguardian.com/food/2020/aug/06/mexico-oaxaca-sugary-drinks-junk-food-ban-children#:~:text=The%20southern%20Mexican%20state%20of,drinks%20and%20sweets%20to%20children.

94. たとえば以下を参照。“The 2018 UK Sugar Tax,” Diabetes.co.uk, January 15, 2019, https://www.diabetes.co.uk/nutrition/2018-uk-sugar-tax.html.

95. Gostin, “Why Healthy Behavior,” 243, 245; Miguel Ángel Royo-Bordonada et al., “Impact of an Excise Tax on the Consumption of Sugar-Sweetened Beverages in Young People Living in Poorer Neighbourhoods of Catalonia, Spain: A Difference in Differences Study,” *BMC Public Health* 19, no. 1 (2019): 1553; Wissenschaftliche Dienste Deutscher Bundestag, “Ausgestaltung einer Zuckersteuer in ausgewählten Ländern und ihre Auswirkung auf Kaufverhalten, Preise und Reformulierung Aktenzeichen,” WD 5–3000–064/18 (Berlin Deutscher Bundestage 2018); Wissenschaftliche Dienste Deutscher Bundestag, “Studien zu gesundheitlichen Auswirkungen einer Zuckersteuer,” WD 9 -3000–028/1 (Berlin: Deutscher Bundestage, 2018); Hans Jürgen Teuteberg, “How Food Products Gained an Individual ‘Face’: Trademarks as a Medium of Advertising in the Growing Modern Market Economy in Germany,” in *The Rise of Obesity in Europe: A Twentieth Century Food History*, ed. Derek J. Oddy, P. J. Atkins, and Virginie Amilien (Farnham, England: Ashgate, 2009), 77; S. ter Borg et al., *Zout-, Suikeren Verzadigd Vetgehalten in Levensmiddelen*, RIVM 2019–0032 (Bilthoven, the Netherlands: RIVM, 2019), 64.

96. Yudkin, *Pure, White and Deadly*, 168–169.

97. Nestle, *Food Politics*, 2013 edition, xi.

* 『砂糖（*Sugar*）』

98. 以下を参照。Al Imfeld, *Zucker* (Zurich: Unionsverlag, 1986).

99. Anahad O’Connor, “Coca-Cola Funds Scientists Who Shift Blame for Obesity Away from Bad Diets,” *New York Times*, August 9, 2015, https://well.blogs.nytimes.com/2015/08/09/coca-cola-funds-scientists-who-shift-blame-for-obesity-away-from-bad-diets/?r=1. 以下も参照。C. Herrick, “Shifting Blame/Selling Health: Corporate Social Responsibility in the Age of Obesity,” *Sociology of Health & Illness* 31, no. 1 (2009): 51–65.

100. 以下を参照。Aseem Malhotra, Grant Schofield, and Robert H. Lustig, “The Science against Sugar, Alone, Is Insufficient in Tackling the Obesity and Type 2 Diabetes Crises — We Must Also Overcome Opposition from Vested Interests,” *Journal of the Australasian College of Nutritional and Environmental Medicine* 38, no. 1 (2019): a39; A. Malhotra, T. Noakes, and S. Phinney, “It is Time to Bust the Myth of Physical Inactivity and Obesity: You Cannot Outrun a Bad Diet,” *British Journal of Sports Medicine* 49, no. 15 (2015): 967–968.

101. Lustig, *Fat Chance*, 192–194.

102. Pendergrast, *For God, Country*, 337.

103. Gail M. Hollander, *Raising Cane in the ’Glades: The Global Sugar Trade and the Transformation of Florida* (Chicago: University of Chicago Press, 2009), 164.

104. Perkins, “Sugar Production,” 30–31.

105. Klaus Roth and Erich Lück, “Die Saccharin-Saga Ein Molekülschicksal,” *Chemiein Unserer Zeit* 45, no. 6 (2011): 413–414.

106. *Britannica* s.v., “Monsanto,” https://www.britannica.com/topic/Monsanto-Company,（閲覧日：2022年 4 月17日）.

107. 以下を参照。Carol Levine, “The First Ban: How Teddy Roosevelt Saved Saccharin,” *Hastings Center Report* 7, no. 6 (1977): 6–7.

108. Marvin L. Hayenga, “Sweetener Competition and Sugar Policy,” *Journal of Farm Economics* 49, no. 5 (1967):

1364.
109. Klaus Roth and Erich Lück, “Kalorienfreie Süße aus Labor und Natur: Süß, süßer, Süßstoff,” *Chemie in unserer Zeit* 46 (2012).
110. Roth and Lück, “Kalorienfreie Süße,” 173.
111. Warner, *Sweet Stuff*, 194.
112. Andrew Cockburn, *Rumsfeld: His Rise, Fall, and Catastrophic Legacy* (New York: Scribner, 2007), 64. アンドリュー・コバーン『ラムズフェルド――イラク戦争の国防長官』2008年、緑風出版
113. Robbie Gennet, “Donald Rumsfeld and the Strange History of Aspartame,” *Huffington Post,* May 25, 2011, https://www.huffpost.com/entry/donald-rumsfeld-and-the-s_b_805581.
114. Warner, *Sweet Stuff*, 211–212; Cockburn, *Rumsfeld*, 66–68.
115. “Findings on Risk from Aspartame Are Inconclusive, Says EFSA,” CORDIS, May 8, 2006, https://cordis.europa.eu/article/id/25605-findings-on-risk-from-aspartame-are-inconclusive-says-efs. モランド・ソフリティのチームの新たな研究結果によって欧州食品安全機関が立場を変えることはなかった。以下も参照。Morando Soffritti et al., “Aspartame Administered in Feed, Beginning Prenatally through Life Span, Induces Cancers of the Liver and Lung in Male Swiss Mice,” *American Journal of Industrial Medicine* 53, no. 12 (2010): 1197–1206.
116. Warner, *Sweet Stuff*, 212, 214.
117. 以下を参照。Bertram O. Fraser-Reid, *From Sugar to Splenda: A Personal and Scientific Journey of a Carbohydrate Chemist and Expert Witness* (Berlin: Springer, 2012).
118. 念をおしておくが、ヘンリー・テートもエイブラム・ライルも奴隷所有に直接的に関わってはいない。以下を参照。“The Tate Galleries and Slavery,” Tate, https://www.tate.org.uk/about-us/history-tate/tate-galleries-and-slavery,（閲覧日：2022年1月13日）.
119. Linda Bonvie, Bill Bonvie, and Donna Gates, “Stevia: The Natural Sweetener That Frightens NutraSweet,” *Earth Island Journal* 13, no. 1 (1997): 26–27.
120. Sybille de La Hamaide, “Miracle Sweetener Stevia May Have a Sour Note,” *Reuters*, May 24, 2012, https://www.reuters.com/article/us-sugar-stevia/miracle-sweetener-stevia-may-have-a-sour-note-idUSBRE84M0Y120120523; “Commission Regulation (EU) No 1131/2011 of 11 November 2011 Amending Annex II to Regulation (EC) No 1333/2008 of the European Parliament and of the Council with regard to Steviol Glycosides,” *Official Journal of the European Union*, November 12, 2011.
121. Thomas Le Masson, “Tate & Lyle vend 5 usines au sucrier français Tereos,” *Les Echos*, May 10, 2007.
122. “Tate & Lyle Sells Molasses Unit,” *Independent*, November 26, 2011, https://www.independent.co.uk/news/business/news/tate-amp-lyle-sells-molasses-unit-2143999.html.
123. Gandhi Sukhmani et al., “Natural Sweeteners: Health Benefits of Stevia,” *Foods and Raw Materials* 6 (2018): 399.
124. International Diabetes Federation, *IDF Diabetes Atlas 9th Edition* (Brussels: International Diabetes Federation, 2019), 39–40, https://www.diabetesatlas.org/en/resources/.

おわりに

1. Sven Beckert, *Empire of Cotton: A Global History* (New York: Alfred A. Knopf, 2014), 440. スヴェン・ベッカート『綿の帝国――グローバル資本主義はいかに生まれたか』2022年、紀伊國屋書店

Published by arrangement with Harvard University Press,
through The English Agency (Japan) Ltd.

【訳者】 吉嶺英美（よしみね ひでみ）
翻訳家。サンノゼ州立大学社会学部歴史学科卒業。訳書に、J・マレシック『なぜ私たちは燃え尽きてしまうのか』、R・ダンバー『なぜ私たちは友だちをつくるのか』、J・ピアス／M・ベコフ『犬だけの世界——人類がいなくなった後の犬の生活』、S・メイ『「かわいい」の世界——ザ・パワー・オブ・キュート』、R・ホートン『なぜ新型コロナを止められなかったのか』など多数。

砂糖《さとう》と人類《じんるい》——2000年全史《ねんぜんし》

2024年9月20日　初版印刷
2024年9月30日　初版発行

著　者　ウルベ・ボスマ
訳　者　吉嶺英美
装　幀　岩瀬聡
発行者　小野寺優
発行所　株式会社河出書房新社
〒162-8544　東京都新宿区東五軒町2-13
電話　03-3404-1201［営業］　03-3404-8611［編集］
https://www.kawade.co.jp/
組　版　株式会社創都
印　刷　三松堂株式会社
製　本　小泉製本株式会社

Printed in Japan
ISBN978-4-309-22931-7